DIE GRUNDLEHREN DER
MATHEMATISCHEN WISSENSCHAFTEN

IN EINZELDARSTELLUNGEN MIT BESONDERER BERÜCKSICHTIGUNG DER ANWENDUNGSGEBIETE

HERAUSGEGEBEN VON

G. D. BIRKHOFF · W. BLASCHKE · R. COURANT
R. GRAMMEL · M. MORSE · F. K. SCHMIDT
B. L. VAN DER WAERDEN

BAND XLVII

THEORIE UND ANWENDUNG DER LAPLACE-TRANSFORMATION

VON

GUSTAV DOETSCH

BERLIN

VERLAG VON JULIUS SPRINGER

1937

THEORIE UND ANWENDUNG

DER

LAPLACE-TRANSFORMATION

VON

GUSTAV DOETSCH

ORD. PROFESSOR DER MATHEMATIK AN DER
ALBERT-LUDWIGS-UNIVERSITÄT FREIBURG I. BR.

MIT 18 FIGUREN

BERLIN
VERLAG VON JULIUS SPRINGER
1937

Die redaktionelle Leitung der Sammlung
DIE GRUNDLEHREN DER
MATHEMATISCHEN WISSENSCHAFTEN
liegt in den Händen von
Prof. Dr. F. K. Schmidt, Jena, Abbeanum,

für das angelsächsische Sprachgebiet
in den Händen von
Prof. Dr. R. Courant, New Rochelle (N.Y.) USA.,
142 Calton Road

ISBN-13: 978-3-642-98721-2   e-ISBN-13: 978-3-642-99536-1

DOI: 10.1007/978-3-642-99536-1

Vorwort.

Die Laplacesche Integraltransformation $\int e^{-st} F(t)\, dt$ kann als das kontinuierliche Analogon zur Dirichletschen Reihe $\sum a_n e^{-\lambda_n s}$ und zur Potenzreihe $\sum c_n z^n = \sum c_n e^{-ns}$ betrachtet werden. Während jedoch diese Reihen längst zum Allgemeingut der Mathematiker gehören und in den verschiedensten Gebieten angewandt werden, ist die Laplace-Transformation nur einem kleinen Kreis wirklich geläufig, was um so bedauerlicher ist, als sie an Verwendungsfähigkeit jene Reihen, die sie als Spezialfälle enthält, noch weit übertrifft. Daß die Laplace-Transformation, obwohl sie auf ein viel höheres Alter als die Dirichletsche Reihe zurückblicken kann, sich bisher so wenig eingebürgert hat, liegt in erster Linie daran, daß bisher eine zusammenfassende Darstellung ihrer Theorie fehlte. Das Material ist über die ganze Zeitschriftenliteratur verstreut und oft in andere Untersuchungen eingebettet, wo man es kaum vermutet; vieles steht in älteren Jahrgängen schwer zugänglicher Zeitschriften. Dazu kommt, daß manche grundlegende Sätze der Theorie zwar den Kennern geläufig sind, sich aber nirgends explizit formuliert, noch weniger bewiesen finden. Auch das explizit Ausgesprochene und Bewiesene leidet häufig darunter, daß die Beweise unzulänglich oder nicht in wünschenswertem Umfang geführt sind. Alle diese Umstände ließen bei der wachsenden Bedeutung der Laplace-Transformation den Wunsch nach einer Darstellung immer fühlbarer werden, die einerseits die theoretischen Grundlagen der Transformation ausführlich und einheitlich zusammenstellt, und andererseits zeigt, in welchen Gebieten sie bisher mit Erfolg angewandt worden ist.

Man kann heute innerhalb dessen, was zur Laplace-Transformation zu rechnen ist, drei Richtungen unterscheiden. Die erste befaßt sich mit dem *Laplace-Integral im eigentlichen Sinn* $\int e^{-st} F(t)\, dt$ mit den Grenzen 0 und ∞ bzw. $-\infty$ und ∞, wovon das letztere mit der Mellin-Transformation äquivalent ist — hier ist es vorteilhaft, das Integral im Riemannschen und nicht im Lebesgueschen Sinn zu nehmen —; die zweite mit dem *Fourier-Integral* $\int e^{-iyx} F(x)\, dx$, das zum Laplace-Integral so steht, wie die Fourier-Reihe zur Potenzreihe, dessen Theorie also auf das Studium des Randverhaltens hinausläuft — hier steht das Integral im Lebesgueschen Sinn im Vordergrund und zwar besonders die quadratisch oder allgemeiner in einer Potenz $p > 1$ integrabeln Funktionen —; die dritte mit dem *Laplace-Integral in Stieltjesscher Gestalt* $\int e^{-st} d\Phi(t)$, das in enger Beziehung zum Momentenproblem steht und sich auch vorzugsweise in dessen Bahnen entwickelt hat. Das vorliegende Buch handelt von der ersten Richtung (wobei auch die Mellin-Transformation ausführlich zu Wort kommt) und spricht nur gelegentlich von der zweiten, wo sich dies sachlich als notwendig erweist.

Wie das bei einer ersten zusammenfassenden Darstellung selbstverständlich ist, konnte vieles in der Literatur Vorhandene stark vereinfacht und in neuen Zusammenhang gebracht werden, vieles mußte aber auch neu aufgestellt oder zum erstenmal wirklich bewiesen werden, ohne daß dies im einzelnen im Text zum Ausdruck gebracht ist. Wo ich irgendwie eine Quelle zitieren konnte, habe ich es in den ausführlichen „Historischen Anmerkungen" am Schluß des Buches getan. Dagegen ist der Text völlig frei von Autorennamen gehalten worden, mit selbstverständlicher Ausnahme der rein geschichtlichen Paragraphen und solcher Dinge, wo es sich um klassische und althergebrachte Bezeichnungen wie Cauchyscher Satz, Abelsche Summabilität u. dgl. handelt. Die historischen Anmerkungen und das Literaturverzeichnis nehmen nur Bezug auf die in die Theorie der Laplace-Transformation gehörige und im Buche verwertete Literatur, die übrigens bis Anfang 1937, dem Zeitpunkt der Fertigstellung des Buches, berücksichtigt ist. Hinweise auf Arbeiten und Bücher aus anderen Gebieten, die nur beweistechnisch gebraucht werden, finden sich in den Fußnoten.

Die Tendenz des Buches geht dahin, in der Sprache der *Funktionalanalysis* zu schreiben und demgemäß die Funktionaltransformation konsequent als Abbildung zweier Räume aufeinander aufzufassen. Das ist nicht bloß eine Äußerlichkeit, die sich in der Anwendung eines Funktionalzeichens an Stelle des Integrals ausdrückt, sondern trägt, wie die Anwendungen bei Funktionalgleichungen und in der Asymptotik hoffentlich zeigen, zur klaren Einsicht wesentlich bei.

Was die Einteilung des Buches angeht, so enthält der I. Teil im wesentlichen die *Theorie*, die Teile II bis V die *Anwendungen*, ohne daß diese Teilung pedantisch durchgeführt worden wäre, was zu einer Zerreißung organisch zusammengehöriger Dinge geführt hätte. So sind im I. Teil schon viele Anwendungen besonders funktionentheoretischer Art eingestreut, während z. B. im III. Teil bei der Asymptotik die als Grundlage dienenden Abelschen und Tauberschen Sätze untergebracht sind, die man auch zur Theorie rechnen könnte.

Beim Studium des I. Teils wird man merken, daß die eigentlich funktionentheoretische Seite der Laplace-Transformation im Verhältnis zu den Kenntnissen über Potenzreihen noch ziemlich wenig durchforscht ist. Die Resultate über die im Unendlichen regulären Laplace-Transformierten (5. Kapitel), die das einzige voll abgerundete funktionentheoretische Gebiet innerhalb der Theorie der Laplace-Transformation darstellen, sind bereits über 30 Jahre alt. Hier bleibt also noch sehr viel zu tun übrig. Ähnlich steht es mit den Beziehungen zur Dirichletschen Reihe, die auch als Laplace-Integral geschrieben werden kann. An verschiedenen Stellen ist im Text darauf hingewiesen, daß gewisse Sätze über Dirichletsche Reihen im Rahmen der Laplace-Transformation ihre naturgemäße Erklärung finden. Diese Beziehungen ließen sich noch wesentlich weiter ausbauen.

Von den Anwendungen auf Funktionalgleichungen habe ich die auf Integral- und Differentialgleichungen gebracht, dagegen die auf Differenzengleichungen unterdrückt, da diese in dem in der gleichen Sammlung erschienenen Werk von Nörlund dargestellt sind. Daran liegt es auch, daß ich auf die Zusammenhänge mit den Fakultätenreihen nicht eingegangen bin. Da ich den Umfang des Buches nicht beliebig vergrößern konnte, so schien es mir wichtiger, den zur Verfügung stehenden Raum für solche Gebiete zu verwenden, die noch keine buchmäßige Darstellung erfahren haben, obwohl ich die Fakultätenreihen, die Differenzenrechnung und noch manches andere hierher Gehörige wie die Pincherleschen und Mellinschen Untersuchungen über den Zusammenhang zwischen Differential- und Differenzengleichungen und zwischen Gamma- und hypergeometrischen Funktionen gern unter den Aspekt der im Buche behandelten Theorie gestellt hätte.

Im übrigen hoffe ich aber von den Anwendungen soviel gebracht zu haben, daß man einen Eindruck davon bekommt, wie weitschichtig diese sind. Sie ziehen sich durch die Funktionentheorie (insbesondere auch die Theorie der asymptotischen Entwicklungen), die analytische Zahlentheorie (so wird z. B. der Primzahlsatz auf dem kürzesten heute erreichten Wege bewiesen und ein ziemlicher Teil der Theorie der Zetafunktion abgeleitet), über die Theorie der Funktionalgleichungen bis zu Gebieten der Praxis des Physikers und Ingenieurs hin, so daß derjenige, der das Buch durcharbeitet, ein gutes Stück reelle und komplexe Analysis kennenlernt.

Bei den gewöhnlichen und partiellen Differentialgleichungen bin ich besonders den Beziehungen zum symbolischen *Heaviside-Kalkül* und der sog. funktionentheoretischen Methode nachgegangen, die sich bei den Ingenieuren, vornehmlich den Elektrotechnikern, großer Beliebtheit erfreuen. Es besteht heute kein Grund mehr, diesen unsicheren Kalkül zu benutzen, da die Laplace-Transformation alles, was er (auf illegitimen Wegen) leisten kann, völlig exakt und ebenso schnell, außerdem aber noch sehr viel mehr leistet. Es war ursprünglich meine Absicht, dieses Gebiet noch ausführlicher und zwar in einer Form darzustellen, die an die gewohnten Vorstellungsweisen des Ingenieurs anknüpft. Doch hätte dies, abgesehen von einer untragbaren Vergrößerung des Umfangs, zur Heranziehung von vielen Dingen führen müssen, die dem Charakter des Buches als mathematischen Werkes fremd gewesen wären, und dem Ingenieur wäre damit doch nicht voll und ganz gedient gewesen. Ich gedenke daher, der Anwendung von Funktionaltransformationen auf Rand- und Anfangswertprobleme, wie sie die Technik stellt, ein zweites Buch zu widmen, das ganz auf die Denk- und Vorstellungsweise des Ingenieurs zugeschnitten ist. Dieses kann dann von allem Theoretischen dadurch entlastet werden, daß hierfür auf das vorliegende Buch verwiesen wird. Immerhin kann der Ingenieur schon an den im V. Teil vorgeführten Beispielen so viel lernen, daß er weitere Probleme seines Faches mit derselben Methode angreifen kann. Ich würde es begrüßen, wenn ich schon jetzt aus den Kreisen der Techniker und besonders Elektroingenieure, die mir bereits bisher durch viele Zuschriften ihr Interesse an der Methode bekundet haben, auf vorhandene Arbeiten, ungelöste Probleme usw. aufmerksam gemacht würde, wie ich auch jede Anregung und jeden Verbesserungsvorschlag bezüglich des vorliegenden Buches, vor allem auch Sonderabdrucke einschlägiger Arbeiten dankbar aufnehmen und bei einer etwaigen Neuauflage berücksichtigen werde. Je schneller das Buch überholt ist, um so besser hat es seinen Zweck, ein wirksames und heute noch wenig genutztes Instrument der Mathematik populär zu machen, erfüllt.

Danken möchte ich an dieser Stelle meinem früheren Schüler Dr. Hans Knieß, der von meinem Manuskript eine Reinschrift, die als Druckvorlage diente, angefertigt hat, sowie der Verlagsbuchhandlung Julius Springer, die auf meine vielfachen Wünsche stets bereitwillig eingegangen ist.

Freiburg i. B., Oktober 1937
Riedbergstr. 8.

G. Doetsch.

Inhaltsverzeichnis.

I. Teil.

Allgemeine Theorie der Laplace-Transformation.

II. Teil.

Reihenentwicklungen.

III. Teil.

Asymptotisches Verhalten von Funktionen.

I. Teil.

Allgemeine Theorie
der Laplace-Transformation.

1. Kapitel.

Grundbegriffe der Funktionalanalysis.

Der einfachste Funktionsbegriff ist der der reellen Funktion einer reellen Variablen. Geometrisch bedeutet er die Zuordnung von Punkten auf einer Geraden zu Punkten auf einer Geraden. In dieser geometrischen Fassung drängt der Begriff von selbst zur Verallgemeinerung: Man kann das „Argument" (die unabhängige Variable) oder den „Funktionswert" (die abhängige Variable) oder auch beide in einer zweidimensionalen Mannigfaltigkeit (im komplexen Zahlgebiet) variieren lassen und so weiter zu höheren Dimensionen aufsteigen. Von diesem Standpunkt aus ist es nicht mehr fernliegend, auch *Räume von unendlich vielen Dimensionen* zugrunde zu legen, das sind solche, deren Elemente durch unendlich viele (reelle oder komplexe) Zahlen, die „Koordinaten", festzulegen sind. Beispiele solcher Räume sind jedem bekannt. So ist

z. B. eine Potenzreihe $\sum\limits_{0}^{\infty} a_n z^n$ bestimmt durch ihre unendlich vielen

Koeffizienten a_0, a_1, ..., kann also als Punkt in einem Raum von abzählbar unendlich vielen Dimensionen angesehen werden, während eine Funktion $f(x)$ im Dirichletschen Sinn ein Beispiel eines Punktes in einem Raum liefert, dessen Dimensionszahl die Mächtigkeit des Kontinuums hat, da sie ja der Inbegriff der kontinuierlich vielen Werte $f(x)$ ist. Aber auch der Begriff des *funktionalen Zusammenhangs* zwischen Räumen beliebiger Dimensionszahl ist der Mathematik sehr geläufig. Betrachtet man z. B. die obere Grenze G von gewöhnlichen reellen Funktionen $f(x)$ im Definitionsintervall oder das bestimmte Integral zwischen festen Grenzen, so liegt eine Zuordnung vor, bei der das Argument f in einem Raum von unendlich vielen Dimensionen, der Wert G in einem eindimensionalen Raum variiert. Ordnet man dagegen den differenzierbaren Funktionen ihre Ableitungen zu, so liegt ein Zusammenhang zwischen zwei unendlich vieldimensionalen Räumen vor. — Wir nehmen in der Folge das „Argument" immer als unendlich vieldimensional an, und zwar wird es meist konkret eine Funktion oder eine Folge sein; letztere ist ein Sonderfall einer Funktion, denn sie stellt eine nur für die positiven ganzen Werte der Variablen definierte Funktion dar. Ist der „Wert" eindimensional, also eine Zahl, so heißt die Zuordnung ein *Funktional*. Ist der Wert unendlich vieldimensional und sind sowohl Argument als Wert speziell Funktionen, so nennt man die Zuordnung eine *Funktionaltransformation* oder *Funktionaloperation,* wobei man sich die Zuordnung weniger als bestehenden Zustand denn als Akt der Überführung der einen Funktion in die andere, als eine „Abbildung", vorstellt. Diesen Gesichtspunkt werden wir später immer stark in den Vordergrund stellen. In Analogie zu der Bezeichnung „Punktfunktion" für die klassische Funktion, die von den Punkten einer Geraden, Ebene usw. abhängt, spricht man bei der von Funktionen abhängigen Funktionaloperation manchmal von „*Funktionfunktion*", und wenn man sich das Argument durch eine Kurve (Linie) respräsentiert denkt, von *Linienfunktion,* entsprechend der französischen Bezeichnung fonction de lignes und der italienischen funzione de linee. Der Teil der Mathematik, der sich mit diesen Gegenständen beschäftigt, heißt *Funktionalanalysis.*

Bedenkt man die Ausdehnung desjenigen mathematischen Zweiges, der nur den niedersten Funktionsbegriff (reelle Funktion einer reellen Variablen) behandelt, so bekommt man eine Vorstellung von der Weitschichtigkeit der Funktionalanalysis. Der Wert dieser verhältnismäßig jungen Wissenschaft ist nun aber weniger darin zu erblicken, daß sich in ihr ein Gebiet besonders allgemeiner und abstrakter Spekulation auftut, als vielmehr in ihrer Fähigkeit, einerseits eine Fülle von bekannten Problemen an der richtigen Stelle einordnen und dadurch einer sachgemäßen Behandlung zuführen zu können, andererseits ganz von selbst zu neuen „vernünftigen", d. h. mit den früheren in organischem Zusammenhang stehenden Problemen hinzuleiten.

Um eine zu der üblichen Funktionentheorie analoge Theorie im unendlich vieldimensionalen Raum aufzubauen, muß man zunächst über solche *Grundbegriffe* wie Grenzwert, Stetigkeit usw., verfügen. Der Grenzbegriff ist äquivalent dem des Häufungspunktes, letzterer läßt sich auf dem der Umgebung aufbauen und dieser wiederum auf dem Begriff der Entfernung (Länge, Abstand)*. Ein Raum, in dem der *Abstand* je zweier Elemente f_1, f_2 definiert ist, heißt ein *metrischer Raum.* Von diesem Abstand $d(f_1, f_2)$ verlangen wir zwei Eigenschaften: 1. Notwendig und hinreichend für $d(f_1, f_2) = 0$ ist $f_1 = f_2$. 2. Es gilt die sog. Dreiecksrelation:

$$d(f_1, f_2) \leqq d(f_1, f_3) + d(f_2, f_3).$$

Den *Grenzbegriff* führt man nun zweckmäßig so ein: Eine Folge von Elementen $f_0, f_1, f_2, \ldots$ heißt *konvergent,* wenn $\lim\limits_{p,q \to \infty} d(f_p, f_q) = 0$ ist.

---

* Wir übergehen hier die Möglichkeit, eine Mengenlehre und Analysis zu entwickeln, in der nur die Existenz eines limes-Begriffs (s. hierzu M. FRÉCHET: Sur quelques points du calcul fonctionnel. Rend. Circ. Mat. Palermo **22** (1906) 1—74) oder nur eines Umgebungsbegriffs (s. F. HAUSDORFF: Mengenlehre, S. 94 f. Berlin-Leipzig 1927) postuliert wird.

Diese Eigenschaft entspricht dem in der gewöhnlichen Analysis bekannten Cauchyschen inneren Konvergenzkriterium. In euklidischen Räumen von endlich vielen Dimensionen ist es aber so, daß, wenn eine Folge in diesem Sinne konvergent ist, sie *gegen einen bestimmten Punkt f* des Raumes *konvergiert*, d. h. es gibt einen Punkt f, so daß $\lim\limits_{n\to\infty} d(f_n, f) = 0$ ist. Das braucht in einem allgemeinen metrischen Raum nicht der Fall zu sein. (Die Stelle, gegen die die f_n konvergieren sollen, ist gewissermaßen leer, gehört nicht zum Raum.) Trifft es doch zu, so heißt f die *Grenze* (der limes) der f_n. Hat ein Raum die Eigenschaft, daß jede konvergente Folge auch gegen einen Punkt konvergiert, so heißt er *vollständig*. Liegt eine beliebige Menge von Elementen vor, so heißt f ein *Häufungspunkt* der Menge, wenn diese eine gegen f konvergierende Teilfolge enthält. Während nach dem Bolzano-Weierstraßschen Satz jede unendliche Menge in einem euklidischen Raum von endlich vielen Dimensionen mindestens einen Häufungspunkt besitzt, ist dies in allgemeinen metrischen Räumen nicht notwendig der Fall*. Hat eine Menge aber die Eigenschaft, daß jede unendliche Teilmenge einen zu der Ausgangsmenge gehörigen Häufungspunkt besitzt, so heißt sie *kompakt*.

Wir betrachten einige *Beispiele* von Räumen, die für Späteres instruktiv sind:

1. Der Raum bestehe aus der Gesamtheit der im abgeschlossenen Intervall $[0, 1]$ stetigen Funktionen. Wir metrisieren ihn durch die Definition

$$d(f_1, f_2) = \underset{0 \le x \le 1}{\text{Max}} |f_1(x) - f_2(x)|.$$

Die von d verlangten Eigenschaften sind erfüllt, denn es ist

$$\text{Max}|f_1(x) - f_2(x)| = |f_1(x_0) - f_2(x_0)| \le |f_1(x_0) - f_3(x_0)| + |f_2(x_0) - f_3(x_0)|$$
$$\le \text{Max}|f_1(x) - f_3(x)| + \text{Max}|f_2(x) - f_3(x)|,$$

wobei x_0 einen Punkt bedeutet, in dem $f_1(x) - f_2(x)$ sein Maximum annimmt. Jede auf Grund des Cauchyschen inneren Konvergenzkriteriums konvergente Folge $f_n(x)$ konvergiert auch gegen eine Funktion $f(x)$. Da nun $d(f_n, f) \to 0$ offenbar bedeutet, daß die Folge f_n gleichmäßig gegen f konvergiert, so ist f auch stetig, gehört daher zum Raum. Dieser ist also vollständig. Dagegen ist er nicht kompakt, denn z. B. die Menge der Funktionen $\sin n\pi x$ hat offenbar keinen Häufungspunkt (Häufungsfunktion).

---

* Hieraus erklärt es sich, daß in der Variationsrechnung, die ja nichts anderes als die Behandlung des Extremumproblems in der Funktionalanalysis darstellt, die Existenzfrage so schwierig ist. Vgl. hierzu L. Tonelli: Fondamenti di calcolo delle variazioni I, II. Bologna, ohne Jahr.

2. Der Raum bestehe aus der Gesamtheit der reellen Funktionen, deren Quadrat in [0, 1] im Lebesgueschen Sinn integrabel ist* (Hilbertscher Raum). Der Raum wird metrisiert durch die Definition:

$$d\,(f_1, f_2) = \left(\int\limits_0^1 |f_1(x) - f_2(x)|^2\,dx \right)^{\frac{1}{2}}.$$

Die erste Eigenschaft von d ist erfüllt, wenn man Funktionen, die sich nur auf einer Nullmenge unterscheiden, nicht als verschieden rechnet; die zweite ist eine Folge der Cauchy-Schwarzschen Ungleichung

$$\left(\int\limits_0^1 f_1(x)\,f_2(x)\,dx \right)^2 \leqq \int\limits_0^1 f_1^2(x)\,dx \int\limits_0^1 f_2^2(x)\,dx,$$

denn aus dieser ergibt sich:

$$-\int\limits_0^1 f_1(x)\,f_2(x)\,dx \leqq \left(\int\limits_0^1 f_1^2(x)\,dx \right)^{\frac{1}{2}} \left(\int\limits_0^1 f_2^2(x)\,dx \right)^{\frac{1}{2}}$$

oder durch Multiplikation mit 2 und beiderseitige Addition von $\int\limits_0^1 f_1^2(x)\,dx + \int\limits_0^1 f_2^2(x)\,dx$:

$$\int\limits_0^1 (f_1(x) - f_2(x))^2\,dx \leqq \left[\left(\int\limits_0^1 f_1^2(x)\,dx \right)^{\frac{1}{2}} + \left(\int\limits_0^1 f_2^2(x)\,dx \right)^{\frac{1}{2}} \right]^2.$$

Zieht man beiderseits die Quadratwurzel, so steht die Dreiecksrelation da für den Fall, daß der dritte „Eckpunkt" der Punkt $f \equiv 0$ ist. Hieraus ergibt sie sich leicht allgemein.

Konvergenz einer Folge f_n im oben festgelegten Sinn bedeutet sog. *Mittelkonvergenz* (genauer: Konvergenz im quadratischen Mittel):

$$\int\limits_0^1 |f_p(x) - f_q(x)|^2\,dx \to 0 \quad \text{für} \quad p,\,q \to \infty.$$

Bekanntlich konvergiert eine mittelkonvergente Folge wieder gegen eine quadratisch integrierbare Funktion f:

$$\int\limits_0^1 |f_n(x) - f(x)|^2\,dx \to 0 \quad \text{für} \quad n \to \infty,$$

so daß der Raum vollständig ist. — Offenbar ist er nicht kompakt.

An diesen Beispielen erkennt man, daß ein bestimmter Konvergenzbegriff (oben: gleichmäßige Konvergenz und Mittelkonvergenz) sich dadurch als ganz naturgemäß einstellt, daß man der Gesamtheit der betrachteten Funktionen eine Metrik aufprägt. Man sieht, daß der

---

* Wir benutzen später die Lebesguesche Maßtheorie nicht, ebensowenig den gleich zu erwähnenden Begriff der Mittelkonvergenz. Wir wollen hier nur an Beispielen zeigen, daß manche Dinge damit sehr viel einfacher werden und daß wir bei Festhalten an dem Riemannschen Integral und dem klassischen Konvergenzbegriff auf mancherlei Schwierigkeiten in der Funktionalanalysis gefaßt sein müssen.

gewöhnliche Konvergenzbegriff, der eine Folge f_n von Funktionen konvergent nennt, wenn die $f_n(x)$ an jeder einzelnen Stelle im klassischen Sinn konvergieren, keiner Metrik entspricht. Das liegt daran, daß diese Konvergenz im allgemeinen ungleichmäßig ist, so daß für ein n die Differenz $|f_n(x) - f(x)|$ an einer Stelle beliebig klein, an einer anderen beliebig groß sein kann. Da nun aber der gewöhnliche Konvergenzbegriff für viele Probleme unentbehrlich ist, ergeben sich bei Verwendung funktionalanalytischer Methoden bei diesen Problemen allerlei komplizierte Vorkommnisse, die in metrisierbaren Räumen nicht auftreten.

Wir gehen nun dazu über, den Funktionsbegriff der Funktionalanalysis, und zwar speziell die Funktionaltransformation, näher zu betrachten und zu spezialisieren. Die Funktion F, auf die die Transformation ausgeübt wird (das Argument) heißt auch *Objektfunktion*, die zugeordnete f (der Wert) die *Resultatfunktion*. Anschaulich könnte man auch von *Original-* und *Bildfunktion* sprechen. Wir schreiben in einer an die klassische Bezeichnungsform eines gewöhnlichen funktionalen Zusammenhangs erinnernden Schreibweise

$$f = \mathfrak{T}\{F\}$$

und werden verschiedene Funktionaltransformationen durch verschiedene Fraktur- (gotische) Buchstaben auseinanderhalten wie $\mathfrak{L}$, $\mathfrak{F}$ usw. Später werden wir oft z. B. bei einer mit $\mathfrak{L}$ bezeichneten Funktionaltransformation die Objektfunktion auch kürzer L-Funktion, die Resultatfunktion l-Funktion nennen, entsprechend bei Verwendung anderer Buchstaben. Die Menge der Funktionen, für die $\mathfrak{T}$ definiert ist, nennen wir den *Objektraum* oder Objektbereich*, die Menge der durch $\mathfrak{T}$ entstehenden Funktionen den *Resultatraum* oder Resultatbereich (später kürzer z. B. L-Bereich und l-Bereich).

Eine Funktionaltransformation $\mathfrak{T}$ heißt *an einer Stelle F*, wo sie definiert ist, *stetig*, wenn für jede Folge F_n, die gegen F konvergiert, gilt:

$$\lim \mathfrak{T}\{F_n\} = \mathfrak{T}\{F\} \, [= \mathfrak{T}\{\lim F_n\}].$$

Sie heißt schlechthin *stetig*, wenn sie an jeder Stelle stetig ist. Ist der Objektraum und der Resultatraum metrisiert, so ist der limes-Begriff im oben definierten Sinn zu verstehen. Ist er das nicht, so können wir unter limes irgendeinen Konvergenzbegriff, z. B. den gewöhnlichen, verstehen. Wir werden später an Beispielen (vgl. 3.8) sehen, daß eine Funktionaltransformation je nach Art des zugrunde gelegten limes-Begriffs stetig oder unstetig sein kann.

Die einfachsten Transformationen (Abbildungen) des n-dimensionalen Raumes sind die linearen $\mathfrak{y} = L(\mathfrak{x})$**. Man kann eine solche in der Gestalt

$$(1) \qquad\qquad y_\mu = \sum_{\nu=1}^{n} k_{\mu\nu} x_\nu \qquad\qquad (\mu = 1, 2, \ldots, n)$$

---

* In der Variationsrechnung ist der Name „Feld" üblich.

** Ein Punkt des n-dimensionalen Raumes ist durch n-Koordinaten $x_1, \ldots, x_n$ oder durch den Vektor $\mathfrak{x}$ mit $x_1, \ldots, x_n$ als Komponenten festgelegt.

darstellen, so daß sie durch die Matrix $\| k_{\mu\nu} \|$ gegeben ist, oder auch dadurch charakterisieren, daß sie die distributive Eigenschaft

$$(2) \qquad L(\mathfrak{x}_1 + \mathfrak{x}_2) = L(\mathfrak{x}_1) + L(\mathfrak{x}_2)$$

hat und stetig ist (dann hat sie nämlich nach Cauchy die obige Gestalt). Beides kann man auf Funktionaltransformationen übertragen, wobei aber nicht gesagt ist, daß auch dort die beiden Begriffe dasselbe bedeuten. (Die Eigenschaft (2) kann man auch auf Operationen, die in einem abstrakten Raum definiert sind, übertragen, wenn in dem Raum eine Addition definiert ist.) Der Sprachgebrauch schwankt: Manchmal werden Transformationen, die die Eigenschaft

$$(3) \qquad \mathfrak{T}\{f_1 + f_2\} = \mathfrak{T}\{f_1\} + \mathfrak{T}\{f_2\}$$

haben, manchmal nur solche, die außerdem stetig sind, als *linear* bezeichnet, während dann die eventuell nichtstetigen *distributiv* (oder *additiv*) genannt werden. Das Analogon zu (1) lautet

$$(4) \qquad f(s) = \int_a^b K(s, t)\, F(t)\, dt,$$

wobei a oder b oder beide auch $\pm \infty$ sein können. Mit derartigen linearen „*Integraltransformationen*", die durch ihren „*Kern*" * charakterisiert sind, werden wir es später ausschließlich zu tun haben.

Eine in den Anwendungen häufig vorkommende Frage ist die nach der *Umkehrung* $\mathfrak{T}^{-1}$ einer Funktionaltransformation. Für Transformationen der Gestalt (4) bedeutet dies die Auflösung einer linearen Integralgleichung erster Art und ist daher im allgemeinen mit großen Schwierigkeiten verbunden. Bei manchen derartigen Transformationen läßt sich, wenigstens innerhalb gewisser Funktionsbereiche, die Umkehrung ebenfalls in der Form (4) darstellen. Beispiele dafür werden wir in der Folge kennenlernen.

2. Kapitel.

Geschichtliches über die Laplace-Transformation.

Die Funktionaltransformation, mit der wir uns vorwiegend beschäftigen werden, ist die sog. *Laplace-Transformation*, die durch folgendes Integral dargestellt wird:

$$(I) \qquad f(s) = \int e^{-st} F(t)\, dt.$$

Der Integrationsweg kann hierbei irgendeine offene oder geschlossene Kurve in der komplexen t-Ebene sein. Im modernen Sprachgebrauch hat es sich eingebürgert, unter Laplace-Transformation den Fall zu verstehen, daß der Integrationsweg die positive reelle Achse ist. — Diese Transformation tritt in der Literatur noch in vielen anderen Gestalten

---

* Diese Bezeichnung stammt aus der Theorie der Integralgleichungen.

auf, die durch Variablensubstitutionen aus ihr hervorgehen. Macht man z. B. die Substitution

$$z = e^{-t},$$

so erhält die Transformation, wenn man $F(-\lg z) = \Phi(z)$ setzt, die Gestalt:

(II) $$f(s) = -\int z^{s-1} \Phi(z)\, dz,$$

in der sie *Mellin-Transformation* genannt wird.

Spaltet man die Variable s in ihren reellen und imaginären Bestandteil auf: $s = \sigma + i\,y$, so ergibt sich das Integral

(III) $$f(\sigma + i\,y) = \int e^{-i\,y\,t}\,[e^{-\sigma t} F(t)]\, dt,$$

das man bei festem σ als *Fourier-Transformation* (von $e^{-\sigma t} F(t)$) bezeichnet. — Von diesen anderen Formen, von ihrem Zusammenhang mit der Laplace-Transformation und von ihrer besonderen Bedeutung wird später noch ausführlich die Rede sein.

Die Benennung der Transformation (I) nach LAPLACE (1749—1827) ist historisch nur teilweise gerechtfertigt. Integrale dieser Gestalt hat schon EULER 1737 zur Integration von Differentialgleichungen benutzt[1], doch scheint das in der Folge ganz vergessen worden zu sein. Denn Laplace, dem es auch um die Integration von Differential- und Differenzengleichungen zu tun war, kam zu den Integralen (I) und (II) auf einem originellen, von Euler offenbar unabhängigen Weg. In seiner berühmten „Théorie analytique des probabilités", deren 1. Auflage im Jahre 1812 erschien* und die viele seiner früheren Untersuchungen zusammenfaßt, entwickelt er in dem umfangreichen 1. Buch eine Methode zur Integration von Differenzengleichungen, die folgenden Ursprung hat: Für die Differenzen- und Differentialrechnung war ein *formaler (symbolischer) Kalkül* entwickelt worden, der bis auf LEIBNIZ zurückgeht. Wir nennen als Beispiel die von LAGRANGE stammende Formel $\left(D \text{ bedeutet Differentiation } \dfrac{d}{d\,x}\right)$:

$$\Delta y = y(x+1) - y(x) = (e^D - 1)\, y,$$

die einen symbolischen Ausdruck für die Taylorsche Reihe darstellt. Die rechte Seite ist nach Potenzen von D zu entwickeln und $D^n y = \dfrac{d^n y}{d\,x^n}$ zu setzen. Mit solchen Ausdrücken versuchte man gerade so weiterzurechnen, als ob D nicht ein Operator, sondern eine Zahl wäre. — Laplace schenkt nun der mathematischen Wissenschaft eine neue, überaus fruchtbare Idee, die ganz typisch der Funktionalanalysis angehört: Die Differenzenrechnung bezieht sich auf Funktionen, die nur für diskrete, äquidistante Argumente, z. B. für $x = 0, 1, 2, \ldots$ definiert sind, also

---

* Wir zitieren in der Folge nach der Ausgabe in den Œuvres complètes, siehe das Literaturverzeichnis unter LAPLACE.

auf Folgen $y_x = y(x)$. Einer solchen Folge $y(x)$ als Objektfunktion ordnet er nun als Resultatfunktion $u(t)$ die Potenzreihe zu, die die $y(x)$ zu Koeffizienten hat:

$$(1) \qquad u(t) = \sum_{x=0}^{\infty} y(x)\, t^x.$$

$u(t)$ heißt bei Laplace (und noch heute) die *fonction génératrice* für die $y(x)$: Sie „erzeugt" bei der Potenzentwicklung die $y(x)$ in Form von Koeffizienten*. Die Funktion $y(x)$ heißt *fonction déterminante*[2].

Läßt man in der die fonction génératrice definierenden Reihe den Summationsbuchstaben x auch die negativen ganzen Zahlen durchlaufen und setzt in den in Wahrheit nicht vorkommenden Gliedern den Koeffizienten $y(x) = 0$, so gehört zu $y(x+1)$ die fonction génératrice $\frac{u(t)}{t}$ **, also zu $\Delta y = y(x+1) - y(x)$ die fonction génératrice $\left(\frac{1}{t} - 1\right) u$. Der Prozeß der Differenzenbildung an der fonction déterminante äußert sich also an der fonction génératrice in einem algebraischen Prozeß, nämlich der Multiplikation mit $\frac{1}{t} - 1$. Wie es Laplace (a. a. O. S. 42) deutlich ausspricht, sah er hierin den realen Untergrund der Lagrangeschen Formel, deren rechte Seite ja durch die Substitution $e^{-D} = t$ in $\left(\frac{1}{t} - 1\right) y$ übergeht. Was die symbolische Methode rein formal und ohne wirkliche Begründung an der fonction déterminante ausführt, das geschieht effektiv und legitim an der fonction génératrice. Die formalen Manipulationen im Bereich der fonction déterminante sind also solange

---

* Bei Laplace ist $y(x)$ das Primäre, $u(t)$ das Sekundäre. Heutzutage denkt man sich, wenn man von „erzeugender Funktion" oder „erzeugender Gleichung" spricht, eigentlich $u(t)$ als primäre Funktion, die die $y(x)$ erst definiert. So pflegt man z. B. die Bernoullischen Zahlen B_n durch die erzeugende Gleichung zu definieren:

$$\frac{t}{1 - e^{-t}} = 1 + \frac{t}{2} + \sum_{n=1}^{\infty} (-1)^{n+1} \frac{B_{2n}}{(2n)!}\, t^{2n}$$

$$\left(B_0 = 1,\ B_1 = \frac{1}{2},\ B_{2n+1} = 0\ (n = 1, 2, \ldots) \right).$$

Der Ausdruck „erzeugende Gleichung" kommt bei Laplace auch vor (S. 62), bedeutet dort aber etwas anderes, nämlich das Bild einer Funktionalgleichung für $y(x)$ im Bereich des $u(t)$. — Dieses Prinzip kann man auch zur Definition von Funktionsfolgen an Stelle von Zahlfolgen ausnutzen, indem man die erzeugende Funktion von zwei Variablen abhängen läßt. So lassen sich z. B. die Hermiteschen Polynome $H_n(x)$ definieren durch:

$$e^{-2xt - t^2} = \sum_{n=0}^{\infty} \frac{H_n(x)}{n!}\, t^n.$$

** Würde man immer nur Potenzen mit positiven Exponenten anschreiben, so würde zu $y(x+1)$ die fonction génératrice $\frac{u(t)}{t} - \frac{y(0)}{t}$ gehören.

in Ordnung, als sich zu ihnen ein Gegenstück im Bereich der fonction génératrice findet. So entspricht z. B. der fonction déterminante $y\,(x+r)$, wo r eine ganze Zahl ist, die fonction génératrice $\frac{u}{t^r}$; ferner wiederholter Differenzenbildung $\varDelta^n\,y\,(x)$ offenbar einfach die Multiplikation von $u\,(t)$ mit $\left(\frac{1}{t}-1\right)^n$, so daß man symbolisch schreiben darf:

$$\varDelta^n\,y=(e^D-1)^n\,y.$$

Genau dieser Gedankengang wird uns später bei Behandlung der symbolischen Methoden begegnen: *Symbolische Operationen an einer Funktion bedeuten in Wahrheit nichts anderes als effektive Operationen an einer anderen, zugeordneten Funktion.*

Ist nun z. B. eine Differenzengleichung für $y\,(x)$ vorgelegt, so stellt Laplace zunächst die entsprechende Gleichung für die zugehörige fonction génératrice $u\,(t)$ auf und löst diese. Dann ist noch zu der gefundenen fonction génératrice $u\,(t)$ die zugehörige fonction déterminante $y\,(x)$ zu suchen. Manchmal erreicht man dies durch Entwickeln von $u\,(t)$ in eine Reihe der Form $\sum_{n=0}^{\infty} c_n \left(\frac{1}{t}-1\right)^n u_1\,(t)$. Denn dieser fonction génératrice läßt Laplace als fonction déterminante einfach die Reihe $\sum_{n=0}^{\infty} c_n\,\varDelta^n\,y_1\,(t)$ entsprechen, und auf diese Weise gelingt es ihm, vielen früher aufgestellten symbolischen Entwicklungen einen realen Untergrund zu geben und erklärlich zu machen, warum die sukzessiven Differenzen dabei immer in Analogie zu den sukzessiven Potenzen auftreten (vgl. a. a. O. S. 11). Natürlich sind bei ihm in Wahrheit letzten Endes die Resultate ebensowenig gesichert wie bei seinen Vorgängern, da er sich weder um die Konvergenz seiner Reihen* kümmert, noch um die Vertauschbarkeit der Summe mit dem Prozeß der Generatrizenbildung.

Laplace bemühte sich aber auch, *$y\,(x)$ durch $u\,(t)$ allgemein explizit darzustellen*, was einfach auf die Frage hinausläuft, wie sich die Koeffizienten einer Potenzreihe durch die Funktion ausdrücken. Nun war ja damals die Cauchysche Koeffizientenformel (1831) noch nicht bekannt, aber man kannte bereits durch EULER den Ausdruck für die Koeffizienten einer (später so genannten) Fourier-Reihe**, und so verwandelt Laplace (a. a. O. S. 83) durch die Substitution $t=e^{iw}$ zunächst seine Potenzreihe in die Fourier-Reihe $u\,(e^{iw})=U\,(w)=\sum_{n=0}^{\infty} y\,(n)\,e^{niw}$, woraus er dann wie Euler die Koeffizienten dadurch

---

* Eine exakte Definition der Konvergenz und Kriterien für sie wurden erst von BOLZANO 1817 und CAUCHY 1821 aufgestellt.

** Übrigens hatten auch die ersten Arbeiten von FOURIER selbst schon 1807 der französischen Akademie vorgelegen.

gewinnt, daß er mit e^{-xiw} multipliziert und von $-\pi$ bis $+\pi$ gliedweise integriert:

$$(2) \quad y(x) = \frac{1}{2\pi} \int_{-\pi}^{+\pi} U(w) e^{-xiw} dw = \frac{1}{2\pi} \int_{-\pi}^{+\pi} U(w) (\cos x w - i \sin xw) \, dw .$$

Dadurch hat er die Funktion $y(x)$, die in seinen Untersuchungen immer die Unbekannte ist, durch ein bestimmtes Integral ausgedrückt.

Natürlich ist dieses Ergebnis rein formal, denn in unserer heutigen Sprache integriert Laplace hier das u über den Einheitskreis, der gar nicht mehr zum Konvergenzbereich der Reihe zu gehören braucht. Auch war der wahre Sinn einer komplexen Integration, der erst durch CAUCHY von 1814 an geklärt wurde, damals noch unbekannt, gar nicht zu reden von der Rechtfertigung der gliedweisen Reihenintegration.

Trotzdem war dieses Ergebnis für die Weiterbildung der Laplaceschen Theorie von größter Bedeutung. Denn unbefriedigt davon, daß in seiner Formel imaginäre Größen vorkommen, setzt Laplace nun gleich anschließend (a. a. O. S. 84) zur Auflösung einer Differenzengleichung ohne nähere Begründung die Unbekannte in der Form eines anderen Integrals an:

$$(3) \qquad\qquad y(x) = \int t^{-x-1} T(t) \, dt,$$

wo die Integrationsgrenzen noch festzulegen sind. Zweifellos hat er in der gewonnenen Formel (2) w wieder durch t ersetzt und so das Integral (3) bekommen $\left(\text{bis auf den Faktor } \dfrac{1}{2\pi i}\right)$, das ja gerade die Cauchysche Koeffizientenformel darstellt. Unerklärlich wird ihm aber dabei gewesen sein, daß die untere und obere Grenze für w, nämlich $-\pi$ und $+\pi$, sich in dieselbe Zahl -1 verwandelte, da er ja den Begriff einer im Zweidimensionalen verlaufenden schleifenförmigen Integrationskurve nicht kannte, und so gab er den Weg, auf dem er zu (2) kam, gar nicht an und ließ auch die Integrationsgrenzen offen.

Dies ist die Genesis des Laplace-Integrals, das also zuerst in der Gestalt (II) auftritt. Es sei nur noch bemerkt, daß Laplace in der Folge (a. a. O. S. 85) die Gestalt

$$(4) \qquad\qquad y(x) = \int t^{-x} T(t) \, dt$$

bevorzugt, und daß er auch an dieser Formel, die den Zusammenhang zwischen fonction génératrice und fonction déterminante in der umgekehrten Weise wie Formel (1) herstellt, seine frühere Regel, daß der Differenzenbildung an $y(x)$ eine Multiplikation bei $T(t)$ entspricht, bestätigt findet:

$$y(x + \alpha) - y(x) = \int t^{-x}\left(\frac{1}{t^{\alpha}} - 1\right) T(t) \, dt .$$

Durch den Grenzübergang $\alpha \to 0$ findet er übrigens

$$\frac{d y(x)}{d x} = \int t^{-x}\left(\log \frac{1}{t}\right) T(t) \, dt,$$

so daß also auch der Prozeß der Differentiation sich bei $T(t)$ in einem ganz elementaren Vorgang widerspiegelt, nämlich in der Multiplikation mit $\log \frac{1}{t}$. — Laplace scheint an der Darstellung seiner Unbekannten $y(x)$ durch ein Integral der Form (4) vor allem der Umstand angezogen zu haben, daß sie sich praktisch so leicht näherungsweise berechnen läßt, wenn man die von ihm erfundene berühmte Methode zur Berechnung von Integralen der Form $\int \varphi\, u^s u'^{s'} \ldots d x$, wo $s, s', \ldots$ große Zahlen sind, anwendet (vgl. 12.3). Nachdem er die Darstellung durch einen Exkurs über diese Methode unterbrochen hat (a. a. O. S. 89—110), kehrt er wieder zu den Differenzengleichungen zurück und setzt jetzt (a. a. O. S. 112) die Unbekannte in der Gestalt (I): $y(s) = \int e^{-s x} \varphi(x)\, d x$ an, wozu ihn wohl die Form (2) angeregt hat, führt aber den alten Ansatz (4), jetzt in der Gestalt $\int x^s \varphi(x)\, d x$, immer noch mit.

Wir haben diese historische Schilderung etwas ausführlicher gehalten, weil es interessant ist zu wissen, wieviel von dem, was wir später in methodischer Darstellung und moderner Gestalt kennenlernen werden, schon bei der ersten Entwicklung der Theorie durch Laplace zutage getreten ist.

Wir nennen hier noch N. H. ABEL, der sich um 1824, anscheinend in Anlehnung an Laplace, mit unserer Transformation beschäftigt hat[3]. Stehen zwei Funktionen von eventuell mehreren Variablen in dem Zusammenhang

$$\varphi(x, y, z, \ldots) = \int e^{x u + y v + z p + \cdots} f(u, v, p, \ldots)\, du\, dv\, dp \ldots,$$

abgekürzt

$$\varphi = fg\{f\},$$

so nennt Abel φ die fonction génératrice von f und f die fonction déterminante von φ. (Hier dürfte der letztere Ausdruck zum erstenmal vorkommen.) Die Bezeichnungsweise ist also gerade umgekehrt wie bei Laplace. Trotzdem läßt sie sich mit der Laplaceschen vereinbaren, da auch die Umkehrung der Transformation, wie wir sehen werden, manchmal durch ein Integral der obigen Gestalt darstellbar ist. Dadurch erhellt aber auch zugleich, wie ungeeignet die Bezeichnungen fonction génératrice und fonction déterminante sind, sobald man sich von dem Laplaceschen Ausgangspunkt (Potenzreihe—Koeffizienten) losgelöst hat und die Integraltransformation für sich studiert, was schon Abel tat. Wir werden daher diese Bezeichnungen auch gar nicht benutzen, sondern andere einführen. Abel hat bereits die grundlegenden Eigenschaften festgestellt:

$$fg\{u^n f(u)\} = \frac{d^n\, fg\{f(u)\}}{d x^n},$$

$$fg\{u^{-n} f(u)\} = \int^n fg\{f(u)\}\, (d x)^n,$$

$$fg\{(e^{u\,\Delta x} - 1)^n f(u)\} = \Delta^n\, fg\{f(u)\},$$

$$fg\{(e^{u\,\Delta x} - 1)^{-n} f(u)\} = \Sigma^n\, fg\{f(u)\}.$$

Geschichtliches über die mit der Laplace-Transformation eng zusammenhängende *Fourier-Transformation*, die aus einer ganz anderen Quelle fließt, siehe in 6.3.

3. Kapitel.

Definition und analytische Eigenschaften der Laplace-Transformation.

§ 1. Der zugrunde gelegte Integralbegriff.

Die Integrale verstehen wir, wenn nicht ausdrücklich etwas anderes gesagt ist, im Riemannschen Sinne. Es wird sich meist um uneigentliche Integrale handeln. Rein methodisch gesehen, gewinnt die Theorie der Laplace- und Fourier-Integrale eine abgerundetere Gestalt, wenn man den Umkreis der in Frage kommenden Funktionen einerseits dadurch erweitert, daß man den Integralbegriff im Lebesgueschen Sinne nimmt, und ihn andererseits durch die Forderung einschränkt, daß das Quadrat der Funktionen integrabel sein soll. Man kann dann den Konvergenzbegriff und damit die Stetigkeit im Funktionenraum durch die Konvergenz im Mittel erklären (s. S. 4), und es stellt sich heraus, daß die Laplace- bzw. Fourier-Transformation in diesem Sinne stetig ist. Ferner bekommt man bei dieser Abgrenzung eine sehr glatte Antwort auf die Frage nach der Umkehrung der Transformation. (Wir kommen auf diese Dinge später zurück.)

Abgesehen davon, daß wir vom Leser die Kenntnis der Lebesgueschen Theorie nicht voraussetzen wollen, würde für die *Anwendungen*, die wir von der Laplace-Transformation machen werden, dieser Standpunkt nicht ausreichen, da wir es häufig gerade mit Funktionen zu tun haben werden, deren Quadrat nicht integrabel ist. Wir müssen daher auch einen anderen Konvergenz- und Stetigkeitsbegriff zugrundelegen, wobei sich die Laplace-Transformation als nichtstetig erweisen wird. Das bringt zwar gewisse Komplikationen mit sich, wird aber gerade zu interessanten Anwendungen Gelegenheit geben.

So wie wir hier den Definitionsbereich der Laplace-Transformation abgrenzen werden, fällt sie also nicht unter die bisher in der allgemeinen Funktionalanalysis ausschließlich betrachteten stetigen Funktionaltransformationen*, so daß also auch vom allgemein-theoretischen Standpunkt aus ihre gesonderte Betrachtung erforderlich und von Interesse ist. Der Raum sowohl der Objekt- als der Resultatfunktionen ist auch kein Hilbertscher Raum, wie das in all den allgemeinen Darstellungen der Funktionaltransformationen, die von der Quantenmechanik beeinflußt sind**, immer vorausgesetzt ist.

---

* Vgl. St. Banach: Théorie des operations linéaires. Warszawa 1932.

** Siehe z. B. M. H. Stone: Linear transformations in Hilbert space and their applications to analysis. (Amer. Math. Soc. Coll. Publ. XV.) New York 1932; J. von Neumann: Mathematische Grundlagen der Quantenmechanik. Berlin 1932.

Die *I*-Funktionen.

Eine bestimmte Klasse von Funktionen wird so häufig vorkommen, daß wir ihr einen besonderen Namen geben wollen. Eine reelle oder komplexe Funktion der reellen Variablen t soll eine *I*-Funktion heißen, wenn sie

1. mindestens für $t > 0$ definiert ist,
2. in jedem endlichen Intervall $0 < T_1 \leqq t \leqq T_2$ im Riemannschen Sinn eigentlich integrabel, also auch beschränkt ist,
3. bis zum Nullpunkt absolut uneigentlich integrierbar ist, d. h.

$$\lim_{\varepsilon \to 0} \int_\varepsilon^T |F(t)| \, dt = \int_0^T |F(t)| \, dt$$

existiert. Dazu ist notwendig und hinreichend, daß man zu jedem $\delta > 0$ ein $\varepsilon > 0$ so wählen kann, daß

$$\int_{\varepsilon_1}^{\varepsilon_2} |F(t)| \, dt < \delta$$

für alle ε_1, ε_2 mit $0 < \varepsilon_1 < \varepsilon_2 \leqq \varepsilon$ ist.

Es existiert dann auch $\lim\limits_{\varepsilon \to 0} \int_\varepsilon^T F(t) \, dt = \int_0^T F(t) \, dt$. Natürlich ist hierin der Fall eingeschlossen, daß $F(t)$ für $t \geqq 0$ definiert ist und $\int_0^T F(t) \, dt$ als eigentliches Integral existiert.

Wir könnten geradesogut in den meisten Fällen (eigentlich nur mit Ausnahme der sog. Faltungssätze) statt der einen Ausnahmestelle 0 auch endlich viele solche Stellen zulassen. Wir werden das später gelegentlich tun. In den eigentlichen Anwendungen kommen wir immer mit dem obigen Fall aus.

§ 2. *L*-Funktionen und Laplace-Integral. Konvergenzeigenschaften.

Aus der Klasse der *I*-Funktionen greifen wir einen Teilbereich heraus. Gibt es zu einer *I*-Funktion $F(t)$ ein reelles oder komplexes s_0 derart, daß für ein festes $T > 0$

$$\lim_{\omega \to \infty} \int_T^\omega e^{-s_0 t} F(t) \, dt$$

existiert, so heiße F eine *L-Funktion*. Dazu ist notwendig und hinreichend, daß man zu jedem $\delta > 0$ ein ω so wählen kann, daß

$$\left| \int_{\omega_1}^{\omega_2} e^{-s_0 t} F(t) \, dt \right| < \delta$$

für alle $\omega_2 > \omega_1 \geqq \omega$ ist. — Die Gesamtheit aller *L*-Funktionen (für die s_0 nicht immer dasselbe zu sein braucht) heißt der *L-Raum* oder *L*-Bereich.

Für eine L-Funktion existiert folgender Zahlwert, das sog. *Laplace-Integral*:

$$\int\limits_0^\infty e^{-s_0 t} F(t)\, dt = \lim_{\varepsilon \to +0,\ \omega \to \infty} \int\limits_\varepsilon^\omega e^{-s_0 t} F(t)\, dt,$$

wobei die Grenzübergänge $\varepsilon \to +0$ und $\omega \to \infty$ unabhängig voneinander sind.

Beweis: Die Konvergenz für $\omega \to \infty$ ist vorausgesetzt. — An der unteren Grenze gilt:

$$\left| \int\limits_{\varepsilon_1}^{\varepsilon_2} e^{-s_0 t} F(t)\, dt \right| \leqq \int\limits_{\varepsilon_1}^{\varepsilon_2} e^{-t\,\Re s_0} \left| F(t) \right|\, dt \leqq \begin{cases} \displaystyle\int\limits_{\varepsilon_1}^{\varepsilon_2} \left| F(t) \right|\, dt & \text{für}\quad \Re s_0 \geqq 0, \\[2ex] \displaystyle e^{-\varepsilon_2 \Re s_0} \int\limits_{\varepsilon_1}^{\varepsilon_2} \left| F(t) \right|\, dt & \text{für}\quad \Re s_0 < 0. \end{cases}$$

Wegen der Voraussetzung 3. über die I-Funktionen ist diese Abschätzung für alle hinreichend nahe an 0 gelegenen $\varepsilon_1, \varepsilon_2$ beliebig klein.

Ein besonderer Fall ist der, daß das Laplace-Integral *absolut* konvergiert. Wir nennen dann $F(t)$ eine L_a-*Funktion*. Da die absolute Konvergenz an der unteren Grenze aus der Voraussetzung 3. über die I-Funktionen folgt, so ist dazu notwendig und hinreichend, daß das Integral an der oberen Grenze absolut konvergiert, d. h. daß man zu jedem $\delta > 0$ ein ω so wählen kann, daß

$$\int\limits_{\omega_1}^{\omega_2} e^{-t\,\Re s_0} \left| F(t) \right|\, dt < \delta$$

für alle $\omega_2 > \omega_1 \geqq \omega$ ist.

Wir können sofort eine ausgedehnte Klasse von Funktionen angeben, für die das Laplace-Integral absolut konvergiert, nämlich die *beschränkten* I-Funktionen:

$$\left| F(t) \right| \leqq M \quad \text{für} \quad t > 0,$$

und zwar kann hier s_0 jede komplexe Zahl s mit $\Re s > 0$ bedeuten. Es ist dann in der Tat:

$$\int\limits_{\omega_1}^{\omega_2} \left| e^{-st} F(t) \right|\, dt \leqq M \int\limits_{\omega_1}^{\omega_2} e^{-t\Re s}\, dt \leqq M \int\limits_{\omega_1}^{\infty} e^{-t\Re s}\, dt = M\, \frac{e^{-\omega_1 \Re s}}{\Re s},$$

und diese Schranke ist für alle hinreichend großen ω_1 (und $\omega_2 > \omega_1$) beliebig klein.

Für eine beschränkte L-Funktion konvergiert also das Integral $\int\limits_0^\infty e^{-st} F(t)\, dt$ absolut, wenn man den Parameter s in der (offenen) Halbebene $\Re s > 0$ variieren läßt. (Es kann sogar für ein noch größeres s-Gebiet absolut konvergieren, z. B. konvergiert es bei $F(t) = e^{-t}$ für $\Re s > -1$.) Es ist leicht einzusehen, daß *jedes* in einem Punkt s_0 *absolut* konvergente Laplace-Integral ein ähnliches Verhalten zeigt, nämlich in der abgeschlossenen Halbebene $\Re s \geqq \Re s_0$ absolut konvergiert. Dort ist nämlich:

$$\int_{\omega_1}^{\omega_2} \left| e^{-st} F(t) \right| dt = \int_{\omega_1}^{\omega_2} \left| e^{-(s-s_0)t} e^{-s_0 t} F(t) \right| dt,$$

$$= \int_{\omega_1}^{\omega_2} e^{-t \Re(s-s_0)} \left| e^{-s_0 t} F(t) \right| dt \leqq \int_{\omega_1}^{\omega_2} \left| e^{-s_0 t} F(t) \right| dt.$$

Hieraus ergibt sich, daß hinsichtlich des Parameters s das *Gebiet absoluter Konvergenz* des Laplace-Integrals eine *Halbebene* ist, die in die ganze Ebene ausarten oder auch zu nichts zusammenschrumpfen kann. Denn entweder ist das Integral mit absolut genommenem Integranden für jedes reelle s (und damit auch für jedes komplexe s) oder für kein reelles s (und damit für kein komplexes s) konvergent, oder es gibt mindestens ein reelles s, für das es konvergiert, und ein reelles s, für das es divergiert. In diesem Fall kann man alle reellen s restlos in zwei nichtleere Klassen einteilen: K_1 enthält die reellen Divergenz-, K_2 die reellen Konvergenzpunkte. Jedes s_1 aus K_1 liegt links von jedem s_2 aus K_2, denn wäre einmal $s_1 > s_2$, so würde nach dem oben Bewiesenen das Integral in s_1 konvergieren, weil es schon in s_2 konvergiert. Die Einteilung ist also ein Dedekindscher Schnitt und definiert eine reelle Zahl α (die Konvergenz- oder Divergenzpunkt sein kann). An jeder Stelle s mit $\Re s < \alpha$ divergiert das Integral, denn es gibt ein s_1 aus K_1 mit $\Re s < s_1 < \alpha$, und aus der Divergenz in s_1 folgt erst recht die in s; an jeder Stelle s mit $\Re s > \alpha$ konvergiert das Integral, denn es gibt ein s_2 aus K_2 mit $\alpha < s_2 < \Re s$, und aus der Konvergenz in s_2 folgt die in s.

α heißt die *Abszisse absoluter Konvergenz*. (In den ausgearteten Fällen ist $\alpha = -\infty$ bzw. $= +\infty$ zu setzen.) Von der durch sie bestimmten (rechten) *Halbebene absoluter Konvergenz* kann der Rand $\Re s = \alpha$ nur entweder ganz oder gar nicht dazugehören. Eine teilweise Zugehörigkeit gibt es nicht, da mit s_0 auch jeder Punkt mit $\Re s = \Re s_0$ zum Gebiet absoluter Konvergenz gehört.

Wir fragen nun, wie der Bereich von s-Werten aussieht, wo das Laplace-Integral nicht notwendig absolut, sondern *einfach konvergiert**. Dazu zeigen wir zunächst, daß für die einfache Konvergenz das Analoge wie für die absolute gilt.

Satz 1. *Konvergiert das Laplace-Integral für s_0:*

$$\int_0^\infty e^{-s_0 t} F(t)\, dt = f_0,$$

---

* Wir sprechen von „einfacher" Konvergenz, wenn das Integral konvergiert, eventuell auch absolut; von „bedingter" Konvergenz, wenn das Integral zwar konvergiert, aber sicher *nicht* absolut.

so konvergiert es auch für jedes s der (offenen) Halbebene $\Re s > \Re s_0$. Wird für $t > 0$*

$$\int_0^t e^{-s_0 \tau} F(\tau)\, d\tau = \Phi(t)$$

gesetzt, so läßt sich für $\Re s > \Re s_0$ das Laplace-Integral durch folgendes andere:

$$(s - s_0) \int_0^\infty e^{-(s - s_0)t}\, \Phi(t)\, dt$$

darstellen, das sogar absolut konvergiert[4].

Beweis: Definieren wir $\Phi(0) = 0$, so ist $\Phi(t)$ für $t \geqq 0$ stetig; außerdem gilt: $\Phi(t) \to f_0$ für $t \to \infty$. Wenden wir auf das mit beliebigem komplexen s gebildete Integral

$$\int_\varepsilon^\omega e^{-st} F(t)\, dt = \int_\varepsilon^\omega e^{-(s-s_0)t} \cdot e^{-s_0 t} F(t)\, dt$$

die Regel der verallgemeinerten partiellen Integration** an, so ergibt sich:

$$\int_\varepsilon^\omega e^{-st} F(t)\, dt = e^{-(s-s_0)\omega} \Phi(\omega) - e^{-(s-s_0)\varepsilon} \Phi(\varepsilon) + (s-s_0)\int_\varepsilon^\omega e^{-(s-s_0)t} \Phi(t)\, dt.$$

Wird jetzt s auf das Gebiet $\Re s > \Re s_0$ beschränkt, so hat jeder der rechts stehenden Summanden einen Grenzwert, wenn unabhängig $\varepsilon \to 0$ und $\omega \to \infty$. Denn

$$e^{-(s-s_0)\omega} \Phi(\omega) \to 0 \cdot f_0 = 0;$$
$$e^{-(s-s_0)\varepsilon} \Phi(\varepsilon) \to 1 \cdot 0 = 0;$$

$\Phi(t)$ ist für $t \geqq 0$ stetig und hat für $t \to \infty$ einen Grenzwert, ist also beschränkt, so daß nach S. 14 das Laplace-Integral $\int_0^\infty e^{-(s-s_0)t} \Phi(t)\, dt$ für $\Re(s - s_0) > 0$ konvergiert, und zwar sogar absolut.

Infolgedessen hat auch die linke Seite einen Grenzwert für $\varepsilon \to 0$, $\omega \to \infty$, der sich in der behaupteten Weise ausdrückt.

Aus diesem Satz ergibt sich wörtlich wie S. 15, daß der Konvergenzbereich eines Laplace-Integrals eine Halbebene, die sog. *Konvergenzhalbebene* ist, die in die ganze Ebene ausarten kann. (Den hier nicht

---

* Beachte hier das Zeichen $>$ statt $\geqq$ bei der absoluten Konvergenz.

** Diese Regel lautet: Wird bei integrablem $g(t)$ und $h(t)$

$$G(t) = A + \int_\varepsilon^t g(\tau)\, d\tau, \qquad H(t) = B + \int_\varepsilon^t h(\tau)\, d\tau$$

gesetzt, so gilt:

$$\int_\varepsilon^\omega G(t)\, h(t)\, dt = G(t)\, H(t)\,\Big|_\varepsilon^\omega - \int_\varepsilon^\omega g(t)\, H(t)\, dt.$$

(Siehe z. B. G. KOWALEWSKI: Grundzüge der Differential- und Integralrechnung, § 159.)   Sind speziell g und h stetig, so ist $g = G'$, $h = H'$, und man fällt auf die übliche Form der partiellen Integration zurück.

in Betracht gezogenen und natürlich auch bedeutungslosen Fall, daß das Laplace-Integral für kein s konvergiert, können wir auch als eine Ausartung ansehen, wobei die Konvergenzhalbebene zu nichts zusammengeschrumpft ist.) Der Schnittpunkt ihrer Begrenzung, der sog. *Konvergenzgeraden*, mit der reellen Achse heißt die *Konvergenzabszisse β* des Laplace-Integrals. (In den ausgearteten Fällen ist $\beta = -\infty$ bzw. $= +\infty$.) Die Gerad $\Re s = \beta$ kann ganz oder teilweise oder gar nicht zum Konvergenzgebiet gehören.

Beispiele.

a) $\displaystyle F(t) = \begin{cases} 0 & \text{für } 0 \leqq t < 1, \\ \dfrac{1}{t^2} & \text{für } t \geqq 1. \end{cases}$

$\beta = 0$; in allen Punkten der Geraden $\Re s = 0$ konvergiert das Laplace-Integral (sogar absolut).

b) $\displaystyle F(t) = \begin{cases} 0 & \text{für } 0 \leqq t < 1, \\ \dfrac{1}{t} & \text{für } t \geqq 1. \end{cases}$

$\beta = 0$; im Punkte $s = 0$ divigiert das Laplace-Integral, in allen anderen Punkten mit $\Re s = 0$ konvergiert es (aber nicht absolut).

Denn für $s = i\,y \,(y \neq 0$ reell$)$ ist

$$\int\limits_0^\infty e^{-st} F(t)\,dt = \int\limits_1^\infty e^{-iyt}\,\frac{dt}{t} = \int\limits_1^\infty \frac{\cos y\,t}{t}\,dt - i \int\limits_1^\infty \frac{\sin y\,t}{t}\,d\,t.$$

c) $F(t) \equiv 1$.

$\beta = 0$; in allen Punkten mit $\Re s = 0$ divergiert das Laplace-Integral.

Um die Abszissen einfacher und absoluter Konvergenz festzustellen, kann man sich offenbar auf reelle s beschränken. Natürlich ist $\beta \leqq \alpha$. In den drei Beispielen war $\beta = \alpha$. Ist aber $\beta < \alpha$, so existiert ein *Streifen bedingter Konvergenz*, wo das Integral zwar konvergiert, aber nicht absolut. Wir wollen nun durch Beispiele zeigen, daß in der Relation

$$-\infty \leqq \beta \leqq \alpha \leqq +\infty$$

tatsächlich alle denkbaren Fälle* vorkommen können.

1. $-\infty = \beta = \alpha < +\infty$.

$F(t) = e^{-t^2}$. Das Laplace-Integral konvergiert offenbar für jedes s, und zwar absolut.

2. $-\infty = \beta < \alpha < +\infty$.

Wir bilden eine Funktion $F(t)$, indem wir e^t jeweils an den Stellen $\lg \lg n,\ n = 3,\ 4,\ \ldots,$ kommutieren ($n > e$, also $\lg n > 1$ und $\lg \lg n > 0$),

---

* Es sind deren $2^3 - 1 = 7$, da das Gleichheitszeichen nicht an allen Stellen zugleich vorliegen kann.

d. h. für $0 \leqq t < \lg \lg 3$ sei $F(t) = e^t$, für $\lg \lg 3 \leqq t < \lg \lg 4$ sei $F(t) = - e^t$ usw. $|F(t)|$ ist dann einfach gleich e^t.

a) $\int\limits_0^\infty e^{-st} e^t\, dt$ konvergiert für $s > 1$ und divergiert für $s \leqq 1$, also ist $\alpha = 1$.

b) Wir berechnen den absoluten Betrag des Integrals längs einer Strecke, wo $F(t)$ konstantes Vorzeichen hat (unter Verwendung der Substitution $t = \lg \lg x,\ x = e^{e^t}$):

$$I_n = \int\limits_{\lg \lg n}^{\lg \lg (n+1)} e^{-st}\, e^t\, dt = \int\limits_n^{n+1} (\lg x)^{1-s}\, \frac{d x}{x \lg x} = \int\limits_n^{n+1} \frac{d x}{x\, (\lg x)^s}\, .$$

Die Funktion $\dfrac{1}{x\, (\lg x)^s}$ nimmt für jedes reelle s von einer Stelle an monoton gegen 0 ab, also ist $I_n \to 0$ für $n \to \infty$ und von einem gewissen n an $I_n > I_{n+1}$. Infolgedessen ist die alternierende Reihe

$$\int\limits_0^{\lg \lg 3} e^{-st}\, e^t\, dt - I_3 + I_4 - I_5 + \cdots$$

konvergent, d. h. ihre Partialsumme s_ν bis zum Glied $\pm I_n$ hat einen Grenzwert. Ist nun $\lg \lg N \leqq \omega < \lg \lg (N+1)$, so gilt:

$$\left| \int\limits_0^\omega e^{-st} F(t)\, dt - s_N \right| < I_N\, .$$

Infolgedessen hat auch $\int\limits_0^\omega e^{-st} F(t)\, dt$ bei jedem s für $\omega \to \infty$ einen Grenzwert.

$3.\ -\infty = \beta < \alpha = +\infty\,.$

Wir erzeugen $F(t)$ durch Kommutierung von $e^{\frac{1}{2} e^t}$ bei $\lg \lg n$.

a) Offenbar ist $\alpha = +\infty$.

$$\text{b)}\quad I_n = \int\limits_{\lg \lg n}^{\lg \lg (n+1)} e^{-st} e^{\frac{1}{2} e^t}\, d t = \int\limits_n^{n+1} (\lg x)^{-s}\, x^{\frac{1}{2}}\, \frac{d x}{x \lg x} = \int\limits_n^{n+1} \frac{d x}{x^{\frac{1}{2}}\, (\lg x)^{s+1}}\, .$$

Weitere Argumentation wie unter 2 b).

$4.\ -\infty < \beta = \alpha < +\infty\,.$

Hierfür sind schon die drei Beispiele a) bis c) S. 17 brauchbar. Wir wollen hier noch ein Beispiel hinzufügen, wo das Integral auf der ganzen Konvergenzgeraden konvergiert, aber in keinem ihrer Punkte absolut, und zwar $F(t) = e^{it^2}$. Das Integral

$$\int\limits_0^\infty e^{-st + it^2}\, d t$$

ist für $s > 0$ sicher konvergent, sogar absolut, für $s < 0$ aber divergent, denn z. B. der Imaginärteil lautet (Substitution $t^2 = u$, $t = |\sqrt{u}|$):

$$\int\limits_0^\infty e^{-st} \sin t^2 \, dt = \int\limits_0^\infty e^{-s\sqrt{u}} \sin u \, \frac{du}{2\sqrt{u}}.$$

Auf der Konvergenzgeraden $\Re s = 0$ können wir $s = yi$ mit reellem y setzen und erhalten:

$$\int\limits_0^\infty e^{-yit + it^2} \, dt = e^{-\frac{y^2}{4}i} \int\limits_0^\infty e^{i\left(t - \frac{y}{2}\right)^2} \, dt = e^{-\frac{y^2}{4}i} \int\limits_{\frac{y^2}{4}}^\infty e^{iu} \, \frac{du}{2\sqrt{u}}.$$

Dieses Integral konvergiert für jedes y. Dagegen ist unser Integral wegen $\left| e^{i(-yt + t^2)} \right| = 1$ nicht absolut konvergent.

5. $-\infty < \beta < \alpha < +\infty$.

Wir gewinnen $F(t)$ durch Kommutierung von e^t an den Stellen $\lg n$ $(n \geqq 2)$. Offenbar ist $\alpha = 1$. — Ferner ist für $n \geqq 1$ $(e^t = x)$:

$$I_n = \int\limits_{\lg n}^{\lg(n+1)} e^{-st} e^t \, dt = \int\limits_n^{n+1} x^{1-s} \, \frac{dx}{x} = \int\limits_n^{n+1} x^{-s} \, dx.$$

Für $s > 0$ nimmt x^{-s} monoton gegen 0 ab, also ist $I_n \to 0$ und $I_n > I_{n+1}$. Die mit $\int\limits_0^\infty e^{-st} F(t) \, dt$ übereinstimmende alternierende Reihe*

$$I_1 - I_2 + I_3 - + \cdots$$

konvergiert also. — Für $s = 0$ dagegen ist $I_n = 1$ und daher Reihe und Integral divergent. — Folglich ist $\beta = 0$.

6. $-\infty < \beta < \alpha = +\infty$.

Wir erzeugen $F(t)$ durch Kommutierung von e^{e^t} an den Stellen $\lg \lg n$ $(n \geqq 3)$. Natürlich ist $\alpha = +\infty$. — Ferner:

$$I_n = \int\limits_{\lg \lg n}^{\lg \lg(n+1)} e^{-st} e^{e^t} \, dt = \int\limits_n^{n+1} (\lg x)^{-s} \, x \, \frac{dx}{x \lg x} = \int\limits_n^{n+1} (\lg x)^{-(s+1)} \, dx.$$

Für $s > -1$ fällt der Integrand mit wachsendem x monoton gegen 0, also ist wie unter 5. das Laplace-Integral konvergent. Für $s = -1$ dagegen ist $I_n = 1$, das Integral also divergent. Folglich ist $\beta = -1$.

7. $-\infty < \beta = \alpha = +\infty$.

$F(t) = e^{t^2}$. Das Laplace-Integral konvergiert offenbar für kein s.

---

* Das Integral $\int\limits_0^\infty$ ist $\lim \int\limits_0^\omega$ für stetig wachsendes ω, die Reihe ist $\lim \int\limits_0^{\lg n}$ für ganzzahlig wachsendes n. Beide Grenzwerte stimmen aber überein, vgl. 2 b).

2*

Allgemeine Formel für die Konvergenzabszisse.

Satz 2. *Ist die Konvergenzabszisse $\beta \geqq 0$, so ist*[5]

$$\beta = \limsup_{\omega \to \infty} \frac{\log \left| \int\limits_0^{\omega} F(t)\, dt \right|}{\omega}.$$

Beweis: 1. Wir setzen

$$\int\limits_0^{\omega} F(t)\, dt = \Psi(\omega), \qquad \limsup_{\omega \to \infty} \frac{\log |\Psi(\omega)|}{\omega} = \lambda$$

und zeigen, daß $\int\limits_0^{\infty} e^{-(\lambda + \delta)t} F(t)\, dt$ für jedes $\delta > 0$ konvergiert. Wie beim Beweis von Satz 1 ist

$$\int\limits_0^{\omega} e^{-(\lambda + \delta)t} F(t)\, dt = e^{-(\lambda + \delta)\,\omega}\, \Psi(\omega) + (\lambda + \delta) \int\limits_0^{\omega} e^{-(\lambda + \delta)t}\, \Psi(t)\, dt.$$

Von einer Stelle an gilt:

$$\frac{\log |\Psi(\omega)|}{\omega} < \lambda + \frac{\delta}{2},$$

also

$$\left| \Psi(\omega) \right| < e^{\left(\lambda + \frac{\delta}{2}\right)\omega},$$

so daß

$$\left| e^{-(\lambda + \delta)\,\omega}\, \Psi(\omega) \right| < e^{-\frac{\delta}{2}\,\omega}$$

ist. Hieraus folgt, daß $e^{-(\lambda + \delta)\,\omega}\, \Psi(\omega) \to 0$ ist und $\int\limits_0^{\omega} e^{-(\lambda + \delta)t}\, \Psi(t)\, dt$

für $\omega \to \infty$ einen Grenzwert hat, so daß das gleiche für $\int\limits_0^{\omega} e^{-(\lambda + \delta)t} F(t)\, dt$

gilt. — Also ist

$$(1) \qquad\qquad\qquad \beta \leqq \lambda.$$

2. Es sei $s_0 > 0$ und $\int\limits_0^{\infty} e^{-s_0 t} F(t)\, dt$ konvergent. Mit

$$\Phi(\omega) = \int\limits_0^{\omega} e^{-s_0 t} F(t)\, dt$$

ist

$$\Psi(\omega) = \int\limits_0^{\omega} e^{s_0 t} e^{-s_0 t} F(t)\, dt = e^{s_0 \omega}\, \Phi(\omega) - s_0 \int\limits_0^{\omega} e^{s_0 t}\, \Phi(t)\, dt.$$

Da $\Phi(\omega)$ für $\omega \to \infty$ einen Grenzwert hat, so ist

$$\left| \Phi(\omega) \right| < K \qquad \text{für} \qquad \omega \geqq 0,$$

also (hier wird $s_0 > 0$ gebraucht):

$$\left| \Psi(\omega) \right| \leqq K\, e^{s_0 \omega} + K\, s_0 \int\limits_0^{\omega} e^{s_0 t}\, dt = K\, e^{s_0 \omega} + K\, (e^{s_0 \omega} - 1) < 2\, K\, e^{s_0 \omega}$$

und folglich von einer Stelle an* für $\delta > 0$

$$|\Psi(\omega)| < e^{(s_0 + \delta)\,\omega}.$$

Hieraus ergibt sich:

$$\frac{\log|\Psi(\omega)|}{\omega} < s_0 + \delta$$

und damit $\lambda \leqq s_0 + \delta$ für jedes δ, also $\lambda \leqq s_0$. Ist die Konvergenzabszisse $\beta \geqq 0$, so kann s_0 jede Zahl $> \beta$ bedeuten, und man erhält: $\lambda \leqq \beta$. Ist $\beta < 0$, so kann s_0 jede Zahl > 0 bedeuten, so daß hier $\lambda \leqq 0$ gilt. Es ist also allgemein:

$$(2) \qquad\qquad\qquad \lambda \leqq \mathrm{Max}\,(\beta,\ 0).$$

(1) und (2) zusammengenommen liefern Satz 2.

§ 3. Laplace-Transformation und l-Funktionen.

Ist F eine L-Funktion, so hat das Laplace-Integral in allen Punkten einer komplexen Halbebene einen Sinn, definiert also dort eine Funktion $f(s)$:

$$f(s) = \int\limits_0^\infty e^{-st} F(t)\, dt \qquad \text{für} \qquad \Re\, s > \beta.$$

Es liegt hier eine Funktionaltransformation vor mit F als Objekt- und f als Resultatfunktion, die *„Laplace-Transformation"* genannt wird und für die wir das Funktionalzeichen $\mathfrak{L}$ einführen wollen:

$$f(s) = \mathfrak{L}\{F\}.$$

Gelegentlich kann es nützlich sein, den Namen, den die Variable der Resultatfunktion tragen soll, an dem Transformationszeichen zum Ausdruck zu bringen, also hier: $\mathfrak{L}_s\{F\}$ oder auch $\mathfrak{L}\{F;\ s\}$.

Wir wollen, wenn nicht die Rücksicht auf historisch überkommene Funktionszeichen es verbietet, nach Möglichkeit daran festhalten, eine Objektfunktion mit einem großen, die zugehörige Resultatfunktion mit dem entsprechenden kleinen Buchstaben zu bezeichnen.

Jede Funktion, die bei der Laplace-Transformation als Resultatfunktion auftreten kann, die also das „Bild" einer L-Funktion ist, soll eine *l-Funktion*** heißen. Die Gesamtheit aller l-Funktionen bildet den *l-Raum*. Ist F eine L_a-Funktion, so soll f als *l_a-Funktion* bezeichnet werden [6].

---

* In Satz 1 [8.2] werden wir eine viel schärfere Abschätzung kennenlernen.

** In der Literatur ist außer der im 2. Kapitel erwähnten Bezeichnung „fonction génératrice" auch der Name „Laplace-Transformierte" üblich. Doch wird dieses Wort auch noch in einem anderen Sinne gebraucht. Man versteht darunter häufig das durch die Laplace-Transformation oder eine ihr ähnliche Transformation vermittelte Abbild einer Funktionalgleichung (meist einer Differentialgleichung), also das, was Laplace die „erzeugende Gleichung" nennt (s. die Fußnote S. 8). Vgl. L. Schlesinger: Handbuch der Theorie der linearen Differentialgleichungen I, S. 407f. Leipzig 1895.

Die Laplace-Transformation, zur Abkürzung auch $\mathfrak{L}$-Transformation genannt, liefert die Abbildung eines Raumes von Funktionen, die nur für reelle $t > 0$ definiert zu sein brauchen und gewisse Integrabilitätsbedingungen erfüllen, auf einen Raum von Funktionen, die gleich in einer Halbebene der komplexen Ebene definiert und, wie wir sehen werden, sogar regulär sind.

§ 4. Ausrechnung einiger Laplace-Transformationen.

Die folgenden Beispiele sollen einige Methoden illustrieren, nach denen sich Laplace-Integrale oft ausrechnen lassen.

1. $F(t) \equiv 1$.

Das Integral $\int\limits_0^\infty e^{-st}\,dt$ ist für $\Re s > 0$ konvergent, und zwar absolut, für $\Re s \leqq 0$ divergent. Es gilt:

$$\mathfrak{L}\{1\} = \frac{1}{s} \quad \text{für} \quad \Re s > 0.$$

2. $F(t) = \begin{cases} 0 & \text{für } 0 \leqq t < a \\ 1 & \text{für } t \geqq a. \end{cases}$

Es ist

$$\mathfrak{L}\{F\} = \frac{e^{-as}}{s} \quad \text{für} \quad \Re s > 0.$$

3. $F(t) \equiv t^\alpha$.

Jeder Zweig von t^α ist nur für $\Re \alpha > -1$ eine I-Funktion. Für diese α-Werte ist t^α aber auch eine L-Funktion, deren Laplace-Integral für $\Re s > 0$ konvergiert, und zwar absolut, während es für $\Re s < 0$ divergiert. t^α sei nun der Hauptzweig. Mit Hilfe der Substitution $s\,t = \tau$ erhalten wir:

$$\int\limits_0^\infty e^{-st}\,t^\alpha\,dt = \frac{1}{s^{\alpha+1}} \int\limits_0^{s\infty} e^{-\tau}\,\tau^\alpha\,d\tau,$$

wobei s^α der Hauptzweig ist und die obere Grenze $s\infty$ andeuten soll, daß das Integral über den Strahl vom Nullpunkt der komplexen τ-Ebene durch den Punkt s zu erstrecken ist [7]. Für jeden Integrationsstrahl in der rechten Halbebene ist das Integral aber bekanntlich gleich $\Gamma(\alpha + 1)$, also ergibt sich:

$$\mathfrak{L}\{t^\alpha\} = \frac{\Gamma(\alpha+1)}{s^{\alpha+1}} \quad \text{für} \quad \Re \alpha > -1 \quad \text{bei} \quad \Re s > 0.$$

(Wenn man bereits weiß, daß $\mathfrak{L}\{F\}$ in der Konvergenzhalbebene regulär ist, kann man sich darauf beschränken, die Berechnung für reelle s durchzuführen, denn wenn eine reguläre Funktion sich im Reellen durch $\dfrac{\Gamma(\alpha+1)}{s^{\alpha+1}}$ darstellen läßt, so gilt diese Darstellung im ganzen Regularitätsbereich.)*

4. $F(t) \equiv e^{at}$.

e^{at} ist für jedes komplexe a eine I-Funktion und auch eine L-Funktion, deren Laplace-Integral für $\Re s > \Re a$ konvergiert, sogar absolut, während es für $\Re s \leqq \Re a$ divergiert. Es ist

$$\mathfrak{L}\{e^{at}\} = \frac{1}{s-a} \quad \text{für} \quad \Re s > \Re a.$$

Eine Anwendung dieser Formel s. S. 27.

5. $F(t) \equiv \mathfrak{Cof}\, c\,t$ bzw. $\mathfrak{Sin}\, c\,t$ mit beliebigem komplexen c. Es ist

$$\mathfrak{L}\{\mathfrak{Cof}\, c\,t\} = \mathfrak{L}\left\{\frac{e^{ct}+e^{-ct}}{2}\right\} = \frac{1}{2}\left(\frac{1}{s-c}+\frac{1}{s+c}\right) = \frac{s}{s^2-c^2}$$

für $\Re s > |\Re c|$, und

$$\mathfrak{L}\{\mathfrak{Sin}\, c\,t\} = \mathfrak{L}\left\{\frac{e^{ct}-e^{-ct}}{2}\right\} = \frac{c}{s^2-c^2} \quad \text{für} \quad \Re s > |\Re c|.$$

6. $F(t) \equiv \cos b\,t$ bzw. $\sin b\,t$ mit beliebigem komplexen b. Es ist

$$\mathfrak{L}\{\cos b\,t\} = \mathfrak{L}\left\{\frac{e^{ibt}+e^{-ibt}}{2}\right\} = \frac{1}{2}\left(\frac{1}{s-ib}+\frac{1}{s+ib}\right) = \frac{s}{s^2+b^2}$$

für $\Re s > \mathrm{Max}\,(\Re\,(ib),\ \Re\,(-ib)) = \mathrm{Max}\,(-\Im b,\ \Im b) = |\Im b|$.

Analog ergibt sich

$$\mathfrak{L}\{\sin b\,t\} = \frac{b}{s^2+b^2} \quad \text{für} \quad \Re s > |\Im b|.$$

7. $F(t) \equiv \dfrac{\cos x\,\sqrt{t}}{\pi\,\sqrt{t}}$ mit reellem x (unter $\sqrt{t}$ ist für $t > 0$ der positive Wert zu verstehen).

Das Laplace-Integral konvergiert bei jedem reellen x für $\Re s > 0$ und divergiert für $\Re s < 0$. Wir betrachten nur reelle s; dann ist:

$$\int\limits_0^\infty e^{-st}\frac{\cos x\,\sqrt{t}}{\pi\,\sqrt{t}}\,dt = \frac{2}{\pi}\int\limits_0^\infty e^{-su^2}\cos x\,u\,du = \frac{1}{\pi}\int\limits_{-\infty}^{+\infty} e^{-su^2}e^{xiu}\,du,$$

da

$$\int\limits_{-\infty}^{+\infty} e^{-su^2}\cos x\,u\,du = 2\int\limits_0^\infty e^{-su^2}\cos x\,u\,du \quad \text{und} \quad \int\limits_{-\infty}^{+\infty} e^{-su^2}\sin x\,u\,du = 0$$

---

* Aus der Formel für $\mathfrak{L}\{t^\alpha\}$ folgt, daß jede Funktion der Gestalt

$$F(t) = C\left(t^{-\beta} + \frac{1}{\lambda\,\Gamma(\beta)}\,t^{\beta-1}\right) \quad \text{mit} \quad 0 < \Re\beta < 1 \quad \text{und} \quad \lambda^2\,\Gamma(\beta)\,\Gamma(1-\beta) = 1$$

der Gleichung $F(s) = \lambda\,\mathfrak{L}\{F\}$ genügt, also eine „Invariante" der $\mathfrak{L}$-Transformation (eine Eigenfunktion des Kernes e^{-st} im Intervall $0\cdots\infty$) ist. Man kann zeigen, daß es keine weiteren gibt[8].

ist. Wir formen nun weiter folgendermaßen um (unter $\sqrt{s}\ (s > 0)$ ist der positive Wert zu verstehen):

$$\frac{1}{\pi}\, e^{-\frac{x^2}{4s}} \int\limits_{-\infty}^{+\infty} e^{-\left(\sqrt{s}\,u - \frac{x\,i}{2\sqrt{s}}\right)^2} du = \frac{1}{\pi}\, e^{-\frac{x^2}{4s}} \int e^{-v^2}\, \frac{dv}{\sqrt{s}}\,,$$

wobei das Integral über die durch den Punkt $-\dfrac{x}{2\sqrt{s}}\, i$ laufende horizontale Gerade der komplexen v-Ebene zu erstrecken ist. Nun zeigt aber der Cauchysche Satz, daß man es statt dessen auch über die reelle Achse erstrecken kann. Es ist nämlich (a beliebig positiv):

$$\int\limits_{-a-\frac{x}{2\sqrt{s}}\,i}^{+a-\frac{x}{2\sqrt{s}}\,i} e^{-v^2}\, dv = \int\limits_{-a}^{+a} + \int\limits_{-a-\frac{x}{2\sqrt{s}}\,i}^{-a} + \int\limits_{a}^{a-\frac{x}{2\sqrt{s}}\,i}.$$

Bei wachsendem a streben die zwei letzten Integrale gegen 0, da bei ihnen

$$\left| e^{-v^2} \right| = e^{-\Re v^2} = e^{-(\Re v)^2 + (\Im v)^2} \leqq e^{-a^2 + \frac{x^2}{4s}}$$

ist, während die Länge des Integrationsweges konstant gleich $\dfrac{|x|}{2\sqrt{s}}$ ist. — Nun ist aber bekanntlich

$$\int\limits_{-\infty}^{+\infty} e^{-v^2}\, dv = \sqrt{\pi}\,,$$

also [9]:

$$\mathfrak{L}\left\{ \frac{\cos x\,\sqrt{t}}{\pi\,\sqrt{t}} \right\} = \frac{e^{-\frac{x^2}{4s}}}{\sqrt{\pi\,s}} \quad \text{für}\quad s > 0$$

und damit (vgl. die Bemerkung unter 3.) für $\Re s > 0$. — Die erhaltene Resultatfunktion spielt eine wichtige Rolle in der Wärmeleitungstheorie und wird dort mit $\chi\,(x, s)$ bezeichnet.

8. $F\,(t) \equiv \dfrac{\sin x\,\sqrt{t}}{\pi}$ mit reellem x.

Es ist

$$\mathfrak{L}\left\{ \frac{\sin x\,\sqrt{t}}{\pi} \right\} = \frac{x}{2\sqrt{\pi}\, s^{\frac{3}{2}}}\, e^{-\frac{x^2}{4s}} \quad \text{für}\quad \Re s > 0.$$

Diese Formel kann auf analogem Wege wie die in 7. oder auch aus dieser durch Differentiation nach x gewonnen werden. (Daß man unter dem Laplace-Integral nach x differenzieren darf, muß natürlich eigens bewiesen werden.) — Die erhaltene l-Funktion kommt ebenfalls in der Theorie der Wärmeleitung vor und wird dort mit $\psi\,(x, s)$ bezeichnet. Übrigens ist

$$\psi\,(x, s) = -\frac{\partial \chi\,(x, s)}{\partial x}\,.$$

9. $F(t) \equiv \chi(x, t)$ und $F(t) \equiv \psi(x, t)$ mit $x > 0$.

Wir betrachten die in 7. und 8. erhaltenen l-Funktionen jetzt als L-Funktionen [10]. Die Substitution $\dfrac{\alpha}{u} = v \; (\alpha > 0)$ liefert:

$$\int\limits_0^\infty e^{-\left(\frac{\alpha}{u} - u\right)^2} \, du = \int\limits_0^\infty \frac{\alpha}{v^2} \, e^{-\left(v - \frac{\alpha}{v}\right)^2} \, dv \; ;$$

also ist

$$2 \int\limits_0^\infty e^{-\left(\frac{\alpha}{u} - u\right)^2} \, du = \int\limits_0^\infty \left(1 + \frac{\alpha}{u^2}\right) e^{-\left(\frac{\alpha}{u} - u\right)^2} \, du \quad \left(\frac{\alpha}{u} - u = v \text{ gesetzt}\right)$$

$$= \int\limits_{-\infty}^{+\infty} e^{-v^2} \, dv = \sqrt{\pi} \, .$$

Damit haben wir die Grundformel:

$$\int\limits_0^\infty e^{-\left(\frac{\alpha}{u} - u\right)^2} \, du = \alpha \int\limits_0^\infty \frac{1}{u^2} \, e^{-\left(\frac{\alpha}{u} - u\right)^2} \, du = \frac{\sqrt{\pi}}{2} \qquad (\alpha > 0)$$

erhalten. — Der eine Teil dieser Formel liefert $(x > 0)$:

$$\mathfrak{L}\{\psi\} = \int\limits_0^\infty e^{-st} \, \frac{x}{2\sqrt{\pi}\, t^{\frac{3}{2}}} \, e^{-\frac{x^2}{4t}} \, dt = e^{-x\sqrt{s}} \int\limits_0^\infty \frac{x}{2\sqrt{\pi}\, t^{\frac{3}{2}}} \, e^{-\left(\sqrt{s}\,t - \frac{x}{2\sqrt{t}}\right)^2} \, dt$$

$$\left(\frac{x}{2\sqrt{t}} = u \text{ gesetzt}\right) = \frac{2}{\sqrt{\pi}} \, e^{-x\sqrt{s}} \int\limits_0^\infty e^{-\left(\frac{x\sqrt{s}}{2} \frac{1}{u} - u\right)^2} \, du = e^{-x\sqrt{s}} \, .$$

Aus dem anderen Teil der Grundformel ergibt sich:

$$\mathfrak{L}\{\chi\} = \int\limits_0^\infty e^{-st} \, \frac{1}{\sqrt{\pi\, t}} \, e^{-\frac{x^2}{4t}} \, dt = e^{-x\sqrt{s}} \int\limits_0^\infty \frac{1}{\sqrt{\pi\, t}} \, e^{-\left(\sqrt{s}\,t - \frac{x}{2\sqrt{t}}\right)^2} \, dt$$

$$= e^{-x\sqrt{s}} \, \frac{x}{\sqrt{\pi}} \int\limits_0^\infty \frac{1}{u^2} \, e^{-\left(\frac{x\sqrt{s}}{2} \frac{1}{u} - u\right)^2} \, du = \frac{e^{-x\sqrt{s}}}{\sqrt{s}} \, .$$

Diese Formel gilt auch noch für $x = 0$. — Für beliebiges reelles x können wir schreiben:

$$\mathfrak{L}\{\psi(x, t)\} = \frac{x}{|x|} \, e^{-|x|\sqrt{s}} \qquad (x \neq 0),$$

$$\mathfrak{L}\{\chi(x, t)\} = \frac{e^{-|x|\sqrt{s}}}{\sqrt{s}} \, .$$

10. $F(t) \equiv \lg t$.

In dem Ausdruck für die Γ-Funktion

$$\Gamma(\beta) = \int_0^\infty e^{-t}\, t^{\beta-1}\, dt \qquad\qquad (\beta > 0)$$

kann unter dem Integral differenziert werden:

$$\Gamma'(\beta) = \int_0^\infty e^{-t}\, t^{\beta-1}\lg t\, dt,$$

da das entstehende Integral in jedem Intervall $0 < \beta_0 \leqq \beta \leqq \beta_1$ gleichmäßig konvergiert. Dies liefert speziell $\Gamma'(1) = \int_0^\infty e^{-t}\lg t\, dt$. Setzt man hierin $t = s\tau$, wo $s > 0$, so ergibt sich

$$\Gamma'(1) = \int_0^\infty e^{-s\tau}(\lg s + \lg \tau)\, s\, d\tau = s\lg s \int_0^\infty e^{-s\tau}\, d\tau + s \int_0^\infty e^{-s\tau}\lg \tau\, d\tau$$

$$= \lg s + s\,\mathfrak{L}\{\lg t\}.$$

Folglich ist

$$\mathfrak{L}\{\lg t\} = \frac{\Gamma'(1)}{s} - \frac{\lg s}{s} \quad \text{für} \quad \Re s > 0.$$

$-\Gamma'(1)$ ist die Euler-Mascheronische Konstante $0{,}5772156649\ldots$

In allen diesen Beispielen ergaben sich l-Funktionen, die durch das Laplace-Integral in einer Halbebene dargestellt wurden, die aber als analytische Funktionen betrachtet in größeren Gebieten existierten. Im folgenden Beispiel wird die l-Funktion nicht über die Konvergenzhalbebene hinaus fortsetzbar sein.

11. $F(t) \equiv \left[\dfrac{\sqrt{t}}{2\pi}\right]^{*}$, d. h. $F(t) = k$ für $4\pi^2 k^2 \leqq t < 4\pi^2(k+1)^2$
$$(k = 0, 1, 2, \ldots).$$

Für $\Re s > 0$ ist

$$\mathfrak{L}\{F\} = \sum_{k=0}^{\infty} \int_{4\pi^2 k^2}^{4\pi^2(k+1)^2} e^{-st}\, k\, dt = \frac{1}{s}\sum_{k=1}^{\infty} k\left(e^{-4\pi^2 k^2 s} - e^{-4\pi^2(k+1)^2 s}\right)$$

$$= \frac{1}{s}\left\{\sum_{k=1}^{\infty} k\, e^{-4\pi^2 k^2 s} - \sum_{k=1}^{\infty}(k-1)\, e^{-4\pi^2 k^2 s}\right\} = \frac{1}{s}\sum_{k=1}^{\infty} e^{-4\pi^2 k^2 s}.$$

Nun ist die elliptische Thetafunktion $\vartheta_3(v, \tau)$ so definiert:

$$\vartheta_3(v, \tau) = 1 + 2\sum_{k=1}^{\infty} e^{-k^2\pi^2\tau}\cos 2k\pi v.$$

Also ist

$$\mathfrak{L}\left\{\left[\frac{\sqrt{t}}{2\pi}\right]\right\} = \frac{1}{2s}\left(\vartheta_3(0, 4s) - 1\right) \quad \text{für} \quad \Re s > 0.$$

---

* Unter $[x]$ wird die größte ganze Zahl $\leqq x$ verstanden.

Diese Funktion ist bekanntlich über die Gerade $\Re s = 0$ hinaus nicht analytisch fortsetzbar.

Anwendung:

Zerlegung einer Funktion in nichtharmonische Schwingungen.

Wir wollen eine Anwendung von der Formel $\mathfrak{L}\{e^{at}\} = \dfrac{1}{s-a}$ machen. Besteht eine Funktion aus der Überlagerung von endlich vielen harmonischen Schwingungen, d. h. cos- und sin-Funktionen oder, was dasselbe bedeutet, Exponentialfunktionen $e^{\alpha t}$ mit imaginärem α:

$$F(t) = c_0 + c_1 e^{\alpha_1 t} + \cdots + c_n e^{\alpha_n t},$$

wo die α_ν ganzzahlige Multipla ein und derselben Zahl βi sind:

$$\alpha_\nu = p_\nu \beta i, \quad 0 < p_1 < p_2 < p_3 < \cdots < p_n,$$

so haben sie eine gemeinsame Periode

$$T = \frac{2\pi}{\beta d},$$

wo d der größte gemeinsame Teiler von $p_1,\ p_2, \cdots p_n$ ist: $p_\nu = q_\nu d$. $F(t)$ hat dann ebenfalls diese Periode. Ist nun $F(t)$ bekannt, z. B. als Resultat einer Messungsreihe, so kann man diese Periode T feststellen, und F muß dann wegen

$$a_\nu = q_\nu d \beta i = q_\nu \frac{2\pi}{T} i$$

die Gestalt

$$F(t) = c_0 + c_1 e^{q_1 \frac{2\pi}{T} it} + \cdots + c_n e^{q_n \frac{2\pi}{T} it}$$

haben. Die Komponenten, d. h. die c_ν und q_ν und damit die α_ν lassen sich dann leicht auf Grund der Orthogonalitätsbeziehung

$$\frac{1}{T}\int_0^T e^{(q\nu - q)\frac{2\pi}{T} it}\, dt = \begin{cases} 1 & \text{für } q = q_\nu \\ 0 & \text{für } q \neq q_\nu \end{cases}$$

(q = ganze Zahl) feststellen: Man bildet

$$\frac{1}{T}\int_0^T F(t)\, e^{-q\frac{2\pi}{T} it}\, dt$$

der Reihe nach für $q = 0, 1, 2, \ldots$; für $q = q_\nu$ erhält man c_ν, sonst 0.

Dieses Verfahren versagt, wenn die Schwingungen nicht harmonisch, die α_ν also nicht Multipla derselben imaginären Zahl sind. In diesem Fall könnte man versuchen, mit $2n+1$ herausgegriffenen Werten $F(t_r)$ aus den $2n+1$ Gleichungen

$$F(t_r) = c_0 + c_1 e^{\alpha_1 t_r} + c_2 e^{\alpha_2 t_r} + \cdots + c_n e^{\alpha_n t_r} \quad (r = 1, 2, \ldots, 2n+1)$$

die $2n+1$ Unbekannten $c_0, c_1, \ldots, c_n, \alpha_1, \alpha_2, \ldots, \alpha_n$ zu berechnen. Diese Gleichungen sind aber transzendent, also praktisch nicht lösbar. Vermittels der $\mathfrak{L}$-Transformation kann man nun aber, wenn man die Anzahl der Glieder kennt, das Problem „algebraisieren" [11]. Es sei sogar zugelassen, daß $F(t)$ aperiodische Glieder enthält, d. h. daß gewisse der α reell sind. Es ist

$$f(s) = \mathfrak{L}\{F\} = \frac{c_0}{s} + \frac{c_1}{s-\alpha_1} + \cdots + \frac{c_n}{s-\alpha_n} = \frac{a_0 + a_1 s + \cdots a_n s^n}{s(s-\alpha_1)\cdots(s-\alpha_n)}$$

für $\Re s > \mathrm{Max}\,(\Re\,\alpha_\nu)$. Berechnet man $f(s)$ für $2n+1$ Werte s_r, so erhält man, wenn man

$$s(s-\alpha_1)\cdots(s-\alpha_n) = b_1 s + \cdots + b_n s^n + s^{n+1}$$

setzt, die linearen algebraischen Gleichungen

$$(b_1 s_r + \cdots + s_r^{n+1})\,f(s_r) = a_0 + a_1 s_r + \cdots a_n s_r^n \quad (r = 1,\, \ldots,\, 2n+1).$$

Hieraus wird man die $n+1$ Unbekannten a zunächst eliminieren und n lineare Gleichungen für die Unbekannten b_1, b_2, $\ldots$ b_n behalten. Sind diese bestimmt, so ergeben sich die α_ν als die Wurzeln der Gleichung

$$b_1 + b_2 s + \cdots + b_n s^{n-1} + s^n = 0.$$

Die c_ν kann man dann am einfachsten aus $n+1$ Gleichungen der Gestalt

$$f(s_r) = \frac{c_0}{s_r} + \frac{c_1}{s_r-\alpha_1} + \cdots + \frac{c_n}{s_r-\alpha_n}$$

berechnen [12].

§ 5. Die Dirichletsche Reihe als Laplace-Integral.

Das Laplace-Integral ist das kontinuierliche Analogon zur *Dirichletschen Reihe:*

$$(1) \qquad \varphi(s) = \sum_{n=0}^{\infty} a_n e^{-\lambda_n s} \quad \text{mit} \quad 0 \leqq \lambda_0 < \lambda_1 < \cdots \to \infty.$$

Diese zeigt bekanntlich genau dasselbe Konvergenzverhalten: einfache und absolute Konvergenz je in einer Halbebene, beliebige Breite des Streifens bedingter Konvergenz. Der Spezialfall $\lambda_n = n$ ist mit der *Potenzreihe* äquivalent, denn durch die Transformation $e^{-s} = z$ ergibt sich $\sum_{n=0}^{\infty} a_n z^n$. Bei dieser Abbildung der s- auf die z-Ebene entspricht einer Geraden $\Re s = \sigma$ der Kreis $|z| = e^{-\sigma}$, also der Konvergenzhalbebene der Dirichletschen Reihe der Konvergenzkreis der Potenzreihe. Bei letzterer fallen die Kreise einfacher und absoluter Konvergenz stets zusammen.

Jede Dirichletsche Reihe, die überhaupt ein Gebiet einfacher Konvergenz besitzt, läßt sich, abgesehen von dem Faktor s, als ein sogar absolut konvergentes Laplace-Integral darstellen, wodurch viele Sätze über Dirichletsche Reihen ihre naturgemäße Erklärung finden (vgl. 6.6).

Satz 1. *Die Dirichletsche Reihe* (1) *habe die Konvergenzabszisse* $\eta < \infty$. *Man definiere die Funktion* $A(t)$ *folgendermaßen*:*

---

* $A(t)$ ist eine Treppenfunktion, die an den Sprungstellen gleich dem Mittelwert der Stufenhöhen ist. Letztere Normierung spielt für den Satz keine Rolle und wird nur für spätere Zwecke so gewählt.

a) $A(t) = 0$ *für* $0 \leqq t < \lambda_0$, *falls* $\lambda_0 > 0$; *für* $\lambda_0 = 0$ *soll* a) *wegfallen*;

b) $A(t) = \sum_{v=0}^{n} a_v$ *für* $\lambda_n < t < \lambda_{n+1}$;

c) $A(\lambda_0) = \dfrac{a_0}{2}$, $A(\lambda_n) = \sum_{v=0}^{n-1} a_v + \dfrac{a_n}{2}$.

1. *Ist* $\eta \geqq 0$, *so ist*

$$\varphi(s) = s \int_0^\infty e^{-st} A(t)\, dt \quad \textit{für } \Re s > \eta \geqq 0.$$

2. *Ist* $\eta < 0$, *so gilt für* $\Re s > 0$ *dieselbe Formel. Dagegen ist*

$$\varphi(s) = \varphi(0) + s \int_0^\infty e^{-st} [A(t) - \varphi(0)]\, dt \quad \textit{für} \quad \Re s > \eta.$$

Die Laplace-Integrale konvergieren absolut[13].

Beweis: Wir schicken die Abelsche Formel der partiellen Summation voraus, die das Analogon zur partiellen Integration darstellt:

$$\sum_{v=0}^{n} c_v d_v = C_n d_n + \sum_{v=0}^{n-1} C_v (d_v - d_{v+1}) \quad \text{mit} \quad C_n = \sum_{v=0}^{n} c_v \quad (n \geqq 1).$$

Sie beruht auf folgender Umformung:

$$\sum_{v=0}^{n} c_v d_v = c_0 d_0 + \sum_{v=1}^{n} (C_v - C_{v-1}) d_v = C_0 d_0 + \sum_{v=1}^{n} C_v d_v - \sum_{v=1}^{n} C_{v-1} d_v$$

$$= \sum_{v=0}^{n} C_v d_v - \sum_{v=0}^{n-1} C_v d_{v+1} = C_n d_n + \sum_{v=0}^{n-1} C_v (d_v - d_{v+1}).$$

1. $\eta \geqq 0$. Die Abelsche Formel wenden wir zunächst bei beliebigem $\delta > 0$ an auf

$$c_v = a_v e^{-\lambda_v (\eta + \delta)}, \qquad d_v = e^{\lambda_v (\eta + \delta)}$$

und erhalten für $n \geqq 1$:

$$\sum_{v=0}^{n} a_v = \sum_{v=0}^{n} a_v e^{-\lambda_v (\eta + \delta)} \cdot e^{\lambda_v (\eta + \delta)} = C_n e^{\lambda_n (\eta + \delta)} + \sum_{v=0}^{n-1} C_v (e^{\lambda_v (\eta + \delta)} - e^{\lambda_{v+1} (\eta + \delta)}).$$

Da nach Voraussetzung $C_n = \sum_{v=0}^{n} a_v e^{-\lambda_v (\eta + \delta)}$ für $n \to \infty$ einen Grenzwert hat, so ist $|C_n| \leqq C = \text{const}$ und infolgedessen

$$\left| \sum_{v=0}^{n} a_v \right| \leqq C\, e^{\lambda_n (\eta + \delta)} + C \sum_{v=0}^{n-1} \left| e^{\lambda_v (\eta + \delta)} - e^{\lambda_{v+1} (\eta + \delta)} \right|.$$

Wegen $\eta + \delta > 0$ können wir dafür schreiben:

$$\left| \sum_{v=0}^{n} a_v \right| \leqq C\, e^{\lambda_n (\eta + \delta)} + C \sum_{v=0}^{n-1} (e^{\lambda_{v+1} (\eta + \delta)} - e^{\lambda_v (\eta + \delta)})$$

$$(1) \qquad = 2\, C\, e^{\lambda_n (\eta + \delta)} - C\, e^{\lambda_0 (\eta + \delta)} \leqq 2\, C\, e^{\lambda_n (\eta + \delta)} \quad \text{für} \quad n \geqq 1.$$

Dies gilt auch für $n = 0$, denn es war $|C_0| = |a_0 e^{-\lambda_0 (\eta + \delta)}| \leqq C$.

Nach dieser Abschätzung setzen wir $\sum\limits_{v=0}^{n} a_v = A_n$ und wenden die partielle Summation auf folgende Summe an:

$$(2) \qquad \sum_{v=0}^{n} a_v\, e^{-\lambda_v s} = A_n\, e^{-\lambda_n s} + \sum_{v=0}^{n-1} A_v\, (e^{-\lambda_v s} - e^{-\lambda_{v+1} s})$$

$$= A_n\, e^{-\lambda_n s} + s \sum_{v=0}^{n-1} A_v \int_{\lambda_v}^{\lambda_{v+1}} e^{-st}\, dt$$

$$= A_n\, e^{-\lambda_n s} + s \int_{0}^{\lambda_n} e^{-st}\, A(t)\, dt.$$

Bei $\Re s > \eta$ hat die linke Seite für $n \to \infty$ einen Grenzwert, also auch die rechte. Da aus der Abschätzung (1) folgt:

$$A_n\, e^{-\lambda_n s} \to 0 \quad \text{für} \quad n \to \infty$$

(man wähle $0 < \delta < \Re s - \eta$), so strebt $s \int_{0}^{\lambda_n} e^{-st}\, A(t)\, dt$ für $n \to \infty$ gegen

den Grenzwert $\sum\limits_{v=0}^{\infty} a_v\, e^{-\lambda_v s}$. Nun überlegt man sich leicht, daß

$$\lim_{n \to \infty} \int_{0}^{\lambda_n} e^{-st}\, A(t)\, dt = \lim_{\omega \to \infty} \int_{0}^{\omega} e^{-st}\, A(t)\, dt = \int_{0}^{\infty} e^{-st}\, A(t)\, dt$$

ist*. Das letzte Integral konvergiert absolut, da auf Grund unserer Abschätzung (1)

$$A(t) = O(e^{t(\eta+\delta)})$$

ist.

2. $\eta < 0$. Wir setzen in der Abelschen Formel

$$c_v = a_{m+1+v}\, e^{-\lambda_{m+1+v}(\eta+\delta)}, \qquad d_v = e^{\lambda_{m+1+v}(\eta+\delta)} \qquad (m \geqq 0),$$

wo $\delta > 0$ so klein gewählt sein soll, daß noch $\eta + \delta < 0$ ist, und erhalten:

$$\sum_{v=0}^{n} a_{m+1+v} = C_n\, e^{\lambda_{m+1+n}(\eta+\delta)} + \sum_{v=0}^{n-1} C_v\, (e^{\lambda_{m+1+v}(\eta+\delta)} - e^{\lambda_{m+2+v}(\eta+\delta)}),$$

also, da die Dirichletsche Reihe für $\eta + \delta$ konvergiert und folglich $|C_n| \leqq C$, ferner $\eta + \delta < 0$ ist:

$$\left| \sum_{v=0}^{n} a_{m+1+v} \right| \leqq C\, e^{\lambda_{m+1+n}(\eta+\delta)} + C \sum_{v=0}^{n-1} (e^{\lambda_{m+1+v}(\eta+\delta)} - e^{\lambda_{m+2+v}(\eta+\delta)})$$

$$= C\, e^{\lambda_{m+1+n}(\eta+\delta)} + C\, (e^{\lambda_{m+1}(\eta+\delta)} - e^{\lambda_{m+1+n}(\eta+\delta)})$$

$$= C\, e^{\lambda_{m+1}(\eta+\delta)},$$

---

* Ganz selbstverständlich ist das nicht, denn aus der Existenz von $\lim\limits_{\omega \to \infty} \int_{0}^{\omega}$ bei stetig wachsendem ω folgt zwar sofort die Existenz von $\lim\limits_{n \to \infty} \int_{0}^{\lambda_n}$ bei unstetig wachsender oberer Grenze, aber nicht umgekehrt.

unabhängig von n, also auch

$$(3) \qquad \left| \sum_{\nu=0}^{\infty} a_{m+1+\nu} \right| = \left| \sum_{\mu=m+1}^{\infty} a_{\mu} \right| \leqq C\, e^{\lambda_{m+1}(\eta+\delta)} \leqq C\, e^{\lambda_m(\eta+\delta)}.$$

$\sum_{\mu=m+1}^{\infty} a_{\mu}$ ist der Rest der wegen $\eta < 0$ konvergenten Reihe $\varphi(0) = \sum_{n=0}^{\infty} a_n$, also gleich $\varphi(0) - A_m$. Nun verwenden wir die Formel (2) und gestalten sie so nun:

$$\sum_{\nu=0}^{n} a_\nu\, e^{-\lambda_\nu s} = (A_n - \varphi(0))\, e^{-\lambda_n s} + \varphi(0) - \varphi(0)\,(1 - e^{-\lambda_0 s})$$
$$+ \sum_{\nu=0}^{n-1} (A_\nu - \varphi(0))\,(e^{-\lambda_\nu s} - e^{-\lambda_{\nu+1} s})$$
$$= (A_n - \varphi(0))\, e^{-\lambda_n s} + \varphi(0) - s \int_0^{\lambda_0} \varphi(0)\, e^{-st}\, dt$$
$$+ s \sum_{\nu=0}^{n-1} \int_{\lambda_\nu}^{\lambda_{\nu+1}} (A(t) - \varphi(0))\, e^{-st}\, dt$$
$$= (A_n - \varphi(0))\, e^{-\lambda_n s} + \varphi(0) + s \int_0^{\lambda_n} (A(t) - \varphi(0))\, e^{-st}\, dt.$$

Hieraus ergibt sich unter Benutzung der Abschätzung (3) von $A_n - \varphi(0)$ bei $\Re s > \eta + \delta$ für $n \to \infty$:

$$\sum_{\nu=0}^{\infty} a_\nu\, e^{-\lambda_\nu s} = \varphi(0) + s \int_0^{\infty} (A(t) - \varphi(0))\, e^{-st}\, dt,$$

wobei das Integral wegen

$$A(t) - \varphi(0) = O(e^{t(\eta+\delta)})$$

absolut konvergiert.

Wählen wir $\Re s > 0$, so ist $s \int_0^{\infty} \varphi(0)\, e^{-st}\, dt = \varphi(0)$ konvergent, so daß wir durch Addition auf die unter 1. gefundene Formel zurückfallen.

Es kann übrigens sogar vorkommen, daß *das Laplace-Integral in einer größeren Halbebene konvergiert als die Dirichletsche Reihe.* So ist z. B.

$$\varphi(s) = \sum_{n=0}^{\infty} (-1)^n\,(n+1)\, e^{-s \lg(n+1)} = \sum_{n=0}^{\infty} \frac{(-1)^n}{(n+1)^{s-1}} = (1 - 2^{2-s})\,\zeta(s-1),$$

wo $\zeta(s)$ die Riemannsche Zetafunktion

$$\zeta(s) = \sum_{n=1}^{\infty} \frac{1}{n^s}$$

ist, nur für $\Re s > 1$ konvergent. Hier ist

$$A(t) = 1 - 2 + 3 - \cdots + (-1)^n\,(n+1) = \begin{cases} \dfrac{n+2}{2} & (n \text{ gerade}) \\[2mm] \dfrac{n+1}{2} & (n \text{ ungerade}) \end{cases}$$

$$\text{für } \lg(n+1) < t < \lg(n+2).$$

Offenbar konvergiert $\int\limits_0^\infty e^{-st} A(t)\, dt$ genau so weit wie die Reihe

$$\sum_{n=0}^\infty \int\limits_{\lg(n+1)}^{\lg(n+2)} e^{-st} A(t)\, dt. \quad \text{Es ist:}$$

$$\int\limits_{\lg(n+1)}^{\lg(n+2)} e^{-st} A(t)\, dt = \begin{cases} \dfrac{n+2}{2s}\left(\dfrac{1}{(n+1)^s} - \dfrac{1}{(n+2)^s}\right) & \text{für gerades } n \\[2ex] -\dfrac{n+1}{2s}\left(\dfrac{1}{(n+1)^s} - \dfrac{1}{(n+2)^s}\right) & \text{für ungerades } n, \end{cases}$$

also

$$\varphi(s) = 1\left(\frac{1}{1^s} - \frac{1}{2^s}\right) - 1\left(\frac{1}{2^s} - \frac{1}{3^s}\right) + 2\left(\frac{1}{3^s} - \frac{1}{4^s}\right) - 2\left(\frac{1}{4^s} - \frac{1}{5^s}\right) + \cdots$$

(Die Darstellung durch das Laplace-Integral läuft also auf eine Umordnung der ursprünglichen Reihe hinaus.) Da die Glieder gegen 0 streben, so wird durch Zusammenfassung von je zwei konsekutiven (einem geraden n und ungeraden $n+1$ entsprechenden) Gliedern in einer Klammer der Konvergenzbereich nicht geändert. Der allgemeine Ausdruck einer solchen Klammer lautet:

$$\frac{n+2}{2}\left[\frac{1}{(n+1)^s} - \frac{1}{(n+2)^s}\right] - \frac{n+2}{2}\left[\frac{1}{(n+2)^s} - \frac{1}{(n+3)^s}\right]$$
$$= (n+2)\left[\frac{1}{2}\left(\frac{1}{(n+1)^s} + \frac{1}{(n+3)^s}\right) - \frac{1}{(n+2)^s}\right],$$

ist also positiv für $s > 0$, da $\dfrac{1}{x^s}$ konvex ist. Jede der beiden Klammern [...] auf der linken Seite ist nach dem Mittelwertsatz gleich der ersten Ableitung von $\dfrac{1}{x^s}$ an je einer Zwischenstelle ξ_1, ξ_2, ihre Differenz also gleich dem Wert der zweiten Ableitung $\dfrac{s(s+1)}{x^{s+2}}$ an einer Stelle ξ zwischen $n+1$ und $n+3$, multipliziert mit $\xi_1 - \xi_2$, was absolut genommen < 2 ist. Der ganze Ausdruck ist also sicher $< \dfrac{(n+2)\,s(s+1)}{(n+1)^{s+2}}$, die Reihe und damit unser Laplace-Integral konvergiert daher für $s > 0$ und damit auch für $\Re s > 0$, allerdings für $0 < \Re s \leqq 1$ nicht mehr absolut.

Man kann sogar Beispiele angeben, wo das Laplace-Integral eine Halbebene absoluter Konvergenz besitzt, während die zugehörige Dirichletsche Reihe überall divergiert [14].

§ 6. Die zweiseitig unendliche Laplace-Transformation (Mellin-Transformation).

Wir haben dem Laplace-Integral die Grenzen 0 und ∞ gegeben und werden daran auch in der Folge, wenn wir von Laplace-Transformation schlechtweg sprechen, festhalten. Wie wir in § 5 sahen, steht dieses Integral in Analogie zur Dirichletschen Reihe und zur Potenzreihe $\sum\limits_{n=0}^\infty a_n z^n$. Neben letzterer kommt nun aber in der Funktionentheorie auch die Laurent-Reihe vor, bei der n von $-\infty$ bis $+\infty$ läuft.

Ihr entspricht ein Laplace-Integral, dessen Grenzen $-\infty$ und $+\infty$ sind. Wir bezeichnen die dadurch dargestellte Abbildung als *zweiseitig unendliche Laplace-Transformation* mit dem Funktionalzeichen $\mathfrak{L}_{II}$:

$$f(s) = \int\limits_{-\infty}^{+\infty} e^{-st} F(t)\, dt \equiv \mathfrak{L}_{II}\{F\}.$$

Wollen wir gelegentlich deutlich zum Ausdruck bringen, daß wir nicht $\mathfrak{L}_{II}$, sondern die Transformation im früheren Sinn meinen, so bezeichnen wir letztere als einseitig unendliche Laplace-Transformation mit dem Funktionalzeichen $\mathfrak{L}_{I}$.

$\mathfrak{L}_{II}$ ist definiert als $\lim\limits_{\omega_1,\,\omega_2 \to \infty} \int\limits_{-\omega_1}^{\omega_2}$, wobei die Grenzübergänge $\omega_1 \to \infty$, $\omega_2 \to \infty$ unabhängig voneinander sind. So wie $\int\limits_{0}^{\infty}$ in einer rechten Halbebene, konvergiert natürlich $\int\limits_{-\infty}^{0}$ in einer linken Halbebene. Beide haben entweder einen Streifen $\beta_1 < \Re s < \beta_2$ gemeinsam, oder sie schließen einander vollständig aus (dann existiert $\mathfrak{L}_{II}$ überhaupt nicht), oder ihre Konvergenzgeraden fallen zusammen; dann konvergieren beide auf der ganzen Geraden oder in einigen Punkten oder nirgends. Das Konvergenzgebiet von $\mathfrak{L}_{II}$ ist also entweder ein „Konvergenzstreifen“ oder eine Gerade oder ein Teil einer Geraden. Analoges gilt für das Gebiet absoluter Konvergenz. — Die $\mathfrak{L}_{II}$-Transformation kommt in der Literatur meist in der Gestalt vor, die sie durch die Substitution

$$e^{-t} = z, \qquad F(-\log z) = \Phi(z)$$

annimmt:

$$f(s) = \int\limits_{0}^{\infty} z^{s-1} \Phi(z)\, dz.$$

In dieser Form heißt sie *Mellin-Transformation* (Näheres in 6.8).

§ 7. Die Frage der Eineindeutigkeit der Abbildung des L-Raumes auf den l-Raum.

Bei einer Potenzreihe $\varphi(z) = \sum\limits_{n=0}^{\infty} a_n z^n$ bestimmen die Koeffizienten eindeutig die dargestellte Funktion, letztere aber dank der Taylorschen Formel $a_n = \dfrac{\varphi^{(n)}(0)}{n!}$ oder der Cauchyschen Formel $a_n = \dfrac{1}{2\pi i} \int \dfrac{\varphi(z)}{z^{n+1}}\, dz$ auch eindeutig die Koeffizienten. Bei der $\mathfrak{L}$-Transformation bestimmt die L-Funktion $F(t)$ wohl eindeutig die l-Funktion $f(s)$, das Umgekehrte gilt aber ganz offenkundig nicht. Ändert man z. B. $F(t)$ an einzelnen Stellen ab, so ist das Laplace-Integral dagegen ganz unempfindlich, und $f(s)$ bleibt erhalten. Zu einem $f(s)$ führen mithin sicher unendlich viele $F(t)$ hin, also ist die Abbildung des l-Raumes auf den L-Raum nicht eindeutig. Wir werden nun aber sehen, daß diese Vieldeutigkeit sehr harmloser Natur und ganz leicht zu überschauen ist. Es wird sich nämlich herausstellen, daß zwei zu derselben l-Funktion gehörige L-Funktionen sich nur um eine Differenz $N(t)$ unterscheiden können, deren bestimmtes Integral mit variabler oberer Grenze identisch verschwindet:

$$\int\limits_0^t N(\tau)\,d\tau \equiv 0.$$

Eine solche Funktion wollen wir kurz eine *Nullfunktion* nennen. Da jedes (eigentliche) Riemannsche Integral als Lebesguesches geschrieben werden kann, so ergibt sich sofort, daß $N(t)$ höchstens auf einer Nullmenge (Menge vom Lebesgueschen Maße 0) von 0 verschieden sein kann. Natürlich kann bei uns (im Gegensatz zum Lebesgueschen Integral) nicht jede Nullmenge als Ausnahmemenge auftreten, da ja $N(t)$ im Riemannschen Sinne integrierbar sein muß. — Kennt man zu einer l-Funktion *eine* zugehörige L-Funktion, so kennt man auch alle anderen; man erhält sie durch Addition einer beliebigen Nullfunktion. Rechnen wir, wie das in der Lebesgueschen Theorie üblich ist, zwei Funktionen, deren Integrale identisch gleich sind, als nicht verschieden, so ist die Abbildung durch die $\mathfrak{L}$-Transformation in beiden Richtungen eindeutig.

Befindet sich unter den zu einer l-Funktion gehörigen L-Funktionen eine durchweg *stetige*, oder auch nur eine solche, die an jeder Stelle einseitig stetig ist (nach derselben Seite), so ist sie die *einzige* dieser Art. Denn die Differenz zweier zu derselben l-Funktion gehörigen stetigen oder auch nur rechtsseitig stetigen L-Funktionen hätte dieselbe Eigenschaft und wäre eine Nullfunktion. Dann muß sie aber identisch verschwinden; denn wäre sie an einer Stelle t_0 von Null verschieden, z. B. positiv, so wäre sie gleich in einer ganzen, rechtsseitigen Umgebung $t_0 \leq t \leq t_0 + \delta$ positiv, also

$$\int\limits_{t_0}^{t_0+\delta} N(\tau)\,d\tau = \int\limits_0^{t_0+\delta} N(\tau)\,d\tau - \int\limits_0^{t_0} N(\tau)\,d\tau > 0,$$

was sich mit ihrer Eigenschaft als Nullfunktion nicht verträgt.

Beispiel: Zu den beiden L-Funktionen

$$F_1(t) = \begin{cases} 0 \ \text{für} \ 0 \leq t < 1 \\ 1 \ \text{für} \ t \geq 1 \end{cases} \qquad F_2(t) = \begin{cases} 0 \ \text{für} \ 0 \leq t \leq 1 \\ 1 \ \text{für} \ t > 1 \end{cases}$$

gehört dieselbe l-Funktion $\dfrac{e^{-s}}{s}$. F_1 ist überall nach rechts, F_2 überall nach links stetig. So etwas ist also möglich. Dagegen kann man zu $\dfrac{e^{-s}}{s}$ keine andere L-Funktion finden, die überall nach rechts stetig wäre, als $F_1(t)$.

Durch die *Forderung*, daß F stetig oder durchweg nach rechts oder durchweg nach links stetig sein soll*, läßt sich, falls es überhaupt ein solches F gibt, *Eindeutigkeit im strengen Sinn* erzielen.

Beispiel: Die Funktion

$$F(t) = \begin{cases} 0 \text{ für } t = 0 \\ \sin \dfrac{1}{t} \text{ für } t > 0 \end{cases}$$

ist eine I-Funktion, denn sie besitzt nur die eine Unstetigkeitsstelle $t = 0$. Außerdem ist sie eine L-Funktion, denn sie ist beschränkt. Zu ihrer l-Funktion kann es aber keine durchweg stetige und auch keine nach rechts stetige L-Funktion $F_0(t)$ geben. Denn $F(t) - F_0(t)$ wäre eine Nullfunktion und für $t > 0$ nach rechts stetig. Oben wurde aber gezeigt, daß eine Nullfunktion an jeder Stelle, wo sie nach rechts stetig ist, verschwinden muß. Also können sich F und F_0 nur an der Stelle $t = 0$ unterscheiden. Nun ist es aber offenbar unmöglich, $F(t)$ durch Abänderung des Wertes an der Stelle $t = 0$ nach rechts stetig zu machen.

Die eingangs ausgesprochene Behauptung ergibt sich aus folgendem

Satz 1. *Verschwindet eine l-Funktion $f(s)$ in einer unendlichen Folge von äquidistanten Punkten, die auf einer Parallelen zur reellen Achse liegen:*

$$s = s_0 + n\,\sigma$$

(s_0 ein Konvergenzpunkt des Laplace-Integrals, $\sigma > 0$, $n = 1, 2, \ldots$),

so ist jede zugehörige L-Funktion $F(t)$ eine Nullfunktion [15].

Bemerkungen:

1. Die Voraussetzung ist reichlich erfüllt, wenn $f(s)$ in der ganzen Konvergenzhalbebene oder auf dem darin liegenden Teil der reellen Achse oder einer Parallelen dazu verschwindet.

2. Ist $F(t)$ eine Nullfunktion $N(t)$, so ergibt sich:

$$\mathfrak{L}\{F\} = \int\limits_0^\infty e^{-st} N(t)\,dt = e^{-st} \int\limits_0^t N(\tau)\,d\tau \Big|_0^\infty + s \int\limits_0^\infty e^{-st}\,dt \int\limits_0^t N(\tau)\,d\tau \equiv 0.$$

Verschwindet also eine l-Funktion in der arithmetischen Folge $s_0 + n\sigma$, so ist sie nach unserem Satze überhaupt $\equiv 0$. In Wahrheit ist also die Voraussetzung des Satzes nicht allgemeiner als die Voraussetzung $f \equiv 0$. Wir werden aber beim Beweis nicht mehr brauchen. Vgl. S. 123.

3. Ist $\mathfrak{L}\{F_1\} \equiv \mathfrak{L}\{F_2\}$ im gemeinsamen Konvergenzgebiet oder auch nur in einer horizontalen arithmetischen Folge, so ist $\mathfrak{L}\{F_1 - F_2\} \equiv 0$, also $F_1(t) - F_2(t) = N(t)$. In dieser Form haben wir den Satz oben benutzt.

4. Eine l-Funktion kann sehr wohl unendlich viele äquidistante, auf einer Geraden liegende Nullstellen haben, ohne identisch zu

---

* Im letzteren Fall muß natürlich für den Punkt $t = 0$, wo die Linksstetigkeit nicht zu erfüllen ist, Stetigkeit nach rechts verlangt werden.

verschwinden, wenn nur die Gerade nicht der reellen Achse parallel ist. So ist z. B. für

$$F(t) = \begin{cases} e^{it} & \text{für } 0 \leqq t \leqq 2\pi \\ 0 & \text{für } t > 2\pi \end{cases}$$

$$\mathfrak{L}\{F\} = \int\limits_0^{2\pi} e^{-t(s-i)}\,dt = \frac{1-e^{-2\pi(s-i)}}{s-i} = \frac{1-e^{-2\pi s}}{s-i}$$

$$= 0 \quad \text{für } s = -i,\ \pm 2i,\ \pm 3i,\ \ldots$$

Beweis von Satz 1: Nach Satz 1 [3.2] ist für $\Re s > \Re s_0$:

$$f(s) = (s-s_0)\int\limits_0^\infty e^{-(s-s_0)t}\,\Phi(t)\,dt$$

mit

$$\Phi(t) = \int\limits_0^t e^{-s_0\tau}\,F(\tau)\,d\tau.$$

Für $s = s_0 + n\,\sigma$, $n = 1, 2, \ldots$, ist $f(s) = 0$, also

$$f(s_0 + n\,\sigma) = n\,\sigma \int\limits_0^\infty e^{-n\sigma t}\,\Phi(t)\,dt = 0$$

oder

$$\int\limits_0^\infty e^{-n\sigma t}\,\Phi(t)\,dt = 0.$$

Wir setzen

$$e^{-\sigma t} = x, \quad t = -\frac{\lg x}{\sigma}, \quad \Phi\left(-\frac{\lg x}{\sigma}\right) = \Psi(x)$$

und erhalten:

$$\frac{1}{\sigma}\int\limits_0^1 x^{n-1}\,\Psi(x)\,dx = 0 \quad \text{für} \quad n = 1, 2, \ldots$$

oder

$$\int\limits_0^1 x^\mu\,\Psi(x)\,dx = 0 \quad \text{für} \quad \mu = 0, 1, 2, \ldots,$$

d. h. sämtliche „Momente"* der Funktion $\Psi(x)$ im Intervall $0 \leqq x \leqq 1$ verschwinden.

Setzen wir

$$\Psi(1) = \Phi(0) = 0, \quad \Psi(0) = \lim_{t\to\infty} \Phi(t) = f(s_0),$$

so ist $\Psi(x)$ im Intervall $0 \leqq x \leqq 1$ stetig. Wir wollen nun zeigen:

Satz 2. *Verschwinden sämtliche Momente einer stetigen Funktion $\Psi(x)$ in einem endlichen Intervall, so verschwindet die Funktion identisch.*

---

* Denkt man sich die Strecke $0 \leqq x \leqq 1$ mit einer Masse von der Dichte $\Psi(x)$ belegt, so stellen die Integrale die aus der Physik bekannten Momente der Masse in bezug auf den Nullpunkt dar.

Bemerkungen:

1. Wir werden das hier für das Intervall $0 \leqq x \leqq 1$ beweisen, woraus es für jedes Intervall $a \leqq y \leqq b$ folgt. Setzt man nämlich $y = a + (b - a) x$, so ist das μ^{te} Moment im Intervall $a \leqq y \leqq b$ gleich einer Summe aus den μ ersten Momenten im Intervall $0 \leqq x \leqq 1$. Aus dem Verschwinden der y-Momente schließt man rekursiv auf das der x-Momente und damit auf das Verschwinden der Funktion.

2. In unserem Fall ist $\Psi(x)$ im allgemeinen komplex, da $F(t)$ und s_0 komplex sein können. Da aber die Momentenbildung eine lineare Operation ist und daher der Zerlegung von Ψ in einen reellen und imaginären Bestandteil die Zerlegung der Momente entspricht, so genügt es, wenn wir $\Psi(x)$ als reell voraussetzen.

3. Der Satz besagt für das sog. „Momentenproblem", das die Frage nach der Bestimmbarkeit einer Funktion aus ihren Momenten stellt, offenbar folgenden Eindeutigkeitssatz: *„Das Momentenproblem ist, wenn überhaupt, so nur durch eine stetige Funktion lösbar."* Ohne das Wort *stetig* ist der Satz natürlich falsch. Aber auch bei *unendlichem* Intervall verliert er im allgemeinen seine Richtigkeit.

4. Man sieht jetzt, warum wir oben nicht gleich

$$f(s_0 + n\sigma) = \int_0^\infty e^{-n\sigma t} \left[e^{-s_0 t} F(t) \right] dt = 0$$

geschrieben, sondern erst $\Phi(t)$ eingeführt haben. $e^{-s_0 t} F(t)$ braucht nämlich nicht stetig zu sein, während $\Phi(t)$ diese Eigenschaft hat.

Beweis von Satz 2: Nach dem Weierstraßschen Approximationssatz kann man bei beliebig vorgegebenem $\delta > 0$ zu der stetigen Funktion $\Psi(x)$ ein Polynom $H_\delta(x)$ finden, das sich von ihr durchweg um weniger als δ unterscheidet:

$$\Psi(x) = H_\delta(x) + \delta \vartheta(x), \qquad \text{wo} \qquad |\vartheta(x)| < 1.$$

Wir multiplizieren diese Gleichung mit $\Psi(x)$ und integrieren von 0 bis 1:

$$\int_0^1 \Psi^2(x)\, dx = \int_0^1 H_\delta(x)\, \Psi(x)\, dx + \delta \int_0^1 \vartheta(x)\, \Psi(x)\, dx.$$

Das erste Glied auf der rechten Seite ist eine Summe von Momenten, verschwindet also. Aus der übrig bleibenden Gleichung folgt:

$$\int_0^1 \Psi^2(x)\, dx \leqq \delta \int_0^1 |\Psi(x)|\, dx.$$

Wäre nun $\Psi(x) \not\equiv 0$, so gäbe es eine Stelle und wegen der Stetigkeit eine ganze Umgebung, wo $|\Psi(x)| > 0$ ist. Es wäre also $\int_0^1 |\Psi(x)| \neq 0$, so daß man durch diese Zahl dividieren könnte. Das ergäbe die Relation

$$\delta \geqq \int_0^1 \Psi^2(x)\, dx : \int_0^1 |\Psi(x)|\, dx,$$

die der Tatsache widerspricht, daß δ ganz beliebig > 0 gewählt werden kann. — Es bleibt also nur die Möglichkeit $\Psi(x) \equiv 0$.

Im Fall des Satzes 1 bedeutet das, daß

$$\Phi(t) = \int\limits_0^t e^{-s_0\tau} F(\tau)\, d\tau \equiv 0$$

ist. Wir behaupten, daß daraus folgt:

$$G(t) = \int\limits_0^t F(\tau)\, d\tau \equiv 0.$$

Durch verallgemeinerte partielle Integration erhalten wir nämlich:

$$0 \equiv \Phi(t) = e^{-s_0\tau} G(\tau) \Big|_0^t + s_0 \int\limits_0^t e^{-s_0\tau} G(\tau)\, d\tau,$$

also

$$G(t) + s_0\, e^{s_0 t} \int\limits_0^t e^{-s_0\tau} G(\tau)\, d\tau \equiv 0.$$

Der zweite Summand ist differenzierbar, weil G stetig ist, also auch der erste. Die Differentiation ergibt:

$$G'(t) + s_0 \left\{ s_0\, e^{s_0 t} \int\limits_0^t e^{-s_0\tau} G(\tau)\, d\tau + G(t) \right\} \equiv 0.$$

Nach der vorhergehenden Gleichung verschwindet die Funktion in $\{\cdots\}$, so daß folgt: $G'(t) \equiv 0$, also $G(t) = \text{const}$. Da aber $G(0) = 0$ ist, so ergibt sich: $G(t) \equiv 0$.

Wir haben gesehen, daß $F(t)$ eine Nullfunktion und infolgedessen $f(s) \equiv 0$ ist, wenn $f(s)$ in einer horizontalen *arithmetischen Folge*, z. B. in den ganzzahligen Punkten der reellen Achse, verschwindet. Es fragt sich, ob man denselben Schluß auch für andere Punktfolgen machen kann und wie dicht diese liegen müssen. Es gilt nun folgender

Satz 3. *$f(s)$ verschwindet identisch, wenn es in unendlich vielen reellen Punkten $v_0 < v_1 < v_2 < \cdots$ verschwindet, die so langsam gegen ∞ wachsen, daß* $\sum\limits_{n=0}^{\infty}{}' \dfrac{1}{v_n}$ *divergiert.* (Ist ein $v_n = 0$, so ist es aus der Summe wegzulassen.)[16]

Diesen Satz kann man auf den vorigen zurückführen. Es soll

$$f(v_n) = \int\limits_0^{\infty} e^{-v_n t} F(t)\, dt = \int\limits_0^{\infty} e^{-(v_n - v_0)t} \left[e^{-v_0 t} F(t) \right] dt = 0$$

sein $(n = 0, 1, 2, \ldots)$. Wir setzen $v_n - v_0 = \mu_n$. Dann ist

$$\mu_0 = 0 < \mu_1 < \mu_2 < \cdots \to \infty,$$

und $\sum\limits_{n=1}^{\infty}{}' \dfrac{1}{\mu_n}$ divergiert. Ferner ergibt die Substitution $e^{-t} = x$:

$$\int\limits_0^1 x^{\mu_n} \left[x^{v_0 - 1} F(-\lg x) \right] dx = 0 \quad \text{für} \quad n = 0, 1, 2, \ldots$$

Nun gilt aber folgende Erweiterung des Weierstraßschen Approximationssatzes*: Wenn $\sum\limits_{n=1}^{\infty} \dfrac{1}{\mu_n}$ divergiert, so kann man jede in $0 \leqq x \leqq 1$ stetige Funktion $\varphi(x)$ beliebig genau durch lineare Aggregate der Potenzen $x^{\mu_0} = 1$, x^{μ_1}, x^{μ_2}, ... approximieren. — Hieraus ergibt sich sofort, daß auch für jede stetige Funktion $\varphi(x)$

$$\int_0^1 \varphi(x)\,[x^{\nu_0-1} F(-\lg x)]\,dx = 0$$

ist. Wenden wir dies speziell auf $\varphi(x) = x^n$ $(n = 0, 1, 2, \ldots)$ an, so ergibt sich:

$$\int_0^1 x^n\,[x^{\nu_0-1} F(-\lg x)]\,dx = \int_0^\infty e^{-(\nu_0+n)t} F(t)\,dt = 0 \qquad (n = 0, 1, \ldots).$$

$f(s)$ verschwindet demnach in der arithmetischen Punktreihe $s = \nu_0 + n$, ist also $\equiv 0$.

Es gilt auch das Analogon von Satz 1 für die $\mathfrak{L}_{\mathrm{II}}$-Transformation. Den Beweis können wir aber erst S. 52 erbringen.

§ 8. Die Laplace-Transformation als unstetige Funktionaltransformation.

Beschränkt man sich bei den L-Funktionen auf den Raum der Funktionen, deren Absolutbetrag im Intervall $(0, \infty)$ quadratisch integrierbar ist (im Lebesgueschen Sinn), oder allgemeiner auf den Raum der Funktionen, für die

$$\int_0^\infty |e^{-\sigma t} F(t)|^2\,dt$$

bei einem festen reellen σ konvergiert, so kann man den Raum durch die Definition

$$d(F_1, F_2) = \left(\int_0^\infty e^{-2\sigma t}\,|F_1(t) - F_2(t)|^2\,dt\right)^{\frac{1}{2}}$$

metrisieren und den Konvergenzbegriff durch die Mittelkonvergenz erklären (vgl. 1. Kapitel, S. 4). Die zugehörigen l-Funktionen existieren sämtlich in der Halbebene $\Re s > \sigma$, weil nach der Cauchy-Schwarzschen Ungleichung

$$\left(\int_0^\infty |e^{-st} F(t)|\,dt\right)^2 = \left(\int_0^\infty |e^{-(s-\sigma)t} \cdot e^{-\sigma t} F(t)|\,dt\right)^2$$

$$\leqq \int_0^\infty e^{-2(\Re s-\sigma)t}\,dt \int_0^\infty e^{-2\sigma t}\,|F(t)|^2\,dt$$

---

* Ch. H. Müntz: Über den Approximationssatz von Weierstraß. Schwarz-Festschrift S. 303—312. Berlin 1914.

ist. Versteht man nun im l-Raum den Konvergenzbegriff im gewöhnlichen Sinn, d. h. $f_n(s) \rightarrow f(s)$ an jeder einzelnen Stelle s, so ist die $\mathfrak{L}$-Transformation stetig, denn es ist

$$\left| f_n(s) - f(s) \right|^2 = \left| \int\limits_0^\infty e^{-st} \left[F_n(t) - F(t) \right] dt \right|^2$$

$$\leqq \int\limits_0^\infty e^{-2(\Re s - \sigma)t}\, dt \int\limits_0^\infty e^{-2\sigma t} \left| F_n(t) - F(t) \right|^2 dt$$

$$= \frac{d^2(F_n, F)}{2(\Re s - \sigma)} \rightarrow 0,$$

wenn F_n im Sinne der Mittelkonvergenz gegen F strebt, d. h. $d(F_n, F) \rightarrow 0$. — Wir werden nun aber häufig auf L-Funktionen stoßen, die nicht quadratisch integrierbar sind, so daß die obige Metrisierung nicht anwendbar ist, andererseits werden wir in wichtigen Anwendungen, z. B. bei Randwertproblemen (vgl. 19. Kapitel) den Konvergenzbegriff garnicht anders als im gewöhnlichen Sinn, also jedenfalls nicht im Sinne der Mittelkonvergenz verstehen können. Dann ist die $\mathfrak{L}$-Transformation aber gewiß keine stetige Funktionaltransformation, wie folgendes Beispiel zeigt: Die L-Funktionenschar

$$F_\alpha(t) \equiv \psi(\alpha, t) = \frac{\alpha}{2\sqrt{\pi}\, t^{\frac{3}{2}}}\, e^{-\frac{\alpha^2}{4t}} \qquad\qquad (\alpha > 0)$$

strebt für $\alpha \rightarrow 0$ gegen die Grenzfunktion $F(t) \equiv 0$. Die zugehörigen l-Funktionen (vgl. 3.4, Beispiel 9)

$$f_\alpha(s) = e^{-\alpha\sqrt{s}}$$

streben aber nicht gegen $\mathfrak{L}\{0\} \equiv 0$, sondern gegen $f(s) \equiv 1$.

Diese Unstetigkeit der $\mathfrak{L}$-Transformation wird bei den Anwendungen in der Theorie der Randwertprobleme eine wichtige Rolle spielen.

4. Kapitel.

Allgemeine funktionentheoretische Eigenschaften der l-Funktionen.

§ 1. Regularität der l-Funktion.

In 3.4 haben wir eine Anzahl von l-Funktionen berechnet, die sämtlich in ihrer Konvergenzhalbebene regulär ausfielen. Wir werden jetzt zeigen, daß dies eine ganz allgemeine Eigenschaft ist. Dazu schicken wir einige Betrachtungen voraus.

1. **Gleichmäßige Konvergenz des Laplace-Integrals.**

Satz 1. *Wenn das Integral an seiner unteren Grenze ein uneigentliches ist, so konvergiert es in jeder Halbebene $\Re s \geqq \sigma$ hinsichtlich dieser Grenze gleichmäßig.*

Denn dort ist $(t \geqq 0)$:

$$\left|e^{-st}\right| = e^{-t\Re s} \leqq e^{-\sigma t} \leqq e^{|\sigma|t},$$

also

$$\left|\int\limits_{\varepsilon_1}^{\varepsilon_2} e^{-st} F(t)\, dt\right| \leqq e^{|\sigma|\varepsilon_2} \int\limits_{\varepsilon_1}^{\varepsilon_2} |F(t)|\, dt,$$

und dies kann, unabhängig von s, durch hinreichende Einschränkung von ε_1 und ε_2 beliebig klein gemacht werden, weil F eine I-Funktion ist.

Bezüglich der oberen Integralgrenze behaupten wir:

Satz 2. *Ist s_0 ein Konvergenzpunkt von $\mathfrak{L}\{F\}$, so konvergiert das Laplace-Integral in jedem unendlichen Winkelraum*

$$\mathfrak{W}: \quad |\text{arc}\,(s - s_0)| \leqq \vartheta < \frac{\pi}{2}$$

bezüglich seiner oberen Grenze gleichmäßig.

Ein solcher Winkelraum $\mathfrak{W}$ entsteht, wenn man durch s_0 zwei Strahlen zieht, die gegen den Horizontalstrahl nach rechts um weniger als einen rechten Winkel geneigt sind. s_0 kann jeden inneren Punkt der Konvergenzhalbebene bedeuten, aber auch jeden Punkt ihrer Randgeraden, wo das Laplace-Integral konvergiert.

Beweis: Wir setzen

$$\int\limits_{t}^{\infty} e^{-s_0 \tau} F(\tau)\, d\tau = \Psi(t).$$

Dann kann man zu jedem $\varepsilon > 0$ ein $T = T(\varepsilon)$ so wählen, daß

$$|\Psi(t)| < \varepsilon \quad \text{für} \quad t \geqq T$$

ist. Durch verallgemeinerte partielle Integration ergibt sich:

$$\int\limits_{\omega_1}^{\omega_2} e^{-st} F(t)\, dt = \int\limits_{\omega_1}^{\omega_2} e^{-(s-s_0)t} \cdot e^{-s_0 t} F(t)\, dt$$

$$= -e^{-(s-s_0)t} \Psi(t) \Big|_{\omega_1}^{\omega_2} - (s - s_0) \int\limits_{\omega_1}^{\omega_2} e^{-(s-s_0)t} \Psi(t)\, dt,$$

also für $T \leqq \omega_1 < \omega_2$:

$$\left|\int\limits_{\omega_1}^{\omega_2} e^{-st} F(t)\, dt\right| \leqq e^{-\omega_2 \Re(s-s_0)} |\Psi(\omega_2)| + e^{-\omega_1 \Re(s-s)} |\Psi(\omega_1)|$$

$$+ |s - s_0| \int\limits_{\omega_1}^{\omega_2} e^{-\Re(s-s_0)t} |\Psi(t)|\, dt$$

$$< e^{-\omega_2 \Re(s-s_0)} \varepsilon + e^{-\omega_1 \Re(s-s_0)} \varepsilon + |s - s_0|\, \varepsilon \int\limits_{\omega_1}^{\infty} e^{-\Re(s-s_0)t}\, dt$$

$$= \varepsilon \left\{ e^{-\omega_2 \Re(s-s_0)} + e^{-\omega_1 \Re(s-s_0)} + \frac{|s - s_0|}{\Re(s-s_0)} e^{-\Re(s-s_0)\omega_1} \right\}.$$

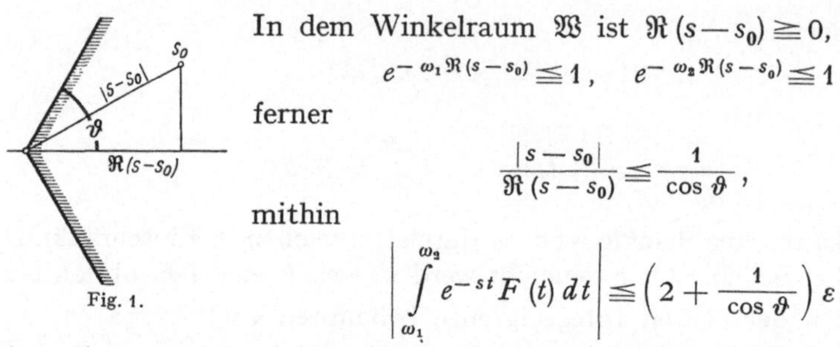

Fig. 1.

In dem Winkelraum $\mathfrak{W}$ ist $\Re(s-s_0) \geqq 0$, also

$$e^{-\omega_1 \Re(s-s_0)} \leqq 1, \quad e^{-\omega_2 \Re(s-s_0)} \leqq 1,$$

ferner

$$\frac{|s-s_0|}{\Re(s-s_0)} \leqq \frac{1}{\cos\vartheta},$$

mithin

$$\left| \int_{\omega_1}^{\omega_2} e^{-st} F(t)\, dt \right| \leqq \left(2 + \frac{1}{\cos\vartheta} \right) \varepsilon.$$

Aus dieser von s unabhängigen Abschätzung folgt die Gleichmäßigkeit der Konvergenz.

Satz 3. *$\mathfrak{L}\{F\}$ konvergiert in jedem beschränkten, ganz im Innern der Konvergenzhalbebene gelegenen Bereich gleichmäßig (hinsichtlich der oberen Grenze)*[17].

Denn jeder solche Bereich kann in ein Rechteck im Innern der Konvergenzhalbebene und dieses wiederum in einen Winkelraum $\mathfrak{W}$ eingeschlossen werden.

Falls $\mathfrak{L}\{F\}$ eine Halbebene absoluter Konvergenz besitzt, läßt sich der Satz in trivialer Weise verallgemeinern:

Satz 4. *Ist $\mathfrak{L}\{F\}$ in s_0 absolut konvergent, so konvergiert es in der Halbebene $\Re s \geqq \Re s_0$ gleichmäßig (bezüglich der oberen Grenze).*

Beweis: Folgt aus dem Beweis S. 15.

Im Falle $\alpha < \infty$ ist also $\mathfrak{L}\{F\}$ in jeder Halbebene $\Re s \geqq \sigma > \alpha$ gleich-gleichmäßig konvergent.

Wir behaupten nun allgemein:

Satz 5. *Ist $\mathfrak{L}\{F\}$ auf einer Geraden $\Re s = \sigma_0$ gleichmäßig konvergent, so ist es auch in der Halbebene $\Re s \geqq \sigma_0$ gleichmäßig konvergent.*

Beweis: Für alle reellen y ist

$$\left| \int_{\omega_1}^{\omega_2} e^{-(\sigma_0+iy)t} F(t)\, dt \right| < \varepsilon \quad \text{für} \quad \omega_2 > \omega_1 > \Omega(\varepsilon).$$

Nach dem zweiten Mittelwertsatz* ist für $\sigma > \sigma_0$

$$\int_{\omega_1}^{\omega_2} e^{-(\sigma+iy)t} F(t)\, dt = \int_{\omega_1}^{\omega_2} e^{-(\sigma-\sigma_0)t} e^{-(\sigma_0+iy)t} F(t)\, dt$$

$$= e^{-(\sigma-\sigma_0)\omega_1} \int_{\omega_1}^{\omega} e^{-(\sigma_0+iy)t} F(t)\, dt,$$

---

* Ist $l(x)$ integrabel und $k(x)$ monoton, so gibt es ein ξ, $a \leqq \xi \leqq b$, so daß

$$\int_a^b l(x)\, k(x)\, dx = k(a) \int_a^\xi l(x)\, dx + k(b) \int_\xi^b l(x)\, dx$$

ist. Ist $k(x)$ positiv und monoton abnehmend, so kann man $k(b) = 0$ setzen, weil dadurch die Monotonie von $k(x)$ nicht gestört wird.

wo ω einen gewissen Wert zwischen ω_1 und ω_2 bedeutet. Also ist für $\sigma > \sigma_0$, y beliebig reell und $\omega_2 > \omega_1 > \Omega$:

$$\left| \int_{\omega_1}^{\omega_2} e^{-(\sigma + iy)t} F(t)\, dt \right| \leqq e^{-(\sigma - \sigma_0)\Omega}\, \varepsilon < \varepsilon.$$

Auf Grund dieses Satzes kann man die „*Abszisse γ gleichmäßiger Konvergenz*" des Laplace-Integrals definieren von der Art, daß $\mathfrak{L}\{F\}$ für $\mathfrak{R}\,s \geqq \sigma > \gamma$ gleichmäßig, für $\mathfrak{R}\,s \geqq \sigma$ $(\sigma < \gamma)$ aber nicht mehr gleichmäßig (eventuell überhaupt nicht) konvergiert. (Gibt es keine Halbebene, wo $\mathfrak{L}\{F\}$ gleichmäßig konvergiert, so ist $\gamma = +\infty$ zu setzen.) Nach Satz 4 ist

$$\beta \leqq \gamma \leqq \alpha.$$

Die „*Halbebene gleichmäßiger Konvergenz*" $\mathfrak{R}\,s > \gamma$ hat einen anderen Charakter als die früher definierten Halbebenen einfacher und absoluter Konvergenz. Letztere stellten genau das Gebiet dar, in dem $\mathfrak{L}\{F\}$ einfach bzw. absolut konvergiert. Das ist bei der Halbebene $\mathfrak{R}\,s > \gamma$ im allgemeinen nicht der Fall. Ist nämlich $\beta < \gamma$, so kann man an die Halbebene $\mathfrak{R}\,s \geqq \sigma > \gamma$ z. B. ein Rechteck aus dem Streifen $\beta < \mathfrak{R}\,s \leqq \sigma$ anhängen, worauf $\mathfrak{L}\{F\}$ nach Satz 3 auch in dem vergrößerten Bereich gleichmäßig konvergent ist.

Spezialfälle, in denen eine Halbebene gleichmäßiger Konvergenz existiert, s. S. 53.

2. Regularität der l-Funktion.

Satz 6. $f(s) = \mathfrak{L}\{F\}$ *ist im Innern der Konvergenzhalbebene $\mathfrak{R}\,s > \beta$ regulär, d. h. an jeder Stelle im komplexen Sinne beliebig oft differenzierbar, und zwar ist jede Ableitung wieder ein Laplace-Integral:*

$$f^{(n)}(s) = (-1)^n \int_0^\infty e^{-st} t^n F(t)\, dt,$$

das durch Differenzieren von $\mathfrak{L}\{F\}$ unter dem Integralzeichen entsteht [18].

Wir geben für diesen wichtigen Satz mehrere Beweise.

Erster Beweis: Ist α eine beliebige reelle Zahl > 0, so ist die Funktion

$$f_\alpha(s) = \int_0^\alpha e^{-st} F(t)\, dt$$

in der ganzen Ebene regulär (dazu braucht F nicht einmal eine L-Funktion zu sein, sondern es genügt, daß F eine I-Funktion ist), und ihre Ableitung lautet:

$$f_\alpha'(s) = -\int_0^\alpha e^{-st} t F(t)\, dt.$$

Für beliebiges komplexes s und h gilt nämlich:

$$D(h) = \frac{f_\alpha(s+h) - f_\alpha(s)}{h} + \int_0^\alpha e^{-st} t F(t)\, dt = \int_0^\alpha e^{-st} \left(\frac{e^{-ht} - 1}{h} + t \right) F(t)\, dt.$$

Nun aber ist

$$\left| \frac{e^{-ht}-1}{h} + t \right| = \left| h\,t^2 \left(\frac{1}{2!} - \frac{h\,t}{3!} + \frac{h^2\,t^2}{4!} - \cdots \right) \right|$$

$$\leq |h|\,t^2 \left(1 + \frac{|h|\,t}{1!} + \frac{|h|^2\,t^2}{2!} + \cdots \right)$$

$$= |h|\,t^2 \cdot e^{|h|\,t} \leq |h|\,\alpha^2\,e^{|h|\,\alpha}\,.$$

Also gibt es zu jedem $\varepsilon > 0$ ein δ, so daß

$$\left| \frac{e^{-ht}-1}{h} + t \right| < \varepsilon \quad \text{für} \quad |h| < \delta \quad \text{und} \quad 0 \leq t \leq \alpha$$

ist. Für diese h gilt

$$|D(h)| \leq e^{|\Re s|\,\alpha}\,\varepsilon \int_0^\alpha |F(t)|\,dt\,.$$

Hieraus folgt $D(h) \to 0$ für $h \to 0$.

Wendet man das Ergebnis auf $f'_\alpha(s)$ an, so ergibt sich, daß auch $f'_\alpha(s)$ in der ganzen Ebene regulär ist [dies folgt schon aus der Regularität von $f_\alpha(s)$] und daß

$$f''_\alpha(s) = \int_0^\alpha e^{-st}\,t^2\,F(t)\,dt\,,$$

ebenso allgemein

$$f_\alpha^{(n)}(s) = (-1)^n \int_0^\alpha e^{-st}\,t^n\,F(t)\,dt$$

ist. Nach Satz 3 strebt $f_\alpha(s)$ in jedem innerhalb der Konvergenzhalbebene liegenden Rechteck R gleichmäßig gegen $f(s)$. Wir wenden nun folgende Erweiterung des Weierstraßschen Doppelreihensatzes * an: Der reelle Parameter α wachse stetig oder unstetig gegen ∞, jede der Funktionen $f_\alpha(s)$ sei regulär in einem Gebiet ** $\mathfrak{G}$, die $f_\alpha(s)$ sollen für $\alpha \to \infty$ in $\mathfrak{G}$ gleichmäßig gegen eine Grenzfunktion $f(s)$ streben. Dann gilt:

1. $f(s)$ ist in $\mathfrak{G}$ regulär;

2. die Ableitung $f_\alpha^{(n)}(s)$ ($n = 1, 2, \ldots$) strebt für $\alpha \to \infty$ gegen eine Grenzfunktion, und zwar gegen $f^{(n)}(s)$;

3. diese Konvergenz ist gleichmäßig in jedem in $\mathfrak{G}$ liegenden Bereich.

Nach diesem Satz ist $f(s)$ im Rechteck R regulär, und $f^{(n)}(s)$ hat den in der Behauptung angegebenen Wert. Da sich jeder Punkt der Konvergenzhalbebene in ein solches Rechteck einschließen läßt, ist der Satz allgemein bewiesen.

---

* CH. J. DE LA VALLÉE POUSSIN: Sur les applications de la notion de convergence uniforme dans la théorie des fonctions d'une variable complexe. Ann. Soc. Scientif. Brux. **17**, Teil 2 (1893) S. 324.

** Eine zusammenhängende, offene Punktmenge nennen wir ein *Gebiet*, die aus einem Gebiet einschließlich Randpunkte bestehende abgeschlossene Punktmenge einen *Bereich*.

Bemerkung: Für den Beweis der Regularität von $f(s)$ hätte auch der gewöhnliche Weierstraßsche Satz ($\alpha = 1, 2, \ldots$) ausgereicht, nicht aber für den Beweis der Formel für $f^{(n)}(s)$.

Zweiter Beweis (ohne Benutzung funktionentheoretischer Hilfsmittel): Es sei s ein beliebiger Punkt im Innern der Konvergenzhalbebene, also $\Re s > \beta$. Wir setzen $\Re s - \beta = 3\,\xi$ und bezeichnen den reellen Punkt $\beta + \xi$ mit s_0. Dann ist nach Satz 1 [3.2] in der dortigen Bezeichnungsweise:

$$f(s) = (s - s_0) \int\limits_0^\infty e^{-(s-s_0)t}\, \Phi(t)\, dt.$$

Wir werden zeigen, daß sich dieser Ausdruck unter dem Integralzeichen differenzieren läßt:

$$f'(s) = \int\limits_0^\infty e^{-(s-s_0)t}\, \Phi(t)\, dt - (s - s_0) \int\limits_0^\infty e^{-(s-s_0)t}\, t\, \Phi(t)\, dt = \varphi(s).$$

Dazu wählen wir einen Punkt $s + h$ mit $|h| < \xi$; dann ist

$$f(s + h) = (s + h - s_0) \int\limits_0^\infty e^{-(s+h-s_0)t}\, \Phi(t)\, dt$$

und

$$D(h) = \frac{f(s+h) - f(s)}{h} - \varphi(s)$$

$$= \int\limits_0^\infty e^{-(s-s_0)t}\, (e^{-ht} - 1)\, \Phi(t)\, dt + \int\limits_0^\infty e^{-(s-s_0)t}\left(\frac{e^{-ht} - 1}{h} + t\right) \Phi(t)\, dt.$$

$\Phi(t)$ ist beschränkt: $|\Phi| < M$ (s. S. 16), die vorkommenden Integrale sind daher absolut konvergent, und es ist

$$|D(h)| < \int\limits_0^\infty e^{-2\xi t}\, |e^{-ht} - 1|\, M\, dt + |s - s_0| \int\limits_0^\infty e^{-2\xi t}\, \left|\frac{e^{-ht} - 1}{h} + t\right|\, M\, dt.$$

Im ersten Integral verwenden wir die Abschätzung:

$$|e^{-ht} - 1| = \left|-\frac{ht}{1!} + \frac{h^2 t^2}{2!} - \frac{h^3 t^3}{3!} + \cdots\right| \leqq |h|\, t\left(1 + \frac{|h|\, t}{1!} + \frac{|h|^2 t^2}{2!} + \cdots\right)$$

$$= |h|\, t\, e^{|h| t} \leqq |h|\, t\, e^{\xi t},$$

im zweiten das Ergebnis von S. 44:

$$\left|\frac{e^{-ht} - 1}{h} + t\right| \leqq |h|\, t^2\, e^{|h| t} \leqq |h|\, t^2\, e^{\xi t}.$$

Das liefert:

$$|D(h)| \leqq |h|\, M \int\limits_0^\infty e^{-\xi t}\, t\, dt + |h|\, |s - s_0|\, M \int\limits_0^\infty e^{-\xi t} t^2\, dt,$$

woraus $D(h) \to 0$ für $|h| \to 0$ folgt.

Nun haben wir den Ausdruck für $f'(s)$ noch auf den in unserem Satz genannten zurückzuführen. Da nach der Regel der verallgemeinerten partiellen Integration

$$\int\limits_0^t [\Phi(\tau) + \tau e^{-s_0 \tau}\, F(\tau)]\, d\tau = \int\limits_0^t \Phi(\tau)\, d\tau + [\tau \Phi(\tau)]_0^t - \int\limits_0^t \Phi(\tau)\, d\tau = t\, \Phi(t)$$

ist, so ergibt sich, wiederum nach dieser Regel:

$$f'(s)=\int_0^\infty e^{-(s-s_0)t}\,\Phi(t)\,dt+e^{-(s-s_0)t}\,t\,\Phi(t)\Big|_0^\infty-\int_0^\infty e^{-(s-s_0)t}\,[\Phi(t)+e^{-s_0 t}F(t)]\,dt.$$

Weil wegen $|\Phi|<M$ und $\Re(s-s_0)>0$

$$e^{-(s-s_0)t}\,t\,\Phi(t)\to 0\qquad\text{für}\qquad t\to\infty,$$

folgt das gewünschte Resultat.

Da man hierbei gefunden hat, daß das Laplace-Integral

$$f'(s)=-\int_0^\infty e^{-st}\,t\,F(t)\,dt$$

für $\Re s>\beta$ existiert, so kann man hierauf die gefundene obige Differentiationsregel anwenden und gelangt damit zu den höheren Ableitungen.

Analog wie bei den Potenzreihen ist zu unterscheiden zwischen dem *Laplace-Integral* und der dadurch *dargestellten Funktion* $f(s)$. Es kann, wie Beispiel 11 von 3.4 zeigte, vorkommen, daß die Konvergenzhalbebene von $\mathfrak{L}\{F\}$ der natürliche Existenzbereich von $f(s)$ ist. $f(s)$ kann aber wie in den Beispielen 1—10 auch noch über die Konvergenzhalbebene hinaus regulär sein. Während jedoch bei Potenzreihen stets mindestens ein singulärer Punkt auf dem Rand des Konvergenzkreises liegt, braucht bei Dirichletschen Reihen und Laplace-Integralen weder auf der Konvergenzgeraden noch in beliebiger Nähe von ihr eine singuläre Stelle vorzukommen, so daß $f(s)$ in einer noch größeren Halbebene oder sogar der ganzen Ebene regulär ist [19].

Der Satz 6 zeigt, daß die $\mathfrak{L}$-Transformation jede L-Funktion $F(t)$, die nur für *reelle* $t>0$ definiert zu sein braucht und gewisse Integrabilitätseigenschaften hat, in eine *reguläre* Funktion $f(s)$ überführt, d. h. in eine Funktion, die ganz scharfen Bedingungen genügt und über die sich weitgehende Aussagen machen lassen. Diese Tatsache läßt sich zu vielen wichtigen Anwendungen ausnutzen, z. B. so: Wenn eine reguläre Funktion in einem Winkelraum gewissen Wachstumsbeschränkungen unterliegt, so kann man schon auf ihr Verschwinden schließen (Sätze vom Phragmén-Lindelöfschen Typ). Hat nun F eine Eigenschaft, aus der jene Wachstumsbeschränkung für $f(s)$ folgt, so muß $f(s)\equiv 0$, damit aber nach dem Eindeutigkeitssatz auch $F(t)\equiv 0$ sein, wenn es stetig ist. Beispiele dieser Schlußart werden wir später kennenlernen, wenn uns noch weitere Hilfsmittel zur Verfügung stehen (siehe 6.9) [20].

§ 2. Verhalten bei Annäherung an einen Konvergenzpunkt.

Ist s_0 ein Punkt im Innern der Konvergenzhalbebene, so ist die Funktion $f(s)$ dort regulär, also stetig, so daß $f(s)\to f(s_0)$ für zweidimensionale Annäherung von s an s_0. Liegt aber s_0 auf der Konvergenzgeraden, so versagt diese Schlußweise, weil $f(s)$ in s_0 nicht regulär zu sein braucht und unter Umständen nur in einer „einseitigen" Umgebung von s_0

einen Sinn hat. Wir können nun keineswegs zeigen, daß $f(s) \to f(s_0)$, wenn s aus dieser einseitigen Umgebung gegen s_0 wandert, sondern erhalten in Analogie zu dem Abelschen Stetigkeitssatz für Potenzreihen in seiner Stolzschen Verallgemeinerung* nur folgendes eingeschränkte Resultat:

Satz 1. *Ist $f(s) = \mathfrak{L}\{F\}$ im Punkte s_0 konvergent, so strebt $f(s)$ gegen $f(s_0)$, wenn s innerhalb des Winkelraums $\mathfrak{W}$:* $\left|\mathrm{arc}\,(s-s_0)\right| \leqq \vartheta < \dfrac{\pi}{2}$ *zweidimensional gegen s_0 strebt.*

Beweis: Nach Satz 2 [4.1] ist $\mathfrak{L}\{F\}$ in dem Winkelraum gleichmäßig konvergent, man kann also zu $\varepsilon > 0$ ein $T > 0$ so bestimmen, daß für alle s aus $\mathfrak{W}$

$$\left|\int\limits_{T}^{\infty} e^{-st} F(t)\, dt\right| < \frac{\varepsilon}{3}$$

und außerdem

$$\left|\int\limits_{T}^{\infty} e^{-s_0 t} F(t)\, dt\right| < \frac{\varepsilon}{3}$$

ist. Ferner ist $\int\limits_{0}^{T} e^{-st} F(t)\, dt$ eine ganze Funktion (s. S. 43), also in s_0 stetig, so daß man ein $\delta > 0$ so finden kann, daß

$$\left|\int\limits_{0}^{T} e^{-st} F(t)\, dt - \int\limits_{0}^{T} e^{-s_0 t} F(t)\, dt\right| < \frac{\varepsilon}{3} \quad \text{für alle } |s - s_0| < \delta$$

ausfällt. Dann ist aber

$$|f(s) - f(s_0)| = \left|\int\limits_{0}^{T} e^{-st} F(t)\, dt - \int\limits_{0}^{T} e^{-s_0 t} F(t)\, dt + \int\limits_{T}^{\infty} e^{-st} F(t)\, dt - \int\limits_{T}^{\infty} e^{-s_0 t} F(t)\, dt\right|$$

$$\leqq \left|\int\limits_{0}^{T} e^{-st} F(t)\, dt - \int\limits_{0}^{T} e^{-s_0 t} F(t)\, dt\right| + \left|\int\limits_{T}^{\infty} e^{-st} F(t)\, dt\right| + \left|\int\limits_{T}^{\infty} e^{-s_0 t} F(t)\, dt\right| < \varepsilon$$

für alle s, die zugleich in $\mathfrak{W}$ und im Kreis $|s - s_0| < \delta$ liegen.

Anwendungen.

1. Wenn $\int\limits_{0}^{\infty} F(t)\, dt$ divergiert, so kann trotzdem $\int\limits_{0}^{\infty} e^{-st} F(t)\, dt$ für $s > 0$ konvergieren und für $s \to 0$ einen Grenzwert l haben. Hierauf gründet sich eine *Summabilitätstheorie* für divergente Integrale, die der Abel-Poissonschen Summation von divergenten Reihen entspricht:

---

* Diese lautet: Wenn eine Potenzreihe $\varphi(z) = \sum\limits_{n=0}^{\infty} a_n z^n$ in einem Punkte z_0 des Konvergenzkreises konvergiert, so strebt $\varphi(z)$ gegen $\varphi(z_0)$, wenn z innerhalb des zwischen zwei in z_0 endigenden Sehnen des Konvergenzkreises liegenden Winkelraums gegen z_0 strebt.

Wenn $\sum\limits_{n=0}^{\infty} a_n$ divergiert, $\sum\limits_{n=0}^{\infty} a_n z^n$ aber für $|z| < 1$ konvergiert und für $z \to 1$ den Grenzwert l hat, so sagt man, $\sum\limits_{n=0}^{\infty} a_n$ sei nach Abel-Poisson zum Werte l summierbar. Analog wird man im obigen Fall $\int\limits_{0}^{\infty} F(t)\, dt$ summierbar nach Abel-Poisson nennen. Der Satz 1 liefert dann den sog. Konsistenz- oder Permanenzsatz dieses Verfahrens: Er sagt aus, daß, wenn $\int\limits_{0}^{\infty} F(t)\, dt$ konvergiert, das Abel-Poissonsche Verfahren anwendbar ist und den alten Integralwert ergibt.

2. Wenn $\int\limits_{0}^{\infty} F(t)\, dt$ konvergiert, so kommt es manchmal vor, daß dieser Wert schwierig zu berechnen ist, daß dagegen $\lim\limits_{s \to 0} \int\limits_{0}^{\infty} e^{-st} F(t)\, dt$ ziemlich leicht erhalten werden kann. Als Beispiel erwähnen wir den Fall der Besselschen Funktion

$$J_0(t) = \sum_{n=0}^{\infty} \frac{(-1)^n}{(n!)^2} \left(\frac{t}{2} \right)^{2n}.$$

Wie wir später (12.4.2) zeigen werden, verhält sich $J_0(t)$ für große positive t wie $\sqrt{\dfrac{2}{\pi t}} \cos\left(t - \dfrac{\pi}{2} \right)$, also ist $\int\limits_{0}^{\infty} J_0(t)\, dt$ konvergent. Durch gliedweises Integrieren der Reihe läßt sich dieser Wert aber nicht erhalten. Dagegen kann man, wie aus Hilfssatz 1 (Anhang) hervorgeht, $\mathfrak{L}\{F\}$, wenigstens für $s > 1$, durch gliedweise Anwendung bekommen:

$$\mathfrak{L}\{J_0(t)\} = \sum_{n=0}^{\infty} \frac{(-1)^n}{(n!)^2} \mathfrak{L}\left\{ \left(\frac{t}{2} \right)^{2n} \right\} = \sum_{n=0}^{\infty} \frac{(-1)^n}{(n!)^2 2^{2n}} \frac{(2n)!}{s^{2n+1}}.$$

Nun ist aber

$$\frac{(-1)^n}{n!\, 2^n} \frac{(2n)!}{2^n n!} = \frac{(-1)^n}{n!\, 2^n} \cdot 1 \cdot 3 \cdot 5 \cdots (2n-1)$$

$$= \frac{\left(-\frac{1}{2}\right)\left(-\frac{3}{2}\right) \cdots \left(-\frac{2n-1}{2}\right)}{n!} = \left(\begin{array}{c} -\frac{1}{2} \\ n \end{array} \right),$$

also

$$\mathfrak{L}\{J_0(t)\} = \frac{1}{s} \sum_{n=0}^{\infty} \left(\begin{array}{c} -\frac{1}{2} \\ n \end{array} \right) (s^{-2})^n = \frac{1}{s} (1 + s^{-2})^{-\frac{1}{2}} = \frac{1}{\sqrt{1 + s^2}},$$

wobei unter der Wurzel der Hauptzweig zu verstehen ist. Dies ist zunächst für $s > 1$ bewiesen, gilt aber wegen der Regularität von $\mathfrak{L}\{J_0\}$ im ganzen Konvergenzgebiet $\Re s > 0$. Da $\mathfrak{L}\{J_0\}$ für $s = 0$ konvergiert, kann man nach Satz 1 den Wert durch den Grenzübergang $s \to 0$ erhalten und bekommt so:

$$\int_0^\infty J_0(t)\,dt = 1.$$

Dieselbe Methode ist bei den Besselschen Funktionen $J_\nu(t)$ anwendbar.

Daß Satz 1 *nicht umkehrbar* ist, d. h. daß aus der Existenz von $\lim\limits_{s \to s_0} \mathfrak{L}\{F\}$ nicht die Existenz von $\mathfrak{L}\{F\}$ für s_0 folgt, zeigt das Beispiel

$$F(t) \equiv \sin t, \quad f(s) = \mathfrak{L}\{F\} = \frac{1}{s^2+1} \quad \text{für } \Re s > 0.$$

$\lim\limits_{s \to 0} f(s)$ existiert, aber $\mathfrak{L}\{\sin t\}$ für $s = 0$, d. h. $\int_0^\infty \sin t\,dt$ existiert nicht.

§ 3. Verhalten bei Annäherung an $s = \infty$.

S a t z 1. *Ist s_0 ein Konvergenzpunkt, so strebt $f(s)$ gleichmäßig gegen 0, wenn s innerhalb des Winkelraums $\mathfrak{W}$: $\,|\arc(s-s_0)| \leqq \vartheta < \dfrac{\pi}{2}$ gegen ∞ strebt. Insbesondere konvergiert also $f(s)$ gegen 0 auf jedem Strahl, der mit der reellen Achse einen Winkel α mit $|\alpha| < \dfrac{\pi}{2}$ bildet.*

Beweis: Wir schreiben

$$f(s) = \int_0^{T_1} e^{-st} F(t)\,dt + \int_{T_1}^{T_2} e^{-st} F(t)\,dt + \int_{T_2}^\infty e^{-st} F(t)\,dt$$

und wählen T_1 so klein, daß (Satz 1 [4.1])

$$\left| \int_0^{T_1} e^{-st} F(t)\,dt \right| < \frac{\varepsilon}{3} \quad \text{für } \Re s \geqq \Re s_0;$$

T_2 so groß, daß (Satz 2 [4.1])

$$\left| \int_{T_2}^\infty e^{-st} F(t)\,dt \right| < \frac{\varepsilon}{3} \quad \text{für alle } s \text{ in } \mathfrak{W};$$

und schließlich $\sigma > 0$ so groß, daß

$$\left| \int_{T_1}^{T_2} e^{-st} F(t)\,dt \right| \leqq e^{-\sigma T_1} \int_{T_1}^{T_2} |F(t)|\,dt < \frac{\varepsilon}{3} \quad \text{für } \Re s \geqq \sigma$$

ist. Dann ist

$$|f(s)| < \varepsilon \quad \text{für alle } s \text{ in } \mathfrak{W} \text{ mit } \Re s \geqq \sigma.$$

S a t z 2. *Ist $\mathfrak{L}\{F\}$ für $s = s_0$ konvergent, so ist $f(s)$ in jedem Winkelraum $\mathfrak{W}$: $\,|\arc(s-s_0)| \leqq \vartheta < \dfrac{\pi}{2}$ beschränkt.*

Dies ergibt sich sofort aus dem vorigen Satz, kann aber auch so bewiesen werden:

Nach Satz 1 [3.2] ist für $\Re s > \Re s_0$

$$f(s) = (s - s_0) \int\limits_0^\infty e^{-(s-s_0)t}\, \Phi(t)\, dt,$$

wo

$$\Phi(t) = \int\limits_0^t e^{-s_0 \tau} F(\tau)\, d\tau \quad \text{und} \quad |\Phi(t)| < M$$

ist. Also ergibt sich:

$$|f(s)| < |s - s_0| \int\limits_0^\infty e^{-\Re(s-s_0)t}\, M\, dt = M\, \frac{|s-s_0|}{\Re(s-s_0)} \leqq \frac{M}{\cos \vartheta}.$$

Für ein $\mathfrak{L}\{F\}$, das eine Halbebene gleichmäßiger Konvergenz besitzt, läßt sich bedeutend mehr aussagen, nämlich daß $f(s)$, grob gesprochen, nicht bloß nach rechts, sondern auch nach oben und unten gegen 0 strebt. Dazu schicken wir einen Satz voraus, der eine Erweiterung des bekannten *Riemannschen Lemmas* darstellt. Wir beweisen ihn gleich in einem Umfang, wie wir ihn später auch noch brauchen werden.

Satz 3. *Die Funktion $F(t)$ sei im Intervall $0 \leqq T_0 \leqq t \leqq T_1$ eigentlich integrabel, mit eventueller Ausnahme von endlich vielen Stellen, wo sie uneigentlich absolut integrabel sei*. Dann strebt (x und y reell)*

$$I(y) = \int\limits_{T_0}^{T_1} e^{-iyt}\, [e^{-xt} F(t)]\, dt$$

für $|y| \to \infty$ gegen 0, gleichmäßig in $x \geqq \sigma$, wo σ beliebig ist.

Das Riemannsche Lemma entspricht dem Fall, daß $x = 0$, F eigentlich integrabel ist und y nur durch ganzzahlige Werte gegen ∞ strebt. ($I(y)$ stellt dann die Fourier-Konstanten von F dar.)

Beweis: Es ist zu zeigen, daß $I(y)$ für hinreichend große $|y|$ beliebig klein ist. Dabei lassen sich die Stellen uneigentlicher Integrabilität von vornherein dadurch unschädlich machen, daß man sie in so kleine Intervalle $i_1, \ldots, i_p$ einschließt, daß der auf diese bezügliche Integralanteil beliebig klein wird; das geht, denn es ist

$$\left| \int\limits_{i_1 + \cdots + i_p} e^{-iyt} [e^{-xt} F(t)]\, dt \right| \leqq \int\limits_{i_1 + \cdots + i_p} e^{-xt} |F(t)|\, dt \leqq e^{|\sigma| T_1} \int\limits_{i_1 + \cdots + i_p} |F(t)|\, dt,$$

und die Schranke ist klein, wenn $i_1 + \cdots + i_p$ klein ist.

Wir können also ohne Beeinträchtigung der Allgemeinheit F als eigentlich integrabel und überdies als reell annehmen. Wir zerlegen das Intervall $T_0 \leqq t \leqq T_1$ in die Teilintervalle $\delta_1, \ldots, \delta_n$ und bezeichnen die untere und obere Grenze von $F(t)$ in δ_ν mit m_ν bzw. M_ν; im ganzen Intervall sei $|F(t)| \leqq M$. Da es nur auf die großen y ankommt, setzen

---

* Das soll bedeuten, daß F in jedem abgeschlossenen Teilintervall, das keinen der Ausnahmepunkte enthält, eigentlich integrabel ist und daß $\int |F(t)|\, dt$ einen limes hat, wenn eine Integralgrenze gegen einen der Ausnahmepunkte strebt.

wir $y \neq 0$ voraus und erhalten:

$$I(y) = \sum_{v=1}^{n} \int_{\delta_v} e^{-(x+iy)t} \left[m_v + (F(t) - m_v) \right] dt$$

$$= \sum_{v=1}^{n} m_v \frac{e^{-(x+iy)t}}{-(x+iy)} \Big|_{\delta_v} + \sum_{v=1}^{n} \int_{\delta_v} e^{-(x+iy)t} (F(t) - m_v) \, dt,$$

also für $x \geqq \sigma$:

$$|I(y)| \leqq M \, n \, \frac{2 \, e^{|\sigma| \, T_1}}{|x + i\,y|} + e^{|\sigma| \, T_1} \sum_{v=1}^{n} (M_v - m_v) \, \delta_v,$$

wobei wir den Buchstaben δ_v gleich zur Bezeichnung der Länge von δ_v benutzt haben. Die vorkommende Summe ist $\left(\text{bis auf den Faktor } \dfrac{1}{T_1 - T_0} \right)$ die „durchschnittliche Schwankung" von F im Intervall (T_0, T_1), die man, da F im Riemannschen Sinn integrabel ist, durch hinlängliche Verfeinerung der Intervallzerlegung beliebig klein machen kann. Wir wählen bei vorgegebenem $\varepsilon > 0$ die Zerlegung so, daß

$$e^{|\sigma| \, T_1} \sum_{v=1}^{n} (M_v - m_v) \, \delta_v < \frac{\varepsilon}{2}.$$

Dadurch liegt n fest, und man kann nun ein $Y > 0$ so bestimmen, daß

$$M \, n \, \frac{2 \, e^{|\sigma| \, T_1}}{|x + i\,y|} \leqq M \, n \, \frac{2 \, e^{|\sigma| \, T_1}}{|y|} < \frac{\varepsilon}{2}$$

für $|y| \geqq Y$ ist. Dann ist unabhängig von x

$$|I(y)| < \varepsilon \quad \text{für} \quad |y| \geqq Y.$$

Satz 4. *Wenn $\mathfrak{L}\{F\}$ für $\mathfrak{R}s = \sigma$ gleichmäßig konvergiert**, so strebt $f(s)$ für $|\mathfrak{J}s| \to \infty$ gleichmäßig in $\mathfrak{R}s \geqq \sigma$ gegen 0, also insbesondere auf jeder Vertikalgeraden $\mathfrak{R}s = const$ nach oben und unten gegen 0.*

Beweis: Wegen der Gleichmäßigkeit der Konvergenz hinsichtlich der oberen Grenze können wir T_1 so bestimmen, daß

$$\left| \int_{T_1}^{\infty} e^{-st} F(t) \, dt \right| < \frac{\varepsilon}{2} \quad \text{für} \quad \mathfrak{R}s \geqq \sigma$$

ist. Setzen wir ferner $s = x + iy$, so können wir nach Satz 3 ein Y so festlegen, daß

$$\left| \int_{0}^{T_1} e^{-st} F(t) \, dt \right| = \left| \int_{0}^{T_1} e^{-iyt} \left[e^{-xt} F(t) \right] dt \right| < \frac{\varepsilon}{2} \quad \text{für } |y| \geqq Y, \; x \geqq \sigma$$

ist. Dann ist

$$\left| \int_{0}^{\infty} e^{-st} F(t) \, dt \right| < \varepsilon \quad \text{für} \quad |y| \geqq Y, \; x \geqq \sigma.$$

---

* Dann konvergiert es nach Satz 5 [4.1] auch für $\mathfrak{R}s \geqq \sigma$ gleichmäßig.

Bemerkungen:

1. Satz und Beweis gelten offenbar auch, wenn die Gleichmäßigkeit der Konvergenz von $\mathfrak{L}\{F\}$ für $\mathfrak{R}\,s \geqq \sigma$ in endlich vielen Punkten der Grenzgeraden $\mathfrak{R}\,s = \sigma$ gestört ist, d. h. wenn $\mathfrak{L}\{F\}$ nur in der Halbebene, aus der man beliebig kleine Umgebungen dieser Punkte herausgeschnitten hat, gleichmäßig konvergiert. Denn beim Beweis kann man sich von vornherein auf die Punkte mit größerem $\mathfrak{I}\,s = y$ beschränken.

2. Satz 4 liefert, auf ein festes $\mathfrak{R}\,s = x$ angewandt, eine Ausdehnung des Riemannschen Lemmas auf ein Integral mit unendlichem Intervall für den Fall, daß dieses für alle y oder auch nur für alle hinreichend großen y gleichmäßig konvergiert.

Satz 5. *Ist β die Konvergenzabszisse von $\mathfrak{L}\{F\}$, so ist, $s = x + i\,y$ gesetzt, in jeder Halbebene $x \geqq \beta + \varepsilon$ ($\varepsilon > 0$ beliebig klein) gleichmäßig in x:*

$$f(s) = o(|y|) \quad \text{für} \quad |y| \to \infty.$$

Beweis: Da, wenn wir $s_0 = \beta + \dfrac{\varepsilon}{2}$ setzen, in dem Winkelraum $\mathfrak{W}$:

$\text{arc }(s - s_0)| \leqq \dfrac{\pi}{6}$ sowieso $f(s) \to 0$ gilt, so brauchen wir die Behauptung nur für den Restteil $\mathfrak{V}$ der Halbebene $x \geqq \beta + \varepsilon$ zu beweisen. Nach Satz 1 [3.2] ist

$$f(s) = (s - s_0)\int_0^\infty e^{-(s-s_0)t}\,\Phi(t)\,dt,$$

wo das Integral für $s = \beta + \varepsilon$ absolut, also für $x \geqq \beta + \varepsilon$ gleichmäßig konvergiert (Satz 4 [4.1]). Nach Satz 4 ist dort gleichmäßig in x:

$$\int_0^\infty e^{-(s-s_0)t}\,\Phi(t)\,dt = o(1) \quad \text{für} \quad |y| \to \infty;$$

ferner ist in $\mathfrak{V}$:

$$\frac{|y|}{|s - s_0|} \geqq \sin\frac{\pi}{6} = \frac{1}{2},$$

also

$$|s - s_0| \leqq 2\,|y|.$$

Folglich gilt in $\mathfrak{V}$, gleichmäßig in x:

$$f(s) = o(|y|).$$

Bemerkung. Eine Vergröberung des Satzes lautet: Für $x \geqq \beta + \varepsilon$ ist $f(s) = o(|s|)$ für $s \to \infty$.

Wir sind jetzt in der Lage, den Eindeutigkeitssatz für die zweiseitig unendliche Laplace-Transformation zu beweisen.

Satz 6. *Wenn $f(s) = \mathfrak{L}_{\mathrm{II}}\{F\}$ in dem Streifen $\beta_1 < x < \beta_2$ ($s = x + i\,y$) verschwindet, so ist F eine Nullfunktion.*

Beweis: $f_1(s) = \int_0^\infty e^{-st}\,F(t)\,dt$ ist nach Satz 6 [4.1] für $x > \beta_1$ regulär und nach Satz 5 ist

$$f_1(s) = o(|s|) \quad \text{für} \quad x > \beta_1 + \varepsilon.$$

Ebenso ist $f_2(s) = \int\limits_0^{-\infty} e^{-st} F(t)\, dt$ für $x < \beta_2$ regulär und

$$f_2(s) = o\,(|s|) \quad \text{für} \quad x < \beta_2 - \varepsilon.$$

Da in dem Streifen $\beta_1 < x < \beta_2$

$$f(s) = 0, \quad \text{also} \quad f_1(s) = f_2(s)$$

ist, so läßt sich $f_1(s)$ in die ganze Ebene analytisch fortsetzen und ist dort $o\,(|s|)$. Nach der Cauchyschen Koeffizientenabschätzung ist dann aber $f_1(s) = \text{const}$ und wegen $f_1(s) \to 0$ für $s \to +\infty$ (Satz 1 [4.2]) $f_1(s) \equiv 0$. Nach Satz 1 [3.7] folgt hieraus:

$$\int\limits_0^t F(\tau)\, d\tau \equiv 0 \quad \text{für} \quad t > 0.$$

Analog ergibt sich $f_2(s) \equiv 0$ und hieraus

$$\int\limits_0^t F(\tau)\, d\tau \equiv 0 \quad \text{für} \quad t < 0.$$

Fälle, in denen eine Halbebene gleichmäßiger Konvergenz existiert.

1. *Wenn* $\mathfrak{L}\{F\}$ *eine Halbebene absoluter Konvergenz besitzt*, siehe Satz 4 [4.1].

2. *Wenn* F *positiv und für* $t \geq T$ *monoton abnehmend ist. Strebt dabei* F *gegen* 0 *für* $t \to \infty$, *so ist die Konvergenz von* $\mathfrak{L}\{F\}$ *gleichmäßig für* $\Re s \geq 0$ *mit eventueller Ausnahme eines beliebig kleinen Gebietes um* $s = 0$; *strebt* F *gegen einen Wert* $l > 0$, *so ist sie es bei beliebig kleinem* $\sigma > 0$ *für* $\Re s \geq \sigma$.

Beweis: Setzen wir $s = x + i\,y$, so ist, wenn von vornherein $T \leq \omega_1 < \omega_2$ und $x \geq 0$ angenommen wird, nach dem zweiten Mittelwertsatz der Integralrechnung (s. Fußnote S. 42):

$$\int\limits_{\omega_1}^{\omega_2} e^{-st} F(t)\, dt = \int\limits_{\omega_1}^{\omega_2} e^{-xt} (\cos y\,t - i \sin y\,t)\, F(t)\, dt$$

$$= e^{-x\,\omega_1} F(\omega_1) \int\limits_{\omega_1}^{\omega'} \cos y\,t\, dt - i\, e^{-x\,\omega_1} F(\omega_1) \int\limits_{\omega_1}^{\omega''} \sin y\,t\, dt,$$

wo ω' und ω'' gewisse Werte zwischen ω_1 und ω_2 sind. Für $|y| > 0$ ist folglich:

$$\left| \int\limits_{\omega_1}^{\omega_2} e^{-st} F(t)\, dt \right| \leq 2\, e^{-x\,\omega_1} F(\omega_1)\, \frac{2}{|y|}.$$

Strebt nun $F(t)$ gegen 0 für $t \to \infty$, so kann man für alle $x \geq 0$ und alle $|y| \geq Y$, wo Y eine beliebig kleine Zahl > 0 ist, diese Abschätzung gleichmäßig beliebig klein machen, d. h. $\mathfrak{L}\{F\}$ konvergiert in den beiden Viertelebenen $x \geq 0$, $|y| \geq Y$ gleichmäßig. In dem Streifen $x \geq \sigma > 0$, $|y| < Y$ konvergiert aber $\mathfrak{L}\{F\}$ sicher gleichmäßig, da er in einen

Winkelraum, der von einem Konvergenzpunkt ausstrahlt, eingefaßt werden kann (Satz 2 [4.1]). Die Gleichmäßigkeit der Konvergenz ist also in der Halbebene $\Re s \geqq 0$ mit Ausnahme einer beliebig kleinen Umgebung von $s = 0$ gesichert. $\mathfrak{L}\{F\}$ strebt also (s. Bemerkung 1 zu Satz 4) für $|\Im s| \to \infty$ gleichmäßig in $\Re s \geqq 0$ gegen 0. — In $s = 0$ braucht $\mathfrak{L}\{F\}$ überhaupt nicht zu konvergieren; Beispiel: $F(t) = \dfrac{1}{1+t}$. Ist aber $s = 0$ ein Konvergenzpunkt, so ist $\mathfrak{L}\{F\}$ für $\Re s \geqq 0$ absolut, also gewiß gleichmäßig konvergent. — Strebt dagegen $F(t)$ gegen einen Grenzwert $l > 0$, so ist $F(\omega_1)$ beschränkt, und man kann die Abschätzung des Integrals $\int\limits_{\omega_1}^{\omega_2} e^{-st} F(t)\, dt$ für alle $x \geqq \sigma > 0$ und alle $|y| \geqq Y > 0$ gleichmäßig klein machen. Der Streifen $x \geqq \sigma$, $|y| < Y$ kann, da $\mathfrak{L}\{F\}$ offenbar für $\Re s > 0$ konvergiert, wie vorhin angefügt werden.

3. *Wenn F für $t > 0$ differenzierbar ist und $\mathfrak{L}\{F'\}$ eine Halbebene gleichmäßiger Konvergenz besitzt* (also z. B. wenn es eine Halbebene absoluter Konvergenz besitzt). Genauer: *Es sei $\mathfrak{L}\{F'\}$ für $\Re s \geqq \sigma \geqq 0$ gleichmäßig konvergent. Bei $\sigma > 0$ ist dann $\mathfrak{L}\{\dot{F}\}$ für $\Re s \geqq \sigma$ gleichmäßig konvergent. Strebt im Falle $\sigma = 0$ die Funktion $F(t)$ gegen 0 für $t \to \infty$, so ist $\mathfrak{L}\{F\}$ für $\Re s \geqq 0$ mit eventueller Ausnahme einer beliebig kleinen Umgebung von $s = 0$ gleichmäßig konvergent.*

Beweis: Durch partielle Integration ergibt sich:

$$\left| \int\limits_{\omega_1}^{\omega_2} e^{-st} F(t)\, dt \right| = \left| \frac{e^{-s\omega_1} F(\omega_1) - e^{-s\omega_2} F(\omega_2)}{s} + \frac{1}{s} \int\limits_{\omega_1}^{\omega_2} e^{-st} F'(t)\, dt \right|$$

$$\leqq \frac{1}{|s|} \left\{ e^{-\Re s\,\omega_1} |F(\omega_1)| + e^{-\Re s\,\omega_2} |F(\omega_2)| + \left| \int\limits_{\omega_1}^{\omega_2} e^{-st} F'(t)\, dt \right| \right\}.$$

Für $\Re s \geqq \sigma > 0$ ist also

$$\left| \int\limits_{\omega_1}^{\omega_2} e^{-st} F(t)\, dt \right| \leqq \frac{1}{\sigma} \left\{ e^{-\sigma\omega_1} |F(\omega_1)| + e^{-\sigma\omega_2} |F(\omega_2)| + \left| \int\limits_{\omega_1}^{\omega_2} e^{-st} F'(t)\, dt \right| \right\}.$$

Nun werden wir in Satz 1 [8.3] zeigen, daß, wenn $\mathfrak{L}\{F'\}$ für $s = \sigma > 0$ konvergiert, $F(t) = o\,(e^{\sigma t})$ ist. Unsere Abschätzung läßt sich also für alle hinreichend großen ω_1, ω_2 unabhängig von s beliebig klein machen. — Ist dagegen $\sigma = 0$, so beschränken wir uns auf $|s| \geqq \varrho > 0$, $\Re s \geqq 0$ und erhalten:

$$\left| \int\limits_{\omega_1}^{\omega_2} e^{-st} F(t)\, dt \right| \leqq \frac{1}{\varrho} \left\{ |F(\omega_1)| + |F(\omega_2)| + \left| \int\limits_{\omega_1}^{\omega_2} e^{-st} F'(t)\, dt \right| \right\}.$$

Wegen der in diesem Fall zusätzlich gemachten Voraussetzung $F \to 0$ ergibt sich auch hier die Behauptung.

Die Größenordnung Dirichletscher Reihen.

Satz 7. *Die Dirichletsche Reihe* (1) *von* S. 28 *habe die Konvergenzabszisse* η. *Dann ist,* $s = x + i\,y$ *gesetzt, gleichmäßig in* $x \geqq \sigma > \eta$ *für wachsendes* $|y|$:

$$\varphi\,(s) = o\,(|y|)\,^{21}.$$

Beweis: Offenbar genügt es anzunehmen, daß $\varphi(s)$ kein absolutes Glied enthält, also $\lambda_0 > 0$ ist. Dann ist in der Bezeichnungsweise von S. 29:

$$A\,(t) = 0 \quad \text{für} \quad 0 \leqq t < \lambda_0$$

und folglich für $\Re s > \operatorname{Max}(\eta, 0)$:

$$\varphi\,(s) = s \int\limits_{\lambda_0}^{\infty} e^{-st} A\,(t)\,dt;$$

dieses Integral ist absolut konvergent. Nun ist für $\Re s \geqq \sigma_0 > \operatorname{Max}(\eta, 0)$:

$$\left| \int\limits_{\lambda_0}^{\infty} e^{-st} A\,(t)\,dt \right| = \left| \int\limits_{\lambda_0}^{\infty} e^{-(s-\sigma_0)t}\, e^{-\sigma_0 t} A\,(t)\,dt \right| \leqq e^{-(\Re s - \sigma_0)\lambda_0} \int\limits_{\lambda_0}^{\infty} e^{-\sigma_0 t} |A(t)|\,dt,$$

mithin

$$|\varphi\,(s)| \leqq \operatorname{const} |s|\, e^{-(\Re s - \sigma_0)\lambda_0}.$$

Also ist z. B. in dem Winkelraum $\mathfrak{W}$ von der Öffnung $\dfrac{\pi}{2}$ und mit σ_0 als Scheitel $\varphi\,(s) \to 0$ (im allgemeinen Fall $\varphi\,(s) \to$ Absolutglied), woraus folgt, daß $\varphi(s)$ in $\mathfrak{W}$ beschränkt ist.
(In der Theorie der Dirichletschen Reihen schließt man das analog zu Satz 2 aus der Gleichmäßigkeit der Reihenkonvergenz in $\mathfrak{W}$.) Wir wählen nun $\eta < \sigma < \sigma_0$ und betrachten den von der Halbebene $\Re s \geqq \sigma$ nach Wegnahme von $\mathfrak{W}$ übrigbleibenden Teil $\mathfrak{V}$. Dort ist

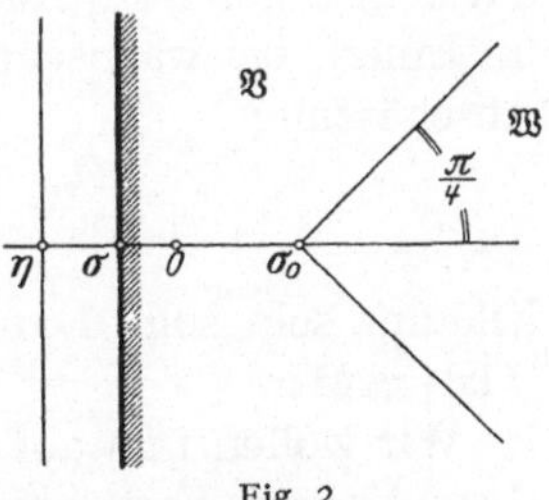

Fig. 2.

$$\varphi\,(s) = s \int\limits_{0}^{\infty} e^{-st} A\,(t)\,dt \quad \text{für} \quad \eta \geqq 0,$$

$$\varphi\,(s) = \varphi\,(o) + s \int\limits_{0}^{\infty} e^{-st} [A\,(t) - \varphi\,(o)]\,dt \quad \text{für} \quad \eta < 0$$

und in beiden Fällen $\int\limits_{0}^{\infty} \to 0$ für $|y| \to \infty$, gleichmäßig in x (Satz 4).

Ferner ist in $\mathfrak{V}$ für alle hinreichend großen $|y|$

$$|s| < |x| + |y| < 2|y| + |y| = O\,(|y|),$$

also $\varphi\,(s) = o\,(|y|)$ gleichmäßig in x. Für innerhalb $\mathfrak{W}$ wachsendes $|y|$ ist nach dem obigen $\varphi\,(s) = O\,(1)$, so daß für alle $x \geqq \sigma$ gleichmäßig die Relation $\varphi\,(s) = o\,(|y|)$ gilt.

§ 4. Die Beschränktheitshalbebene.

Wir betrachten die durch $\mathfrak{L}\{F\}$ dargestellte Funktion $f(s)$ in ihrem gesamten Regularitätsbereich, also nicht nur in der Halbebene $\mathfrak{R}\,s > \beta$. Es kann sein, daß $f(s)$ in einer Halbebene $\mathfrak{R}\,s \geqq \sigma$ beschränkt ist, z. B. wenn σ ein Punkt absoluter Konvergenz von $\mathfrak{L}\{F\}$ ist:

$$|f(s)| = \left|\int_0^\infty e^{-(s-\sigma)t}\,e^{-\sigma t}\,F(t)\,dt\right| \leqq \int_0^\infty e^{-(\mathfrak{R}s-\sigma)t}e^{-\sigma t}\,|F(t)|\,dt \leqq \int_0^\infty e^{-\sigma t}\,|F(t)|\,dt.$$

Dasselbe gilt, wenn $\mathfrak{L}\{F\}$ für $\mathfrak{R}\,s \geqq \sigma$ gleichmäßig konvergiert, wie sich sofort aus den Sätzen 1 [4.3] und 4 [4.3] ergibt. — Wir können nun allgemein die „*Beschränktheitsabszisse*" μ von $f(s)$ als untere Grenze der σ definieren, für die

$$|f(s)| < M = M(\sigma) \quad \text{bei} \quad \mathfrak{R}\,s \geqq \sigma$$

ist. Nach dem obigen ist

$$\mu \leqq \gamma \leqq \alpha.$$

Ist eine reguläre Funktion auf dem Rand eines im Endlichen liegenden Bereichs beschränkt, so liegt sie bekanntlich im Innern unter derselben Schranke. Erstreckt sich der Bereich aber ins Unendliche, so gilt der Satz nicht (Beispiel: e^s in der Halbebene $\mathfrak{R}\,s \geqq 0$). Weiß man jedoch, daß die Funktion bei wachsendem $|s|$ nicht allzu stark ansteigt, dann ist der Schluß wieder richtig. So lautet einer der in diesem Ideenkreis fundamentalen Sätze von E. Phragmén und E. Lindelöf*:

Lemma 1. $f(s)$ sei regulär in einem Winkelraum der Öffnung $2\alpha \leqq 2\pi$ mit dem Scheitel s_0. Auf den Begrenzungsgeraden sei $|f(s)| \leqq M$, während im Innern bei wachsendem $|s-s_0| = r$ für jedes beliebig kleine $\varepsilon > 0$ die Abschätzung

$$f(s) = O\left(e^{\varepsilon r^{\frac{\pi}{2\alpha}}}\right)$$

bekannt sein soll. Dann ist in Wahrheit sogar im ganzen Winkelraum $|f(s)| \leqq M$.

Wir wollen nun aus diesem Satz einen anderen allgemein-funktionentheoretischen Satz ableiten, der sich denjenigen Funktionen $f(s)$, die durch analytische Fortsetzung aus einem $\mathfrak{L}\{F\}$ entstanden sind und für die ja bekannt ist, daß sie in jedem Winkelraum $\mathfrak{W}$ beschränkt bleiben (Satz 2 [4.3]), besonders gut anpaßt.

Lemma 2. Es werde $s = x + iy$ gesetzt. $f(s)$ sei in der Halbebene $x \geqq \sigma$ regulär und erfülle dort folgende Bedingungen:

1. $|f(s)| \leqq M$ auf $x = \sigma$.
2. $f(s) = O\left(e^{|y|^k}\right)$ gleichmäßig in $x > \sigma$ mit $k > 2$.

---

* E. Lindelöf u. E. Phragmén: Sur une extension d'un principe classique de l'analyse et sur quelques propriétés des fonctions monogènes dans le voisinage d'un point singulier. Acta Math. **31** (1908) S. 381—406 [S. 385—387].

3. $|f(s)| \leqq M_1$ im Winkelraum $\mathfrak{W}: |\mathrm{arc}\,(s-\sigma)| \leqq \vartheta$, wobei

$\dfrac{k-2}{k}\dfrac{\pi}{2} < \vartheta < \dfrac{\pi}{2}$ sein soll.

Dann ist $|f(s)| \leqq M$ in der ganzen Halbebene $x \geqq \sigma$[22].

Beweis: Jeder der beiden Restwinkelräume, die durch Herausnahme von $\mathfrak{W}$ aus der Halbebene entstehen, hat einen Öffnungswinkel $\dfrac{\pi}{2} - \vartheta$. Auf den Schenkeln ist $f(s)$ nach 1. und 3. beschränkt, und zwar, da wir $M_1 \geqq M$ annehmen dürfen, $|f(s)| \leqq M_1$; im Innern ist

$$f(s) = O\left(e^{|y|^k}\right) = O\left(e^{r^k}\right),$$

da $|y| \leqq r = |s - \sigma|$ ist. Nach der Annahme unter 3. ist aber

$$k < \frac{\pi}{\dfrac{\pi}{2} - \vartheta},$$

also für jedes noch so kleine positive ε von einer Stelle an

$$r^k < \varepsilon\, r^{\frac{\pi}{\frac{\pi}{2} - \vartheta}},$$

mithin

$$f(s) = O\left(e^{\varepsilon r^{\frac{\pi}{\frac{\pi}{2} - \vartheta}}}\right).$$

Nach Lemma 1 ist daher in beiden Restwinkelräumen $|f(s)| \leqq M_1$, folglich $f(s)$ in der ganzen Halbebene beschränkt. Wenden wir nun Lemma 1 nochmals und zwar auf die Halbebene $x \geqq \sigma$ an (es dürfte dabei sogar $f(s) = O(e^{\varepsilon r})$ im Innern sein), so ergibt sich $|f(s)| \leqq M$.

Diesen Satz wollen wir nun speziell für ein $f(s)$ ausnützen, das durch analytische Fortsetzung aus einem $\mathfrak{L}\{F\}$ entstanden ist.

S a t z 1. *$\mathfrak{L}\{F\}$ habe die Konvergenzabszisse β. Die durch $\mathfrak{L}\{F\}$ definierte reguläre Funktion soll sich in die Halbebene $x \geqq \sigma\ (\sigma \leqq \beta)$ analytisch fortsetzen lassen und folgende Bedingungen erfüllen:*

1. *$f(s) \leqq M$ auf $x = \sigma$,*

2. *$f(s) = O\left(e^{|y|^k}\right)$ gleichmäßig für $x > \sigma$, wobei k eine feste, aber beliebig große Zahl ist*. Dann ist $|f(s)| \leqq M$ in der ganzen Halbebene $x \geqq \sigma$.*

Beweis: In jedem Winkelraum $\mathfrak{W}: |\mathrm{arc}\,(s-\sigma)| \leqq \vartheta < \dfrac{\pi}{2}$ ist $f(s)$ beschränkt. Denn wählen wir ein reelles σ_0 in der Konvergenzhalbebene und einen Winkelraum $|\mathrm{arc}\,(s - \sigma_0)| \leqq \vartheta_0$, wobei $\vartheta < \vartheta_0 < \dfrac{\pi}{2}$ sein soll, so ist $f(s)$ darin beschränkt

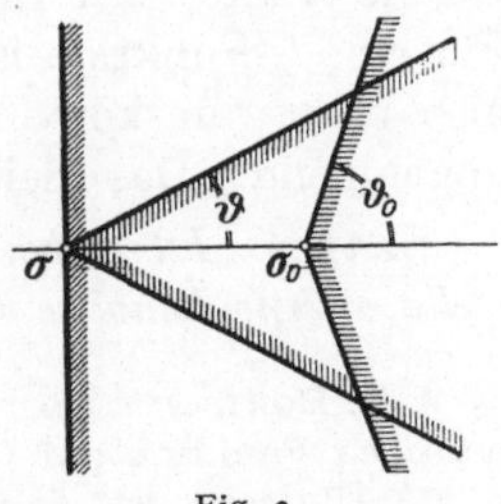

Fig. 3.

(Satz 2 [4.3]), also erst recht in dem darin liegenden Teil von $\mathfrak{W}$. In dem endlichen Restbereich aber ist $f(s)$ selbstverständlich beschränkt.

---

* Man kann sagen: $f(s)$ ist in $x > \sigma$ bezüglich y von endlicher Exponentialordnung.

Für unser $f(s)$ sind also die Voraussetzungen von Lemma 2 für jedes $\vartheta < \frac{\pi}{2}$ erfüllt. $\frac{k-2}{k}$ darf daher beliebig nahe an 1 liegen, d. h. k kann beliebig groß sein.

Satz 2. *Ist $f(s) = \mathfrak{L}\{F\}$ auf einer Vertikalen im Innern der Konvergenzhalbebene beschränkt, so liegt $f(s)$ rechts davon unter derselben Schranke.*

Der Beweis ergibt sich, indem man die durch Satz 5 [4.3] gelieferte Abschätzung heranzieht und Satz 1 anwendet.

Konvexitätseigenschaften.

In der Beschränktsheitshalbebene können wie auf $f(s)$ den folgenden, allgemein-funktionentheoretischen Satz anwenden:

Dreigeradensatz*. $f(s)$ sei in dem Streifen $\sigma_1 \leqq x \leqq \sigma_2$ regulär und beschränkt. $M(x)$ bezeichne die hiernach endliche obere Grenze von $|f(s)|$ auf der Geraden $\Re s = x$. Ist dann $\sigma_1 \leqq x_1 < x_2 < x_3 \leqq \sigma_2$, so gilt

$$M(x_2)^{x_3 - x_1} \leqq M(x_1)^{x_3 - x_2} M(x_3)^{x_2 - x_1}$$

oder (falls nicht $f(s)$ identisch 0 ist):

$$\begin{vmatrix} x_1 & \log M(x_1) & 1 \\ x_2 & \log M(x_2) & 1 \\ x_3 & \log M(x_3) & 1 \end{vmatrix} \geqq 0,$$

d. h. $\log M(x)$ ist eine konvexe Funktion von x.

Satz 3. *Für eine durch ein $\mathfrak{L}\{F\}$ definierte Funktion $f(s)$ ist in der ganzen Beschränktheitshalbebene $\log M(x)$ eine konvexe Funktion von x**.*

Besitzt $\mathfrak{L}\{F\}$ eine Halbebene absoluter Konvergenz, so ist dort auf der Geraden $\Re s = x$

$$\left| \int_0^\infty e^{-st} F(t)\, dt \right| \leqq \int_0^\infty e^{-xt} F(t)\, dt.$$

Da die rechte Seite für $x \to \infty$ gegen 0 strebt, so gilt dasselbe für $M(x)$. Für eine l_a-Funktion ist daher $\log M(x) \to -\infty$ für $x \to \infty$. $\log M(x)$ ist also nicht nur konvex, sondern, wie man leicht sieht, auch monoton abnehmend. Das gleiche gilt für $M(x)$.

Satz 4. *Ist F positiv, so ist in der Konvergenzhalbebene $\log f(x)$ für reelle x eine konvexe Funktion*** [23].*

----

* G. Doetsch: Über die obere Grenze des absoluten Betrages einer analytischen Funktion auf Geraden. Math. Z. 8 (1920) S. 237—240.

** Übrigens ist dann $M(x)$ selbst auch konvex, aber die Konvexität von $\log M(x)$ besagt viel mehr. So ist z. B. die Funktion x^2 konvex, $\log x^2 = 2 \log |x|$ aber nicht.

*** Daß im Falle $F \geqq 0$ die Funktion $f(x)$ selbst konvex ist, ist trivial, denn es ist

$$f''(x) = \int_0^\infty e^{-xt} t^2 F(t)\, dt \geqq 0.$$

Denn für $\Re s = x$ ist

$$|\mathfrak{L}_s\{F\}| \leqq \int\limits_0^\infty e^{-xt} F(t)\, dt = \mathfrak{L}_x\{F\},$$

also $M(x) = f(x)$.

Beispiel: Nach S. 25 ist

$$\mathfrak{L}\{\psi(x,t)\} = \mathfrak{L}_s\left\{\frac{x\, e^{-\frac{x^2}{4t}}}{2\sqrt{\pi}\, t^{\frac{3}{2}}}\right\} = e^{-x\sqrt{s}} \qquad (x>0).$$

Die Funktion $e^{-x\sqrt{s}}$ ist konvex, aber sogar ihr Logarithmus: $-x\sqrt{s}$.

§ 5. Existenz einer Singularität auf der Konvergenzgeraden bei positiver L-Funktion.

Bei Potenzreihen zieht die Positivität der Koeffizienten die Singularität des positiven Punktes des Konvergenzkreises nach sich [24]. Ganz entsprechend gilt:

Satz 1. *Ist von einer Stelle $T \geqq 0$ an*

$$F(t) \geqq 0,$$

so ist der reelle Punkt der Konvergenzgeraden, d. h. die Konvergenzabszisse $\beta\,(\neq \pm\infty)$ eine singuläre Stelle der Funktion $f(s) = \mathfrak{L}\{F\}$ [25].

Bemerkung: Diese singuläre Stelle kann eine isolierte sein, wie bei $\mathfrak{L}\{1\} = \dfrac{1}{s}$, oder eine nichtisolierte, wie im Beispiel 11 in 3.4; aber auch eine Verzweigungsstelle, wie bei $\mathfrak{L}\{\psi(x,t)\} = e^{-x\sqrt{s}}$, oder eine Stelle, bei der eine Verzweigung und eine Singularität vorliegt, wie bei

$$\mathfrak{L}\left\{t^{\frac{1}{2}}\right\} = \frac{\Gamma\left(\dfrac{3}{2}\right)}{s^{\frac{3}{2}}} \quad \text{oder} \quad \mathfrak{L}\left\{\frac{\cos x\sqrt{t}+1}{\pi\sqrt{t}}\right\} = \frac{e^{-\frac{x^2}{4s}}+1}{\sqrt{\pi s}}.$$

Beweis: Ohne Beschränkung der Allgemeinheit können wir annehmen, daß $F(t)$ durchweg $\geqq 0$ ist. Denn es ist

$$\int\limits_0^\infty e^{-st} F(t)\, dt = \int\limits_0^T e^{-st} F(t)\, dt + \int\limits_T^\infty e^{-st} F(t)\, dt,$$

und der erste Summand ist eine ganze Funktion (S. 43), kann also bei Feststellung der Singularitäten im Endlichen außer Betracht bleiben, während im zweiten Summanden, der auch als $\int\limits_0^\infty e^{-st} F(t)\, dt$ mit $F(t) = 0$ für $0 \leqq t \leqq T$ geschrieben werden kann, $F(t) \geqq 0$ ist. — Angenommen, $f(s)$ wäre in $s=\beta$ regulär. Dann ließe es sich an einer reellen Stelle $s = \beta + p\,(p>0)$ in eine Potenzreihe entwickeln:

$$f(s) = \sum\limits_{n=0}^\infty \frac{f^{(n)}(\beta+p)}{n!}\,(s-\beta-p)^n,$$

die noch in einer links von β, hinreichend nahe gelegenen Stelle $s = \beta - q \ (q > 0)$ konvergieren würde:

$$f(\beta - q) = \sum_{n=0}^{\infty}{}' \frac{f^{(n)}(\beta + p)}{n!} (-q - p)^n.$$

Nun ist für $\Re s > \beta$:

$$f^{(n)}(s) = (-1)^n \int_0^{\infty} e^{-st} t^n F(t)\, dt,$$

folglich

$$f(\beta - q) = \sum_{n=0}^{\infty} \frac{1}{n!} \int_0^{\infty} e^{-(\beta + p)t} t^n F(t) (q + p)^n\, dt.$$

Alle vorkommenden Größen sind positiv, also kann man nach dem Hilfssatz 1 (Anhang) Summe und Integral vertauschen:

$$f(\beta - q) = \int_0^{\infty} e^{-(\beta + p)t} F(t) \sum_{n=0}^{\infty}{}' \frac{(t(q + p))^n}{n!} \cdot dt$$

$$= \int_0^{\infty} e^{-(\beta + p)t} F(t)\, e^{(q + p)t}\, dt$$

$$= \int_0^{\infty} e^{-(\beta - q)t} F(t)\, dt.$$

$\mathfrak{L}\{F\}$ wäre also entgegen der Voraussetzung noch links von β konvergent. Dieser Satz läßt sich leicht folgendermaßen verallgemeinern:

Satz 2. *Ist $F(t)$ komplex: $F(t) = F_1(t) + i F_2(t)$, und ist*

$$F_1(t) \gtreqless 0,$$

haben ferner '$f(s) = \mathfrak{L}\{F\}$ *und* $f_1(s) = \mathfrak{L}\{F_1\}$ *dieselbe Konvergenzabszisse* $\beta \ (\neq \pm \infty)$, *so ist der reelle Punkt der Konvergenzgeraden eine singuläre Stelle der Funktion* $f(s)$ [26].

Beweis: Ist $f(s)$ in $s = \beta$ regulär, so gilt dasselbe für $f_1(s)$ [und auch für $f_2(s) = \mathfrak{L}\{F_2\}$, weil F_2 der Realteil von $-iF$ ist]. Denn ist für $|s - \beta| < \varrho$:

$$f(s) = \sum_{v=0}^{\infty} c_v (s - \beta)^v, \quad c_v = c_v' + i c_v'',$$

so ist für reelle s:

$$f_1(s) = \Re f(s) = \sum_{v=0}^{\infty} c_v' (s - \beta)^v,$$

und diese Reihe konvergiert mindestens für $|s - \beta| < \varrho$; also stimmt $f_1(s)$ mit ihr in $|s - \beta| < \varrho$ überein und ist dort regulär. — Nach dem vorigen Satz kann aber $f_1(s)$ in $s = \beta$ nicht regulär sein. Also gilt dasselbe für $f(s)$.

Eine leichte Folgerung hieraus ist der folgende

Satz 3. *Gehören die Werte von $F(t)$ einem Winkelraum der komplexen Ebene mit einer Öffnung $<\pi$ an, so ist der reelle Punkt β der Konvergenzgeraden ein singulärer Punkt von $f(s) = \mathfrak{L}\{F\}$* [27].

Beweis: Man kann annehmen, daß der Winkelraum die positive reelle Achse zur Winkelhalbierenden hat, da man sonst diesen Fall durch Multiplikation von $F(t)$ mit einer komplexen Konstanten, wodurch an den Singularitäten von $f(s)$ nichts geändert wird, erreichen kann. Wird dann $F = F_1 + i F_2$ gesetzt, so ist

$$F_1 \geqq 0, \quad \frac{|F_2|}{F_1} \leqq M \quad \text{oder} \quad F_1 \geqq M\,|F_2|\,.$$

Die Konvergenzabszisse von $\mathfrak{L}\{F_1\}$ ist demnach mindestens gleich der von $\mathfrak{L}\{|F_2|\}$ und also auch mindestens gleich der von $\mathfrak{L}\{F_2\}$. Wenigstens eine der Konvergenzabszissen von $\mathfrak{L}\{F_1\}$ und $\mathfrak{L}\{F_2\}$ muß aber gleich β sein, und keine kann größer als β ausfallen. Also hat $\mathfrak{L}\{F_1\}$ die Konvergenzabszisse β, und wir befinden uns in den Voraussetzungen des vorigen Satzes.

5. Kapitel.

Die im Unendlichen regulären 1-Funktionen.

§ 1. Die *L*-Funktionen vom Exponentialtypus [28].

Wendet man formal die Laplace-Transformation auf die Reihe $\sum\limits_{n=0}^{\infty}\dfrac{a_n}{n!}\,t^n$, die dazu natürlich für alle $t>0$ konvergieren, also eine ganze Funktion $F(t)$ darstellen muß, gliedweise an, so erhält man die Reihe $\sum\limits_{n=0}^{\infty}\dfrac{a_n}{s^{n+1}}$. Wenn diese wirklich irgendwo und damit im ganzen Äußeren eines Kreises konvergiert, so stellt sie eine im Unendlichen reguläre Funktion dar. Wir werden sehen, daß dies dann und nur dann der Fall ist, wenn es zu der ganzen Funktion $F(t)$ eine Konstante $a>0$ gibt, so daß $F(t)\,e^{-a|t|}$ in der ganzen t-Ebene beschränkt bleibt:

$$|F(t)| < A\,e^{a|t|}\,.$$

Da dann bei $\varepsilon > 0$ für alle hinreichend großen $|t|$

$$|F(t)| < e^{(a+\varepsilon)|t|}$$

ist, so folgt, daß in der bekannten Pringsheimschen Terminologie* $F(t)$ höchstens dem Normaltypus a der Ordnung 1 angehört. Statt dessen sagen wir kürzer, $F(t)$ sei vom *Exponentialtypus* [29].

Wir beweisen nun die obige Behauptung, ohne uns zunächst darum zu kümmern, ob wirklich $f(s) = \mathfrak{L}\{F\}$ ist [30].

---

* A. PRINGSHEIM: Vorlesungen über Funktionenlehre II 2, S. 721. Leipzig und Berlin 1932.

Satz 1. *Notwendig und hinreichend dafür, daß die Reihe*

$$f(s) = \sum_{n=0}^{\infty} \frac{a_n}{s^{n+1}}$$

nicht für alle s divergiert, sondern einen endlichen Konvergenzradius ϱ besitzt, ist, daß die mit denselben Konstanten a_n gebildete Reihe

$$F(t) = \sum_{n=0}^{\infty} \frac{a_n}{n!} t^n$$

eine ganze Funktion vom Exponentialtypus darstellt. — Wird das Maximum von $|F(t)|$ für $|t| \leqq r$ mit $M(r)$ bezeichnet, so ist

(1)
$$\varlimsup_{r \to \infty} \frac{\log M(r)}{r} = \varrho ,$$

d. h. F ist genau vom Normaltypus ϱ der Ordnung 1.

Beweis: a) Notwendigkeit. Hat $\displaystyle\sum_{n=0}^{\infty} \frac{a_n}{s^{n+1}}$ den endlichen Konvergenz-

radius ϱ, so ist nach der Cauchy-Hadamardschen Formel

$$\varlimsup \sqrt[n]{|a_n|} = \varrho ;$$

also gibt es zu $\varepsilon > 0$ ein N, so daß für $n > N$

$$|a_n| < (\varrho + \varepsilon)^n ,$$

oder auch ein $A > 0$, so daß für *alle* n

$$|a_n| < A (\varrho + \varepsilon)^n$$

ist. Dann wird aber $\displaystyle\sum_{n=0}^{\infty} \frac{a_n}{n!} t^n$ majorisiert durch die Reihe

$$A \sum_{n=0}^{\infty} \frac{(\varrho + \varepsilon)^n}{n!} |t|^n ,$$

konvergiert also für alle t und stellt eine ganze Funktion $F(t)$ dar. Ferner ist

(2)
$$|F(t)| \leqq A\, e^{(\varrho + \varepsilon)|t|} .$$

Mithin ist $F(t)$ vom Exponentialtypus.

b) Hinlänglichkeit. Es sei $\displaystyle F(t) = \sum_{0}^{\infty} \frac{a_n}{n!} t^n$ eine ganze Funktion und

$F(t)| < A\, e^{a|t|}$.   Dann ist nach der Cauchyschen Koeffizienten-abschätzung:
$$\frac{|a_n|}{n!} \leqq \frac{M(r)}{r^n} .$$

Da bekanntlich der Wert $M(r)$ von $|F(t)|$ in einem Punkt der Peripherie $|t| = r$ angenommen wird, so ist $M(r) < A\, e^{ar}$, also

$$|a_n| < A\, \frac{e^{ar} n!}{r^n} .$$

Hierin kann r jede beliebige positive Zahl bedeuten. Wir denken uns zu jedem n ein bestimmtes r gewählt, nämlich $r = \dfrac{n}{a}$. Dann erhalten wir

$$|a_n| < A\, \frac{e^n\, n!\, a^n}{n^n},$$

also

$$\sqrt[n]{|a_n|} < a \sqrt[n]{A}\ \frac{e \sqrt[n]{n!}}{n}.$$

Der Logarithmus der rechten Seite ist

$$\log a + \frac{1}{n} \log A + 1 + \frac{1}{n} \log n! - \log n,$$

und auf Grund der trivialen Abschätzung

$$\log n! = n \log n - n + o(n)$$

weiter gleich

$$\log a + \frac{1}{n} \log A + o(1) = \log a + o(1).$$

Also ist

$$\varrho = \overline{\lim} \sqrt[n]{|a_n|} \leqq a.$$

Nun beweisen wir noch die Formel (1). Aus der unter a) bewiesenen Formel (2) folgt

$$M(r) \leqq A\, e^{(\varrho + \varepsilon)\, r}$$

oder

$$\frac{\log M(r)}{r} \leqq \frac{\log A}{r} + \varrho + \varepsilon,$$

also, da ε beliebig nahe an 0 gewählt werden kann:

$$\overline{\lim_{r \to \infty}} \frac{\log M(r)}{r} \leqq \varrho.$$

Andererseits haben wir unter b) bewiesen, daß

$$\varrho \leqq a$$

ist, wo a jede Zahl > 0 bedeuten kann, die die Eigenschaft hat, daß $F(t)\, e^{-a\,|t|}$ beschränkt bleibt, oder, was dasselbe ist:

$$M(r) < A\, e^{a\,r}.$$

Wegen $\dfrac{\log M(r)}{r} < \dfrac{\log A}{r} + a$ ist die untere Grenze dieser a gleich $\overline{\lim_{r \to \infty}} \dfrac{\log M(r)}{r}$.

Also muß

$$\varrho \leqq \overline{\lim_{r \to \infty}} \frac{\log M(r)}{r}$$

sein. Mit dem vorigen Ergebnis zusammen liefert das die behauptete Gleichung.

Satz 2. *Ist* $F(t) = \sum_{n=0}^{\infty} \dfrac{a_n}{n!}\, t^n$ *vom Exponentialtypus, hat also* $f(s) = \sum_{n=0}^{\infty} \dfrac{a_n}{s^{n+1}}$ *einen endlichen Konvergenzradius* ϱ, *so ist für* $\Re s > \varrho$:

$$f(s) = \mathfrak{L}\{F\} = \int_0^{\infty} e^{-st} F(t)\, dt,$$

d. h. $f(s)$ *läßt sich in der Halbebene, deren Begrenzungsgerade den Konvergenzkreis rechts berührt, durch ein Integral darstellen. — Umgekehrt läßt sich aber auch* $F(t)$, *und zwar für jedes* t, *durch ein Integral über* $f(s)$ *ausdrücken*:

$$F(t) = \frac{1}{2\pi i} \int e^{ts} f(s)\, ds,$$

wo der Integrationsweg jeder im positiven Sinn durchlaufene Kreis $|s| = \varrho + \varepsilon > \varrho$ *(oder eine äquivalente Kurve) sein kann.*

Bemerkung:

1. Im vorliegenden Fall läßt sich also die $\mathfrak{L}$-Transformation „umkehren" in dem Sinn, daß man einen expliziten Ausdruck angeben kann, der F aus f zu berechnen gestattet. Wir werden später sehen, daß die Formel einen durch die Einfachheit der vorliegenden Verhältnisse bedingten Spezialfall einer allgemeineren Umkehrformel darstellt (6. Kapitel).

2. Man beachte, daß $f(s)$ nicht jede beliebige im Äußeren eines Kreises reguläre Funktion sein darf, sondern daß wegen des Fehlens eines absoluten Gliedes in der Reihe $\sum_{0}^{\infty}{}' \dfrac{a_n}{s^{n+1}}$ der Wert $f(\infty)$ gleich 0 sein muß.

Wir wissen ja in der Tat (Satz 1 [4.3]), daß jede l-Funktion für $s \to \infty$ in einem Winkelraum $\mathfrak{W}$ gegen 0 strebt. Ist sie also im Unendlichen regulär, so muß $f(\infty) = 0$ sein, und $f(s)$ muß sogar bei beliebiger Annäherung an $s = \infty$ gegen 0 streben.

3. In den beiden in Satz 2 auftretenden Klassen von Funktionen $F(t)$ bzw. $f(s)$ haben wir zwei Teilbereiche des L- bzw. l-Raumes vor uns, die einander genau entsprechen und von denen sich jeder einzeln durch innere (funktionentheoretische) Eigenschaften charakterisieren läßt. Wir werden später die Klasse der ganzen Funktionen $F(t)$ vom Exponentialtyp als den L^0-Raum, die Klasse der im Unendlichen regulären und dort verschwindenden Funktionen als l^0-Raum bezeichnen.

Beweis: a) Da nach Formel (2) im Beweis von Satz 1

$$|F(t)| < A\, e^{(\varrho + \varepsilon)\,|t|}$$

ist, so konvergiert $\mathfrak{L}\{F\}$ für $\Re s > \varrho$, und zwar ist nach dem Hilfssatz 1 (Anhang):

$$\int_0^{\infty} e^{-st} F(t)\, dt = \int_0^{\infty} e^{-st} \sum_{n=0}^{\infty} \frac{a_n}{n!}\, t^n\, dt = \sum_{n=0}^{\infty} \frac{a_n}{n!} \int_0^{\infty} e^{-st} t^n\, dt = \sum_{n=0}^{\infty} \frac{a_n}{s^{n+1}}.$$

b) Für den Integrationsweg $|s| = \varrho + \varepsilon > \varrho$ ist bei beliebigem komplexen t:

$$\frac{1}{2\pi i} \int e^{t\,s} f(s)\, ds = \frac{1}{2\pi i} \int e^{t s} \sum_{n=0}^{\infty} \frac{a_n}{s^{n+1}}\, ds = \sum_{n=0}^{\infty} a_n \frac{1}{2\pi i} \int \frac{e^{t s}}{s^{n+1}}\, ds,$$

weil die Reihe für $f(s)$ längs des Weges gleichmäßig konvergiert. Nach Cauchy ist

$$\frac{1}{2\pi i} \int \frac{e^{t s}}{s^{n+1}}\, ds = \frac{1}{n!} \left[\frac{d^n (e^{t s})}{d s^n} \right]_{s=0} = \frac{t^n}{n!}.$$

Aus Satz 1 und 2 folgt:

Satz 3. *Notwendig und hinreichend dafür, daß eine Funktion $f(s)$ für $|s| > \varrho$ einschließlich $s = \infty$ analytisch ist, auf $|s| = \varrho$ mindestens eine Singularität besitzt und in $s = \infty$ verschwindet, ist die Existenz einer ganzen Funktion $F(t)$ vom Normaltypus ϱ der Ordnung 1, vermittels deren sich $f(s)$ für $\Re s > \varrho$ als Laplace-Integral*

$$f(s) = \int_0^{\infty} e^{-st} F(t)\, dt$$

darstellen läßt. $F(t)$ erhält man aus $f(s)$ durch das Integral

$$F(t) = \frac{1}{2\pi i} \int e^{t s} f(s)\, ds,$$

erstreckt über $|s| = \varrho + \varepsilon\,(\varepsilon > 0)$. Ist $f(s) = \sum_{n=0}^{\infty} \frac{a_n}{s^{n+1}}$, so ist $F(t) = \sum_{n=0}^{\infty} \frac{a_n}{n!} t^n$.

Kann speziell ϱ beliebig klein sein, so ist $f(s)$ überall außer in $s = 0$ analytisch. Der Satz lautet dann:

Satz 4. *Notwendig und hinreichend dafür, daß eine Funktion in der ganzen Ebene einschließlich ∞ nur die einzige Singularität $s = 0$ hat und in $s = \infty$ verschwindet, ist die Existenz einer ganzen Funktion $F(t)$ vom Minimaltypus der Ordnung 1:*

$$|F(t)| < A\, e^{\varepsilon |t|} \quad \text{für jedes } \varepsilon > 0,$$

vermittels deren sich $f(s)$ für $\Re s > 0$ als Laplace-Integral darstellen läßt.

Dieser Satz ist das Analogon zu dem bekannten Satz über Potenzreihen: Notwendig und hinreichend dafür, daß eine Funktion $f(z)$ in der ganzen Ebene einschließlich ∞ nur die einzige Singularität $z = 1$ hat $\left(\text{anders ausgedrückt: daß sie eine ganze Funktion von } \frac{1}{1-z} \text{ ist}\right)$ und für $z = 0$ verschwindet, ist, daß es zu den Koeffizienten ihrer Potenzreihe $f(z) = \sum_{n=1}^{\infty} c_n z^n$ eine ganze Funktion $C(z)$ vom Minimaltypus der Ordnung 1 gibt mit $C(n) = c_n\,(n = 1, 2, \ldots)$ [31].

§ 2. Analytische Fortsetzung der l-Funktion durch Drehung des Integrationsweges in der t-Ebene.

Bisher war in $\mathfrak{L}\{F\}$ der Integrationsweg stets die reelle Achse von 0 bis ∞. Wir werden sehen, daß in dem jetzt behandelten Spezialfall dieser Integrationsweg um den Nullpunkt der komplexen t-Ebene gedreht werden kann, daß dabei die Konvergenzhalbebene in der s-Ebene ebenfalls rotiert, und daß wir so die analytische Fortsetzung von $f(s)$ in dem größten der Natur der Sache nach zu erwartenden Gebiet erhalten, nämlich in dem Teil des Existenzbereiches, der durch Halbebenen ausgefegt werden kann.

Da F eine ganze Funktion ist, so ist jeder Strahl von 0 aus, der mit der positiven reellen Achse einen Winkel φ bildet (kurz: Strahl in der Richtung φ), als Integrationsweg denkbar; es fragt sich nur, ob und wo das so verallgemeinerte $\mathfrak{L}$-Integral, das wir dann mit

$$\mathfrak{L}^{(\varphi)}\{F\} \equiv \int\limits_0^{\infty\,(\varphi)} e^{-st}\, F(t)\, dt$$

bezeichnen, konvergiert. In dieser Hinsicht beweisen wir vorläufig folgenden Satz, den wir in § 3 auf seine bestmögliche Form bringen werden:

Satz 1. *Das Integral $\mathfrak{L}^{(\varphi)}\{F\}$ konvergiert in einer Halbebene, deren Begrenzungsgerade auf der Richtung $-\varphi$ senkrecht steht, und zwar reicht diese Halbebene mindestens bis an den Konvergenzkreis $|s| = \varrho$ von $f(s)$ heran. Das Integral stellt dort eine reguläre Funktion, und zwar nichts anderes als ein Element von $f(s)$ dar.*

Beweis: In dem Integral können wir $t = r\,e^{i\varphi}$ mit reellem r setzen und erhalten

$$\mathfrak{L}^{(\varphi)}\{F\} = e^{i\varphi} \int\limits_0^\infty e^{-e^{i\varphi} s r}\, F\left(r\,e^{i\varphi}\right) dr\,.$$

Nach dem über $\mathfrak{L}$-Integrale mit reellem Integrationsweg Bekannten konvergiert dies genau für diejenigen Zahlen $e^{i\varphi}\, s$, die eine Halbebene mit vertikaler Begrenzung ausmachen; die entsprechenden Zahlen s gehen hieraus durch Multiplikation mit $e^{-i\varphi}$, d. h. durch eine Schwenkung um $-\varphi$, hervor. Da ferner

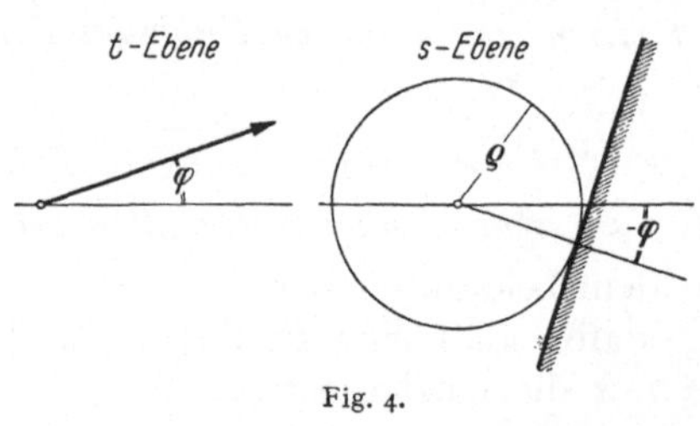

Fig. 4.

$$|F(t)| < A\, e^{(\varrho+\varepsilon)\,r}$$

ist, so konvergiert das Integral, sogar absolut, wenigstens für $\Re(e^{i\varphi} s) > \varrho + \varepsilon$, also, da $\varepsilon > 0$ beliebig klein sein kann, auch für

$$\Re(e^{i\varphi} s) > \varrho\,.$$

Das ist eine Halbebene, deren Begrenzungsgerade den Kreis vom Radius ϱ berührt und senkrecht zur Richtung $-\varphi$ steht.

Jedes Integral $\mathfrak{L}^{(\varphi)}\{F\}$ stellt eine reguläre Funktion dar. Wir betrachten die Integrale über zwei verschiedene Richtungen φ_1 und φ_2, für welche die den Kreis $|s|=\varrho$ berührenden Halbebenen $\mathfrak{H}_1$ und $\mathfrak{H}_2$, wo die Integrale sicher konvergieren, noch einen Teil gemeinsam haben, d. h. $0<\varphi_2-\varphi_1<\pi$, und behaupten, daß sie durch analytische Fortsetzung zusammenhängen. Sind T_1 und T_2 zwei Punkte auf den Integrationsstrahlen mit gleichem Abstand R von 0, so ist nach dem Cauchyschen Satz:

$$\int\limits_0^{T_2} e^{-st}F(t)\,dt - \int\limits_0^{T_1} e^{-st}F(t) = \int\limits_{T_1}^{T_2} e^{-st}F(t)\,dt,$$

wobei die Integrale links geradlinig, das rechts entlang dem Kreisbogen vom Radius R zu erstrecken sind. Wir betrachten nun eine Punktmenge in der s-Ebene, die sicher zu beiden Halbebenen $\mathfrak{H}_1$ und $\mathfrak{H}_2$ gehört, nämlich die Winkelhalbierende w ihrer Begrenzungsgeraden. Für sie ist

$$\text{arc } s = -\frac{\varphi_1+\varphi_2}{2},$$

$$|s|\cos\frac{\varphi_1+\varphi_2}{2} > \varrho.$$

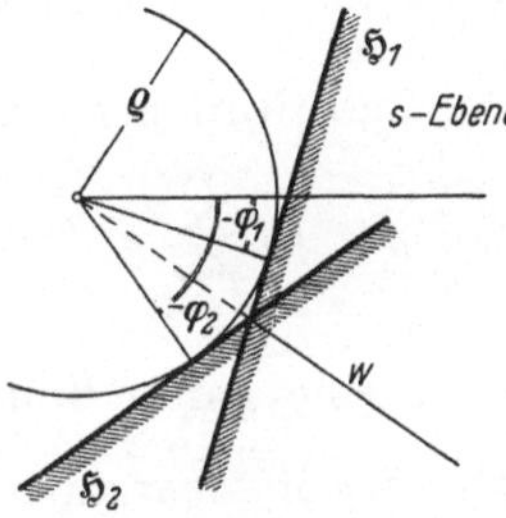

Fig. 5.

Da auf dem Kreisbogen der t-Ebene vom Radius $R: t = R\,e^{i\varphi}$ mit $\varphi_1 \leqq \varphi \leqq \varphi_2$ ist, so gilt, wenn der Punkt s auf w liegt, in dem Integral auf der rechten Seite:

$$\Re(st) = \Re\left(|s|\,R\,e^{i\left(-\frac{\varphi_1+\varphi_2}{2}+\varphi\right)}\right) = |s|\,R\cos\left(\varphi - \frac{\varphi_1+\varphi_2}{2}\right) \geqq |s|\,R\cos\frac{\varphi_2-\varphi_1}{2};$$

ferner ist

$$|F(t)| < A\,e^{(\varrho+\varepsilon)R}.$$

Somit ergibt sich:

$$\left|\int\limits_{T_1}^{T_2} e^{-st}F(t)\,dt\right| \leqq R\,(\varphi_2-\varphi_1)\,A\,e^{-|s|R\cos\frac{\varphi_2-\varphi_1}{2}+(\varrho+\varepsilon)R}$$

$$= A\,(\varphi_2-\varphi_1)\,R\,e^{-R\left(|s|\cos\frac{\varphi_2-\varphi_1}{2}-\varrho-\varepsilon\right)}.$$

Für diejenigen s auf w, für die der Koeffizient von $-R$ im Exponenten positiv ist, strebt die rechte Seite mit wachsendem R gegen 0, also ist

$$\mathfrak{L}^{(\varphi_2)}\{F\} = \lim_{|T_2|\to\infty}\int\limits_0^{T_2} = \lim_{|T_1|\to\infty}\int\limits_0^{T_1} = \mathfrak{L}^{(\varphi_1)}\{F\}$$

für diese s und somit, da ε beliebig klein sein kann, für alle s auf w. — Weil $\mathfrak{L}^{(\varphi_1)}$ und $\mathfrak{L}^{(\varphi_2)}$ auf einem Strahl übereinstimmen, stellen sie die Elemente einer und derselben Funktion und zwar offenbar von $f(s)$ dar, da dieses ja mit $\mathfrak{L}^{(0)}$ übereinstimmt [32].

5*

Anwendungen.

Satz 2. *Ist die ganze Funktion $F(t)$ vom Exponentialtypus:*
$|F(t)| < A\, e^{a\,|t|}$, *und periodisch:*

$$F(t + \omega) = F(t) \qquad (\omega \text{ eine feste komplexe Zahl} \neq 0),$$

so ist $F(t)$ ein Exponentialpolynom:

$$F(t) = \sum_{n=-N}^{+N} c_n\, e^{n\frac{2\pi}{\omega} i\, t},$$

wobei $N = \left[\dfrac{|\omega|\,a}{2\pi}\right]$ [33].

Beweis: Wir bilden $\mathfrak{L}\{F\}$ längs des Strahles durch ω:

$$f(s) = \int_0^{\infty\,(\text{arc}\,\omega)} e^{-st} F(t)\,dt = \sum_{k=0}^{\infty} \int_{k\omega}^{(k+1)\omega} e^{-st} F(t)\,dt = \sum_{k=0}^{\infty} \int_{k\omega}^{(k+1)\omega} e^{-st} F(t-k\omega)\,dt.$$

Die Substitution $t - k\omega = u$ ergibt:

$$f(s) = \sum_{k=0}^{\infty} e^{-k\omega s} \int_0^{\omega} e^{-su} F(u)\,du = \frac{1}{1 - e^{-\omega s}} \int_0^{\omega} e^{-su} F(u)\,du.$$

$\int_0^{\omega}$ ist eine ganze Funktion (das ist in 4.1 nur für reelles ω bewiesen, gilt aber offenbar auch für komplexes); $1 - e^{-\omega s}$ hat die unendlich vielen einfachen Nullstellen $s = n\dfrac{2\pi}{\omega} i$, $n = 0, \pm 1, \ldots$, also hat $f(s)$ höchstens diese Punkte zu einfachen Polen. Nun ist aber $f(s)$ sicher außerhalb des Kreises vom Radius a um $s = 0$ regulär (s. Beweis b) zu Satz 1 [5.1]), kann also höchstens die endlich vielen Pole

$$s = n\frac{2\pi}{\omega} i, \qquad\qquad n = 0, \pm 1, \ldots, \pm N$$

besitzen, wo

$$\left| N\frac{2\pi}{\omega} i \right| \leqq a$$

ist. Also ist

$$f(s) = \sum_{n=-N}^{N} \frac{c_n}{s - n\dfrac{2\pi}{\omega} i} + g(s),$$

wo $g(s)$ eine ganze Funktion ist (gewisse der c_n können noch verschwinden). Nun ist aber $f(\infty) = 0$, also $|f(s)| < 1$ außerhalb eines hinreichend großen Kreises. Ebenso ist $\left| \sum_{n=-N}^{N} \right| < 1$ für alle hinreichend großen $|s|$. Also ist $|g(s)| < 2$ außerhalb eines gewissen Kreises. Innerhalb dieses Kreises ist $g(s)$ gewiß beschränkt, also ist es in der ganzen Ebene beschränkt. Folglich ist nach dem Liouvilleschen Satz $g(s)$ = const und zwar $\equiv 0$ wegen $g(s) \to 0$ für $|s| \to \infty$. Aus

$$f(s) = \sum_{n=-N}^{N} \frac{c_n}{s - n\dfrac{2\pi}{\omega} i}$$

folgt aber die Behauptung, da zu $\dfrac{1}{s-\alpha}$ die einzige reguläre L-Funktion $e^{\alpha t}$ gehört.

Aus diesem Satz ergibt sich leicht[34]

Satz 3. *Die einzigen ganzen Funktionen $F(t)$ vom Exponentialtyp mit*

$$F^{(2n)}(0) = 0, \qquad F^{(2n)}(1) = 0 \qquad\qquad (n \geqq 0)$$

sind die endlichen sin-Polynome

$$F(t) = \sum_{n=1}^{N} a_n \sin n\pi t.$$

Beweis: Schreibt man für F die Taylorentwicklung mit dem Mittelpunkt $t = 0$ bzw. $t = 1$ an, so erkennt man, daß F um 0 bzw. 1 herum eine ungerade Funktion ist:

$$F(-t) = -F(t), \qquad F(1-t) = -F(1+t).$$

Ersetzen wir in der zweiten Gleichung t durch $1 + t$, so steht da: $F(-t) = -F(2+t)$. Mit der ersten zusammengenommen, ergibt das: $F(2+t) = F(t)$. Die Funktion hat also die Periode 2, mithin nach dem vorigen Satz die Gestalt

$$F(t) = \sum_{n=-N}^{+N} c_n e^{n\pi i t}.$$

Addiert man hierzu die Gleichung

$$F(t) = -F(-t) = -\sum_{n=-N}^{+N} c_n e^{-n\pi i t},$$

so folgt:

$$F(t) = i \sum_{n=-N}^{+N} c_n \sin n\pi t = i \sum_{n=1}^{N} (c_n - c_{-n}) \sin n\pi t.$$

Analog beweist man

Satz 4. *Die einzigen ganzen Funktionen $F(t)$ vom Exponentialtyp mit*

$$F^{(2n+1)}(0) = 0, \qquad F^{(2n)}(1) = 0 \qquad\qquad (n \geqq 0)$$

sind die endlichen cos-Polynome

$$F(t) = \sum_{n=0}^{N} b_n \cos (2n+1) \frac{\pi}{2} t.$$

Die Verwendbarkeit von $\mathfrak{L}^{(\varphi)}$ beim Beweis funktionentheoretischer Sätze zeigen wir an folgendem Beispiel:

Satz 5. *$F(t)$ sei eine ganze Funktion und*

$$|F(t)| < C_1 e^{\varepsilon |t|} \quad \text{*für*} \quad |\arg t| < \alpha < \frac{\pi}{2} \text{ *und jedes noch so kleine* } \varepsilon > 0,$$

$$|F(t)| < C_2 \qquad \text{*für*} \qquad \alpha \leqq |\arg t| \leqq \pi.$$

Dann ist $F(t)$ eine Konstante.

Beweis: $f(s) = \mathfrak{L}\{F\}$ ist außerhalb $|s| = \varepsilon$ regulär, also, da ε beliebig klein sein kann, in der ganzen Ebene mit Ausnahme von $s = 0$, und läßt sich durch

$$\mathfrak{L}^{(\varphi)}\{F\} = \int_0^{\infty\,(\varphi)} e^{-st} F(t)\, dt$$

berechnen für $\Re(e^{i\varphi} s) > 0$ (vgl. S. 66). Wenn arc $s = \vartheta$ gesetzt wird, so kann φ so gewählt werden:

$$-\vartheta - \frac{\pi}{2} < \varphi < -\vartheta + \frac{\pi}{2}.$$

Ist nun $\alpha \leqq |\vartheta| \leqq \pi$, so wählen wir $\varphi = -\vartheta$. Dann ist

$$f(s) = \int_0^\infty e^{-|s|\,r} F(r\, e^{-i\vartheta})\, dr,$$

also

$$|f(s)| \leqq C_2 \int_0^\infty e^{-|s|\,r}\, dr = \frac{C_2}{|s|}.$$

Ist dagegen $|\vartheta| < \alpha$, so wählen wir

$$\varphi = -\vartheta - \alpha \quad \text{für} \quad \vartheta \geqq 0,$$
$$\varphi = -\vartheta + \alpha \quad \text{für} \quad \vartheta < 0.$$

$\Big($Diese Werte sind erlaubt, denn es ist $|\varphi + \vartheta| = \alpha < \dfrac{\pi}{2}$; hier wird die Voraussetzung $\alpha < \dfrac{\pi}{2}$ gebraucht.$\Big)$ Dann befinden wir uns wieder bei der Integration in dem Gebiet der Beschränktheit von F und bekommen:

$$f(s) = \int_0^\infty e^{-|s|\,e^{i\vartheta}\,r\,e^{i\left(-\frac{\vartheta}{2}\mp\alpha\right)}} F\left(r\, e^{i\left(-\frac{\vartheta}{2}\mp\alpha\right)}\right) dr$$

$$= \int_0^\infty e^{-|s|\,r\,e^{i\left(\frac{\vartheta}{2}\mp\alpha\right)}} F\left(r\, e^{i\left(-\frac{\vartheta}{2}\mp\alpha\right)}\right) dr,$$

also

$$|f(s)| \leqq \int_0^\infty e^{-|s|\,r\,\cos\left(\frac{\vartheta}{2}\mp\alpha\right)} C_2\, dr = \frac{C_2 \cos\left(\dfrac{\vartheta}{2}\mp\alpha\right)}{|s|} \leqq \frac{C_2}{|s|}.$$

Mithin ist durchweg $|f(s)| \leqq \dfrac{C_2}{|s|}$. Da $f(s)$ im Unendlichen verschwindet, so ist $s\,f(s)$ in der ganzen Ebene einschließlich ∞ außer eventuell in $s = 0$ regulär, und in der Umgebung dieses Punktes gilt: $|s\,f(s)| \leqq C_2$. Dann ist aber nach dem Satz von Riemann $s\,f(s)$ auch an der Stelle $s = 0$ regulär definierbar, so daß $s\,f(s)$ in der ganzen Ebene einschließlich ∞ regulär, mithin nach dem Satz von Liouville eine Konstante c ist. Aus $f(s) = \dfrac{c}{s}$ folgt aber $F(t) = c$.

Verallgemeinerung für L-Funktionen, die in einem Winkelraum regulär sind.

Man erkennt unmittelbar, daß die Ergebnisse im Anfang dieses Paragraphen auf Funktionen $F(t)$ verallgemeinert werden können, die in einem Winkelraum $\alpha < \operatorname{arc} t < \beta$ mit eventueller Ausnahme von $t = 0$ und $t = \infty$ regulär sind, wenn $F(t)$ längs jedes Strahles nach $t = 0$ hinein absolut integrabel ist und der Abschätzung

$$|F(t)| < A\, e^{a\,|t|} \quad \text{für} \quad |t| > 1 \qquad\qquad (a > 0)$$

genügt. $f(s) = \mathfrak{L}\{F\}$ ist in $|s| > a$, $\alpha - \dfrac{\pi}{2} < \operatorname{arc} s < \beta + \dfrac{\pi}{2}$ regulär (dieses Gebiet kann, wenn $\beta - \alpha > \pi$ ist, auf einer Riemannschen Fläche liegen) und wird durch

$$\int\limits_0^{\infty\,(\varphi)} e^{-st} F(t)\, dt = \int\limits_0^{\infty} e^{-s\,e^{i\varphi}r} F(r\,e^{i\varphi})\, e^{i\varphi}\, dr \qquad (\alpha < \varphi < \beta)$$

jeweils für $\mathfrak{R}(s\,e^{i\varphi}) > a$ dargestellt. Alle diese Integrale sind analytische Fortsetzungen voneinander [35].

Das Arbeiten mit diesem allgemeineren Fall kommt beim Beweise des folgenden Satzes vor, in dem Satz 5 als Spezialfall enthalten ist.

Satz 6. *$\Phi(z)$ sei eine ganze Funktion und genüge den Abschätzungen:*

$$|\Phi(z)| < C_1 e^{|z|^k} \quad \text{für} \quad |\operatorname{arc} z| < \alpha < \pi, \ \text{wo}\ k > 0\ \text{und}\ k\alpha < \frac{\pi}{2}\ \text{ist};$$

$$|\Phi(z)| < C_2 \quad \text{für} \quad \alpha \leqq |\operatorname{arc} z| \leqq \pi.$$

Dann ist $\Phi(z)$ eine Konstante [36].

Beweis: Wir wählen $k_1 > k$ so, daß noch $k_1 \alpha < \dfrac{\pi}{2}$ ist, und setzen

$$z = t^{\frac{1}{k_1}}, \qquad \Phi\left(t^{\frac{1}{k_1}}\right) = F(t).$$

Für t denken wir die Riemannsche Fläche des Logarithmus zugrunde gelegt. $F(t)$ ist auf ihr regulär und periodisch gegenüber Änderung des $\operatorname{arc} t$ um $2k_1\pi$. Wir betrachten auf der Fläche nur den Winkelraum $|\operatorname{arc} t| \leqq k_1\pi$, der ein eineindeutiges Bild der z-Ebene darstellt, und merken uns besonders, daß $F(t)$ auf den beiden begrenzenden Schenkeln dieselben Werte hat, und daß die Funktion auch über die Schenkel hinaus analytisch ist. $F(t)$ erfüllt die Bedingungen:

$$|F(t)| < C_1 e^{|t|^{\frac{k}{k_1}}} \quad \text{für} \quad |\operatorname{arc} t| < k_1\alpha < \frac{\pi}{2},$$

$$|F(t)| < C_2 \quad \text{für} \quad k_1\alpha \leqq |\operatorname{arc} t| \leqq k_1\pi.$$

Wir betrachten nun

$$f(s) = \int\limits_0^{\infty\,(\varphi)} e^{-st} F(t)\, dt.$$

Da

$$|F(t)| < C\, e^{\varepsilon t}$$

mit beliebig kleinem $\varepsilon < 0$ und passend gewähltem C ist, so konvergiert das Integral in der Halbebene, deren Begrenzungsgerade durch $s = 0$ geht und in der $\left|\varphi + \vartheta\right| < \dfrac{\pi}{2}$ ist ($\vartheta = \text{arc } s$), und stellt bei Drehung des Integrationsweges ein und dieselbe analytische Funktion dar. Wir können z. B. immer $\varphi = -\vartheta$ gewählt denken, so daß

$$f(s) = \int\limits_0^\infty e^{-|s|\,r} F\left(r\,e^{-i\,\vartheta}\right) dr$$

ist, woraus man sieht, daß $f(s)$ ebenso wie F in dem Winkelraum $\left|\text{arc } s\right| \leqq k_1\,\pi$ analytisch ist, auf den Schenkeln dieselben Werte annimmt und bei weiterer Fortsetzung periodisch wiederkehrt. Wir schätzen nun $f(s)$ ab und wählen dazu φ immer so, daß der Integrationsweg in das Gebiet der Beschränktheit von F fällt. Für $k_1\,\alpha < \left|\vartheta\right| \leqq k_1\,\pi$ wählen wir $\varphi = -\vartheta$. Dann ist

$$\left|f(s)\right| \leqq \int\limits_0^\infty e^{-|s|\,r}\,C_2\,dr = \frac{C_2}{|s|}\,.$$

Für $\left|\vartheta\right| \leqq k_1\,\alpha$ wählen wir

$$\begin{aligned}
\varphi &= -k_1\,\alpha \quad &&\text{bei } \vartheta \geqq 0,\\
\varphi &= k_1\,\alpha \quad &&\text{bei } \vartheta < 0.
\end{aligned}$$

Dann ist $\left|\varphi + \vartheta\right| \leqq k_1\,\alpha < \dfrac{\pi}{2}$ und

$$f(s) = \int\limits_0^\infty e^{-\,|s|\,e^{i\,\vartheta}\,r\,e^{\mp\,i\,k_1\,\alpha}}\,F\left(r\,e^{i\,k_1\,\alpha}\right) dr,$$

also

$$\left|f(s)\right| \leqq \int\limits_0^\infty e^{-|s|\,r}\cos\left(\vartheta \mp k_1\,\alpha\right) C_2\,dr = \frac{C_2\cos\left(\vartheta \mp k_1\,\alpha\right)}{|s|} \leqq \frac{C_2}{|s|}\,;$$

folglich ist durchweg $\left|f(s)\right| \leqq \dfrac{C_2}{|s|}$.

Setzen wir nun $s = u^{k_1}$, so ist, da $f(s)$ in ϑ die Periode $2\,k_1\,\pi$ hat, $f(u^{k_1}) = \varphi(u)$ in der u-Ebene mit eventueller Ausnahme von $u = 0$ und $u = \infty$ regulär und genügt der Ungleichung

$$\left|\varphi(u)\right| \leqq \frac{C_2}{|u|^{k_1}}\,.$$

$\varphi(u)$ läßt sich in eine Laurent-Reihe $\sum\limits_{n=-\infty}^{+\infty} a_n\,u^n$ entwickeln mit

$$a_n = \frac{1}{2\,\pi\,i}\int \frac{\varphi(u)}{u^{n+1}}\,du,$$

wobei das Integral über einen Kreis $|u| = \varrho > 0$ zu erstrecken ist. Wegen der Ungleichung für $\varphi(u)$ ist

$$\left|a_n\right| \leqq \varrho^{-k_1-n}\,.$$

Für $n > -k_1$ lassen wir ϱ gegen ∞, für $n < -k_1$ gegen 0 streben und sehen, daß $a_n = 0$ ist. Es kann also nur $a_{-k_1} \neq 0$ sein, vorausgesetzt, daß k_1 eine ganze Zahl ist, also

$$\varphi(u) = \frac{a_{-k_1}}{u^{k_1}}.$$

Hieraus folgt

$$f(s) = \frac{a_{-k_1}}{s},$$

also

$$F(t) = a_{-k_1}$$

und damit

$$\Phi(z) = a_{-k_1}.$$

Man kann die S. 71 genannten Voraussetzungen über F noch dahin erweitern, daß man in dem Winkelraum *Singularitäten* zuläßt. Wird der Integrationsstrahl über diese weggedreht, so kommt ein Residuum hinzu, so daß nicht mehr alle Integrale analytische Fortsetzungen ein und derselben Funktion sind, sondern sich um gewisse additive Funktionen unterscheiden [37].

§ 3. Bestimmung des Konvergenzgebietes von $\mathfrak{L}^{(\varphi)}\{F\}$ durch die Singularitäten von $f(s)$.

Der Satz 1 [5.2] sagt nur, wie groß die Konvergenzhalbebene von $\mathfrak{L}^{(\varphi)}$ mindestens ist, er gibt sie nicht genau an. Während nun bei einer Potenzreihe der Konvergenzkreis durch die dem Entwicklungsmittelpunkt nächstgelegene Singularität der dargestellten Funktion völlig bestimmt ist, gilt für die Konvergenzgerade eines $\mathfrak{L}$-Integrales etwas Analoges im allgemeinen nicht. Unser jetziger Fall macht aber hiervon eine Ausnahme: die $\mathfrak{L}^{(\varphi)}$ konvergieren jeweils genau so weit, als $f(s)$ in einer Halbebene regulär ist. Dies wollen wir jetzt zeigen und damit den Satz 1 [5.2] präzisieren.

1. Hilfsbetrachtung über konvexe Bereiche.

Unter einem konvexen Bereich versteht man eine beschränkte, abgeschlossene Punktmenge, die mit zwei Punkten stets auch ihre Verbindungsstrecke enthält. Beispiele: Kreis, Ellipse, Dreieck, Quadrat (gemeint ist jeweils Fläche einschließlich Rand), Strecke. — Ein einzelner Punkt soll auch als konvexer Bereich gelten.

Durchlaufen die komplexen Zahlen z_1 und z_2 die konvexen Bereiche $\mathfrak{K}_1$ bzw. $\mathfrak{K}_2$, so heißt die von allen Kombinationen $z_1 + z_2$ durchlaufene Menge der Summenbereich $\mathfrak{K}_1 + \mathfrak{K}_2$ von $\mathfrak{K}_1$ und $\mathfrak{K}_2$. Er ist ebenfalls konvex. — Ist $\mathfrak{E}$ der Einheitskreis, so heißt $\mathfrak{K} + d\,\mathfrak{E}$ der Parallelbereich von $\mathfrak{K}$ im Abstand d. Er entsteht dadurch, daß man die um die Randpunkte geschlagenen Kreise vom Radius d mit $\mathfrak{K}$ vereinigt.

Der Durchschnitt von endlich oder unendlich vielen konvexen Bereichen ist wieder ein konvexer Bereich. — Eine beliebige beschränkte Menge $\mathfrak{M}$ kann man auf unendlich viele Weisen in konvexe Bereiche einbetten. Der Durchschnitt aller dieser Bereiche heißt die *konvexe Hülle* von $\mathfrak{M}$. Man kann sie sich durch einen straff gespannten Faden realisiert denken, der die (beispielsweise durch eingeschlagene Stifte dargestellte) Menge fest umschließt.

Ist ein Strahl von O aus mit der Richtung φ gegeben, so erhält man den Punkt* des konvexen Bereiches $\mathfrak{K}$, der in der Richtung φ am weitesten nach außen liegt, indem man sich provisorisch diese Richtung als positive reelle Achse denkt und das Maximum des Realteils aller Punkte aus $\mathfrak{K}$ sucht. Das bedeutet, daß man, auf die alte Achse bezogen, das Maximum $k(\varphi)$ von

$$\mathfrak{R}\left(z\,e^{-\,i\varphi}\right) = x\cos\varphi + y\sin\varphi$$

feststellt, wenn $z = x + i\,y$ den Bereich $\mathfrak{K}$ durchläuft. $k(\varphi)$ kann positiv oder negativ sein.

Die Gerade senkrecht zur Richtung φ, die durch jenen äußersten Punkt geht, hat in Hessescher Normalform die Gleichung

$$x\cos\varphi + y\sin\varphi - k(\varphi) = 0$$

und heißt die *Stützgerade* von $\mathfrak{K}$ in der Normalenrichtung φ. Sie ist nämlich diejenige unter den zu φ senkrechten und „jenseits“ $\mathfrak{K}$ liegenden Geraden, gegen die $\mathfrak{K}$ sich anlehnt oder stützt. — Man kann sich die Gesamtheit aller Stützgeraden dadurch realisiert denken, daß man eine Gerade auf $\mathfrak{K}$ abrollen läßt.

Nach der Definition von $k(\varphi)$ ist für jeden festen Punkt $z = x + i\,y$ von $\mathfrak{K}$

$$x\cos\varphi + y\sin\varphi - k(\varphi) \leqq 0$$

für alle Werte von φ.

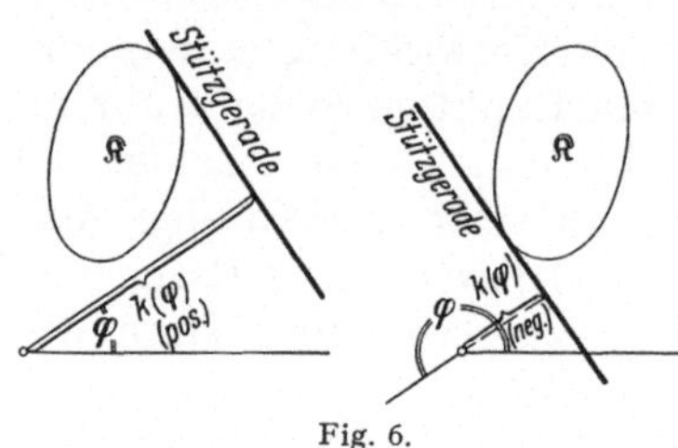

Fig. 6.

Die Funktion $k(\varphi)$ ist durch den konvexen Bereich $\mathfrak{K}$ eindeutig bestimmt, und sie bestimmt andererseits den Bereich eindeutig. Sie heißt die *Stützfunktion* von $\mathfrak{K}$. — Die Stützfunktion des Parallelbereiches von $\mathfrak{K}$ im Abstand d ist $k(\varphi) + d$.

2. Die Singularitätenhülle $\mathfrak{K}$ von $f(s)$.

Da die Funktion $f(s)$ zum mindesten im Äußeren des Kreises $|s| = \varrho$ regulär ist, so ist die Menge ihrer Singularitäten beschränkt, besitzt also eine konvexe Hülle $\mathfrak{K}$, die wir kurz die *Singularitätenhülle* von $f(s)$ nennen. In dem Komplementärgebiet ist $f(s)$ regulär. $\mathfrak{K}$ kann nicht leer sein

---

* Es kann mehrere, sogar unendlich viele solche Punkte geben.

außer in dem trivialen Fall $f(s) = \text{const} = 0$. Offenbar gilt für die Stützfunktion von $\mathfrak{K}$:

$$|k(\varphi)| \leqq \varrho.$$

Satz 1. *Das Laplace-Integral $\mathfrak{L}^{(\varphi)}\{F\}$ mit der Integrationsrichtung φ konvergiert genau in der Halbebene, die von der Stützgeraden von $\mathfrak{K}$ in der Normalenrichtung $-\varphi$ begrenzt wird (also so weit, wie es funktionentheoretisch überhaupt möglich ist), und zwar sogar absolut* [38].

Beweis: In der Darstellung von $F(t)$ S. 64 können wir als Integrationsweg den Rand $\mathfrak{R}$ eines Parallelbereiches von $\mathfrak{K}$ im Abstand d nehmen. Es gilt $(s = x + i\,y)$:

$$\left|F(r\,e^{i\varphi})\right| = \left|\frac{1}{2\pi i}\int_{\mathfrak{R}} e^{s\,r\,e^{i\varphi}}\,f(s)\,d\,s\right| \leqq \frac{1}{2\pi}\int_{\mathfrak{R}} e^{r\,(x\cos\varphi - y\sin\varphi)}\left|f(s)\,d\,s\right|.$$

Das Maximum von $x\cos\varphi - y\sin\varphi = x\cos(-\varphi) + y\sin(-\varphi)$ ist, wenn s auf $\mathfrak{R}$ wandert, die Stützfunktion $k(-\varphi) + d$ des Parallelbereiches. Ist ferner L die Länge von $\mathfrak{R}$ und M das Maximum von $|f|$ auf $\mathfrak{R}$, so ergibt sich:

$$\left|F(r\,e^{i\varphi})\right| \leqq \frac{M\,L}{2\pi}\,e^{\left(k(-\varphi) + d\right)r}.$$

Da $d > 0$ beliebig klein gewählt werden kann, so konvergiert

$$\mathfrak{L}^{(\varphi)}\{F\} = e^{i\varphi}\int_0^\infty e^{-e^{i\varphi}s\cdot r}\,F(r\,e^{i\varphi})\,dr$$

für

$$\mathfrak{R}(e^{i\varphi}s) > k(-\varphi),$$

sogar absolut. Weiter kann das Integral aber bestimmt nicht konvergieren, weil die dargestellte Funktion $f(s)$ ja in der Konvergenzhalbebene regulär ist. Also begrenzt die Stützgerade von $\mathfrak{K}$ in der Normalenrichtung $-\varphi$ das genaue Konvergenzgebiet.

Dreht man den Integrationsstrahl und läßt ihn alle Richtungen von 0 bis 2π einnehmen, so fegen die Konvergenzhalbebenen gerade das Komplementärgebiet von $\mathfrak{K}$ aus, so daß man $f(s)$ außerhalb $\mathfrak{K}$ durch das $\mathfrak{L}$-Integral mit einer geeignet gewählten Integrationsrichtung, und zwar an jeder Stelle s auf unendlich viele Weisen darstellen kann.

§ 4. Der Indikator von F und der Zusammenhang zwischen dem Anwachsen von F und den Singularitäten von f.

In § 1 betrachteten wir das Maximum $M(r)$ von $F(t)$ für $|t| = r$ und zeigten, daß

$$\varlimsup_{r\to\infty} \frac{\log M(r)}{r} = \varrho$$

ist. Wir verfeinern nun die Betrachtung, indem wir die einzelnen Strahlen von 0 aus ins Auge fassen und für jedes feste φ

$$\overline{\lim_{r \to \infty}} \frac{\log |F(r e^{i\varphi})|}{r} = h(\varphi)$$

bilden. Nach dem eben angeführten Resultat ist

$$h(\varphi) \leqq \varrho.$$

$h(\varphi)$ kann natürlich negativ sein; daß es außer in dem trivialen Fall $F(t) \equiv 0$ nicht $-\infty$ sein kann, wird sich sogleich ergeben. $h(\varphi)$ mißt das Anwachsen von F entlang dem Strahl in der Richtung φ und heißt der *Indikator* von $F(t)$ [39].

Satz 1. *Zwischen dem Indikator* $h(\varphi)$ *von* F *und der Stützfunktion* $k(\varphi)$ *der Singularitätenhülle von* f *besteht die Beziehung* [40]

$$h(\varphi) = k(-\varphi).$$

Das Anwachsen von F in der Richtung φ hängt also ab von der (den) in der Richtung $-\varphi$ „am weitesten außen" liegenden Singularität(en) von $f(s)$.

Beweis: Wäre für ein φ die Funktion $h(\varphi) = -\infty$, so müßte bei beliebig großem G für alle hinreichend großen r

$$\frac{\log |F(r e^{i\varphi})|}{r} < -G,$$

d. h.

$$F(r e^{i\varphi}) < e^{-G r}$$

sein. Also wäre $\mathfrak{L}^{(\varphi)}\{F\}$ für alle s konvergent, folglich $f(s)$ in der ganzen Ebene regulär und damit $\equiv 0$. Wir können mithin $h(\varphi)$ als endlich annehmen. Dann ist bei beliebig kleinem $\varepsilon > 0$ für alle hinreichend großen r:

$$\frac{\log |F(r e^{i\varphi})|}{r} < h(\varphi) + \varepsilon,$$

also

$$|F(r e^{i\varphi})| < e^{(h(\varphi) + \varepsilon) r}.$$

Folglich ist $\mathfrak{L}^{(\varphi)}\{F\}$ sicher konvergent für

$$\mathfrak{R}(e^{i\varphi} s) > h(\varphi).$$

Da es aber andererseits genau für

$$\mathfrak{R}(e^{i\varphi} s) > k(-\varphi)$$

konvergiert, so muß

$$h(\varphi) \geqq k(-\varphi)$$

sein. Nun bewiesen wir S. 75:

$$|F(r e^{i\varphi})| \leqq \frac{ML}{2\pi} e^{(k(-\varphi) + d) r},$$

also

$$\varlimsup_{r \to \infty} \frac{\log |F(r\,e^{i\varphi})|}{r} \leqq k(-\varphi) + d,$$

oder, da d beliebig klein sein konnte:

$$h(\varphi) \leqq k(-\varphi).$$

Folglich ist

$$h(\varphi) = k(-\varphi).$$

Der Indikator $h(\varphi)$ ist demnach auch als Stützfunktion eines konvexen Bereiches brauchbar, und zwar liegt dieser offenbar spiegelbildlich zu $\Re$ hinsichtlich der reellen Achse. Er heißt das *Indikatordiagramm* von $F(t)$.

Wir können unserem Ergebnis noch eine andere Wendung geben: Die Funktion $h(\varphi)$ beschreibt das asymptotische Verhalten einer ganzen Funktion $F(t)$ vom Exponentialtypus bei Annäherung an $t = \infty$ längs Strahlen. Dieses Verhalten spiegelt sich wider in der Lage der Singularitäten der zugeordneten Bildfunktion $f(s)$ und läßt sich bei Kenntnis derselben vollständig beherrschen. Wir werden später sehen, wie man dieses Verhalten noch feiner beschreiben kann, wenn man nicht nur über der Lage, sondern auch über den Charakter der Singularitäten von $f(s)$ Bescheid weiß (s. 14.3) [41].

§ 5. Das Borelsche Summabilitätspolygon, seine Ergänzung und Erweiterung.

In unseren Ergebnissen ist die Theorie des sog. Borelschen Summabilitätspolygons in erweitertem Umfang enthalten.

Über die Summabilitätstheorie, insbesondere die von Borel.

Wenn eine Reihe $\sum\limits_{n=0}^{\infty} c_n$ nicht im üblichen Sinn konvergiert, d. h., wenn ihre Partialsummen s_n keinen Grenzwert haben, so hat man auf viele verschiedene Arten versucht, ihr einen „verallgemeinerten Summenwert" beizulegen, mit dem sich in gewissem Umfang so operieren läßt wie mit dem gewöhnlichen Summenwert. Diese „Summierungsverfahren" laufen alle darauf hinaus, daß man der Folge der c_n bzw. s_n eine andere Folge oder auch Funktion $S(x)$ zuordnet, also auf sie im Sinne des 1. Kapitels eine Funktionaltransformation ausübt, und dann den Grenzwert von $S(x)$ bei Annäherung an eine geeignet gewählte Stelle x_0, falls vorhanden, als „verallgemeinerten Grenzwert" der s_n definiert. Gelingt dies tatsächlich, so sagt man, die Reihe sei nach dem betreffenden Verfahren „*summierbar*" oder „summabel", bzw. die Folge der s_n sei

„*limitierbar*"*. Man legt die Methode natürlich möglichst so an, daß sie, wenn die Reihe $\Sigma\, c_n$ wirklich konvergiert, den üblichen Summenwert liefert, daß sie, wie man sagt, „permanent" oder „konsistent" ist.

In der Funktionentheorie, wo es sich nicht um numerische Reihen, sondern um Reihen von Funktionen handelt, sind derartige Gedankengänge im Gewand der analytischen Fortsetzung sehr geläufig, und es haftet ihnen dort gar kein befremdlicher Charakter an. Denn daß es, wenn eine Reihendarstellung einer Funktion an gewissen Stellen divergiert, einen anderen, aus ihr durch geeignete Umformungen erhältlichen Ausdruck geben kann, der dort konvergiert, ist nichts weiter Merkwürdiges. Man denke z. B. an die Umordnung einer Potenzreihe in eine andere oder in eine Reihe von Polynomen.

Eine der einfachsten Summabilitätsmethoden ist die nach ABEL benannte: Man ordnet den c_n die Funktion $S(x) = \sum_{n=0}^{\infty} c_n\, x^n$ zu, falls diese Reihe für $|x| < 1$ konvergiert, und stellt fest, ob $S(x)$ einen Grenzwert hat, wenn x durch reelle Werte gegen 1 strebt. Der zugehörige Permanenzsatz wird hier durch den Abelschen Stetigkeitssatz geliefert.

An dieser Stelle interessiert uns hauptsächlich die *Methode von* BOREL.

Ist die „assoziierte" Potenzreihe $\displaystyle\sum_{0}^{\infty} c_n\, \frac{x^n}{n!} = G(x)$ für alle x konvergent und existiert $\displaystyle\int_0^{\infty} e^{-x}\, G(x)\, dx = l$, so heißt l die Borelsche Summe von $\Sigma\, c_n$. (Eine andere Definition siehe S. 190.) Ist $c_n = a_n z^n$, die gegebene Reihe also eine Potenzreihe $\varphi(z) = \displaystyle\sum_{0}^{\infty} a_n z^n$, und hat diese einen von 0 verschiedenen Konvergenzradius r, so ist $G(x) = \displaystyle\sum_{0}^{\infty} a_n \frac{(xz)^n}{n!} = \Phi(xz)$ für alle x und z konvergent, also eine ganze Funktion vom Exponentialtypus (Satz 1 [5.1]), und der Ausdruck

$$B(z) = \int_0^{\infty} e^{-x}\, \Phi(xz)\, dx$$

---

* Diese Ausdrücke sind wenig glücklich gewählt. Denn wenn einmal die Begriffe Summe und Limes festgelegt sind, so ist es eigentlich unsinnig, ausgerechnet in dem Fall, wo sie nicht zutreffen, von summierbar und limitierbar zu reden. Es würde zur Klarheit der Begriffe beitragen, wenn man eine Terminologie wählen würde, die deutlich anzeigt, daß es sich bei dem „verallgemeinerten Grenzwert" einer Folge (oder auch Funktion) um den *echten* Grenzwert einer *zugeordneten* Folge oder Funktion handelt. — Der Gegenstand der Summabilitätstheorie ist, wie man sieht, nur ein Spezialfall einer in der Funktionalanalysis auftretenden viel allgemeineren Theorie, die untersucht, wie sich bei einer Funktionaltransformation das Verhalten der Objektfunktion an einer Stelle (oben des s_n bei $n = \infty$) in dem Verhalten der Resultatfunktion an einer gewissen Stelle widerspiegelt. Für die Laplace-Transformation werden wir diese Aufgabe noch ausführlich behandeln (10. Kapitel).

konvergiert (nach BOREL) im Innern[42] und divergiert (nach PHRAGMÉN) im Äußeren[43] des sog. *Borelschen Summabilitätspolygons* $\mathfrak{B}$, das durch die Singularitäten von φ folgendermaßen bestimmt ist (es braucht kein geradliniges Polygon zu sein und kann sich ins Unendliche erstrecken):

A_1. Man ziehe durch die singulären Punkte von $\varphi(z)$ senkrecht zu deren Verbindungsstrecken mit dem Nullpunkt Gerade. Dann ist $\mathfrak{B}$ der Durchschnitt von denjenigen der so entstehenden Halbebenen, die den Nullpunkt enthalten. (Der Konvergenzkreis der Potenzreihe ist ein Teil von $\mathfrak{B}$.) Da jede Halbebene konvex ist, so ist $\mathfrak{B}$ ebenfalls ein konvexes Gebiet. — Man kann $\mathfrak{B}$ auch als „Stern" definieren*:

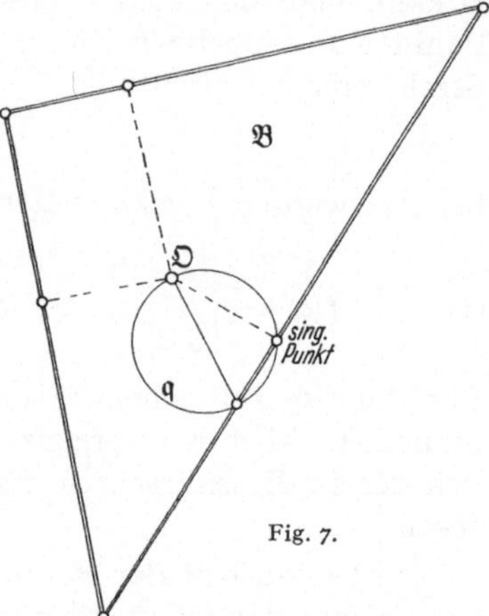

Fig. 7.

B_1. Auf jedem von 0 aus laufenden Strahl bestimme man die obere Grenze derjenigen Strecken, welche die Eigenschaft haben, daß $\varphi(z)$ in dem über der Strecke als Durchmesser stehenden Kreis noch regulär ist. $\mathfrak{B}$ ist die Vereinigungsmenge jener Maximalstrecken. — In dem Kreis q über der Strecke von 0 nach einem Randpunkt von $\mathfrak{B}$ liegt also kein singulärer Punkt, aber mindestens einer auf seiner Peripherie.

Wir wollen nun zeigen, daß diese Aussagen und noch viel mehr in unseren Ergebnissen des 4. Kapitels enthalten sind.

*　　*　　*

Wir legen die Annahmen und Bezeichnungsweisen von § 1—4 zugrunde. Wird $\mathfrak{K}$ nur von endlich vielen singulären Punkten S aufgespannt, so daß $\mathfrak{K}$ ein geradliniges Polygon ist, so wollen wir das den „typischen Fall" nennen. Dieser ist in den Figuren stets angenommen. — Erstreckt man das $\mathfrak{L}$-Integral von F über einen Strahl der Richtung φ der t-Ebene, so konvergiert es in der s-Halbebene $\mathfrak{H}$, die von der Stützgeraden von $\mathfrak{K}$ mit der Normalenrichtung $-\varphi$ begrenzt wird. Wir richten nun unser Augenmerk auf die darin enthaltenen Punkte, die den in der Halbebene liegenden Teil $\mathfrak{T}$ der Normalen $\mathfrak{S}$ ausmachen, und schreiben einmal vor, daß die Werte von f in diesen Punkten nur durch das

---

* Nach MITTAG-LEFFLER bezeichnet man als Stern ein Gebiet, das aus lauter von einem Punkt ausgehenden Strecken aufgebaut werden kann und dessen Rand von jedem aus jenem Punkt kommenden Strahl in genau einem Punkt getroffen wird.

$\mathfrak{L}$-Integral mit der Integrationsrichtung φ und durch kein anderes berechnet werden sollen. Liegt O in $\mathfrak{K}$, wie wir es vorläufig annehmen wollen, so kann man das auch so ausdrücken: Wenn $f(s)$ in einem bestimmten Punkt s auszurechnen ist, so soll dazu gerade das $\mathfrak{L}$-Integral über den Strahl von der Richtung

$$-\operatorname{arc} s = \operatorname{arc} s^{-1}$$

benutzt werden („gekoppelter" Integrationsweg):

$$(1) \qquad f(s) = \int_0^{\infty\,(\operatorname{arc} s^{-1})} e^{-st} F(t)\, dt, \quad \text{kürzer} \quad \int_0^{s^{-1}\infty} e^{-st} F(t)\, dt.$$

Für alle s auf einem Strahl $\mathfrak{S}$ von O aus ist dasselbe Integral brauchbar, aber Konvergenz findet nur für die s statt, die auf dem von der zu $\mathfrak{S}$ senkrechten Stützgeraden abgeschnittenen Teil $\mathfrak{T}$ von $\mathfrak{S}$ liegen.

Die Gesamtheit der Punkte F, in denen die Stützgeraden von ihren Normalen getroffen werden, nennen wir die *Fußpunktkurve* $\mathfrak{f}$ von $\mathfrak{K}$

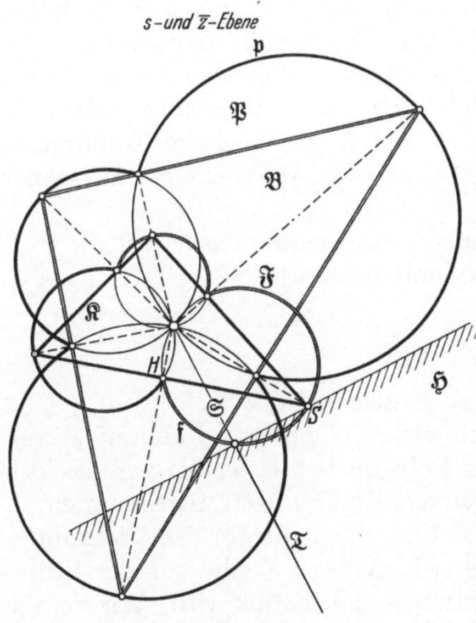

Fig. 8.

bezüglich O. Im typischen Fall besteht sie aus Bogen der Kreise $\mathfrak{c}$ über den OS als Durchmessern. Die Bogen werden begrenzt durch die Fußpunkte H der Lote von O auf die Verbindungsgeraden der S. Die Integrale (1) sind jeweils auf den von der Fußpunktkurve nach außen liegenden Teilen $\mathfrak{T}$ der Strahlen $\mathfrak{S}$ konvergent. Den aus diesen Teilen aufgebauten Bereich nennen wir $\mathfrak{F}$. Er ist ein Teil der Komplementärmenge von $\mathfrak{K}$.

Dadurch, daß wir die Integrationsrichtung des $\mathfrak{L}$-Integrals von s abhängig machten, haben wir also einen Teil des Konvergenzgebietes eingebüßt, dafür aber einen Vorteil in der Schreibweise errungen: Machen wir nämlich die Substitution $st = x$, was, da $s = 0$ nicht zu $\mathfrak{F}$ gehört, für alle s in $\mathfrak{F}$ einen Sinn hat, so durchläuft jetzt x die reellen Werte von 0 bis $+\infty$. In $\mathfrak{F}$ ist also

$$(2) \qquad f(s) = \frac{1}{s} \int_0^{\infty} e^{-x} F\left(\frac{x}{s}\right) dx.$$

Machen wir nun die Transformation $\dfrac{1}{s} = z$, so geht

$$s\,f(s) = \sum_0^\infty \frac{a_n}{s^n} \qquad \text{in} \qquad \frac{1}{z}\,f\!\left(\frac{1}{z}\right) \equiv \varphi(z) = \sum_0^\infty a_n z^n,$$

$$F\!\left(\frac{x}{s}\right) = \sum_0^\infty a_n \frac{\left(\frac{x}{s}\right)^n}{n!} \qquad \text{in} \qquad F(x\,z) = \Phi(x\,z) = \sum_0^\infty a_n \frac{(x\,z)^n}{n!}$$

über, und (2) ergibt

$$(3) \qquad\qquad \varphi(z) = \int_0^\infty e^{-x}\,\Phi(z\,x)\,dx.$$

Das Konvergenzgebiet $\mathfrak{F}$ von (2) geht bei der Transformation* gerade in das *Borelsche Summabilitätspolygon* $\mathfrak{B}$ über: Die Kreise c bilden sich ab auf die in der Beschreibung A_1 genannten Geraden, die zu den Verbindungsstrecken der Singularitäten mit dem Nullpunkt senkrecht stehen; die durch $\mathfrak{f}$ abgeschnittenen Teile $\mathfrak{T}$ der Strahlen $\mathfrak{S}$ auf die in B_1 genannten Maximalstrecken; die Halbebenen $\mathfrak{H}$ auf die über diesen Maximalstrecken als Durchmessern stehenden größten Kreise q, innerhalb deren φ noch regulär ist. (Umgekehrt kann man jetzt $\mathfrak{F}$ direkt erhalten, indem man über den Verbindungsstrecken der singulären Punkte von $f(s)$ mit O als Durchmessern Kreise beschreibt und von deren Äußeren den Durchschnitt nimmt.) [44]

Diese Beziehungen erfahren eine *Modifikation*, wenn $O\,(s = 0)$ außerhalb von $\mathfrak{K}$ liegt [45]. In diesem Fall geht die Fußpunktkurve durch O und hat dort einen Doppelpunkt, der von den zwei Stützgeraden herrührt, die durch die Tangenten von O an den Rand von $\mathfrak{K}$ gebildet werden. Wir wollen jetzt das mit $\mathfrak{S}$ gekoppelte Integral durch

$$(4) \qquad\qquad \int_0^{\infty\,(\mathfrak{S}^{-1})} e^{-s\,t}\,F(t)\,dt$$

bezeichnen, um daran zu erinnern, daß es über den an der reellen Achse gespiegelten Strahl der t-Ebene zu erstrecken ist. Wenn man auf jedem $\mathfrak{S}$ den Konvergenzbereich $\mathfrak{T}$ von (4) feststellt, d. h. den durch $\mathfrak{f}$ abgeschnittenen Teil bestimmt, so muß man gewisse $\mathfrak{S}$ über O hinaus verlängern. Dadurch zerfällt die Fußpunktkurve $\mathfrak{f}$ in zwei Teile $\mathfrak{f}_1$ und $\mathfrak{f}_2$; $\mathfrak{f}_1$ ist der Teil, wo die Stützgerade die Normale $\mathfrak{S}$ im Innern trifft, bei $\mathfrak{f}_2$ trifft

---

* Die Transformation $\dfrac{1}{s} = z$ besteht in einer Spiegelung am Einheitskreis (Transformation durch reziproke Radien) und einer Spiegelung an der reellen Achse. In den Figuren ist der Deutlichkeit halber nur die Spiegelung am Einheitskreis durchgeführt, weil diese für das Gestaltliche allein entscheidend ist; die Spiegelung an der reellen Achse kann leicht in Gedanken hinzugefügt werden. Wir zeichnen also mit anderen Worten das Bild in der Ebene der konjugiert komplexen Zahlen $\bar{z}$.

die Stützgerade die Normale erst in der Verlängerung. $\mathfrak{f}_1$ ist die Fußpunktkurve des kleinsten konvexen Bereiches, der $\mathfrak{K}$ und O zugleich
umfaßt. Der Konvergenzbereich von (4) besteht aus zwei Teilen: Dem
Äußeren $\mathfrak{F}_1$ von $\mathfrak{f}_1$ und dem Innern $\mathfrak{F}_2$ von $\mathfrak{f}_2$. Ist P ein laufender Punkt

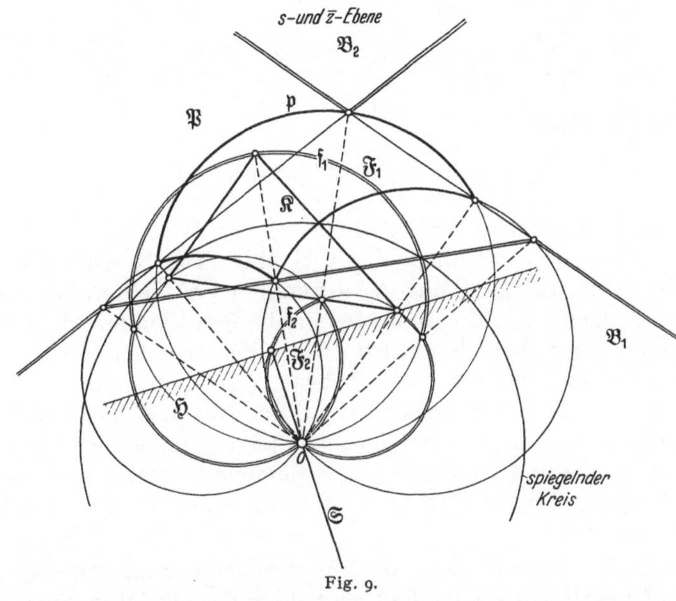

Fig. 9.

auf dem Rand von $\mathfrak{K}$, so ist $\mathfrak{F}_1$ der Durchschnitt des Äußeren, $\mathfrak{F}_2$ der
Durchschnitt des Innern der Kreise über den OP als Durchmessern.
(Wenn O im Innern von $\mathfrak{K}$ liegt, so existiert eben $\mathfrak{F}_2$ evidentermaßen
nicht.)

Macht man jetzt die Substitution $st = x\,(s \neq 0)$, so bekommt man
etwas Verschiedenes, je nachdem s in $\mathfrak{F}_1$ oder $\mathfrak{F}_2$ liegt. Ist s ein Punkt
aus $\mathfrak{F}_1$, so wird der Integrationsweg $\mathfrak{S}^{-1}$ in die positive reelle x-Achse
übergeführt und man erhält wie früher das Integral (2), das nun $f(s)$
nur in $\mathfrak{F}_1$ darstellt. (2) geht durch die Transformation $\dfrac{1}{s} = z$ in den
Borelschen Ausdruck (3) über, während $\mathfrak{F}_1$ auf das übliche Borel-
Polygon, es heiße jetzt $\mathfrak{B}_1$, abgebildet wird, das in diesem Fall den
Punkt ∞ auf dem Rand enthält.

Liegt s dagegen in $\mathfrak{F}_2$, so wird $\mathfrak{S}^{-1}$ durch $st = x\,(s \neq 0)$ in die
negative reelle x-Achse übergeführt, so daß wir das in $\mathfrak{F}_2$ konvergente
Integral

$$(5) \qquad f(s) = \frac{1}{s} \int\limits_0^{-\infty} e^{-x} F\left(\frac{x}{s}\right) dx$$

erhalten. Bei der Transformation $\dfrac{1}{s} = z$ geht es in den Ausdruck

$$(6) \qquad \varphi(z) = \int\limits_{0}^{-\infty} e^{-x}\, \Phi(z\,x)\, d\,x$$

über, der nun in dem Bilde $\mathfrak{B}_2$ von $\mathfrak{F}_2$ konvergiert. $\mathfrak{B}_2$ kann auf zweierlei Arten beschrieben werden (durch Übersetzung der betreffenden Eigenschaften von $\mathfrak{F}_2$):

A_2. Man errichte auf den Verbindungsstrecken der singulären Punkte von $\varphi(z)$ mit O die Lote und nehme den Durchschnitt derjenigen so entstehenden Halbebenen, die den Nullpunkt nicht enthalten. (Ist $\mathfrak{B}_1$ ein endlicher Bereich, so kann $\mathfrak{B}_2$ offenbar nicht existieren.)

B_2. Man bestimme auf jedem Strahl durch O die kleinste Strecke $O\,Q$, so daß $\varphi(z)$ noch im Äußeren des Kreises über $O\,Q$ als Durchmesser regulär ist. $\mathfrak{B}_2$ ist dann die Vereinigungsmenge der Verlängerungen jener $O\,Q$. (Aus dieser Definition sieht man deutlich, daß $\mathfrak{B}_2$ nur existieren kann, wenn $\varphi(z)$ im Unendlichen regulär ist, daß das aber nicht hinreicht. An der Figur in der s-Ebene ist das evident.)

Damit haben wir der *Borelschen Methode* zunächst einmal eine *Ergänzung* gegeben, wodurch eine Lücke ausgefüllt wird, die nur durch unsere vorhergehende Betrachtung in der s-Ebene aufgedeckt werden konnte. Aber von unserem Standpunkt aus sind eigentlich beide Borel-Methoden nur Verstümmelungen einer *allgemeineren Methode* mit größerem Konvergenzbereich, die erst die in dem $\mathfrak{L}$-Integral steckenden Möglichkeiten voll ausnutzt. Man kann dazu auf zwei Wegen kommen:

I. Wir gehen aus von dem $\mathfrak{L}$-Integral mit beliebigem Integrationsweg[46]:

$$(7) \qquad f(s) = \int\limits_{0}^{\infty\,(\varphi)} e^{-s\,t}\, F(t)\, dt,$$

setzen $st = x$:

$$(8) \qquad f(s) = \frac{1}{s} \int\limits_{0}^{\infty\,(\varphi\,+\,\mathrm{arc}\,s)} e^{-x}\, F\!\left(\frac{x}{s}\right) d\,x$$

und dann $s = \dfrac{1}{z}$ (also $\mathrm{arc}\,s = -\,\mathrm{arc}\,z$), $[s\,f(s)]_{s=\frac{1}{z}} = \varphi(z)$; das ergibt

$$(9) \qquad \varphi(z) = \int\limits_{0}^{\infty\,(\varphi\,-\,\mathrm{arc}\,z)} e^{-x}\, F(z\,x)\, d\,x.$$

Wenn φ jeden Wert von 0 bis $2\,\pi$ bedeuten darf, so konvergiert (9) insgesamt in dem bei der Abbildung $s = \dfrac{1}{z}$ der Singularitätenhülle $\mathfrak{K}$ von $f(s) = [z\,\varphi(z)]_{z=\frac{1}{s}}$ entsprechenden Bereich, den wir das *Pincherlesche Kreispolygon* $\mathfrak{P}$ nennen wollen[47]. Es ist einfach zusammenhängend und liegt entweder ganz im Innern seiner Randkurve $\mathfrak{p}$ (wenn O in $\mathfrak{K}$ lag) oder im Äußeren (wenn O außerhalb $\mathfrak{K}$ lag). $\mathfrak{K}$ war konvex, $\mathfrak{f}$ war seine

Fußpunktkurve. Bei der Transformation $s = \dfrac{1}{z}$ (bzw. bei der Spiegelung am Einheitskreis) kehren sich die Verhältnisse um*: Aus $\mathfrak{f}$ wird eine bzw. zwei konvexe Kurven, je nachdem O innerhalb oder außerhalb $\mathfrak{K}$ lag (der Rand des Borel-Polygons $\mathfrak{B}$ bzw. die Ränder von $\mathfrak{B}_1$ und $\mathfrak{B}_2$), aus dem Rand von $\mathfrak{K}$ wird die zugehörige Fußpunktkurve (der Rand $\mathfrak{p}$ des Pincherle-Polygons $\mathfrak{P}$). $\mathfrak{p}$ ist also die Fußpunktkurve des konvexen Bereiches $\mathfrak{B}$, bzw. setzt sich zusammen aus den Fußpunktkurven von $\mathfrak{B}_1$ und $\mathfrak{B}_2$ und besteht im typischen Fall aus lauter Kreisbogen, die durch je zwei an $\mathfrak{B}$ bzw. $\mathfrak{B}_1$ und $\mathfrak{B}_2$ beteiligte Singularitäten und den Nullpunkt bestimmt sind. Nun kann ja das Konvergenzgebiet von (7) so definiert werden: Man verschiebt, vom Unendlichen herkommend, eine Gerade senkrecht zu einem festen Strahl, bis sie durch eine Singularität von $f(s)$ geht; von den beiden durch sie begrenzten Halbebenen nimmt man diejenige, wo $f(s)$ regulär ist, und bildet die Summe aller auf dieselbe Weise gefundenen Halbebenen. In die z-Ebene übertragen bedeutet das: Man läßt den Mittelpunkt eines Kreises, der stets durch $z = 0$ geht, von $z = 0$ her auf einem festen Strahl wandern und den Kreis sich ausdehnen, bis seine Peripherie durch eine Singularität von $\varphi(z)$ geht. (Im Innern ist dann $\varphi(z)$ regulär.) Kann man den Kreis beliebig groß machen, ohne an eine Singularität zu kommen, und ist auch $z = \infty$ ein regulärer Punkt, so muß man die Peripherie auch noch über $z = \infty$ weggleiten lassen (so wie in der s-Ebene jene gleitende Gerade über $s = 0$), d. h. man muß (große) durch $z = 0$ gehende Kreise betrachten, deren Mittelpunkte auf der Verlängerung des Strahls nach der anderen Seite liegen, und ihre Radien schrumpfen lassen, bis die Peripherie durch einen singulären Punkt geht. ($\varphi(z)$ ist dann im Äußeren des Kreises regulär.) Die Vereinigungsmenge aller so erhaltenen Kreisinnern bzw. Kreisäußeren** ist $\mathfrak{P}$. Kürzer, aber schlechter zu übersehen: Man betrachtet alle Kreise durch $z = 0$ und behält diejenigen bei, wo $\varphi(z)$ entweder im Innern oder im Äußeren regulär ist. Die Regularitätsinnern bzw. -äußeren vereinigt man zu $\mathfrak{P}$.

Für eine feste Richtung φ konvergiert (7) in einer Halbebene, deren Begrenzung durch die Stützgerade mit der Normalenrichtung $-\varphi$ gebildet wird. Also konvergiert (9) innerhalb bzw. außerhalb eines Kreises durch $z = 0$, dessen Mittelpunkt auf dem Strahl von der Richtung φ liegt und auf dessen Rand mindestens eine Singularität vorkommt, während $\varphi(z)$ im Innern bzw. im Äußeren regulär ist. Das sind wieder die Kreise, die bei der Beschreibung $B_{1,2}$ des Borel-Polygons $\mathfrak{B}$ bzw. $\mathfrak{B}_1$ und seiner Ergänzung $\mathfrak{B}_2$ vorkamen.

---

* G. Doetsch: Konvexe Kurven und Fußpunktkurven. Math. Z. **41** (1936) S. 717—731 [Satz 5 und 6].

** Es sind das die Kreise, die bei der Beschreibung B_1, B_2 der Borel-Polygone $\mathfrak{B}_1$, $\mathfrak{B}_2$ vorkamen. $\mathfrak{B}_1$ kam durch Vereinigung der von O auslaufenden Durchmesser, $\mathfrak{B}_2$ durch Vereinigung der nicht von O auslaufenden Verlängerungen dieser Durchmesser zustande. $\mathfrak{P}$ dagegen entsteht durch Vereinigung der Flächen selbst.

Den ursprünglichen Borelschen Ausdruck erhält man aus (9), indem man $\operatorname{arc} z = \varphi$ setzt, d. h. er konvergiert nur auf dem Durchmesser durch $z = 0$, bzw., wenn $\mathfrak{B}_2$ existiert und (9) im Äußeren eines Kreises konvergiert, auf der von $z = 0$ auslaufenden Verlängerung des Durchmessers; für die Punkte auf der anderen Verlängerung des Durchmessers muß man $\operatorname{arc} z = \varphi - \pi$, also $\varphi - \operatorname{arc} z = \pi$ setzen, so daß das Integral über die negative reelle Achse zu erstrecken ist, wodurch man auf den Ergänzungsausdruck $\int\limits_{0}^{-\infty}$ kommt.

II. Wir lassen in dem Borelschen Ausdruck beliebige Integrationswege zu [48]:

$$(10) \qquad \varphi(z) = \int\limits_{0}^{\infty\,(\varphi)} e^{-x} F(z\,x)\,d x.$$

Durch $z = \dfrac{1}{s}$, $\dfrac{1}{s}\varphi\left(\dfrac{1}{s}\right) = f(s)$ und $\dfrac{x}{s} = t$ ergibt sich:

$$(11) \qquad f(s) = \int\limits_{0}^{\infty\,(\varphi\,-\,\operatorname{arc} s)} e^{-s t} F(t)\,d t.$$

Bei beliebigem φ konvergiert (11) natürlich insgesamt außerhalb $\Re$, (10) in $\mathfrak{P}$. Es ist aber interessant festzustellen, wo (11) und (10) für ein *festes* φ konvergieren. Für alle s auf demselben Strahl $\mathfrak{S}$ ist derselbe Integrationsweg brauchbar. Das Integral konvergiert dann, wenn s beliebig sein könnte, in der Halbebene, die durch die Stützgerade mit der Normalenrichtung $-(\varphi - \operatorname{arc} s)$ bestimmt ist. Hiervon kommt aber nur der in der Halbebene

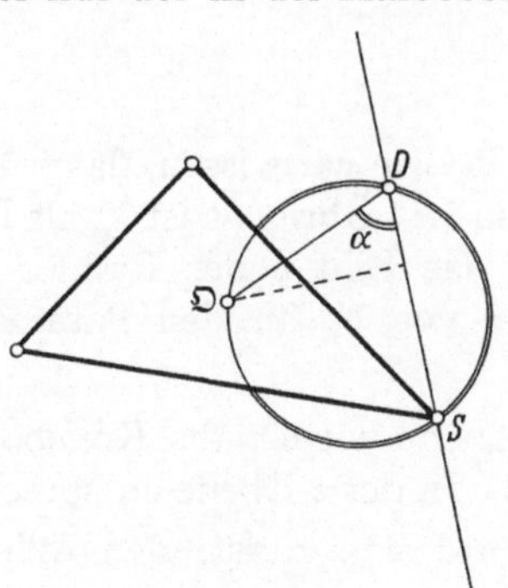

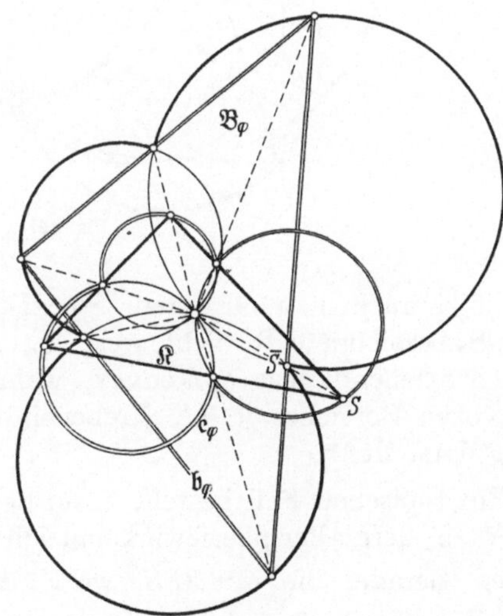

Fig. 10.
Fig. 11.

liegende Teil von $\mathfrak{S}$ in Betracht. Die Stützgerade schneidet $\mathfrak{S}$ in einem Punkt D unter dem Winkel α, und es ist

$$\alpha = \frac{\pi}{2} - \varphi.$$

Wir werden also dazu geführt, statt der Fußpunktkurve, die dem Fall $\varphi = 0$ entspricht, eine andere Kurve zu konstruieren: den geometrischen Ort der Punkte, wo die Strahlen von O aus durch die mit ihnen den Winkel $\frac{\pi}{2} - \varphi$ bildenden Stützgeraden getroffen werden. Dieser *Strebenendkurve** $\mathfrak{e}_\varphi$ entspricht in der z-Ebene eine Kurve $\mathfrak{b}_\varphi$, die so erhalten wird: Man betrachtet, mit kleinen Radien anfangend, die durch O gehenden Kreise, die mit einem Strahl $\overline{\mathfrak{S}}$ den Winkel $\frac{\pi}{2} - \varphi$ bilden, deren Mittelpunkte also auf der Geraden liegen, die mit $\overline{\mathfrak{S}}$ den Winkel φ bildet. Man läßt die Kreise sich ausdehnen, bis auf die Peripherie eine Singularität zu liegen kommt. Dieser Kreis schneidet $\overline{\mathfrak{S}}$ in $\overline{D}$. Die Gesamtheit aller $\overline{D}$ ist $\mathfrak{b}_\varphi$. Die Kurve $\mathfrak{b}_\varphi$ begrenzt ein „Borel-Polygon" $\mathfrak{B}_\varphi$. Nicht

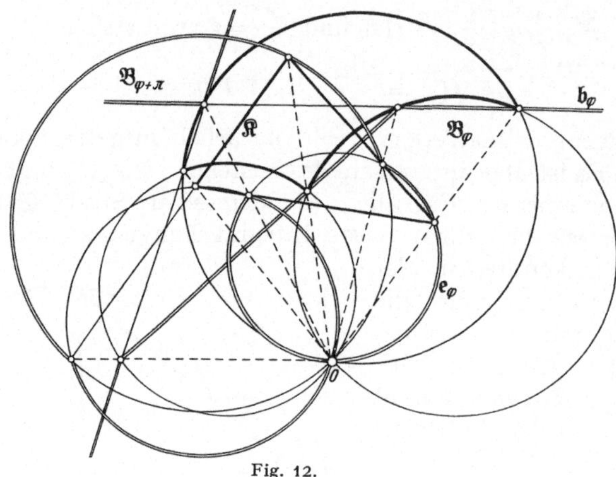

Fig. 12.

alle $\mathfrak{B}_\varphi$ brauchen zu existieren. So existiert ja, wie wir wissen, das früher mit $\mathfrak{B}_2$ bezeichnete $\mathfrak{B}_\pi$ nicht, wenn $\mathfrak{B}_0$ endlich ist. Übrigens ist $\mathfrak{b}_\varphi$ als Bild der Strebenendkurve $\mathfrak{e}_\varphi$ konvex, während das Bild $\mathfrak{p}$ des Randes des konvexen Bereiches $\mathfrak{R}$ die Strebenendkurve von $\mathfrak{b}_\varphi$ für den Parameter $-\varphi$ darstellt**.

Im typischen Fall besteht $\mathfrak{e}_\varphi$ in der s-Ebene wieder aus Kreisbogen über OS, deren Peripheriewinkel gleich α ist. In der z-Ebene entsprechen ihnen Gerade, die mit $O\overline{S}$, wo $\overline{S}$ das Bild von S ist, den Winkel $\alpha = \frac{\pi}{2} - \varphi$ bilden. Man kann sich die verschiedenen Polygone stetig

---

* Dieser Name ist in der in Fußnote * S. 84 zitierten Arbeit eingeführt und soll darauf hinweisen, daß $O\,D$ als eine gegen die Stützgerade gestellte Strebe angesehen werden kann.

** Siehe die in Fußnote * S. 84 zitierten Arbeit, Satz 7 und 8.

auseinander hervorgehend denken, indem man in den Punkten $\overline{S}$ Scharniere anbringt und die Begrenzungsgeraden jeweils im Winkel α gegen $O\overline{S}$ einstellt.

Die beschriebenen Zusammenhänge können auch auf Grund der Cauchyschen Integralformel abgeleitet werden[49].

<h1 align="center">6. Kapitel.</h1>

<h1 align="center">Die komplexe Umkehrformel der
Laplace-Transformation.</h1>

<h2 align="center">§ 1. Analogie mit der Potenz- bzw. Fourier-Reihe.</h2>

Die Laplace-Transformation

$$(1') \qquad f(s) = \int\limits_0^\infty e^{-st} F(t)\, dt$$

ist, wie schon in 3.5 betont, das kontinuierliche Analogon zur Potenzreihe

$$(1) \qquad \varphi(z) = \sum_0^\infty a_n z^n.$$

Letztere transformiert die Folge a_n in die Funktion $\varphi(z)$. Bei jeder Funktionaltransformation ist es wünschenswert, sie „umkehren", d. h. aus der Resultatfunktion die Objektfunktion zurückgewinnen zu können. Bei der Potenzreihe geht das, sogar auf ganz verschiedene Weise.

1. Es ist (Taylorsche Formel)

$$(2) \qquad a_n = \frac{\varphi^{(n)}(0)}{n!}.$$

Man beachte, daß man zur Anwendung dieser Formel $\varphi(z)$ nur in einer beliebig kleinen Umgebung von $z = 0$, ja sogar nur auf einem beliebig kleinen von 0 ausgehenden Kurvenstück, z. B. auf einem Stück der reellen Achse, zu kennen braucht.

2. Ein anderer Ausdruck für a_n ist (Cauchysche Formel):

$$(3) \qquad a_n = \frac{1}{2\pi i} \int \frac{\varphi(z)}{z^{n+1}}\, dz,$$

erstreckt z. B. über einen Kreis um den Nullpunkt. Nach Cauchy ist zwar

$$\varphi^{(n)}(\zeta) = \frac{n!}{2\pi i} \int \frac{\varphi(z)}{(z-\zeta)^{n+1}}\, dz,$$

also (3) mit (2) äquivalent, aber trotzdem ist (3) ganz anders geartet: Hier braucht man die Werte von φ im Komplexen auf einer den Nullpunkt umlaufenden Kurve.

Wir werden in der Folge zuerst an (3) anknüpfen, dessen Analogon für die Laplace-Transformation man leicht erraten kann, wenn man zuvor die Substitution $z = e^{-s}$, $\varphi(e^{-s}) = f(s)$ macht und schreibt:

$$a_n = \frac{1}{2\pi i} \int e^{ns} f(s)\, ds.$$

Es lautet:

(3′)
$$F(t) = \frac{1}{2\pi i} \int e^{ts} f(s)\, ds,$$

wobei das Integral über eine vertikale Gerade der s-Ebene (die ja bei der Abbildung $z = e^{-s}$ dem Kreis um $z = 0$ entspricht) im Konvergenzgebiet von $f(s)$ zu erstrecken ist. Durch die Substitution $s = x + i\,y$ $(x = \mathrm{const})$ gewinnt (3′) die Form

(3′₀)
$$F(t) = \frac{1}{2\pi} e^{xt} \int\limits_{-\infty}^{+\infty} e^{ity} f(x + i\,y)\, dy.$$

(3′) gilt aber keineswegs so unbeschränkt für die in einer Halbebene wie (3) für die in einem Kreis analytischen Funktionen, die Feststellung von Gültigkeitsbedingungen wird vielmehr unsere Hauptarbeit sein. Um die richtige Einstellung zu der ganzen Frage zu bekommen, machen wir gleich hier einige Vorbemerkungen.

(3) setzt die a_n in Beziehung zu den Werten von $f(z)$ auf einem Kreis $\varrho = \mathrm{const}$ $(z = \varrho\, e^{i\varphi})$. Dort ist aber $\sum\limits_{0}^{\infty} a_n\, z^n$ eigentlich eine Fourier-Reihe

(1₀)
$$f(z) = \sum\limits_{0}^{\infty} a_n\, \varrho^n\, e^{in\varphi},$$

und (3) ist ja auch, wenn man die Integrationsvariable z gemäß $z = \varrho\, e^{i\,\varphi}$ durch φ ersetzt, nichts anderes als die Formel für die Fourier-Koeffizienten von $f(\varrho\, e^{i\varphi})$:

(3₀)
$$a_n\, \varrho^n = \frac{1}{2\pi} \int\limits_{-\pi}^{+\pi} e^{-in\varphi} f(\varrho\, e^{i\varphi})\, d\varphi$$

(vgl. die Erörterungen im 2. Kapitel). Wenn wir also fragen, ob die $\mathfrak{L}$-Transformation sich durch das Analogon (3′₀) zu (3₀) umkehren läßt, so müssen wir darauf gefaßt sein, daß weniger eine Analogie zu den so einfachen Potenzreihen als zu den wesentlich komplizierteren Fourier-Reihen vorliegt und daß infolgedessen die Frage von derselben Schwierigkeit ist, wie das Problem, wann bei der durch eine beliebige Koeffizientenserie a_n definierten trigonometrischen Reihe (1₀) sich die Koeffizienten vermöge (3₀) in Fourierscher Gestalt ausdrücken lassen, mit anderen Worten, wann die trigonometrische Reihe (1₀) eine Fourier-Reihe ist.

Setzen wir (1_0) in (3_0) und $(1')$ in der Gestalt

$$(1_0') \qquad f(x + i\,y) = \int\limits_0^\infty e^{-iyt}\,(e^{-xt}F(t))\,dt$$

in $(3_0')$ ein, so können wir das Problem so formulieren:
Wann ist

$$(4) \qquad \varrho^n a_n = \frac{1}{2\pi} \int\limits_{-\pi}^{+\pi} e^{-in\varphi}\,d\varphi \sum_{\nu=0}^\infty e^{i\varphi\nu}\,(\varrho^\nu a_\nu),$$

bzw.

$$(4') \qquad e^{-xt}F(t) = \frac{1}{2\pi} \int\limits_{-\infty}^{+\infty} e^{ity}\,dy \int\limits_0^\infty e^{-iy\tau}\,(e^{-x\tau}F(\tau))\,d\tau\,?$$

Damit aber wird klar, daß unsere Frage hinsichtlich der Laplace-Transformation identisch ist mit der nach der Gültigkeit des *Fourier-schen Integraltheorems* [für die Funktion $e^{-xt}F(t)$], das genau die Gestalt (4') hat, nur daß das Integral nach τ von $-\infty$ bis $+\infty$ läuft statt von 0 bis ∞. Auf diese Form wären wir gekommen, wenn wir statt von der einseitig unendlichen Laplace-Transformation von der zweiseitig unend-lichen $\int\limits_{-\infty}^{+\infty} e^{-st}\,F(t)\,dt$ ausgegangen wären. Dieser entspricht die Laurent-Reihe $\sum\limits_{-\infty}^{+\infty} a_n z^n$, und die Koeffizientenformel lautet bei ihr genau wie (3); analog wird für die zweiseitig unendliche Laplace-Transformation die Umkehrformel dieselbe Gestalt wie (3') bzw. $(3_0')$ erhalten. Diese *Er-weiterung* vermittelt uns erst die *richtige Einsicht*, wenigstens, wenn man das Fouriersche Integraltheorem als Basis nimmt: Die Formel (3') ist eigentlich die Umkehrung der zweiseitig unendlichen Laplace-Trans-formation. Die einseitig unendliche stellt eine Verstümmelung dar: hier ist $F(t)=0$ für $-\infty < t < 0$. Das Umkehrintegral muß also, wenn man es für $t < 0$ bildet, verschwinden.

In der Literatur, die sich mit den Anwendungen der Laplace-Trans-formation auf Differential- und Integralgleichungen beschäftigt, wird sehr häufig der Fehler gemacht, daß die Formel (3') bzw. $(3_0')$, falls das Inte-gral überhaupt nur existiert, blindlings dazu benutzt wird, zu einer Funk-tion $f(s)$ die ihr angeblich vermöge der $\mathfrak{L}_I$-Transformation entsprechende Funktion $F(t)$ zu bestimmen. Wie leicht das zu falschen Resultaten führen kann, wollen wir an einem *Beispiel* zeigen [50]. Für die Funk-tion $f(s) = e^{s^2}$ hat (3') bzw. $(3_0')$ mit $x = \Re s = 0$ einen Sinn und liefert:

$$\frac{1}{2\pi i} \int\limits_{-i\infty}^{+i\infty} e^{ts}\,e^{s^2}\,ds = \frac{1}{2\pi} \int\limits_{-\infty}^{+\infty} e^{itu - u^2}\,du = \frac{e^{-\frac{t^2}{4}}}{2\pi} \int\limits_{-\infty}^{+\infty} e^{-\left(i\frac{t}{2} - u\right)^2}\,du$$

$$= \frac{e^{-\frac{t^2}{4}}}{2\pi} \int\limits_{-\infty + i\frac{t}{2}}^{+\infty + i\frac{t}{2}} e^{-v^2}\,dv.$$

Nach dem Cauchyschen Satz ist dieses Integral gleich dem über die reelle v-Achse erstreckten, weil die Integrale über die zwischen beiden Wegen einzuschaltenden Vertikalstrecken in der Grenze verschwinden. Wir erhalten also

$$\frac{e^{-\frac{t^2}{4}}}{2\,\pi}\int\limits_{-\infty}^{+\infty}e^{-v^2}\,dv=\frac{1}{2\,\sqrt{\pi}}\,e^{-\frac{t^2}{4}}.$$

Auf diese Funktion kann man zwar die $\mathfrak{L}_{\mathrm{I}}$-Transformation anwenden; das liefert aber nicht e^{s^2}, sondern (für jedes s)

$$\frac{1}{2\,\sqrt{\pi}}\int\limits_{0}^{\infty}e^{-st}e^{-\frac{t^2}{4}}\,dt=\frac{e^{s^2}}{2\,\sqrt{\pi}}\int\limits_{0}^{\infty}e^{-\left(s+\frac{t}{2}\right)^2}dt=\frac{e^{s^2}}{\sqrt{\pi}}\int\limits_{s}^{\infty}e^{-u^2}\,du,$$

wobei das Integral über einen Horizontalstrahl von s nach rechts zu erstrecken ist. Dies war schon deshalb vorauszusehen, weil e^{s^2} für reell wachsendes s nicht gegen 0 strebt, was es als $\mathfrak{L}_{\mathrm{I}}$-Transformierte tun müßte. — Dagegen ist in der Tat

$$e^{s^2}=\mathfrak{L}_{\mathrm{II}}\left\{\frac{1}{2\,\sqrt{\pi}}\,e^{-\frac{t^2}{4}}\right\}.$$

Denn für reelle s ist

$$\frac{1}{2\,\sqrt{\pi}}\int\limits_{-\infty}^{+\infty}e^{-st}e^{-\frac{t^2}{4}}\,dt=\frac{1}{2\,\sqrt{\pi}}\left\{\int\limits_{0}^{\infty}+\int\limits_{-\infty}^{0}\right\}=\frac{1}{2\,\sqrt{\pi}}\left\{\int\limits_{0}^{\infty}e^{-st}e^{-\frac{t^2}{4}}\,dt+\int\limits_{0}^{\infty}e^{st}e^{-\frac{t^2}{4}}\,dt\right\}$$

$$=\mathfrak{L}_{\mathrm{I}}\left\{e^{-\frac{t^2}{4}}\,;\,s\right\}+\mathfrak{L}_{\mathrm{I}}\left\{e^{-\frac{t^2}{4}}\,;\,-s\right\}$$

$$=\frac{e^{s^2}}{\sqrt{\pi}}\left\{\int\limits_{s}^{\infty}e^{-u^2}\,du+\int\limits_{-s}^{\infty}e^{-u^2}\,du\right\}=\frac{e^{s^2}}{\sqrt{\pi}}\int\limits_{-\infty}^{+\infty}e^{-u^2}\,du=e^{s^2}.$$

§ 2. Das Fouriersche Integraltheorem.

Bei der Behandlung der Umkehrformel 6.1 (3′) ist nach dem in 6.1 Gesagten das Fouriersche Integraltheorem ein unerläßliches Hilfsmittel. In der Gestalt 6.1 (4′) läßt es allerdings eine voll befriedigende Behandlung, etwa in dem Sinne, daß man notwendige und hinreichende Bedingungen für seine Gültigkeit angeben könnte, nicht zu. Wir werden damit zufrieden sein müssen, hinreichende Bedingungen aufzustellen. Erst durch gewisse Modifizierungen des Theorems (vgl. § 4) läßt sich eine abgerundete Aussage erreichen. Es ist eben, wie man schon aus der Theorie der Fourier-Reihen weiß, eine dem Problem nicht angemessene Forderung, Konvergenz des Integrals und Darstellung der Funktion im gewöhnlichen Sinne zu verlangen.

Satz 1. *$F(x)$ sei in jedem endlichen Intervall integrabel und $\int\limits_{-\infty}^{+\infty} |F(x)|\, dx$*

konvergent. Ist $F(x)$ in einer beliebig kleinen Umgebung von x von beschränkter Variation, so gilt für die Stelle x das Fouriersche Integraltheorem:

$$(1) \qquad \frac{F(x+0)+F(x-0)}{2} = \text{H.W.} \; \frac{1}{2\pi} \int\limits_{-\infty}^{+\infty} e^{ixy}\, dy \int\limits_{-\infty}^{+\infty} e^{-iy\xi} F(\xi)\, d\xi,$$

wobei die Buchstaben H.W. andeuten sollen, daß das äußere Integral als

ein Cauchyscher Hauptwert, d. h. als $\lim\limits_{Y\to\infty} \int\limits_{-Y}^{+Y}$ zu verstehen ist [51].

Bemerkung. Wenn F in der Umgebung von x von beschränkter Variation ist, so existieren die beiden Grenzwerte $\lim\limits_{h\to +0} F(x+h) = F(x+0)$ und $\lim\limits_{h\to +0} F(x-h) = F(x-0)$. Ist F an der Stelle x obendrein stetig, so ist $\dfrac{F(x+0)+F(x-0)}{2} = F(x)$. — Ist F in jedem endlichen Intervall von beschränkter Variation (dann ist übrigens F eo ipso integrabel), so gilt die Formel durchweg.

Beweis: Das Integral

$$I(y) = \int\limits_{-\infty}^{+\infty} e^{-iy\xi} F(\xi)\, d\xi$$

konvergiert gleichmäßig für alle reellen y, d. h. die ganzen Funktionen $\int\limits_{-\alpha}^{+\alpha} e^{-iy\xi} F(\xi)\, d\xi$ (vgl. 4.1) streben für $\alpha\to\infty$ gleichmäßig in $-\infty < y < +\infty$ gegen $I(y)$. Also ist $I(y)$ integrabel, und bei Integration über ein endliches Intervall $-Y \leqq y \leqq Y$ ist, auch nach Multiplikation mit der beschränkten Funktion e^{ixy}, der Grenzübergang $\alpha\to\infty$ mit dem Integral nach y vertauschbar:

$$\frac{1}{2\pi} \int\limits_{-Y}^{+Y} e^{ixy} I(y)\, dy = \frac{1}{2\pi} \int\limits_{-Y}^{+Y} e^{ixy}\, dy \lim\limits_{\alpha\to\infty} \int\limits_{-\alpha}^{+\alpha} e^{-iy\xi} F(\xi)\, d\xi$$

$$= \lim\limits_{\alpha\to\infty} \frac{1}{2\pi} \int\limits_{-Y}^{+Y} e^{ixy}\, dy \int\limits_{-\alpha}^{+\alpha} e^{-iy\xi} F(\xi)\, d\xi = \lim\limits_{\alpha\to\infty} \frac{1}{2\pi} \int\limits_{-\alpha}^{+\alpha} F(\xi)\, d\xi \int\limits_{-Y}^{+Y} e^{iy(x-\xi)}\, dy^{*}$$

$$= \frac{1}{2\pi} \int\limits_{-\infty}^{+\infty} F(\xi)\, \frac{e^{iY(x-\xi)} - e^{-iY(x-\xi)}}{i(x-\xi)}\, d\xi = \frac{1}{\pi} \int\limits_{-\infty}^{+\infty} \frac{\sin Y(x-\xi)}{x-\xi}\, F(\xi)\, d\xi.$$

Wir zerlegen nun das Integral folgendermaßen:

$$\int\limits_{-\infty}^{+\infty} = \int\limits_{-\infty}^{-X} + \int\limits_{-X}^{x-\delta} + \int\limits_{x-\delta}^{x+\delta} + \int\limits_{x+\delta}^{X} + \int\limits_{X}^{\infty}.$$

---

* Die Vertauschung der Integrationen ist leicht zu rechtfertigen: Das zweidimensionale Integral der drei Faktoren e^{ixy}, $e^{-iy\xi}$, $F(\xi)$ existiert, also auch das ihres Produktes. Dieses Produktintegral kann aber auf die beiden obigen Arten als iteriertes Integral geschrieben werden, da beide Integrale existieren.

Dabei sei $0 < \delta < 1$, $X > |x| + 1$. Dann ist in $\int\limits_{X}^{\infty}$ und $\int\limits_{-\infty}^{-X}$ sicher $|x - \xi| > 1$, ferner $|\sin Y (x - \xi)| \leqq 1$, also für alle Y:

$$\left| \int\limits_{X}^{\infty} \right| \leqq \int\limits_{X}^{\infty} |F(\xi)| \, d\xi \quad \text{und} \quad \left| \int\limits_{-\infty}^{-X} \right| \leqq \int\limits_{-\infty}^{-X} |F(\xi)| \, d\xi.$$

Wir können also weiterhin X bei gegebenem $\varepsilon < 0$ so groß gewählt denken, daß für alle Y

$$\left| \frac{1}{\pi} \int\limits_{-\infty}^{-X} + \frac{1}{\pi} \int\limits_{X}^{\infty} \right| < \frac{\varepsilon}{3}$$

ist. Ferner ist

$$\int\limits_{x+\delta}^{X} \frac{\sin Y (x - \xi)}{x - \xi} F(\xi) \, d\xi = \int\limits_{x-X}^{-\delta} \frac{F(x - u)}{u} \sin Y u \, du,$$

also nach dem Riemannschen Lemma (Satz 3 [4.3]), angewendet auf die Funktion $\frac{F(x - u)}{u}$ in dem Intervall $(x - X, -\delta)$, wo sie integrabel ist:

$$\int\limits_{x+\delta}^{X} \to 0 \quad \text{für} \quad Y \to \infty,$$

ebenso

$$\int\limits_{-X}^{x-\delta} \to 0 \quad \text{für} \quad Y \to \infty.$$

Für alle hinreichend großen Y ist also

$$\left| \frac{1}{\pi} \int\limits_{-X}^{x-\delta} + \frac{1}{\pi} \int\limits_{x+\delta}^{X} \right| < \frac{\varepsilon}{3}.$$

Schließlich ist

$$(2) \qquad \frac{1}{\pi} \int\limits_{x-\delta}^{x+\delta} \frac{\sin Y (x - \xi)}{x - \xi} F(\xi) \, d\xi$$

nichts anderes als das aus der Theorie der Fourier-Reihen bekannte Dirichletsche Integral, von dem dort folgendes gezeigt wird: Bildet man für ein den Punkt x im Innern enthaltendes Intervall die Fourier-Reihe von $F(x)$, so konvergieren ihre Partialsummen dann und nur dann gegen einen Wert l, wenn (2) für $Y \to \infty$ gegen l konvergiert, und zwar kann dabei δ jeden positiven Wert bedeuten, solange $x - \delta \ldots x + \delta$ in jenem Intervall liegt. (Hieraus folgt der Riemannsche Lokalisationssatz, daß das Verhalten der Fourier-Reihe an einer Stelle nur von dem Verhalten der Funktion in einer beliebig kleinen Umgebung der Stelle abhängt.) Dadurch, daß man unter geeigneten Voraussetzungen Konvergenz von (2) erzwingt, erhält man die bekannten hinreichenden Konvergenzkriterien, von denen das handlichste lautet (Dirichletsche

Bedingung): (2) konvergiert gegen $\dfrac{F(x+0)+F(x-0)}{2}$, wenn F in einer

beliebig kleinen Umgebung von x von beschränkter Variation ist[52].
Unter dieser Voraussetzung ist also für alle hinreichend großen Y

$$\left| \frac{1}{\pi} \int\limits_{x-\delta}^{x+\delta} \frac{\sin Y(x-\xi)}{x-\xi} F(\xi)\, d\xi - \frac{F(x+0)+F(x-0)}{2} \right| < \frac{\varepsilon}{3}.$$

Insgesamt ergibt sich: Für alle hinreichend großen Y ist

$$\left| \frac{1}{2\pi} \int\limits_{-Y}^{+Y} e^{ixy}\, I(y)\, dy - \frac{F(x+0)+F(x-0)}{2} \right| < \varepsilon.$$

Das ist unsere Behauptung.

Bemerkungen:

1. Unter dem Ausdruck „$\int\limits_{-\infty}^{+\infty}$ konvergiert" versteht man gewöhnlich: $\int\limits_{Y_1}^{Y_2}$ hat, wenn unabhängig von einander $Y_2 \to \infty$ und $Y_1 \to -\infty$ strebt, einen Grenzwert. Weiß man nur, daß $\int\limits_{-Y}^{+Y}$ für $Y \to \infty$ einen Grenzwert besitzt, so sagt man: Es existiert der Cauchysche Hauptwert des Integrals. Das Integral braucht dann im üblichen Sinn nicht zu konvergieren. Beispiel: $\int\limits_{-\infty}^{+\infty} y\, dy$ existiert als Cauchyscher Hauptwert und ist gleich 0, während es im üblichen Sinn divergiert.

2. Der Beweis bleibt auch richtig, wenn F an endlich vielen Stellen nur uneigentlich absolut integrabel ist. Diese Stellen können wir als in den Intervallen $(x+\delta, X)$ und $(-X, x-\delta)$ liegend annehmen. Die auf diese Intervalle bezüglichen Integrale streben dann immer noch gegen 0, da das Riemannsche Lemma auch für solche Fälle gilt (siehe Satz 3 [4.3]).

3. Aus dem Beweis folgt, daß unter Voraussetzung der Existenz von $\int\limits_{-\infty}^{+\infty} |F(x)|\, dx$ die Konvergenz des Fourier-Integrals an einer Stelle x nur von dem Verhalten der Funktion in einer beliebig kleinen Nachbarschaft von x abhängt.

4. Die Bedingung der beschränkten Variation kann durch jede andere für die Konvergenz von Fourier-Reihen hinreichende Bedingung ersetzt werden. Als besonders weittragend ist die von du Bois-Reymond bekannt (die die Dirichletsche umfaßt): Wenn

$$\psi(t) = \frac{1}{t} \int\limits_0^t \left(F(x+u) + F(x-u) - 2l \right) du$$

in einem rechts an $t=0$ anschließenden Intervall von beschränkter Variation ist, so konvergiert das Integral (2). Ist l so gewählt, daß $\psi(t) \to 0$ für $t \to 0$, so konvergiert (2) gegen l. Dieser Wert braucht natürlich nicht $F(x)$ zu sein.

5. Die rechte Seite in (1) steht in offenbarer Analogie zu der Fourier-Reihe in komplexer Gestalt: $\dfrac{1}{2\pi} \sum\limits_{n=-\infty}^{+\infty} e^{inx} \int\limits_{-\pi}^{+\pi} F(\xi)\, e^{-in\xi}\, d\xi$.

6. Man kann dem Fourier-Integral eine *reelle Gestalt* geben. Wir vereinigen e^{ixy} und $e^{-iy\xi}$ und schreiben:

$$e^{iy(x-\xi)} = \cos y\,(x-\xi) + i \sin y\,(x-\xi).$$

$\int\limits_{-\infty}^{+\infty} \sin y\,(x-\xi) F(\xi)\, d\xi$ ist eine ungerade Funktion von y, bei Integration nach y von $-\infty$ bis $+\infty$ verschwindet also dieser Term. Dagegen ist $\int\limits_{-\infty}^{+\infty} \cos y\,(x-\xi) F(\xi)\, d\xi$ eine gerade Funktion von y, ihr Integral von $-\infty$ bis $+\infty$ ist daher das Doppelte des Integrals von 0 bis ∞. Also ergibt sich:

$$(3) \qquad \frac{F(x+0)+F(x-0)}{2} = \frac{1}{\pi} \int\limits_{0}^{\infty} dy \int\limits_{-\infty}^{+\infty} \cos y\,(x-\xi)\, F(\xi)\, d\xi$$

$$(4) \qquad = \frac{1}{\pi} \int\limits_{0}^{\infty} \left\{ \cos xy \int\limits_{-\infty}^{+\infty} F(\xi) \cos y\xi\, d\xi + \sin xy \int\limits_{-\infty}^{+\infty} F(\xi) \sin y\xi\, d\xi \right\} dy.$$

Diese Gestalt steht in Analogie zur reellen Fourier-Reihe

$$\frac{1}{2\pi} \int\limits_{-\pi}^{+\pi} F(\xi)\, d\xi + \frac{1}{\pi} \sum\limits_{1}^{\infty} \left\{ \cos nx \int\limits_{-\pi}^{+\pi} F(\xi) \cos n\xi\, d\xi + \sin nx \int\limits_{-\pi}^{+\pi} F(\xi) \sin n\xi\, d\xi \right\}.$$

Ist speziell F eine gerade Funktion, so fällt der zweite Bestandteil weg, und wir können schreiben:

$$(5) \qquad \frac{F(x+0)+F(x-0)}{2} = \frac{2}{\pi} \int\limits_{0}^{\infty} \cos xy\, dy \int\limits_{0}^{\infty} F(\xi) \cos y\xi\, d\xi.$$

Für ungerades F dagegen erhalten wir:

$$(6) \qquad \frac{F(x+0)+F(x-0)}{2} = \frac{2}{\pi} \int\limits_{0}^{\infty} \sin xy\, dy \int\limits_{0}^{\infty} F(\xi) \sin y\xi\, d\xi.$$

Da man sich eine in $0 \leqq x < \infty$ gegebene Funktion stets als gerade oder ungerade fortgesetzt denken kann, ohne daß die Integrabilität gestört wird, so darf man (5) und (6) für jede in $0 \leqq x < \infty$ definierte, in jedem endlichen Intervall integrable Funktion, bei der $\int\limits_{0}^{\infty} |F(\xi)|\, d\xi$

existiert, an jeder Stelle $x > 0$, in deren Umgebung F von beschränkter Variation ist, in Anspruch nehmen.

Die Gültigkeit von (1) konnten wir, ähnlich wie bei Fourier-Reihen, nur unter einschneidenden Bedingungen für $F(x)$ nachweisen. Nun kann man aber bekanntlich eine Fourier-Reihe, auch wenn sie divergiert, gliedweise integrieren und erhält dadurch das Integral der Funktion. Ganz analog gilt für das Fourier-Integral:

Satz 2. *Ist $F(x)$ in jedem endlichen Intervall integrabel und $\int\limits_{-\infty}^{+\infty} |F(x)|\, dx$ konvergent, so gilt:*

$$(7) \qquad \int\limits_{0}^{x} F(\xi)\, d\xi = \frac{1}{2\pi} \int\limits_{-\infty}^{+\infty} \frac{e^{ixy} - 1}{iy}\, dy \int\limits_{-\infty}^{+\infty} e^{-iy\xi} F(\xi)\, d\xi.$$

Beweis: Der Faktor $\dfrac{e^{ixy} - 1}{iy}$ strebt gegen x für $y \to 0$, ist also beschränkt, so daß wir wie bei Satz 1 schließen können:

$$\frac{1}{2\pi} \int\limits_{-Y}^{+Y} \frac{e^{ixy} - 1}{iy}\, dy \int\limits_{-\infty}^{+\infty} e^{-iy\xi} F(\xi)\, d\xi = \frac{1}{2\pi} \int\limits_{-\infty}^{+\infty} F(\xi)\, d\xi \int\limits_{-Y}^{+Y} \frac{e^{ixy} - 1}{iy} e^{-iy\xi}\, dy.$$

Die Funktion

$$w(\xi, Y) = \int\limits_{-Y}^{+Y} \frac{e^{iy(x - \xi)} - e^{-iy\xi}}{iy}\, dy$$

ist für alle Y und ξ beschränkt (x ist fest). Denn zerlegen wir das Integral in $\int\limits_{0}^{Y} + \int\limits_{-Y}^{0}$ und ersetzen in dem zweiten Summanden y durch $-y$, so ergibt sich:

$$w(\xi, Y) = \int\limits_{0}^{Y} \frac{e^{iy(x - \xi)} - e^{-iy\xi}}{iy} + \int\limits_{0}^{Y} \frac{e^{-iy(x - \xi)} - e^{iy\xi}}{-iy}\, dy$$

$$= 2\int\limits_{0}^{Y} \left(\frac{\sin y(x - \xi)}{y} + \frac{\sin y\xi}{y} \right) dy = 2\int\limits_{0}^{Y(x-\xi)} \frac{\sin u}{u}\, du + 2\int\limits_{0}^{Y\xi} \frac{\sin u}{u}\, du.$$

$\int\limits_{0}^{U} \dfrac{\sin u}{u}\, du$ ist aber eine beschränkte Funktion von U. Wir schreiben nun für unseren obigen Ausdruck:

$$\frac{1}{2\pi} \int\limits_{-\infty}^{+\infty} F(\xi)\, w(\xi, Y)\, d\xi = \frac{1}{2\pi} \int\limits_{-X}^{+X} + \frac{1}{2\pi} \int\limits_{-\infty}^{-X} + \frac{1}{2\pi} \int\limits_{X}^{\infty}.$$

Wegen der Beschränktheit von w und der Konvergenz von $\int\limits_{-\infty}^{+\infty} |F(\xi)|\, d\xi$

können wir zu gegebenem $\varepsilon > 0$ das X so groß, und zwar $> |x|$ wählen, daß für alle $Y > 0$

$$\left| \frac{1}{2\pi} \int\limits_{-\infty}^{-X} + \frac{1}{2\pi} \int\limits_{X}^{\infty} \right| < \frac{\varepsilon}{2}$$

ist. Ferner gilt

$$\lim_{U \to +\infty} \int\limits_0^U \frac{\sin u}{u}\, du = \frac{\pi}{2},$$

also

$$\lim_{Y \to \infty} \int\limits_0^{Y(x-\xi)} \frac{\sin u}{u}\, du = \begin{cases} \dfrac{\pi}{2} \text{ für } x > \xi \\[2mm] -\dfrac{\pi}{2} \text{ für } x < \xi \end{cases}, \qquad \lim_{Y \to \infty} \int\limits_0^{Y\xi} \frac{\sin u}{u}\, du = \begin{cases} \dfrac{\pi}{2} \text{ für } \xi > 0 \\[2mm] -\dfrac{\pi}{2} \text{ für } \xi < 0 \end{cases}$$

und damit

$$\lim_{Y \to \infty} w(\xi, Y) = \begin{cases} 0 & \text{für} \quad \xi < 0 \\ 2\pi & \text{für} \quad 0 < \xi < x \\ 0 & \text{für} \quad \xi > x \end{cases} \qquad \text{bei } x > 0,$$

$$= \begin{cases} 0 & \text{für} \quad \xi < x \\ -2\pi & \text{für} \quad x < \xi < 0 \\ 0 & \text{für} \quad \xi > 0 \end{cases} \qquad \text{bei } x < 0.$$

$\lim\limits_{Y \to \infty} w(\xi, Y)$ ist also in $-X \leqq \xi \leqq +X$ integrabel, außerdem ist $F(\xi)\, w(\xi, Y)$

dort gleichmäßig beschränkt, folglich ist nach dem Satz von Arzelà*:

$$\lim_{Y \to \infty} \frac{1}{2\pi} \int\limits_{-X}^{+X} F(\xi)\, w(\xi, Y)\, d\xi = \frac{1}{2\pi} \int\limits_{-X}^{+X} F(\xi) \lim_{Y \to \infty} w(\xi, Y)\, d\xi = \int\limits_0^X F(\xi)\, d\xi.$$

Für alle hinreichend großen Y ist also

$$\left| \frac{1}{2\pi} \int\limits_{-X}^{+X} F(\xi)\, w(\xi, Y)\, d\xi - \int\limits_0^x F(\xi)\, d\xi \right| < \frac{\varepsilon}{2}$$

und folglich

$$\left| \frac{1}{2\pi} \int\limits_{-\infty}^{+\infty} F(\xi)\, w(\xi, Y)\, d\xi - \int\limits_0^x F(\xi)\, d\xi \right| < \varepsilon.$$

Das beweist unsere Behauptung.

---

* Sind die Funktionen $f_\alpha(\xi)$ im Intervall $x_1 \leqq \xi \leqq x_2$ im Riemannschen Sinn integrierbar, ist $|f_\alpha(\xi)| < M$ für $x_1 \leqq \xi \leqq x_2$ und alle α, konvergieren ferner die $f_\alpha(\xi)$ für $\alpha \to \infty$ gegen eine im Riemannschen Sinne integrable Grenzfunktion $f(\xi)$, so ist $\lim\limits_{\alpha \to \infty} \int\limits_{x_1}^{x_2} f_\alpha(\xi)\, d\xi = \int\limits_{x_1}^{x_2} f(\xi)\, d\xi.$

Eine besonders einfache Gestalt bekommt der Satz in den zu (5) und (6) analogen Formen

$$(8) \qquad \int\limits_0^x F(\xi)\,d\xi = \frac{2}{\pi} \int\limits_0^\infty \frac{\sin x\,y}{y}\,dy \int\limits_0^\infty F(\xi)\cos y\,\xi\,d\xi$$

$$(9) \qquad \int\limits_0^x F(\xi)\,d\xi = \frac{2}{\pi} \int\limits_0^\infty \frac{1-\cos x\,y}{y}\,dy \int\limits_0^\infty F(\xi)\sin y\,\xi\,d\xi \qquad (x \geqq 0).$$

§ 3. Zur Geschichte des Fourierschen Integraltheorems.

Das Fouriersche Integraltheorem hat ebenso wie die Fourier-Reihe

$$\varphi(x) = \frac{1}{2\pi} \int\limits_{-\pi}^{+\pi} \varphi(\xi)\,d\xi + \frac{1}{\pi} \sum_1^\infty \int\limits_{-\pi}^{+\pi} \cos n\,(x-\xi)\,\varphi(\xi)\,d\xi$$

$$= \frac{1}{2\pi} \int\limits_{-\pi}^{+\pi} \varphi(\xi)\,d\xi + \frac{1}{\pi} \sum_1^\infty \left(\cos n\,x \int\limits_{-\pi}^{+\pi} \varphi(\xi)\cos n\,\xi\,d\xi + \sin n\,x \int\limits_{-\pi}^{+\pi} \varphi(\xi)\sin n\,\xi\,d\xi \right)$$

bei den Zeitgenossen beträchtliches Aufsehen erregt. Gelang es doch Fourier damit, Funktionen, die man früher gar nicht als solche im eigentlichen Sinn hatte gelten lassen wollen, wie z. B. Treppen- und Zackenfunktionen, die in verschiedenen Intervallen ganz verschiedene analytische Definitionen haben, durch einen einzigen analytischen Ausdruck darzustellen. Das war natürlich nur unter Zuhilfenahme von Grenzprozessen, nämlich unendlichen Reihen und Integralen, möglich.

Zur *Fourier-Reihe* gelangt FOURIER, was heutzutage wenig bekannt ist, in seinem großen zusammenfassenden Werk „Théorie analytique de la chaleur", 1822 (Nr. 207 flg.)* nicht über die Orthogonalitätseigenschaften des Funktionensystems cos $n\,x$, sin $n\,x$, sondern durch einen mit divergenten Reihen arbeitenden und daher illegitimen, übrigens äußerst langwierigen Approximationsprozeß. Er setzt eine ungerade Funktion $\varphi(x)$ einerseits als Potenzreihe

$$\varphi(x) = A\,x - B\,\frac{x^3}{3!} + C\,\frac{x^5}{5!} - + \cdots,$$

andererseits als Sinusreihe

$$\varphi(x) = a \sin x + b \sin 2\,x + c \sin 3\,x + \cdots.$$

an, differenziert beide Darstellungen beliebig oft gliedweise und setzt die Werte der Ableitungen für $x = 0$ gleich:

$$A = a + 2\,b + 3\,c + \cdots$$
$$B = a + 2^3\,b + 3^3\,c + \cdots$$
$$C = a + 2^5\,b + 3^5\,c + \cdots$$

$$\cdots\cdots\cdots\cdots\cdots\cdots\cdots$$

---

* Die Ergebnisse selbst wurden schon ab 1807 in den Pariser Akademie-Berichten veröffentlicht.

(Die Reihen sind natürlich im allgemeinen divergent.) Die so erhaltenen unendlich vielen Gleichungen mit den unendlich vielen Unbekannten $a, b, c, \ldots$ löst Fourier nun in der Weise, daß er in den m ersten Gleichungen nur die m ersten Unbekannten berücksichtigt, eine Rekursionsformel aufstellt und mit Hilfe außerordentlich umfangreicher Rechnungen durch Grenzübergang die $a, b, c, \ldots$ als unendliche lineare Kombinationen der $A, B, C, \ldots$ erhält. Nachdem die Ableitungen im Nullpunkt $A = \varphi(0)$, $B = -\varphi'''(0)$, $\ldots$ durch die Ableitungen an der Stelle π ersetzt sind, stellt sich heraus, daß der Koeffizient von $\sin n\,x$ einer Differentialgleichung in der Variablen (!) π genügt, so daß er leicht als der bekannte Integralausdruck bestimmt werden kann. Daß Fourier diesen phantastischen Umweg zu gehen und gar zu veröffentlichen für nötig hielt, ist um so verwunderlicher, als EULER bereits 1793 die Koeffizienten direkt auf Grund der Orthogonalitätseigenschaften der sin-Funktionen zu berechnen gelehrt hatte (vgl. S. 9) und Fourier selbst diese Methode schließlich doch auch noch anführt (Nr. 221).

Bei der Ableitung des *Integraltheorems* (Nr. 346) wird nun gleich diese letztere Methode benutzt. Fourier geht von dem Problem aus (das wir heute eine Integralgleichung nennen würden), die Funktion Q zu gegebener gerader Funktion F so zu bestimmen, daß

$$F(x) = \int\limits_0^\infty Q(q) \cos q\, x\, dq$$

ist. Indem er im Sinne seiner Zeit das Integral als unendliche Summe von „unendlich kleinen" Größen $Q_\nu \cos q_\nu\, x\, dq$ auffaßt, kann er durch Multiplikation mit $\cos q_\mu\, x$ und Integration alle Q_ν bis auf eines eliminieren und erhält

$$Q(q) = \frac{2}{\pi} \int\limits_0^\infty \cos q\, x\, F(x)\, dx.$$

Später (Nr. 355 flg.) gibt Fourier noch an, daß man von der trigonometrischen Reihe auch direkt durch einen *Grenzübergang* zum Integraltheorem gelangen kann, ein Weg, der, wenn er auch zur Herleitung exakter Gültigkeitsbedingungen kaum gangbar ist, doch in der Folgezeit der beliebteste blieb und auch heute noch gern in physikalisch ausgerichteten Darstellungen benutzt wird:

$\varphi(x)$ habe die Periode $2a$; dann lautet die Fourier-Reihe:

$$\varphi(x) = \frac{1}{2a} \int\limits_{-a}^{+a} \varphi(\xi)\, d\xi + \frac{1}{a} \sum\limits_1^\infty \int\limits_{-a}^{+a} \varphi(\xi) \cos n\, \frac{\pi}{a}\, (x - \xi)\, d\xi$$

oder, $\dfrac{\pi}{a} = h$ gesetzt:

$$\varphi(x) = \frac{1}{2a} \int\limits_{-a}^{+a} \varphi(\xi)\, d\xi + \frac{1}{\pi} \sum\limits_1^\infty h \int\limits_{-a}^{+a} \varphi(\xi) \cos (x - \xi)\, n h\, d\xi.$$

Läßt man $a \to \infty$ und $h \to 0$ streben, so ergibt sich durch skrupellosen Grenzübergang (wenn $\int\limits_{-\infty}^{+\infty} \varphi(\xi)\, d\xi$ existiert):

$$\varphi(x) = \frac{1}{\pi} \int\limits_{0}^{\infty} d y \int\limits_{-\infty}^{+\infty} \varphi(\xi) \cos(x-\xi)\, y\, d\xi,$$

d. i. das Integraltheorem.

Fourier selbst schreibt die Formel in der Gestalt (Nr. 361)

$$\varphi(x) = \frac{1}{\pi} \int\limits_{-\infty}^{+\infty} \varphi(\xi)\, d\xi \int\limits_{0}^{\infty} \cos(x-\xi)\, y\, d y,$$

bei der das innere Integral nicht konvergent ist. In seiner „Théorie mathématique de la chaleur" von 1835 hat daher POISSON (Nr. 103, S. 207) bei einem direkten, von der Fourier-Reihe unabhängigen Beweis in diesem Integral den *konvergenzerzeugenden Faktor* $e^{-t y^2}$ verwendet und dann $t \to 0$ gehen lassen. Was er beweist, ist eigentlich nicht die Gültigkeit des Fourierschen Integraltheorems, sondern (bei geeigneten Voraussetzungen) die Richtigkeit von

$$\varphi(x) = \lim_{t \to 0} \frac{1}{\pi} \int\limits_{-\infty}^{+\infty} \varphi(\xi)\, d\xi) \int\limits_{0}^{\infty} e^{-t y^2} \cos(x-\xi)\, y\, d y,$$

bzw.

$$\varphi(x) = \lim_{t \to 0} \frac{1}{\pi} \int\limits_{0}^{\infty} e^{-t y^2} d y \int\limits_{-\infty}^{+\infty} \varphi(\xi) \cos(x-\xi)\, y\, d\xi.$$

Gültigkeitsgrenzen dieser Formel, die wir heute als „Abelsche" oder (da der Faktor $e^{-t y^2}$ und nicht $e^{-t y}$ ist) „Weierstraßsche Summation" der Fourierschen Formel bezeichnen würden, wurden 1891 von A. SOMMERFELD in seiner Dissertation „Über die willkürlichen Funktionen in der mathematischen Physik" aufgestellt.

An einer sehr viel späteren Stelle seines Werkes (Nr. 415, 416; vgl. auch Nr. 423) kommt Fourier noch einmal auf sein Integraltheorem zurück und entwickelt hier einen selbständigen Beweis, der, wenn auch in unexakter Form, im wesentlichen mit dem unter Satz 1 [6.2] gebrachten Beweis und den von DIRICHLET 1837 hinsichtlich der Fourier-Reihe und des Dirichletschen Integrals mit äußerster Präzision gemachten Ausführungen übereinstimmt. Es ist merkwürdig, daß der hier von Fourier gebrachte Beweis, der unter seinen verschiedenen Beweisen der einzige auch vom modernen Standpunkt aus brauchbare ist, so vollständig vergessen und in seiner Bedeutung verkannt werden konnte, daß Poisson 1835 in seiner „Théorie analytique" nebenher einen ähnlichen Beweis andeutet (S. 209), ihn aber einem anscheinend früh verstorbenen Schüler der École normale namens Deflers zuschreibt, und daß Dirichlet erst 1837 selbständig wieder auf diesen Weg kam.

Der erste wirklich streng formulierte und bewiesene Satz über das Fourier-Integral wurde, aufbauend auf den Dirichletschen Ergebnissen über das Integral 6.2 (2), 1883 von C. JORDAN in der 1. Auflage seines „Cours d'analyse" aufgestellt. Es ist das, abgesehen von der reellen Form, im wesentlichen der obige Satz 1 [6.2].

Später hat man andere Funktionsklassen gefunden, für die das Theorem in der obigen oder in abgeänderter Gestalt gültig ist. Besonders bemerkenswert und abgerundet sind außer einigen Formulierungen, die wir in § 4 angeben werden, die folgenden:

1. Die Voraussetzung der Existenz von $\int\limits_{-\infty}^{+\infty} |F(\xi)|\, d\xi$ kann ersetzt werden durch: $\int\limits_{-\infty}^{+\infty} \frac{|F(\xi)|}{1+|\xi|}\, d\xi$ existiert und $F(x)$ geht für $|x| \to \infty$ monoton gegen 0.[53]

2. Schreibt man unter Verwendung Stieltjesscher Integrale die Formel in der Gestalt

$$F(x) = \frac{1}{\pi} \int\limits_{0}^{\infty} \cos x\, y\, d\,\Phi(y) + \sin x\, y\, d\,\Psi(y)$$

mit

$$\Phi(y) = \int\limits_{-\infty}^{+\infty} F(\xi)\, \frac{\sin y\,\xi}{\xi}\, d\xi, \quad \Psi(y) = \int\limits_{-\infty}^{+\infty} F(\xi)\, \frac{1-\cos y\,\xi}{\xi}\, d\xi,$$

so ist sie an jeder Stelle x gültig, in deren Umgebung eine für die Konvergenz der Fourier-Reihe hinreichende Bedingung erfüllt ist, wenn außerdem $\int\limits_{-\infty}^{+\infty} \frac{|F(\xi)|}{1+|\xi|}\, d\xi$ konvergiert[54].

Es sei noch bemerkt, daß das Fouriersche Integraltheorem sich in den allgemeinen Fragenkomplex der Darstellung von Funktionen durch sog. „singuläre Integrale" einordnet, der uns hier nicht weiter interessiert[55].

§ 4. Die Fourier-Transformation und ihre Umkehrung.

Ehe wir die erhaltenen Ergebnisse zur Umkehrung der Laplace-Transformation verwenden, schalten wir die entsprechenden Betrachtungen über die sog. Fourier-Transformation ein. Die Integralformel

$$F(x) = \frac{1}{2\,\pi} \int\limits_{-\infty}^{+\infty} e^{i x y}\, dy \int\limits_{-\infty}^{+\infty} e^{-i y\,\xi} F(\xi)\, d\xi$$

läßt sich auseinandernehmen und zunächst formal, ohne Angabe von Gültigkeitsbedingungen, so auffassen: Setzt man

$$(1) \qquad f(y) = \int\limits_{-\infty}^{+\infty} e^{-i y\,x} F(x)\, dx,$$

so ist

$$(2) \qquad F(x) = \frac{1}{2\pi} \int\limits_{-\infty}^{+\infty} e^{ixy} f(y)\, dy.$$

(1) stellt eine Funktionaltransformation dar, die wir als „*Fourier-Transformation*" bezeichnen und für die wir das Funktionalzeichen $\mathfrak{F}$ einführen. (2) liefert ihre *Umkehrung*, und zwar stimmt bemerkenswerterweise die Umkehrformel bis auf den Faktor $\frac{1}{2\pi}$ formal mit der Transformation überein*, nur ist der Kern e^{-iyx} durch den konjugierten Wert e^{ixy} zu ersetzen. Schreibt man das Fouriersche Integraltheorem in der Gestalt 6.2 (5) bzw. (6), so erhält man folgende Transformationen, die reelle Kerne besitzen und mit ihrer Umkehrung völlig identisch sind:

$$f(y) = \sqrt{\frac{2}{\pi}} \int\limits_0^\infty F(x) \cos y x\, dx, \quad F(x) = \sqrt{\frac{2}{\pi}} \int\limits_0^\infty f(y) \cos x y\, dy;$$

bzw.

$$f(y) = \sqrt{\frac{2}{\pi}} \int\limits_0^\infty F(x) \sin y x\, dx, \quad F(x) = \sqrt{\frac{2}{\pi}} \int\limits_0^\infty f(y) \sin x y\, dy.$$

Sie heißen „*Fouriersche cos-Transformation*", bzw. „*Fouriersche sin-Transformation*". Man nennt solche Transformationen, die mit ihrer Umkehrung identisch sind, „*involutorische Transformationen*" (in Anlehnung an den entsprechenden Ausdruck in der projektiven Geometrie) und dehnt diese Bezeichnung auch auf solche aus, bei denen der Kern komplex ist und sich bei der Umkehrung in den konjugierten Wert verwandelt.[56]

Aus Satz 1 [6.2] können wir nun folgendes Ergebnis über die Fourier-Transformation ableiten:

S a t z 1. *Ist* $F(x)$ *in jedem endlichen Intervall integrabel*** *und* $\int\limits_{-\infty}^{+\infty} |F(x)|\, dx$ *konvergent, so existiert für alle reellen* y *die Fourier-Transformierte*

$$(1) \qquad f(y) = \int\limits_{-\infty}^{+\infty} e^{-iyx} F(x)\, dx \equiv \mathfrak{F}\{F(x);\ y\};$$

---

* Man kann (1) und (2) völlig gleichartig machen, indem man schreibt:

$$f(y) = \frac{1}{\sqrt{2\pi}} \int\limits_{-\infty}^{+\infty} e^{-iyx} F(x)\, dx, \quad F(x) = \frac{1}{\sqrt{2\pi}} \int\limits_{-\infty}^{+\infty} e^{ixy} f(y)\, dy.$$

Wegen der späteren Anwendung auf die Laplace-Transformation, wo der Faktor $\frac{1}{\sqrt{2\pi}}$ nicht üblich ist, wählen wir bei (1), (2) die obige Gestalt.

** Nach Bemerkung 2 zu Satz 1 [6.2] kann $F(x)$ an endlich vielen Stellen uneigentlich absolut integrabel sein.

das Integral konvergiert absolut. An jeder Stelle x, in deren Umgebung F von beschränkter Variation ist, erhält man F (x) aus f(y) durch die Umkehrformel

$$(2) \qquad \frac{F(x+0)+F(x-0)}{2} = \text{H.W.} \; \frac{1}{2\pi} \int\limits_{-\infty}^{+\infty} e^{ixy} f(y)\, dy.$$

Das Integral konvergiert als Cauchyscher Hauptwert, aber nicht notwendig absolut.

Wir wollen die Funktionen, für die (1) konvergiert (nicht notwendig absolut), als F-Funktionen bezeichnen. Die Teilklasse, bei der (1) absolut konvergiert, heiße F_a.

Aus Satz 1 folgt der Eindeutigkeitssatz:

S a t z 2. *Haben zwei F_a-Funktionen F_1 und F_2, die in jedem Intervall von beschränkter Variation und normiert sind, d. h.*

$$F(x) = \frac{F(x+0)+F(x-0)}{2},$$

dieselbe Fourier-Transformierte, so sind sie identisch.

Beweis: $F = F_1 - F_2$ gehört auch zu F_a und ist von beschränkter Variation und normiert. F hat die Fourier-Transformierte 0, also ist nach (2) $F(x) \equiv 0$.

Aus Satz 2 [6.2] leiten wir ein weiteres Resultat über die Umkehrung der Fourier-Transformation ab, bei dem man unter geringeren Voraussetzungen nicht die Funktion selbst, sondern ihr Integral zurückerhält:

S a t z 3. *Für jede F_a-Funktion F läßt sich aus der Fourier-Transformierten f das Integral von F nach der Formel*

$$(3) \qquad \int\limits_0^x F(\xi)\, d\xi = \frac{1}{2\pi} \int\limits_{-\infty}^{+\infty} \frac{e^{ixy}-1}{iy} f(y)\, dy$$

*erhalten. An jeder Stetigkeitsstelle von F oder allgemeiner an jeder Stelle, wo F die Ableitung des Integrals $\int\limits_0^x F(\xi)\, d\xi$ ist, gilt also**

$$(4) \qquad F(x) = \frac{1}{2\pi} \frac{d}{dx} \int\limits_{-\infty}^{+\infty} \frac{e^{ixy}-1}{iy} f(y)\, dy.$$

Hieraus ergibt sich der allgemeinere Eindeutigkeitssatz:

S a t z 4. *Haben zwei F_a-Funktionen F_1 und F_2 dieselbe Fourier-Transformierte, so ist*

$$\int\limits_0^x F_1(\xi)\, d\xi = \int\limits_0^x F_2(\xi)\, d\xi,$$

---

* Eine Riemann-integrable Funktion ist fast überall stetig. Also gilt (4) fast überall.

d. h. F_1 und F_2 stimmen fast überall (im Sinne der Lebesgueschen Maß-theorie) überein. Insbesondere sind sie an jeder gemeinsamen Stetigkeits-stelle identisch.

Die gewonnenen Umkehrsätze sind formal unbefriedigend. In Satz 1 sehen die Hin- und die Rücktransformation gleich aus, die Eigenschaften von F und f sind aber ganz verschieden, und während (1) absolut konver-giert, braucht das bei (2) nicht der Fall zu sein. In Satz 3 haben sogar die Transformation und ihre Umkehrung verschiedene Gestalt. Diese Schönheitsfehler liegen darin begründet, das wir zwar für F eine durch eine einfache Bedingung, nämlich die Konvergenz von $\int\limits_{-\infty}^{+\infty} |F(x)|\, dx$,
wohlabgegrenzte Klasse zugrunde legen, daß ihr aber keine ebenso ein-fach durch innere Eigenschaften zu charakterisierende Klasse von Funk-tionen $f(y)$ entspricht. Völlig abgerundete und formal befriedigende Aussagen erhält man, wenn man die Klasse $L^2(-\infty, \infty)$*, die aus den in 3.1 angeführten Gründen für uns allerdings nicht in Frage kommt, zugrunde legt und die gewöhnliche Konvergenz durch Konvergenz im quadratischen Mittel (vgl. S. 4) ersetzt. Zu jeder Funktion F aus $L^2(-\infty, \infty)$ existiert die verallgemeinerte Fourier-Transformierte**

$$f(y) = \operatorname*{l.\,i.\,m.}_{\alpha \to \infty} \int\limits_{-\alpha}^{+\alpha} e^{-iyx} F(x)\, dx,$$

die ebenfalls zu L^2 gehört, und jede Funktion f aus L^2 läßt sich auf diesem Weg erhalten. Aus $f(y)$ ergibt sich das zugehörige $F(x)$ vermöge der Umkehrformel

$$F(x) = \operatorname*{l.\,i.\,m.}_{\alpha \to \infty} \frac{1}{2\pi} \int\limits_{-\alpha}^{+\alpha} e^{ixy} f(y)\, dy.$$

Die Zuordnung der F zu den f ist eineindeutig, wenn man Funktionen, die sich nur auf einer Nullmenge unterscheiden („äquivalent" sind), nicht als verschieden ansieht [57].

Es gilt auch eine zu Satz 3 analoge Aussage. Wir formulieren sie der einfachen Gestalt halber für die Fouriersche cos-Transformation: Zu jeder Funktion F aus $L^2(0, \infty)$ existiert eine durch

$$\int\limits_0^y f(\eta)\, d\eta = \sqrt{\frac{2}{\pi}} \int\limits_0^\infty \frac{\sin yx}{x} F(x)\, dx$$

---

* Das ist die Klasse der Funktionen F, die in jedem endlichen Intervall im Lebesgueschen Sinn integrabel sind und für die $\int\limits_{-\infty}^{+\infty} |F(x)|^2\, dx$ existiert.

** l. i. m. bedeutet „limes in medio". $f(y) = \operatorname*{l.\,i.\,m.}_{\alpha \to \infty} f_\alpha(y)$ besagt, daß $f_\alpha(y)$ im quadratischen Mittel gegen $f(y)$ konvergiert, d. h. $\int\limits_{-\infty}^{+\infty} [f(y) - f_\alpha(y)]^2\, dy \to 0$ für $\alpha \to \infty$.

definierte Fourier-Transformierte $f(y)$, die selbst wieder zu L^2 gehört und aus der sich F nach der Formel

$$\int\limits_{0}^{x} F(\xi)\, d\xi = \sqrt{\frac{2}{\pi}} \int\limits_{0}^{\infty} \frac{\sin x\, y}{y}\, f(y)\, d y$$

zurückgewinnen läßt.

§ 5. Die komplexe Umkehrformel für die zweiseitig und einseitig unendliche Laplace-Transformation.

Setzt man $s = x + i\, y$, so sieht man, daß die zweiseitig unendliche Laplace-Transformierte $\mathfrak{L}_{\mathrm{II}}\{F\}$:

$$f(s) = \int\limits_{-\infty}^{+\infty} e^{-s\,t} F(t)\, d t = \int\limits_{-\infty}^{+\infty} e^{-i\,y\,t}\, [e^{-x\,t} F(t)]\, d t = f(x + i\, y),$$

wenn man sie auf der vertikalen Geraden $x = \mathrm{const}$ betrachtet, nichts anderes ist als die Fourier-Transformierte von $e^{-x\,t} F(t)$. Man kann also unter den in Satz 1 [6.4] formulierten Voraussetzungen die Umkehrformel

$$e^{-x\,t} F(t) = \frac{1}{2\pi} \int\limits_{-\infty}^{+\infty} e^{i\,t\,y} f(x + i\, y)\, d y$$

oder

$$F(t) = \frac{1}{2\pi} \int\limits_{-\infty}^{+\infty} e^{t\,(x + i\, y)} f(x + i\, y)\, d y$$

anschreiben. Explizit lauten die aus § 4 fließenden Sätze:

Satz 1. *$F(t)$ sei bis auf endlich viele Ausnahmepunkte, wo es uneigentlich absolut integrabel sei, in jedem endlichen Intervall eigentlich integrabel. Die zweiseitig unendliche Laplace-Transformation $f(s) = \mathfrak{L}_{\mathrm{II}}\{F\}$ konvergiere für $\alpha_1 < x < \alpha_2$ ($s = x + i\, y$) absolut, d. h.*

$$\int\limits_{-\infty}^{+\infty} e^{-x\,t} |F(t)|\, d t$$

existiere. Ist F in der Umgebung der Stelle t von beschränkter Variation, so gilt im Punkte t die Umkehrformel*

$$(1) \qquad \frac{F(t+0) + F(t-0)}{2} = \mathrm{H.W.}\, \frac{1}{2\pi} \int\limits_{-\infty}^{+\infty} e^{t\,(x + i\, y)} f(x + i\, y)\, d y$$

$$(2) \qquad\qquad\qquad = \mathrm{H.W.}\, \frac{1}{2\pi i} \int\limits_{x - i\infty}^{x + i\infty} e^{t\,s} f(s)\, d s \qquad (\alpha_1 < x < \alpha_2).$$

Wie man sieht, ist der Wert der rechten Seite von x unabhängig. Das kann man auch leicht unmittelbar beweisen. In dem Rechteck aus

---

* Dazu genügt die Konvergenz von $\int\limits_{0}^{+\infty} e^{-\alpha_1 t} |F(t)|\, d t$ und $\int\limits_{-\infty}^{0} e^{-\alpha_2 t} |F(t)|\, d t$.

den Vertikalen $\Re s = x_1$, $\Re s = x_2$ mit $\alpha_1 < x_1 < x_2 < \alpha_2$ und den Horizontalen $\Im s = \pm y_0$ einschließlich Rand ist $f(s)$ und damit $e^{ts} f(s)$ analytisch, also ist $\int e^{ts} f(s)\, ds$, erstreckt über den Rand, gleich 0. Auf den beiden horizontalen Stücken ist $|e^{ts}| = e^{tx}$ (bei festem t) gleichmäßig für beliebiges y_0 beschränkt, während $f(s) \to 0$ für $y_0 \to \infty$, gleichmäßig in x. Denn nach Satz 4 [4.3] gilt das für die beiden Bestandteile von $f(s)$, $\int\limits_0^\infty$ und $\int\limits_{-\infty}^0 e^{-st} F(t)\, dt$, einzeln wegen der absoluten und damit gleichmäßigen Konvergenz. Die Weglänge der Integrale über die Horizontalstücke ist konstant, daher streben die Integrale selbst gegen 0 für $y_0 \to \infty$. Es bleibt also übrig:

$$\int\limits_{x_1 + i\infty}^{x_1 - i\infty} + \int\limits_{x_2 - i\infty}^{x_2 + i\infty} = 0$$

oder

$$\int\limits_{x_1 - i\infty}^{x_1 + i\infty} = \int\limits_{x_2 - i\infty}^{x_2 + i\infty}$$

Wir haben damit die in § 1 angekündigte, zur Koeffizientenformel für Laurent-Reihen analoge Formel erhalten. Wie bei dieser das Integral über jeden im Regularitätsring liegenden Kreis erstreckt werden kann, so bei der Laplace-Transformation über jede im Regularitätsstreifen verlaufende vertikale Gerade.

Handelt es sich um die einseitig unendliche Laplace-Transformation, so ändert sich gar nichts, als daß das $\mathfrak{L}$-Integral, wenn überhaupt irgendwo, so gleich in einer ganzen Halbebene absolut konvergent ist. Die Gestalt der Umkehrformel als komplexes Integral über analytische Funktionen macht sie geeignet für funktionentheoretische Überlegungen, wofür wir später Beispiele kennenlernen werden.

Satz 2. *$F(t)$ sei für $t > 0$ definiert und mit Ausnahme endlich vieler Punkte, wo es uneigentlich absolut integrabel sei, in jedem endlichen Intervall eigentlich integrabel. $f(s) = \mathfrak{L}_I\{F\}$ konvergiere für $x > \alpha$ absolut. Ist $F(t)$ in der Umgebung von t von beschränkter Variation, so gilt die Umkehrformel*

$$(3) \qquad \frac{F(t+0) + F(t-0)}{2} = \text{H.W.} \frac{1}{2\pi i} \int\limits_{x - i\infty}^{x + i\infty} e^{ts} f(s)\, ds \qquad (x > \alpha).$$

Für $t < 0$ ergibt das Umkehrintegral in diesem Fall natürlich 0, so daß für $t = 0$ die linke Seite als $\dfrac{F(t+0)}{2}$ zu schreiben ist [58].

Beispiel: Setzen wir $F(t) \equiv 1$ für $t > 0$, so ist $f(s) \equiv \dfrac{1}{s}$, und für $x > 0$ sind alle Voraussetzungen von Satz 2 erfüllt. Wir erhalten also die Formel für den diskontinuierlichen Faktor:

$$\text{H.W.} \frac{1}{2\pi i} \int\limits_{x - i\infty}^{x + i\infty} \frac{e^{ts}}{s}\, ds = \begin{cases} 1 & \text{für } t > 0 \\ \frac{1}{2} & \text{,, } \quad t = 0 \\ 0 & \text{,, } \quad t < 0 \end{cases} \qquad (x > 0).$$

Diese Formel findet vielfach, besonders in der analytischen Zahlentheorie, Verwendung. Auf Grund von $\mathfrak{L}_{\mathrm{I}}\{t^{\alpha}\} = \dfrac{\Gamma(\alpha+1)}{s^{\alpha+1}}\,(\alpha > -1)$ läßt sie sich leicht verallgemeinern.

Aus Satz 3 [6.4] ergibt sich:

Satz 3. *Ist* $f(s) = \mathfrak{L}_{\mathrm{II}}\{F\}$ *für* $\alpha_1 < x < \alpha_2$, *bzw.* $f(s) = \mathfrak{L}_{\mathrm{I}}\{F\}$ *für* $x > \alpha$ *absolut konvergent, so ist*

$$\int\limits_0^t e^{-x\tau} F(\tau)\,d\tau = \frac{1}{2\pi} \int\limits_{-\infty}^{+\infty} \frac{e^{ity}-1}{iy}\, f(x+iy)\,dy,$$

also an jeder Stetigkeitsstelle von F

$$F(t) = \frac{1}{2\pi}\, e^{xt}\, \frac{d}{dt} \int\limits_{-\infty}^{+\infty} \frac{e^{ity}-1}{iy}\, f(x+iy)\,dy.$$

Den Sätzen 1—3 ist gemeinsam, daß sie von $e^{-xt} F(t)$ absolute Integrabilität verlangen, also das Verhalten im Unendlichen einer sehr scharfen Einschränkung unterwerfen. Wir wollen nun noch drei Umkehrsätze ableiten, bei denen $\mathfrak{L}\{F\}$ keine Halbebene absoluter Konvergenz zu besitzen braucht.

Satz 4. *Ist* $\mathfrak{L}_{\mathrm{I}}\{F\}$ *für* $s = s_0$ *(und damit für* $\Re s > \Re s_0$*) einfach konvergent, so gilt*

$$\int\limits_0^t e^{-s_0\tau} F(\tau)\,d\tau = \frac{e^{-s_0 t}}{2\pi i} \int\limits_{x-i\infty}^{x+i\infty} e^{ts}\, \frac{f(s)}{s-s_0}\,ds \qquad (x \text{ beliebig } > \Re s_0).$$

Beweis: Setzt man

$$\varPhi(t) = \int\limits_0^t e^{-s_0\tau} F(\tau)\,d\tau,$$

so ist nach Satz 1 [3.2] für $\Re s > \Re s_0$:

$$f(s) = (s-s_0) \int\limits_0^{\infty} e^{-(s-s_0)t}\, \varPhi(t)\,dt,$$

wobei das Laplace-Integral absolut konvergiert. $\varPhi(t)$ ist als Integral für $t \geqq 0$ stetig und in jedem endlichen Intervall von beschränkter Variation*, folglich ist nach Satz 2 für $t > 0$:

---

* Für $\varPhi(t) = \int\limits_0^t \varPsi(\tau)\,d\tau$ ist

$$\left|\varPhi(t_\nu) - \varPhi(t_{\nu-1})\right| = \left|\int\limits_{t_{\nu-1}}^{t_\nu} \varPsi(\tau)\,d\tau\right| \leqq \int\limits_{t_{\nu-1}}^{t_\nu} \left|\varPsi(\tau)\right|\,d\tau,$$

also, wenn $a = t_0 < t_1 \cdots < t_{n-1} < t_n = b$ ist:

$$\sum_{\nu=1}^{n} \left|\varPhi(t_\nu) - \varPhi(t_{\nu-1})\right| \leqq \int\limits_a^b \left|\varPsi(\tau)\right|\,d\tau.$$

Hierbei darf $\varPsi$ auch absolut uneigentlich integrabel sein.

$$e^{s_0 t}\,\Phi\,(t) = \frac{1}{2\,\pi\,i} \int\limits_{x-i\infty}^{x+i\infty} e^{ts}\,\frac{f(s)}{s-s_0}\,ds \qquad (x > \Re\,s_0).$$

Das ist die Behauptung.

Aus Satz 4 ergibt sich unmittelbar ein neuer Beweis für den Eindeutigkeitssatz (Satz 1 [3.7]) in der (wie wir wissen*, nur scheinbar) abgeschwächten Gestalt: Wenn $f(s) \equiv 0$ ist, so muß $F(t)$ eine Nullfunktion sein.

In Satz 4 kann s_0 beliebig und $x > \Re\,s_0$ sein. Es gibt einen anderen Umkehrungssatz, dessen Formel eleganter und einfacher ist, bei dem aber x nicht bloß in der Konvergenzhalbebene liegen, sondern auch positiv sein muß.

Satz 5. *Ist $\mathfrak{L}_{\mathrm{I}}\{F\}$ für ein reelles $s_0 > 0$ (und damit für $\Re\,s > s_0$) einfach konvergent, so gilt:*

$$\int\limits_0^t F(\tau)\,d\tau \overset{(\mathrm{H.W.})}{=} \frac{1}{2\,\pi\,i} \int\limits_{x-i\infty}^{x+i\infty} e^{ts}\,\frac{f(s)}{s}\,ds \quad (x \text{ beliebig} > s_0 > 0).$$

Beweis: Nach Satz 1 [8.2] konvergiert $\mathfrak{L}\left\{\int\limits_0^t F(\tau)\,d\tau\right\}$ für $\Re\,s > s_0$

absolut und ist gleich $\dfrac{f(s)}{s}$. Ferner ist $\int\limits_0^t F(\tau)\,d\tau$ stetig und in jedem

endlichen Intervall von beschränkter Variation, so daß Satz 2 die obige Behauptung liefert**.

Aus den Sätzen 4 und 5 kann man $F(t)$ an jeder Stetigkeitsstelle durch Differentiation bekommen. Machen wir nun über $f(s)$ noch eine passende Voraussetzung, so können wir in der Formel

$$\int\limits_0^t e^{-s_0 \tau} F(\tau)\,d\tau = \frac{1}{2\,\pi\,i} \int\limits_{x-i\infty}^{x+i\infty} e^{t(s-s_0)}\,\frac{f(s)}{s-s_0}\,ds$$

die Differentiation rechts unter dem Integralzeichen ausführen, womit wir formal auf den gleichen Ausdruck wie in Satz 2 zurückfallen. Dies leistet der folgende

Satz 6. *$f(s) = \mathfrak{L}_{\mathrm{I}}\{F\}$ sei für $s = s_0$ einfach konvergent und $F(t)$ für $t \geqq T$ stetig. Längs der (einen) Geraden $\Re\,s = x > \Re\,s_0$ sei $f(s)$ so beschaffen, daß das Integral*

$$(1) \qquad \frac{1}{2\,\pi\,i} \int\limits_{x-i\infty}^{x+i\infty} e^{ts} f(s)\,ds = \frac{1}{2\,\pi} e^{xt} \int\limits_{-\infty}^{+\infty} e^{iyt} f(x+i\,y)\,dy$$

---

* Siehe Bemerkung 2 zu Satz 1 [3.7] und vor allem Satz 5 [6.9], Schlußbemerkung.

** Vgl. hierzu den Anfang von 7.2.

für alle $t \geqq T$ *konvergiert und zwar in jedem endlichen Teilintervall gleichmäßig. Dann gilt für* $t \geqq T$ *die Umkehrformel* [59]:

$$F(t) = \frac{1}{2\pi i} \int\limits_{x-i\infty}^{x+i\infty} e^{ts} f(s)\, ds.$$

Man beachte, daß die Umkehrformel hier nur für „große" t behauptet wird, für die auch die zusätzlichen Voraussetzungen gemacht wurden — das macht den Satz z. B. beim Studium des asymptotischen Verhaltens von F für $t \to \infty$ brauchbar; ferner daß das Integral über die eine Gerade $\Re s = x$ zu nehmen ist, für die die Voraussetzung bezüglich (1) gemacht ist.

Beweis: Für $T \leqq t \leqq t_0$ konvergiert (1) gleichmäßig, und zwar gegen eine integrable (übrigens sogar stetige) Funktion $F^*(t)$. Man kann daher (1) nach Multiplikation mit der beschränkten Funktion $e^{-s_0 t}$ unter dem Integralzeichen integrieren:

$$\int\limits_{T}^{t_0} e^{-s_0 t} F^*(t)\, dt = \frac{1}{2\pi i} \int\limits_{x-i\infty}^{x+i\infty} f(s)\, ds \int\limits_{T}^{t_0} e^{t(s-s_0)}\, dt = \frac{1}{2\pi i} \int\limits_{x-i\infty}^{x+i\infty} \frac{e^{t_0(s-s_0)} - e^{T(s-s_0)}}{s-s_0} f(s)\, ds.$$

Nach Satz 4 ist also

$$\int\limits_{T}^{t_0} e^{-s_0 t} F^*(t)\, dt = \int\limits_{0}^{t_0} e^{-s_0 \tau} F(\tau)\, d\tau - \int\limits_{0}^{T} e^{-s_0 \tau} F(\tau)\, d\tau = \int\limits_{T}^{t_0} e^{-s_0 \tau} F(\tau)\, d\tau.$$

Dies gilt für jedes $t_0 \geqq T$, also ist wegen der Stetigkeit von F und F^* für $t \geqq T$: $F(t) = F^*(t)$.

§ 6. Anwendung der Umkehrformel: Die Riemannsche Koeffizientenformel der Dirichletschen Reihen.

Nach 3.5 läßt sich jede Dirichletsche Reihe als absolut konvergentes Laplace-Integral einer Funktion darstellen, die im wesentlichen die Koeffizientensumme der Reihe und offenbar von beschränkter Variation ist. Infolgedessen kann man zur Umkehrung den Satz 2 [6.5] benutzen und erhält so eine Darstellung der Koeffizientensumme mittels der durch die Reihe dargestellten Funktion [60].

Satz 1. *Die Dirichletsche Reihe*

$$\varphi(s) = \sum_{n=0}^{\infty} a_n e^{-\lambda_n s} \qquad (0 \leqq \lambda_0 < \lambda_1 \ldots \to \infty)$$

habe die Konvergenzabszisse η. *Dann läßt sich die Koeffizientensumme* $A(t)$ (s. die Definition in 3.5) *folgendermaßen durch* $\varphi(s)$ *darstellen*:

$$\textit{Im Falle } \eta \geqq 0:\quad A(t) = \frac{1}{2\pi i} \int\limits_{x-i\infty}^{x+i\infty} e^{ts}\, \frac{\varphi(s)}{s}\, ds \qquad (x > \eta),$$

$$\textit{im Fall } \eta < 0:\quad A(t) - \varphi(0) = \frac{1}{2\pi i} \int\limits_{x-i\infty}^{x+i\infty} e^{ts}\, \frac{\varphi(s) - \varphi(0)}{s}\, ds \qquad (x > \eta).$$

Man beachte, daß die Integrationslinie im Streifen bedingter Konvergenz verlaufen darf, ja daß die Dirichletsche Reihe überhaupt keine Halbebene absoluter Konvergenz zu besitzen braucht.

§ 7. Die Umkehrung der zweiseitig unendlichen Laplace-Transformation im Falle einer analytischen L-Funktion.

Bisher haben wir in diesem Kapitel über die L-Funktion F keine anderen Voraussetzungen gemacht, als sie reellen Funktionen angepaßt sind, wie beschränkte Variation, Konvergenz des Integrals $\int\limits_{-\infty}^{+\infty} |F(t)|\, dt$ und dergleichen. Nun haben wir schon früher (5. Kap.) bei der *einseitig* unendlichen Laplace-Transformation den Fall betrachtet, daß die L-Funktion $F(t)$ eine *analytische* Funktion ist. Da wir dort den Integrationsweg um den Nullpunkt rotieren lassen wollten, nahmen wir F als in der ganzen Ebene regulär und zwar vom Exponentialtypus an, um Konvergenz des Laplace-Integrals zu erzielen. Damals haben wir auch eine Umkehrformel erhalten, die dieselbe Gestalt wie 6.5 (3) hat, nur daß der Integrationsweg statt einer vertikalen Geraden ein hinreichend großer Kreis um O war. Das kommt daher, daß in diesem Fall, der sich natürlich dem Satz 2 [6.5] unterordnet, $f(s)$ im Unendlichen regulär und gleich 0 war, so daß sich der im allgemeinen durch den Punkt ∞ laufende Integrationsweg $x-i\infty\cdots x+i\infty$ zu einer im Endlichen geschlossenen Kurve zusammenbiegen läßt.

Wir wollen nun bei der *zweiseitig* unendlichen Laplace-Transformation die L_{II}-Funktion $F(t)$ als *analytisch* voraussetzen, und zwar soll das Regularitätsgebiet ein *Streifen* beiderseits der reellen Achse sein. Machen wir dann noch eine Annahme über das *Verhalten im Unendlichen*, nämlich daß F sich ähnlich wie eine Funktion vom Exponentialtypus durch eine Exponentialfunktion majorisieren läßt, so erhalten wir bei Integration längs einer beliebigen Horizontalen im Regularitätsstreifen eine in einem Streifen konvergierende Transformierte $f(s)$, die ebenfalls eine gewisse exponentielle Abschätzung gestattet, und aus der sich $F(t)$ vermittels der komplexen Umkehrformel 6.5 (1) zurückgewinnen läßt. Wir bekommen so ein ähnlich abgerundetes Resultat für die zweiseitig unendliche Laplace-Transformation wie im 5. Kapitel für die einseitig unendliche, nämlich zwei Klassen von analytischen Funktionen $F(t)$ und $f(s)$, die einander vermöge der $\mathfrak{L}_{\mathrm{II}}$-Transformation lückenlos entsprechen [61].

Satz 1. *Wir setzen* $t = \xi + i\eta$. $F(t)$ *sei regulär im Innern und auf dem Rand des Horizontalstreifens* $|\eta| \leqq \eta_0$ *und lasse sich dort so abschätzen:*

$$(1)\qquad \begin{cases} |F(t)| < C_1\, e^{x_1\xi} & \text{für}\quad \xi \geqq 0 \\ |F(t)| < C_2\, e^{x_2\xi} & \text{für}\quad \xi < 0, \end{cases}$$

wobei $x_1 < x_2$ ist. Dann existiert $(s = x + iy)$

$$f(s) = \int_{-\infty+i\eta}^{+\infty+i\eta} e^{-st} F(t)\, dt \, * \qquad\qquad (|\eta| \leqq \eta_0)$$

$$= \int_{-\infty}^{+\infty} e^{-s(\xi+i\eta)} F(\xi+i\eta)\, d\xi = e^{-i\eta s} \int_{-\infty}^{+\infty} e^{-s\xi} F(\xi+i\eta)\, d\xi$$

in dem Vertikalstreifen $x_1 < x < x_2$ und stellt dort eine von η unabhängige analytische Funktion dar, die in jedem schmaleren Streifen $x_1 + \delta \leqq x \leqq x_2 - \delta$ einer Abschätzung

$$(2) \qquad\qquad |f(s)| < C(\delta)\, e^{-\eta_0 |y|}$$

unterliegt.

Beweis: $\displaystyle\int_{0+i\eta}^{\infty+i\eta} e^{-st} F(t)\, dt$ konvergiert für $x > x_1$, sogar absolut, denn

$$\left| \int_{0+i\eta}^{\infty+i\eta} e^{-st} F(t)\, dt \right| = \left| \int_{0}^{\infty} e^{-(x+iy)(\xi+i\eta)} F(\xi+i\eta)\, d\xi \right|$$

$$(3) \qquad\qquad < \int_{0}^{\infty} e^{-(x\xi-y\eta)} C_1 e^{x_1 \xi}\, d\xi = C_1 e^{y\eta} \int_{0}^{\infty} e^{-(x-x_1)\xi}\, d\xi;$$

ebenso konvergiert $\displaystyle\int_{-\infty+i\eta}^{0+i\eta} e^{-st} F(t)\, dt$ absolut für $x < x_2$, denn

$$\left| \int_{-\infty+i\eta}^{0+i\eta} e^{-st} F(t)\, dt \right| = \left| \int_{-\infty}^{0} e^{-(x+iy)(\xi+i\eta)} F(\xi+i\eta)\, d\xi \right|$$

$$(4) \qquad\qquad < \int_{-\infty}^{0} e^{-(x\xi-y\eta)} C_2 e^{x_2 \xi}\, d\xi = C_2 e^{y\eta} \int_{0}^{\infty} e^{-(x_2-x)\xi}\, d\xi.$$

Da wir $x_1 < x_2$ annahmen, so konvergiert $\displaystyle\int_{-\infty+i\eta}^{+\infty+i\eta} e^{-st} F(t)\, dt$ für $x_1 < x < x_2$ absolut. Daß es dort bei festem η eine analytische Funktion darstellt, wissen wir aus 3.6 in Verbindung mit 4.1. Der Wert ist aber von η unabhängig. Erstrecken wir nämlich das Integral über ein achsenparalleles Rechteck in unserem Streifen mit den Abszissen $\xi_1 < \xi_2$ und den Ordinaten $\eta_1 < \eta_2$ ($|\eta_1| \leqq \eta_0$, $|\eta_2| \leqq \eta_0$), so ist sein Wert nach dem Cauchyschen Satz gleich 0. Lassen wir jetzt ξ_1 gegen $-\infty$ und ξ_2 gegen $+\infty$ wandern, so streben die auf die Vertikalseiten bezüglichen Integrale gegen 0, denn

$$\left| \int_{\xi_1+i\eta_1}^{\xi_1+i\eta_2} e^{-st} F(t)\, dt \right| = \left| \int_{\eta_1}^{\eta_2} e^{-(x+iy)(\xi_1+i\eta)} F(\xi_1+i\eta)\, d\eta \right|$$

$$< \int_{\eta_1}^{\eta_2} e^{-(x\xi_1-y\eta)} C_2 e^{x_2 \xi_1}\, d\eta = C_2 e^{\xi_1(x_2-x)} \int_{\eta_1}^{\eta_2} e^{y\eta}\, d\eta$$

und

$$\left| \int_{\xi_2+i\eta_1}^{\xi_2+i\eta_2} e^{-st} F(t)\, dt \right| < \int_{\eta_1}^{\eta_2} e^{-(x\xi_2-y\eta)} C_1 e^{x_1 \xi_2}\, d\eta = C_1 e^{-\xi_2(x-x_1)} \int_{\eta_1}^{\eta_2} e^{y\eta}\, d\eta.$$

---

* Die Integrationsgrenzen sollen andeuten, daß das Integral längs der Horizontalen mit der Ordinate η zu erstrecken ist.

Die Summe der Integrale über die Horizontalseiten allein strebt also gegen 0, woraus unsere Behauptung folgt.

Schränken wir nun s auf den Streifen $x_1 + \delta \leqq x \leqq x_2 - \delta$ ein, so können wir die beiden Integrale auf den rechten Seiten von (3) und (4) durch $\int\limits_0^\infty e^{-\delta\xi}\,d\xi = \frac{1}{\delta}$ abschätzen. Wir erhalten dann aus (3) und (4) zusammen:

$$|f(s)| < \frac{C_1 + C_2}{\delta}\, e^{y\eta}.$$

Nunmehr nutzen wir zum erstenmal aus, daß $F(t)$ in einem Streifen *beiderseits* der reellen Achse analytisch ist. Da nämlich $f(s)$ von η unabhängig ist, so wählen wir bei $y > 0$ für η den kleinstmöglichen Wert $-\eta_0$, bei $y < 0$ den größtmöglichen Wert $+\eta_0$ und erhalten, wenn wir noch $\frac{C_1 + C_2}{\delta} = C(\delta)$ setzen:

$$|f(s)| < C(\delta)\, e^{-\eta_0 |y|}.$$

Bemerkungen:

1. Nach (2) strebt $f(s)$, wenn s in einem Streifen $x_1 + \delta \leqq x \leqq x_2 - \delta$ nach oben oder unten wandert, gegen 0, und zwar exponentiell. Die Abschätzung (2) für $f(s)$ ist um so schärfer, je breiter der Regularitätsstreifen von $F(t)$ ist.

2. Ist speziell $x_2 > 0$ und $x_1 = -x_2$, so können wir (1) zusammenfassend so schreiben:

$$|F(t)| < C\, e^{-x_2 |\xi|},$$

und Voraussetzung und Behauptung des Satzes 1 sind dann symmetrisch, abgesehen davon, daß sich die Aussage über F auf einen Horizontal- und die über f auf einen Vertikalstreifen bezieht. Die Symmetrie gilt auch für die Gebiete der Abschätzung: Der Streifen $|\eta| \leqq \eta_0$ ist ebenso wie $-x_2 + \delta \leqq x \leqq x_2 - \delta$ ein Teilgebiet eines größeren Gebietes, wo die Funktion noch regulär ist.

3. Natürlich könnte man den Satz auch in umgekehrter Weise, nämlich durch Verallgemeinerung, symmetrisch machen, indem man $F(t)$ als in einem Streifen $\eta_1 \leqq \eta \leqq \eta_2$ regulär voraussetzt, wobei man für $f(s)$, analog zu (1), zwei verschiedene Abschätzungen erhält, je nachdem y positiv oder negativ ist:

$$|f(s)| < C_1(\delta)\, e^{\eta_1 y} \qquad \text{für} \qquad y \geqq 0$$
$$|f(s)| < C_2(\delta)\, e^{\eta_2 y} \qquad \text{für} \qquad y < 0.$$

In den Anwendungen handelt es sich aber meist um den in Satz 1 formulierten Fall.

Satz 2. *Wir setzen $s = x + iy$. $f(s)$ sei im Innern und auf dem Rand des Vertikalstreifens $x_1 \leqq x \leqq x_2$ regulär und genüge der Ungleichung*

$$|f(s)| < C\, e^{-\eta_0 |y|} \qquad\qquad (\eta_0 > 0).$$

Dann existiert $(t = \xi + i\eta)$

$$F(t) = \frac{1}{2\pi i} \int\limits_{x-i\infty}^{x+i\infty} e^{ts} f(s)\, ds \qquad\qquad (x_1 \leqq x \leqq x_2)$$

$$= \frac{e^{xt}}{2\pi} \int\limits_{-\infty}^{+\infty} e^{ity} f(x+iy)\, dy$$

in dem Horizontalstreifen $|\eta| < \eta_0$ *und stellt dort eine von* x *unabhängige analytische Funktion dar, die in jedem schmaleren Streifen* $|\eta| \leqq \eta_0 - \varepsilon$ $(0 < \varepsilon < \eta_0)$ *sich so abschätzen läßt:*

$$|F(t)| < C_1(\varepsilon)\, e^{x_1\xi} \qquad \text{für} \qquad \xi \geqq 0$$
$$|F(t)| < C_2(\varepsilon)\, e^{x_2\xi} \qquad \text{für} \qquad \xi < 0.$$

Beweis: Dieser Satz läßt sich auf den vorigen zurückführen, wodurch zugleich klar wird, daß die beiden Sätze gleichwertige Aussagen, nur in verschiedener Bezeichnung, darstellen. Wir setzen:

$$s = it^*, \qquad t^* = \xi^* + i\eta^* \qquad (\text{also } x = -\eta^*,\ y = \xi^*);$$
$$t = is^*, \qquad s^* = x^* + iy^* \qquad (\text{also } \xi = -y^*,\ \eta = x^*).$$

Dann lautet die Voraussetzung von Satz 2: $f(it^*)$ ist im Innern und auf dem Rand des Horizontalstreifens $x_1 \leqq -\eta^* \leqq x_2$, d. h. $-x_2 \leqq \eta^* \leqq -x_1$, regulär und genügt der Ungleichung

$$|f(it^*)| < C\, e^{-\eta_0|\xi^*|}.$$

Das ist, abgesehen von der Bezeichnung, die Voraussetzung von Satz 1, und zwar liegt bezüglich des Streifens die in Bemerkung 3. angeführte Verallgemeinerung, bezüglich der Abschätzung der in Bemerkung 2. erwähnte Spezialfall vor. Nach Satz 1 folgt also: Es existiert

$$F(is^*) = \frac{1}{2\pi} \int\limits_{-\infty+i\eta^*}^{+\infty+i\eta^*} e^{-s^*t^*} f(it^*)\, dt^* \qquad (-x_2 \leqq \eta^* \leqq -x_1)$$

in dem Vertikalstreifen $-\eta_0 < x^* < \eta_0$ und stellt dort eine von η^* unabhängige analytische Funktion dar, die in jedem schmaleren Streifen $-\eta_0 + \varepsilon \leqq x^* \leqq \eta_0 - \varepsilon$ einer Abschätzung

$$|F(is^*)| < C_2(\varepsilon)\, e^{-x_2 y^*} \qquad \text{für} \quad y^* > 0$$
$$|F(is^*)| < C_1(\varepsilon)\, e^{-x_1 y^*} \qquad \text{für} \quad y^* \leqq 0$$

unterliegt. Führt man wieder die Variablen s und t ein, so steht die Behauptung von Satz 2 da.

Satz 3. *Erzeugt man unter den Voraussetzungen und in der Bezeichnungsweise von Satz 1 aus* $F(t)$ *eine Funktion* $f(s)$:

$$\tag{5} f(s) = \int\limits_{-\infty+i\eta}^{+\infty+i\eta} e^{-st} F(t)\, dt \qquad\qquad (|\eta| \leqq \eta_0),$$

so ergibt sich $F(t)$ aus $f(s)$ durch die Umkehrformel:

$$(6) \qquad F(t) = \frac{1}{2\pi i} \int\limits_{x-i\infty}^{x+i\infty} e^{ts} f(s)\, ds \qquad\qquad (x_1 < x < x_2),$$

d. h. erzeugt man $f(s)$ aus $F(t)$ nach Satz 1 und wendet auf dieses $f(s)$ den Satz 2 an, so ist die erhaltene Funktion mit der Ausgangsfunktion $F(t)$ identisch.*

Beweis: Da $f(s)$ von η unabhängig ist, können wir speziell $\eta = 0$ setzen. Dann ist Satz 3 aber in Satz 1 [6.5] enthalten.

Satz 4. *Erzeugt man unter den Voraussetzungen und in der Bezeichnungsweise von Satz 2 aus $f(s)$ eine Funktion $F(t)$:*

$$F(t) = \frac{1}{2\pi i} \int\limits_{x-i\infty}^{x+i\infty} e^{ts} f(s)\, ds \qquad\qquad (x_1 \leqq x \leqq x_2),$$

so ergibt sich $f(s)$ aus $F(t)$ durch die Umkehrformel

$$f(s) = \int\limits_{-\infty+i\eta}^{+\infty+i\eta} e^{-st} F(t)\, dt \qquad\qquad (|\eta| < \eta_0),$$

d. h. erzeugt man $F(t)$ aus $f(s)$ nach Satz 2 und wendet auf dieses $F(t)$ den Satz 1 an, so ist die erhaltene Funktion mit der Ausgangsfunktion $f(s)$ identisch.

Beweis: Wegen der im Beweis von Satz 2 erkannten Gleichwertigkeit von Satz 1 und Satz 2 folgt Satz 4 sofort aus Satz 3.

Betrachten wir jetzt folgende beiden *Funktionsklassen:*

Die Klasse L_{II}^0 der in einem Horizontalstreifen ** $|\eta| \leqq \eta_0$ regulären Funktionen $F(t)$, die dort der Abschätzung genügen:

$$\begin{aligned} |F(t)| &< C_1 e^{x_1 \xi} \quad \text{für} \quad \xi \geqq 0 \\ |F(t)| &< C_2 e^{x_2 \xi} \quad \text{für} \quad \xi < 0 \end{aligned} \qquad (x_1 < x_2);$$

die Klasse l_{II}^0 der in einem Vertikalstreifen $x_1 \leqq x \leqq x_2$ regulären Funktionen $f(s)$, die dort der Abschätzung genügen:

$$|f(s)| < C\, e^{-\eta_0 |y|} \qquad\qquad (\eta_0 > 0),$$

so können wir Satz 1—4 dahin zusammenfassen, daß durch die Transformation

$$(5) \qquad f(s) = \int\limits_{-\infty+i\eta}^{+\infty+i\eta} e^{-st} F(t)\, dt \qquad\qquad (|\eta| \leqq \eta_0)$$

---

* Man beachte, daß in der Formel für $F(t)$ jetzt $x_1 < x < x_2$ und nicht $x_1 \leqq x \leqq x_2$ wie in Satz 2 ist.

** η_0, x_1, x_2 brauchen nicht für alle Funktionen dieselben zu sein.

jedem $F(t)$ aus L_{II}^0 ein $f(s)$ aus l_{II}^0 entspricht, aus dem man F durch die Transformation

$$(6) \qquad F(t) = \frac{1}{2\pi i} \int\limits_{x-i\infty}^{x+i\infty} e^{ts}\, f(s)\, ds \qquad\qquad (x_1 < x < x_2)$$

zurückgewinnen kann, und daß umgekehrt durch die Transformation (6) mit $x_1 \le x \le x_2$ jedem $f(s)$ aus l_{II}^0 ein $F(t)$ aus L_{II}^0 entspricht, aus dem man $f(s)$ durch die Transformation (5) mit $|\eta| < \eta_0$ zurückgewinnen kann. Die beiden Transformationen (5), (6) bedeuten in Wahrheit, abgesehen von der Bezeichnungsweise, ein und dieselbe Transformation.

§ 8. Die Mellin-Transformation und ihre Umkehrung.

Die reziproke Beziehung zwischen den in § 7 behandelten Klassen L_{II}^0 und l_{II}^0 tritt in der Literatur in etwas anderer Gestalt auf, bei der allerdings ihre schöne Symmetrie verloren geht. Setzen wir

$$e^{-t} = z = \varrho\, e^{i\vartheta}, \quad\text{also}\quad e^{-\xi} = \varrho, \quad -\eta = \vartheta$$

und

$$t = -\log z,$$

wobei unter log der Hauptzweig verstanden sei, so entspricht dem Horizontalstreifen $|\eta| \le \eta_0$ der Winkelraum $|\vartheta| \le \eta_0$ ohne den Nullpunkt (für $\eta_0 \ge \pi$ ist der Winkelraum als auf einer Riemannschen Fläche liegend zu denken) und der Integrationsgeraden $-\infty + i\eta \cdots +\infty + i\eta$ der Strahl von 0 aus mit der Amplitude $\vartheta = -\eta$, aber in umgekehrter Richtung. Setzen wir $F(-\log z) = \Phi(z)$, $f(s) = \varphi(s)$, so nimmt die Transformation 6.7(5) die Gestalt an:

$$(1) \qquad \varphi(s) = \int\limits_0^{\infty e^{i\vartheta}} z^{s-1}\, \Phi(z)\, dz \equiv \mathfrak{M}\{\Phi\},$$

in der sie „*Mellin-Transformation*" heißt [62], während die Umkehrung jetzt so aussieht:

$$(2) \qquad \Phi(z) = \frac{1}{2\pi i} \int\limits_{x-i\infty}^{x+i\infty} z^{-s}\, \varphi(s)\, ds.$$

Dabei liegen für Φ und φ jetzt folgende Klassen zugrunde:

die Klasse M^0 der in einem Winkelraum $|\vartheta| \le \vartheta_0$ mit eventuellem Ausschluß des Nullpunktes regulären Funktionen $\Phi(z)$, die dort der Abschätzung genügen:

$$(3) \qquad \begin{cases} |\Phi(z)| < C_1 \varrho^{-x_1} & \text{für} \quad \varrho \le 1 \\ |\Phi(z)| < C_2 \varrho^{-x_2} & \text{für} \quad \varrho > 1 \end{cases} \qquad (x_1 < x_2);$$

die Klasse m^0 der in einem Vertikalstreifen $x_1 \le x \le x_2$ regulären Funktionen $\varphi(s)$, die dort der Abschätzung genügen:

$$(4) \qquad |\varphi(s)| < C\, e^{-\vartheta_0 |y|} \qquad\qquad (\vartheta_0 > 0).$$

Das Ergebnis von § 7 lautet dann so:

Satz 1. *Wendet man die Transformation* (1) *mit* $|\vartheta| \leqq \vartheta_0$ *auf eine Funktion* $\Phi(z)$ *der Klasse* M^0 *mit den Konstanten* ϑ_0, x_1, x_2 *an, so ist die entstehende Funktion* $\varphi(s)$ *von* ϑ *unabhängig und gehört in jedem Streifen* $x_1 + \delta \leqq x \leqq x_2 - \delta$ *zur Klasse* m^0:

$$|\varphi(s)| < C(\delta)\, e^{-\vartheta_0 |y|}.$$

Wendet man die Transformation (2) *mit* $x_1 \leqq x \leqq x_2$ *auf eine Funktion* $\varphi(s)$ *der Klasse* m^0 *mit den Konstanten* x_1, x_2, ϑ_0 *an, so ist die entstehende Funktion* $\Phi(z)$ *von* x *unabhängig und gehört in jedem Winkelraum* $|\vartheta| \leqq \vartheta_0 - \varepsilon$ *zur Klasse* M^0:

$$|\Phi(z)| < C_1(\varepsilon)\, \varrho^{-x_1} \qquad \text{für} \qquad \varrho \leqq 1$$
$$|\Phi(z)| < C_2(\varepsilon)\, \varrho^{-x_2} \qquad \text{für} \qquad \varrho > 1.$$

Hat man insbesondere $\varphi(s)$ *durch* (1) *aus* $\Phi(z)$ *erzeugt und wendet dann* (2) *an, so erhält man* $\Phi(z)$ *zurück; ebenso: ist* $\Phi(z)$ *durch* (2) *aus* $\varphi(s)$ *erzeugt, so wird* $\Phi(z)$ *durch* (1) *wieder in* $\varphi(s)$ *übergeführt* [63].

Natürlich kann man die Transformationen (1) und (2) statt in den Klassen M^0, m^0 auch in den allgemeinsten Klassen M, m betrachten, in denen sie überhaupt existieren. Dabei setzen wir in (1) in üblicher Weise $\vartheta = 0$, d. h. $\Phi(z)$ braucht nur auf der reellen Achse gegeben zu sein. Bei (2) ist es üblich, $\varphi(s)$ als in einem Streifen regulär anzunehmen und x als variabel zu denken. Dann muß man eine Voraussetzung hinzufügen, die die Unabhängigkeit des Integralwertes von x garantiert. Für diese allgemeineren Transformationen bekommt man Umkehrformeln, indem man z. B. den Satz 1 [6.5] für die $\mathfrak{L}_{\mathrm{II}}$-Transformation in die Mellinsche Bezeichnungsweise überträgt. Man erhält:

Satz 2. $\Phi(z)$ *sei bis auf endlich viele Ausnahmepunkte, wo es uneigentlich absolut integrierbar sei, in jedem endlichen Intervall eigentlich integrabel. Die Mellin-Transformation*

$$\varphi(s) = \int\limits_0^\infty z^{s-1}\, \Phi(z)\, dz$$

konvergiere für $\alpha_1 < x < \alpha_2$ $(s = x + i\,y)$ *absolut. Ist* $\Phi(z)$ *in einer Umgebung der Stelle* z *von beschränkter Variation, so gilt für dieses* z *die Umkehrformel:*

$$\frac{\Phi(z+0) + \Phi(z-0)}{2} = \text{H.W.} \cdot \frac{1}{2\pi i} \int\limits_{x-i\infty}^{x+i\infty} z^{-s}\, \varphi(s)\, ds \qquad (\alpha_1 < x < \alpha_2).$$

Satz 3. $\varphi(s)$ *sei im Streifen* $x_1 < x < x_2$ *regulär und strebe in jedem schmaleren Streifen* $x_1 + \delta \leqq x \leqq x_2 - \delta$ *für* $y \to \infty$ *gleichmäßig in* x *gegen* 0. $\int\limits_{-\infty}^{+\infty} |\varphi(x+i\,y)|\, dy$ *konvergiere für* $x_1 < x < x_2$. *Dann existiert*

$$\Phi(z) = \frac{1}{2\pi i} \int\limits_{x-i\infty}^{x+i\infty} z^{-s}\, \varphi(s)\, ds \qquad (x_1 < x < x_2)$$

und ist von x unabhängig. Aus $\Phi(z)$ erhält man umgekehrt $\varphi(s)$ vermittels der Formel:

$$\varphi(s) = \int_0^\infty z^{s-1}\Phi(z)\,dz.$$

Wir ziehen es vor, diesen Satz in der auf die $\mathfrak{L}_{II}$-Transformation bezüglichen Gestalt in § 10 zu beweisen (Satz 1), wo wir ihm übrigens noch eine andere Wendung geben werden.

Anwendungsbeispiele.

1. $\Phi(z) = e^{-z}$. Voraussetzung (3) ist in dem Winkelraum $|\vartheta| \leqq \dfrac{\pi}{2} - \varepsilon$ ($\varepsilon > 0$) mit $x_1 = 0$, $x_2 > 0$ (beliebig groß) erfüllt. Das Integral

$$\varphi(s) = \int_0^{\infty e^{i\vartheta}} z^{s-1} e^{-z}\,dz \qquad\qquad \left(|\vartheta| < \frac{\pi}{2}\right)$$

konvergiert demnach für $x > 0$. Da $\varphi(s)$ von ϑ unabhängig und für $\vartheta = 0$ gleich $\Gamma(s)$ ist, so ist überhaupt $\varphi(s) = \Gamma(s)$. Für $\Gamma(s)$ erhalten wir nach Satz 1 die Abschätzung*:

$$|\Gamma(s)| < C(\delta)\, e^{-\left(\frac{\pi}{2} - \varepsilon\right)|y|} \qquad \text{für} \qquad x \geqq \delta > 0.$$

Die Umkehrung (2) ergibt die bemerkenswerte Formel [64]:

$$e^{-z} = \frac{1}{2\pi i} \int_{x-i\infty}^{x+i\infty} z^{-s}\Gamma(s)\,ds \qquad\qquad (x > 0),$$

die für $\left|\operatorname{arc} z\right| < \dfrac{\pi}{2}$ gilt.

2. Aus den beiden reziproken Formeln unter 1. leitet man durch eine einfache Substitution die folgenden ab:

$$\frac{\Gamma(s)}{\lambda_n^s} = \int_0^\infty z^{s-1} e^{-\lambda_n z}\,dz \qquad\qquad (\lambda_n > 0),$$

$$e^{-\lambda_n z} = \frac{1}{2\pi i} \int_{x-i\infty}^{x+i\infty} z^{-s}\,\frac{\Gamma(s)}{\lambda_n^s}\,ds.$$

Daraus ergibt sich, falls die Summation nach n und die Vertauschung von Summe und Integral erlaubt ist, das für die Theorie der Dirichletschen Reihen wichtige Formelpaar** [65]:

---

* Diese Abschätzung ist sehr roh. Genauer ist

$$|\Gamma(s)| = e^{-\frac{\pi}{2}|y|}\,|y|^{x-\frac{1}{2}}\left(\sqrt{2\pi} + o(|y|)\right).$$

** Ist speziell $\lambda_n = n$, so liefern die Formeln einen Zusammenhang zwischen der Dirichletschen Reihe $\displaystyle\sum_{n=1}^\infty a_n n^{-s}$ und der Potenzreihe $\displaystyle\sum_{n=1}^\infty a_n (e^{-z})^n$. Anwendungen dieses und eines ähnlichen Zusammenhangs bei G. H. Hardy: The application to Dirichlet's series of Borel's exponential method of summation. Proc. Lond. Math. Soc. (2) 8 (1910) S. 277—294.

$$\Gamma(s) \sum_{n=1}^{\infty} \frac{a_n}{\lambda_n^s} = \int_0^{\infty} z^{s-1} \sum_{n=1}^{\infty} a_n e^{-\lambda_n z} \, dz,$$

$$\sum_{1}^{\infty} a_n e^{-\lambda_n z} = \frac{1}{2\pi i} \int_{x-i\infty}^{x+i\infty} z^{-s} \Gamma(s) \sum_{1}^{\infty} \frac{a_n}{\lambda_n^s} \, ds.$$

3. Ein einfaches Beispiel ist $a_n = 1$, $\lambda_n = n$. Hier ist $\displaystyle\sum_{1}^{\infty} \frac{a_n}{\lambda_n^s} = \sum_{1}^{\infty} \frac{1}{n^s}$ die Riemannsche ζ-Funktion und

$$\sum_{1}^{\infty} a_n e^{-\lambda_n z} = \sum_{1}^{\infty} e^{-nz} = \frac{e^{-z}}{1 - e^{-z}} = \frac{1}{e^z - 1}.$$

Die Voraussetzung (3) ist für diese Funktion in $|\vartheta| \leq \dfrac{\pi}{2} - \varepsilon$ mit $x_1 = 1$ und $x_2 > 1$ (beliebig groß) erfüllt, und die obige Vertauschung von Summe und Integral kann leicht legitimiert werden, so daß sich ergibt [66]:

$$\Gamma(s) \zeta(s) = \int_0^{\infty e^{i\delta}} z^{s-1} \frac{dz}{e^z - 1} \qquad \left(|\vartheta| < \frac{\pi}{2}, \; x > 1 \right)$$

und

$$|\Gamma(s) \zeta(s)| < C(\delta) \, e^{-\left(\frac{\pi}{2} - \varepsilon\right)|y|} \qquad \text{für} \qquad x > 1 + \delta.$$

Umgekehrt ist

$$\frac{1}{e^z - 1} = \frac{1}{2\pi i} \int_{x-i\infty}^{x+i\infty} z^{-s} \Gamma(s) \zeta(s) \, ds \qquad \left(x < 1, \; |\arc z| < \frac{\pi}{2} \right).$$

4. Noch wichtiger und interessanter ist das Beispiel $a_n = 1$, $\lambda_n = \pi n^2$. Hier ist

$$\sum_{1}^{\infty} \frac{a_n}{\lambda_n^s} = \sum_{1}^{\infty} \frac{a_n}{\pi^s n^{2s}} = \pi^{-s} \zeta(2s)$$

und

$$\sum_{1}^{\infty} a_n e^{-\lambda_n z} = \sum_{1}^{\infty} e^{-\pi n^2 z} = \frac{\vartheta_3\left(0, \dfrac{z}{\pi}\right) - 1}{2} \qquad \text{(vgl. S. 26)}.$$

Setzen wir $e^{-\pi z} = x$, so ist $\displaystyle\sum_{1}^{\infty} e^{-\pi n^2 z} = \sum_{1}^{\infty} x^{n^2}$, und für $x \to 0$ verhält sich diese Reihe wie x, d. h. die ursprüngliche verhält sich für $z \to \infty$ wie $e^{-\pi z}$, und zwar für $|\vartheta| \leq \dfrac{\pi}{2} - \varepsilon$. Als x_2 der Voraussetzung (3) ist also jede positive Zahl brauchbar. Ferner ist nach der linearen Transformationsformel der Thetafunktion (vgl. 9.1)

$$\vartheta_3\left(0, \frac{z}{\pi}\right) = \frac{1}{\sqrt{z}} \vartheta_3\left(0, \frac{1}{\pi z}\right) = \frac{1}{\sqrt{z}} \left(1 + 2 \sum_{1}^{\infty} e^{-\pi n^2 \frac{1}{z}} \right).$$

Für $z \to 0$ verhält sich also $\sum\limits_{1}^{\infty} e^{-\pi n^2 z}$ in $|\vartheta| \leqq \dfrac{\pi}{2} - \varepsilon$ wie $\dfrac{1}{2\sqrt{z}}$, so

daß $x_1 = \dfrac{1}{2}$ zu nehmen ist. Wir erhalten daher das Formelpaar [67]:

$$\pi^{-s}\, \Gamma(s)\, \zeta(2s) = \frac{1}{2} \int\limits_{1}^{\infty} z^{s-1} \left(\vartheta_3\left(0, \frac{z}{\pi}\right) - 1\right) dz \qquad \left(x > \frac{1}{2}\right),$$

$$\frac{1}{2}\left(\vartheta_3\left(0, \frac{z}{\pi}\right) - 1\right) = \frac{1}{2\pi i} \int\limits_{x-i\infty}^{x+i\infty} z^{-s}\, \pi^{-s}\, \Gamma(s)\, \zeta(2s)\, ds \quad \left(x > \frac{1}{2}, |\arg z| < \frac{\pi}{2}\right).$$

Aus der ersten Formel ergibt sich sehr übersichtlich die berühmte *Riemannsche Funktionalgleichung der ζ-Funktion*. Wir setzen zur Abkürzung $\dfrac{1}{2}\left(\vartheta_3\left(0, \dfrac{z}{\pi}\right) - 1\right) = \psi(z)$ und verwenden in

$$\pi^{-\frac{s}{2}}\, \Gamma\left(\frac{s}{2}\right) \zeta(s) = \int\limits_{0}^{\infty} z^{\frac{s}{2}-1}\, \psi(z)\, dz = \int\limits_{0}^{1} + \int\limits_{1}^{\infty} \qquad (x > 1)$$

bei $\int\limits_{0}^{1}$ die obige Transformationsformel der ϑ-Funktion, die sich so schreiben läßt:

$$\psi(z) = z^{-\frac{1}{2}}\, \psi\left(\frac{1}{z}\right) + \frac{1}{2}\left(z^{-\frac{1}{2}} - 1\right) ;$$

das ergibt:

$$\pi^{-\frac{s}{2}}\, \Gamma\left(\frac{s}{2}\right) \zeta(s) = \int\limits_{1}^{\infty} z^{\frac{s}{2}-1}\, \psi(z)\, dz + \int\limits_{0}^{1} z^{\frac{s-3}{2}}\, \psi\left(\frac{1}{z}\right) dz + \frac{1}{2} \int\limits_{0}^{1} \left(z^{\frac{s-3}{2}} - z^{\frac{s}{2}-1}\right) dz$$

$$= \int\limits_{1}^{\infty} z^{\frac{s}{2}-1}\, \psi(z)\, dz + \int\limits_{1}^{\infty} u^{-\frac{s+1}{2}}\, \psi(u)\, du + \frac{1}{2}\left(\frac{1}{\frac{s-1}{2}} - \frac{1}{\frac{s}{2}}\right)$$

$$= \int\limits_{1}^{\infty} \left(z^{-\frac{2-s}{2}} + z^{-\frac{s+1}{2}}\right) \psi(z)\, dz + \frac{1}{s(s-1)} .$$

Wegen $\psi(z) \sim e^{-\pi z}$ für $z \to \infty$ konvergiert das Integral für alle s, die links stehende Funktion läßt sich also in die ganze Ebene mit Ausnahme der einfachen Pole $s = 0$ und $s = 1$ von $\dfrac{1}{s(s-1)}$ analytisch fortsetzen.

Da $\pi^{-\frac{s}{2}}$ überall und $\Gamma\left(\dfrac{s}{2}\right)$ bis auf die einfachen Pole $s = -2n\,(n = 0, 1, 2..)$ regulär ist, so folgt hieraus, daß $\zeta(s)$ in der ganzen Ebene bis auf den einfachen Pol $s = 1$ analytisch ist und an den Stellen $s = -2n\,(n = 1, 2 \ldots)$ Nullstellen besitzt, die übrigens einfach sind, da die rechte Seite für diese Werte offenkundig positiv ist. Ferner ändert sich die rechte Seite bei

Ersatz von s durch $1-s$ überhaupt nicht, also auch die linke. Damit haben wir die Riemannsche Funktionalgleichung erhalten:

$$\pi^{-\frac{s}{2}}\, \Gamma\left(\frac{s}{2}\right) \zeta(s) = \pi^{-\frac{1-s}{2}}\, \Gamma\left(\frac{1-s}{2}\right) \zeta(1-s) \qquad (s \neq 0,1).$$

5. $\Phi(z) = \dfrac{1}{(1+z)^w}$ (w komplex und $\Re w > 0$). In dem Winkelraum $|\vartheta| \leqq \pi - \varepsilon$ ist (3) mit $x_1 = 0$, $x_2 = \Re w$ erfüllt. Das Integral

$$f(s) = \int_0^{\infty e^{i\vartheta}} z^{s-1}\,(1+z)^{-w}\, dz \qquad (|\vartheta| < \pi)$$

konvergiert also für $0 < x < \Re w$. Es genügt, seinen Wert für $\vartheta = 0$ zu berechnen. Mit $1 + z = (1-v)^{-1}$ wird

$$f(s) = \int_0^1 \left(\frac{v}{1-v}\right)^{s-1} (1-v)^w \frac{dv}{(1-v)^2} = \int_0^1 v^{s-1}\,(1-v)^{w-s-1}\, dv$$

$$= B(s,\, w-s) = \frac{\Gamma(s)\, \Gamma(w-s)}{\Gamma(w)}.$$

Also hat (2) hier die Gestalt

$$\frac{\Gamma(s)\, \Gamma(w-s)}{\Gamma(w)} = \int_0^{\infty e^{i\vartheta}} \frac{z^{s-1}}{(1+z)^w}\, dz \qquad (|\vartheta| < \pi,\ \ 0 < \Re s < \Re w).$$

Wir erhalten nach Satz 1 die Abschätzung:

$$\left| \frac{\Gamma(s)\, \Gamma(w-s)}{\Gamma(w)} \right| < C(\delta)\, e^{-(\pi - \varepsilon)\,|y|} \quad \text{für} \ \ 0 < \delta \leqq \Re s \leqq \Re w - \delta.$$

Die Umkehrung (2) ergibt [68]:

$$\frac{\Gamma(w)}{(1+z)^w} = \frac{1}{2\pi i} \int_{x-i\infty}^{x+i\infty} z^{-s}\, \Gamma(s)\, \Gamma(w-s)\, ds \qquad (0 < x < \Re w,\ |\arc z| < \pi).$$

Wir werden später (17.2) diese Formel als Verstümmelung einer anderen, völlig symmetrischen verstehen lernen.

§ 9. Anwendung: Allgemeine funktionentheoretische Sätze über das identische Verschwinden von Funktionen in einer Halbebene.

Mit den in § 8 entwickelten Hilfsmitteln läßt sich eine Reihe von Sätzen der allgemeinen Funktionentheorie, die in den Phragmén-Lindelöfschen Ideenkreis gehören, auf sehr einfache und einheitliche Art beweisen [69]. Die Methode besteht darin, daß man einer Funktion $\varphi(s)$, die in einer Halbebene (also einem ausgearteten Streifen) einer exponentiellen Abschätzung genügt, vermittels der Umkehrung der Mellin-Transformation eine Funktion $\Phi(z)$ zuordnet, die in einem Winkelraum Majoranten der Form 6.8 (3) zuläßt. Aus der Art der Majoranten schließt man leicht, daß $\Phi(z)$ identisch verschwindet, woraus dasselbe für $f(s)$

120   6. Kap.: Die komplexe Umkehrformel der Laplace-Transformation.

folgt*. Das einfachste, aber zugleich grundlegende Beispiel ist der folgende

Satz 1. *Die Funktion $\varphi(s)$ sei in einer Halbebene $x \geqq x_1$ analytisch $(s = x + iy)$ und genüge dort der Abschätzung:*

$$|\varphi(s)| < C\, e^{-\vartheta_0 |y|} \qquad\qquad (\vartheta_0 > 0).$$

Dann ist sie identisch 0.

Beweis: $\varphi(s)$ ist eine m^0-Funktion, bei der x_2 beliebig groß sein kann. Ihr entspricht eine im Winkelraum $|\vartheta| < \vartheta_0$ $(z = \varrho\, e^{i\vartheta})$ analytische M^0-Funktion $\Phi(z)$, die der Ungleichung

$$\Phi(z) < C_2 \varrho^{-x_2} \quad \text{für} \quad \varrho > 1$$

genügt. Da x_2 beliebig groß sein kann, muß $\Phi(z) \equiv 0$ für $\varrho > 1$ und damit überhaupt $\Phi(z) \equiv 0$ sein. Nach Formel 6.8 (1) ist dann auch $\varphi(s) \equiv 0$.

Aus Satz 1 ergibt sich rasch

Satz 2. *Es gibt keine in dem horizontalen Halbstreifen $(w = u + iv)$*

$$u > 0, \quad |v| < \frac{\pi}{2}$$

analytische Funktion $F(w)$, die dort der Ungleichung

$$|F(w)| > e^{\varepsilon\, e^{u}} \qquad\qquad (\varepsilon > 0 \text{ beliebig klein})$$

genügt.

Bemerkung: Eine reguläre Funktion kann also in einem Halbstreifen nicht beliebig stark anwachsen; bei der Breite π ist schon $\log\log |F| > u + \log \varepsilon$ unmöglich.

Beweis: Setzen wir $w = \log s$, so entspricht dem Halbstreifen der w-Ebene die rechte Hälfte der s-Ebene, aus der der Einheitskreis herausgenommen ist. Gäbe es eine Funktion F mit den obigen Eigenschaften, so wäre die Funktion $f(s) = F(\log s)$ in der Halbebene $x > 1$ $(s = x + iy)$ analytisch und erfüllte die Ungleichung

$$|f(s)| > e^{\varepsilon |s|}.$$

Für die Funktion $\varphi(s) = \dfrac{1}{f(s)}$ wäre dann

$$|\varphi(s)| < e^{-\varepsilon |s|} < e^{-\varepsilon |y|} \quad \text{in} \quad x > 1,$$

so daß sich nach Satz 1 ergeben würde: $\varphi(s) \equiv 0$. f und damit F können also nicht existieren.

Bei Satz 1 ist $\varphi(s)$ in der ganzen Halbebene beschränkt und nimmt nach oben und unten gleichmäßig in x stark ab. Man kann die Voraussetzung dahin verallgemeinern, daß $\varphi(s)$ auf jeder einzelnen Vertikalen nach oben und unten abnimmt, auf jeder Horizontalen nach rechts aber stark zunimmt. Dazu wählen wir $\varphi(s)$ so, daß es zwar (in der Halbebene)

---

* Dieser Paragraph hat starke Berührungspunkte mit dem III. Teil, wo auch über das Verhalten einer Funktion durch das Verhalten ihrer bei einer Funktionaltransformation entstehenden Bildfunktion Aufschluß erteilt wird.

keine m^0-Funktion mehr ist, daß aber doch das Integral 6.8 (2) noch konvergiert und daß man an der Abschätzung für Φ gerade noch denselben Schluß wie bei Satz 1, nämlich daß Φ in einem gewissen Gebiet verschwindet, durchführen kann.

Satz 3. $\varphi(s)$ *sei in einer Halbebene* $x > x_1$ $(s = x + i\,y)$ *analytisch und genüge dort der Ungleichung*

$$|\varphi(s)| < C\,e^{q\,x\,-\,\vartheta_0\,|y|} \qquad\qquad (q \geqq 0,\ \vartheta_0 > 0).$$

Dann ist $\varphi(s) \equiv 0$.

Beweis: Das Integral

$$\Phi(z) = \frac{1}{2\pi i} \int\limits_{x-i\infty}^{x+i\infty} z^{-s}\,\varphi(s)\,ds \qquad\qquad (x > x_1)$$

konvergiert genau wie in Satz 1 [6.8] im Winkelraum $|\vartheta| < \vartheta_0$ absolut und stellt dort eine analytische Funktion dar; sein Wert ist von x unabhängig. (Man braucht sich bloß auf einen beliebig breiten Streifen $x_1 < x < x_2$ zu beschränken, um dieselben Voraussetzungen wie dort zu haben.) Wegen $(z = \varrho\,e^{i\,\vartheta})$

$$|z^{-s}| = |e^{-(\log\varrho\,+\,i\,\vartheta)\,(x\,+\,i\,y)}| = e^{-x\log\varrho\,+\,\vartheta\,y}$$

ist für $|\vartheta| \leqq \vartheta_0 - \varepsilon$ $(\varepsilon > 0)$:

$$|\Phi(z)| \leqq \frac{1}{2\pi}\,C\,e^{q\,x\,-\,x\log\varrho} \int\limits_{-\infty}^{+\infty} e^{\vartheta\,y\,-\,\vartheta_0\,|y|}\,dy$$

$$\leqq \frac{1}{2\pi}\,C\,\varrho^{-x}\,e^{q\,x} \int\limits_{-\infty}^{+\infty} e^{-\varepsilon\,|y|}\,dy = C_1(\varepsilon)\left(\frac{e^q}{\varrho}\right)^x.$$

Damit haben wir für $\Phi(z)$ eine Majorante gefunden, mit der wir einen analogen Schluß wie bei Satz 1 durchführen können: Für $|z| = \varrho > e^q$ muß $\Phi \equiv 0$ sein, da x beliebig groß gewählt werden kann. Also ist überhaupt $\Phi(z) \equiv 0$. Beschränkt man $\varphi(s)$ auf einen Streifen endlicher Breite $x_1 < x < x_2$, so ist φ eine m^0-Funktion, es gilt also die Umkehrformel 6.8 (1), die zeigt, daß $\varphi(s) \equiv 0$ ist.

Aus Satz 3 ergibt sich ein Korollar, das für die Anwendungen oft handlicher ist:

Satz 4. $\varphi(s)$ *sei in einer Halbebene* $x > x_1$ *analytisch und genüge dort der Ungleichung*

$$|\varphi(s)| < C\,e^{q\,|s|\,-\,\vartheta_0\,|y|} \qquad\qquad (\vartheta_0 > q \geqq 0).$$

Dann ist $\varphi(s) \equiv 0$.

Beweis: Für $x > 0$ ist

$$q\,|s| - \vartheta_0\,|y| \leqq q\,(x + |y|) - \vartheta_0\,|y| = q\,x - (\vartheta_0 - q)\,|y|.$$

Also sind die Voraussetzungen von Satz 2 (mit $\vartheta_0 - q$ an Stelle von ϑ_0) für $x > \mathrm{Max}\,(0, x_1)$ erfüllt.

Aus Satz 4 ergibt sich ein (im Prinzip sehr einfacher) Beweis für den wichtigen

Satz 5. *$f(s)$ sei analytisch in der Halbebene $x > x_1$ und genüge dort der Ungleichung*

$$|f(s)| < C\, e^{q\,|s|} \qquad\qquad (q \geqq 0).$$

Verschwindet $f(s)$ in einer horizontalen, äquidistanten Punktreihe

$$s = s_0 + n\,\frac{\pi}{\vartheta_0} \qquad (\Re\, s_0 > x_1,\ n = 0, 1, 2\, \ldots)$$

und ist $\vartheta_0 > q$, so ist $f(s) \equiv 0$ [70].

Bemerkung. Der Satz setzt die Stärke des Anwachsens einer Funktion in einer Halbebene mit der Dichte der Nullstellen in Beziehung. Der Abstand $\frac{\pi}{\vartheta_0}$ äquidistanter Nullstellen muß $\geqq \frac{\pi}{q}$ sein, wenn die Funktion nicht identisch verschwinden soll.

Beweis: Ohne Beschränkung der Allgemeinheit können wir $s_0 = 0$ nehmen, weil eine Translation an der Form der Abschätzung nichts ändert, und $-\frac{\pi}{\vartheta_0} < x_1 < 0$ voraussetzen, indem wir eventuell die gegebene Halbebene verkleinern. Dann ist die Funktion

$$\varphi(s) = \frac{f(s)}{\sin \vartheta_0\, s}$$

in $\Re\, s > x_1$ analytisch; wir behaupten, daß sie der Ungleichung des Satzes 4 genügt [71]. Für große $|y|$ verhält sich $|\sin \vartheta_0\, s|$ wie $\frac{1}{2}\, e^{\vartheta_0 |y|}$. Denn

$$\sin \vartheta_0\, s = \frac{1}{2i}\, (e^{i\vartheta_0 s} - e^{-i\vartheta_0 s}) = -\frac{e^{-i\vartheta_0 s}}{2i}\, (1 - e^{2i\vartheta_0 s}),$$

also

$$\frac{|\sin \vartheta_0\, s|}{\frac{1}{2}\, e^{\vartheta_0 y}} = |1 - e^{2i\vartheta_0 s}|.$$

Wegen $|e^{2i\vartheta_0 s}| = e^{-2\vartheta_0 y}$ strebt die rechte Seite für positiv wachsendes y gegen 1. Für negative y ist $\sin \vartheta_0(x + iy)$ zu $\sin \vartheta_0(x + i|y|)$ konjugiert, hat also denselben Absolutwert. — Wir können demnach gewiß $y_1 > 0$ so wählen, daß

$$|\sin \vartheta_0\, s| \geqq \frac{1}{4}\, e^{\vartheta_0 |y|}$$

in den beiden Viertelebenen $x > x_1,\ |y| > y_1$ ist. Dann ist dort bereits

$$|\varphi(s)| < 4\, C\, e^{q|s| - \vartheta_0|y|}.$$

Den restierenden Streifen $x > x_1,\ |y| \leqq y_1$ teilen wir durch Vertikalstrecken mit den Abszissen $\frac{1}{2}\,\frac{\pi}{\vartheta_0},\ \frac{3}{2}\,\frac{\pi}{\vartheta_0},\ \ldots$ in kongruente Rechtecke; dasjenige, das den Punkt $s_n = n\,\frac{\pi}{\vartheta_0}$ zum Mittelpunkt hat, heiße R_n. Ferner setzen wir

$$f(s) = (s - s_n)\, f_n(s).$$

Ist s ein Punkt auf dem Rand von R_n, so ist

$$|s - s_n| \geqq \mathrm{Min}\left(y_1, \frac{1}{2}\frac{\pi}{\vartheta_0}\right) = d_1,$$

also

$$|f_n(s)| \leqq \frac{C}{d_1} e^{q|s|} \leqq \frac{C}{d_1} e^{q\left(\left(n+\frac{1}{2}\right)\frac{\pi}{\vartheta_0} + y_1\right)}.$$

Da eine analytische Funktion ihr Maximum auf dem Rand annimmt, so gilt dieselbe Abschätzung auch im Innern. Da das kleinste $|s|$ in R_n gleich $\left(n - \frac{1}{2}\right)\frac{\pi}{\vartheta_0}$ ist, so gilt erst recht in und auf R_n:

$$|f_n(s)| \leqq \frac{C}{d_1} e^{q\left(|s| + \frac{\pi}{\vartheta_0} + y_1\right)} = C_1 e^{q|s|}.$$

Setzen wir nun noch

$$\sin\vartheta_0 s = (s - s_n)\,\psi_n(s),$$

so ist, wenn wir s auf R_n beschränken, $|\psi_n(s)|$ von n unabhängig, da $|\sin\vartheta_0 s|$ die Periode $\frac{\pi}{\vartheta_0}$ hat. Ferner ist, da $\sin\vartheta_0 s$ in R_n nur die eine einfache Nullstelle s_n hat, $\psi_n(s) \neq 0$ in dem abgeschlossenen Bereich R_n, also

$$|\psi_n(s)| \geqq d_2 > 0.$$

In und auf R_n ist daher

$$|\varphi(s)| = \frac{|f_n(s)|}{|\psi_n(s)|} \leqq \frac{C_1}{d_2} e^{q|s|} \leqq \frac{C_1}{d_2} e^{\vartheta_0 y_1} e^{q|s| - \vartheta_0|y|} = C_2 e^{q|s| - \vartheta_0|y|},$$

unabhängig von n. — $\varphi(s)$ genügt also in der ganzen Halbebene $x > x_1$ einer Abschätzung, wie sie in Satz 4 vorausgesetzt wird. Demnach ist $\varphi(s)$ und damit auch $f(s)$ identisch 0.

Aus Satz 5 folgt erneut, und zwar auf rein funktionentheoretischem Wege, daß eine *Laplace-Transformierte* $f(s) = \mathfrak{L}_{\mathrm{I}}\{F\}$ *identisch verschwindet*, sobald sie *in einer äquidistanten Punktreihe parallel zur reellen Achse verschwindet* (siehe 3.7). Denn aus der Formel

$$f(s) = (s - s_0)\int_0^\infty e^{-(s - s)t}\,\varPhi(t)\,dt$$

(Satz 1 [3.2]), wo das Integral für $\Re s > \Re s_0$ absolut konvergiert, also für $\Re s > \Re s_0 + \delta\,(\delta > 0)$ beschränkt ist, folgt:

$$|f(s)| < C|s| < C_0 e^{\varepsilon|s|}$$

für jedes $\varepsilon > 0$. Bei der Anwendung von Satz 5 darf also ϑ_0 beliebig > 0, der Nullstellenabstand $\frac{\pi}{\vartheta_0}$ mithin völlig beliebig sein. — Dieser Beweis zeigt zugleich, daß *die erwähnte Eigenschaft von* $f(s)$ *gar nichts damit zu tun hat, daß* $f(s)$ *gerade eine Laplace-Transformierte ist.*

§ 10. Bedingungen für die Darstellbarkeit einer Funktion als Laplace-Integral.

Eine durch ein einseitig bzw. zweiseitig unendliches Laplace-Integral darstellbare Funktion ist in einer Halbebene bzw. in einem

Streifen analytisch, aber nicht jede Funktion mit dieser Eigenschaft ist durch ein Laplace-Integral darstellbar, z. B. schon die Konstante nicht: Wäre

$$\mathfrak{L}_{\mathrm{II}}\{F\} \equiv \int\limits_{-\infty}^{+\infty} e^{-st} F(t)\, dt = 1,$$

so würde durch Differenzieren folgen:

$$-\int\limits_{-\infty}^{+\infty} e^{-st}\, t\, F(t)\, dt = 0.$$

Nach dem Eindeutigkeitssatz wäre also $t F(t)$ und damit $F(t)$ eine Nullfunktion, demnach $\mathfrak{L}_{\mathrm{II}}\{F\} = 0$. — Ebenso kann z. B. die ganze Funktion $\sin s$ keine einseitig unendliche Laplace-Transformierte sein, weil sie sonst wegen ihrer äquidistanten Nullstellenfolge $n\pi$ nach Satz 1 [3.7] identisch verschwinden müßte.

Eine selbständige funktionentheoretische Charakterisierung der in der Gestalt $\mathfrak{L}_{\mathrm{I}}\{F\}$ bzw. $L_{\mathrm{II}}\{F\}$ darstellbaren Funktionen ist bisher nicht gefunden worden*. Wir werden uns darauf beschränken müssen, für gewisse Klassen von analytischen Funktionen $f(s)$ die Darstellbarkeit nachzuweisen. Der Idealfall ist der, daß die dabei benutzten $F(t)$ auch wieder eine selbständig charakterisierbare Klasse bilden, so daß man durch die $\mathfrak{L}$-Transformation eine eineindeutige Abbildung der F-Klasse auf die f-Klasse erhält. Hierfür haben wir bereits zwei *Beispiele* kennengelernt [72]:

1. Jede Funktion der Klasse l^0, d. h. im Unendlichen reguläre und verschwindende Funktion $f(s)$ ist als $\mathfrak{L}_{\mathrm{I}}$-Transformierte einer Funktion der Klasse L^0, d. h. einer ganzen Funktion $F(t)$ vom Exponentialtypus darstellbar, und jede ganze Funktion $F(t)$ vom Exponentialtypus liefert eine im Unendlichen reguläre und verschwindende Funktion $f(s)$ (siehe 5.1).

2. Jede Funktion der Klasse l^0_{II} ist als $\mathfrak{L}_{\mathrm{II}}$-Transformierte einer Funktion der Klasse L^0_{II} darstellbar, und jede Funktion aus L^0_{II} gibt Veranlassung zu einer Funktion aus l^0_{II} (siehe 6.7, Ende).

Im allgemeinen werden wir uns damit begnügen müssen, nur hinreichende, nicht notwendige Bedingungen für die Darstellbarkeit anzugeben [73].

Das *Darstellungsproblem*, das man auch als eine Integralgleichung mit gegebenem $f(s)$ und gesuchtem $F(t)$ auffassen kann, steht in enger Beziehung zum *Umkehrproblem*, und das ist der Grund, warum wir es hier anschneiden. Wir wissen, daß für gewisse Funktionen $F(t)$ und $f(s)$ zugleich

$$(1) \qquad\qquad f(s) = \int\limits_{-\infty}^{+\infty} e^{-st} F(t)\, dt$$

---

* Bei den Dirichletschen Reihen, die ja ein Sonderfall des Laplace-Integrals sind, ist eine solche Charakterisierung erst durch eine starke Verallgemeinerung des Begriffs der Dirichletschen Reihe auf Grund der Bohrschen Theorie der fastperiodischen Funktionen möglich gewesen.

und

$$(2) \qquad F(t) = \frac{1}{2\pi i} \int\limits_{x-i\infty}^{x+i\infty} e^{ts} f(s)\, ds$$

gilt. Es gibt also sicher Funktionen $f(s)$, die sich in der Gestalt (1) darstellen lassen, wobei $F(t)$ durch (2) definiert werden kann. Es handelt sich nur darum, eine Klasse solcher $f(s)$ durch innere Eigenschaften zu charakterisieren. Beim Umkehrungsproblem kam es darauf an, für welche F sich (1) in (2) einsetzen läßt, d. h. wann

$$F(t) = \frac{1}{2\pi i} \int\limits_{x-i\infty}^{x+i\infty} e^{ts}\, ds \int\limits_{-\infty}^{+\infty} e^{-s\tau} F(\tau)\, d\tau$$

ist. Beim Darstellungsproblem kommt es darauf an, für welche $f(s)$ sich (2) in (1) einsetzen läßt, d. h. wann

$$(3) \qquad f(s) = \frac{1}{2\pi i} \int\limits_{-\infty}^{+\infty} e^{-st}\, dt \int\limits_{x-i\infty}^{x+i\infty} e^{t\sigma} f(\sigma)\, d\sigma$$

ist. Man sieht unmittelbar, daß genau wie bei der ersten Frage so auch bei der zweiten das Problem der Gültigkeit des Fourierschen Integraltheorems vorliegt.

Wir schreiben für die Funktion $f(s) = f(x + i\,y)$, die wir bei festem x als reine Funktion von y betrachten, das Fouriersche Integraltheorem (6.2) an, wobei wir nur die Bezeichnung der Variablen ein wenig ändern:

$$f(s) = f(x + i\,y) = \frac{1}{2\pi} \int\limits_{-\infty}^{+\infty} e^{-iyt}\, dt \int\limits_{-\infty}^{+\infty} e^{ity} f(x + i\,y)\, dy$$

$$= \frac{1}{2\pi} \int\limits_{-\infty}^{+\infty} e^{-(x+iy)t}\, dt \int\limits_{-\infty}^{+\infty} e^{t(x+iy)} f(x + i\,y)\, dy$$

$$= \int\limits_{-\infty}^{+\infty} e^{-st}\, dt \,\frac{1}{2\pi i} \int\limits_{x-i\infty}^{x+i\infty} e^{ts} f(s)\, ds.$$

$f(s)$ erscheint hier tatsächlich in der gewünschten Gestalt, hängt aber noch von x ab, was nicht wundernimmt, da wir ja bisher $f(s)$ gar nicht als analytische Funktion in einem Gebiet, sondern nur auf der Geraden $\Re s = x$ betrachtet haben. Wir müssen also noch eine Voraussetzung hinzufügen, aus der folgt, daß $\int\limits_{x-i\infty}^{x+i\infty}$ von x unabhängig ist. Wie in 6.5 erkennt man auf Grund des Cauchyschen Integralsatzes, daß hierzu die Annahme genügt, $f(s)$ strebe für $|y| \to \infty$ gleichmäßig in x gegen 0. Betrachten wir nun die Bedingungen, unter denen wir in 6.2 die Gültigkeit des Fourierschen Integraltheorems erwiesen haben, so sehen wir, daß die Bedingungen der Stetigkeit und beschränkten Variation in y für

f als analytische und damit unbeschränkt oft differenzierbare Funktion von selbst erfüllt sind[*]. Wir erhalten also folgenden Satz:

Satz 1. *$f(s)$ sei in dem Streifen $x_1 < x < x_2$ analytisch und strebe bei beliebig kleinem $\delta > 0$ für $|y| \to \infty$ gleichmäßig in $x_1 + \delta \leqq x \leqq x_2 - \delta$ gegen 0. Ferner sei*

$$\int_{-\infty}^{+\infty} |f(x + i\,y)|\,dy \qquad (x_1 < x < x_2),$$

konvergent. Dann ist $f(s)$ als $\mathfrak{L}_{\mathrm{II}}$-Transformierte

$$f(s) = \mathrm{H.W.} \int_{-\infty}^{+\infty} e^{-st} F(t)\,dt$$

der Funktion

$$F(t) = \frac{1}{2\pi i} \int_{x-i\infty}^{x+i\infty} e^{ts} f(s)\,ds \qquad (x_1 < x < x_2),$$

die von x unabhängig ist, darstellbar[74].

Beim Beweis des Satzes haben wir neben dem Fourierschen Integraltheorem den Cauchyschen Integralsatz benutzt. Man kann bei diesem und ähnlichen Sätzen infolge der Regularität von $f(s)$ und der scharfen Voraussetzungen (wie absolute Integrabilität) des Fourierschen Integraltheorems völlig entraten und den Beweis ganz auf dem Cauchyschen Integralsatz bzw. der Cauchyschen Integralformel, die den Wert von $f(s)$ durch ein Integral über eine s umschließende Kurve ausdrückt, aufbauen. Wir zeigen diese Methode am Beispiel eines Satzes, der eine Funktion als $\mathfrak{L}_{\mathrm{I}}$-Transformierte darzustellen lehrt.

Satz 2. *a) $f(s)$ sei in der Halbebene $\Re s > \alpha$ analytisch.*

b) Für ein festes $\gamma > \alpha$ und jedes reelle $t \geqq 0$ sei

$$\int_{\gamma-\omega i}^{\gamma+\omega i} e^{tz} f(z)\,dz \quad \text{bei } \omega \to \infty$$

konvergent, und zwar gleichmäßig in jedem endlichen Intervall $0 \leqq t \leqq T$.

c) Das Integral

$$\int_{\gamma-\omega i}^{\gamma+\omega i} \frac{|f(z)|}{1+|z|}\,|dz|$$

konvergiere für $\omega \to \infty$.

d) Es sei

$$|f(s)| < M \quad \text{für} \quad \Re s \geqq \gamma.$$

e) Es gelte

$$f(\sigma + i\,y) \to 0 \quad \text{für} \quad \sigma \to \infty$$

gleichmäßig für alle y.

---

[*] Sei $a = y_0 < y_1 \cdots < y_{n-1} < y_n = b$. Dann ist $\big| f(x + i\,y_\nu) - f(x + i\,y_{\nu-1}) \big| = \big| (y_\nu - y_{\nu-1}) \dfrac{\partial f}{\partial y}(x + i\,\eta_\nu) \big|$ mit $y_{\nu-1} < \eta_\nu < y_\nu$, also $\sum_0^n \big| f(x + i\,y_\nu) - f(x + i\,y_{\nu-1}) \big| < M(b-a)$, wo M eine Schranke für $\dfrac{\partial f}{\partial y}$ ist.

Dann ist

$$f(s) = \int_0^\infty e^{-st} F(t)\, dt \quad \text{für} \quad \Re s > \gamma,$$

wo $F(t)$ die Funktion

$$F(t) = \text{H.W.} \; \frac{1}{2\pi i} \int_{\gamma - \infty i}^{\gamma + \infty i} e^{tz} f(z)\, dz$$

bedeutet [75].

Beweis: Wegen der in b) vorausgesetzten Gleichmäßigkeit der Konvergenz ist folgende Vertauschung erlaubt:

$$\int_0^T e^{-st} F(t)\, dt = \int_0^T e^{-st}\, dt \lim_{\omega \to \infty} \frac{1}{2\pi i} \int_{\gamma - \omega i}^{\gamma + \omega i} e^{tz} f(z)\, dz$$

$$= \lim_{\omega \to \infty} \frac{1}{2\pi i} \int_{\gamma - \omega i}^{\gamma + \omega i} f(z)\, dz \int_0^T e^{-(s-z)t}\, dt$$

$$= \lim_{\omega \to \infty} \frac{1}{2\pi i} \int_{\gamma - \omega i}^{\gamma + \omega i} \frac{1 - e^{-(s-z)T}}{s - z}\, f(z)\, dz.$$

Nach c) konvergiert $\lim\limits_{\omega \to \infty}$ gleichmäßig für alle $T > 0$, wenn $\Re s > \gamma$ ist, denn

$$\int_{\gamma - \omega i}^{\gamma + \omega i} \left| \frac{1 - e^{-(s-z)T}}{s - z}\, f(z)\, dz \right| \leqq \int_{\gamma - \omega i}^{\gamma + \omega i} \frac{2\,|f(z)|}{|s - z|}\, |dz|$$

$$\leqq \int_{\gamma - \omega i}^{\gamma + \omega i} \frac{4\,|f(z)|}{1 + |z|}\, |dz|$$

für alle hinreichend großen ω. Also kann der Grenzübergang $T \to \infty$ unter dem Integral vollzogen werden:

$$\int_0^\infty e^{-st} F(t)\, dt = \lim_{\omega \to \infty} \frac{1}{2\pi i} \int_{\gamma - \omega i}^{\gamma + \omega i} \frac{f(z)}{s - z}\, dz \qquad (\Re s > \gamma).$$

Um zu zeigen, daß die rechte Seite gleich $f(s)$ ist, integrieren wir $\dfrac{1}{2\pi i}\dfrac{f(z)}{s - z}$ entlang der Rechtecksperipherie mit den Ecken

$$\gamma + \omega i, \quad \gamma - \omega i, \quad \omega - \omega i, \quad \omega + \omega i,$$

was bei hinreichend großem ω nach der Cauchyschen Formel den Wert $f(s)$ liefert. Wählen wir nun auf Grund der Voraussetzung e) ein festes Ω so groß, daß

$$|f(z)| < \varepsilon \quad \text{für} \quad \Re z \geqq \Omega$$

ist, so gilt für $\omega > \Omega$ auf der rechten Vertikalen:

$$\left| \int_{\omega - \omega i}^{\omega + \omega i} \frac{f(z)}{s - z}\, dz \right| \leqq \varepsilon\, \frac{2\omega}{\omega - \Re s},$$

auf dem Stück der oberen Horizontalen zwischen $\Re z = \Omega$ und $\Re z = \omega$:

$$\left| \int\limits_{\omega + \omega i}^{\Omega + \omega i} \frac{f(z)}{s-z}\, dz \right| \leqq \varepsilon \frac{\omega - \Omega}{\omega - \Im s},$$

auf dem Reststück dieser Horizontalen nach d):

$$\left| \int\limits_{\Omega + \omega i}^{\gamma + \omega i} \frac{f(z)}{s-z}\, dz \right| \leqq M \frac{\Omega - \gamma}{\omega - \Im s}.$$

Analoge Abschätzungen gelten für die Integrale über die Abschnitte der unteren Horizontalen. Für alle hinreichend großen ω sind also die Beiträge über die rechte, obere und untere Rechteckseite beliebig klein. Für $\omega \to \infty$ bleibt daher nur das Integral über die linke Vertikale übrig:

$$f(s) = \lim_{\omega \to \infty} \frac{1}{2\pi i} \int\limits_{\gamma - \omega i}^{\gamma + \omega i} \frac{f(z)}{s-z}\, dz.$$

Satz 3. *$f(s)$ sei in der Halbebene $\Re s > \alpha \geqq 0$ analytisch und in der Gestalt*

$$f(s) = \frac{c}{s} + \frac{\mu(s)}{s^{1+\delta}} \qquad\qquad (\delta > 0)$$

darstellbar, wo $\mu(s)$ beschränkt ist. Dann ist $f(s)$ die $\mathfrak{L}_I$-Transformierte der Funktion

$$F(t) = \mathrm{H.W.} \frac{1}{2\pi i} \int\limits_{x - i\infty}^{x + i\infty} e^{ts} f(s)\, ds \qquad\qquad (x > \alpha)\,[76].$$

Beweis: $f(s) - \dfrac{c}{s}$ erfüllt mit jedem $x > \alpha$ an Stelle von γ die Voraussetzungen von Satz 2, ist also die $\mathfrak{L}_I$-Transformierte von

$$\mathrm{H.W.} \frac{1}{2\pi i} \int\limits_{x - i\infty}^{x + i\infty} e^{ts} \left(f(s) - \frac{c}{s} \right) ds = F_1(t).$$

$\dfrac{c}{s}$ ist die $\mathfrak{L}_I$-Transformierte von c, und nach der Formel S. 105 ist mit $x > 0$

$$\mathrm{H.W.} \frac{1}{2\pi i} \int\limits_{x - i\infty}^{x + i\infty} e^{ts} \frac{c}{s}\, ds = \begin{cases} c & \text{für} \quad t > 0, \\[2mm] \dfrac{c}{2} & \text{für} \quad t = 0, \\[2mm] 0 & \text{für} \quad t < 0. \end{cases}$$

Folglich ist $f(s)$ die $\mathfrak{L}_I$-Transformierte von $F_1(t) + c$.

7. Kapitel.

Andere Umkehrformeln für die Laplace-Transformation.

§ 1. Berechnung der L-Funktion aus den Ableitungen der l-Funktion.

Die im 6. Kapitel zugrunde liegende Umkehrformel ist das genaue Analogon zur Cauchyschen Koeffizientenformel für Potenzreihen

$\varphi(z) = \sum\limits_{0}^{\infty} a_n z^n$. Man wird erwarten, daß es auch zu der Taylorschen

Formel $a_n = \dfrac{\varphi^{(n)}(0)}{n!}$ ein Analogon gibt. Daß dieses nicht so auf der Hand liegen wird wie das Analogon zur Cauchyschen Formel, erhellt schon daraus, daß man in der Taylorschen Formel im Gegensatz zur Cauchyschen den ganzzahligen Parameter n nicht ohne weiteres kontinuierlich variieren lassen kann. Immerhin gibt es für die $\mathfrak{L}_\mathrm{I}$-Transformation eine Umkehrformel, die insofern mit der Taylorschen Formel Ähnlichkeit besitzt, als sie die *Ableitungen* von $f(s)$ benutzt, deren Werte man nur in einer Umgebung der dem Punkte $z = 0$ entsprechenden Stelle $s = \infty$ zu kennen braucht, ja sogar nur auf einem beliebig weit rechts anfangenden Stück der reellen Achse. Wir wollen uns die zugrunde liegende Idee zunächst an der *Potenzreihe* klarmachen, die wir vermöge der Substitution $z = e^{-s}$, $\varphi(e^{-s}) = f(s)$ in der Gestalt schreiben:

$$ f(s) = \sum_{n=0}^{\infty} a_n e^{-ns}. $$

Bilden wir die Ableitungen

$$ f^{(k)}(s) = \sum_{n=0}^{\infty} a_n (-n)^k e^{-ns}, $$

so zeigt sich, daß wir den Koeffizienten a_m jetzt nicht mehr einfach durch den Wert von $f^{(m)}(s)$ an einer Stelle darstellen können. Wir versuchen daher den Koeffizienten a_m durch ein etwas komplizierteres Verfahren aus den $f^{(k)}(s)$ herauszupräparieren. Wir setzen in $f^{(k)}(s)$ einmal $s = \dfrac{k}{m}$ (m ganz > 0). Dann ist

$$ f^{(k)}\left(\frac{k}{m}\right) = \sum_{n=0}^{\infty} a_n (-n)^k e^{-k\frac{n}{m}}, $$

und wir können a_m isolieren, indem wir mit einem geeigneten Faktor multiplizieren:

$$ (-1)^k \frac{e^k}{m^k} f^{(k)}\left(\frac{k}{m}\right) = a_m + \sum_{\substack{n=0 \\ n \neq m}}^{\infty} a_n \left(\frac{n}{m} e^{1-\frac{n}{m}}\right)^k. $$

Nun ist aber, wie man der log-Kurve sofort ansieht, für positives $\alpha \neq 1$:
$$ \alpha - \log\alpha > 1, \quad \text{also} \quad 1 - \alpha + \log\alpha < 0 $$
und
$$ (1) \qquad\qquad\qquad \alpha\, e^{1-\alpha} < 1. $$

Für $k \to \infty$ strebt daher jedes Glied der rechts stehenden Summe gegen 0, so daß man, wenn Summe und Grenzübergang vertauschbar sind, erhält:

$$ a_m = \lim_{k \to \infty} (-1)^k \left(\frac{e}{m}\right)^k f^{(k)}\left(\frac{k}{m}\right). $$

Eine ähnliche Formel, in der nur der konvergenzerzeugende Faktor etwas anders aussieht, existiert nun auch für die Laplace-Transformation.

Satz 1. *Wenn* $f(s) = \mathfrak{L}_{\mathrm{I}}\{F(t)\}$ *eine Konvergenzhalbebene besitzt, so ist an jeder Stetigkeitsstelle* $t > 0$:

$$F(t) = \lim_{k \to \infty} \frac{(-1)^k}{k!} \left(\frac{k}{t}\right)^{k+1} f^{(k)}\left(\frac{k}{t}\right).$$

Hat F *an der Stelle* t *Grenzwerte von rechts und links, so ist* $F(t)$ *durch* $\dfrac{F(t+0) + F(t-0)}{2}$ *zu ersetzen* [77].

Beweis: Aus dem aus 4.1 bekannten Ausdruck für $f^{(k)}(s)$ folgt, wenn $\dfrac{k}{t}$ schon größer als die Konvergenzabszisse ist:

$$f^{(k)}\left(\frac{k}{t}\right) = \int\limits_0^\infty e^{-k\frac{\tau}{t}} (-\tau)^k F(\tau)\, d\tau$$

$$= (-1)^k \left(\frac{t}{k}\right)^{k+1} \int\limits_0^\infty e^{-u} u^k F\left(\frac{t\,u}{k}\right) du,$$

also

$$\frac{(-1)^k}{k!} \left(\frac{k}{t}\right)^{k+1} f^{(k)}\left(\frac{k}{t}\right) = \frac{\displaystyle\int_0^\infty e^{-u} u^k F\left(t\,\frac{u}{k}\right) du}{\displaystyle\int_0^\infty e^{-u} u^k\, du}.$$

Hieraus ergibt sich die Behauptung in der bei Ausdrücken der rechts stehenden Art geläufigen Weise: Die Funktion $h(u) = e^{-u} u^k$ $(k > 1)$ hat, wie man mit Hilfe von $h'(u) = e^{-u} u^{k-1} (k-u)$ feststellt, bei $u = k$ das einzige Maximum mit $h(k) = e^{-k} k^k \sim \dfrac{k!}{\sqrt{2\pi k}}$, das um so höher ist, je größer k. Nach links und rechts werden die Werte rasch klein. Der Hauptbetrag des Flächeninhaltes der Kurve, auch der mit $F\left(t\,\dfrac{u}{k}\right)$ multiplizierten, rührt also bei großem k von der unmittelbaren Umgebung der Stelle $u = k$ her. Ist F in t stetig, so sind die Werte von $F\left(t\,\dfrac{u}{k}\right)$ in dieser Umgebung wenig verschieden von dem Wert an der Stelle $u = k$, d. h. von $F(t)$. Im Zähler steht also im wesentlichen das $F(t)$-fache des Nenners. Für $k \to \infty$ strebt daher der Bruch gegen $F(t)$.

Ausführlich: Wir können die Behauptung so schreiben:

$$\frac{1}{k!} \int\limits_0^\infty e^{-u} u^k \left[F\left(t\,\frac{u}{k}\right) - F(t)\right] du \to 0 \quad \text{für } k \to \infty.$$

Wegen der Stetigkeit von F in t kann man zu $\varepsilon > 0$ ein $\delta > 0$ so wählen, daß

$$\left|F\left(t\,\frac{u}{k}\right) - F(t)\right| < \varepsilon \quad \text{für } \left|\frac{u}{k} - 1\right| < \delta, \quad \text{d. h. } |u-k| < k\,\delta.$$

Dann ist

$$\left|\int_{k(1-\delta)}^{k(1+\delta)} e^{-u}u^k\left[F\left(t\frac{u}{k}\right)-F(t)\right]du\right| < \varepsilon\int_0^\infty e^{-u}u^k\,du = \varepsilon\,k!\,,$$

ferner, da $e^{-u}u^k$ von 0 bis $k(1-\delta)$ wächst:

$$\left|\int_0^{k(1-\delta)} e^{-u}u^k\left[F\left(t\frac{u}{k}\right)-F(t)\right]du\right| \leqq e^{-k(1-\delta)}(k(1-\delta))^k\int_0^{k(1-\delta)}\left(\left|F\left(t\frac{u}{k}\right)\right|+|F(t)|\right)du$$

$$= e^{-u}k^k(e^\delta(1-\delta))^k\left\{\frac{k}{t}\int_0^{t(1-\delta)}|F(v)|\,dv + |F(t)|\,k(1-\delta)\right\}.$$

Nach (1) (man setze $\alpha = 1-\delta$) ist

$$\beta = e^\delta(1-\delta) < 1.$$

Für alle hinreichend großen k ist daher $\beta^k < k^{-1}$, also die rechte Seite in der Abschätzung $< Ce^{-k}k^k$. Nach der Stirlingschen Formel* strebt dies durch $k!$ dividiert gegen 0. — Schließlich ist noch

$$\int_{k(1+\delta)}^\infty e^{-u}u^k\left[F\left(t\frac{u}{k}\right)-F(t)\right]du = \int_{t(1+\delta)}^\infty e^{-\frac{k}{t}v}\left(\frac{k}{t}v\right)^k F(v)\frac{k}{t}\,dv - F(t)\int_{k(1+\delta)}^\infty e^{-u}u^k\,du$$

abzuschätzen. Wir erledigen zuerst den Subtrahenden. Damit

$$\frac{1}{k!}\int_{k(1+\delta)}^\infty e^{-u}u^k\,du \to 0,$$

genügt es auf Grund der Stirlingschen Formel, daß folgender Ausdruck gegen 0 strebt:

$$e^k k^{-\left(k+\frac{1}{2}\right)}\int_{k(1+\delta)}^\infty e^{-u}u^k\,du = k^{-\frac{1}{2}}\int_{k(1+\delta)}^\infty e^{-(u-k)}\left(\frac{u}{k}\right)^k du = k^{\frac{1}{2}}\int_{1+\delta}^\infty (e^{-(v-1)}v)^k\,dv.$$

Die Funktion $\varphi(v) = e^{1-v}v$ erreicht ihren Maximalwert 1 für $v = 1$, nach rechts nimmt sie monoton ab. An der Stelle $v = 1+\delta$ ist $\varphi(1+\delta) = e^{-\delta}(1+\delta) < 1$ und für alle hinreichend großen k

$$[\varphi(1+\delta)]^k < \frac{\varphi(1+\delta)}{k}.$$

Ist $0 < \eta < 1$, so ist $\eta^k < \eta$, also

$$[\eta\,\varphi(1+\delta)]^k < \frac{\eta\,\varphi(1+\delta)}{k}.$$

Da alle Werte $\varphi(v)$ für $v > 1+\delta$ von der Form $\eta\,\varphi(1+\delta)$ sind, so ist für die obigen k

$$\varphi^k(v) < \frac{\varphi(v)}{k}.$$

---

* $k! \sim \sqrt{2\pi}\,e^{-k}k^{k+\frac{1}{2}}$.

Also ist

$$\int_{1+\delta}^{\infty} (e^{-(v-1)}\, v)^k\, dv < \frac{1}{k} \int_{1+\delta}^{\infty} e^{-(v-1)}\, v\, dv.$$

Folglich haben wir:

$$k^{\frac{1}{2}} \int_{1+\delta}^{\infty} (e^{-(v-1)}\, v)^k\, dv = O\left(k^{-\frac{1}{2}}\right) \to 0.$$

Es sei $s = b$ eine reelle Zahl, für die $\mathfrak{L}\{F\}$ konvergiert. Dann schreiben wir das jetzt noch übrig bleibende Integral in der Gestalt:

$$\left(\frac{k}{t}\right)^{k+1} \int_{t(1+\delta)}^{\infty} e^{-\left(\frac{k}{t}-b\right)v}\, v^k\, e^{-bv}\, F(v)\, dv = \left(\frac{k}{t}\right)^{k+1} \int_{t(1+\delta)}^{\infty} \left[v\, e^{-\left(\frac{1}{t}-\frac{b}{k}\right)v}\right]^k e^{-bv}\, F(v)\, dv.$$

Die Funktion $\chi(v) = v\, e^{-\left(\frac{1}{t}-\frac{b}{k}\right)v}$ erreicht ihr Maximum an der Stelle $\dfrac{t}{1-\dfrac{bt}{k}}$, die für alle hinreichend großen k links von $t(1+\delta)$ liegt. Für

diese k nimmt also $\chi(v)$ im Integrationsintervall monoton ab, so daß wir nach dem zweiten Mittelwertsatz* schreiben können:

$$\int_{t(1+\delta)}^{\omega} \left(v\, e^{-\left(\frac{1}{t}-\frac{b}{k}\right)v}\right)^k e^{-bv}\, F(v)\, dv = \left(t(1+\delta)\, e^{-\left(1-\frac{bt}{k}\right)(1+\delta)}\right)^k \int_{t(1+\delta)}^{\omega_1} e^{-bv}\, F(v)\, dv,$$

wo ω_1 eine (von t, δ, k, b, ω und F abhängende) Zahl $\geqq t(1+\delta)$ ist. Wegen der Konvergenz von $\mathfrak{L}\{F\}$ für $s = b$ ist für alle $\omega_1 \geqq t(1+\delta)$

$$\left| \int_{t(1+\delta)}^{\omega_1} e^{-bv}\, F(v)\, dv \right| < C,$$

so daß wir für unser Integral die Abschätzung erhalten:

$$\frac{1}{t}\, e^{bt(1+\delta)}\, C\, e^{-k}\, k^{k+1}\left[(1+\delta)\, e^{-\delta}\right]^k.$$

Da wegen (1) für alle hinreichend großen k gilt: $[(1+\delta)\, e^{-\delta}]^k < \dfrac{1}{k}$, so strebt dieser Ausdruck durch $k!$ dividiert für $k \to \infty$ gegen 0. — Damit ist Satz 1 im Falle der Stetigkeit von F in t vollständig bewiesen. Bei Annahme der allgemeineren Voraussetzung braucht man nur das Integral $\int_{k(1-\delta)}^{k(1+\delta)}$ noch in $\int_{k(1-\delta)}^{k}$ und $\int_{k}^{k(1+\delta)}$ zu zerspalten. Man kann diesen Fall übrigens auch auf den vorigen zurückführen, indem man von $F(t)$ eine Funktion subtrahiert, die links von t gleich 0 und rechts gleich der Sprunghöhe $F(t+0) - F(t-0)$ ist [78].

---

* Siehe die Fußnote S. 42.

§ 2. Berechnung der L-Funktion aus Werten der l-Funktion in der Umgebung von $s = \infty$.

Die Umkehrformel von Satz 5 [6.5] kann man von einer neuen Seite verstehen lernen, wenn man unter skrupelloser Vertauschung der Integrationen schreibt ($x > 0$ und im Konvergenzgebiet von $\mathfrak{L}\{F\}$):

$$\frac{1}{2\pi i} \int\limits_{x-i\infty}^{x+i\infty} e^{ts}\,\frac{f(s)}{s}\,ds = \frac{1}{2\pi i} \int\limits_{x-i\infty}^{x+i\infty} \frac{e^{ts}}{s} \int\limits_{0}^{\infty} e^{-s\tau} F(\tau)\,d\tau$$

$$= \int\limits_{0}^{\infty} F(\tau)\,d\tau\,\frac{1}{2\pi i} \int\limits_{x-i\infty}^{x+i\infty} \frac{e^{s(t-\tau)}}{s}\,ds.$$

Nach S. 105 ist für $x > 0$

$$\text{H.W.}\;\frac{1}{2\pi i} \int\limits_{x-i\infty}^{x+i\infty} \frac{e^{s(t-\tau)}}{s}\,ds = \begin{cases} 1 & \text{für}\quad t-\tau > 0 \\ \dfrac{1}{2} & \text{für}\quad t-\tau = 0 \\ 0 & \text{für}\quad t-\tau < 0, \end{cases}$$

so daß wir $\int\limits_{0}^{t} F(\tau)\,d\tau$ erhalten. (Hier wird auch klar, warum in der Umkehrformel $x > 0$ sein muß.) Der tiefere Grund für das Bestehen der Umkehrformel ist also das Eingehen des diskontinuierlichen Faktors. Man kann diesen nun bekanntlich auf sehr viele Arten analytisch darstellen, wodurch man gegebenenfalls weitere Umkehrformeln erhält. Als brauchbar erweist sich die folgende Darstellung [79]:

$$(1) \qquad \lim_{s \to \infty} \left(1 - e^{-e^{\alpha s}}\right) = \begin{cases} 1 & \text{für}\quad \alpha > 0 \\ 1 - \dfrac{1}{e} & \text{für}\quad \alpha = 0 \\ 0 & \text{für}\quad \alpha < 0, \end{cases}$$

wobei s durch reelle Werte gegen ∞ zu streben hat. Sie liegt folgendem Satz zugrunde:

Satz 1. $f(s) = \mathfrak{L}\{F\}$ *besitze eine Halbebene absoluter Konvergenz. Dann ist*

$$\int\limits_{0}^{t} F(\tau)\,d\tau = \lim_{s \to +\infty} \sum_{n=1}^{\infty} \frac{(-1)^{n+1}}{n!}\,f(ns)\,e^{nst} \quad \textit{für}\quad t > 0 \,[80].$$

Beweis: Für hinreichend große positive s konvergiert wegen $f(ns) \to 0$ folgende Reihe:

$$\sum_{n=1}^{\infty} \frac{(-1)^{n+1}}{n!}\,f(ns)\,e^{nst} = \sum_{n=1}^{\infty} \frac{(-1)^{n+1}}{n!}\,e^{nst} \int\limits_{0}^{\infty} e^{-ns\tau} F(\tau)\,d\tau$$

$$= \int\limits_{0}^{\infty} F(\tau) \sum_{n=1}^{\infty} \frac{(-1)^{n+1}}{n!}\,e^{ns(t-\tau)}\,d\tau.$$

Die Vertauschung ist gerechtfertigt (Hilfssatz 1, Anhang), da die Reihe in der zweiten Zeile in jedem endlichen Intervall gleichmäßig konvergiert und in der ersten Zeile Summe und Integral noch konvergent bleiben, wenn man alle Größen durch ihre Absolutbeträge ersetzt:

$$\sum_{n=1}^{\infty} \frac{1}{n!}\, e^{nst} \int_0^{\infty} e^{-ns\tau}\, |F(\tau)|\, d\tau.$$

Es ergibt sich:

$$\sum_{n=1}^{\infty} \frac{(-1)^{n+1}}{n!}\, f(ns)\, e^{nst} = \int_0^{\infty} F(\tau)\left(1 - e^{-e^{s(t-\tau)}}\right) d\tau.$$

Wenn man auf der rechten Seite den Grenzübergang $\Re\, s \to \infty$ unter dem Integralzeichen ausführen darf, steht wegen (1) die Behauptung da. Wir schreiben $(0 < \delta < t)$:

$$\int_0^{\infty} F(\tau)\left(1 - e^{-e^{s(t-\tau)}}\right) d\tau = \int_0^{t} F(\tau)\, d\tau - \int_0^{t-\delta} F(\tau)\, e^{-e^{s(t-\tau)}}\, d\tau - \int_{t-\delta}^{t} F(\tau)\, e^{-e^{s(t-\tau)}}\, d\tau$$

$$+ \int_t^{t+\delta} F(\tau)\left(1 - e^{-e^{s(t-\tau)}}\right) d\tau + \int_{t+\delta}^{\infty} F(\tau)\left(1 - e^{-e^{s(t-\tau)}}\right) d\tau.$$

Wegen $e^{s(t-\tau)} > 0$ ist $0 < e^{-e^{s(t-\tau)}} < e^0 = 1$, also $0 < 1 - e^{-e^{s(t-\tau)}} < 1$. Zu gegebenem $\varepsilon > 0$ können wir daher δ so klein wählen, daß

$$\left| \int_{t-\delta}^{t} F(\tau)\, e^{-e^{s(t-\tau)}}\, d\tau \right| \leqq \int_{t-\delta}^{t} |F(\tau)|\, d\tau < \frac{\varepsilon}{4}$$

und

$$\left| \int_{t}^{t+\delta} F(\tau)\left(1 - e^{-e^{s(t-\tau)}}\right) d\tau \right| \leqq \int_{t}^{t+\delta} |F(\tau)|\, d\tau < \frac{\varepsilon}{4}$$

wird, unabhängig von s. In $0 \leqq \tau \leqq t - \delta$ ist $(s > 0)$

$$0 < e^{-e^{s(t-\tau)}} \leqq e^{-e^{s\delta}},$$

also für alle hinreichend großen s

$$\left| \int_0^{t-\delta} F(\tau)\, e^{-e^{s(t-\tau)}}\, d\tau \right| \leqq e^{-e^{s\delta}} \int_0^{t-\delta} |F(\tau)|\, d\tau < \frac{\varepsilon}{4}.$$

Weiter ist für alle hinreichend kleinen $z > 0$:

$$0 < 1 - e^{-z} = z\left(1 - \frac{z}{2!} + \frac{z^2}{3!} - + \cdots\right) < 2z,$$

mithin, da bei $t + \delta \leqq \tau$

$$e^{s(t-\tau)} \leqq e^{-\delta s},$$

also $e^{s(t-\tau)}$ für große s gleichmäßig in τ klein ist,

$$0 < 1 - e^{-e^{s(t-\tau)}} < 2\, e^{s(t-\tau)}$$

für alle hinreichend großen s. Für diese ist demnach

$$\left| \int_{t+\delta}^{\infty} F(\tau)\left(1 - e^{-e^{s(t-\tau)}}\right) d\tau \right| \leq 2\, e^{st} \int_{t+\delta}^{\infty} e^{-s\tau} \left| F(\tau) \right| d\tau.$$

Ist s_0 (reell) ein Punkt, wo $\mathfrak{L}\{F\}$ absolut konvergiert, so gilt für $s > s_0$:

$$\int_{t+\delta}^{\infty} e^{-s\tau} \left| F(\tau) \right| d\tau = \int_{t+\delta}^{\infty} e^{-(s-s_0)\tau}\, e^{-s_0\tau} \left| F(\tau) \right| d\tau \leq e^{-(s-s_0)(t+\delta)} \int_{t+\delta}^{\infty} e^{-s_0\tau} \left| F(\tau) \right| d\tau$$
$$= O\left(e^{-(t+\delta)s}\right) \quad \text{für} \quad s \to \infty.$$

Unser Integral ist also $O\left(e^{-\delta s}\right)$ und folglich für alle hinreichend großen s kleiner als $\frac{\varepsilon}{4}$. Damit haben wir gefunden: Für alle hinreichend großen s ist

$$\left| \int_{0}^{\infty} F(\tau)\left(1 - e^{-e^{s(t-\tau)}}\right) d\tau - \int_{0}^{t} F(\tau)\, d\tau \right| < \varepsilon,$$

womit die Behauptung von Satz 1 bewiesen ist.

Aus Satz 1 ergibt sich ein weiterer Beweis des Eindeutigkeitssatzes:

Satz 2. *Wenn* $f(s) = \mathfrak{L}\{F(t)\}$ *in einer äquidistanten Punktreihe parallel zur reellen Achse* $s = s_0 + \nu\sigma$ ($\sigma > 0$, $\nu = 0,1,\ldots$) *verschwindet, so ist* $F(t)$ *eine Nullfunktion und* $f(s) \equiv 0$.

Beweis: Nach Satz 1 [3.2] ist

$$f(s) = (s - s_0) \int_{0}^{\infty} e^{-(s-s_0)t}\, \varPhi(t)\, dt$$

mit

$$\varPhi(t) = \int_{0}^{t} e^{-s_0\tau} F(\tau)\, d\tau.$$

Für $s = s_0 + \nu\sigma$ ist

$$0 = \nu\sigma \int_{0}^{\infty} e^{-\nu\sigma t}\, \varPhi(t)\, dt,$$

d. h. $\varphi(s) = \mathfrak{L}\{\varPhi\}$ verschwindet für $s = \nu\sigma$ ($\nu = 1, 2, \ldots$). Da $\mathfrak{L}\{\varPhi\}$ absolut konvergiert, so ist nach Satz 1

$$\int_{0}^{t} \varPhi(\tau)\, d\tau = \lim_{s \to \infty} \sum_{n=1}^{\infty} \frac{(-1)^{n+1}}{n!}\, \varphi(n\, s)\, e^{nst}.$$

Der Grenzwert für kontinuierlich laufendes s stimmt mit dem für eine gegen ∞ strebende Folge überein. Wir setzen daher $s = \nu\sigma$ und lassen dann ν die Folge $1, 2, \ldots$ durchlaufen. Nun ist aber $\varphi(ns) = \varphi(n\nu\sigma) = \varphi(\mu\sigma) = 0$ (μ = ganze Zahl), also ist die rechts stehende Summe 0 und damit auch ihr Grenzwert. Wir erhalten daher

$$\int_{0}^{t} \varPhi(\tau)\, d\tau \equiv 0,$$

woraus wegen der Stetigkeit von $\varPhi(t)$ folgt: $\varPhi(t) \equiv 0$ [81]. Daraus ergibt sich aber nach S. 38, daß $\int_{0}^{t} F(\tau)\, d\tau \equiv 0$ ist.

§ 3. Entwicklung der L-Funktion nach Laguerreschen Polynomen.

Ist $f(s) = \mathfrak{L}\{F\}$ im Unendlichen regulär, so wissen wir nach 5.1, daß man aus der Darstellung $f(s) = \sum_{n=0}^{\infty} \frac{a_n}{s^{n+1}}$ die Funktion $F(t)$ als beständig konvergente Potenzreihe $F(t) = \sum_{n=1}^{\infty} \frac{a_n}{n!} t^n$ ableiten kann. Diese Umkehrung läßt formal an Einfachheit nichts zu wünschen übrig, bei praktischen Anwendungen kann aber einerseits die Reihe für $f(s)$ schwer herzustellen sein, andererseits die Reihe für $F(t)$ bei großen t schlecht konvergieren. In diesen Fällen ist manchmal der nachfolgende Satz brauchbar, bei dem $F(t)$ als Reihe nach Laguerreschen Polynomen

$$(1) \qquad L_n(t) = \frac{e^t}{n!} \frac{d^n}{dt^n}(t^n e^{-t}) = \sum_{v=0}^{n}(-1)^v \binom{n}{v} \frac{t^v}{v!} \qquad (n \geqq 0)$$

erscheint. Die Funktionen $e^{-\frac{t}{2}} L_n(t)$ bilden bekanntlich ein vollständiges, normiertes Orthogonalsystem im Intervall $(0, \infty)$ und können auch durch eine erzeugende Funktion definiert werden [82]:

$$(2) \qquad \sum_{n=0}^{\infty} L_n(t) x^n = \frac{1}{1-x} e^{-\frac{tx}{1-x}} \qquad (|x| < 1)$$

oder auch [siehe 9.3 (2^0)] [83]:

$$\sum_{n=0}^{\infty} \frac{1}{n!} L_n(t) x^n = e^x J_0\big(2\sqrt{xt}\big).$$

Satz 1. *Es sei $f(s) = L\{F\}$ im Unendlichen regulär. Man kann ein $r > 1$ und ein reelles h so wählen, daß $f(s)$ im Äußeren des Kreises, dessen Mittelpunkt auf der reellen Achse liegt und der durch die Punkte $s_1 = -\frac{1}{r-1}$ und $s_2 = \frac{1-2h}{r+1}$ geht, regulär und infolgedessen dort in eine Reihe der Form*

$$f(s) = \frac{1}{s+h} \sum_{n=0}^{\infty} a_n \left(\frac{s+h-1}{s+h}\right)^n$$

entwickelbar ist. Dann ist [84]

$$F(t) = e^{-ht} \sum_{n=0}^{\infty} a_n L_n(t).$$

Beweis: Daß man den genannten Kreis stets so groß wählen kann, daß $f(s)$ außerhalb regulär ist, ist klar; man braucht nur $r > 1$ so nahe an 1 und h (eventuell negativ) so klein zu wählen, daß s_1 hinreichend weit links und s_2 hinreichend weit rechts liegt. Da $f(s)$ notwendig im Unendlichen verschwindet, so ist auch $(s+h) f(s)$ im Äußeren jenes Kreises einschließlich $s = \infty$ regulär. Wie man leicht nachrechnet, wird das Äußere des Kreises durch die lineare Transformation

$$z = \frac{s + h - 1}{s + h}$$

auf das Innere des Kreises $|z| < r$ abgebildet. Also ist $(s + h)\, f(s)$ für $|z| < r$ nach Potenzen von z entwickelbar:

$$(s + h)\, f(s) = \sum_{n=0}^{\infty} a_n \left(\frac{s + h - 1}{s + h} \right)^n \quad \text{für} \quad \left| \frac{s + h - 1}{s + h} \right| < r.$$

Nach der Cauchyschen Koeffizientenabschätzung ist

$$|a_n| < \frac{A}{\varrho^n},$$

wo A eine gewisse Konstante ist und ϱ jede positive Zahl $< r$ sein kann. Wir wählen $1 < \varrho < r$. Nun ist

$$\mathfrak{L}\{L_n(t)\} = \sum_{\nu=0}^{n} (-1)^\nu \binom{n}{\nu} \frac{1}{\nu!}\, \mathfrak{L}\{t^\nu\} = \sum_{\nu=0}^{n} (-1)^\nu \binom{n}{\nu} \frac{1}{s^{\nu+1}} \equiv \frac{1}{s} \left(\frac{s-1}{s} \right)^n,$$

und infolgedessen nach Gesetz I_b'' (S. 148):

$$\mathfrak{L}\{e^{-ht} L_n(t)\} = \frac{1}{s+h} \left(\frac{s+h-1}{s+h} \right)^n.$$

Die Reihe für $f(s)$ entsteht also gerade, wenn man $\sum\limits_{n=0}^{\infty} a_n L_n(t)$ formal gliedweise der Laplace-Transformation unterwirft. Wir behaupten, daß dieser Zusammenhang auch effektiv besteht. Nach Cauchy läßt sich der Koeffizient der für $|x| < 1$ konvergenten Potenzreihe $\sum\limits_0^{\infty} c_n x^n = g(x)$ durch $\dfrac{\operatorname{Max} g(x) \text{ auf } |x| = q}{q^n}$ mit $0 < q < 1$ abschätzen. Wendet man dies auf die Reihe (2) an, so ergibt sich für positive t:

$$|L_n(t)| \leqq \frac{1}{q^n} \frac{1}{1-q}\, e^{t \operatorname{Max}\limits_{|x|=q} \Re \frac{-x}{1-x}} \qquad (q < 1),$$

also

$$|a_n L_n(t)| \leqq \frac{A}{\varrho^n} \frac{C_1(q)}{q^n}\, e^{t\, C_2(q)},$$

wo C_1 und C_2 positive, von q abhängige Konstanten sind. Wählen wir nun ϱ und q so, daß $\varrho q > 1$ ist, so stellt die rechte Seite das allgemeine Glied einer konvergenten Reihe dar, die sich für $0 \leqq t \leqq T$ durch

$$A\, C_1(q)\, e^{T\, C_2(q)} \sum_0^{\infty} \frac{1}{(\varrho q)^n}$$

majorisieren läßt. Also ist $\sum\limits_0^{\infty} a_n L_n(t)$ in jedem endlichen Intervall $0 \leqq t \leqq T$ gleichmäßig konvergent, und überdies ist

$$\sum_0^{\infty} |a_n L_n(t)| \leqq C_3\, e^{C_2 t}.$$

Folglich konvergiert $\int\limits_0^\infty |e^{-st}|\, |e^{-ht}| \sum\limits_0^\infty |a_n L_n(t)|\, dt$ für hinreichend große reelle s, und deshalb gilt nach Hilfssatz 1 (Anhang)

$$\int\limits_0^\infty e^{-st} e^{-ht} \sum\limits_0^\infty a_n L_n(t)\, dt = \sum\limits_0^\infty a_n \int\limits_0^\infty e^{-(s+h)t} L_n(t)\, dt$$

$$= \frac{1}{s+h} \sum\limits_0^\infty a_n \left(\frac{s+h-1}{s+h}\right)^n.$$

Da wegen der gleichmäßigen Konvergenz $e^{-ht} \sum\limits_0^\infty a_n L_n(t)$ eine stetige Funktion darstellt, so ist sie identisch mit der ganzen Funktion $F(t)$, deren $\mathfrak{L}$-Transformierte gleich $f(s)$ ist.

§ 4. Entwicklung der l-Funktion in eine Partialbruchreihe.

In § 1—3 gingen wir von Funktionen $f(s)$ aus, von denen wir bereits wußten, daß sie die Gestalt $\mathfrak{L}\{F\}$ haben. Im folgenden werden wir das von $f(s)$ nicht vorauszusetzen brauchen, sondern mitbeweisen, so daß wir damit gleichzeitig Darstellungssätze im Sinne von 6.10 erhalten.

Ist $f(s)$ eine gebrochen rationale Funktion $\dfrac{p(s)}{q(s)}$ [$p(s)$ und $q(s)$ Polynome], so läßt sie sich in Partialbrüche zerlegen, wodurch ihre Pole s_ν (das sind die Stellen, wo $q(s)$ von höherer Ordnung verschwindet als $p(s)$, also, wenn man sich gemeinsame Linearfaktoren in Zähler und Nenner weggehoben denkt, die Nullstellen des Nenners) und deren Vielfachheiten m_ν in Evidenz gesetzt werden:

$$f(s) = \sum_{\nu=0}^n \left(\frac{a_1^{(\nu)}}{s-s_\nu} + \cdots + \frac{a_{m_\nu}^{(\nu)}}{(s-s_\nu)^{m_\nu}}\right) + g(s),$$

wobei $g(s)$ ein Polynom ist, das nur auftritt, wenn $p(s)$ mindestens den Grad von $q(s)$ hat, und dessen Grad gleich der Differenz der Grade von $p(s)$ und $q(s)$ ist. Die Koeffizienten a sind gewisse Residuen; $a_\mu^{(\nu)}$ ist das Residuum von $f(s)(s-s_\nu)^{\mu-1}$ im Punkte s_ν:

$$a_\mu^{(\nu)} = \frac{1}{2\pi i} \int f(s)(s-s_\nu)^{\mu-1}\, ds,$$

erstreckt über einen kleinen Kreis um s_ν.

Damit $f(s)$ eine l-Funktion ist, muß notwendig $f(s) \to 0$ für $s \to \infty$, also $g(s) \equiv 0$ sein; das bedeutet, daß der Grad von $p(s)$ kleiner als der von $q(s)$ ist. Diese Bedingung ist aber auch hinreichend, damit $f(s)$ eine l-Funktion darstellt, denn dann kann man zu $f(s)$ sofort die L-Funktion anschreiben (vgl. 8.1, Ende):

$$F(t) = \sum_{\nu=0}^n \left(a_1^{(\nu)} + a_2^{(\nu)} \frac{t}{1!} + \cdots + a_{m_\nu}^{(\nu)} \frac{t^{m_\nu-1}}{(m_\nu-1)!}\right) e^{s_\nu t}.$$

Da übrigens F vom Exponentialtypus und dementsprechend $f(s)$ im Unendlichen regulär ist, so läßt sich $f(s)$ im Äußeren der konvexen Hülle der Pole s_ν, das ist hier ein Polygon, als Laplace-Integral mit komplexem Integrationsweg darstellen (siehe 5.3).

Ist nun allgemeiner $f(s)$ eine meromorphe, d. h. in der ganzen Ebene (ausschließlich ∞) bis auf die Pole s_0, s_1, ... reguläre Funktion, so braucht sie sich nicht notwendig als Partialbruchreihe

$$f(s) = \sum_{\nu=0}^{\infty} \left(\frac{a_1^{(\nu)}}{s - s_\nu} + \cdots + \frac{a_{m_\nu}^{(\nu)}}{(s - s_\nu)^{m_\nu}} \right)$$

darstellen zu lassen. Aber auch wenn das der Fall ist, braucht $f(s)$ keine l-Funktion zu sein, und ebensowenig braucht, wenn dies doch zutrifft, die zugehörige L-Funktion durch gliedweise Transformation zu entstehen. Nur unter sehr scharfen Einschränkungen läßt sich die Gewinnung von F auf diesem Wege sichern*.

Satz 1. *$f(s)$ sei eine meromorphe Funktion, deren Pole s_ν alle in einer linken Halbebene $\Re s < \sigma$ liegen, und in eine Partialbruchreihe*

$$f(s) = \sum_{\nu=0}^{\infty} \left(\frac{a_1^{(\nu)}}{s - s_\nu} + \cdots + \frac{a_{m_\nu}^{(\nu)}}{(s - s_\nu)^{m_\nu}} \right)$$

entwickelbar. Die Reihe

$$F(t) = \sum_{\nu=0}^{\infty} \left(a_1^{(\nu)} + a_2^{(\nu)} \frac{t}{1!} + \cdots + a_{m_\nu}^{(\nu)} \frac{t^{m_\nu - 1}}{(m_\nu - 1)!} \right) e^{s_\nu t} = \sum_{\nu=0}^{\infty} F_\nu(t)$$

sei in jedem endlichen Intervall $0 < t_0 \le t \le T$ gleichmäßig konvergent. Ferner konvergiere entweder

$$\int_0^{\infty} e^{-\sigma t} \sum_{\nu=0}^{\infty} |F_\nu(t)|\, dt$$

oder

$$\sum_{\nu=0}^{\infty} \int_0^{\infty} e^{-\sigma t} |F_\nu(t)|\, dt.$$

Dann ist $f(s)$ eine l-Funktion und $F(t)$ die zugehörige L-Funktion. Das Laplace-Integral konvergiert für $\Re s \ge \sigma$.

Beweis: Der Satz ist eine unmittelbare Folge von Hilfssatz 1 (Anhang).

Beispiel: Die Funktion

$$f(v, s) = -\frac{\cos (2v - 1) \sqrt{-s}}{\sqrt{-s}\, \sin \sqrt{-s}} = \frac{\mathfrak{Cof}\, (2v - 1) \sqrt{s}}{\sqrt{s}\, \mathfrak{Sin}\, \sqrt{s}},$$

die noch den reellen Parameter v enthält, ist eine meromorphe Funktion von s. (Trotz der Mehrdeutigkeit von $\sqrt{s}$ ist $f(v, s)$ eindeutig. Es ist

---

* Man vergleiche zu dem nachfolgenden Satz die asymptotische Darstellung von $F(t)$ in Satz 1 [13.2].

daher gleichgültig, welchen Zweig von $\sqrt{s}$ man zugrunde legt.) Den Parameter v beschränken wir auf das Intervall $0 \leqq v \leqq 1$. Die Nullstellen des Nenners sind einfach und liegen bei

$$s_v = -v^2 \pi^2 \qquad\qquad (v = 0, 1, \ldots).$$

Für diese hat der Zähler den Wert $\cos (2v-1)\,v\pi$. Wir nehmen zunächst an, daß v nur solche Werte hat, daß $\cos (2v-1)\,v\pi \neq 0$ ist. Dann hat $f(v, s)$ die einfachen Pole s_v, die sämtlich in einer linken Halbebene liegen. An einer Stelle s_v, wo $f_1(s) \neq 0$ ist, während $f_2(s)$ dort eine einfache Nullstelle besitzt, ist das Residuum von $\dfrac{f_1(s)}{f_2(s)}$ gleich $\dfrac{f_1(s_v)}{f_2'(s_v)}$ *. Also hat $f(v, s)$ in s_v für $v \neq 0$ das Residuum

$$-\left.\frac{\cos (2v-1)\sqrt{-s}}{-\dfrac{1}{2}\dfrac{1}{\sqrt{-s}}\left(\sin \sqrt{-s} + \sqrt{-s}\cos \sqrt{-s}\right)}\right|_{s=-v^2\pi^2} = 2\cos 2v\pi v.$$

Für $v = 0$ ist die Formel für die Ableitung von $\psi(s) = \sqrt{-s}\sin \sqrt{-s}$ nicht anwendbar, hier gehen wir so vor:

$$\psi'(0) = \lim_{s \to 0}\frac{\psi(s) - \psi(0)}{s} = -\lim_{s \to 0}\frac{\sqrt{-s}}{\sqrt{-s}}\frac{\sin \sqrt{-s}}{\sqrt{-s}} = -1.$$

Also ist das Residuum von $f(v, s)$ in $s_v = 0$ gleich 1. — Hat nun v einen solchen Wert, daß $\cos (2v-1)\,v\pi = 0$ für ein gewisses v ist, so besitzt $f(v, s)$ in s_v keinen Pol, der oben als Residuum ausgerechnete Wert $2\cos 2v\pi v$ ist aber auch 0. Es schadet also nichts, wenn wir den betr. Term mitführen, da er in Wahrheit verschwindet. — Die zunächst formal hingeschriebene Partialbruchreihe

$$\frac{1}{s} + 2\sum_{v=1}^{\infty}\frac{\cos 2v\pi v}{s + v^2\pi^2}$$

konvergiert für jedes $s \neq s_v$ und zwar gleichmäßig in jedem endlichen Bereich, wenn man die endlich vielen Glieder, die dort einen Pol haben, wegläßt, stellt also eine meromorphe Funktion mit denselben Polen und Residuen wie $f(v, s)$ dar. Sie kann sich demnach von $f(v, s)$ nur um eine ganze Funktion unterscheiden. Der Beweis, daß diese identisch verschwindet, ist nicht ganz einfach und läuft auf einen Residuenkalkül hinaus, wie wir ihn später bei Satz 2 sowieso durchführen werden. (Man

---

* $\dfrac{1}{2\pi i}\displaystyle\int \dfrac{f_1(s)}{f_2(s)}\,ds = \dfrac{1}{2\pi i}\displaystyle\int \dfrac{f_1(s)\,\dfrac{s-s_v}{f_2(s)-f_2(s_v)}}{s-s_v}\,ds$. Definieren wir $\dfrac{f_2(s)-f_2(s_v)}{s-s_v}$

für $s = s_v$ durch $f_2'(s_v)$, so ist diese Funktion in einer Umgebung von s_v (einschließlich s_v) regulär und in s_v von 0 verschieden, da s_v eine einfache Nullstelle von $f_2(s)$ sein sollte. $\varphi(s) = f_1(s) : \dfrac{f_2(s)-f_2(s_v)}{s-s_v}$ ist also in einer Umgebung von s_v (einschließlich s_v) regulär, und das Integral liefert nach der Cauchyschen Integralformel den Wert von $\varphi(s)$ an der Stelle s_v.

stellt $f(v, s)$ durch ein Cauchysches Integral dar, zieht den Integrationsweg nach und nach über die Pole hinweg, wodurch die Residuen auftreten, und muß dann zeigen, daß das Restintegral gegen 0 strebt.) Wir unterdrücken daher diese Ableitung und nehmen die Entwicklung

$$f(v, s) = - \frac{\cos (2 v - 1) \sqrt{-s}}{\sqrt{-s} \, \sin \sqrt{-s}} = \frac{1}{s} + 2 \sum_{\nu = 1}^{\infty} \frac{\cos 2 \nu \pi v}{s + \nu^2 \pi^2}$$

als bewiesen an*. Die durch formales gliedweises Bilden der L-Funktion entstehende Reihe

$$1 + 2 \sum_{\nu = 1}^{\infty} \cos 2 \nu \pi v \, e^{-\nu^2 \pi^2 t}$$

konvergiert in jedem Intervall $0 < t_0 \leqq t \leqq T$ gleichmäßig, da sie durch die Potenzreihe $\sum_{\nu = 1}^{\infty} (e^{-\pi^2 t})^{\nu^2}$ majorisiert wird $(0 < e^{-\pi^2 t} < 1)$. Ferner ist

$$\sum_{\nu = 1}^{\infty} \int_0^{\infty} e^{-\sigma t} \left| \cos 2 \nu \pi v \right| e^{-\nu^2 \pi^2 t} \, dt = \sum_{\nu = 1}^{\infty} \frac{|\cos 2 \nu \pi v|}{\sigma + \nu^2 \pi^2}$$

für jedes $\sigma > 0$ konvergent. Also gehört zu $f(v, s)$ die durch gliedweise Transformation gebildete Reihe, die nichts anderes als die Funktion $\vartheta_3 (v, t)$ ist (vgl. S. 26).

Wie man an diesem Beispiel sieht, ist es meist am schwierigsten, für eine gegebene meromorphe l-Funktion nachzuweisen, ob sie durch die an Hand der Pole und Residuen gebildete Partialbruchreihe wirklich dargestellt wird, während doch nachher für die Bildung von $F(t)$ die alleinige Kenntnis der Pole und Residuen genügt. Es ist daher wünschenswert, einen Satz zu haben, der gar nicht erst die Entwickelbarkeit von $f(s)$ in eine Partialbruchreihe voraussetzt, sondern *direkt von den Polen von $f(s)$ ausgeht* und daraus $F(t)$ aufbaut. Dabei liegt es in der Natur der Sache, an die Darstellung von F durch ein komplexes, über $e^{ts} f(s)$ erstrecktes Integral (siehe 6.10) anzuknüpfen und durch Verformung des Integrationsweges über die Pole von $f(s)$ hinweg den Integralausdruck nach und nach in die Residuen von $e^{ts} f(s)$ aufzulösen, wobei sich natürlich Ausdrücke von der in Satz 1 gefundenen Gestalt ergeben. Es wird hier gewissermaßen das Umgekehrte wie in Satz 1 gemacht. Dort wurde zuerst $f(s)$ durch Residuenrechnung entwickelt und dann gliedweise die Umkehrung der $\mathfrak{L}$-Transformation ausgeführt; hier wird erst diese Umkehrung geschlossen bewerkstelligt und dann der erhaltene Ausdruck durch Residuenrechnung entwickelt. Übrigens wird dabei das Verhalten von $f(s)$ in der ganzen Ebene ausgenutzt: Die Darstellbarkeit von $F(t)$ als komplexes Integral hängt von dem Verhalten von $f(s)$ in der nach rechts sich erstreckenden Regularitätshalbebene ab, die Aufspaltbarkeit

---

* Die Reihe stellt $f(v, s)$ nur für $0 \leqq v \leqq 1$ dar, wie man daran sieht, daß die Reihe in v die Periode 1 hat, $f(v, s)$ aber nicht.

in Residuen von dem Verhalten in der die Pole enthaltenden, nach links sich erstreckenden Halbebene.

Satz 2. *$f(s)$ sei in der ganzen Ebene bis auf die Pole s_ν der Ordnung $m_\nu (\nu = 0, 1, 2, \ldots)$ regulär, die Halbebene $\Re s \geqq \gamma$ sei frei von Polen. $f(s)$ lasse sich als $\mathfrak{L}$-Transformierte der Funktion*

$$F(t) = \text{H.W.} \frac{1}{2\pi i} \int\limits_{\gamma - i\infty}^{\gamma + i\infty} e^{ts} f(s)\, ds$$

darstellen. Gibt es ein festes $k > 0$, so daß $s^k f(s)$ auf den in $\Re s \leqq \gamma$ gelegenen Bogen der Kreise $|s| = \varrho_n (n = 0, 1, 2, \ldots; \varrho_n \to \infty)$ beschränkt ist, so gilt:*

$$F(t) = \sum_{\nu = 0}^{\infty} \left(a_1^{(\nu)} + a_2^{(\nu)} \frac{t}{1!} + \cdots + a_{m_\nu}^{(\nu)} \frac{t^{m_\nu - 1}}{(m_\nu - 1)!} \right) e^{s_\nu t} \quad \text{für } t > 0,$$

wobei die $a_\mu^{(\nu)}$ die Koeffizienten des Hauptteils der Laurent-Entwicklung von $f(s)$ in der Umgebung von s_ν sind:

$$f(s) = \sum_{\mu = 1}^{m_\nu} \frac{a_\mu^{(\nu)}}{(s - s_\nu)^\mu} + \sum_{\mu = 0}^{\infty} b_\mu^{(\nu)} (s - s_\nu)^\mu.$$

Die Ausdrücke in der Reihe für $F(t)$, die den Polen zwischen zwei konsekutiven Kreisen $|s| = \varrho_{n-1}$ und $|s| = \varrho_n$ entsprechen, sind zu einem Glied zusammenzufassen [85].

Beweis: Das Residuum von $e^{st} f(s)$ im Pol s_ν ist

$$e^{s_\nu t} \sum_{\mu = 1}^{m_\nu} a_\mu^{(\nu)} \frac{t^{\mu - 1}}{(\mu - 1)!}.$$

Wir setzen $s = \varrho\, e^{i\vartheta}$ und bezeichnen mit C_n den Bogen des Kreises $\varrho = \varrho_n$, der links von der Geraden $\Re s = \gamma$ liegt; der im Kreis liegende Abschnitt dieser Geraden heiße S_n. Dann ist nach dem Cauchyschen Residuensatz, wenn k_n die Anzahl der Pole innerhalb $\varrho < \varrho_n$ bedeutet:

$$\sum_{\nu = 0}^{k_n} e^{s_\nu t} \sum_{\mu = 1}^{m_\nu} a_\mu^{(\nu)} \frac{t^{\mu - 1}}{(\mu - 1)!} = \frac{1}{2\pi i} \int\limits_{S_n} e^{ts} f(s)\, ds + \frac{1}{2\pi i} \int\limits_{C_n} e^{ts} f(s)\, ds,$$

wobei die aus S_n und C_n gebildete Kurve im positiven Sinn zu durchlaufen ist. Das Integral über C_n strebt für $t > 0$ mit wachsendem n gegen 0. Denn wenn

$$|s^k f(s)| < M \qquad \text{auf den Bogen } C_n,$$

so gilt:

$$\left| \int\limits_{C_n} e^{ts} f(s)\, ds \right| \leqq \varrho_n \int\limits_{\frac{\pi}{2} - \vartheta_n}^{\frac{3}{2}\pi + \vartheta_n} e^{t\varrho_n \cos\vartheta} \left| f(\varrho_n e^{i\vartheta}) \right| d\vartheta$$

$$\leqq \varrho_n^{1-k} M \int\limits_{\frac{\pi}{2} - \vartheta_n}^{\frac{3}{2}\pi + \vartheta_n} e^{t\varrho_n \cos\vartheta}\, d\vartheta,$$

---

* Dazu genügt es, daß $f(s)$ die Bedingungen von Satz 2 [6.10] erfüllt.

wo

$$\vartheta_n = \arcsin \frac{\gamma}{\varrho_n}.$$

Für die gefundene Schranke kann man schreiben:

$$G = 2\varrho_n^{1-k} M \int\limits_{\frac{\pi}{2}-\vartheta_n}^{\pi} e^{t\varrho_n \cos\vartheta}\, d\vartheta = 2\varrho_n^{1-k} M \int\limits_{-\vartheta_n}^{\frac{\pi}{2}} e^{-t\varrho_n \sin\vartheta}\, d\vartheta.$$

Es sei zunächst $\gamma \leqq 0$. Da $\sin\vartheta > \dfrac{\vartheta}{2}$ für $0 < \vartheta < \dfrac{\pi}{2}$ ist, so ergibt sich:

$$G \leqq 2\varrho_n^{1-k} M \int\limits_{-\vartheta_n}^{\frac{\pi}{2}} e^{-t\varrho_n \frac{\vartheta}{2}}\, d\vartheta = \frac{4M}{t\varrho_n^{k}}\left(e^{t\varrho_n \frac{\vartheta_n}{2}} - e^{-t\varrho_n \frac{\pi}{4}} \right).$$

Wegen $\varrho_n \vartheta_n \to \gamma$ ist $G \to 0$ für $n \to \infty$. — Für $\gamma > 0$ dagegen ist

$$G = 2\varrho_n^{1-k} M \left(\int\limits_{0}^{\frac{\pi}{2}} e^{-t\varrho_n \sin\vartheta}\, d\vartheta + \int\limits_{0}^{\vartheta_n} e^{t\varrho_n \sin\vartheta}\, d\vartheta \right),$$

also wegen $\dfrac{\vartheta}{2} < \sin\vartheta < \vartheta$ für $0 < \vartheta < \dfrac{\pi}{2}$:

$$G \leqq 2\varrho_n^{1-k} M \left(\int\limits_{0}^{\frac{\pi}{2}} e^{-t\varrho_n \frac{\vartheta}{2}}\, d\vartheta + \int\limits_{0}^{\vartheta_n} e^{t\varrho_n \vartheta}\, d\vartheta \right)$$

$$= \frac{2M}{t\varrho_n^{k}}\left(1 - 2 e^{-t\varrho_n \frac{\pi}{4}} + e^{t\varrho_n \vartheta_n} \right) \to 0 \text{ für } n \to \infty.$$

Das Integral über S_n strebt nach Voraussetzung gegen $F(t)$, womit die Behauptung bewiesen ist.

§ 5. Entwicklung der l-Funktion in eine Reihe nach Potenzen von $e^{-\sqrt{s}}$.

Da $f(s) = \mathfrak{L}\{F\}$ das Analogon zur Potenzreihe in der Gestalt $\varphi(e^{-s}) = \sum\limits_{0}^{\infty} a_n e^{-ns}$ darstellt, so liegt der Versuch nahe, $f(s)$ auch in eine Reihe nach Potenzen von e^{-s} zu entwickeln. Zu e^{-ns} gibt es aber keine L-Funktion. Wäre nämlich $e^{-ns} = \mathfrak{L}\{Q\}$, so würde durch Differenzieren nach s folgen:

$$n e^{-ns} = \mathfrak{L}\{t Q\}.$$

Nach dem Eindeutigkeitssatz müßte also

$$\frac{t Q(t)}{n} = Q(t) + \text{Nullfunktion},$$

mithin Q selbst eine Nullfunktion sein, was offenbar unmöglich ist. — Dagegen gelingt es oft, $f(s)$ nach Potenzen von $e^{-\sqrt{s}}$ zu entwickeln. Zu $e^{-n\sqrt{s}}$ gehört als L-Funktion die Funktion $\psi(n, t)$ [siehe 3.4, Beispiel 9];

manchmal tritt statt dessen auch das Funktionenpaar $\dfrac{1}{\sqrt{s}}\, e^{-\alpha\sqrt{s}}$ und $\chi(\alpha, t)$ [siehe ebenda] auf. An Stelle eines allgemeinen Satzes wollen wir ein spezielles Beispiel vorführen, und zwar knüpfen wir wieder an die schon in § 4 behandelte Funktion

$$f(v, s) = -\frac{\cos (2v-1)\sqrt{-s}}{\sqrt{-s}\,\sin\sqrt{-s}} = \frac{\mathfrak{Cof}\,(2v-1)\sqrt{s}}{\sqrt{s}\,\mathfrak{Sin}\,\sqrt{s}}$$

an. Es ist

$$f(v, s) = \frac{1}{\sqrt{s}}\,\frac{e^{-(2v-1)\sqrt{s}} + e^{(2v-1)\sqrt{s}}}{e^{\sqrt{s}} - e^{-\sqrt{s}}} = \frac{1}{\sqrt{s}}\,\frac{e^{-2v\sqrt{s}} + e^{2(v-1)\sqrt{s}}}{1 - e^{-2\sqrt{s}}}.$$

Für $\mathfrak{R}\sqrt{s} > 0$, d. h. für alle s mit Ausnahme von $s \leqq 0$, kann man diese Funktion in eine geometrische Reihe entwickeln:

$$(1) \qquad f(v, s) = \frac{1}{\sqrt{s}}\left(e^{-2v\sqrt{s}} + e^{2(v-1)\sqrt{s}}\right) \sum_{n=0}^{\infty} e^{-2n\sqrt{s}}$$

$$= \frac{1}{\sqrt{s}}\left(\sum_{n=0}^{\infty} e^{-2(n+v)\sqrt{s}} + \sum_{n=0}^{\infty} e^{-2(n+1-v)\sqrt{s}}\right)$$

$$= \frac{1}{\sqrt{s}}\left(e^{-2v\sqrt{s}} + \sum_{n=1}^{\infty} e^{-2(n+v)\sqrt{s}} + \sum_{n=1}^{\infty} e^{-2(n-v)\sqrt{s}}\right).$$

Beschränken wir nun v auf das Intervall $0 \leqq v \leqq 1$, so ist stets $v \geqq 0$, $n+v > 0$, $n-v \geqq 0$, also für die gliedweise Übersetzung die Formel

$$\mathfrak{L}\left\{\frac{1}{\sqrt{\pi t}}\, e^{-\frac{\alpha^2}{4t}}\right\} = \frac{e^{-\alpha\sqrt{s}}}{\sqrt{s}} \qquad\qquad (\alpha \geqq 0)$$

anwendbar, wodurch wir zunächst formal auf

$$F(v, t) = \frac{1}{\sqrt{\pi t}}\left(e^{-\frac{v^2}{t}} + \sum_{n=1}^{\infty} e^{-\frac{(n+v)^2}{t}} + \sum_{n=1}^{\infty} e^{-\frac{(n-v)^2}{t}}\right)$$

geführt werden. Daß tatsächlich $\mathfrak{L}\{F(v, t)\} = f(v, s)$ für $\mathfrak{R}\,s > 0$ ist, sieht man unmittelbar durch Anwendung von Hilfssatz 1 (Anhang) ein. Natürlich erhalten wir wieder $\vartheta_3(v, t)$, diesmal aber in transformierter Gestalt:

$$\vartheta_3(v, t) = \frac{1}{\sqrt{\pi t}} \sum_{n=-\infty}^{+\infty} e^{-\frac{(v+n)^2}{t}}.$$

In den beiden Ableitungen in § 4 und 5 haben wir damit zugleich einen Beweis der grundlegenden *linearen Transformationsformel der Thetafunktion* [86]:

$$(2) \qquad [\vartheta_3(v, t) =]\; 1 + 2\sum_{v=1}^{\infty} \cos 2v\pi v\, e^{-v^2\pi^2 t} = \frac{1}{\sqrt{\pi t}} \sum_{n=-\infty}^{+\infty} e^{-\frac{(v+n)^2}{t}}.$$

Zusatz: Die Formel

$$\mathfrak{L}\{\vartheta_3(v, t)\} = -\frac{\cos(2v-1)\sqrt{-s}}{\sqrt{-s}\sin\sqrt{-s}}$$

ist bewiesen und gilt nur für $0 \leqq v \leqq 1$. Da $\vartheta_3(v, t)$, wie man seinen beiden Gestalten unmittelbar ansieht, in v die Periode 1 hat, so kann man $\mathfrak{L}\{\vartheta_3\}$ auch leicht für v außerhalb des Intervalls $0 \leqq v \leqq 1$ erhalten. So muß z. B. für $-1 \leqq v \leqq 0$

$$\mathfrak{L}\{\vartheta_3(v, t)\} = \mathfrak{L}\{\vartheta_3(v+1, t)\} \quad \text{mit} \quad 0 \leqq v+1 \leqq 1$$

$$= -\frac{\cos(2(v+1)-1)\sqrt{-s}}{\sqrt{-s}\sin\sqrt{-s}},$$

also

$$\mathfrak{L}\{\vartheta_3(v, t)\} = -\frac{\cos(2v+1)\sqrt{-s}}{\sqrt{-s}\sin\sqrt{-s}} \quad \text{für} \quad -1 \leqq v \leqq 0$$

sein.

§ 6. Weitere Umkehrformeln.

Es gibt noch eine Reihe von Umkehrformeln von einem ganz anderen Typus. Wir nennen sie hier ohne Beweis, weil eine exakte Abgrenzung ihrer Gültigkeit und ein befriedigender Beweis nur im Raum der im Lebesgueschen Sinn quadratisch integrierbaren Funktionen möglich ist.

1. Umkehrung der zweiseitig unendlichen Laplace-Transformation.

$$(1) \qquad F(t) = \frac{1}{\pi\sqrt{2\pi}} e^{-\frac{t^2}{2}} \int_0^\infty e^{\frac{y^2}{2}}\, dy \int_{-\infty}^{+\infty} e^{-\frac{s^2}{2}} f(s)\cos y\,(t+s)\, ds.$$

Für die Gültigkeit dieser Formel, die ein zweifaches, aber ganz im Reellen verlaufendes Integral benutzt, ist hinreichend, daß

$$\int_{-\infty}^{+\infty} e^{-\frac{s^2}{2}}\,|f(s)|\, ds, \qquad \int_{-\infty}^{+\infty} e^{-s^2}\,|f(s)|^2\, ds, \qquad \int_{-\infty}^{+\infty} |\gamma(y)|\, dy$$

mit

$$\gamma(y) = \frac{1}{\sqrt{2\pi}} \int_{-\infty}^{+\infty} e^{\frac{(y+is)^2}{2}} f(s)\, ds$$

konvergieren. $f(s)$ muß für die Anwendbarkeit dieser Formel insbesondere nicht bloß in einem Streifen, sondern längs der ganzen reellen Achse und damit in der ganzen Ebene existieren [87].

2. Umkehrung der einseitig unendlichen Laplace-Transformation.

$$(2) \qquad F(t) = \lim_{\alpha\to\infty} \frac{1}{\pi} \int_0^\infty f(s)\, ds \int_0^\alpha \Re \frac{(st)^{-\frac{1}{2}+iy}}{\Gamma\left(\frac{1}{2}+iy\right)}\, dy.$$

Hinreichend für die Gültigkeit dieser Formel ist, daß $f(s)$ für $\Re\, s > 0$ analytisch ist und dort die Bedingung

$$\int\limits_{-\infty}^{\infty} |f(x+i\,y)|^2 \, dy \leqq M \quad \text{für} \quad x > 0$$

erfüllt, daß ferner $\lim\limits_{\alpha \to \infty}$ existiert [88].

Es sei bemerkt, daß man wie von der komplexen Umkehrformel in 6.10 so auch von den übrigen Umkehrformeln aus das Darstellungsproblem angreifen kann [89].

8. Kapitel.

Die Abbildung der fundamentalen Operationen an Funktionen.

In diesem Kapitel behandeln wir folgendes Problem: Von mehreren L-Funktionen F_1, F_2, ... sind die zugehörigen l-Funktionen f_1, f_2, ... bekannt. Man übe auf die L-Funktionen gewisse *Operationen* aus, z. B. man bilde ihr Produkt. Wie läßt sich dessen l-Funktion aus den Funktionen f_1, f_2, ... berechnen, mit anderen Worten, wie bildet sich die Operation der Multiplikation von L-Funktionen im Raum der l-Funktionen ab? Oder: Welche Operation an f entspricht der Ableitung von F, d. h. wie läßt sich $\mathfrak{L}\{F'\}$ aus $\mathfrak{L}\{F\} = f$ berechnen? Dasselbe Problem läßt sich auch in umgekehrter Richtung stellen: Wie sieht die zu $f_1 \cdot f_2$ oder die zu f' gehörige L-Funktion aus? Wir gelangen auf diesem Weg zu den grundlegenden *Abbildungseigenschaften* der Funktionaltransformation $\mathfrak{L}\{F\} = f$, die die vielseitige Verwendbarkeit der Laplace-Transformation in den Anwendungen begründen. Es wird sich nämlich herausstellen, daß gewisse komplizierte Operationen in dem einen Raum sich in ganz elementaren Operationen im anderen Raum widerspiegeln. Das eröffnet die Möglichkeit, verwickelte und tiefe Zusammenhänge in dem einen Raum an ihren viel leichter zu übersehenden Bildern in dem anderen Raum zu verfolgen und aufzuklären. Der ganze Inhalt des IV. und V. Teiles wird in Anwendungen dieser Idee, von der schon im 2. Kapitel gesprochen wurde, bestehen. Es handelt sich also hier um einen speziellen Fall des für die ganze Mathematik so wichtigen und fruchtbaren *Abbildungsprinzips*, das besonders in der Geometrie und geometrischen Funktionentheorie so sinnfällig und erfolgreich in Erscheinung tritt. Um an ein bekanntes Beispiel zu erinnern: Die Zyklographie bildet die Gesamtheit der orientierten (d. h. mit einem Umlaufsinn versehenen) Kreise einer Ebene auf die Punkte des Raumes ab, indem sie einem Kreis denjenigen Punkt zuordnet, der senkrecht über dem Mittelpunkt liegt und dessen Abstand gleich dem Radius ist, wobei sich dessen Vorzeichen nach der Orientierung des Kreises richtet. Dem Satz, daß die äußeren Ähnlichkeitspunkte dreier Kreise auf einer Geraden liegen, entspricht dann die Tatsache, daß die Verbindungsgeraden der die Kreise (bei gleichsinniger Orientierung) repräsentierenden drei Raumpunkte die Ebene der Kreise in Punkten (eben jenen Ähnlichkeitspunkten) treffen, die auf der Schnittgeraden dieser Ebene mit der durch jene drei repräsentierenden Punkte gehenden Ebene liegen. So wird ein Zusammenhang, der in der Kreisgeometrie keineswegs auf der Hand liegt, bei der Abbildung auf den Punktraum zu einer Selbstverständlichkeit.

§ 1. Die Abbildung der linearen Substitution.

Wir beginnen bei den Operationen, deren Abbildung wir suchen, mit einer ganz einfachen, nämlich der *linearen Substitution* an der Variablen t, indem wir aus einer L-Funktion $F(t)$ die neue Funktion $F_1(t) = F(at-b)$ herstellen. Dabei soll $a > 0$, $b > 0$ sein. Für $0 \leqq t < \dfrac{b}{a}$ ist $at-b < 0$, und für negative Argumente braucht F nicht definiert zu sein. Wir setzen aber nun fest, daß $F(t) = 0$ für $t < 0$ sein soll. Dann ist $\left(\tau = at-b,\right.$

$$\left. t = \frac{\tau}{a} + \frac{b}{a}\right)$$

$$\mathfrak{L}\{F_1\} = \int\limits_0^\infty e^{st} F(at-b)\, dt = \frac{1}{a} e^{-\frac{b}{a}s} \int\limits_{-b}^\infty e^{-\frac{s}{a}\tau} F(\tau)\, d\tau$$

$$= \frac{1}{a} e^{-\frac{b}{a}s} \int\limits_0^\infty e^{-\frac{s}{a}\tau} F(\tau)\, d\tau.$$

Dieses Ergebnis können wir so formulieren*:

$\mathrm{I_a}$. *Bildet man aus einer L-Funktion $F(t)$ die neue Funktion*

$$F_1(t) = \begin{cases} F(at-b) & \text{für} \quad at-b \geqq 0 \\ 0 & \text{für} \quad at-b < 0 \end{cases} \qquad (a > 0,\ b > 0),$$

so ist F_1 eine L-Funktion und für ihre l-Funktion gilt:

$$f_1(s) = \frac{1}{a} e^{-\frac{b}{a}s} f\left(\frac{s}{a}\right).$$

Die lineare Substitution in F spiegelt sich also in einer linearen Substitution an f und Multiplikation mit einer Exponentialfunktion wider. Wir merken die *Spezialfälle* $b = 0$ bzw. $a = 1$ besonders an:

$\mathrm{I_a'}$. *Zu* $F_1(t) = F(at)\ (a > 0)$ *gehört*

$$f_1(s) = \frac{1}{a} f\left(\frac{s}{a}\right).$$

---

* Wegen der großen Bedeutung dieses Kapitels für die späteren Anwendungen sind die auf die einseitig unendliche Laplace-Transformation sich beziehenden grundlegenden Gesetze mit römischen Ziffern bezeichnet. Der Index a deutet an, daß der L-Raum, der Index b, daß der l-Raum der Ausgangspunkt ist.

I_a''. *Zu*

$$F_1(t) = \begin{cases} F(t-b) & \text{für} \quad t-b \geqq 0 \\ 0 & \text{für} \quad t-b < 0 \end{cases} \qquad (b>0)$$

gehört

$$f_1(s) = e^{-bs} f(s).$$

Wir machen jetzt das Analoge mit $f(s)$, indem wir $f_1(s) = f(\alpha s + \beta)$ betrachten mit $\alpha > 0$ und β beliebig (auch komplex), wodurch der Definitionsbereich für $f_1(s)$ eine Halbebene bleibt. Es ist

$$f_1(s) = f(\alpha s + \beta) = \int_0^\infty e^{-(\alpha s + \beta)t} F(t)\, dt = \frac{1}{\alpha} \int_0^\infty e^{-s\tau}\left[e^{-\frac{\beta}{\alpha}\tau} F\left(\frac{\tau}{\alpha}\right)\right] d\tau,$$

so daß wir das Ergebnis bekommen:

I_b. *Bildet man aus einer l-Funktion $f(s)$ die neue Funktion $f_1(s) = f(\alpha s + \beta)$ ($\alpha > 0$, β beliebig komplex), so ist diese eine l-Funktion, und für ihre L-Funktion gilt:*

$$F_1(t) = \frac{1}{\alpha} e^{-\frac{\beta}{\alpha}t} F\left(\frac{t}{\alpha}\right).$$

Auch hier spiegelt sich also die lineare Substitution in f in einer linearen Substitution an F und Multiplikation mit einer Exponentialfunktion wider. Wir merken die *Spezialfälle* $\beta = 0$, $\alpha = 1$ an:

I_b'. *Zu $f_1(s) = f(\alpha s)$ ($\alpha > 0$) gehört*

$$F_1(t) = \frac{1}{\alpha} F\left(\frac{t}{\alpha}\right).$$

I_b''. *Zu $f_1(s) = f(s + \beta)$ (β beliebig komplex) gehört*
$$F_1(t) = e^{-\beta t} F(t).$$

I_b' bedeutet natürlich dasselbe wie I_a'. In den Anwendungen kommen die Beziehungen I_a'' und I_b'' besonders häufig vor.

Ein einfaches *Beispiel*: Nach 3.4, Beispiel 3 ist

$$\mathfrak{L}\{t^\alpha\} = \frac{\Gamma(\alpha+1)}{s^{\alpha+1}} \quad \text{für} \quad \Re\alpha > -1.$$

Also ist

$$\mathfrak{L}\{t^\alpha e^{-\beta t}\} = \frac{\Gamma(\alpha+1)}{(s+\beta)^{\alpha+1}}.$$

§ 2. Die Abbildung des Integrierens.

1. Integration der L-Funktion.

Wenn F eine L-Funktion ist, so werden wir sehen, daß ihr Integral auch wieder eine solche ist. Dagegen braucht die Ableitung F' keine zu sein, wie das Beispiel $F(t) = t^{-\frac{1}{2}}$ zeigt, denn $F'(t) = -\frac{1}{2} t^{-\frac{3}{2}}$ ist nicht bis zum Nullpunkt integrabel.

Satz 1. *Wenn* $\mathfrak{L}\{\Phi\}$ *für ein reelles* $s_0 > 0$ *einfach konvergiert, so konvergiert auch* $\mathfrak{L}\left\{\int\limits_0^t \Phi(\tau)\,d\tau\right\}$ *für* s_0, *und es ist*

$$(1) \qquad s_0\,\mathfrak{L}\left\{\int\limits_0^t \Phi(\tau)\,d\tau;\,s_0\right\} = \mathfrak{L}\{\Phi;\,s_0\},$$

also auch

$$s\,\mathfrak{L}\left\{\int\limits_0^t \Phi(\tau)\,d\tau\right\} = \mathfrak{L}\{\Phi\} \quad \text{für} \quad \Re s > s_0 > 0.$$

Überdies ist

$$\int\limits_0^t \Phi(\tau)\,d\tau = o\,(e^{s_0 t}) \quad \text{für} \quad t \to \infty,$$

so daß $\mathfrak{L}\left\{\int\limits_0^t \Phi(\tau)\,d\tau\right\}$ *für* $\Re s > s_0$ *sogar absolut konvergiert* [90].

Bemerkung: Die Voraussetzung, daß s_0 reell und >0 sein soll, ist wesentlich. Ist nämlich s_0 reell, aber $\leqq 0$, oder komplex, so folgt aus der Konvergenz von $\mathfrak{L}\{\Phi;\,s_0\}$ nicht notwendig die von $\mathfrak{L}\left\{\int\limits_0^t \Phi(\tau)\,d\tau;\,s_0\right\}$.

Gegenbeispiele: a) Für die Funktion

$$\Phi(t) = \begin{cases} 1 & \text{für} \quad 0 \leqq t < 1 \\ \dfrac{1}{t^2} & \text{für} \quad t \geqq 1, \end{cases} \qquad \int\limits_0^t \Phi(\tau)\,d\tau = \begin{cases} t & \text{für} \quad 0 \leqq t < 1 \\ 2 - \dfrac{1}{t} & \text{für} \quad t \geqq 1 \end{cases}$$

ist $\mathfrak{L}\{\Phi;\,0\}$ konvergent, $\mathfrak{L}\left\{\int\limits_0^t \Phi(\tau)\,d\tau;\,0\right\}$ aber nicht.

b) Für die Funktion

$$\Phi(t) = \begin{cases} 1 & \text{für} \quad 0 \leqq t < 1 \\ 0 & \text{für} \quad t \geqq 1, \end{cases} \qquad \int\limits_0^t \Phi(\tau)\,d\tau = \begin{cases} t & \text{für} \quad 0 \leqq t < 1 \\ 1 & \text{für} \quad t \geqq 1 \end{cases}$$

ist $\mathfrak{L}\{\Phi\}$ in der ganzen Ebene konvergent, also z. B. für $s_0 = -10$, $\mathfrak{L}\left\{\int\limits_0^t \Phi(\tau)\,d\tau\right\}$ aber nur für $s_0 > 0$. Oder ein weniger triviales Beispiel: Für

$$\Phi(t) = e^{-t}, \qquad \int\limits_0^t \Phi(\tau)\,d\tau = 1 - e^{-t}$$

ist $\mathfrak{L}\{\Phi\}$ für $s_0 > -1$ konvergent, $\mathfrak{L}\left\{\int\limits_0^t \Phi(\tau)\,d\tau\right\}$ aber nur für $s_0 > 0$.

c) Für die Funktion

$$\Phi(t) = \begin{cases} 1 & \text{für} \quad 0 \leqq t < 1, \\ \dfrac{1}{t} & \text{für} \quad t \geqq 1 \end{cases} \qquad \int\limits_0^t \Phi(\tau)\,d\tau = \begin{cases} t & \text{für} \quad 0 \leqq t < 1 \\ 1 + \log t & \text{für} \quad t \geqq 1 \end{cases}$$

ist $\mathfrak{L}\{\Phi\}$ für $s_0 = i\,y_0\,(y_0 \gtreqless 0)$ konvergent, $\mathfrak{L}\left\{\int\limits_0^t \Phi(\tau)\,d\tau\right\}$ aber nicht.

Selbst wenn $\mathfrak{L}\{\Phi; s_0\}$ und $\mathfrak{L}\left\{\int\limits_0^t \Phi(\tau)\,d\tau; s_0\right\}$ beide existieren, braucht

für $s_0 \lesseqgtr 0$ die Gleichung (1) nicht zu gelten, wofür man leicht Beispiele bilden kann. Dagegen gilt die Aussage über die absolute Konvergenz

von $\mathfrak{L}\left\{\int\limits_0^t \Phi(\tau)\,d\tau\right\}$ auch noch im Falle $s_0 = 0$. Denn wenn $\mathfrak{L}\{\Phi; 0\} =$

$\int\limits_0^\infty \Phi(\tau)\,d\tau$ existiert, so hat die Funktion $\int\limits_0^t \Phi(\tau)\,d\tau$ für $t \to \infty$ einen Grenz-

wert, ist also beschränkt, so daß ihr $\mathfrak{L}$-Integral für $\mathfrak{R}\,s > 0$ absolut konvergiert.

Beweis von Satz 1: Wir setzen

$$\Psi(x) = \int\limits_0^x e^{-s_0 t}\,dt \int\limits_0^t \Phi(\tau)\,d\tau$$

und wenden den Stolzschen Grenzwertsatz* an:

Wenn $H(x)$ reell ist und für $x \to \infty$ gegen ∞ strebt, $G'(x)$ und $H'(x)$ für $x > x_0$ existieren und $H'(x) \neq 0$ ist, so ist

$$\lim_{x \to \infty} \frac{G(x)}{H(x)} = \lim_{x \to \infty} \frac{G'(x)}{H'(x)},$$

sofern der Grenzwert auf der rechten Seite existiert.

Mit

$$G(x) = e^{s_0 x}\,\Psi(x), \quad H(x) = e^{s_0 x}$$

ist $H(x) \to \infty$ (hier wird $s_0 > 0$ gebraucht) und

$$\frac{G'(x)}{H'(x)} = \frac{e^{s_0 x}(s_0\,\Psi + \Psi')}{s_0\,e^{s_0 x}} = \frac{1}{s_0}\,(s_0\,\Psi + \Psi').$$

$\left(\Psi' \text{ existiert, da } \int\limits_0^t \Phi(\tau)\,d\tau \text{ stetig ist.}\right)$ Explizit ist

$$s_0\,\Psi + \Psi' = s_0 \int\limits_0^x e^{-s_0 t}\,dt \int\limits_0^t \Phi(\tau)\,d\tau + e^{-s_0 x} \int\limits_0^x \Phi(\tau)\,d\tau,$$

was sich durch verallgemeinerte partielle Integration (vgl. S. 16) so umformen läßt:

$$-e^{-s_0 t} \int\limits_0^t \Phi(\tau)\,d\tau \,\bigg|_0^x + \int\limits_0^x e^{-s_0 t}\,\Phi(t)\,dt + e^{-s_0 x} \int\limits_0^x \Phi(\tau)\,d\tau = \int\limits_0^x e^{-s_0 t}\,\Phi(t)\,dt.$$

Da $\mathfrak{L}\{\Phi; s_0\}$ konvergiert, so besitzt dieser Ausdruck für $x \to \infty$ den Grenzwert $\mathfrak{L}\{\Phi; s_0\}$. Also hat $\frac{G}{H} = \Psi$ den Grenzwert $\frac{1}{s_0}\,\mathfrak{L}\{\Phi; s_0\}$, womit die erste der Behauptungen bewiesen ist.

Für jedes reelle $s > s_0$ trifft die Voraussetzung erst recht zu, so daß die Gleichung auch für diese s gilt. Wegen der Regularität der rechts und links stehenden Funktionen dehnt sie sich auf $\mathfrak{R}\,s > s_0$ aus.

---

* Einen besonders einfachen Beweis siehe bei F. LETTENMEYER: Über die sogenannte Hospitalsche Regel. J.f.d. reine u. angew. Math. **174** (1936) S. 246—247.

Schließlich folgt noch aus dem Resultat

$$\lim_{x \to \infty} \Psi = \lim_{x \to \infty} \frac{1}{s_0}\,(s_0\,\Psi + \Psi'),$$

daß

$$\lim_{x \to \infty} \Psi' = \lim_{x \to \infty} e^{-s_0 x} \int_0^x \Phi(\tau)\,d\tau = 0,$$

was mit der letzten Behauptung gleichbedeutend ist.

Diesen Satz können wir sofort auf iterierte Integration verallgemeinern [vgl. 15.3 (21)]:

II_a. *Wenn* $\mathfrak{L}\{\Phi\}$ *für ein reelles* $s_0 > 0$ *einfach konvergiert, so konvergiert auch die* $\mathfrak{L}$-*Transformation des* v-*fach iterierten Integrals* (v *ganzzahlig* > 0)

$$\Psi(t) = \left(\int_0^t d\tau\right)^{v} \Phi(\tau) = \frac{1}{(v-1)!} \int_0^t (t-\tau)^{v-1}\,\Phi(\tau)\,d\tau$$

für s_0, *und es ist*

$$s_0^v\,\mathfrak{L}\{\Psi; s_0\} = \mathfrak{L}\{\Phi;\ s_0\},$$

also auch

$$s^v\,\mathfrak{L}\{\Psi\} = \mathfrak{L}\{\Phi\} \quad \textit{für} \quad \Re s > s_0 > 0.$$

Überdies ist

$$\Psi(t) = o\,(e^{s_0 t}) \quad \textit{für} \quad t \to \infty,$$

so daß $\mathfrak{L}\{\Psi\}$ *für* $\Re s > s_0 > 0$ *sogar absolut konvergiert.*

Die Formel $\mathfrak{L}\{\Psi\} = \dfrac{1}{s^v}\,\mathfrak{L}\{\Phi\}$ zeigt, daß der transzendenten Operation des mehrfachen Integrierens der L-Funktionen im Gebiet der l-Funktionen die ganz elementare Operation der Multiplikation mit einer Potenz von $\dfrac{1}{s}$ entspricht.

2. Integration der l-Funktion.

Wenn $f(s) = \mathfrak{L}\{F\}$ für $\Re s > \beta$ ist, so gilt ebenda (s. Satz 6 [4.1]):

$$f'(s) = \mathfrak{L}\{-tF\}.$$

Wir setzen

$$f'(s) = \varphi(s), \qquad -tF(t) = \Phi(t).$$

Da $f(s) \to 0$ für $s \to \infty$ in einem Winkelraum $\mathfrak{W}$ (Satz 1 [4.3]), so ist, wenn wir die Integration von der komplexen Stelle s längs der Horizontalen nach rechts (oder längs irgendeiner Kurve, die von s aus nach rechts ins Unendliche läuft) erstrecken:

$$\int_s^\infty f'(\sigma)\,d\sigma = \int_s^\infty \varphi(\sigma)\,d\sigma = -f(s)$$

oder

$$\int_s^\infty \varphi(\sigma)\,d\sigma = \mathfrak{L}\left\{\frac{\Phi(t)}{t}\right\}.$$

Da mit f auch f' und umgekehrt mit $\varphi(s)$ auch $\int_s^\infty \varphi(\sigma)\,d\sigma$ analytisch ist, so können wir das Resultat so formulieren:

$\mathrm{II_b}$. *Ist $\varphi(s)$ für $\Re s > \beta$ analytisch und ist $\int_s^\infty \varphi(\sigma)\,d\sigma$ (das Integral längs eines Weges in einem Winkelraum $\mathfrak{W}$ erstreckt) eine l-Funktion, so ist auch $\varphi(s)$ eine solche. Ist $\varphi(s) = \mathfrak{L}\{\Phi\}$, so ist*

$$\int_s^\infty \varphi(\sigma)\,d\sigma = \mathfrak{L}\left\{\frac{\Phi}{t}\right\}.$$

Der transzendente Prozeß der Integration der l-Funktion spiegelt sich also in dem elementaren Prozeß der Multiplikation mit $\frac{1}{t}$ an der L-Funktion wider. Die Verallgemeinerung auf mehrfache Integration ist leicht ausführbar.

Anwendung: Setzt man $\varphi(s) = \dfrac{1}{s} - \dfrac{1}{s+1}$, so ist $\int_s^\infty \varphi(\sigma)\,d\sigma = \log\sigma - \log(\sigma+1)\big|_s^\infty = \log\dfrac{s+1}{s}$. Die Funktion $\log\left(1 + \dfrac{1}{s}\right) = \dfrac{1}{s} - \dfrac{1}{2s^2} + \cdots$ ist, wie man nach Satz 3 [6.10] sofort erkennt, eine l-Funktion; es ist $\varphi(s) = \mathfrak{L}\{1 - e^{-t}\}$. Die Formel von $\mathrm{II_b}$ ergibt:

$$\mathfrak{L}\left\{\frac{1-e^{-t}}{t}\right\} = \log\left(1 + \frac{1}{s}\right).$$

§ 3. Die Abbildung des Differenzierens.

1. Differentiation der L-Funktion.

Es sei $F(t)$ für $t \geqq 0$ definiert, für $t > 0$ differenzierbar und in $t = 0$ nach rechts stetig. [Das kann man, was für spätere Anwendungen praktisch ist, auch so ausdrücken: $F(t)$ sei für $t > 0$ differenzierbar und habe für $t \to +0$ einen (zur Vereinfachung mit $F(0)$ bezeichneten) Grenzwert]. Ferner sei $F'(t)$ eine L-Funktion. Dann ist $F'(t)$ integrabel und daher

$$F(t) = F(0) + \int_0^t F'(\tau)\,d\tau.$$

Setzen wir nun in Satz 1 [8.2]

$$\Phi(t) = F'(t), \qquad \int_0^t \Phi(\tau)\,d\tau = F(t) - F(0),$$

so erhalten wir wegen $\mathfrak{L}\{F(0)\} = \dfrac{F(0)}{s}$:

Satz 1. *Wenn $F(t)$ für $t > 0$ differenzierbar ist und für $t \to +0$ den Grenzwert $F(0)$ hat, wenn ferner $\mathfrak{L}\{F'\}$ für ein reelles $s_0 > 0$ einfach konvergiert, so konvergiert auch $\mathfrak{L}\{F\}$ für s_0, und es ist*

$$\mathfrak{L}\{F'; s_0\} = s_0\,\mathfrak{L}\{F; s_0\} - F(0),$$

also auch

$$\mathfrak{L}\{F'\} = s\,\mathfrak{L}\{F\} - F(0) \quad \text{für} \quad \Re s > s_0 > 0.$$

Überdies ist

$$F(t) = o(e^{s_0 t}),$$

so daß $\mathfrak{L}\{F\}$ für $\Re s > s_0$ sogar absolut konvergiert[91].

Diesen Satz können wir sofort auf Ableitungen höherer Ordnung verallgemeinern. Wenn $F^{(\nu)}(t)$ für $t > 0$ existiert ($\nu > 1$), $\lim\limits_{t \to 0} F^{(\nu-1)}(t)$ $= F^{(\nu-1)}(0)$ vorhanden ist und $\mathfrak{L}\{F^{(\nu)}\}$ für $s_0 > 0$ konvergiert, so konvergiert nach Satz 1, angewandt auf $F^{(\nu-1)}$ an Stelle von F, auch $\mathfrak{L}\{F^{(\nu-1)}\}$ für s_0, und es ist

$$\mathfrak{L}\{F^{(\nu)};\ s_0\} = s_0\,\mathfrak{L}\{F^{(\nu-1)};\ s_0\} - F^{(\nu-1)}(0),$$

ferner

$$F^{(\nu-1)}(t) = o(e^{s_0 t}),$$

also $\mathfrak{L}\{F^{(\nu-1)}\}$ für $\Re s > s_0$ absolut konvergent. Wenn nun weiterhin $\lim\limits_{t \to +0} F^{(\nu-2)}(t) = F^{(\nu-2)}(0)$ existiert, so konvergiert auch $\mathfrak{L}\{F^{(\nu-2)}\}$ für s_0, und es ist

$$\mathfrak{L}\{F^{(\nu-1)};\ s_0\} = s_0\,\mathfrak{L}\{F^{(\nu-2)};\ s_0\} - F^{(\nu-2)}(0),$$

ferner

$$F^{(\nu-2)}(t) = o(e^{s_0 t})$$

und daher $\mathfrak{L}\{F^{(\nu-2)}\}$ für $\Re s > s_0$ absolut konvergent. Hieraus folgt:

$$\mathfrak{L}\{F^{(\nu)};\ s_0\} = s_0^2\,\mathfrak{L}\{F^{(\nu-2)};\ s_0\} - F^{(\nu-2)}(0)\,s_0 - F^{(\nu-1)}(0).$$

Fahren wir in dieser Weise fort, so erhalten wir folgendes Gesetz:

$\mathrm{III_a}$. *Wenn $F(t)$ für $t > 0$ die Ableitungen $F', F'', \ldots, F^{(\nu)}$ ($\nu \geqq 1$) besitzt und die Grenzwerte*

$$\lim_{t \to +0} F(t) = F(0), \quad \lim_{t \to +0} F'(t) = F'(0), \ldots, \quad \lim_{t \to +0} F^{(\nu-1)}(t) = F^{(\nu-1)}(0)$$

vorhanden sind, wenn ferner $\mathfrak{L}\{F^{(\nu)}\}$ für ein reelles $s_0 > 0$ einfach konvergiert, so konvergieren auch $\mathfrak{L}\{F\}$, $\mathfrak{L}\{F'\}, \ldots \mathfrak{L}\{F^{(\nu-1)}\}$ für s_0, und es ist

$$\mathfrak{L}\{F^{(\nu)};\ s_0\} = s_0^\nu\,\mathfrak{L}\{F;\ s_0\} - F(0)\,s_0^{\nu-1} - F'(0)\,s_0^{\nu-2} - \cdots - F^{(\nu-1)}(0),$$

also auch

$$\mathfrak{L}\{F^{(\nu)}\} = s^\nu\,\mathfrak{L}\{F\} - F(0)\,s^{\nu-1} - F'(0)\,s^{\nu-2} - \cdots - F^{(\nu-1)}(0)\ \text{für}\ \Re s > s_0.$$

Überdies ist

$$F(t) = o(e^{s_0 t}), \quad F'(t) = o(e^{s_0 t}), \ldots, \quad F^{(\nu-1)}(t) = o(e^{s_0 t})\ \text{für}\ t \to \infty,$$

so daß die $\mathfrak{L}$-Integrale dieser Funktionen für $\Re s > s_0$ sogar absolut konvergieren[92].

Bemerkungen:

1. Nach Hilfssatz 3 (Anhang) sind die Ableitungen $F', F'', \ldots, F^{(\nu-1)}$ im Punkte $t = 0$ nach rechts vorhanden und stetig. (Für $t > 0$ sind sie sowieso sicher stetig, da sie dort differenzierbar sind.)

2. Die Formel in III_a kann auch so geschrieben werden:

$$\mathfrak{L}\{F^{(\nu)}\} = s^\nu\,\mathfrak{L}\left\{F(t)-\left[F(0)+\frac{F'(0)}{1!}\,t+\cdots+\frac{F^{(\nu-1)}(0)}{(\nu-1)!}\,t^{\nu-1}\right]\right\}.$$

Der Ausdruck in $[\cdots]$ ist der Anfang der Taylor-Reihe von F; die Funktion $F(t)-[\cdots]$ hat die Eigenschaft, daß ihr Wert und der ihrer $\nu-1$ ersten Ableitungen für $t=0$ verschwindet.

3. Die Formel von III_a ergibt sich auch aus der Taylorschen Formel mit dem Laplaceschen Integralrestglied:

$$F(t)=F(0)+\frac{F'(0)}{1!}\,t+\cdots+\frac{F^{(\nu-1)}(0)}{(\nu-1)!}\,t^{\nu-1}+\frac{1}{(\nu-1)!}\int\limits_0^t (t-\tau)^{\nu-1}\,F^{(\nu)}(\tau)\,d\tau,$$

wenn man bei der $\mathfrak{L}$-Transformation des Restgliedes das Gesetz II_a anwendet.

Geht man im Raum der L-Funktionen zu den Ableitungen (vorausgesetzt, daß diese wieder L-Funktionen sind) über — ein transzendenter Prozeß —, so bedeutet das im l-Raum die elementare Operation der Multiplikation mit einer Potenz von s und Addition eines Polynoms, dessen Koeffizienten von den „Anfangswerten" der Funktion F und ihrer Ableitungen abhängen. Gerade die letztere Tatsache ist für die Anwendungen außerordentlich bedeutungsvoll. Sie hängt damit zusammen, daß das $\mathfrak{L}$-Integral von 0 an erstreckt ist, wie man sieht, wenn man die Formel von Satz 1 unter Benutzung der oben bewiesenen Abschätzung $F(t)=o\,(e^{s_0 t})$ vermittels partieller Integration ableitet:

$$\int\limits_0^\infty e^{-st}F'(t)\,dt = e^{-st}F(t)\,\Big|_0^\infty + s\int\limits_0^\infty e^{-st}F(t)\,dt \quad \text{für}\quad s=s_0 \quad \text{und}\quad \Re s>s_0.$$

Bei der *zweiseitig unendlichen Laplace-Transformation* treten derartige Zusatzglieder dementsprechend nicht auf, es gilt nämlich

Satz 2. *Wenn F für $-\infty<t<+\infty$ definiert und differenzierbar ist, wenn ferner $\mathfrak{L}_{\text{II}}\{F'\}$ für die reellen Werte s_1 und $s_2>s_1$ einfach (und damit für $s_1<\Re s<s_2$) konvergiert, so konvergiert auch $\mathfrak{L}_{\text{II}}\{F\}$ für s_1 und s_2, und es ist*

$$\mathfrak{L}_{\text{II}}\{F'\} = s\,\mathfrak{L}_{\text{II}}\{F\} \quad \text{für}\quad s=s_1,\ s=s_2 \ \text{und}\ s_1<\Re s<s_2.$$

Überdies ist

$$F=o\,(e^{s_1 t}) \quad \text{für}\quad t\to+\infty,$$
$$F=o\,(e^{s_2 t}) \quad \text{für}\quad t\to-\infty,$$

so daß $\mathfrak{L}_{\text{II}}\{F\}$ für $s_1<\Re s<s_2$ absolut konvergiert.

Beweis: Setzen wir $F(-t)=F_1(t)$, so ist

$$\int\limits_{-\infty}^0 e^{-s_2 t}F'(t)\,dt = \int\limits_0^\infty e^{s_2 t}F'(-t)\,dt = -\int\limits_0^\infty e^{-(-s_2)t}F_1'(t)\,dt,$$

also nach Satz 1:

$$\int\limits_{-\infty}^{0} e^{-s_2 t} F'(t)\, dt = -\left[-s_2 \int\limits_{0}^{\infty} e^{-(-s_2)t} F_1(t)\, dt - F_1(0) \right]$$

$$= s_2 \int\limits_{-\infty}^{0} e^{-s_2 t} F(t)\, dt + F(0)$$

und

$$F_1(t) = o\,(e^{-s_2 t}) \quad \text{für} \quad t \to +\infty,$$

d. h.

$$F(t) = o\,(e^{s_2 t}) \quad \text{für} \quad t \to -\infty.$$

Ebenso ist

$$\int\limits_{-\infty}^{0} e^{-st} F'(t)\, dt = s \int\limits_{-\infty}^{0} e^{-st} F(t)\, dt + F(0) \quad \text{für} \quad \Re s < s_2.$$

Hierzu addieren wir die nach Satz 1 für $s = s_1$ und $\Re s > s_1$ gültige Gleichung

$$\int\limits_{0}^{\infty} e^{-st} F'(t)\, dt = s \int\limits_{0}^{\infty} e^{-st} F(t)\, dt - F(0),$$

in der

$$F(t) = o\,(e^{s_1 t}) \quad \text{für} \quad t \to \infty$$

ist, wodurch sich die Behauptung ergibt.

2. Differentiation der l-Funktion.

Den einschlägigen Satz haben wir bereits in 4.1 bewiesen.

III_b. *Wenn $f(s)$ eine l-Funktion ist: $f(s) = \mathfrak{L}\{F\}$ für $\Re s > \beta$, so sind auch alle Ableitungen l-Funktionen, und zwar ist*

$$f^{(\nu)}(s) = \mathfrak{L}\{(-t)^\nu F\} \quad \textit{für} \quad \Re s > \beta.$$

Differenzieren im l-Raum bedeutet also im L-Raum Multiplikation mit einer Potenz.

§ 4. Über die Faltung.

1. Das Analogon bei Potenzreihen.

Dem Produkt zweier Funktionen in dem einen Raum entspricht im anderen Raum ein aus den zugeordneten Funktionen gebildeter Integralausdruck, den wir als „Faltung" bezeichnen werden. Allerdings gilt das nicht allgemein, sondern wir müssen uns bei dem ausgesprochenen Satz auf gewisse Unterklassen unserer L- und l-Funktionen beschränken. Das erhellt schon aus der Tatsache, daß das Produkt zweier L-Funktionen gar keine L-Funktion zu sein braucht: so ist z. B. $t^{-\frac{1}{2}}$ eine L-Funktion, $t^{-\frac{1}{2}} \cdot t^{-\frac{1}{2}} = t^{-1}$ aber nicht.

Wir wollen uns die Zusammenhänge zunächst an dem viel einfacheren Beispiel der *Potenzreihen* klarmachen. Zwei Potenzreihen $\varphi_1(z) = \sum\limits_0^\infty a_n z^n$, $\varphi_2(z) = \sum\limits_0^\infty b_n z^n$ seien für $|z| < r$ konvergent. Dann sind sie dort auch absolut konvergent, können also gliedweise nach der Cauchyschen Regel multipliziert werden:

$$\varphi_1(z)\,\varphi_2(z) = \sum_{n=0}^\infty \sum_{\nu=0}^n a_\nu\, b_{n-\nu}\, z^n = \sum_0^\infty c_n z^n.$$

Das Produkt ist wieder eine Potenzreihe mit den Koeffizienten

$$(1) \qquad c_n = a_0 b_n + a_1 b_{n-1} + \cdots + a_n b_0.$$

Schreibt man die Indizes $0, 1, \ldots, n$ auf einen Streifen Papier und faltet ihn in der Mitte, so kommen gerade diejenigen Indizes zur Deckung, deren Glieder miteinander zu multiplizieren sind. Daher nennen wir eine derartige Bildung eine „Faltung“. *Dem Produkt zweier Potenzreihen* (Resultatfunktionen) *entspricht also bei den Koeffizienten* (Objektfunktionen) *die Faltung.*

Nun bilden wir umgekehrt aus den beiden Potenzreihen die neue

$$\varphi(z) = \sum_{n=0}^\infty a_n b_n z^n.$$

(Die Reihe konvergiert sicher in einem Kreis, dessen Radius gleich dem Produkt der Konvergenzradien ϱ_1, ϱ_2 der Ausgangsreihen ist.) Wie man leicht durch Ausmultiplizieren und gliedweises Integrieren (bei Potenzreihen erlaubte Operationen) feststellt, ist

$$(2) \qquad \varphi(z) = \frac{1}{2\pi i} \int \varphi_1(\zeta)\, \varphi_2\!\left(\frac{z}{\zeta}\right) \frac{d\zeta}{\zeta},$$

wo z jede komplexe Zahl mit $|z| < \varrho_1 \varrho_2$ bedeuten kann und die Integration längs eines Kreises (mit dem laufenden Punkt ζ) auszuführen ist, auf dem

$$\frac{|z|}{\varrho_2} < |\zeta| < \varrho_1$$

gilt [93].

Dem Produktbilden der Koeffizienten (Objektfunktionen) *entspricht somit im Raum der Potenzreihen* (Resultatfunktionen) *die Bildung des Integrals* $\varphi(z)$, das übrigens durch die Substitutionen

$$z = e^{-s}, \quad \zeta = e^{-\sigma}; \quad \varphi(e^{-s}) = \psi(s), \quad \varphi_1(e^{-\sigma}) = \psi_1(\sigma), \quad \varphi_2(e^{-\sigma}) = \psi_2(\sigma),$$

die die Potenzreihe in eine dem $\mathfrak{L}$-Integral analoge Form überführen, die Gestalt annimmt:

$$\psi(s) = \frac{1}{2\pi i} \int \psi_1(\sigma)\, \psi_2(s-\sigma)\, d\sigma,$$

integriert über eine gewisse Vertikalstrecke.

Wir werden nun sehen, daß diese bei Potenzreihen ausnahmslos gültigen Zusammenhänge wenigstens bei gewissen Klassen von L- bzw. l-Funktionen, nämlich L^0 und L_{II}^0 bzw. l^0 und l_{II}^0, ihre Analoga haben. Zuerst aber behandeln wir die allgemeinere *Klasse der absolut konvergenten Laplace-Transformationen*, für die wir allerdings nur die eine Hälfte unserer Sätze, nämlich den auf die Multiplikation der l-Funktionen (nicht aber der L-Funktionen) bezüglichen Teil beweisen werden. Wir schicken eine Betrachtung über die dabei auftretende, zu (1) analoge Integralbildung voraus.

2. Allgemeine Eigenschaften der Faltung.

Die zu (1) analoge Bildung bei Integralen lautet offenbar:

$$F(t) = \int_0^t F_1(\tau)\, F_2(t-\tau)\, d\tau.$$

Wir nennen sie „Faltungsintegral" oder kurz „*Faltung*" von F_1 und F_2. (Französisch „composition", englisch „convolution" oder „resultant". Manche amerikanische Autoren gebrauchen auch das deutsche Wort Faltung.) Wir schreiben $F(t)$ symbolisch als Produkt, verwenden aber als Malzeichen ein Sternchen:

$$(3) \qquad \int_0^t F_1(\tau)\, F_2(t-\tau)\, d\tau = F_1 * F_2.$$

Soll das Argument t besonders zum Ausdruck gebracht werden, so schreiben wir $F_1 * F_2(t)$. Diese Schreibweise wird sich als überaus praktisch bewähren, da die Faltung sich in vieler Hinsicht ganz wie ein Produkt benimmt. Es liegt hier ein ähnlicher Fall wie beim *Produkt von Matrizen* vor, zu dem die Faltung übrigens ein Analogon darstellt. Unter dem Produkt zweier n-reihigen Matrizen mit den Elementen a_{ik} und b_{ik} versteht man die Matrix mit dem allgemeinen Element

$$c_{ik} = \sum_{j=1}^{n} a_{ij}\, b_{jk}.$$

Die entsprechende *Integralbildung* sieht so aus: Man hat in einem Quadrat $a \leqq x \leqq b$, $a \leqq y \leqq b$ zwei Funktionen zweier Variablen $F_1(x, y)$, $F_2(x, y)$ und bildet aus ihnen die neue Funktion

$$F(x, y) = \int_a^b F_1(x, \xi)\, F_2(\xi, y)\, d\xi.$$

Diese in der Theorie der Integralgleichungen („iterierte Kerne") auftretende Bildung wurde von Volterra „Komposition zweiter Art" genannt. Ist speziell

$$F_1(x, y) = 0 \quad \text{für} \quad y > x,$$
$$F_2(x, y) = 0 \quad \text{für} \quad y > x,$$

d. h. verschwinden die Funktionen oberhalb der Diagonalen von (a, a) nach (b, b), so ergibt sich die Gestalt

$$F(x, y) = \int\limits_y^x F_1(x, \xi)\, F_2(\xi, y)\, d\xi,$$

die von Volterra „Komposition erster Art" genannt wurde und die bei Integralgleichungen mit variablen Grenzen auftritt, so wie die Komposition zweiter Art bei solchen mit festen Grenzen. Hängen weiterhin die beiden Funktionen F_1, F_2 nur von der Differenz der Variablen ab:

$$F_1(x, y) = F_1(x - y), \qquad F_2(x, y) = F_2(x - y),$$

so ist

$$F(x, y) = \int\limits_y^x F_1(x - \xi)\, F_2(\xi - y)\, d\xi = \int\limits_0^{x-y} F_1(x - y - \tau)\, F_2(\tau)\, d\tau.$$

Das ist das Faltungsintegral für den Wert $x - y$ [94].

Damit die Faltung für $t > 0$ existiert, genügt es, daß F_1 und F_2 I-Funktionen sind (siehe 3.1). Sie ist dann zu definieren durch

$$\lim_{\varepsilon_1 \to 0,\, \varepsilon_2 \to 0} \int\limits_{\varepsilon_1}^{t - \varepsilon_2} F_1(\tau)\, F_2(t - \tau)\, d\tau.$$

Läßt man zu, daß F_1 und F_2 noch an anderen Stellen als $t = 0$ uneigentlich integrabel sind, so braucht $F_1 * F_2$ nicht zu existieren. Beispiel: $F_1 = t^{-\frac{1}{2}}$, $F_2 = |t - 1|^{-\frac{1}{2}}$; für $t = 1$ existiert $F_1 * F_2$ nicht. — Ein anderer naturgemäßer Bereich, in dem $F_1 * F_2$ immer existiert, ist der der quadratisch integrablen Funktionen, der aber für uns aus früher dargelegten Gründen nicht die Bedeutung hat, wie der Bereich der I-Funktionen, den wir im folgenden zugrunde legen.

Ist von den I-Funktionen F_1, F_2 mindestens eine eigentlich integrabel, z. B. F_2, so ist $\lim\limits_{t \to 0} F_1 * F_2 = 0$, denn dann ist $|F_2| < M$, also

$$\left| \int\limits_0^t F_1(\tau)\, F_2(t - \tau)\, d\tau \right| \leq M \int\limits_0^t |F_1(\tau)|\, d\tau \to 0$$

für $t \to 0$. Sind dagegen F_1 und F_2 beide uneigentlich integrabel, so braucht das nicht zu gelten. Beispiel: $F_1(t) = F_2(t) = \dfrac{1}{\sqrt{\pi t}}$. Hier ist für $t > 0$, wie man leicht nachrechnet, $F_1 * F_2 = 1$, also überhaupt konstant.

Die Faltung erfüllt das *kommutative* und das *assoziative Gesetz:*

$$F_1 * F_2 = F_2 * F_1,$$
$$(F_1 * F_2) * F_3 = F_1 * (F_2 * F_3).$$

Das erstere ergibt sich durch die Substitution $t - \tau = u$, für das letztere werden wir in 8.5 einen sehr einfachen Beweis kennenlernen. Auf Grund des assoziativen Gesetzes hat ein symbolisches Produkt $F_1 * F_2 * \cdots * F_n$ auch ohne weitere Angabe einen eindeutigen Sinn. Für $F * F$ schreiben wir kurz F^{*2}, ebenso $F * F * F = F^{*3}$ usw.

Wichtig ist die folgende Eigenschaft der Faltung:

Satz 1. *Die Faltung zweier I-Funktionen ist für $t > 0$ stetig.*

Beweis: Wir haben zu zeigen: Die Differenz $(t + \delta > 0)$

$$D(t, \delta) = F_1 * F_2(t + \delta) - F_1 * F_2(t)$$

$$= \int_0^{t+\delta} F_1(\tau)\, F_2(t + \delta - \tau)\, d\tau - \int_0^t F_1(\tau)\, F_2(t - \tau)\, d\tau$$

ist für alle hinreichend nahe an 0 gelegenen δ absolut genommen beliebig klein. Wir wählen ε_1 und ε_2 so, daß $0 < \varepsilon_1 < t - \varepsilon_2 < t$ ist und zerlegen D zunächst unter der Voraussetzung $\delta > 0$ so:

$$D(t, \delta) = \int_0^{\varepsilon_1} F_1(\tau)\, [F_2(t + \delta - \tau) - F_2(t - \tau)]\, d\tau$$

$$+ \int_{\varepsilon_1}^{t - \varepsilon_2} F_1(\tau)\, [F_2(t + \delta - \tau) - F_2(t - \tau)]\, dt$$

$$+ \int_{t - \varepsilon_2}^{t} F_1(\tau)\, [F_2(t + \delta - \tau) - F_2(t - \tau)]\, d\tau$$

$$+ \int_t^{t + \delta} F_1(\tau)\, F_2(t + \delta - \tau)\, d\tau = I_1 + I_2 + I_3 + I_4 .$$

Man sieht sehr leicht, daß die eventuell uneigentlichen Integrale I_1, I_3, I_4 für alle positiven $\delta < \varepsilon_2$ dadurch beliebig klein gemacht werden können, daß man ε_1 und ε_2 hinreichend klein, aber fest wählt. Da dann F_1 auf der Strecke $\varepsilon_1, \ldots, t - \varepsilon_2$ beschränkt ist: $|F_1(\tau)| < M$, so ist

$$I_2| \leq M \int_{\varepsilon_1}^{t - \varepsilon_2} |F_2(t + \delta - \tau) - F_2(t - \tau)|\, d\tau = M \int_{\varepsilon_2}^{t - \varepsilon_1} |F_2(u + \delta) - F_2(u)|\, du .$$

Nach Hilfssatz 4 (Anhang) ist dieser Ausdruck für alle hinreichend kleinen δ beliebig klein. — Analog verläuft der Beweis für $\delta < 0$.

Die Faltung ist im allgemeinen nicht differenzierbar, wie folgendes Beispiel zeigt:

$$F_1(t) = t^{-\frac{1}{2}}$$

$$F_2(t) = \begin{cases} t^{-\frac{1}{2}} & \text{für} \quad 0 < t \leq 1 \\ 0 & \text{für} \quad t > 1 . \end{cases}$$

Hier ist

$$F_1 * F_2 = \begin{cases} \pi & \text{für} \quad 0 < t \leq 1 \\ \pi - 2\,\mathrm{arc\,tg}\,\sqrt{t - 1} & \text{für} \quad t > 1 . \end{cases}$$

Für $t = 1$ ist $F_1 * F_2$ nicht differenzierbar, da dort die Ableitung von links gleich 0, die von rechts gleich $-\infty$ ist.

Dagegen gilt der

Satz 2. $F_1(t)$, $F_1'(t)$ *und* $F_2(t)$ *seien I-Funktionen,* F_1 *habe für* $t \to +0$ *einen (mit* $F_1(0)$ *bezeichneten) Grenzwert. An jeder Stelle* t, *wo* $F_2(t)$ *die*

*Ableitung von rechts (links) von $\int\limits_0^t F_2(\tau)\,d\tau$ ist (also z. B. an jeder Stetig-
keitsstelle), ist $\Phi(t) = F_1 * F_2$ nach rechts (links) differenzierbar, und
zwar ist*

$$\Phi'(t) = F_1' * F_2 + F_1(0)\,F_2(t).$$

Ist $F_1(0) = 0$, so ist die Voraussetzung $F_2(t) = \dfrac{d}{dt}\int\limits_0^t F_2(\tau)\,d\tau$ überflüssig [95].

Beweis: Unter unseren Voraussetzungen ist

$$\Phi(t) = \int\limits_0^t F_2(t-\tau)\left\{\int\limits_0^\tau F_1'(x)\,dx + F_1(0)\right\}d\tau$$

$$= \int\limits_0^t F_2(t-\tau)\,d\tau \int\limits_0^\tau F_1'(x)\,dx + F_1(0)\int\limits_0^t F_2(\tau)\,d\tau.$$

Da F_1' und F_2 an den eventuell vorhandenen Stellen uneigentlicher
Integrabilität absolut integrabel sind, so kann man das iterierte Integral
in ein Doppelintegral über das Dreieck $0 \le x \le \tau \le t$ der τx-Ebene ver-
wandeln** und dieses dann vermöge der Koordinatentransformation

$$\tau = -y + z + t \quad \text{oder} \quad y = -\tau + x + t$$
$$x = \qquad z \qquad\qquad z = \qquad x$$

überführen in das Doppelintegral

$$\iint F_1'(z)\,F_2(y-z)\,dy\,dz,$$

erstreckt über das Dreieck $0 \le z \le y \le t$ der yz-Ebene. Dieses kann
wiederum als iteriertes Integral geschrieben werden (da das innere
Integral existiert), und man erhält:

$$\Phi(t) = \int\limits_0^t\left\{\int\limits_0^y F_1'(z)\,F_2(y-z)\,dz\right\}dy + F_1(0)\int\limits_0^t F_2(\tau)\,d\tau.$$

---

* Schreibt man $\Phi(t) = \int\limits_0^t F_1(t-\tau)\,F_2(\tau)\,d\tau$, so stimmt die Formel für Φ' mit
der bekannten klassischen Regel für die Ableitung eines Integrals nach einem
Parameter, der im Integranden und in den Grenzen vorkommt, überein:

$$\frac{d}{d\alpha}\int\limits_{h_1(\alpha)}^{h_2(\alpha)} f(x,\alpha)\,dx = \int\limits_{h_1(\alpha)}^{h_2(\alpha)} \frac{\partial f(x,\alpha)}{\partial\alpha}\,dx + h_2'(\alpha)\,f(h_2(\alpha),\alpha) - h_1'(\alpha)\,f(h_1(\alpha),\alpha).$$

Diese Regel ist aber hier wegen der bei ihr üblichen Voraussetzungen nicht anwendbar.

** Wenn das iterierte Integral $\int\limits_a^b du \int\limits_c^d f(u,v)\,dv$ existiert, so braucht das
Doppelintegral $\int\limits_a^b\int\limits_c^d f(u,v)\,du\,dv$ nicht zu existieren. Im obigen Fall aber existiert
das Doppelintegral sicher, da der Integrand das Produkt zweier Faktoren ist, von
denen jeder nur von einer Variablen abhängt.

Hier kommt t nur noch in der oberen Integralgrenze vor. Der erste Integrand ist nach Satz 1 stetig, das erste Integral ist also differenzierbar und hat $F_1' * F_2$ zur Ableitung; beim zweiten nutzen wir die Voraussetzung über F_2 aus, es hat $F_2(t)$ zur Ableitung nach rechts (links).

Die durch (3) definierte Faltung wird uns in der Theorie der einseitig unendlichen Laplace-Transformation begegnen. Bei der *zweiseitig unendlichen Laplace-Transformation* und der *Fourier-Transformation* spielt die Bildung

$$(4) \qquad \int_{-\infty}^{+\infty} F_1(\tau)\, F_2(t-\tau)\, d\tau$$

dieselbe Rolle*. Sie ist das Analogon zum Koeffizienten des Produkts zweier Laurent-Reihen:

$$\sum_{n=-\infty}^{+\infty} a_n z^n \cdot \sum_{n=-\infty}^{+\infty} b_n z^n = \sum_{n=-\infty}^{+\infty} c_n z^n$$

mit

$$c_n = \sum_{\nu=-\infty}^{+\infty} a_\nu\, b_{n-\nu}.$$

Damit (4) für jedes t existiert, ist hinreichend, daß F_1 und F_2 in jedem endlichen Intervall eigentlich und in $(-\infty, +\infty)$ absolut integrabel sind. Verschwinden F_1 und F_2 für $t < 0$, so geht (4) in (3) über.

§ 5. Der Faltungssatz für absolut konvergente Laplace-Integrale und Verallgemeinerungen für bedingt konvergente Laplace-Integrale.

IV_b. *Sind $\mathfrak{L}\{F_1\}$ und $\mathfrak{L}\{F_2\}$ für dasselbe $s = s_0$ absolut konvergent, so konvergiert auch $\mathfrak{L}\{F_1 * F_2\}$ für $s = s_0$ absolut und ist gleich $\mathfrak{L}\{F_1\} \cdot \mathfrak{L}\{F_2\}$.*

Das heißt: Beschränkt man sich auf den Raum l_a derjenigen $f(s)$, die durch absolut konvergente $\mathfrak{L}$-Integrale darstellbar sind, so gehört das Produkt zweier solcher Funktionen wieder zu diesem Raum, und im L_a-Raum entspricht ihm die Faltung[96]:

$$(1) \qquad \mathfrak{L}\{F_1 * F_2\} = \mathfrak{L}\{F_1\} \cdot \mathfrak{L}\{F_2\}.$$

Wir nennen jeden Satz, der unter gewissen Voraussetzungen eine Formel vom Typus (1) behauptet, einen *Faltungssatz*.

Beweis: Wegen der absoluten Konvergenz der Integrale sind folgende Umformungen legitim:

$$\int_0^\infty e^{-s_0 u} F_1(u)\, du \cdot \int_0^\infty e^{-s_0 v} F_2(v)\, dv = \int\int e^{-s_0(u+v)} F_1(u)\, F_2(v)\, du\, dv,$$

---

* Um die verschiedenen Faltungsarten alle durch ein Sternchen symbolisieren und doch unterscheiden zu können, setzt man, wenn Verwechslungen zu befürchten sind, die Integrationsgrenzen an den Stern, z. B.

$$F_1 \overset{t}{\underset{0}{*}} F_2, \qquad F_1 \overset{+\infty}{\underset{-\infty}{*}} F_2.$$

wobei das Doppelintegral über die Viertelebene $u > 0$, $v > 0$ zu erstrecken ist. Die Substitution

$$u + v = t$$
$$v = \tau$$

führt es über in das Doppelintegral

$$\iint e^{-s_0 t}\, F_1(t-\tau)\, F_2(\tau)\, dt\, d\tau,$$

erstreckt über die Achtelebene zwischen der t-Achse und der Geraden $\tau = t$. Dies ist aber gleich dem iterierten, absolut konvergenten Integral

$$\int\limits_0^\infty e^{-s_0 t} \left\{ \int\limits_0^t F_1(t-\tau)\, F_2(\tau)\, d\tau \right\} dt.$$

Aus IV_b ergibt sich ein sehr einfacher Beweis[97] für das *assoziative Gesetz der Faltung*. Sind drei I-Funktionen $F_1(t)$, $F_2(t)$, $F_3(t)$ gegeben, so ändern wir sie für $t > T > 0$ ab und setzen sie dort gleich 0. Dann existieren ihre $\mathfrak{L}$-Transformierten für jedes s und konvergieren absolut. Also konvergiert nach IV_b auch $\mathfrak{L}\{F_1 * F_2\}$ absolut, und es ist abermals nach IV_b

$$\mathfrak{L}\{(F_1 * F_2) * F_3\} = \mathfrak{L}\{F_1 * F_2\} \cdot \mathfrak{L}\{F_3\} = \mathfrak{L}\{F_1\} \cdot \mathfrak{L}\{F_2\} \cdot \mathfrak{L}\{F_3\}.$$

Dasselbe Resultat liefert aber auch $\mathfrak{L}\{F_1 * (F_2 * F_3)\}$. Folglich ist

$$\mathfrak{L}\{(F_1 * F_2) * F_3\} = \mathfrak{L}\{F_1 * (F_2 * F_3)\}$$

und damit nach dem Eindeutigkeitssatz für $0 < t \leqq T$:

$$(F_1 * F_2) * F_3 = F_1 * (F_2 * F_3) + \text{Nullfunktion}.$$

Weil aber beide Faltungen stetig sind, ist die Nullfunktion identisch 0. Da T jede Zahl > 0 bedeuten kann, ist die Behauptung allgemein bewiesen.

Auf dieselbe Weise wie IV_b ergibt sich

Satz 1. *Sind $\mathfrak{L}_{II}\{F_1\}$ und $\mathfrak{L}_{II}\{F_2\}$ für dasselbe $s = s_0$ absolut konvergent, so konvergiert auch $\mathfrak{L}_{II}\left\{ \int\limits_{-\infty}^{+\infty} F_1(\tau)\, F_2(t-\tau)\, d\tau \right\}$ für $s = s_0$ absolut und ist gleich $\mathfrak{L}_{II}\{F_1\} \cdot \mathfrak{L}_{II}\{F_2\}$.*

Ein Spezialfall hiervon ist

Satz 2. *Wenn $\int\limits_{-\infty}^{+\infty} |F_1(x)|\, dx$ und $\int\limits_{-\infty}^{+\infty} |F_2(x)|\, dx$ existieren, also die Fourier-Transformationen $\mathfrak{F}\{F_1\}$ und $\mathfrak{F}\{F_2\}$ für jedes reelle y absolut konvergieren, so konvergiert auch $\mathfrak{F}\left\{ \int\limits_{-\infty}^{+\infty} F_1(\xi)\, F_2(x-\xi)\, d\xi \right\}$ für jedes reelle y absolut und ist gleich $\mathfrak{F}\{F_1\} \cdot \mathfrak{F}\{F_2\}$.*

Wir gehen nun darauf aus, andere Faltungssätze mit teilweise schwächeren Voraussetzungen, dafür aber auch teilweise schwächeren Behauptungen aufzustellen[98].

Für Potenzreihen gilt bekanntlich folgender, manchmal nach Abel benannte Multiplikationssatz:

Sind die drei Reihen

$$\varphi_1(z) = \sum_{n=0}^{\infty} a_n z^n, \qquad \varphi_2(z) = \sum_{n=0}^{\infty} b_n z^n, \qquad \varphi(z) = \sum_{n=0}^{\infty} c_n z^n$$

mit

$$c_n = \sum_{v=0}^{n} a_v b_{n-v}$$

für denselben Wert $z = z_0$ einfach konvergent, so ist $\varphi(z_0) = \varphi_1(z_0)\,\varphi_2(z_0)$.

Der Beweis ist sehr einfach: Die Reihen für φ_1 und φ_2 sind für $|z| < |z_0|$ absolut konvergent, also ist für diese z

$$\varphi_1(z)\,\varphi_2(z) = \varphi(z).$$

Läßt man in dieser Gleichung z (geradlinig) gegen z_0 streben, so ergibt sich wegen der vorausgesetzten Konvergenz der drei Reihen für z_0 nach dem Abelschen Stetigkeitssatz $\varphi_1(z_0)\,\varphi_2(z_0) = \varphi(z_0)$.

Ganz analog gilt für die Laplace-Transformation:

Satz 3. *Sind* $\mathfrak{L}\{F_1\}$, $\mathfrak{L}\{F_2\}$ *und* $\mathfrak{L}\{F_1 * F_2\}$ *für dasselbe* $s = s_0$ *konvergent, so ist für* $s = s_0$

$$\mathfrak{L}\{F_1 * F_2\} = \mathfrak{L}\{F_1\} \cdot \mathfrak{L}\{F_2\}.$$

Der Beweis läßt sich nicht unmittelbar so wie bei Potenzreihen führen, da aus der Konvergenz eines $\mathfrak{L}$-Integrals für $s = s_0$ nicht die absolute Konvergenz für $\Re s > \Re s_0$ folgt. Wir können aber nach Satz 1 [3.2] jedes einfach konvergente Laplace-Integral in ein absolut konvergentes umformen und dann denselben Gedankengang wie oben anwenden. Den angeführten Satz können wir in der Faltungssymbolik so schreiben:

Ist $\mathfrak{L}\{F\}$ für $s = s_0$ einfach konvergent, so ist für $\Re s > \Re s_0$:

$$\mathfrak{L}\{F\} = (s - s_0)\,\mathfrak{L}\{e^{s_0 t} * F\},$$

wobei das $\mathfrak{L}$-Integral auf der rechten Seite absolut konvergiert.

Wir setzen nun $F = F_1 * F_2$ und falten beiderseits zweimal mit $e^{s_0 t}$:

$$e^{s_0 t} * (e^{s_0 t} * F) = (e^{s_0 t} * F_1) * (e^{s_0 t} * F_2).$$

Da für $\Re s > \Re s_0$ das $\mathfrak{L}$-Integral von $e^{s_0 t}$ und nach dem obigen Satz auch das aller drei Klammern absolut konvergiert, so ist nach IV$_b$ für $\Re s > \Re s_0$:

$$\mathfrak{L}\{e^{s_0 t}\} \cdot \mathfrak{L}\{e^{s_0 t} * F\} = \mathfrak{L}\{e^{s_0 t} * F_1\} \cdot \mathfrak{L}\{e^{s_0 t} * F_2\}.$$

Dies bedeutet, abermals nach dem benutzten Satz:

$$\frac{1}{s - s_0}\,\frac{\mathfrak{L}\{F\}}{s - s_0} = \frac{\mathfrak{L}\{F_1\}}{s - s_0}\,\frac{\mathfrak{L}\{F_2\}}{s - s_0},$$

also für $\Re s > \Re s_0$:

$$\mathfrak{L}\{F\} = \mathfrak{L}\{F_1\}\,\mathfrak{L}\{F_2\}.$$

Nach Satz 1 (4.2) folgt hieraus für $s \to s_0$ die Behauptung.

Weitere Faltungssätze für nicht notwendig absolut konvergente $\mathfrak{L}$-Integrale ergeben sich, indem man das Faltungsintegral, bevor man es der $\mathfrak{L}$-Transformation unterwirft, mit gewissen Hilfsfunktionen faltet und es dadurch wieder reif zur Aufspaltung macht. Die Behauptung wird dann allerdings nicht mehr für s_0, sondern nur für $\Re s > s_0$ (reell) ausgesprochen werden können.

Satz 4. *Wenn $\mathfrak{L}\{F_1\}$ für ein reelles $s_0 \geqq 0$ einfach und $\mathfrak{L}\{F_2\}$ für $\Re s > s_0$ absolut konvergiert, so ist für $\Re s > s_0$:*

$$\mathfrak{L}\{1 * F_1 * F_2\} = \frac{1}{s}\,\mathfrak{L}\{F_1\} \cdot \mathfrak{L}\{F_2\},$$

wobei das $\mathfrak{L}$-Integral auf der linken Seite absolut konvergiert.

Beweis: Setzen wir $F = F_1 * F_2$, so ist

$$1 * F = (1 * F_1) * F_2.$$

$1 * F_1$ ist nichts anderes als $\int\limits_0^t F_1(\tau)\,d\tau$. Ist nun zunächst $s_0 > 0$, so konvergiert nach Satz 1 [8.2] $\mathfrak{L}\{1 * F_1\}$ für $\Re s > s_0$ absolut und ist gleich $\frac{1}{s}\,\mathfrak{L}\{F_1\}$. Die Anwendung von $\mathrm{IV_b}$ liefert also die Behauptung. — Ist $s_0 = 0$, so ist nach der Bemerkung zu Satz 1 [8.2] $\mathfrak{L}\{1 * F_1\}$ für $\Re s > 0$ absolut konvergent, so daß $\mathrm{IV_b}$ ergibt:

$$\mathfrak{L}\{1 * F\} = \mathfrak{L}\{1 * F_1\} \cdot \mathfrak{L}\{F_2\},$$

wobei die linke Seite absolut konvergiert. Da nun $\mathfrak{L}\{1\}$, $\mathfrak{L}\{F_1\}$ und $\mathfrak{L}\{1 * F_1\}$ für $\Re s > 0$ konvergieren, so ist nach Satz 3 für $\Re s > 0$:

$$\mathfrak{L}\{1 * F_1\} = \mathfrak{L}\{1\} \cdot \mathfrak{L}\{F_1\} = \frac{1}{s}\,\mathfrak{L}\{F_1\},$$

womit auch in diesem Fall die Behauptung bewiesen ist.

Bemerkung: Für $s_0 < 0$ ist der Satz im allgemeinen falsch. So ist z. B. $\mathfrak{L}\{e^{-t}\}$ für jedes $s > -1$ absolut konvergent, aber $\mathfrak{L}\{1 * e^{-t} * e^{-t}\}$ $= \mathfrak{L}\{1 - e^{-t} - t e^{-t}\}$ konvergiert erst für $s > 0$.

Satz 5. *Wenn $\mathfrak{L}\{F_1\}$ und $\mathfrak{L}\{F_2\}$ für ein reelles $s_0 \geqq 0$ einfach konvergieren, so ist für $\Re s > s_0$:*

$$\mathfrak{L}\{1 * F_1 * 1 * F_2\} = \frac{1}{s^2}\,\mathfrak{L}\{F_1\} \cdot \mathfrak{L}\{F_2\},$$

wobei das $\mathfrak{L}$-Integral auf der linken Seite absolut konvergiert.

Da $1 * 1 = t$ ist, so ist die linke Seite gleich $\mathfrak{L}\{t * F_1 * F_2\}$.

Beweis: Wie bei Satz 4 zeigt man, daß $\mathfrak{L}\{1 * F_1\}$ und $\mathfrak{L}\{1 * F_2\}$ für $\Re s > s_0$ absolut konvergieren und gleich $\frac{1}{s}\,\mathfrak{L}\{F_1\}$ bzw. $\frac{1}{s}\,\mathfrak{L}\{F_2\}$ sind. Die Anwendung von $\mathrm{IV_b}$ liefert die Behauptung.

Aus $\mathrm{IV_b}$, Satz 4 und 5 folgt

Satz 6. *Werden die Abszissen der absoluten Konvergenz von $\mathfrak{L}\{F_1\}$ und $\mathfrak{L}\{F_2\}$ mit α_1 bzw. α_2, die der bedingten Konvergenz mit β_1 bzw. β_2*

bezeichnet, so gilt: Die Abszisse absoluter Konvergenz von

(a) $\qquad \mathfrak{L}\{F_1 * F_2\} \qquad ist \leq \operatorname{Max}(\alpha_1, \alpha_2),$

(b) $\qquad \mathfrak{L}\{1 * F_1 * F_2\} \qquad ist \leq \begin{cases} \operatorname{Max}(\beta_1, \alpha_2, 0) \\ \operatorname{Max}(\alpha_1, \beta_2, 0) \end{cases}$

(c) $\qquad \mathfrak{L}\{1 * F_1 * 1 * F_2\} \ ist \leq \operatorname{Max}(\beta_1, \beta_2, 0).$

In den Sätzen 4 und 5 wurde die Faltung so erweitert, daß ihr $\mathfrak{L}$-Integral sogar absolut konvergierte. Es gilt nun folgendes Seitenstück zu Satz 4, bei dem die Faltung in der ursprünglichen Gestalt $F_1 * F_2$ auftritt, dafür aber auch nur einfache Konvergenz des $\mathfrak{L}$-Integrals ausgesagt werden kann.

Satz 7. *Wenn* $\mathfrak{L}\{F_1\}$ *für ein beliebiges* s *absolut und* $\mathfrak{L}\{F_2\}$ *für dasselbe* s *einfach konvergiert, so konvergiert* $\mathfrak{L}\{F_1 * F_2\}$ *auch für* s *einfach, und es ist* [99]

$$\mathfrak{L}\{F_1 * F_2\} = \mathfrak{L}\{F_1\} \cdot \mathfrak{L}\{F_2\}.$$

Beweis: Die Funktion $e^{-st} F_1(\tau) F_2(t-\tau)$ ist in dem Dreieck $0 < \tau < t < T$ der $t\tau$-Ebene zweidimensional integrabel, ihr Integral läßt sich durch iterierte Integrale ausrechnen, da diese existieren:

$$I_1(T) = \int_0^T e^{-st}\, dt \int_0^t F_1(\tau)\, F_2(t-\tau)\, d\tau = \int_0^T F_1(\tau)\, d\tau \int_\tau^T e^{-st} F_2(t-\tau)\, dt.$$

Durch die Substitution

$$t = \tau + u$$

erhält man rechts:

$$I_1(T) = \int_0^T e^{-s\tau} F_1(\tau)\, d\tau \int_0^{T-\tau} e^{-su} F_2(u)\, du.$$

Wir setzen nun:

$$\mathfrak{L}\{F_1\} = f_1(s), \qquad \mathfrak{L}\{F_2\} = f_2(s), \qquad \int_v^\infty e^{-su} F_2(u)\, du = \Psi(v).$$

Dann ist:

$$I_1(T) = \int_0^T e^{-s\tau} F_1(\tau)\, [f_2(s) - \Psi(T-\tau)]\, d\tau,$$

also

$$\int_0^T e^{-st}\, dt \int_0^t F_1(\tau)\, F_2(t-\tau)\, d\tau = f_2(s) \int_0^T e^{-s\tau} F_1(\tau)\, d\tau - \int_0^T e^{-s\tau} F_1(\tau)\, \Psi(T-\tau)\, d\tau.$$

Offenbar genügt es jetzt, nachzuweisen, daß

$$I_2(T) = \int_0^T e^{-s\tau} F_1(\tau)\, \Psi(T-\tau)\, d\tau \to 0 \qquad \text{für} \qquad T \to \infty.$$

Dazu zerlegen wir $I_2(T)$ folgendermaßen:

$$I_2(T) = \int_0^{\frac{T}{2}} e^{-s\tau} F_1(\tau)\, \Psi(T-\tau)\, d\tau + \int_{\frac{T}{2}}^T \cdots = I_3(T) + I_4(T).$$

Es ist

$$|I_3(T)| \leqq \operatorname*{Max}_{\frac{T}{2} \leqq v \leqq T} |\Psi(v)| \cdot \int\limits_0^{\frac{T}{2}} |e^{-\tau} F_1(\tau)| \, d\tau.$$

Nun ist aber

$$\lim_{v \to \infty} \Psi(v) = 0,$$

so daß für $T \to \infty$ der erste Faktor der Abschätzung gegen 0 strebt, während der zweite wegen der vorausgesetzten absoluten Konvergenz von $\mathfrak{L}\{F_1\}$ einen endlichen Grenzwert hat. Also ist $I_2(T) \to 0$ für $T \to \infty$. Ferner ist

$$|I_4(T)| \leqq \operatorname*{Max}_{0 \leqq v \leqq \frac{T}{2}} |\Psi(v)| \cdot \int\limits_{\frac{T}{2}}^{T} |e^{-s\tau} F_1(\tau)| \, d\tau.$$

Hier ist der erste Faktor beschränkt (da $\Psi(v)$ für $v \geqq 0$ stetig ist und für $v \to \infty$ einen Grenzwert hat), während der zweite mit wachsendem T gegen 0 strebt. Also ist $I_4(T) \to 0$ für $T \to \infty$.

*　　*　　*

Im Falle bedingter Konvergenz von $\mathfrak{L}\{F_1\}$ und $\mathfrak{L}\{F_2\}$ kann man zwar, wie Satz 5 zeigt, das Produkt aus $\frac{1}{s^2}$ und den beiden $\mathfrak{L}$-Integralen wieder als $\mathfrak{L}$-Integral schreiben, aber nicht genommen über die Faltung. Das $\mathfrak{L}$-Integral der Faltung braucht nicht zu konvergieren. Das steht in Analogie zu der Tatsache, daß das Cauchysche Produkt zweier (in einem Punkt) bedingt konvergenter (Potenz-)Reihen nicht zu konvergieren braucht. Diese Schwierigkeit wird durch die *Cesàrosche Summabilitätstheorie* überwunden: Das Produkt ist wenigstens Cesàro-summabel erster Ordnung, d. h. das arithmetische Mittel seiner Partialsummen konvergiert. Allgemeiner ist das Cauchysche Produkt einer (C, k_1)-summablen und einer (C, k_2)-summablen Reihe (k_1 und $k_2 > -1$) sicher $(C, k_1 + k_2 + 1)$-summabel*. Eine analoge Theorie läßt sich für das $\mathfrak{L}$-Integral aufstellen: Anstatt die Konvergenz von

$$\Phi(T) = \int\limits_0^T e^{-st} F(t) \, dt$$

für $T \to \infty$ zu verlangen, untersucht man gewisse den arithmetischen Mitteln nachgebildete Integralmittel der Funktion $\Phi(T)$ [siehe S. 204]. Wenn das Mittel k-ter Ordnung konvergiert, so kann man sagen, es existiere die *verallgemeinerte Laplace-Transformierte* $\mathfrak{L}^{(k)}$ von F (für den Wert s). Es gilt dann in Analogie zu dem Satz von Cesàro:

---

* Siehe z. B. K. Knopp: Theorie und Anwendung der unendlichen Reihen, S. 506. 3. Aufl., Berlin 1931.

Allgemeiner Faltungssatz. *Wenn* $\mathfrak{L}^{(k_1)}\{F_1\}$ *und* $\mathfrak{L}^{(k_2)}\{F_2\}$ *mit* $k_1 \geqq 0$, $k_2 \geqq 0$ *für* $s = s_0$ *konvergieren und gleich* $f_1(s_0)$ *bzw.* $f_2(s_0)$ *sind, so konvergiert* $\mathfrak{L}^{(k_1+k_2+1)}\{F_1 * F_2\}$ *für* s_0 *und ist gleich* $f_1(s_0) \cdot f_2(s_0)$:

$$\mathfrak{L}^{(k_1+k_2+1)}\{F_1 * F_2\} = \mathfrak{L}^{(k_1)}\{F_1\} \cdot \mathfrak{L}^{(k_2)}\{F_2\}\,^{100}.$$

Ein näheres Eingehen auf diese Theorie würde hier zu weit führen.

§ 6. Abbildung des Produktes im L^0- bzw. l^0-Raum (einseitig unendliche Laplace-Transformation).

In diesem und dem folgenden Paragraphen beschäftigen wir uns mit einem Spezialfall, wo das Produkt in jedem der beiden Räume, dem L-Raum und dem l-Raum, wieder dazugehört und als Abbild eine Faltung hat.

1. Produkt zweier L^0-Funktionen.

F_1 und F_2 seien L^0-Funktionen, d. h. ganze Funktionen, für deren Maximum $M_1(r)$ bzw. $M_2(r)$ auf $|t| = r$ gilt (siehe 5.1):

$$\overline{\lim_{r \to \infty}} \frac{\log M_1(r)}{r} = \varrho_1, \qquad \overline{\lim_{r \to \infty}} \frac{\log M_2(r)}{r} = \varrho_2.$$

Die zugehörigen l^0-Funktionen f_1 und f_2 sind dann genau außerhalb des Kreises $|s| = \varrho_1$ bzw. $|s| = \varrho_2$ (und außerhalb keines kleineren Kreises) regulär. Wir behaupten nun:

IV_a^0. *$F(t) = F_1(t) \cdot F_2(t)$ ist auch eine L^0-Funktion, für die*

$$\varrho = \overline{\lim_{r \to \infty}} \frac{\log M(r)}{r} \leqq \varrho_1 + \varrho_2$$

ist. Ihr entspricht eine mindestens für $|s| > \varrho_1 + \varrho_2$ *reguläre l^0-Funktion, die sich aus* f_1 *und* f_2 *durch die „komplexe Faltung"* *

$$f(s) = \frac{1}{2\pi i} \int f_1(s-z)\, f_2(z)\, dz$$

berechnet, wobei das Integral im positiven Sinn über einen Kreis $|z| = P$ *zu erstrecken ist, für den gilt:*

$$\varrho_2 < P < |s| - \varrho_1\,^{101}.$$

Beweis: Da offenbar $M(r) \leqq M_1(r)\, M_2(r)$ ist, so ist

$$\overline{\lim_{r \to \infty}} \frac{\log M(r)}{r} \leqq \overline{\lim_{r \to \infty}} \left(\frac{\log M_1(r)}{r} + \frac{\log M_2(r)}{r} \right)$$

$$\leqq \overline{\lim_{r \to \infty}} \frac{\log M_1(r)}{r} + \overline{\lim_{r \to \infty}} \frac{\log M_2(r)}{r} = \varrho_1 + \varrho_2.$$

$F(t)$ ist also eine L^0-Funktion und hat daher eine zugehörige l^0-Funktion $f(s)$, die sich zunächst einmal für $\Re s > \varrho_1 + \varrho_2$ so darstellen läßt:

$$f(s) = \int\limits_0^\infty e^{-st}\, F_1(t)\, F_2(t)\, dt.$$

---

* Faltet man die komplexe Ebene längs der Mittelsenkrechten zu der Strecke $0 \ldots s$ und dann nochmals längs $0 \ldots s$ selbst, so fallen die Punkte z und $s - z$ zusammen.

Nun ist nach 5.1:

$$F_2(t) = \frac{1}{2\pi i} \int e^{tz} f_2(z)\, dz,$$

wo das Integral über jeden Kreis $|z| = P$ mit $P > \varrho_2$ erstreckt werden kann, also

$$f(s) = \frac{1}{2\pi i} \int\limits_0^\infty e^{-st} F_1(t)\, dt \int\limits_{|z|=P} e^{tz} f_2(z)\, dz.$$

Wählen wir nun noch $P < \Re s - \varrho_1$, so ist

$$\Re(s-z) \geqq \Re s - P > \varrho_1,$$

und die Werte $s-z$ gehören also einem endlichen Bereich im Innern der Konvergenzhalbebene von $\mathfrak{L}\{F_1\}$ an, so daß $\int\limits_0^\infty e^{-(s-z)t} F_1(t)\, dt$ gleichmäßig für $|z| = P$ konvergiert und wir die Integrationsfolge vertauschen können:

$$f(s) = \frac{1}{2\pi i} \int\limits_{|z|=P} f_2(z)\, dz \int\limits_0^\infty e^{-(s-z)t} F_1(t)\, dt$$

$$= \frac{1}{2\pi i} \int\limits_{|z|=P} f_2(z) f_1(s-z)\, dz.$$

Hier ist zunächst $\Re s > \varrho_1 + \varrho_2$ und $\varrho_2 < P < \Re s - \varrho_1$. Wir können die Formel aber ebenso für jedes s mit $|s| > \varrho_1 + \varrho_2$ und dementsprechend $\varrho_2 < P < |s| - \varrho_1$ beweisen, indem wir in der Darstellung von $f(s)$ durch ein $\mathfrak{L}$-Integral und analog in der von $f_1(s-z)$ nicht die positiv reelle Achse, sondern einen beliebigen Strahl von O aus als Integrationsweg verwenden (siehe 5.1), wodurch die Halbebene $\Re s > \varrho_1 + \varrho_2$ durch jede beliebige, den Kreis $|z| = \varrho_1 + \varrho_2$ von außen berührende Halbebene ersetzt werden kann.

2. Produkt zweier l^0-Funktionen.

Wenn f_1 und f_2 l^0-Funktionen, also F_1 und F_2 L^0-Funktionen sind, so sind $\mathfrak{L}\{F_1\}$ und $\mathfrak{L}\{F_2\}$ überall, wo sie konvergieren, auch absolut konvergent. Es gilt also für sie der Faltungssatz IV$_\mathrm{b}$. Man kann nun aber diesen Satz, der sich nur auf reelle t und einen reellen Integrationsweg im Faltungsintegral bezieht, für l^0-Funktionen so verallgemeinern:

IV$_\mathrm{b}^0$. *Sind f_1 und f_2 l^0-Funktionen, so ist auch $f(s) = f_1(s) \cdot f_2(s)$ eine l^0-Funktion. Die zu ihr gehörige L^0-Funktion $F(t)$ berechnet sich aus F_1 und F_2 durch die verallgemeinerte Faltung*

$$F(t) = \int\limits_0^t F_1(\tau) F_2(t-\tau)\, d\tau,$$

wo t jeden komplexen Wert bedeuten kann und das Integral längs der Strecke $0 \dots t$ oder einer beliebigen rektifizierbaren Kurve von O nach t zu erstrecken ist.

Beweis: Den Beweis kann man auf mehrere Arten führen. Am einfachsten ist es, IV_b^0 auf IV_b zurückzuführen, indem man, wenn $t = r \cdot e^{i\varphi}$ ist, f_1 und f_2 in einem gewissen Teil ihres Existenzgebietes, nämlich in einer Halbebene mit einer Begrenzungsgeraden senkrecht zur Richtung $-\varphi$, durch

$$f_1(s) = \int\limits_0^{\infty e^{i\varphi}} e^{-sz} F_1(z)\, dz = \int\limits_0^\infty e^{-sre^{i\varphi}} F_1(r\,e^{i\varphi})\, e^{i\varphi}\, dr,$$

$$f_2(s) = \int\limits_0^{\infty e^{i\varphi}} e^{-sz} F_2(z)\, dz = \int\limits_0^\infty e^{-sre^{i\varphi}} F_2(r\,e^{i\varphi})\, e^{i\varphi}\, dr$$

darstellt, was nach 5.2 möglich ist, und

$$e^{i\varphi} F_1(r\,e^{i\varphi}) = \Phi_1(r), \quad e^{i\varphi} F_2(r\,e^{i\varphi}) = \Phi_2(r)$$

setzt. Dann ist

$$f_1(s) = \mathfrak{L}\{\Phi_1;\ s\,e^{i\varphi}\}, \qquad f_2(s) = \mathfrak{L}\{\Phi_2;\ s\,e^{i\varphi}\},$$

wo diese $\mathfrak{L}$-Integrale im gewöhnlichen Sinn, nämlich längs der positiv reellen Achse, zu nehmen sind, und die $s\,e^{i\varphi}$ eine Halbebene mit vertikaler Begrenzung ausmachen. Da die $\mathfrak{L}$-Integrale absolut konvergieren, weil F_1 und F_2 vom Exponentialtypus sind, so ist IV_b anwendbar und ergibt: Zu $f(s) = f_1(s)\, f_2(s)$ gehört eine Funktion $\Phi(r)$, so daß

$$f(s) = \mathfrak{L}\{\Phi;\ s\,e^{i\varphi}\} = \int\limits_0^\infty e^{-sre^{i\varphi}} \Phi(r)\, dr$$

ist, und $\Phi(r)$ berechnet sich so:

$$\Phi(r) = \int\limits_0^r \Phi_1(\varrho)\, \Phi_2(r-\varrho)\, d\varrho.$$

Setzen wir $\Phi(r) = e^{i\varphi} F(re^{i\varphi})$, so können wir das Resultat so schreiben: Es gibt eine Funktion $F(t) = F(r\,e^{i\varphi})$, so daß

$$f(s) = \int\limits_0^\infty e^{-sre^{i\varphi}} e^{i\varphi} F(r\,e^{i\varphi})\, dr = \int\limits_0^{\infty e^{i\varphi}} e^{-st} F(t)\, dt = \mathfrak{L}\{F\}$$

ist, und F berechnet sich so:

$$e^{i\varphi} F(r\,e^{i\varphi}) = \int\limits_0^r e^{i\varphi} F_1(\varrho\,e^{i\varphi})\, e^{i\varphi} F_2((r-\varrho)\,e^{i\varphi})\, d\varrho$$

oder

$$F(t) = \int\limits_0^t F_1(\tau)\, F_2(t-\tau)\, d\tau.$$

Dabei ist das Integral längs der Strecke $0\ldots t$ zu nehmen, an deren Stelle nach dem Cauchyschen Satz wegen der Regularität von F_1 und F_2 jede rektifizierbare Kurve von 0 nach t treten kann.

Man könnte den Beweis auch unabhängig von IV_b in den Bahnen des Beweises von IV_a^0 führen, indem man zunächst $F(t)$ durch ein komplexes Integral ausdrückt:

$$F(t) = \frac{1}{2\pi i} \int_C e^{ts} f_1(s)\, f_2(s)\, ds,$$

$f_2(s)$ durch sein Laplace-Integral darstellt und dann die Reihenfolge der Integrale vertauscht. Dabei kann man aber für C keinen Kreis um den Nullpunkt verwenden, weil das $\mathfrak{L}$-Integral für $f_2(s)$ nicht für alle s auf C konvergieren würde. Man muß vielmehr die allgemeine Darstellung nach Satz 2 [6.5] benutzen. Diese läßt sich für l^0-Funktionen dahin verallgemeinern, daß man als Integrationsweg eine beliebige Gerade außerhalb des Konvergenzkreises von $f(s)$ benutzen kann. In dem $\mathfrak{L}$-Integral $f_2(s) = \int e^{-s\tau} F_2(\tau)\, d\tau$ wählt man den Integrationsstrahl so, daß es gerade für die s auf jener Geraden konvergiert. Vertauscht man dann die Integrationsfolge, so erhält man

$$\int F_2(\tau)\, d\tau\, \frac{1}{2\pi i} \int e^{(t-\tau)s} f_1(s)\, ds.$$

Das innere Integral liefert $F_1(t-\tau)$ für $\Re(t-\tau) > 0$ und 0 für $\Re(t-\tau) < 0$, so daß sich das gewünschte Faltungsintegral ergibt.

Man kann den Satz IV_a^0 nicht auf *Dirichletsche Reihen* anwenden, da in der Darstellung einer solchen als $\mathfrak{L}$-Integral (siehe 3.5) die L-Funktion keine reguläre Funktion ist. Für Dirichletsche Reihen existiert aber trotzdem ein in mancher Hinsicht analoger Satz, nämlich [102]:

Wenn

$$f(s) = \sum_{n=1}^{\infty} b_n e^{-\lambda_n s}$$

für $s > \alpha_1$ bedingt, für $s > \alpha_1 + \tau_1$ $(\tau_1 > 0)$ absolut konvergiert,

$$g(s) = \sum_{n=1}^{\infty} c_n e^{-\lambda_n s}$$

für $s > \alpha_2$ bedingt, für $s > \alpha_2 + \tau_2$ $(\tau_2 > 0)$ absolut konvergiert und

$$\beta > \alpha_1, \quad \gamma > \alpha_2, \quad \frac{\beta - \alpha_1}{\tau_1} + \frac{\gamma - \alpha_2}{\tau_2} > 1$$

ist, dann gilt:

$$\sum_{1}^{\infty} b_n c_n e^{-\lambda_n(\beta + \gamma)} = \lim_{\omega \to \infty} \frac{1}{2\omega} \int_{-\omega}^{+\omega} f(\beta + ti)\, g(\gamma - ti)\, dt.$$

Während bei der Anwendung von IV_a^0 für F_1 und F_2 die Summen der Koeffizienten b_n bzw. c_n zu setzen wären, treten bei diesem Satz die Koeffizienten selbst auf, dafür ist aber die Faltung von f und g nicht durch ein Integral, sondern einen Integralmittelwert zu definieren.

§ 7. Abbildung des Produktes im L_{II}^0- bzw. l_{II}^0-Raum (zweiseitig unendliche Laplace-Transformation).

1. Produkt zweier L_{II}^0-Funktionen.

$F_1(t)$ und $F_2(t)$ seien L_{II}^0-Funktionen, d. h. Funktionen, die in dem Horizontalstreifen $|\eta| \le \eta_0$ regulär sind $(t = \xi + i\eta)$ und dort der Abschätzung genügen:

$$|F_1(t)| < C_1^{(1} \, e^{x_1'^{(1)}\xi} \quad \text{bzw.} \quad |F_2(t)| < C_1^{(2)} \, e^{x_1'^{(2)}\xi} \quad \text{für} \quad \xi \ge 0,$$

$$|F_1(t)| < C_2^{(1} \, e^{x_2'^{(1)}\xi} \quad \text{bzw.} \quad |F_2(t)| < C_2^{(2)} \, e^{x_2'^{(2)}\xi} \quad \text{für} \quad \xi < 0$$

mit

$$x_1^{(1)} < x_2^{(1)} \quad \text{bzw.} \quad x_1^{(2)} < x_2^{(2)}.$$

Die zugehörigen l_{II}^0-Funktionen

$$f_1(s) = \int_{-\infty+i\eta}^{+\infty+i\eta} e^{-st} F_1(t)\, dt \quad \text{bzw.} \quad f_2(s) = \int_{-\infty+i\eta}^{+\infty+i\eta} e^{-st} F_2(t)\, dt \quad (|\eta| \le \eta_0)$$

sind in den Vertikalstreifen $(s = x + iy)$

$$x_1^{(1)} < x < x_2^{(1)} \quad \text{bzw.} \quad x_1^{(2)} < x < x_2^{(2)}$$

regulär und genügen in jedem schmaleren Streifen

$$x_1^{(1)} + \delta \le x \le x_2^{(1)} - \delta \quad \text{bzw.} \quad x_1^{(2)} + \delta \le x \le x_2^{(2)} - \delta \qquad (\delta > 0)$$

einer Abschätzung

$$|f_1(s)| < C_1(\delta)\, e^{-\eta_0|y|} \quad \text{bzw.} \quad |f_2(s)| < C_2(\delta)\, e^{-\eta_0|y|}$$

(siehe 6.7). Wir behaupten:

Satz 1. $F(t) = F_1(t) \cdot F_2(t)$ *ist in* $|\eta| \le \eta_0$ *ebenfalls eine L_{II}^0-Funktion. Ihr entspricht eine mindestens in* $x_1^{(1)} + x_1^{(2)} < \Re s < x_2^{(1)} + x_2^{(2)}$ *reguläre l_{II}^0-Funktion $f(s)$, die sich in diesem Streifen aus f_1 und f_2 durch die komplexe Faltung*

$$f(s) = \frac{1}{2\pi i} \int_{x-i\infty}^{x+i\infty} f_1(s-\sigma) f_2(\sigma)\, d\sigma$$

berechnet, wo

$$x_1^{(2)} < x < x_2^{(2)}, \qquad \Re s - x_2^{(1)} < x < \Re s - x_1^{(1)}$$

zu wählen ist * [103].

Beweis: Da die übrigen Behauptungen klar sind, so handelt es sich nur um den Ausdruck für $f(s)$. Für $x_1^{(1)} + x_1^{(2)} < \Re s < x_2^{(1)} + x_2^{(2)}$ ist

$$f(s) = \int_{-\infty}^{+\infty} e^{-st} F_1(t)\, F_2(t)\, dt.$$

Nach Satz 3 [6.7] ist

$$F_2(t) = \frac{1}{2\pi i} \int_{x-i\infty}^{x+i\infty} e^{ts} f_2(s)\, ds \qquad (x_1^{(2)} < x < x_2^{(2)}),$$

---

* Diese Bedingungen sind verträglich, da in unserem Streifen $x_1^{(2)} < \Re s - x_1^{(1)}$, $\Re s - x_2^{(1)} < x_2^{(2)}$, $\Re s - x_2^{(1)} < \Re s - x_1^{(1)}$ ist.

also

$$f(s) = \frac{1}{2\pi i} \int\limits_{-\infty}^{+\infty} e^{-st} F_1(t)\, dt \int\limits_{x-i\infty}^{x+i\infty} e^{t\sigma} f_2(\sigma)\, d\sigma.$$

Wählen wir nun noch $\Re s - x_2^{(1)} < x < \Re s - x_1^{(1)}$, d. h. $x_1^{(1)} < \Re s - x < x_2^{(1)}$, so bleibt das iterierte Integral infolge der Schranken für $F_1(t)$ und $f_2(z)$ konvergent, wenn alle Funktionen durch ihre Absolutbeträge ersetzt werden:

$$\int\limits_{-\infty}^{+\infty} \left| e^{-st} F_1(t) \right| dt \int\limits_{-\infty}^{+\infty} \left| e^{t(x+iy)} f_2(x+iy) \right| dy \leqq$$

$$\leqq \int\limits_{0}^{\infty} e^{-\Re s\, t} C_1^{(1)} e^{x_1^{(1)} t}\, dt \int\limits_{-\infty}^{+\infty} e^{tx} C_2 e^{-\eta_0 |y|}\, dy + \int\limits_{-\infty}^{0} e^{-\Re s\, t} C_2^{(1)} e^{x_2^{(1)} t} \int\limits_{-\infty}^{+\infty} e^{tx} C_2 e^{-\eta_0 |y|}\, dy$$

$$= C_1^{(1)} \frac{2 C_2}{\eta_0} \int\limits_{0}^{\infty} e^{-t(\Re s - x_1^{(1)} - x)}\, dt + C_2^{(1)} \frac{2 C_2}{\eta_0} \int\limits_{-\infty}^{0} e^{t(x - \Re s + x_2^{(1)})}\, dt.$$

Wegen $\Re s - x_1^{(1)} - x > 0$ und $x - \Re s + x_2^{(1)} > 0$ konvergieren die Integrale. Nach Hilfssatz 2 (Anhang) können wir also die Integrationsfolge vertauschen:

$$f(s) = \frac{1}{2\pi i} \int\limits_{x-i\infty}^{x+i\infty} f_2(\sigma)\, d\sigma \int\limits_{-\infty}^{+\infty} e^{-(s-\sigma)t} F_1(t)\, dt$$

$$= \frac{1}{2\pi i} \int\limits_{x-i\infty}^{x+i\infty} f_2(\sigma)\, f_1(s-\sigma)\, d\sigma.$$

2. Produkt zweier l_{II}^{0}-Funktionen.

Wir können hier den Satz 1 [8.5], der sich nur auf reelle t und reelle Faltung bezieht, aufs Komplexe verallgemeinern. f_1 und f_2 seien l_{II}^{0}-Funktionen, d. h. Funktionen, die in dem Vertikalstreifen $(s = x + iy)$ $x_1 \leqq x \leqq x_2$ regulär sind und dort den Abschätzungen genügen:

$$|f_1(s)| < C_1 e^{-\eta_0^{(1)} |y|} \quad (\eta_0^{(1)} > 0) \quad \text{bzw.} \quad |f_2(s)| < C_2 e^{-\eta_0^{(2)} |y|} \quad (\eta_0^{(2)} > 0).$$

Die zugehörigen L_{II}^{0}-Funktionen

$$F_1(t) = \frac{1}{2\pi i} \int\limits_{x-i\infty}^{x+i\infty} e^{ts} f_1(s)\, ds \quad \text{bzw.} \quad F_2(t) = \frac{1}{2\pi i} \int\limits_{x-i\infty}^{x+i\infty} e^{ts} f_2(s)\, ds$$

$$(x_1 \leqq x \leqq x_2)$$

sind in den Horizontalstreifen $(t = \xi + i\eta)$

$$|\eta| < \eta_0^{(1)} \quad \text{bzw.} \quad |\eta| < \eta_0^{(2)}$$

regulär und genügen in jedem schmaleren Streifen

$$|\eta| \leqq \eta_0^{(1)} - \varepsilon \quad \text{bzw.} \quad |\eta| \leqq \eta_0^{(2)} - \varepsilon \qquad (0 < \varepsilon < \eta_0)$$

einer Abschätzung

$$|F_1(t)| < C_1^{(1)}(\varepsilon)\, e^{x_1\xi} \qquad \text{bzw.} \qquad |F_2(t)| < C_1^{(2)}(\varepsilon)\, e^{x_1\xi} \qquad \text{für} \quad \xi \geqq 0,$$

$$|F_1(t)| < C_2^{(1)}(\varepsilon)\, e^{x_2\xi} \qquad \text{bzw.} \qquad |F_2(t)| < C_2^{(2)}(\varepsilon)\, e^{x_2\xi} \qquad \text{für} \quad \xi < 0$$

(siehe 6.7). Wir behaupten:

Satz 2. $f(s) = f_1(s) \cdot f_2(s)$ *ist in* $x_1 \leqq x \leqq x_2$ *ebenfalls eine* l_{II}^0*-Funktion. Ihr entspricht eine mindestens in* $|\eta| < \eta_0^{(1)} + \eta_0^{(2)}$ *reguläre* L_{II}^0*-Funktion* $F(t)$, *die sich in diesem Streifen aus* F_1 *und* F_2 *durch die verallgemeinerte Faltung*

$$F(t) = \int\limits_{-\infty+i\eta}^{+\infty+i\eta} F_1(\tau)\, F_2(t-\tau)\, d\tau$$

berechnet, wo

$$|\eta| < \eta_0^{(1)} \qquad \text{und} \qquad |\Im t - \eta| < \eta_0^{(2)}$$

zu wählen ist. (Die Bedingungen sind verträglich.)

Beweis: $F(t)$ läßt sich für $|\Im t| < \eta_0^{(1)} + \eta_0^{(2)}$ so darstellen:

$$F(t) = \frac{1}{2\pi i} \int\limits_{x-i\infty}^{x+i\infty} e^{ts}\, f_1(s)\, f_2(s)\, ds \qquad\qquad (x_1 < x < x_2)$$

$$= \frac{1}{2\pi i} \int\limits_{x-i\infty}^{x+i\eta} e^{ts}\, f_2(s)\, ds \int\limits_{-\infty+i\eta}^{+\infty+i\eta} e^{-s\tau}\, F_1(\tau)\, d\tau \qquad (|\eta| < \eta_0^{(1)}).$$

(Das innere Integral konvergiert für $x_1 < \Re s < x_2$, also für diejenigen s, die in dem äußeren Integral gebraucht werden.) Wählt man nun außerdem $|\Im t - \eta| < \eta_0^{(2)}$, so bleibt das iterierte Integral, wie man analog zum Beweis von Satz 1 nachrechnet, konvergent, wenn man die Funktionen durch ihre Absolutbeträge ersetzt, so daß man die Integrationsfolge vertauschen kann:

$$F(t) = \int\limits_{-\infty+i\eta}^{+\infty+i\eta} F_1(\tau)\, d\tau \int\limits_{x-i\infty}^{x+i\infty} e^{(t-\tau)s}\, f_2(s)\, ds$$

$$= \int\limits_{-\infty+i\eta}^{+\infty+i\eta} F_1(\tau)\, F_2(t-\tau)\, d\tau.$$

Zusatz: Da die zweiseitig unendliche Laplace-Transformation mit der *Mellin-Transformation* äquivalent ist, so kann man Satz 1 und 2 auch für letztere aussprechen. Unterdrücken wir die ausführlichen Voraussetzungen, die leicht nachgeholt werden können, so lauten die entsprechenden Aussagen kurz so, daß dem Produkt zweier in demselben Winkelraum regulären M^0-Funktionen $\Phi_1(z)$, $\Phi_2(z)$ die Funktion

$$\varphi(s) = \frac{1}{2\pi i} \int\limits_{x-i\infty}^{x+i\infty} \varphi_1(s-u)\, \varphi_2(u)\, du$$

und dem Produkt zweier in demselben Streifen regulären m^0-Funktionen $\varphi_1(s)$, $\varphi_2(s)$ die Funktion

$$\Phi(z) = \int\limits_0^{\infty e^{i\vartheta}} \Phi_1(\zeta)\,\Phi_2\left(\frac{z}{\zeta}\right)\frac{d\zeta}{\zeta}$$

entspricht.

II. Teil.

Reihenentwicklungen.

Mit diesem Teil beginnen wir die Reihe der *Anwendungen* der Laplace-Transformation. Sie gruppieren sich alle um die Idee, die Eigenschaften von speziellen Funktionen oder ganzen Klassen von Funktionen dadurch zu studieren, daß man sie vermöge einer Funktionaltransformation auf andere Funktionen *abbildet* und nun untersucht, wie sich die Eigenschaften der Objektfunktion in denen der Resultatfunktion widerspiegeln und umgekehrt. Man kann das als eine Art „*Übersetzung*" auffassen: Eine in der „Sprache" des einen Funktionsraumes ausgedrückte und dort oft fast selbstverständliche Tatsache gewinnt durch den Akt der „Übersetzung", d. h. der Funktionaltransformation, in der „Sprache" des Bildraumes eine, häufig einen tiefliegenden Sachverhalt ausdrückende Gestalt* (vgl. auch das zu Beginn des 8. Kapitels Gesagte). Wir zeigen die Verwirklichung dieser Idee zunächst an dem formal einfachsten Anwendungsbeispiel, nämlich an Reihenentwicklungen.

9. Kapitel.

Die Übertragung von Reihenentwicklungen.

Der Entwicklung der Objektfunktion in eine gewisse Reihe entspricht eine bestimmte Reihenentwicklung der Resultatfunktion und umgekehrt. Von einem anderen Gesichtspunkt aus ist uns diese Beziehung schon im 7. Kapitel über die Umkehrung der Laplace-Transformation entgegengetreten. Dort wurden *allgemeine Typen von Entwicklungen* betrachtet, die sich bei ganzen Klassen von Funktionen anwenden lassen. Jetzt dagegen konzentriert sich das Interesse mehr auf *spezielle* Funktionen mit gerade ihnen eigentümlichen Reihendarstellungen. Es werden sich dabei überraschende Zusammenhänge zwischen scheinbar sehr weit auseinanderliegenden Reihenentwicklungen ergeben. Natürlich kann es

---

* Daß der Sachverhalt in dem einen Raum tief, in dem anderen an der Oberfläche liegen kann, erklärt sich daraus, daß die Schwierigkeit nunmehr in den Akt der Übersetzung verlegt ist. Wenn in der Funktionentheorie z. B. der Picardsche Satz vermittels der elliptischen Modulfunktion auf den trivialen Liouvilleschen zurückgeführt werden kann, so liegt die ganze Schwierigkeit jetzt in der Theorie der Modulfunktion.

sich dabei nur um Vorführung einiger besonders schlagender Beispiele handeln, die den Leser anregen mögen, ähnliche Zusammenhänge zwischen anderen Entwicklungen aufzusuchen. — Es sei dabei generell bemerkt, daß die gliedweise Anwendbarkeit der Laplace-Transformation stets eigens, und zwar häufig durch ziemlich umständliche Betrachtungen bewiesen werden muß, da es keinen allgemeinen Satz gibt, der alle vorkommenden Fälle deckt. In diese scharf umrissene Aufgabe ist damit die etwaige Schwierigkeit der zu beweisenden Reihenentwicklung verschoben. Die Schwierigkeit bleibt also in gewisser Weise bestehen; aber der Vorteil des Abbildungsprinzips liegt darin, daß es eine in vielen Fällen in genau gleicher Weise brauchbare Methode aufzeigt, bei der Anfang, Ziel und Weg völlig klar überschaubar sind. Um nicht zu weitläufig zu werden und den Blick nur auf das Wesentliche zu lenken, lassen wir die Legitimierung der gliedweisen Übertragung allgemein fort und geben nur einige gelegentliche Hinweise. — Vgl. zum 9. Kapitel auch den Schluß des 11. Kapitels, wo die Übertragung konvergenter Reihenentwicklungen als Spezialfall eines viel allgemeineren Prinzips erkannt wird.

§ 1. Ableitung der linearen Transformationsformel für $\vartheta_3\,(o, t)$ aus einer Fourier-Entwicklung.

Wir haben bereits in 7.5 einen Beweis für die lineare Transformationsformel der Funktion $\vartheta_3(v, t)$ kennengelernt, auf die wir im nächsten Paragraphen zurückkommen werden. Für die, sog. Thetanullfunktion $\vartheta_3(0, t)$ wollen wir nun diese Formel auf einem anderen Wege ableiten[104].

In 3.4 (Beispiel 11) fanden wir durch eine einfache Rechnung:

$$(1) \qquad \mathfrak{L}\left\{\left[\frac{\sqrt{t}}{2\pi}\right]\right\} = \frac{1}{s}\sum_{k=1}^{\infty} e^{-4\pi^2 k^2}\ .$$

Nun läßt sich bekanntlich die Funktion

$$S(x) = \left[\frac{x}{2\pi}\right] - \frac{x}{2\pi} + \frac{1}{2}\ ,$$

die im Intervall $0 \leqq x < 2\pi$ gleich der linearen Funktion $-\dfrac{x}{2\pi} + \dfrac{1}{2}$ ist und die Periode 2π hat, in eine Fourier-Reihe entwickeln:

$$(2) \qquad S(x) = \frac{1}{\pi}\sum_{n=1}^{\infty} \frac{\sin nx}{n}\ .$$

(An den Sprungstellen $x = m \cdot 2\pi$, $m = 0, \pm 1, \ldots$, stellt die Reihe allerdings nicht den Funktionswert $\dfrac{1}{2}$, sondern den Mittelwert 0 dar, was aber, da wir $S(x)$ integrieren werden, nicht stört.) Also besitzt unsere L-Funktion die Reihenentwicklung:

$$\left[\frac{\sqrt{t}}{2\pi}\right] = \frac{\sqrt{t}}{2\pi} - \frac{1}{2} + \frac{1}{\pi}\sum_{n=1}^{\infty}\frac{\sin n\sqrt{t}}{n}\ .$$

Da (siehe 3.4, Beispiel 8)

$$\mathfrak{L}\left\{\frac{\sin n \sqrt{t}}{\pi n}\right\} = \frac{1}{2\sqrt{\pi}\,s^{\frac{3}{2}}}\,e^{-\frac{n^2}{4s}}$$

ist, so führt die gliedweise Anwendung* der Laplace-Transformation auf

$$\mathfrak{L}\left\{\left[\frac{\sqrt{t}}{2\pi}\right]\right\} = \frac{1}{4\sqrt{\pi}\,s^{\frac{3}{2}}} - \frac{1}{2s} + \frac{1}{2\sqrt{\pi}\,s^{\frac{3}{2}}}\sum_{n=1}^{\infty} e^{-\frac{n^2}{4s}}.$$

Setzt man diesen Ausdruck mit (1) gleich, so ergibt sich die Formel

$$(3)\quad (\vartheta_3(0, 4s) =)\quad 1 + 2\sum_{k=1}^{\infty} e^{-4\pi^2 k^2 s} = \frac{1}{2\sqrt{\pi s}} + 2\sum_{n=1}^{\infty}\frac{1}{2\sqrt{\pi s}}\,e^{-\frac{n^2}{4s}},$$

die für $4s = t$ in den Spezialfall $v = 0$ der Formel 7.5 (2) übergeht.

Die Formel für die Thetanullfunktion erweist sich so als „äquivalent" mit der ganz elementaren Fourier-Entwicklung (2), was besagen soll, daß man sowohl (3) aus (2) als umgekehrt (2) aus (3) ableiten kann. Ferner folgt aus dem Ergebnis in 7.4 und 7.5, daß sie auch mit

$$\left(-\frac{\cotg\sqrt{-s}}{\sqrt{-s}} =\right)\quad \frac{1}{\sqrt{s}}\left(1 + 2\sum_{n=1}^{\infty} e^{-2n\sqrt{s}}\right) = \frac{1}{s} + 2\sum_{v=1}^{\infty}\frac{1}{s + v^2\pi^2}$$

und aus 6.8 (unter Anwendungsbeispiel 4), daß sie mit der Riemannschen Funktionalgleichung der ζ-Funktion äquivalent ist [105]. Weitere äquivalente Formeln werden wir in § 2 kennenlernen (dort durch den Index 0 an der Formelnummer gekennzeichnet).

§ 2. Die lineare Transformationsformel für $\vartheta_3(v, t)$ und äquivalente Relationen für die Besselschen Funktionen [106].

In 7.4 und 7.5 fanden wir, daß die Formel

$$(1)\quad (\vartheta_3(v, t) =)\quad 1 + 2\sum_{m=1}^{\infty} e^{-m^2\pi^2 t}\cos 2m\pi v = \frac{1}{\sqrt{\pi t}}\sum_{n=-\infty}^{\infty} e^{-\frac{(v+n)^2}{t}}$$

durch die $\mathfrak{L}$-Transformation mit

$$\left(-\frac{\cos(2v-1)\sqrt{-s}}{\sqrt{-s}\,\sin\sqrt{-s}} =\right)\quad \frac{1}{s} + 2\sum_{m=1}^{\infty}\frac{\cos 2m\pi v}{s + m^2\pi^2}$$

$$(2)\qquad = \frac{1}{\sqrt{s}}\left\{e^{-2v\sqrt{s}} + \sum_{n=1}^{\infty} e^{-2(n+v)\sqrt{s}} + \sum_{n=1}^{\infty} e^{-2(n-v)\sqrt{s}}\right\}$$

zusammenhängt [107]. Wir wollen nun zeigen, daß die klassische und überaus wichtige Formel (1) mit einer Formel von ganz anderem Typus für die

---

* Der Nachweis, daß diese erlaubt ist, stößt hier auf besondere Schwierigkeiten. Leichter ist es, zu zeigen, daß man vermittels der komplexen Umkehrformel von der Entwicklung der l-Funktion zu der der L-Funktion gelangen kann.

Besselsche Funktion J_0 äquivalent ist. Die vermittelnde Transformation wird wieder die $\mathfrak{L}$-Transformation sein; während jedoch oben die Thetafunktion als L-Funktion auftrat, wird sie jetzt als l-Funktion erscheinen.

Für

$$J_0(x) = \sum_{k=0}^{\infty} \frac{(-1)^k}{(k!)^2} \left(\frac{x}{2}\right)^{2k}$$

gilt [108]

$$\mathfrak{L}\{J_0\big((n+v)\sqrt{t}\big)\} = \frac{1}{s}\, e^{-\frac{(n+v)^2}{4s}}$$

für $\Re s > 0$ und alle reellen Werte von $n + v$, also *

$$\mathfrak{L}\left\{\sum_{n=-\infty}^{+\infty} J_0\big((n+v)\sqrt{t}\big)\right\} = \frac{1}{s}\sum_{n=-\infty}^{+\infty} e^{-\frac{(n+v)^2}{4s}} = 2\sqrt{\frac{\pi}{s}}\,\vartheta_3(v, 4s).$$

Nach (1) ist dies gleich

$$2\sqrt{\frac{\pi}{s}}\left(1 + 2\sum_{m=1}^{\infty} e^{-4m^2\pi^2 s}\cos 2m\pi v\right).$$

Wenden wir auf

$$\mathfrak{L} = \left\{\frac{1}{\sqrt{t}}\right\} = \sqrt{\frac{\pi}{s}}$$

das Gesetz I_a'' (S. 148) an, so erhalten wir: Zu der Funktion

$$\Phi_m(t) = \begin{cases} 0 & \text{für} \quad 0 \le t \le 4m^2\pi^2 \\ \dfrac{1}{\sqrt{t - 4m^2\pi^2}} & \text{für} \quad t > 4m^2\pi^2 \end{cases}$$

gehört

$$\mathfrak{L}\{\Phi_m(t)\} = \sqrt{\frac{\pi}{s}}\, e^{-4m^2\pi^2 s}.$$

Also ist

$$\mathfrak{L}\left\{\sum_{n=-\infty}^{+\infty} J_0\big((n+v)\sqrt{t}\big)\right\} = 2\,\mathfrak{L}\left\{\Phi_0(t) + 2\sum_{m=1}^{\infty}\Phi_m(t)\cos 2m\pi v\right\}$$

und folglich bis auf eine Nullfunktion

$$\frac{1}{2}\sum_{n=-\infty}^{+\infty} J_0\big((n+v)\sqrt{t}\big) = \Phi_0(t) + 2\sum_{m=1}^{\infty}\Phi_m(t)\cos 2m\pi v.$$

Auf der rechten Seite verschwinden aber bei festem t alle Glieder bis auf endlich viele, so daß man unter Verwendung der Substitution $t = x^2$ die erhaltene Formel auch so schreiben kann:

$$(3)\qquad \frac{1}{2}\sum_{n=-\infty}^{+\infty} J_0\big((n+v)x\big) = \frac{1}{x} + 2\sum_{m=1}^{p}\frac{\cos 2m\pi v}{\sqrt{x^2 - 4m^2\pi^2}},$$

---

* Die Vertauschbarkeit von Summe und $\mathfrak{L}$-Integral läßt sich auch hier wieder am leichtesten bei Benutzung der komplexen Umkehrformel zeigen.

wo x positiv $\neq 2\,m\,\pi$ und p die größte ganze Zahl mit der Eigenschaft $2\,p\,\pi < x$, also $p = \left[\dfrac{x}{2\,\pi}\right]$ ist*. Was v anbetrifft, so kann man sich, da beide Seiten die Periode 1 haben, auf das Intervall $0 \leqq v < 1$ beschränken [109]. — Diese Formel ist insofern sehr bemerkenswert, als die rechte Seite nur eine endliche, aber von x abhängende Gliederzahl hat; je größer x ist, um so mehr Glieder kommen vor. Mit $v\,x = w$ gewinnt die Formel die Gestalt

$$\frac{1}{2}\sum_{n=-\infty}^{+\infty} J_0(n\,x + w) = \frac{1}{x} + 2\sum_{m=1}^{p}\frac{\cos 2\,m\,\pi\,\dfrac{w}{x}}{\sqrt{x^2 - 4\,m^2\,\pi^2}} \qquad (0 \leqq w < x).$$

Links werden die J_0-Werte an den äquidistanten Stellen $w + n\,x$ summiert, und die rechte Seite zeigt, daß diese Summe (bei festem x) mit w nach Art einer endlichen Fourier-Reihe variiert. Für $0 < x < 2\,\pi$ ist die Summe von v bzw. w ganz unabhängig, nämlich gleich $\dfrac{1}{x}$.

Der Spezialfall $v = 0$ unserer Formel ist natürlich mit den in § 1 aufgestellten Formeln äquivalent und lautet [110]

$$(3^0)\quad \frac{1}{2}\sum_{n=-\infty}^{+\infty} J_0(n\,x) = \frac{1}{2} + \sum_{n=1}^{\infty} J_0(n\,x) = \frac{1}{x} + 2\sum_{m=1}^{p}\frac{1}{\sqrt{x^2 - 4\,m^2\,\pi^2}}.$$

Aus der auf J_0 bezüglichen Formel (3) kann man sofort eine analoge Formel für die allgemeine Besselsche Funktion $(v > 0)$

$$J_v(x) = \sum_{k=0}^{\infty}\frac{(-1)^k}{k!\,\Gamma(v + k + 1)}\left(\frac{x}{2}\right)^{v + 2k}$$

ableiten. Für $\Re s > 0$ und alle reellen $n + v$ gilt [111]:

$$\mathfrak{L}\left\{t^{\frac{v}{2}} J_v\big((n + v)\,\sqrt{t}\big)\right\} = \frac{(n + v)^v}{2^v\,s^{v+1}}\,e^{-\frac{(n + v)^2}{4\,s}},$$

also, wenn wir wegen des auftretenden Nenners $n + v$, der für $n = 0$, $v = 0$ sinnlos würde, v auf das Intervall $0 < v < 1$ beschränken:

$$\mathfrak{L}\left\{2^v\,t^{\frac{v}{2}}\sum_{n=-\infty}^{+\infty}\frac{J_v\big((n + v)\,\sqrt{t}\big)}{(n + v)^v}\right\} = \frac{1}{s^{v+1}}\cdot\sum_{n=-\infty}^{+\infty} e^{-\frac{(n + v)^2}{4\,s}}$$

$$= \frac{1}{s^v}\,\mathfrak{L}\left\{\sum_{n=-\infty}^{+\infty} J_0\big((n + v)\,\sqrt{t}\big)\right\}.$$

Beachtet man, daß

$$\frac{1}{s^v} = \mathfrak{L}\left\{\frac{t^{v-1}}{\Gamma(v)}\right\}$$

---

* Die etwa hinzukommende Nullfunktion ist $\equiv 0$. Denn die rechte Seite hat offenbar nur in $x = 2\,m\,\pi$ Unstetigkeiten; von der linken aber kann man auf Grund der asymptotischen Abschätzung für J_0, die wir in 12.4.2 kennenlernen werden, zeigen, daß sie in jedem Intervall $2\,m\,\pi + \delta \leqq x \leqq 2\,(m + 1)\,\pi - \delta$ gleichmäßig konvergent, also auch nur in $x = 2\,m\,\pi$ unstetig ist. (An diesen Stellen divergiert die Reihe.)

ist, und setzt für $\varSigma J_0((n+v)\sqrt{t})$ den Wert aus (3) ein, so liefert* der Faltungssatz IV_b:

$$2^{v-1} t^{\frac{v}{2}} \sum_{n=-\infty}^{+\infty} \frac{J_v((n+v)\sqrt{t})}{(n+v)^v} = \frac{t^{v-1}}{\varGamma(v)} * \left(\frac{1}{\sqrt{t}} + 2 \sum_{m=1}^{p} \frac{\cos 2 m \pi v}{\sqrt{t - 4 m^2 \pi^2}} \right).$$

Die Faltung auf der rechten Seite läßt sich ausrechnen. Ein einzelnes Glied ist, abgesehen von einem Faktor, gleich

$$t^{v-1} * \varPhi_m(t) = \begin{cases} 0 & \text{für} \quad 0 \le t \le 4 m^2 \pi^2 \\[2ex] \displaystyle\int_{4 m^2 \pi^2}^{t} \frac{(t-\tau)^{v-1}}{\sqrt{\tau - 4 m^2 \pi^2}}\, d\tau & \text{für} \quad t > 4 m^2 \pi^2. \end{cases}$$

Durch die Substitution

$$\tau = 4 m^2 \pi^2 + (t - 4 m^2 \pi^2)\, u$$

erhält man für das Integral:

$$(t - 4 m^2 \pi^2)^{v-\frac{1}{2}} \int_0^1 (1-u)^{v-1} u^{-\frac{1}{2}}\, du = (t - 4 m^2 \pi^2)^{v-\frac{1}{2}} \frac{\varGamma(v)\, \varGamma(\frac{1}{2})}{\varGamma(v+\frac{1}{2})}.$$

Also ergibt sich schließlich, wenn man noch $t = x^2$ setzt:

$$\text{4)} \quad 2^{v-1} x^v \sum_{n=-\infty}^{+\infty} \frac{J_v((n+v)x)}{(n+v)^v} = \frac{\sqrt{\pi}}{\varGamma(v+\frac{1}{2})} \left(x^{2v-1} + 2 \sum_{m=1}^{p} (x^2 - 4 m^2 \pi^2)^{v-\frac{1}{2}} \cos 2 m \pi v \right).$$

Hierin ist $v > 0$, x positiv $\neq 2 m \pi$, $p = \left[\dfrac{x}{2\pi}\right]$ und $0 < v < 1$.

Den Fall $v = 0$ mußten wir bisher ausschließen, weil auf der linken Seite das zu $n = 0$ gehörige Summationsglied für $v = 0$ sinnlos würde. Man kann aber für diesen Fall durch dieselbe Rechnung wie oben die Formel

$$\text{4}^0) \quad \frac{x^{2v}}{2\,\varGamma(v+1)} + 2^v x^v \sum_{n=1}^{\infty} \frac{J_v(n x)}{n^v} = \frac{\sqrt{\pi}}{\varGamma(v+\frac{1}{2})} \left(x^{2v-1} + 2 \sum_{m=1}^{p} (x^2 - 4 m^2 \pi^2)^{v-\frac{1}{2}} \right)$$

ableiten, die übrigens aus (4) dadurch hervorgeht, daß man den Grenzübergang $v \to 0$ gliedweise vornimmt.

Im Spezialfall $v = \dfrac{1}{2}$ ist J_v eine elementare Funktion:

$$J_{\frac{1}{2}}(x) = \sqrt{\frac{2}{\pi x}} \sin x.$$

Die Formel (4) liefert hier wegen

$$1 + 2 \sum_{m=1}^{p} \cos 2 m \pi v = \frac{\sin (2p+1) \pi v}{\sin \pi v}$$

---

* Die Darstellung von $\varSigma J_0((n+v)\sqrt{t})$ nach (3) zeigt, daß das Laplace-Integral absolut konvergiert.

die besonders einfache Relation:

$$(5) \qquad \frac{1}{\pi} \sum_{n=-\infty}^{+\infty} \frac{\sin (n+v)\, x}{n+v} = \frac{\sin (2p+1)\,\pi v}{\sin \pi v},$$

wo $x \neq 2\,m\,\pi$, $p = \left[\dfrac{x}{2\pi}\right]$, $0 < v < 1$. Die rechte Seite ist als Funktion von x stückweise konstant, also eine Treppenfunktion; z. B. für $v = \dfrac{1}{2}$ ist sie die Funktion $(-1)^p$. — Aus (4^0) ergibt sich für $v = \dfrac{1}{2}$ die bekannte Entwicklung 9.1 (2).

Wir erhielten hier (5) auf dem Wege über (3) und (4) aus (1). Man kann aber (1) und (5) auch direkt in Beziehung setzen, analog wie wir das für den Fall $v = 0$ in § 1 getan haben. Es ist nämlich (siehe 3.4, Beispiel 8) für $\Re s > 0$ und alle reellen $n+v$:

$$\mathfrak{L}\left\{ \frac{1}{\pi} \sin (n+v)\, \sqrt{t} \right\} = \frac{n+v}{2\sqrt{\pi}\, s^{\frac{3}{2}}}\, e^{-\frac{(n+v)^2}{4s}},$$

also vermöge (1) für $0 < v < 1$:

$$\mathfrak{L}\left\{ \frac{1}{\pi} \sum_{n=-\infty}^{+\infty} \frac{\sin (n+v)\, \sqrt{t}}{n+v} \right\} = \frac{1}{2\sqrt{\pi}\, s^{\frac{3}{2}}} \sum_{n=-\infty}^{+\infty} e^{-\frac{(n+v)^2}{4s}} = \frac{1}{s}\left(1 + 2 \sum_{m=1}^{\infty} e^{-4\,m^2\,\pi^2 s} \cos 2\,m\,\pi v \right).$$

Definieren wir $\Psi_m (t)$ folgendermaßen:

$$\Psi_m (t) = \begin{cases} 0 & \text{für} \quad 0 \leqq t \leqq 4\,m^2\,\pi^2 \\ 1 & \text{für} \quad t > 4\,m^2\,\pi^2 \end{cases} \qquad (m > 0),$$

so ist

$$\mathfrak{L}\{\Psi_m\} = \frac{1}{s}\, e^{-4\,m^2\,\pi^2 s},$$

also

$$\mathfrak{L}\left\{ \frac{1}{\pi} \sum_{n=-\infty}^{+\infty} \frac{\sin (n+v)\, \sqrt{t}}{n+v} \right\} = \mathfrak{L}\left\{ 1 + 2 \sum_{m=1}^{\infty} \Psi_m (t) \cos 2\,m\,\pi v \right\}.$$

Hieraus folgt die Identität der L-Funktionen, was mit (5) gleichbedeutend ist.

Betrachten wir in (3) einmal x als konstant und v als variabel, so ist die rechte Seite eine endliche Fourier-Reihe. Die (für einen Augenblick mit $\varphi (v)$ bezeichnete) linke Seite muß also dieselben Fourier-Koeffizienten

$$\int_0^1 \varphi (v) \cos 2\,m\,\pi v\, dv \qquad (m = 0, 1, \ldots)$$

haben:

$$\int_0^1 \sum_{n=-\infty}^{+\infty} J_0 ((n+v)\, x) \cos 2\,m\,\pi v\, dv = \begin{cases} \dfrac{2}{\sqrt{x^2 - 4\,m^2\,\pi^2}} & \text{für} \quad 0 \leqq m < \dfrac{x}{2\pi} \\[2mm] 0 & \text{für} \quad m > \dfrac{x}{2\pi}. \end{cases}$$

Links vertauschen wir Summe und Integral, formen das einzelne Glied so um:

$$\int\limits_0^1 J_0((n+v)\,x)\cos 2\,m\,\pi\,v\,dv = \int\limits_n^{n+1} J_0(u\,x)\cos 2\,m\,\pi\,(u-n)\,du$$

$$= \int\limits_n^{n+1} J_0(u\,x)\cos 2\,m\,\pi\,u\,du$$

und erhalten:

$$\int\limits_{-\infty}^{+\infty} J_0(x\,u)\cos 2\,m\,\pi\,u\,du = \begin{cases} \dfrac{2}{\sqrt{x^2-4\,m^2\,\pi^2}} & \text{für} \quad 0 \leqq m < \dfrac{x}{2\,\pi} \\[3mm] 0 & \text{für} \quad m > \dfrac{x}{2\,\pi}. \end{cases}$$

Dieser Formel geben wir eine übersichtlichere Gestalt, indem wir links $x\,u = z$ und dann $\dfrac{2\,m\,\pi}{x} = y$ setzen. Beachtet man noch, daß J_0 eine gerade Funktion ist, so ergibt sich:

$$(6) \qquad \int\limits_0^\infty J_0(z)\cos y\,z\,dz = \begin{cases} \dfrac{1}{\sqrt{1-y^2}} & \text{für} \quad 0 \leqq y < 1 \\[3mm] 0 & \text{für} \quad y > 1. \end{cases}$$

Diese Relation, die man auch in der Gestalt

$$\int\limits_{-\infty}^{+\infty} J_0(z)\,e^{i\,y\,z}\,dz = \begin{cases} \dfrac{2}{\sqrt{1-y^2}} & \text{für} \quad 0 \leqq y < 1 \\[3mm] 0 & \text{für} \quad y > 1 \end{cases}$$

schreiben kann, liefert die Fourier-Transformierte von J_0 [112].

§ 3. Reihen nach Laguerreschen Polynomen.

Für Reihen nach Laguerreschen Polynomen, die durch die erzeugende Gleichung

$$(1^0) \qquad \sum_{n=0}^\infty L_n(t)\,x^n = \frac{1}{1-x}\,e^{-\frac{t\,x}{1-x}},$$

oder nach verallgemeinerten Laguerreschen Polynomen, die durch

$$(1) \qquad \sum_{n=0}^\infty L_n^{(\alpha)}(t)\,x^n = \frac{1}{(1-x)^{\alpha+1}}\,e^{-\frac{t\,x}{1-x}} \qquad\qquad (\alpha > -1)$$

definiert sind, kann man häufig auf dem Wege, den wir in diesem Kapitel verfolgen, auf überaus einfache Weise die Summenwerte finden. Wir geben einige Beispiele:

1. Die rechte Seite der Exponentialreihe

$$\frac{1}{s^{\alpha+1}}\sum_{n=0}^\infty \frac{1}{n!}\left(x\,\frac{s-1}{s}\right)^n = \frac{e^x}{s^{\alpha+1}}\,e^{-\frac{x}{s}}$$

ist wegen

$$\mathfrak{L}\left\{t^{\frac{\alpha}{2}}\,J_\alpha\!\left(k\,\sqrt{t}\,\right)\right\}=\frac{k^\alpha}{2^\alpha\,s^{\alpha+1}}\,e^{-\frac{k^2}{4s}}\qquad(\alpha>-1,\ k\text{ reell})$$

für reelles x gleich

$$\mathfrak{L}\left\{e^x\,x^{-\frac{\alpha}{2}}\,t^{\frac{\alpha}{2}}\,J_\alpha\!\left(2\sqrt{x\,t}\,\right)\right\};$$

für die linke Seite erhalten wir wegen [113]

$$\mathfrak{L}\left\{t^\alpha\,L_n^{(\alpha)}(t)\right\}=\frac{\Gamma(\alpha+n+1)}{n!}\cdot\frac{1}{s^{\alpha+1}}\left(\frac{s-1}{s}\right)^n$$

die Reihe

$$\sum_{n=0}^{\infty}\mathfrak{L}\left\{t^\alpha\,\frac{L_n^{(\alpha)}(t)}{\Gamma(\alpha+n+1)}\cdot x^n\right\}.$$

Also ist [114]

$$(2)\qquad \sum_{n=0}^{\infty}\frac{L_n^{(\alpha)}(t)}{\Gamma(\alpha+n+1)}\,x^n=e^x\,(x\,t)^{-\frac{\alpha}{2}}\,J_\alpha\!\left(2\sqrt{x\,t}\,\right)\qquad(\alpha>-1).$$

Für die gewöhnlichen Laguerreschen Polynome lautet diese Formel:

$$(2^0)\qquad \sum_{n=0}^{\infty}\frac{L_n(t)}{n!}\,x^n=e^x\,J_0\!\left(2\sqrt{x\,t}\,\right).$$

Man kann (2) und (2^0) als neue erzeugende Gleichungen für die Laguerreschen Polynome ansehen. Wir wollen nun zeigen, daß sie mit den erzeugenden Gleichungen (1) und (1^0) äquivalent sind [115]. Dazu brauchen wir sie nämlich nur der $\mathfrak{L}$-Transformation zu unterwerfen, diesmal aber hinsichtlich der Variablen x. Um die gewohnte Bezeichnungsweise zu haben, schreiben wir (2) zunächst in der Gestalt

$$\sum_{n=0}^{\infty}\frac{L_n^{(\alpha)}(z)}{\Gamma(\alpha+n+1)}\,t^{n+\alpha}=e^t\left(\frac{t}{z}\right)^{\frac{\alpha}{2}}\,J_\alpha\!\left(2\sqrt{z\,t}\,\right).$$

Die $\mathfrak{L}$-Transformierte der linken Seite ist

$$\sum_{n=0}^{\infty}\frac{L_n^{(\alpha)}(z)}{s^{n+\alpha+1}}.$$

Wenden wir auf die oben schon benutzte Transformationsformel für J_α das Gesetz I_b'' an, so ergibt sich:

$$\mathfrak{L}\left\{e^t\,t^{\frac{\alpha}{2}}\,J_\alpha\!\left(k\,\sqrt{t}\,\right)\right\}=\frac{k^\alpha}{2^\alpha\,(s-1)^{\alpha+1}}\,e^{-\frac{k^2}{4(s-1)}},$$

also für die $\mathfrak{L}$-Transformierte der rechten Seite

$$\frac{1}{(s-1)^{\alpha+1}}\,e^{-\frac{z}{s-1}}.$$

Ersetzt man noch s durch $\frac{1}{x}$, so hat sich ergeben:

$$\sum_{n=0}^{\infty} L_n^{(\alpha)}(z)\, x^{n+\alpha+1} = \frac{1}{\left(\frac{1}{x}-1\right)^{\alpha+1}}\, e^{-\frac{z}{\frac{1}{x}-1}},$$

was mit (1) gleichbedeutend ist.

2. Wir geben noch ein Beispiel eines ganz anderen Entwicklungs-typus, bei dem zwei Variable vorkommen und wo wir dementsprechend die $\mathfrak{L}$-Transformation zweimal, nämlich in bezug auf jede der beiden Variablen anwenden. Es handelt sich also hier um die Funktional-transformation („doppelte Laplace-Transformation")

$$f(s,\sigma) = \int_0^{\infty}\int_0^{\infty} e^{-st-\sigma\tau} F(t,\tau)\, dt\, d\tau,$$

die in der Theorie der Funktionen von zwei Variablen ähnliche Dienste leistet wie die gewöhnliche Laplace-Transformation bei Funktionen von einer Variablen. Wir wollen folgende Formel beweisen [116]:

$$(3) \qquad 1 + \sum_{n=1}^{\infty} [L_n(t)-L_{n-1}(t)]\,[L_n(\tau)-L_{n-1}(\tau)] = e^{\mathrm{Min}(t,\tau)} \qquad (t,\tau \geqq 0).$$

Transformiert man die linke Seite zunächst hinsichtlich der Variablen t, so erhält man unter Berücksichtigung von $\mathfrak{L}\{L_n\} = \frac{1}{s}\left(\frac{s-1}{s}\right)^n$:

$$\frac{1}{s} + \sum_{n=1}^{\infty} \frac{1}{s}\left[\left(\frac{s-1}{s}\right)^n - \left(\frac{s-1}{s}\right)^{n-1}\right][L_n(\tau)-L_{n-1}(\tau)] \quad \text{für } \Re s > \frac{1}{2}.$$

Transformiert man weiter hinsichtlich τ, so ergibt sich für $\Re\sigma > \frac{1}{2}$:

$$\frac{1}{s\,\sigma} + \sum_{n=1}^{\infty} \frac{1}{s}\left[\left(\frac{s-1}{s}\right)^n - \left(\frac{s-1}{s}\right)^{n-1}\right]\frac{1}{\sigma}\left[\left(\frac{\sigma-1}{\sigma}\right)^n - \left(\frac{\sigma-1}{\sigma}\right)^{n-1}\right]$$

$$= \frac{1}{s\,\sigma}\left\{1 + \frac{1}{s\,\sigma}\sum_{n=1}^{\infty}\left(\frac{s-1}{s}\right)^{n-1}\left(\frac{\sigma-1}{\sigma}\right)^{n-1}\right\}$$

$$= \frac{1}{s\,\sigma}\left\{1 + \frac{1}{s\,\sigma}\,\frac{1}{1-\frac{s-1}{s}\frac{\sigma-1}{\sigma}}\right\} = \frac{s+\sigma}{s\,\sigma\,(s+\sigma-1)}.$$

Die rechte Seite von (3) ist explizit

$$e^{\mathrm{Min}(t,\tau)} = \begin{cases} e^t & \text{für } t \leqq \tau \\ e^\tau & \text{für } t > \tau, \end{cases}$$

also lautet ihre $\mathfrak{L}$-Transformierte hinsichtlich t:

$$\int_0^{\tau} e^{-st}\, e^t\, dt + \int_{\tau}^{\infty} e^{-st}\, e^\tau\, dt = \frac{e^{\tau(1-s)}-1}{1-s} + e^\tau\,\frac{e^{-s\tau}}{s}$$

$$= \frac{e^{\tau(1-s)}}{s\,(1-s)} - \frac{1}{1-s}.$$

Transformiert man diese Funktion hinsichtlich τ, so ergibt sich:

$$\frac{1}{s\,(1-s)\,(\sigma+s-1)} - \frac{1}{(1-s)\,\sigma} = \frac{s+\sigma}{s\,\sigma\,(s+\sigma-1)}\,,$$

also dieselbe Funktion wie links.

Speziell für $t = \tau$ liefert die Formel:

$$(3^0) \qquad\qquad 1 + \sum_{n=1}^{\infty} [L_n(t) - L_{n-1}(t)]^2 = e^t\,.$$

Übrigens zeigt die explizite Formel 7.3 (1) für $L_n(t)$:

$$L_n(t) - L_{n-1}(t) = -\int_0^t L_{n-1}(x)\,dx\,,$$

also ist

$$\sum_{n=1}^{\infty} \left(\int_0^t L_{n-1}(x)\,dx \right)^2 = e^t - 1 \quad \text{für} \quad t \geqq 0\,.$$

§ 4. Reihen nach Hermiteschen Polynomen.

Die Hermiteschen Polynome $H_n(x)$ sind definiert durch

$$\frac{d^n e^{-x^2}}{dx^n} = H_n(x)\,e^{-x^2}$$

oder durch die erzeugende Gleichung

$$\sum_{n=0}^{\infty} H_n(x)\,\frac{y^n}{n!} = e^{-y^2 - 2xy}\,.$$

Sie spielen wegen des Auftretens von e^{-x^2} überall da eine Rolle, wo diese Funktion wichtig ist, also in der Fehlertheorie, der Wärmeleitung usw. Es ist[117]

$$(1) \qquad\qquad \mathfrak{L}\left\{ \frac{H_{2n}(\sqrt{t})}{\sqrt{t}} \right\} = \sqrt{\pi}\,\frac{(2n)!}{n!}\,\frac{(1-s)^n}{s^{n+\frac{1}{2}}}\,,$$

$$(2) \qquad\qquad \mathfrak{L}\left\{ H_{2n+1}(\sqrt{t}) \right\} = -\sqrt{\pi}\,\frac{(2n+1)!}{n!}\,\frac{(1-s)^n}{s^{n+\frac{3}{2}}}\,.$$

Der Vergleich mit der Formel für die Laguerreschen Polynome in 9.3 zeigt, daß

$$\frac{H_{2n}(\sqrt{t})}{\sqrt{t}} = \sqrt{\pi}\,\frac{(2n)!}{\Gamma(n+\frac{1}{2})}\,(-1)^n\,t^{-\frac{1}{2}}\,L_n^{(-\frac{1}{2})}(t)\,.$$

Wegen

$$\frac{(2n)!}{\Gamma(n+\frac{1}{2})} = \frac{(2n)!}{(n-\frac{1}{2})\,(n-\frac{3}{2})\cdots\frac{1}{2}\,\Gamma(\frac{1}{2})} = \frac{(2n)!\,2^n}{1\cdot 3\cdots(2n-3)\,(2n-1)\,\sqrt{\pi}} = \frac{4^n\,n!}{\sqrt{\pi}}$$

erhalten wir zwischen den Laguerreschen und Hermiteschen Polynomen den einfachen Zusammenhang[118]:

$$(3) \qquad\qquad H_{2n}(\sqrt{t}) = (-4)^n\,n!\,L_n^{(-\frac{1}{2})}(t)$$

und analog

$$(4) \qquad\qquad H_{2n+1}(\sqrt{t}) = (-1)^{n+1}\,2^{2n+1}\,n!\,t^{\frac{1}{2}}\,L_n^{(\frac{1}{2})}(t)\,.$$

Wir summieren nun die Formeln (1) und (2) und erhalten[119]:

$$\mathfrak{L}\left\{\frac{1}{\sqrt{t}}\sum_{n=0}^{\infty}\frac{H_{2n}(\sqrt{t})}{(2n)!}\right\} = \sqrt{\pi}\,s^{-\frac{1}{2}}\,e^{\frac{1}{s}}-1$$

$$\mathfrak{L}\left\{\sum_{n=0}^{\infty}\frac{H_{2n+1}(\sqrt{t})}{(2n+1)!}\right\} = -\sqrt{\pi}\,s^{-\frac{3}{2}}\,e^{\frac{1}{s}}-1 \qquad \Re s > \frac{1}{2}.$$

Nun ist aber, wie sich durch Reihenentwicklung ergibt:

$$\mathfrak{L}\left\{\frac{1}{\sqrt{\pi t}}\,\mathfrak{Cof}\,x\,\sqrt{t}\right\} = s^{-\frac{1}{2}}\,e^{\frac{x^2}{4s}}$$

$$\mathfrak{L}\left\{\frac{1}{\sqrt{\pi}}\,\mathfrak{Sin}\,x\,\sqrt{t}\right\} = \frac{x}{2}\,s^{-\frac{3}{2}}\,e^{\frac{x^2}{4s}}.$$

Also erhalten wir, wenn wir noch $\sqrt{t} = x$ setzen, für die beiden Reihen folgende Werte[120]:

$$(5) \qquad \sum_{n=0}^{\infty}\frac{H_{2n}(x)}{(2n)!} = \frac{1}{e}\,\mathfrak{Cof}\,2\,x,$$

$$(6) \qquad \sum_{n=0}^{\infty}\frac{H_{2n+1}(x)}{(2n+1)!} = -\frac{1}{e}\,\mathfrak{Sin}\,2\,x.$$

Multipliziert man die Formeln (1), (2) vor der Summation mit $(-1)^n$, so ergibt sich analog:

$$(7) \qquad \sum_{n=0}^{\infty}(-1)^n\,\frac{H_{2n}(x)}{(2n)!} = e\cos 2\,x$$

$$(8) \qquad \sum_{n=0}^{\infty}(-1)^n\,\frac{H_{2n+1}(x)}{(2n+1)!} = -e\sin 2\,x.$$

Die Kreis- und hyperbolischen Funktionen lassen sich also in Reihen nach Hermiteschen Polynomen mit denselben Koeffizienten entwickeln, die ihre Entwicklungen nach Potenzen aufweisen. Das ist kein Zufall, sondern liegt daran, daß es eine Funktionaltransformation gibt, die die cos- und sin-Funktion in sich, die Hermiteschen Polynome aber in die Potenzen überführt. Aus der erzeugenden Gleichung für die Hermiteschen Polynome folgt nämlich für ein festes $\mu \geqq 0$:

$$\int_{-\infty}^{+\infty} e^{-x^2}\sum_{\nu=0}^{\infty}H_{\nu}(x)\,H_{\mu}(x)\,\frac{y^{\nu}}{\nu!}\,dx = \int_{-\infty}^{+\infty} e^{-(x+y)^2}\,H_{\mu}(x)\,dx.$$

Nun erfüllen die H_{ν} aber die Orthogonalitätsrelationen:

$$\int_{-\infty}^{+\infty} e^{-x^2}H_{\nu}(x)\,H_{\mu}(x)\,dx = \begin{cases} 0 & \text{für } \mu \neq \nu \\ \sqrt{\pi}\,2^{\mu}\,\mu! & \text{für } \mu = \nu. \end{cases}$$

Also ergibt sich

$$\frac{1}{\sqrt{\pi}} \int\limits_{-\infty}^{+\infty} e^{-(x+y)^2} H_\mu(x)\,dx = (2\,y)^\mu$$

oder auch

$$\frac{1}{\sqrt{\pi}} \int\limits_{-\infty}^{+\infty} e^{-(x-y)^2} H_\mu(x)\,dx = (-2\,y)^\mu.$$

Die links stehende Transformation

$$\frac{1}{\sqrt{\pi}} \int\limits_{-\infty}^{+\infty} e^{-(x-y)^2} \Phi(x)\,dx = \varphi(y)$$

heißt *Gauß-Transformation*[121]. Sie bildet die Hermiteschen Polynome auf die Potenzen ab. Ferner sind für sie die Funktionen $\cos 2\,x$, $\sin 2\,x$ Eigenfunktionen oder Invarianten[122]:

$$\frac{1}{\sqrt{\pi}} \int\limits_{-\infty}^{+\infty} e^{-(x-y)^2} \cos 2\,x\,d\,x = \frac{1}{e}\cos 2\,y, \qquad \frac{1}{\sqrt{\pi}} \int\limits_{-\infty}^{+\infty} e^{-(x-y)^2} \sin 2\,x\,d\,x = \frac{1}{e}\sin 2\,y\,.$$

Durch Anwendung der Gauß-Transformation gehen also (7) und (8) in die bekannten Potenzreihen für $\cos 2\,x$, $\sin 2\,x$ über.

III. Teil.

Asymptotisches Verhalten von Funktionen.

10. Kapitel.

Abelsche und Taubersche Sätze.

§ 1. Abelsche Sätze.

1. Asymptotisches Verhalten von $f(s)$ bei $s = 0$ oder einer anderen endlichen Stelle.

Bereits in 4.2 haben wir das Analogon zum Abelschen Stetigkeitssatz für Potenzreihen kennengelernt, das, wenn wir dort speziell $s_0 = 0$ setzen, so lautet:

Ist $\mathfrak{L}\{F\} = f(s)$ im Punkte 0 konvergent, so strebt $f(s)$ gegen $f(0)$, wenn s innerhalb des Winkelraums $\mathfrak{W}$: $|\operatorname{arc} s| \leq \vartheta < \frac{\pi}{2}$ gegen 0 strebt.

In dieser Gestalt bedeutet der Satz eine Stetigkeitsbeziehung für die Werte einer l-Funktion. Wir wollen ihm nun eine neue Wendung geben, indem wir ihn in der Gestalt schreiben:

Hat das Integral einer L-Funktion die Eigenschaft:

$$\int\limits_{0}^{t} F(\tau)\,d\tau \to l \qquad \textit{für } t \to \infty,$$

so hat die zugehörige l-Funktion die Eigenschaft:

$$f(s) \to l \qquad \textit{für } s \to 0 \textit{ innerhalb } \mathfrak{W}.$$

In dieser Form sagt der Satz aus, daß man aus dem Verhalten von F bei Annäherung an $t = \infty$ etwas über das Verhalten von f bei Annäherung an $s = 0$ aussagen kann. Die beiden Verhaltensweisen sind außerordentlich einfacher Natur: $\int\limits_0^t F(\tau)\, d\tau$ strebt gegen einen Grenzwert l, und $f(s)$ strebt ebenfalls gegen einen Grenzwert, zufälligerweise denselben. Die Aussage, daß eine Funktion $\varphi(x)$ gegen eine Konstante l strebt, kann man so schreiben:

$$\varphi(x) - l \to 0$$

oder auch, wenn $l \neq 0$ ist:

$$\frac{\varphi(x)}{l} \to 1.$$

$\varphi(x)$ wird hier in Vergleich gesetzt zu einer Konstanten. Es liegt nahe, diese durch eine beliebige „Vergleichsfunktion" $\psi(x)$ zu ersetzen und Relationen der Gestalt

$$(1) \qquad \varphi(x) - \psi(x) \to 0, \qquad \text{d. h. } \varphi(x) - \psi(x) = o(1)$$

bzw.

$$(2) \qquad \frac{\varphi(x)}{\psi(x)} \to A, \qquad \text{d. h. } \frac{\varphi(x)}{\psi(x)} = A + o(1) \qquad (A = \text{beliebige Konstante})$$

zu betrachten. Bei (2) müssen wir voraussetzen, daß $\psi(x)$ in einer gewissen Umgebung des Punktes x_0, gegen den x strebt, von 0 verschieden ist. Wir können uns von dieser Einschränkung befreien, indem wir schreiben:

$$(2') \qquad \varphi(x) = (A + o(1))\, \psi(x) = A\, \psi(x) + o(\psi(x)).$$

Die Verhaltensweisen (1) und (2) stehen nicht in der Beziehung zueinander, daß die eine die andere für $A = 1$ umfaßt. Vielmehr kann (1) richtig sein (z. B. $x^2 - x \to 0$ für $x \to 0$), während (2) nicht zutrifft $\left(\dfrac{x^2}{x} \text{ strebt} \right.$ gegen 0 für $x \to 0$ und nicht gegen $\left. 1 \right)$, und umgekehrt kann (2) zutreffen $\left(\text{z. B. } \dfrac{x + \log x}{x} \to 1 \text{ für } x \to \infty \right)$, während (1) falsch ist ($x + \log x - x$ strebt gegen ∞ und nicht gegen 0 für $x \to \infty$). Ist aber $|\psi(x)| < M$ in einer Umgebung von x_0, so folgt (1) aus (2), denn dann ist $o(\psi(x)) = o(1)$. Ist umgekehrt $|\psi(x)| > m > 0$, so folgt (2) aus (1), denn dann ist $o(1) = o(\psi(x))$*.

Wir werden in beiden Fällen sagen, daß das Verhalten von $\varphi(x)$ bei Annäherung an x_0 asymptotisch durch $\psi(x)$ beschrieben oder daß $\varphi(x)$

---

* Man beachte, daß eine o- bzw. O-Aussage eine Abschätzung ist, also nur in der Richtung von links nach rechts gelesen werden darf. So ist z. B. im letzten Fall $|\varphi(x) - \psi(x)| < \varepsilon$ für hinreichend kleine $|x - x_0|$ vorausgesetzt, woraus $\left| \dfrac{\varphi(x)}{\psi(x)} - 1 \right| < \dfrac{\varepsilon}{m}$ folgt, aber nicht umgekehrt.

asymptotisch durch $\psi(x)$ dargestellt wird. Geht aus dem Zusammenhang nicht klar hervor, welche Art gemeint ist, so nennen wir die Darstellung im Sinne von (1) *differenzasymptotisch*, während wir die Darstellung im Sinne von (2) bzw. (2′) *quotientenasymptotisch* nennen und durch

$$\varphi(x) \sim A\,\psi(x)$$

ausdrücken. Im Falle $A = 0$ bedeutet das $\varphi(x) = o\,(\psi(x))$.

Von diesem Gesichtspunkt aus kann man nun versuchen, den zu Anfang angeführten Satz dahin zu verallgemeinern, daß man $\int\limits_0^t F(\tau)\,d\tau$ oder auch $F(t)$ selbst für $t \to \infty$ als asymptotisch darstellbar durch beliebige Funktionen annimmt, um daraus Schlüsse auf das asymptotische Verhalten von $f(s)$ für $s \to 0$ bzw. für Annäherung an eine beliebige Stelle s_0 zu ziehen. Dabei wird man sich durch das Verhalten bekannter Funktionen leiten lassen. Die einfachsten Funktionen sind die Potenzen, da ihnen wieder Potenzen zugeordnet sind: Zu $F(t) = t^\alpha$ $(\alpha > -1)$ gehört $\dfrac{\Gamma(\alpha + 1)}{s^{\alpha + 1}}$. Wir werden nun zunächst zeigen, daß $f(s)$ für $s \to 0$ durch $\dfrac{\Gamma(\alpha + 1)}{s^{\alpha + 1}}$ quotientenasymptotisch dargestellt wird, wenn F sich für $t \to \infty$ quotientenasymptotisch wie t^α verhält, so daß sich also das Verhalten von F bei $t = \infty$, wenn es potenzartig ist, in dem Verhalten von $f(s)$ bei $s = 0$ widerspiegelt.

Sätze von dieser Art, bei denen von dem asymptotischen Verhalten der Objektfunktion an einer bestimmten Stelle auf das Verhalten der Resultatfunktion an einer gewissen anderen Stelle geschlossen wird, nennen wir, weil der grundlegende Satz in diesem Ideenbereich der Abelsche Stetigkeitssatz ist, ganz allgemein „Abelsche Sätze".

Satz 1. *$F(t)$ sei eine I-Funktion mit der asymptotischen Eigenschaft*

$$F(t) \sim A\,t^\alpha \qquad \text{für} \qquad t \to \infty \qquad\qquad (A \text{ beliebig komplex}, \ \alpha > -1).$$

Dann existiert $\mathfrak{L}\{F\} = f(s)$ *für* $\mathfrak{R}\,s > 0$ *und ist asymptotisch so darstellbar:*

$$f(s) \sim A\,\frac{\Gamma(\alpha + 1)}{s^{\alpha + 1}},$$

wenn s im Winkelraum $\mathfrak{W}$: $|arc\,s| \leqq \vartheta < \dfrac{\pi}{2}$ *zweidimensional gegen 0 strebt* [123].

Beweis: Es ist

$$F(t) = A\,t^\alpha + \varepsilon(t)\,t^\alpha \qquad \text{für} \qquad t \geqq T_0 > 0,$$

wobei $\varepsilon(t) \to 0$ für $t \to \infty$, also bei $\mathfrak{R}\,s > 0$ für jedes $T \geqq T_0$:

$$f(s) = \int\limits_0^T e^{-st} F(t)\,dt + \int\limits_T^\infty e^{-st}(A\,t^\alpha + \varepsilon(t)\,t^\alpha)\,dt$$

$$= \int\limits_0^T e^{-st}(F(t) - A\,t^\alpha)\,dt + \int\limits_0^\infty e^{-st} A\,t^\alpha\,dt + \int\limits_T^\infty e^{-st}\varepsilon(t)\,t^\alpha\,dt$$

$$= A\,\frac{\Gamma(\alpha + 1)}{s^{\alpha + 1}} + \int\limits_T^\infty e^{-st}\varepsilon(t)\,t^\alpha\,dt + \int\limits_0^T e^{-st}(F(t) - A\,t^\alpha)\,dt.$$

Wählen wir zu gegebenem $\varepsilon > 0$ ein festes $T \geqq T_0$ so groß, daß $|\varepsilon(t)| \leqq \varepsilon$ für $t \geqq T$ ist, so ergibt sich:

$$\left| \int\limits_T^\infty e^{-st}\, \varepsilon(t)\, t^\alpha\, dt \right| \leqq \varepsilon \int\limits_T^\infty e^{-\Re s\, t}\, t^\alpha\, dt < \varepsilon \int\limits_0^\infty e^{-\Re s\, t}\, t^\alpha\, dt = \varepsilon\, \frac{\Gamma(\alpha+1)}{(\Re s)^{\alpha+1}}.$$

Ferner ist

$$\left| \int\limits_0^T e^{-st}\, (F(t) - A\, t^\alpha)\, dt \right| \leqq \int\limits_0^T (|F(t)| + |A|\, t^\alpha)\, dt = K,$$

wo K eine von s unabhängige Konstante ist. Also erhalten wir:

$$\left| \frac{f(s)\, s^{\alpha+1}}{\Gamma(\alpha+1)} - A \right| < \varepsilon \left(\frac{|s|}{\Re s} \right)^{\alpha+1} + \frac{K}{\Gamma(\alpha+1)}\, |s|^{\alpha+1}.$$

In $\mathfrak{W}$ ist

$$\frac{|s|}{\Re s} \leqq \frac{1}{\cos \vartheta}.$$

Ferner ist für alle hinreichend kleinen $|s|$, sagen wir $|s| < \varrho$, wegen $\alpha + 1 > 0$:

$$\frac{K}{\Gamma(\alpha+1)}\, |s|^{\alpha+1} < \varepsilon,$$

also für alle s in $\mathfrak{W}$ mit $\Re s > 0$ und $|s| < \varrho$:

$$\left| \frac{f(s)\, s^{\alpha+1}}{\Gamma(\alpha+1)} - A \right| < \varepsilon \left(1 + \frac{1}{(\cos \vartheta)^{\alpha+1}} \right).$$

Da ε beliebig klein sein kann, folgt hieraus unsere Behauptung.

* * *

Wir geben einige vorläufige *Beispiele* für die Anwendbarkeit von Satz 1.

1. In der Theorie der Randwertprobleme wird uns das Integral

$$\varphi(x) = \int\limits_0^\infty \psi(x, u)\, \Phi(u)\, du$$

begegnen, wo $\psi(x, u)$ die S. 24 genannte Funktion und $\Phi(u)$ irgendeine integrable Funktion ist, die das Integral $\varphi(x)$ konvergent macht. Wir behaupten: *Wenn $\Phi(u)$ in $u = 0$ nach rechts stetig ist, so gilt:*

$$\varphi(x) \to \Phi(0) \quad \text{für} \quad x \to +0.$$

Beweis: Setzen wir $\dfrac{x^2}{4} = s$, $\dfrac{1}{u} = t$, so ist

$$\varphi(x) = \int\limits_0^\infty \frac{x}{2\sqrt{\pi}\, u^{\frac{3}{2}}}\, e^{-\frac{x^2}{4u}}\, \Phi(u)\, du = \sqrt{\frac{s}{\pi}} \int\limits_0^\infty e^{-st}\, \frac{\Phi\left(\frac{1}{t}\right)}{t^{\frac{1}{2}}}\, dt.$$

Nun ist $\Phi(u) \to \Phi(0)$ für $u \to +0$, also

$$\frac{\Phi\left(\frac{1}{t}\right)}{t^{\frac{1}{2}}} \sim \Phi(0)\, t^{-\frac{1}{2}} \quad \text{für} \quad t \to \infty.$$

Satz 1 liefert:

$$\varphi(x) \sim \sqrt{\frac{s}{\pi}}\, \Phi(0)\, \frac{\Gamma(\tfrac{1}{2})}{s^{\frac{1}{2}}} = \Phi(0)$$

für $s \to 0$, d. h. $x \to 0$.

2. Wir nannten früher (siehe 5.5) eine Reihe $\sum\limits_{0}^{\infty} c_n$ *Borel-summabel*
oder kurz B-summabel zur Summe l, wenn $G(x) = \sum\limits_{0}^{\infty} c_n \frac{x^n}{n!}$ für alle x
konvergiert und $\int\limits_{0}^{\infty} e^{-x} G(x)\, dx = l$ existiert. Borel hat ursprünglich
für diese Methode eine *andere Definition* gegeben, die allerdings mit
der vorigen nicht völlig äquivalent ist: Eine Reihe $\sum\limits_{0}^{\infty} d_n$ heißt B′-sum-
mabel zur Summe l, wenn, $q_n = \sum\limits_{\nu=0}^{n} d_\nu$ gesetzt, die Reihe $\sum\limits_{0}^{\infty} q_n \frac{t^n}{n!}$ für
alle t konvergiert und

$$\lim_{t \to \infty} e^{-t} \sum_{n=0}^{\infty} q_n \frac{t^n}{n!} = l$$

ist. Der Zusammenhang zwischen beiden Methoden ist folgender:

*Wenn die Reihe $c_0 + c_1 + \cdots$ B-summabel ist, so ist $0 + c_0 + c_1 + \cdots$
B′-summabel zur gleichen Summe und umgekehrt**.

Beweis: Wir setzen $c_0 + c_1 + \cdots + c_n = s_n$ und zeigen, daß, wenn
eine der beiden Reihen $\sum\limits_{0}^{\infty} c_n \frac{x^n}{n!}$ und $\sum\limits_{1}^{\infty} s_{n-1} \frac{t^n}{n!}$ konvergiert, das auch
für die andere der Fall ist und die Gleichung gilt:

$$e^t \int\limits_{0}^{t} e^{-x} \sum_{0}^{\infty} c_n \frac{x^n}{n!}\, dx = \sum_{1}^{\infty} s_{n-1} \frac{t^n}{n!}\ .$$

a) $G(x) = \sum\limits_{0}^{\infty} c_n \frac{x^n}{n!}$ konvergiere für alle x, d. h. sei eine ganze Funktion.
Dann gilt dasselbe für die auf der linken Seite stehende Funktion $\Psi(t)$,
die demnach in eine beständig konvergente Potenzreihe $\sum\limits_{0}^{\infty} \Psi^{(n)}(0) \frac{t^n}{n!}$
entwickelbar sein muß. Wir haben:

---

* Es könnte verwunderlich erscheinen, daß hier ein Unterschied zwischen
den Reihen $c_0 + c_1 + \cdots$ und $0 + c_0 + c_1 + \cdots$ gemacht wird. Aber die Borel-
summablen Reihen verhalten sich, wie man an Beispielen zeigen kann, keineswegs
so wie konvergente Reihen, bei denen man endlich viele Glieder wegnehmen darf,
ohne die Konvergenz zu stören. Vielmehr kann es vorkommen, daß $0 + c_0 + c_1 + \cdots$
summabel ist, während das für die gleiche Methode bei $c_0 + c_1 + \cdots$ nicht
zutrifft.

$$\Psi(t) = e^t \int_0^t e^{-x} G(x)\, dx, \quad \text{also} \quad \Psi(0) = 0;$$

$$\Psi'(t) = e^t \int_0^t e^{-x} G(x)\, dx + G(t) = \Psi(t) + G(t), \quad \text{also} \quad \Psi'(0) = c_0 = s_0;$$

$$\Psi''(t) = \Psi'(t) + G'(t), \quad \text{also} \quad \Psi''(0) = s_0 + c_1 = s_1;$$

$$\cdot\ \cdot\ \cdot\ \cdot\ \cdot\ \cdot\ \cdot\ \cdot\ \cdot\ \cdot\ \cdot\ \cdot\ \cdot\ \cdot\ \cdot\ \cdot\ \cdot$$

$$\Psi^{(n)}(t) = \Psi^{(n-1)}(t) + G^{(n-1)}(t), \quad \text{also} \quad \Psi^{(n)}(0) = \Psi^{(n-1)}(0) + c_{n-1}.$$

Ist schon bewiesen, daß $\Psi^{(n-1)}(0) = s_{n-2}$ ist, so folgt $\Psi^{(n)}(0) = s_{n-1}$. Da es für $n = 0, 1, 2$ gilt, so ergibt es sich allgemein.

b) $\sum_1^\infty s_{n-1} \dfrac{t^n}{n!}$ konvergiere für alle t. Dann gilt dasselbe für die

Ableitung $\sum_1^\infty s_{n-1} \dfrac{t^{n-1}}{(n-1)!} = \sum_0^\infty s_n \dfrac{t^n}{n!}$, also auch für die Differenz

$c_0 + \sum_1^\infty (s_n - s_{n-1}) \dfrac{t^n}{n!} = \sum_0^\infty c_n \dfrac{t^n}{n!}$. Nun kann man wie bei a) fortfahren.

Es ist also

$$\int_0^t e^{-x} \sum_0^\infty c_n \frac{x^n}{n!}\, dx = e^{-t} \sum_1^\infty s_{n-1} \frac{t^n}{n!}.$$

Ist $c_0 + c_1 + \cdots$ B-summabel, so hat die linke Seite für $t \to \infty$ einen Grenzwert, also auch die rechte, d. h. die Reihe mit den Partialsummen $q_0 = 0$, $q_1 = s_0$, $q_2 = s_1, \cdots$, d. i. die Reihe $0 + c_0 + c_1 + \cdots$ ist B'-summabel. Trifft umgekehrt das letztere zu, so hat die rechte Seite für $t \to \infty$ einen Grenzwert, also auch die linke, d. h. $c_0 + c_1 + \cdots$ ist B-summabel.

Eine der in der Summabilitätstheorie interessierenden Fragen ist die, wie sich die „Potenz" d. h. die Summierungskraft eines Verfahrens zu der eines anderen verhält: Ist eine Reihe, die nach dem einen Verfahren summiert werden kann, auch nach dem anderen summabel? In dieser Richtung beweisen wir nun folgendes:

Ist die Reihe $\sum\limits_0^\infty c_n$ B'-summierbar zur Summe l, d. h.

$$F(t) = e^{-t} \sum_0^\infty s_n \frac{t^n}{n!} \to l \quad \text{für} \quad t \to \infty,$$

und ist $\sum\limits_0^\infty c_n x^n$ für $|x| < 1$ konvergent (d. h. kann das Abelsche Verfahren überhaupt angesetzt werden), so ist $\sum\limits_0^\infty c_n$ auch Abel-summierbar zur Summe l,* d. h.

$$g(x) = \sum_0^\infty c_n x^n \to l \quad \text{für} \quad x \to 1.$$

Allgemeiner: Ist

$$F(t) \sim l\, t^\alpha \quad \text{für} \quad t \to \infty \qquad\qquad (\alpha > -1),$$

so ist

$$g(x) \sim \frac{l\, \Gamma(\alpha + 1)}{(1-x)^\alpha} \quad \text{für} \quad x \to 1\,^{124}.$$

---

* Seine Definition siehe S. 78.

Bemerkung: Wenn $\sum_0^\infty c_n x^n$ für $|x| < 1$ konvergiert, so gilt dasselbe für $\sum_0^\infty s_n x^n = \dfrac{1}{1-x} \sum_0^\infty c_n x^n$. Hieraus folgt aber, daß $\sum_0^\infty s_n \dfrac{t^n}{n!}$ überall konvergiert, so daß diese für die Anwendbarkeit des B'-Verfahrens notwendige Bedingung von selbst erfüllt ist.

Beweis: $\mathfrak{L}\{F\}$ existiert für $s > 0$, und zwar ist

$$f(s) = \int_0^\infty e^{-(s+1)t} \sum_0^\infty s_n \frac{t^n}{n!}\, dt = \sum_0^\infty \frac{s_n}{n!} \int_0^\infty e^{-(s+1)t}\, t^n\, dt = \sum_0^\infty \frac{s_n}{(s+1)^{n+1}},$$

wobei die Vertauschung von Summe und Integral nach Hilfssatz 1 (Anhang) gestattet ist. Aus $F(t) \sim l\, t^\alpha$ für $t \to \infty$ folgt nach Satz 1:

$$f(s) \sim l\, \frac{\Gamma(\alpha+1)}{s^{\alpha+1}} \qquad \text{für} \qquad s \to 0.$$

Setzen wir

$$\frac{1}{s+1} = x, \qquad \text{also} \qquad s = \frac{1-x}{x},$$

so steht da:

$$\sum_0^\infty s_n\, x^{n+1} \sim l\, \Gamma(\alpha+1) \left(\frac{x}{1-x}\right)^{\alpha+1}$$

oder

$$(1-x) \sum_0^\infty s_n\, x^n = \sum_0^\infty a_n\, x^n \sim l\, \Gamma(\alpha+1)\, \frac{x^\alpha}{(1-x)^\alpha} \sim \frac{l\, \Gamma(\alpha+1)}{(1-x)^\alpha} \qquad \text{für} \quad x \to 1.$$

Der Satz besagt, daß die „Abel-Transformierte" $g(x)$ einer Reihe für $x \to 1$ in demselben Maße gegen 0 ($-1 < \alpha < 0$) bzw. gegen ∞ ($\alpha > 0$) strebt wie die „Borel-Transformierte" $F(t)$ für $t \to \infty$.

Eine funktionentheoretische Anwendung: Das Funktionselement $\sum_0^\infty a_n\, x^n = \sum a_n\, e^{in\vartheta}\, r^n$ habe den Konvergenzradius 1. Ist die dadurch erzeugte Funktion in einem Punkte $e^{i\vartheta}$ des Einheitskreises regulär, so ist die Potenzreihe dort sowohl nach Abel als nach Borel summierbar ($e^{i\vartheta}$ liegt dann im Innern des Borelschen Summabilitätspolygons). Ist der Punkt aber ein singulärer, so braucht weder das eine noch das andere der Fall zu sein. Unser obiges Ergebnis zeigt nun: Ist die Potenzreihe in einem Punkt des Konvergenzkreises B'-summabel, so existiert sicher der Abelsche radiale Grenzwert, d. h. wenn dieser nicht existiert, so kann die Reihe auch nicht nach Borel summiert werden. Für Punkte des Konvergenzkreises ist also die Abelsche Methode „potenter" als die Borelsche [125].

$$* \qquad * \qquad *$$

In Satz 1 wurde etwas über das asymptotische Verhalten von F vorausgesetzt. Wir wollen aus ihm nun einen Satz ableiten, der eine Annahme über das Verhalten von $\int\limits_0^t F(\tau)\, d\tau$ macht und dadurch eine Verallgemeinerung des Analogons zum Abelschen Stetigkeitssatz darstellt.

Satz 2. *$F(t)$ sei eine I-Funktion und*

$$\Phi(t) = \int\limits_0^t F(\tau)\, d\tau \sim C\, t^\gamma \quad \text{für } t \to \infty \qquad (C \text{ beliebig komplex, } \gamma > -1).$$

Dann existiert $\mathfrak{L}\{F\} = f(s)$ *für* $\Re s > 0$, *und es gilt*

$$f(s) \sim C\, \frac{\Gamma(\gamma+1)}{s^\gamma}\,,$$

wenn $f(s)$ *im Winkelraum* $\mathfrak{W}$: $|\arc s| \leqq \vartheta < \dfrac{\pi}{2}$ *zweidimensional gegen* 0 *strebt.*

Beweis: Zunächst folgt durch verallgemeinerte partielle Integration:

$$\int\limits_\varepsilon^\omega e^{-st} F(t)\, dt = e^{-s\omega} \Phi(\omega) - e^{-s\varepsilon} \Phi(\varepsilon) + s \int\limits_\varepsilon^\omega e^{-st} \Phi(t)\, dt.$$

Wegen $\Phi(t) = O(t^\gamma)$ streben bei $\Re s > 0$ für $\varepsilon \to 0$, $\omega \to \infty$ die beiden ersten Glieder gegen 0, während das letzte konvergiert, so daß auch die linke Seite konvergiert und die Beziehung besteht:

$$f(s) = s \int\limits_0^\infty e^{-st} \Phi(t)\, dt.$$

Die Anwendung von Satz 1 auf dieses Integral führt zu unserer Behauptung [126].

Speziell für $\gamma = 0$ erhalten wir das Analogon zum Abelschen Stetigkeitssatz.

In Satz 1 stellten wir eine Beziehung zwischen $t \to \infty$ und $s \to 0$ her. Verhält sich $F(t)$ bei $t = \infty$ nicht wie eine Potenz, sondern wie eine Exponentialfunktion, multipliziert mit einer Potenz, so äußert sich das bei $f(s)$ durch das Verhalten an einer von $s = 0$ verschiedenen Stelle.

Satz 3. *$F(t)$ sei eine I-Funktion und*

$$F(t) \sim A\, e^{s_0 t}\, t^\alpha \quad \text{für } t \to \infty \qquad (A \text{ und } s_0 \text{ beliebig komplex, } \alpha > -1).$$

Dann existiert $f(s) = \mathfrak{L}\{F\}$ *für* $\Re s > \Re s_0$, *und es ist*

$$f(s) \sim A\, \frac{\Gamma(\alpha+1)}{(s - s_0)^{\alpha+1}}\,,$$

wenn s *im Winkelraum* $|\arc (s - s_0)| \leqq \vartheta < \dfrac{\pi}{2}$ *zweidimensional gegen* s_0 *strebt.*

Beweis: Auf $e^{-s_0 t} F$ und $\mathfrak{L}\{e^{-s_0 t} F\} = f(s + s_0)$ läßt sich Satz 1 anwenden und liefert:

$$f(s + s_0) \sim A\,\frac{\Gamma(\alpha + 1)}{s^{\alpha + 1}} \qquad \text{für} \quad s \to 0$$

d. h.

$$f(s) \sim A\,\frac{\Gamma(\alpha + 1)}{(s - s_0)^{\alpha + 1}} \qquad \text{für} \quad s \to s_0.$$

Die bisherigen Sätze bezogen sich auf quotientenasymptotische Darstellung. Wir gehen nun zu Darstellungen über, die einen differenzasymptotischen Charakter haben.

Satz 4. *$F(t)$ sei eine I-Funktion und für $t \geqq 1$ in der Form*

$$F(t) = A\,e^{s_0 t}\,t^\alpha + F_1(t) \qquad (A,\ s_0 \ und \ \alpha \ beliebig \ komplex)$$

darstellbar, wo t^α den Hauptzweig bedeutet und $\mathfrak{L}\{F_1\}$ eine Konvergenzabszisse β_1 besitzt mit $\beta_1 < \Re s_0$. Dann existiert $\mathfrak{L}\{F\} = f(s)$ in der Halbebene $\Re s > \Re s_0$, läßt sich aber in die Halbebene $\Re s > \beta_1$ fortsetzen und dort so darstellen:

$$f(s) = A\,\frac{\Gamma(\alpha + 1)}{(s - s_0)^{\alpha + 1}} + g(s) \quad \textit{für} \quad \alpha \neq -1, -2, \ldots$$

$$= A\,\frac{(-1)^p}{(p - 1)!}\,(s - s_0)^{p - 1} \log(s - s_0) + g(s) \quad \textit{für} \quad \alpha = -p,$$

wo p eine positive ganze Zahl und $g(s)$ eine in $\Re s > \beta_1$ reguläre Funktion bedeutet [127].

Beweis: Da $\mathfrak{L}\{F_1\}$ für $\Re s > \beta_1$ regulär und $\displaystyle\int_0^1 e^{-st}\,A\,e^{s_0 t}\,t^\alpha\,dt$ eine ganze Funktion ist (vgl. 4.1), so brauchen wir bloß

$$\int_1^\infty e^{-st}\,A\,e^{s_0 t}\,t^\alpha\,dt$$

zu betrachten. Dabei können wir uns auf $s_0 = 0$ beschränken, da die Multiplikation der L-Funktion mit $e^{s_0 t}$ nur den Ersatz von s durch $s - s_0$ bedeutet. Es handelt sich also um

$$I(s, \alpha) = \int_1^\infty e^{-st}\,t^\alpha\,dt.$$

1. Ist $\Re \alpha > -1$, so ist

$$I(s, \alpha) = \int_0^\infty e^{-st}\,t^\alpha\,dt - \int_0^1 e^{-st}\,t^\alpha\,dt.$$

Das erste Integral konvergiert für $\Re s > 0$ und ist gleich $\dfrac{\Gamma(\alpha + 1)}{s^{\alpha + 1}}$ (s. S. 22), das zweite ist eine ganze Funktion.

2. Es sei $\Re \alpha \leqq -1$, aber α keine negative ganze Zahl. Dann folgt für $\Re s > 0$ durch partielle Integration:

$$I(s, \alpha) = e^{-st}\,\frac{t^{\alpha + 1}}{\alpha + 1}\,\bigg|_1^\infty + \frac{s}{\alpha + 1}\int_1^\infty e^{-st}\,t^{\alpha + 1}\,dt.$$

Da $t^\alpha = e^{\alpha \log t}$ den Hauptzweig bedeutet, also $\log 1 = 0$ zu setzen ist, so ist $1^{\alpha+1} = 1$ und

$$I(s, \alpha) = -\frac{e^{-s}}{\alpha + 1} + \frac{s}{\alpha + 1}\, I(s, \alpha + 1).$$

Durch q-malige Anwendung der partiellen Integration ergibt sich:

$$I(s, \alpha) = -e^{-s}\left(\frac{1}{\alpha + 1} + \frac{s}{(\alpha + 1)(\alpha + 2)} + \cdots + \frac{s^{q-1}}{(\alpha + 1)\cdots(\alpha + q)}\right)$$
$$+ \frac{s^q}{(\alpha + 1)\cdots(\alpha + q)}\, I(s, \alpha + q).$$

(Da α keine negative ganze Zahl ist, so kann $\alpha + q$ nie 0 werden.) Der erste Summand ist eine ganze Funktion. Wir wählen q so groß, daß $\Re\alpha + q > -1$ ist. Dann läßt sich auf $I(s, \alpha + q)$ das unter 1. gefundene Resultat anwenden:

$$I(s, \alpha + q) = \frac{\Gamma(\alpha + q + 1)}{s^{\alpha + q + 1}} + \text{ganze Funktion.}$$

Also ist

$$I(s, \alpha) = \frac{s^q}{(\alpha + 1)\cdots(\alpha + q)}\, \frac{\Gamma(\alpha + q + 1)}{s^{\alpha + q + 1}} + \text{ganze Funktion}$$
$$= \frac{\Gamma(\alpha + 1)}{s^{\alpha + 1}} + \text{ganze Funktion.}$$

3. Es sei nun α eine negative ganze Zahl. Wir betrachten zunächst den Fall $\alpha = -1$:

$$I(s, -1) = \int_1^\infty \frac{e^{-st}}{t}\, dt \quad \text{für} \quad \Re s > 0.$$

Es ist

$$I'(s, -1) = -\int_1^\infty e^{-st}\, dt = -\frac{e^{-s}}{s} = -\frac{1}{s} + \frac{1 - e^{-s}}{s},$$

also

$$I(s, -1) = -\log s + \int_1^s \frac{1 - e^{-u}}{u}\, du.$$

Definiert man die Funktion $\dfrac{1 - e^{-u}}{u}$ für $u = 0$ durch ihren Grenzwert 1, so ist sie in der ganzen Ebene regulär, ihr Integral also auch. Damit ist unsere Behauptung für $\alpha = -1$ bewiesen.

Ist nun $\alpha = -p$ ($p = 2$ oder 3 oder $\ldots$), so wählen wir in der unter 2. bewiesenen Formel $q = p - 1$ (das ist der äußerste Wert, für den wir sie noch anwenden können) und erhalten:

$$(s, \alpha) = -e^{-s}\left(\frac{1}{\alpha + 1} + \frac{s}{(\alpha + 1)(\alpha + 2)} + \cdots + \frac{s^{p-2}}{(\alpha + 1)\cdots(\alpha + p - 1)}\right) + \frac{s^{p-1}}{(\alpha + 1)\cdots(\alpha + p - 1)} I(s, \alpha + q)$$
$$= -e^{-s}\left(\frac{1}{-p + 1} + \frac{s}{(-p + 1)(-p + 2)} + \cdots + \frac{s^{p-2}}{(-p + 1)\cdots(-1)}\right) + \frac{s^{p-1}(-1)^{p-1}}{(p - 1)\cdots 1} I(s, -1)$$
$$= \frac{(-1)^p}{(p - 1)!}\, s^{p-1} \log s + \text{ganze Funktion.}$$

In Satz 4 haben wir u. a. eine l-Funktion bekommen, die in $s = s_0$ eine Singularität vom Charakter $(s - s_0)^q \log (s - s_0)$ hat, aber nur für $q = 0, 1, 2, \ldots$ Es fragt sich, ob man nicht auch l-Funktionen mit diesem Verhalten für die übrigen komplexen q herstellen kann. Darüber gibt der folgende Satz Auskunft.

Satz 5. *$F(t)$ sei eine I-Funktion und für $t \geqq 1$ in der Form*

$$F(t) = A \, e^{s_0 t} \, t^\alpha \left(\log t - \frac{\Gamma'(\alpha + 1)}{\Gamma(\alpha + 1)} \right) + F_1(t)$$

$$(A, s_0 \text{ und } \alpha \text{ beliebig komplex, aber } \alpha \neq -1, -2, \ldots)$$

darstellbar, wo t^α den Hauptzweig bedeutet und $\mathfrak{L}\{F_1\}$ eine Konvergenzabszisse β_1 besitzt mit $\beta_1 < \Re s_0$. Dann existiert $\mathfrak{L}\{F\} = f(s)$ in der Halbebene $\Re s > \Re s_0$, läßt sich aber in die Halbebene $\Re s > \beta_1$ fortsetzen und dort so darstellen:

$$f(s) = - A \, \frac{\Gamma(\alpha + 1)}{(s - s_0)^{\alpha + 1}} \log (s - s_0) + h(s),$$

wo $h(s)$ eine in $\Re s > \beta_1$ reguläre Funktion bedeutet[128]. (Für die hier ausgeschlossenen Exponenten wird gerade durch Satz 4 die Ergänzung geliefert.)

Beweis: Für $\Re \alpha > -1$ fanden wir unter Satz 4 $(\Re s > 0)$:

$$\int\limits_1^\infty e^{-st} \, t^\alpha \, dt = \frac{\Gamma(\alpha + 1)}{s^{\alpha + 1}} - \int\limits_0^1 e^{-st} \, t^\alpha \, dt.$$

Diese Gleichung differenzieren wir nach α, wobei die Integrale unter dem Integralzeichen differenziert werden können, weil die resultierenden Ausdrücke (bei festem $\Re s > 0$) in α gleichmäßig konvergieren:

$$\int\limits_1^\infty e^{-st} \, t^\alpha \log t \, dt = \frac{\Gamma'(\alpha + 1)}{s^{\alpha + 1}} - \frac{\Gamma(\alpha + 1)}{s^{\alpha + 1}} \log s - \int\limits_0^1 e^{-st} \, t^\alpha \log t \, dt.$$

Subtrahieren wir hiervon die mit $\dfrac{\Gamma'(\alpha + 1)}{\Gamma(\alpha + 1)}$ multiplizierte vorige Gleichung, so erhalten wir:

$$\int\limits_1^\infty e^{-st} \, t^\alpha \left(\log t - \frac{\Gamma'(\alpha + 1)}{\Gamma(\alpha + 1)} \right) dt = - \frac{\Gamma(\alpha + 1)}{s^{\alpha + 1}} \log s$$

$$- \int\limits_0^1 e^{-st} \, t^\alpha \left(\log t - \frac{\Gamma'(\alpha + 1)}{\Gamma(\alpha + 1)} \right) dt.$$

Das letzte Integral ist eine ganze Funktion von s, womit unter Berücksichtigung der Anfangsbemerkungen im Beweis von Satz 4 unsere Behauptung bewiesen ist.

2. Asymptotisches Verhalten von $f(s)$ bei $s = \infty$.

Wie wir aus 4.3 wissen, strebt $f(s)$ mit wachsendem $|s|$ in jedem Winkelraum $|\arc (s - s_0)| \leqq \vartheta < \dfrac{\pi}{2}$ gleichmäßig gegen 0, falls s_0 ein

Konvergenzpunkt ist. Das ist ein Satz von Abelschem Charakter, denn die Konvergenz von $\mathfrak{L}\{F\}$ für $s = s_0$ bedeutet eine Aussage über das Verhalten von F, und hieraus wird auf das Verhalten von $f(s)$ für $s \to \infty$ geschlossen. Man kann nun, wenn man noch Genaueres über das Verhalten von $F(t)$ weiß, viel schärfere Aussagen über die Nullstrebigkeit von $f(s)$ für $s \to \infty$ machen. Wir erinnern zunächst an einen Satz, der uns bereits bekannt ist und der die gleichmäßige Nullstrebigkeit nicht nur für einen Winkelraum von der Öffnung $< \pi$, sondern für eine Halbebene aussagt. Er entsteht durch Kombination der Sätze 1 [4.3] und 4 [4.3].

Satz 6. $\mathfrak{L}\{F\} = f(s)$ *sei auf einer Geraden* $\Re s = \sigma$ *gleichmäßig konvergent. Dann strebt* $f(s)$ *in der Halbebene* $\Re s \geqq \sigma$ *für* $s \to \infty$ *gleichmäßig gegen* 0.

Weiß man das, was in diesem Satz über F vorausgesetzt wurde, von seiner Ableitung, so kann man die Stärke des Verschwindens von f sogar durch $\dfrac{1}{s}$ abschätzen.

Satz 7. $F(t)$ *sei für* $t > 0$ *differenzierbar und in* $t = 0$ *stetig.* $\mathfrak{L}\{F'\}$ *konvergiere in einem reellen Punkt* $\sigma > 0$ *und sei für* $\Re s > \sigma$ *beschränkt. (Dazu genügt z. B., daß* $\mathfrak{L}\{F'\}$ *für* $s = \sigma$ *absolut oder für* $\Re s = \sigma$ *gleichmäßig konvergiert.) Dann ist*

$$\mathfrak{L}\{F\} = f(s) = O\left(\frac{1}{|s|}\right) \quad \textit{für} \quad s \to \infty,$$

gleichmäßig in der offenen Halbebene $\Re s > \sigma$. — *Ist* $\mathfrak{L}\{F'\}$ *auf* $\Re s = \sigma$ *gleichmäßig konvergent und* $F(0) = 0$, *so ist sogar* $f(s) = o\left(\dfrac{1}{|s|}\right)$.

Beweis: Nach Satz 1 [8.3] ist für $\Re s > \sigma > 0$

$$\mathfrak{L}\{F'\} = s\,\mathfrak{L}\{F\} - F(0),$$

also

$$f(s) = \frac{\mathfrak{L}\{F'\} + F(0)}{s}.$$

Aus der Beschränktheit von $\mathfrak{L}\{F'\}$ folgt die Behauptung. — Ist $\mathfrak{L}\{F'\}$ auf $\Re s = \sigma$ gleichmäßig konvergent, so ist nach Satz 6: $\mathfrak{L}\{F'\} = o(1)$. Ist außerdem $F(0) = 0$, so ist $f(s) = o\left(\dfrac{1}{|s|}\right)$.

Satz 7 läßt sich so verallgemeinern:

Satz 8. *Wenn* $F(t)$ *für* $t \geqq 0$ $n-1$*-mal, für* $t > 0$ n*-mal differenzierbar und* $F^{(n-1)}(t)$ *in* $t = 0$ *stetig ist, wenn ferner* $\mathfrak{L}\{F^{(n)}\}$ *in einem reellen Punkt* $\sigma > 0$ *konvergiert und für* $\Re s > \sigma$ *beschränkt ist, und wenn schließlich*

$$F(0) = F'(0) = \cdots = F^{(n-2)}(0) = 0$$

ist, so gilt:

$$\mathfrak{L}\{F\} = f(s) = O\left(\frac{1}{|s|^n}\right) \quad \textit{für} \quad s \to \infty,$$

gleichmäßig in der offenen Halbebene $\Re s > \sigma$. — *Ist* $\mathfrak{L}\{F^{(n)}\}$ *für* $\Re s = \sigma$ *gleichmäßig konvergent und auch noch* $F^{(n-1)}(0) = 0$, *so ist sogar*

$$f(s) = o\left(\frac{1}{|s|^n}\right).$$

Beweis: Nach Gesetz $\mathrm{III_a}$ in 8.3 ist für $\Re s > \sigma > 0$

$$\mathfrak{L}\{F^{(n)}\} = s^n\,\mathfrak{L}\{F\} - F(0)\,s^{n-1} - F'(0)\,s^{n-2} - \cdots - F^{(n-2)}(0)\,s - F^{(n-1)}(0).$$

Hieraus folgen sofort alle Behauptungen.

Satz 7 läßt sich noch in anderer Richtung verallgemeinern. In den Anwendungen kommt es manchmal vor, daß F' nicht für $t > 0$, sondern erst von einer Stelle T an existiert, daß aber F zwischen 0 und T wenigstens von beschränkter Variation ist. Um diesen Fall zu erfassen, schicken wir eine Verschärfung des Riemannschen Lemmas (Satz 3 [4.3]) für solche Funktionen voraus.

Lemma. *Ist* $F(t)$ *in* $0 \leqq t \leqq T$ *von beschränkter Variation, so ist*

$$\int_0^T e^{-st} F(t)\,dt = O\left(\frac{1}{|s|}\right) \qquad \text{für} \quad s \to \infty$$

in der abgeschlossenen Halbebene $\Re s \geqq 0$.

Setzt man $s = x + iy$, also

$$\int_0^T e^{-st} F(t)\,dt = \int_0^T e^{-iyt}\,[e^{-xt} F(t)]\,dt,$$

so besagt dieser Satz für festes x, daß der „Fourier-Koeffizient" einer Funktion von beschränkter Variation $O\left(\dfrac{1}{|y|}\right)$ ist, eine in der Theorie der Fourier-Reihen oft benutzte Tatsache.

Beweis: $F(t)$, das wir als reell voraussetzen können, kann in die Gestalt $F_1(t) - F_2(t)$ gesetzt werden, wo F_1 und F_2 monoton abnehmende Funktionen sind. Es genügt, die Behauptung für F_1 zu beweisen. Nach dem zweiten Mittelwertsatz (siehe S. 42) ist für $s \neq 0$:

$$\int_0^T e^{-st} F_1(t)\,dt = F_1(0) \int_0^\tau e^{-st}\,dt = F_1(0)\,\frac{1 - e^{-s\tau}}{s},$$

wo τ einen gewissen (natürlich von s abhängenden) Zwischenwert zwischen 0 und T bedeutet. Also ergibt sich für $\Re s \geqq 0$, $s \neq 0$:

$$\left|\int_0^T e^{-st} F(t)\,dt\right| \leqq |F_1(0)|\,\frac{1 + e^{-\Re s\tau}}{|s|} \leqq \frac{2F_1(0)}{|s|}.$$

Nun können wir folgendes beweisen:

Satz 9. *$F(t)$ sei für $t \geqq T$ differenzierbar und für $0 \leqq t \leqq T$ von beschränkter Variation.* $\int_T^\infty e^{-st} F'(t)\,dt$ *konvergiere für ein reelles $s = \sigma > 0$*

und sei für $\Re s > \sigma$ beschränkt. Dann ist

$$f(s) = O\left(\frac{1}{|s|}\right) \quad \text{für} \quad s \to \infty,$$

gleichmäßig in $\Re s > \sigma$.

Beweis: In

$$f(s) = \int_0^T e^{-st} F(t)\, dt + \int_T^\infty e^{-st} F(t)\, dt = f_1(s) + f_2(s)$$

ist $f_1(s) = O\left(\frac{1}{|s|}\right)$ für $\Re s > \sigma$ nach dem Lemma. Weiter ist für $\Re s > \sigma$ nach Satz 1 [8.3]

$$\int_T^\infty e^{-st} F'(t)\, dt = e^{-sT} \int_0^\infty e^{-s\tau} F'(T+\tau)\, d\tau = e^{-sT}\left[s\int_0^\infty e^{-s\tau} F(T+\tau)\, d\tau - F(T)\right]$$

$$= s \int_T^\infty e^{-st} F(t)\, dt - F(T)\, e^{-sT}.$$

Also ist für $\Re s > \sigma$:

$$|s\, f_2(s)| \leqq \left| \int_T^\infty e^{-st} F'(t)\, dt\right| + |F(T)|\, e^{-\sigma T} < \text{const}.$$

Wir gehen nun zu Sätzen über, die aus einer gewissen Voraussetzung über das Verhalten von $F(t)$ in der Nähe von $t = 0$ die Art des Verschwindens von $f(s)$ für $s \to \infty$ scharf abschätzen. Wir schicken den extremen Fall voraus, daß $F(t)$ auf einer Strecke rechts von $t = 0$ identisch 0 ist.

Satz 10. *Wenn $\mathfrak{L}\{F\}$ eine Halbebene bedingter Konvergenz besitzt und*

$$F(t) = 0 \quad \text{für} \quad 0 < t \leqq a$$

ist, so gilt in jedem Winkelraum $\mathfrak{W}$: $|\arc s| \leqq \vartheta < \dfrac{\pi}{2}$

$$f(s) = O(e^{-a\Re s}) \quad \text{für} \quad s \to \infty.$$

Beweis: Wir wählen einen reellen Punkt $s_0 > 0$, wo $\mathfrak{L}\{F\}$ konvergiert. Dann ist nach Satz 1 [8.2] für $\Re s > s_0$:

$$f(s) = \int_a^\infty e^{-st} F(t)\, dt = s \int_a^\infty e^{-st} \int_a^t F(\tau)\, d\tau\, dt$$

und

$$\int_a^t F(\tau)\, d\tau = o(e^{s_0 t}) \quad \text{für} \quad t \to \infty,$$

also

$$\left| \int_a^t F(\tau)\, d\tau \right| < C\, e^{s_0 t} \quad \text{für} \quad t \geqq a$$

und folglich

$$|f(s)| \leqq |s|\, C \int_a^\infty e^{-(\Re s - s_0)t}\, dt = C\, \frac{|s|}{\Re s - s_0}\, e^{-(\Re s - s_0)a}.$$

In $\mathfrak{W}$ ist für $\mathfrak{R} s \geqq 2 s_0$

$$\frac{|s|}{\mathfrak{R} s - s_0} \leqq \frac{|s|}{\tfrac{1}{2} \mathfrak{R} s} \leqq \frac{2}{\cos \vartheta} \, ,$$

also

$$|f(s)| \leqq \frac{2\, C\, e^{a\, s_0}}{\cos \vartheta}\, e^{-a\, \mathfrak{R} s} .$$

Fügt man noch Voraussetzungen nach Art der von Satz 6 hinzu, so kann O durch o und der Winkelraum $\mathfrak{W}$ durch eine Halbebene ersetzt werden:

Satz 11. *Wenn* $\mathfrak{L}\{F\} = f(s)$ *für* $s = \sigma$ *(reell) absolut konvergiert oder auf einer Geraden* $\mathfrak{R} s = \sigma$ *gleichmäßig konvergiert, wenn ferner*

$$F(t) = 0 \quad \textit{für} \quad 0 < t \leqq a$$

ist, so gilt in der Halbebene $\mathfrak{R} s \geqq \sigma$ *gleichmäßig:*

$$f(s) = o\,(e^{-a\,\mathfrak{R} s}) \quad \textit{für} \quad s \to \infty .$$

Beweis: $\qquad f(s) = \int\limits_a^\infty e^{-st} F(t)\, dt = e^{-as} \int\limits_0^\infty e^{-su} F(a + u)\, du .$

Nun braucht man bloß auf $e^{as} f(s)$ den Satz 6 anzuwenden [129].

Wir gehen jetzt zu dem Fall über, daß $F(t)$ sich bei $t = 0$ wie eine Potenz von t benimmt. Es wird sich dann herausstellen, daß $f(s)$ wie eine negative Potenz für $s \to \infty$ gegen 0 konvergiert, und zwar um so stärker, je stärker F für $t \to 0$ gegen 0 strebt. — Der folgende Satz sieht formal genau wie Satz 1 aus, hat aber inhaltlich eine ganz andere Bedeutung.

Satz 12. *$\mathfrak{L}\{F\} = f(s)$ besitze eine Halbebene bedingter Konvergenz, und $F(t)$ habe die Eigenschaft*

$$F(t) \sim B\, t^\beta \quad \textit{für} \quad t \to 0 \qquad (B \textit{ beliebig komplex, } \beta > -1) .$$

Dann gilt

$$f(s) \sim B\, \frac{\Gamma(\beta + 1)}{s^{\beta + 1}} \quad \textit{für} \quad s \to \infty \textit{ in } \mathfrak{W} \colon |\text{arc } s| \leqq \vartheta < \frac{\pi}{2} \, ,$$

und zwar gleichmäßig für alle s mit demselben $\mathfrak{R} s$ [130].

Beweis: Wir setzen $\int\limits_0^\infty e^{-st} F(t)\, dt = \int\limits_0^1 + \int\limits_1^\infty$. Das zweite Integral ist nach Satz 10 in $\mathfrak{W}$ gleich $O\,(e^{-\mathfrak{R} s})$, also $o\left(\dfrac{1}{|s|^{\beta + 1}}\right)$, kann daher außer Betracht bleiben. Im ersten Integral $f_1(s)$ setzen wir

$$F(t) = B\, t^\beta + \varepsilon(t)\, t^\beta$$

mit $\varepsilon(t) \to 0$ für $t \to 0$. Dann ist

$$f_1(s) = \int\limits_0^1 e^{-st} (B\, t^\beta + \varepsilon(t)\, t^\beta)\, dt$$

$$= \int\limits_0^\infty e^{-st} B\, t^\beta\, dt + \int\limits_0^1 e^{-st} \varepsilon(t)\, t^\beta\, dt - \int\limits_1^\infty e^{-st} B\, t^\beta\, dt$$

und folglich, wenn $0 < T < 1$ ist:

$$f_1(s)\, s^{\beta+1} - B\,\Gamma(\beta+1)$$

$$= s^{\beta+1}\left\{\int\limits_0^T e^{-st}\,\varepsilon(t)\,t^\beta\,dt + \int\limits_T^1 e^{-st}\,\varepsilon(t)\,t^\beta\,dt - B\int\limits_1^\infty e^{-st}\,t^\beta\,dt\right\}.$$

Zu gegebenem $\varepsilon > 0$ wählen wir zunächst T so klein, daß $|\varepsilon(t)| \leqq \varepsilon$ für $0 < t \leqq T$ und folglich für $\Re s > 0$

$$\left|\int\limits_0^T e^{-st}\,\varepsilon(t)\,t^\beta\,dt\right| \leqq \varepsilon \int\limits_0^\infty e^{-\Re s\, t}\,t^\beta\,dt = \varepsilon\,\frac{\Gamma(\beta+1)}{(\Re s)^{\beta+1}}$$

ausfällt. Mit diesem festen T ist für $\Re s > 0$

$$\left|\int\limits_T^1 e^{-st}\varepsilon(t)\,t^\beta\,dt\right| \leqq e^{-\Re s\, T}\int\limits_T^1 |\varepsilon(t)|\,t^\beta\,dt = K_1\,e^{-\Re s\, T}\,;$$

ferner ist für $\Re s > 1$:

$$\left|\int\limits_1^\infty e^{-st}\,t^\beta\,dt\right| = \left|\int\limits_1^\infty e^{-(s-1)t}\,e^{-t}\,t^\beta\,dt\right| \leqq e^{-(\Re s - 1)}\int\limits_1^\infty e^{-t}\,t^\beta\,dt = K_2\,e^{-\Re s}\,.$$

Also erhalten wir für $\Re s > 1$:

$$|f_1(s)\,s^{\beta+1} - B\,\Gamma(\beta+1)| \leqq \varepsilon\,\Gamma(\beta+1)\left(\frac{|s|}{\Re s}\right)^{\beta+1}$$

$$+ K_1\,e^{-\Re s\, T}\,|s|^{\beta+1} + B\,K_2\,e^{-\Re s}\,|s|^{\beta+1}.$$

In $\mathfrak{W}$ ist $\dfrac{|s|}{\Re s} \leqq \dfrac{1}{\cos\vartheta}$, ferner bei wachsendem $\Re s$:

$$e^{-\Re s\, T}\,|s|^{\beta+1} \leqq e^{-\Re s\, T}\,(\Re s\,\cos\vartheta)^{\beta+1} \to 0,\quad e^{-\Re s}\,|s|^{\beta+1} \to 0.$$

Also ist für alle hinreichend großen $\Re s$ in $\mathfrak{W}$:

$$|f_1(s)\,s^{\beta+1} - B\,\Gamma(\beta+1)| \leqq K_3\,\varepsilon,$$

was unsere Behauptung beweist.

$$*\qquad *\qquad *$$

Satz 12 kann dahin verallgemeinert werden, daß die Vergleichsfunktion t^β mit einer für $t > 0$ stetigen, positiven Funktion $L(t)$ multipliziert wird, die die Eigenschaft

$$\frac{L(u\,x)}{L(x)} \to 1 \qquad \text{bei } x \to 0 \qquad \text{für jedes } u > 0$$

hat. Analoges gilt für Satz 1, wo diese Eigenschaft von $L(x)$ aber für $x \to \infty$ zu verlangen ist. Funktionen dieser letzteren Art heißen „*langsam wachsende Funktionen*", gleichgültig ob sie wachsen oder fallen oder oszillieren. (Ist die Eigenschaft für $x \to 0$ erfüllt, so ist $L\left(\dfrac{1}{x}\right)$ eine langsam wachsende Funktion.) Funktionen der Gestalt $x^\alpha\,L(x)$ $(\alpha > 0)$ heißen

„regulär wachsende Funktionen". Man kann von den langsam wachsenden Funktionen elementar folgendes zeigen*:

a) $x^{\varepsilon} L(x) \to \infty$ und $x^{-\varepsilon} L(x) \to 0$ für $x \to \infty$ und jedes $\varepsilon > 0$.

b) $\dfrac{L(u\,x)}{L(x)}$ strebt in jedem abgeschlossenen Intervall, das den Punkt $x = 0$ nicht enthält, gleichmäßig gegen 1.

Die Standardtypen der Funktionen $L(x)$ sind

$$\log x, \quad \log\log x, \quad \log\log\log x, \dots$$

sowie ihre Produkte und Potenzen mit positiven und negativen Exponenten; so ist z. B.

$$\log\log u\, x = \log\,(\log x + \log u)$$
$$= \log\left[\log x\left(1 + \frac{\log u}{\log x}\right)\right] \doteq \log\log x + \log\left(1 + \frac{\log u}{\log x}\right),$$

also

$$\frac{\log\log u\, x}{\log\log x} \to 1 \quad \text{für} \quad x \to \infty.$$

Satz 13. $\mathfrak{L}\{F\} = f(s)$ *besitze eine Halbebene bedingter Konvergenz, und $F(t)$ habe die Eigenschaft*

$$F(t) \sim B\, t^{\beta}\, L(t) \quad \text{für} \quad t \to 0 \qquad (B \text{ beliebig, } \beta > -1),$$

wo die positive, für $x > 0$ stetige Funktion $L(x)$ die Bedingung

$$\frac{L(u\,x)}{L(x)} \to 1 \quad \text{bei} \quad x \to 0 \quad \text{für jedes} \quad u > 0$$

erfüllt. Dann gilt:

$$f(s) \sim B\,\frac{\Gamma(\beta + 1)}{s^{\beta + 1}}\, L\left(\frac{1}{s}\right) \quad \text{für} \quad s \text{ (reell)} \to \infty^{131}.$$

Beweis: Es genügt, $\displaystyle\int_0^1 e^{-st} F(t)\,dt = f_1(s)$ zu betrachten, da nach

Satz $\overset{10}{\mathfrak{8}}\ \displaystyle\int_1^{\infty} = O\,(e^{-s})$, also wegen der obigen Eigenschaft a) von $L(x)$

gleich $o\left(\dfrac{1}{s^{\beta + 1}}\, L\left(\dfrac{1}{s}\right)\right)$ ist. In $f_1(s)$ setzen wir

$$F(t) = B\, t^{\beta}\, L(t)\, F_1(t),$$

wo $F_1(t) \to 1$ für $t \to 0$, und erhalten $(s\,t = u)$:

$$f_1(s) = B\int_0^1 e^{-st}\, t^{\beta}\, L(t)\, F_1(t)\, dt$$

$$= B\,\frac{1}{s^{\beta + 1}}\, L\left(\frac{1}{s}\right) \int_0^s e^{-u}\, u^{\beta}\, \frac{L\left(\dfrac{u}{s}\right)}{L\left(\dfrac{1}{s}\right)}\, F_1\left(\frac{u}{s}\right) du.$$

---

* Siehe J. Karamata: Sur un mode de croissance régulière des fonctions. Mathematica (Cluj, Rumänien) **4** (1930) S. 38—53 [Corollaire 2, S. 45].

Sperren wir die Punkte $u = 0$ und $u = s$ durch Teilintervalle ab, so strebt auf Grund der obigen Eigenschaft b) die Funktion $\dfrac{L\left(\dfrac{u}{s}\right)}{L\left(\dfrac{1}{s}\right)} F_1\left(\dfrac{u}{s}\right)$ bei wachsendem s gleichmäßig gegen 1 und daher das ganze Integral gegen $\int\limits_0^\infty e^{-u} u^\beta \, du = \Gamma(\beta + 1)$.

§ 2. Taubersche Sätze reeller Art.

Der Abelsche Stetigkeitssatz für Potenzreihen ist bekanntlich nicht umkehrbar. So hat z. B. die Funktion $\varphi(z) = \dfrac{1}{1-z} = \sum\limits_0^\infty z^n \ (|z| < 1)$ für $z \to -1$ den Grenzwert $\dfrac{1}{2}$, aber die Reihe konvergiert für $z = -1$ nicht. Als erster hat TAUBER eine nichttriviale, aber ziemlich an der Oberfläche liegende Bedingung angegeben, unter der von der Existenz des $\lim \sum\limits_0^\infty a_n z^n$ für reell gegen 1 strebendes z auf die Konvergenz von $\sum\limits_0^\infty a_n$ geschlossen werden kann, nämlich $a_n = o\left(\dfrac{1}{n}\right)$, und daher nennt man alle Sätze, die den Abelschen Stetigkeitssatz bzw. seine Verallgemeinerungen unter einer Zusatzvoraussetzung, insbesondere über a_n, umzukehren gestatten, *Taubersche Sätze*. Wir werden hier für die Laplace-Transformation gleich das Analogon zu dem wesentlich tiefer liegenden Satz, der später gefunden worden ist und der $a_n = O_L\left(\dfrac{1}{n}\right)$ als Zusatzvoraussetzung hat [132], beweisen. Bei Sätzen dieser Art wird außer der Existenz von $\lim f(s)$ für reell gegen 0 strebendes s eine einseitige Beschränktheitsvoraussetzung über $F(t)$ zu fordern sein. Sowohl hinsichtlich $f(s)$ wie $F(t)$ bezieht sich die Betrachtung ganz auf reelle Werte der Variablen. Wir werden die betreffenden Sätze daher „Taubersche Sätze *reeller* Art" nennen. Ihnen sind in neuester Zeit Sätze an die Seite getreten, bei denen abgesehen von einer Beschränkung für F noch ein gewisses funktionentheoretisches Verhalten von $f(s)$, z. B. bei Annäherung an die Konvergenzgerade, gefordert, dafür aber auch eine sehr scharfe Folgerung hinsichtlich $F(t)$ gezogen wird. Sätze dieser Gattung werden wir als „Taubersche Sätze *funktionentheoretischer* Art" bezeichnen (siehe 10.3).

Daß der Abelsche Satz 1 [10.1] nicht ohne weiteres umkehrbar ist, wird drastisch durch folgende Betrachtung gezeigt:

Hat F für $t \to \infty$ einen Grenzwert A, so ist nach jenem Satz ($\alpha = 0$) $f(s) \sim \dfrac{A}{s}$. Hat F keinen Grenzwert, so liegt es nahe, in Analogie zu den

Cesàroschen Mitteln bei Folgen hier durch Integrale gebildete Mittel zu betrachten:

$$\mu_k(t) = k!\, \frac{\left(\int\limits_0^t\right)^k F(\tau)\, d\tau}{t^k} \qquad (k = 1, 2, \ldots),$$

wo $\left(\int\limits_0^t\right)^k$ ein k-fach iteriertes Integral bedeuten soll. In der Faltungssymbolik können wir dafür auch anschaulicher

$$\mu_k(t) = \frac{F * 1^{*k}}{1^{*k+1}}$$

schreiben. Hat $\mu_k(t)$ für $t \to \infty$ einen Grenzwert A, so sagen wir, $F(t)$ habe einen Mittelwert k^{ter} Ordnung für $t \to \infty$ [133]. In diesem Fall ist

$$F * 1^{*k} \sim A\, 1^{*k+1} = A\, \frac{t^k}{k!}\,,$$

also nach Satz 1 [10.1]:

$$\mathfrak{L}\{F * 1^{*k}\} \sim \frac{A}{s^{k+1}} \qquad \text{für} \quad s \to 0.$$

Nach Gesetz II_a ist, wenn $\mathfrak{L}\{F\}$ existiert, die linke Seite gleich $\mathfrak{L}\{F\}\,\dfrac{1}{s^k}$, so daß wir erhalten:

$$f(s) \sim \frac{A}{s} \qquad \text{für} \quad s \to 0.$$

Die l-Funktion ist also ganz unempfindlich dagegen, ob $F(t)$ für $t \to \infty$ einen Grenzwert oder nur einen Mittelwert hat. Man kann daher aus $f(s) \sim \dfrac{A}{s}$ für $s \to 0$ unmöglich auf $F(t) \sim A$ für $t \to \infty$ schließen.

Wir werden nun eine Taubersche Umkehrung sowohl von Satz 1 bzw. 2 wie auch von Satz 12 bzw. 13 [10.1] beweisen, und zwar werden beide aus folgendem Satz fließen:

Satz 1. *Es sei $F(t) \geqq 0$ und $\mathfrak{L}\{F\}$ für $s > 0$ konvergent. $L(x)$ sei eine für $x > 0$ stetige, positive Funktion mit der Eigenschaft**

$$\frac{L(u\,x)}{L(x)} \to 1 \qquad \text{für jedes } u > 0 \text{ bei } x \to \infty \; (bzw. \; x \to 0).$$

Aus

$$\int\limits_0^\infty e^{-st} F(t)\, dt \sim C\, s^{-\nu} L\left(\frac{1}{s}\right) \qquad \text{bei } s \to 0 \; (bzw. \; s \to \infty)$$

$$(C \geqq 0, \quad \gamma \geqq 0)$$

folgt

$$\int\limits_0^\infty e^{-st} q(e^{-st})\, F(t)\, dt \sim \begin{cases} C\, \dfrac{s^{-\gamma}}{\Gamma(\gamma)} L\left(\dfrac{1}{s}\right) \displaystyle\int\limits_0^\infty e^{-t} q(e^{-t})\, t^{\gamma-1}\, dt & \text{bei } \gamma > 0 \\[4ex] C\, L\left(\dfrac{1}{s}\right) q(1) & \text{bei } \gamma = 0 \end{cases}$$

$$\text{für } s \to 0 \; (bzw. \; s \to \infty)$$

---

* Vgl. hierzu S. 201.

für jede in $0 \leq x \leq 1$ definierte Funktion $q(x)$, die dort stetig ist bis auf höchstens eine im Innern liegende Stelle x_0, wo sie einen Sprung aufweist [134].

Beweis: Ist n (ganzzahlig) ≥ 0, so strebt mit s auch $(n + 1)\, s$ gegen 0 (bzw. ∞), also ist

$$\int\limits_0^\infty e^{-st}\, e^{-nst}\, F(t)\, dt \sim C\, s^{-\gamma}\, (n + 1)^{-\gamma}\, L\left(\frac{1}{(n + 1)\, s}\right) \quad \text{für } s \to 0 \ (\text{bzw. } s \to \infty).$$

Wegen

$$\frac{L\left(\dfrac{1}{n + 1}\, x\right)}{L(x)} \to 1 \qquad \text{für } x \to \infty \ (\text{bzw. } x \to 0)$$

ist

$$L\left(\frac{1}{(n + 1)\, s}\right) \sim L\left(\frac{1}{s}\right) \quad \text{für } s \to 0 \ (\text{bzw. } s \to \infty),$$

also

$$\int\limits_0^\infty e^{-st}\, (e^{-st})^n\, F(t)\, dt \sim C\, s^{-\gamma}\, (n + 1)^{-\gamma}\, L\left(\frac{1}{s}\right)$$

$$= \begin{cases} C\, \dfrac{s^{-\gamma}}{\Gamma(\gamma)}\, L\left(\dfrac{1}{s}\right) \displaystyle\int\limits_0^\infty e^{-t}\, (e^{-t})^n\, t^{\gamma - 1}\, dt & (\gamma > 0) \\[2em] C\, L\left(\dfrac{1}{s}\right) & (\gamma = 0) \end{cases} \quad \begin{matrix} \text{für } s \to 0 \\[1em] (\text{bzw. } s \to \infty). \end{matrix}$$

Hieraus folgt aber für jedes Polynom $p(x)$:

$$(1) \qquad \int\limits_0^\infty e^{-st}\, p(e^{-st})\, F(t)\, dt \sim \begin{cases} C\, \dfrac{s^{-\gamma}}{\Gamma(\gamma)}\, L\left(\dfrac{1}{s}\right) \displaystyle\int\limits_0^\infty e^{-t}\, p(e^{-t})\, t^{\gamma - 1}\, dt & (\gamma > 0) \\[2em] C\, L\left(\dfrac{1}{s}\right)\, p(1) & (\gamma = 0) \end{cases}$$

$$\text{für } s \to 0 \ (\text{bzw. } s \to \infty).$$

Es sei nun $q(x)$ eine Funktion, die in $0 \leq x \leq 1$ stetig ist mit Ausnahme einer Stelle x_0 im Innern, $0 < x_0 < 1$, wo sie einen Sprung, also von links und rechts Grenzwerte, aber verschiedene, hat. Wir grenzen um x_0 ein ganz zu $(0, 1)$ gehöriges Intervall $|x - x_0| \leq \delta$ ab und ersetzen dort $q(x)$ durch eine unterhalb $q(x)$ verlaufende stetige Funktion*. Die aus diesem Ersatzstück und dem Restteil von $q(x)$ bestehende, in $0 \leq x \leq 1$ stetige Funktion nennen wir $q_1(x)$. Analog konstruieren

---

* Z. B. dadurch, daß wir im Falle $q(x_0 - 0) > q(x_0 + 0)$ den Punkt $x_0,\ q(x_0 + 0)$ geradlinig mit dem Minimum von $q(x)$ in $(x_0 - \delta,\ x_0)$ verbinden. Wird dieses zufällig in x_0 (und nur in x_0) angenommen, so verbinden wir zunächst $x_0,\ q(x_0 + 0)$ mit dem Punkt $x_0 - \dfrac{\delta}{2},\ q(x_0 - 0)$ geradlinig und dann diesen Punkt mit dem Minimum in $\left(x_0 - \delta,\ x_0 - \dfrac{\delta}{2}\right)$. Wird dieses wieder am rechten Ende angenommen, so verbinden wir zunächst mit $x_0 - \dfrac{3}{4}\, \delta,\ q\left(x_0 - \dfrac{\delta}{2}\right)$ usw. Entweder bricht dieser Prozeß ab, oder wir erhalten ein gegen $x_0 - \delta,\ q(x_0 - \delta)$ konvergierendes Polygon mit unendlich vielen Seiten.

wir eine in $|x - x_0| \leqq \delta$ oberhalb $q(x)$ verlaufende stetige Funktion $q_2(x)$. Dann ist

$$q_1(x) \leqq q(x) \leqq q_2(x) \quad \text{in} \quad |x - x_0| \leqq \delta$$

und

$$q_1(x) = q(x) = q_2(x) \quad \text{im Rest des Intervalles } [0,1].$$

Nach dem Weierstraßschen Approximationssatz kann man zwei Polynome $p_1(x)$ und $p_2(x)$ so bestimmen, daß

$$p_1(x) \leqq q_1(x) \leqq q_2(x) \leqq p_2(x)$$

und

$$q_1(x) - p_1(x) \leqq \varepsilon, \quad p_2(x) - q_2(x) \leqq \varepsilon \quad \text{in} \quad 0 \leqq x \leqq 1$$

ist, wo $\varepsilon > 0$ beliebig, aber fest vorgegeben ist. Dann folgt, zunächst im Falle $\gamma > 0$, weil $F(t) \geqq 0$ ist:

$$\frac{s^\gamma}{L\left(\frac{1}{s}\right)} \int\limits_0^\infty e^{-st} q(e^{-st}) F(t)\, dt \geqq \frac{s^\gamma}{L\left(\frac{1}{s}\right)} \int\limits_0^\infty e^{-st} q_1(e^{-st}) F(t)\, dt$$

$$\geqq \frac{s^\gamma}{L\left(\frac{1}{s}\right)} \int\limits_0^\infty e^{-st} p_1(e^{-st}) F(t)\, dt.$$

Nach (1) erhalten wir für $s \to 0$ (bzw. $s \to \infty$):

$$(2) \quad \liminf \frac{s^\gamma}{L\left(\frac{1}{s}\right)} \int\limits_0^\infty e^{-st} q(e^{-st}) F(t)\, dt \geqq \frac{C}{\Gamma(\gamma)} \int\limits_0^\infty e^{-t} p_1(e^{-t})\, t^{\gamma-1}\, dt.$$

Ganz analog finden wir:

$$(3) \quad \limsup \frac{s^\gamma}{L\left(\frac{1}{s}\right)} \int\limits_0^\infty e^{-st} q(e^{-st}) F(t)\, dt \leqq \frac{C}{\Gamma(\gamma)} \int\limits_0^\infty e^{-t} p_2(e^{-t})\, t^{\gamma-1}\, dt,$$

also

$$\limsup - \liminf \leqq \frac{C}{\Gamma(\gamma)} \int\limits_0^\infty e^{-t} [p_2(e^{-t}) - p_1(e^{-t})]\, t^{\gamma-t}\, dt.$$

Für $|e^{-t} - x_0| \leqq \delta$, d. h. $t_1 = -\log(x_0 + \delta) \leqq t \leqq -\log(x_0 - \delta) = t_2$ ist

$$0 \leqq p_2(e^{-t}) - p_1(e^{-t}) \leqq M,$$

wo M eine Konstante ist, die unabhängig von δ und ε gewählt werden kann (bei der oben angegebenen Konstruktion von $q_1(x)$ und $q_2(x)$ ist $q_1(x) \geqq$ untere Grenze von $q(x)$, $q_2(x) \leqq$ obere Grenze von $q(x)$, also $q_2 - q_1 \leqq$ Differenz dieser Grenzen. Hat man von vornherein $\varepsilon < 1$ gewählt, so ist $p_2 - p_1$ kleiner als eine Zahl, die um 2 größer als diese Differenz ist). In dem übrigen Teil des Intervalls $0 \cdots \infty$ ist

$$0 \leqq p_2(e^{-t}) - p_1(e^{-t}) \leqq 2\varepsilon,$$

also

$$\limsup - \liminf \leq C\,\frac{2\,\varepsilon}{\Gamma(\gamma)} \int\limits_0^\infty e^{-t}\,t^{\gamma-1}\,dt + C\,\frac{M}{\Gamma(\gamma)} \int\limits_{t_1}^{t_2} e^{-t}\,t^{\gamma-1}\,dt.$$

Denken wir von vornherein $t_2 - t_1 = \log \dfrac{x_0 + \delta}{x_0 - \delta}$, d. h. δ so klein gewählt, daß

$$\frac{M}{\Gamma(\gamma)} \int\limits_{t_1}^{t_2} e^{-t}\,t^{\gamma-1}\,dt \leq \varepsilon$$

ausfällt, so ergibt sich:

$$0 \leq \limsup - \liminf \leq 3\,C\,\varepsilon.$$

Da ε beliebig klein sein kann, so ist $\limsup = \liminf$, d. h. es existiert

$$\lim \frac{s^\gamma}{L\left(\dfrac{1}{s}\right)} \int\limits_0^\infty e^{-st}\,q(e^{-st})\,F(t)\,dt.$$

In (3) können wir also $\limsup$ durch $\lim$ ersetzen, woraus sich ergibt:

$$\lim \frac{s^\gamma}{L\left(\dfrac{1}{s}\right)} \int\limits_0^\infty e^{-st}\,q(e^{-st})\,F(t)\,dt - \frac{C}{\Gamma(\gamma)} \int\limits_0^\infty e^{-t}\,q(e^{-t})\,t^{\gamma-1}\,dt$$

$$\leq \frac{C}{\Gamma(\gamma)} \int\limits_0^\infty e^{-t}\,[p_2(e^{-t}) - q(e^{-t})]\,t^{\gamma-1}\,dt$$

$$\leq \frac{C}{\Gamma(\gamma)} \int\limits_0^\infty e^{-t}\,[p_2(e^{-t}) - p_1(e^{-t})]\,t^{\gamma-1}\,dt \leq 3\,C\,\varepsilon.$$

Damit ist die asymptotische Relation in unserer Behauptung für $\gamma > 1$ bewiesen.

Ist $\gamma = 0$, so wählen wir zwei ganz beliebige Polynome $p_1(x)$, $p_2(x)$, die nur den Bedingungen

$$p_1(x) \leq q(x) \leq p_2(x),$$
$$p_1(1) = q(1) = p_2(1)$$

zu genügen brauchen. Dann ist wegen $F(t) \geq 0$:

$$\int\limits_0^\infty e^{-st}\,p_1(e^{-st})\,F(t)\,dt \leq \int\limits_0^\infty e^{-st}\,q(e^{-st})\,F(t)\,dt \leq \int\limits_0^\infty e^{-st}\,p_2(e^{-st})\,F(t)\,dt.$$

Für $s \to 0$ (bzw. $s \to \infty$) streben nach (1) die äußeren Integrale, durch $L\left(\dfrac{1}{s}\right)$ dividiert, gegen $C\,p_1(1)$ bzw. $C\,p_2(1)$, folglich beide gegen $C\,q(1)$. Dasselbe gilt also für das mittlere Integral.

Bemerkung: Für $\gamma > 0$ und $L \equiv 1$ läßt sich Satz 1, analog wie wir das bei Satz 2 tun werden, dahin verallgemeinern, daß statt der Positivität von $F(t)$ vorausgesetzt wird: $F(t = O_L(t^{\gamma-1}))$.

Wir formulieren nun die Umkehrungen Tauberscher Art von Satz 1 bzw. 2 und 12 bzw. 13 [10.1].

Satz 2. *Es sei* $F(t)$ *reell und* $\mathfrak{L}\{F\} = f(s)$ *für* $s > 0$ *konvergent.* $L(x)$ *sei eine für* $x > 0$ *stetige, positive Funktion mit der Eigenschaft*

$$\frac{L(u\,x)}{L(x)} \to 1 \qquad \textit{für jedes } u > 0 \textit{ bei } x \to \infty \ (\textit{bzw. } x \to 0).$$

Ist

$$f(s) \sim C\,s^{-\gamma} L\left(\frac{1}{s}\right) \quad (C \gtreqless 0,\ \gamma \gtreqless 0) \qquad \textit{für } s \to 0 \ (\textit{bzw. } s \to \infty)$$

und

$$F(t) \gtreqless 0,$$

so folgt

$$\Phi(t) = \int_0^t F(\tau)\,d\tau \sim \frac{C}{\Gamma(\gamma+1)}\,t^{\gamma} L(t) \qquad \textit{für } t \to \infty \ (\textit{bzw. } t \to 0)\,[135].$$

Wir beweisen die hierin steckenden zwei Sätze gemeinsam auf Grund von Satz 1. Setzen wir dort

$$q(x) = \begin{cases} 0 & \text{für } 0 \leqq x < e^{-1} \\ \dfrac{1}{x} & \text{für } e^{-1} \leqq x \leqq 1, \end{cases} \qquad \text{d. h. } q(e^{-st}) = \begin{cases} 0 & \text{für } t > \dfrac{1}{s} \\ e^{st} & \text{für } 0 \leqq t \leqq \dfrac{1}{s}, \end{cases}$$

so sind alle Bedingungen erfüllt, und es folgt:

$$\int_0^{\frac{1}{s}} F(t)\,dt \sim \begin{cases} C\,\dfrac{s^{-\gamma}}{\Gamma(\gamma)} L\left(\dfrac{1}{s}\right) \displaystyle\int_0^1 t^{\gamma-1}\,dt & \text{bei } \gamma > 0 \\[2ex] C\,L\left(\dfrac{1}{s}\right) & \text{bei } \gamma = 0 \end{cases} \quad \begin{aligned} &\text{für } s \to 0 \\ &(\text{bzw. } s \to \infty). \end{aligned}$$

Nennen wir die Integrationsvariable τ statt t und setzen dann $\dfrac{1}{s} = t$, so stehen die Behauptungen von Satz 2 da.

Bemerkung: Ist $L \equiv 1$, so kommt in Satz 2 mit der Voraussetzung $s \to \infty$ für $\gamma = 0$ nur der Wert $C = 0$ in Frage, da stets $f(s) \to 0$ für $s \to \infty$ gilt. Die Behauptung über $\Phi(t)$ ist in diesem Fall trivial, nämlich $\Phi(t) \to 0$ für $t \to 0$.

Zusatz zu Satz 2: Macht man die zusätzliche Voraussetzung, daß $F(t)$ *mit* t *monoton zunimmt:*

$$F(t_1) \leqq F(t_2) \qquad \text{für} \qquad 0 < t_1 \leqq t_2,$$

so kann man *in beiden Satzteilen für den Fall* $L(x) \equiv 1$ *nicht bloß das asymptotische Verhalten von* $\int_0^t F(\tau)\,d\tau$, *sondern das von* $F(t)$ *selbst* *beschreiben; es ist dann nämlich* *

$$F(t) \sim \frac{C\,\gamma}{\Gamma(\gamma+1)}\, t^{\gamma-1} \quad \text{für} \quad t \to \infty \quad \text{bzw.} \quad t \to 0.$$

Das ergibt sich aus folgendem

Lemma: Wenn $F(t)$ für $t > 0$ monoton wächst und bis zum Nullpunkt uneigentlich integrabel ist, wenn ferner

$$\Phi(t) = \int\limits_0^t F(\tau)\, d\tau \sim A\, t^\gamma \quad (A \text{ und } \gamma \text{ beliebig reell}) \quad \text{für } t \to \infty \text{ (bzw. } t \to 0)$$

gilt, so ist

$$F(t) \sim A\,\gamma\, t^{\gamma-1} \text{ für } t \to \infty \text{ (bzw. } t \to 0) \,^{136}.$$

Beweis: Aus der Monotonie von F folgt für $t > 0,\ 0 < \vartheta < 1$:

$$F(\vartheta t)\,(t - \vartheta t) \leqq \int\limits_{\vartheta t}^t F(\tau)\, d\tau \leqq F(t)\,(t - \vartheta t),$$

also

$$t^{-\gamma+1} F(\vartheta t) \leqq \frac{1}{1-\vartheta}\,[t^{-\gamma}\Phi(t) - t^{-\gamma}\Phi(\vartheta t)] \leqq t^{-\gamma+1} F(t).$$

Bei festem ϑ ist für $t \to \infty$ (bzw. $t \to 0$):

$$t^{-\gamma}\Phi(t) \to A, \quad (\vartheta t)^{-\gamma}\Phi(\vartheta t) \to A,$$

also (wenn lim sich immer entweder auf $t \to \infty$ oder auf $t \to 0$ bezieht):

$$\limsup\ t^{-\gamma+1} F(\vartheta t) \leqq A\,\frac{1 - \vartheta^\gamma}{1 - \vartheta} \leqq \liminf\ t^{-\gamma+1} F(t).$$

In der rechten Hälfte dieser für jedes positive $\vartheta < 1$ gültigen Ungleichung ist die rechte Seite von ϑ unabhängig, die linke hat für $\vartheta \to 1$ den Grenzwert $A\,\gamma$; also ist

$$\liminf\ t^{-\gamma+1} F(t) \geqq A\,\gamma.$$

Die linke Hälfte der Ungleichung kann so geschrieben werden:

$$\limsup\ (\vartheta t)^{-\gamma+1} F(\vartheta t) \leqq - A\,\vartheta\,\frac{1 - \vartheta^{-\gamma}}{1 - \vartheta}.$$

Die linke Seite ist gleich $\limsup\ t^{-\gamma+1} F(t)$, also von ϑ unabhängig, die rechte hat für $\vartheta \to 1$ den Grenzwert $A\,\gamma$; also ist

$$\limsup\ t^{-\gamma+1} F(t) \leqq A\,\gamma.$$

Damit ist das Lemma bewiesen.

Der Satz 2 läßt sich im Fall $L(x) \equiv 1$ für $\gamma > 0$ dahin verallgemeinern, daß die Voraussetzung der Positivität von $F(t)$ durch $F(t) = O_L(t^{\gamma-1})$ ersetzt wird ^{137}.

---

* Wir schreiben für $\dfrac{\gamma}{\Gamma(\gamma+1)}$ nicht $\dfrac{1}{\Gamma(\gamma)}$, weil $\Gamma(\gamma)$ für $\gamma = 0$ nicht definiert ist. Versteht man unter $\dfrac{1}{\Gamma(\gamma)}$ für $\gamma = 0$ den Wert 0, so kann $\dfrac{1}{\Gamma(\gamma)}$ geschrieben werden.

Satz 3. *Es sei $F(t)$ reell und $\mathfrak{L}\{F\} = f(s)$ für $s > 0$ konvergent. Ist*
$$f(s) \sim C\,s^{-\gamma} \quad (C\ \textit{beliebig},\ \gamma > 0) \quad \textit{für}\ s \to 0\ (\textit{bzw.}\ s \to \infty)$$
und
$$F(t) = O_L(t^{\gamma - 1}) \quad \textit{für}\ t > 0,$$
so folgt
$$\Phi(t) = \int\limits_0^t F(\tau)\,d\tau \sim \frac{C}{\Gamma(\gamma + 1)}\,t^{\gamma} \quad \textit{für}\ t \to \infty\ (\textit{bzw.}\ t \to 0).$$

Beweis: Wenn
$$F(t) \geqq -k\,t^{\gamma - 1} \qquad\qquad\qquad (k > 0)$$
ist, so haben wir wegen $\gamma > 0$:
$$\mathfrak{L}\{F + k\,t^{\gamma - 1}\} = \mathfrak{L}\{F\} + k\,\Gamma(\gamma)\,s^{-\gamma} \sim (C + k\,\Gamma(\gamma))\,s^{-\gamma}$$
für $s \to 0$ bzw. $s \to \infty$, also wegen
$$F + k\,t^{\gamma - 1} \geqq 0$$
nach Satz 2
$$\int\limits_0^t (F(\tau) + k\,\tau^{\gamma - 1})\,d\tau \sim \frac{C + k\,\Gamma(\gamma)}{\Gamma(\gamma + 1)}\,t^{\gamma} \quad \text{für} \quad t \to \infty\ \text{bzw.}\ t \to 0,$$
woraus wegen
$$\int\limits_0^t k\,\tau^{\gamma - 1}\,d\tau = k\,\frac{t^{\gamma}}{\gamma} = k\,\frac{\Gamma(\gamma)}{\Gamma(\gamma + 1)}\,t^{\gamma}$$
der Satz 3 folgt.

Wir behaupten nun, daß die Hälfte des Satzes 3 mit $s \to 0$, $t \to \infty$ auch noch für $\gamma = 0$ gilt (für die andere Hälfte spielt nach der Bemerkung zu Satz 2 der Fall $\gamma = 0$ keine Rolle), d. h. daß folgender Satz besteht:

Satz 4. *Es sei $F(t)$ reell und $\mathfrak{L}\{F\} = f(s)$ für $s > 0$ konvergent. Ist*
$$f(s) \to C \quad \textit{für}\ s \to 0 \qquad\qquad (C\ \textit{beliebig})$$
und
$$F(t) = O_L\left(\frac{1}{t}\right) \quad \textit{für}\ t > 0,$$
so konvergiert $\int\limits_0^\infty F(t)\,dt$ und ist gleich C [138].

Gerade dieser Satz ist besonders interessant, weil er das eigentliche Analogon zu der O_L-Umkehrung des Abelschen Stetigkeitssatzes für Potenzreihen ist und eine außerordentlich allgemeine Bedingung angibt, unter der man aus der Existenz von $\lim\limits_{s \to 0} \int\limits_0^\infty e^{-st} F(t)\,dt$ auf die Konvergenz von $\int\limits_0^\infty F(t)\,dt$ schließen kann. Offenbar ist Satz 4 nicht auf demselben Wege wie Satz 3 erreichbar, er erfordert vielmehr eine ziemlich umständliche Reduktion auf den Fall $\gamma = 1$ des Satzes 3 und auf einen Satz, der aus Satz 4 durch Ersatz von O_L durch o hervorgeht und also das Analogon zu der ursprünglichen Tauberschen Umkehrung des Abelschen Stetigkeitssatzes darstellt.

Die benötigten Beweismittel stellen wir in Form dreier Lemmata zusammen.

Lemma 1. Es sei $g(x)$ für $0 < x < x_0$ reell und zweimal differenzierbar. Ferner sei

$$g(x) \to \lambda \quad \text{für} \quad x \to +0$$

und

$$x^2 g''(x) > -c \quad \text{für} \quad 0 < x < x_0 \qquad (c > 0).$$

Dann ist

$$x g'(x) \to 0 \quad \text{für} \quad x \to +0.$$

Beweis: Es sei $0 < x < x_0$ und $0 < \vartheta < 1$, also $0 < \vartheta x < x$.

1. Wir wenden den Taylorschen Satz auf $g(x)$ mit ϑx als Entwicklungsmittelpunkt an:

$$g(x) = g(\vartheta x) + x(1-\vartheta) g'(\vartheta x) + \frac{x^2(1-\vartheta)^2}{2} g''(\xi_1) \qquad (\vartheta x < \xi_1 < x).$$

Es folgt

$$\vartheta x g'(\vartheta x) = \frac{\vartheta}{1-\vartheta} (g(x) - g(\vartheta x)) - \frac{\vartheta(1-\vartheta)}{2} x^2 g''(\xi_1)$$
$$< \frac{\vartheta}{1-\vartheta} (g(x) - g(\vartheta x)) + \frac{\vartheta(1-\vartheta)}{2} x^2 \frac{c}{\xi_1^2}$$
$$< \frac{\vartheta}{1-\vartheta} (g(x) - g(\vartheta x)) + \frac{\vartheta(1-\vartheta)}{2} \frac{c}{\vartheta^2}.$$

Lassen wir, bei festem ϑ, x gegen 0 streben, so ist $\lim\limits_{x \to 0} (g(x) - g(\vartheta x)) = 0$, also

$$\limsup\limits_{x \to 0} \vartheta x g'(\vartheta x) \leqq \frac{c(1-\vartheta)}{2\vartheta}$$

und folglich

$$\limsup\limits_{x \to 0} x g'(x) \leqq \frac{c(1-\vartheta)}{2\vartheta}.$$

Dies gilt für jedes positive $\vartheta < 1$. Da die linke Seite von ϑ frei ist, so ergibt sich für $\vartheta \to 1$:

$$\limsup\limits_{x \to 0} x g'(x) \leqq 0.$$

2. Wir wenden den Taylorschen Satz auf g mit x als Entwicklungsmittelpunkt an:

$$g(\vartheta x) = g(x) + x(\vartheta - 1) g'(x) + \frac{x^2(\vartheta - 1)^2}{2} g''(\xi_2) \qquad (\vartheta x < \xi_2 < x).$$

Es folgt

$$x g'(x) = \frac{g(x) - g(\vartheta x)}{1-\vartheta} + \frac{1-\vartheta}{2} x^2 g''(\xi_2)$$
$$> \frac{g(x) - g(\vartheta x)}{1-\vartheta} - \frac{1-\vartheta}{2} x^2 \frac{c}{\xi_2^2}$$
$$> \frac{g(x) - g(\vartheta x)}{1-\vartheta} - \frac{1-\vartheta}{2} x^2 \frac{c}{(\vartheta x)^2},$$

14*

also
$$\liminf_{x \to 0} \; x\, g'(x) \geqq -\frac{c\,(1-\vartheta)}{2\,\vartheta^2}\,.$$

Für $\vartheta \to 1$ erhalten wir:
$$\liminf_{x \to 0} \; x\, g'(x) \geqq 0\,.$$

Dies mit dem Ergebnis unter 1. zusammen genommen führt zu
$$\lim_{x \to 0} \; x\, g'(x) = 0\,.$$

Lemma 2. Es sei $F(t)$ eine I-Funktion und
$$F(t) = o\left(\frac{1}{t}\right) \quad \text{für } t \to \infty,$$

also $f(s) = \mathfrak{L}\{F\}$ für $s > 0$ absolut konvergent. Aus $f(s) \to l$ für $s \to 0$

folgt dann, daß $\int\limits_0^\infty F(t)\,dt$ konvergiert und gleich l ist.

Beweis: Mit $\int\limits_0^t F(\tau)\,d\tau = \Phi(t)$ ist für $\omega > 0$, $s > 0$:

$$\Phi(\omega) - f(s) = \int\limits_0^\omega (1 - e^{-st})F(t)\,dt - \int\limits_\omega^\infty e^{-st}F(t)\,dt\,.$$

Da für $s > 0$, $t \geqq 0$

$$0 \leqq 1 - e^{-st} = s\int\limits_0^t e^{-s\tau}\,d\tau \leqq st$$

ist, so erhalten wir:

$$|\Phi(\omega) - f(s)| \leqq s\int\limits_0^\omega t\,|F(t)|\,dt + \int\limits_\omega^\infty e^{-st}\,|F(t)|\,dt\,.$$

Da nach Voraussetzung $t\,|F(t)|$ für $t \to \infty$ gegen 0 strebt, so gilt für das „arithmetische Mittel" erst recht:

$$\frac{1}{\omega}\int\limits_0^\omega t\,|F(t)|\,dt = \varepsilon_1(\omega) \to 0 \quad \text{für } \omega \to \infty\,.$$

Bezeichnet ferner $\varepsilon_2(\omega)$ die obere Grenze von $t\,|F(t)|$ für $t \geqq \omega$, so ist $\varepsilon_2(\omega) \to 0$ und

$$\int\limits_\omega^\infty e^{-st}\,|F(t)|\,dt = \int\limits_\omega^\infty \frac{e^{-st}}{t}\,t\,|F(t)|\,dt \leqq \frac{\varepsilon_2(\omega)}{\omega}\int\limits_0^\infty e^{-st}\,dt = \frac{\varepsilon_2(\omega)}{\omega s}\,,$$

also

$$|\Phi(\omega) - f(s)| \leqq s\,\omega\,\varepsilon_1(\omega) + \frac{\varepsilon_2(\omega)}{\omega s}\,.$$

Für $s = \dfrac{1}{\omega}$ ist

$$\left|\Phi(\omega) - f\left(\frac{1}{\omega}\right)\right| \leqq \varepsilon_1(\omega) + \varepsilon_2(\omega)\,.$$

Wegen

$$f\left(\frac{1}{\omega}\right) \to l, \quad \varepsilon_1(\omega) \to 0, \quad \varepsilon_2(\omega) \to 0 \quad \text{für } \omega \to \infty$$

folgt:

$$\Phi(\omega) \to l.$$

Lemma 3. $F(t)$ sei eine I-Funktion und $f(s) = \mathfrak{L}\{F\}$ für $s > 0$ konvergent. Aus

$$f(s) \to l \quad \text{für } s \to 0$$

und der Zusatzbedingung

$$\Psi(t) = \int\limits_0^t \tau F(\tau)\, d\tau = o(t) \quad \text{für } t \to \infty$$

folgt:

$$\int\limits_0^t F(\tau)\, d\tau \to l \quad \text{für } t \to \infty.$$

(Dieser Satz enthält offenbar das Lemma 2, wird aber im folgenden umgekehrt mit dessen Hilfe bewiesen.)

Beweis: Durch verallgemeinerte partielle Integration folgt für $s > 0$:

$$f(s) = \int\limits_0^\infty \frac{e^{-st}}{t}\, t F(t)\, dt = \lim_{\substack{\varepsilon \to 0 \\ \omega \to \infty}} \left\{ \frac{e^{-st}}{t}\, \Psi(t)\, \Big|_\varepsilon^\omega + \int\limits_\varepsilon^\omega \frac{st+1}{t^2}\, e^{-st}\, \Psi(t)\, dt \right\}.$$

Wegen $\Psi(\omega) = o(\omega)$ für $\omega \to \infty$ und

$$|\Psi(\varepsilon)| = \left| \int\limits_0^\varepsilon \tau F(\tau)\, d\tau \right| \leqq \varepsilon \int\limits_0^\varepsilon |F(\tau)|\, d\tau = \varepsilon \cdot o(1) \quad \text{für } \varepsilon \to 0$$

folgt

$$f(s) = s \int\limits_0^\infty e^{-st} \frac{\Psi(t)}{t}\, dt + \int\limits_0^\infty e^{-st} \frac{\Psi(t)}{t^2}\, dt.$$

(Da die linke Seite und das erste Integral existieren, so existiert auch das zweite.) Zu jedem $\delta > 0$ kann man T so bestimmen, daß

$$|\Psi(t)| \leqq \delta t \quad \text{für } t > T$$

ist, also

$$\left| s \int\limits_0^\infty e^{-st} \frac{\Psi(t)}{t}\, dt \right| \leqq \left| s \int\limits_0^T e^{-st} \frac{\Psi(t)}{t}\, dt \right| + \left| s \delta \int\limits_T^\infty e^{-st}\, dt \right| \leqq s \int\limits_0^T \frac{|\Psi(t)|}{t}\, dt + \delta.$$

Für $s \to 0$ ergibt sich:

$$\limsup_{s \to 0} \left| s \int\limits_0^\infty e^{-st} \frac{\Psi(t)}{t}\, dt \right| \leqq \delta.$$

Da die linke Seite von δ unabhängig ist und δ beliebig klein sein kann, so folgt:

$$s \int\limits_0^\infty e^{-st} \frac{\Psi(t)}{t}\, dt \to 0 \quad \text{für } s \to 0.$$

Wegen $f(s) \to l$ finden wir also:

$$\int\limits_0^\infty e^{-st}\frac{\Psi(t)}{t^2}\,dt \to l \quad \text{für} \quad s \to 0.$$

Nun ist aber

$$\frac{\Psi(t)}{t^2} = o\left(\frac{1}{t}\right) \quad \text{für} \quad t \to \infty,$$

also nach Lemma 2*

$$\int\limits_0^\infty \frac{\Psi(t)}{t^2}\,dt = l.$$

Durch verallgemeinerte partielle Integration:

$$\int\limits_0^\infty \frac{\Psi(t)}{t^2}\,dt = \lim_{\substack{\varepsilon \to 0 \\ \omega \to \infty}} \left\{ -\frac{\Psi(t)}{t}\Big|_\varepsilon^\omega + \int\limits_\varepsilon^\omega \frac{1}{t}\,t\,F(t)\,dt \right\} = \int\limits_0^\infty F(t)\,dt$$

ergibt sich die Behauptung.

Wir gehen nun zum Beweis von Satz 4 über. Es ist $f(s) \to C$ für $s \to 0$ und für $s > 0$:

$$f''(s) = \int\limits_0^\infty e^{-st}\,t^2\,F(t)\,dt > -k \int\limits_0^\infty e^{-st}\,t\,dt = -\frac{k}{s^2},$$

---

* Eine Schwierigkeit ergibt sich daraus, daß wir in Lemma 2 die L-Funktion als I-Funktion, also bei $t = 0$ als *absolut* uneigentlich integrabel vorausgesetzt haben, was wir von $\frac{\psi(t)}{t^2}$ nicht wissen. Dieser Schwierigkeit kann man dadurch begegnen, daß man bei Lemma 3 zunächst die Funktion

$$F_1(t) = \begin{cases} 0 & \text{für } 0 < t < 1 \\ F(t) & \text{für } t \geqq 1 \end{cases}$$

betrachtet. Aus $f(s) \to l$ folgt

$$f_1(s) = \int\limits_0^\infty e^{-st} F_1(t)\,dt = f(s) - \int\limits_0^1 e^{-st} F(t)\,dt \to l - \int\limits_0^1 F(t)\,dt \quad \text{für } s \to 0,$$

denn

$$\left|\int\limits_0^1 F(t)\,dt - \int\limits_0^1 e^{-st} F(t)\,dt\right| = \left|\int\limits_0^1 (1 - e^{-st}) F(t)\,dt\right| \leqq (1 - e^{-s})\int\limits_0^1 |F(t)|\,dt \to 0 \quad \text{für } s \to 0.$$

Ferner ist

$$\Psi_1(t) = \int\limits_0^t \tau\, F_1(\tau)\,d\tau = o(t)$$

und $\frac{\Psi_1(t)}{t^2} = 0$ für $0 < t \leqq 1$, also gewiß bei $t = 0$ absolut integrabel. Unser obiger Beweis ergibt also:

$$\int\limits_0^\infty F_1(t)\,dt = l - \int\limits_0^1 F(t)\,dt.$$

Das ist aber gleichbedeutend mit $\int\limits_0^\infty F(t)\,dt = l$.

also nach Lemma 1:

$$s f'(s) = - s \int_0^\infty e^{-st} t F(t) \, dt \to 0 \quad \text{für} \quad s \to 0.$$

Da

$$t F(t) = O_L(1)$$

ist, so folgt aus dem Fall $\gamma = 1$, $C = 0$ des Satzes 3, angewendet auf $t F(t)$:

$$\int_0^t \tau F(\tau) \, d\tau = o(t) \quad \text{für} \quad t \to \infty.$$

Dies führt zusammen mit $f(s) \to C$ nach Lemma 3 zu

$$\int_0^t F(\tau) \, d\tau \to C \quad \text{für} \quad t \to \infty.$$

Natürlich kann man die Tauberschen Sätze im Sinne des Abelschen Satzes 3 [10.1] dahin erweitern, daß man das asymptotische Verhalten von $f(s)$ nicht bei $s = 0$ durch $s^{-\gamma}$, sondern bei einer beliebigen Stelle s_0 durch $(s - s_0)^{-\gamma}$ beschreibt und dann für die Funktion $e^{-s_0 t} F(t)$ bzw. für ihr Integral als Vergleichsfunktion eine Potenz bekommt:

Satz 5. *Es sei* $e^{-s_0 t} F(t)$ *reell,* $\mathfrak{L}\{F\} = f(s)$ *für* $\Re s > \Re s_0$ *konvergent und* $L(x)$ *eine langsam wachsende Funktion. Ist*

$$f(s) \sim C (s - s_0)^{-\gamma} L\left(\frac{1}{s - s_0}\right) \quad (C \geqq 0,\ \gamma \geqq 0) \quad \text{für} \quad s \to s_0 \ (\Im s = \Im s_0)$$

und

$$e^{-s_0 t} F(t) \geqq 0,$$

so folgt:

$$\int_0^t e^{-s_0 \tau} F(\tau) \, d\tau \sim \frac{C}{\Gamma(\gamma + 1)} t^\gamma L(t) \quad \text{für} \ t \to \infty.$$

Ist $L \equiv 1$, *so kann die Voraussetzung der Positivität von* $e^{-s_0 t} F(t)$ *ersetzt werden durch*

$$e^{-s_0 t} F(t) = O_L(t^{\gamma - 1}) \quad \text{für} \ t \to \infty.$$

Wir geben noch Satz 3 bzw. 4 eine Form, die wir später bei gewissen Anwendungen brauchen werden.

Satz 6. $\Phi(t)$ *sei für* $t > 0$ *differenzierbar und bei* $t = 0$ *stetig.* $\mathfrak{L}\{\Phi'\}$ *existiere für* $s > 0$, *also auch* $\mathfrak{L}\{\Phi\} = \varphi(s)$. *Ist*

$$\varphi(s) \sim C s^{-(\gamma + 1)} \quad \text{für} \ s \to 0 \quad (C \ \text{beliebig},\ \gamma \geqq 0)$$

und

$$\Phi'(t) = O_L(t^{\gamma - 1}) \quad \text{für} \ t > 0,$$

so folgt:

$$\Phi(t) \sim \frac{C}{\Gamma(\gamma + 1)} t^\gamma \quad \text{für} \ t \to \infty\,{}^{139}.$$

Zum Beweise setzen wir $\Phi'(t) = F(t)$. Dann ist zunächst für $\gamma > 0$ wegen $\mathfrak{L}\{\Phi'\} = s\,\mathfrak{L}\{\Phi\} - \Phi(0)$:

$$s^\gamma\,\mathfrak{L}\{F\} = s^{\gamma+1}\,\varphi(s) - \Phi(0)\,s^\gamma \to C \qquad \text{für } s \to 0,$$

also nach Satz 3:

$$t^{-\gamma} \int\limits_0^t \Phi'(\tau)\,d\tau = t^{-\gamma}(\Phi(t) - \Phi(0)) \to \frac{C}{\Gamma(\gamma+1)} \qquad \text{für } t \to \infty,$$

folglich auch

$$t^{-\gamma}\,\Phi(t) \to \frac{C}{\Gamma(\gamma+1)}.$$

Für $\gamma = 0$ aber ist

$$\mathfrak{L}\{\Phi'\} = s\,\varphi(s) - \Phi(0) \to C - \Phi(0) \qquad \text{für } s \to 0,$$

also nach Satz 4:

$$\int\limits_0^t \Phi'(\tau)\,d\tau = \Phi(t) - \Phi(0) \to C - \Phi(0) \qquad \text{für } t \to \infty,$$

d. h.

$$\Phi(t) \to C.$$

§ 3. Taubersche Sätze funktionentheoretischer Art.

Bei den Tauberschen Sätzen des § 2 kam die Tatsache, daß $f(s)$ eine analytische Funktion ist, gar nicht vor. Von $f(s)$ wurde ein gewisses asymptotisches Verhalten lediglich bei horizontaler, eindimensionaler Annäherung an eine gewisse Stelle $s = s_0$ der Konvergenzgeraden vorausgesetzt, wobei es ganz gleichgültig war, wie sich $f(s)$ im übrigen in der Umgebung der betreffenden Stelle verhielt. Es ist klar, daß man aus echt funktionentheoretischen Voraussetzungen über $f(s)$ eine wesentlich feinere Beschreibung des asymptotischen Verhaltens von $F(t)$ ableiten kann. Sätze dieser Art waren für den Spezialfall, daß $f(s)$ eine Dirichletsche Reihe ist, schon länger bekannt, aber erst in neuester Zeit ist es gelungen, sie von überflüssigen Voraussetzungen zu befreien[140] und zugleich auf Laplace-Integrale zu verallgemeinern. Wir führen von den Sätzen, die seitdem bewiesen worden sind, einen grundlegenden an, der schon so tief liegt, daß sich aus ihm der berühmte Primzahlsatz unmittelbar ergibt, sobald man von der Riemannschen ζ-Funktion nur einige wenige, leicht beweisbare Tatsachen kennt.

Satz 1. *$F(t)$ sei für $t \geqq 0$ positiv und monoton wachsend, d. h.*

$$F(t) \geqq 0, \qquad F(t_1) \leqq F(t_2) \qquad \text{für } t_1 \leqq t_2.$$

$f(s) = \mathfrak{L}\{F\}$ sei für $\Re s > 1$ konvergent. Wenn

$$g(s) = f(s) - \frac{A}{s-1} \qquad\qquad (A \text{ eine gewisse Konstante} \geqq 0)$$

für $\Re s \to 1$ in jedem endlichen Intervall $-a \leqq \Im s \leqq +a$ gleichmäßig

*gegen eine Grenzfunktion konvergiert (das ist z. B. sicher erfüllt, wenn
$f(s)$, analytisch fortgesetzt, in $s = 1$ einen Pol erster Ordnung mit dem
Residuum A hat und im übrigen über die Gerade $\Re s = 1$ hinaus regulär
ist), so gilt*

$$F(t) \sim A \, e^t \quad \text{für } t \to \infty \, [141].$$

Zum Vergleich führen wir an, daß sich nach Satz 5 [10.2] unter der
sehr viel geringeren Voraussetzung $f(s) \sim \dfrac{A}{s-1}$ für s (reell) $\to 1$ nur
ergeben würde:

$$\int_0^t e^{-\tau} F(\tau) \, d\tau \sim A \, t \quad \text{für } t \to \infty.$$

Diese Aussage folgt natürlich aus der vorigen, aber nicht umgekehrt.
Wie außerordentlich sich die beiden Ergebnisse qualitativ unterscheiden,
wird sich bei den Anwendungen in der Zahlentheorie zeigen.

Zum Beweis* des obigen Satzes betrachten wir $f(s)$ auf der Vertikalen $s = 1 + \varepsilon + i \, y \, (\varepsilon > 0)$:

$$f(s) = \int_0^\infty e^{-iyt} e^{-\varepsilon t} e^{-t} F(t) \, dt$$

$$= \int_0^\infty e^{-iyt} e^{-\varepsilon t} L(t) \, dt,$$

wo wir

$$L(t) = e^{-t} F(t)$$

gesetzt haben. Wegen

$$\frac{1}{s-1} = \int_0^\infty e^{-(s-1)t} \, dt$$

ist für $s = 1 + \varepsilon + i \, y$:

$$(1) \qquad g(s) = h_\varepsilon(y) = \int_0^\infty e^{-iyt} e^{-\varepsilon t} L(t) \, dt - A \int_0^\infty e^{-iyt} e^{-\varepsilon t} \, dt.$$

Das erste Integral stellt eine stetige Funktion von y dar, also existiert,
wenn $\Psi(y)$ eine in $-2\lambda \leq y \leq 2\lambda$ stetige Funktion bedeutet, das iterierte
Integral

$$\int_{-2\lambda}^{+2\lambda} \Psi(y) \, dy \int_0^\infty e^{-iyt} e^{-\varepsilon t} L(t) \, dt.$$

---

* Der Beweis des reellen Taubersatzes 1 bzw. 2 [10.2] beruhte auf der Idee,
aus dem gegebenen Integral $\int_0^\infty e^{-s\tau} F(\tau) \, d\tau$ das gesuchte $\int_0^t F(\tau) \, d\tau$ dadurch herauszupräparieren, daß man dem Integranden einen Faktor beibringt, der für $0 \leq \tau \leq t$
die Funktion $e^{-s\tau}$ neutralisiert und für $\tau > t$ verschwindet. In dem folgenden
Beweis wird das $F(t)$ so aus dem Integral herausgehoben, wie man es von den
sogenannten singulären Integralen (typische Beispiele von solchen sind das Dirichletsche Integral 6.2 (2), das Fouriersche Doppelintegral, das S. 130 vorkommende
Integral und das Integral $\varphi(x)$ von S. 189) her kennt. Vgl. auch die Fußnote S. 219.

Da das innere Integral für $-2\lambda \leqq y \leqq 2\lambda$ gleichmäßig konvergiert*, kann man die Reihenfolge der Integrationen vertauschen und erhält:

$$\int_0^\infty e^{-\varepsilon t} L(t)\, dt \int_{-2\lambda}^{+2\lambda} e^{-ity}\, \Psi(y)\, dy.$$

Setzen wir speziell

$$\Psi(y) = \frac{1}{\pi}\left(1 - \frac{|y|}{2\lambda}\right)e^{i\eta y},$$

wo η eine feste reelle Zahl bedeutet, so ist

$$\int_{-2\lambda}^{+2\lambda} e^{-ity}\, \Psi(y)\, dy = \frac{1}{\pi} \int_{-2\lambda}^{+2\lambda} e^{i(\eta-t)y}\left(1 - \frac{|y|}{2\lambda}\right) dy$$

$$= \frac{2}{\pi} \int_0^{2\lambda} \left(1 - \frac{y}{2\lambda}\right)\cos(\eta-t)\,y\, dy$$

$$= \frac{2}{\pi}\left[\left(1 - \frac{y}{2\lambda}\right)\frac{\sin(\eta-t)y}{\eta-t} - \frac{\cos(\eta-t)y}{2\lambda(\eta-t)^2}\right]_0^{2\lambda} = \frac{1 - \cos 2(\eta-t)\lambda}{\pi\lambda(\eta-t)^2}$$

$$= \frac{2\sin^2(\eta-t)\lambda}{\pi\lambda(\eta-t)^2}.$$

Führen wir die Funktion

$$K_\lambda(\zeta) = \frac{\sin^2 \lambda\,\zeta}{\pi\,\lambda\,\zeta^2}$$

ein, so erhalten wir, da das zweite Integral in (1) dem Sonderfall $L \equiv 1$ des ersten entspricht:

$$(2)\quad \frac{1}{2}\int_{-2\lambda}^{+2\lambda} \Psi(y)\, h_\varepsilon(y)\, dy = \int_0^\infty K_\lambda(\eta-t)\, e^{-\varepsilon t} L(t)\, dt - A \int_0^\infty K_\lambda(\eta-t)e^{-\varepsilon t}\, dt.$$

Nach Voraussetzung konvergiert $h_\varepsilon(y)$ in $-2\lambda \leqq y \leqq +2\lambda$ gleichmäßig gegen eine (eo ipso stetige) Grenzfunktion $h(y)$, also ist

$$\int_{-2\lambda}^{+2\lambda} \Psi(y)\, h_\varepsilon(y)\, dy \to \int_{-2\lambda}^{+2\lambda} \Psi(y)\, h(y)\, dy \quad \text{für } \varepsilon \to 0;$$

ferner ist wegen der Konvergenz von $\int_0^\infty K_\lambda(\eta-t)\, dt$ nach dem Analogon zum Abelschen Stetigkeitssatz (Satz 1 [4.2]):

$$\int_0^\infty K_\lambda(\eta-t)\, e^{-\varepsilon t}\, dt \to \int_0^\infty K_\lambda(\eta-t)\, dt \quad \text{für } \varepsilon \to 0.$$

Also besitzt auch

$$\int_0^\infty e^{-\varepsilon t} K_\lambda(\eta-t)\, L(t)\, dt$$

---

* Jedes $\mathfrak{L}$-Integral konvergiert in jedem beschränkten Teilbereich seiner Konvergenzhalbebene gleichmäßig (Satz 3 [4.1]). Hier ist das Integral obendrein absolut konvergent, da $L(t)$ positiv ist, also ist es eo ipso für alle y gleichmäßig konvergent.

für $\varepsilon \to 0$ einen Grenzwert C. Da aber $K_\lambda(\eta - t)\, L(t) \geqq 0$ ist, so folgt aus dem Spezialfall $\gamma = 0$, $L \equiv 1$ des Tauberschen Satzes 2 [10.2], daß

$$\int\limits_0^\infty K_\lambda(\eta - t)\, L(t)\, dt$$

konvergiert und gleich C ist. Damit haben wir gefunden:

$$(3) \qquad \int\limits_0^\infty K_\lambda(\eta - t)\, L(t)\, dt = \frac{1}{2}\int\limits_{-2\lambda}^{+2\lambda} \Psi(y)\, h(y)\, dy + A\int\limits_0^\infty K_\lambda(\eta - t)\, dt.$$

Nun lassen wir η gegen ∞ streben. Nach dem Riemannschen Lemma (s. Satz 3 [4.3]) ist

$$\int\limits_{-2\lambda}^{+2\lambda} \Psi(y)\, h(y)\, dy = \frac{1}{\pi}\int\limits_{-2\lambda}^{+2\lambda} e^{i\eta y}\, h(y)\left(1 - \frac{|y|}{2\lambda}\right) dy \to 0 \qquad \text{für } \eta \to \infty.$$

Ferner ist*

$$\int\limits_0^\infty K_\lambda(\eta - t)\, dt = \int\limits_{-\infty}^\eta K_\lambda(\zeta)\, d\zeta \to \int\limits_{-\infty}^{+\infty} K_\lambda(\zeta)\, d\zeta$$

$$= \frac{1}{\lambda\pi}\int\limits_{-\infty}^{+\infty} \frac{\sin^2 \lambda\zeta}{\zeta^2}\, d\zeta = \frac{1}{\pi}\int\limits_{-\infty}^{+\infty} \frac{\sin^2 u}{u^2}\, du = 1.$$

Also ergibt sich:

$$(4) \qquad \lim_{\eta \to \infty} \int\limits_0^\infty K_\lambda(\eta - t)\, L(t)\, dt \to A,$$

eine Relation, die explizit so geschrieben werden kann:

$$(5) \qquad \lim_{\eta \to \infty} \int\limits_{-\infty}^{\lambda\eta} L\left(\eta - \frac{v}{\lambda}\right)\frac{\sin^2 v}{v^2}\, dv = \pi A.$$

Wichtig für das folgende ist vor allem, daß L und der Kern $\frac{\sin^2 v}{v^2}$ positiv sind und daß wir über die Zahl $\lambda > 0$ noch passend verfügen können**. — Es sei jetzt ein $\delta > 0$ vorgegeben.

1. Ersetzt man η in (5) durch $\eta + \frac{1}{\sqrt\lambda}$, so steht da:

$$\lim_{\eta \to \infty} \int\limits_{-\infty}^{\lambda\left(\eta + \frac{1}{\sqrt\lambda}\right)} L\left(\eta + \frac{1}{\sqrt\lambda} - \frac{v}{\lambda}\right)\frac{\sin^2 v}{v^2}\, dv = \pi A.$$

---

* Daß der Grenzwert dieses Integrals für $\eta \to \infty$ gerade 1 ist, ist für den Beweis unerheblich. Es genügt zu wissen, daß er eine von λ unabhängige Konstante ist.

** Der links stehende Ausdruck ist ein sog. singuläres Integral, der Kern hat große Ähnlichkeit mit dem aus der Theorie der Fourier-Reihen bekannten Fejérschen Kern $\left(\frac{\sin n v}{\sin v}\right)^2$. In der Theorie der singulären Integrale würde man aus dem Verhalten von L an der für den Integralwert ausschlaggebenden Stelle $v = 0$ auf das Verhalten des Integrals schließen, was eine Aussage von Abelschem Typus darstellt. Hier handelt es sich umgekehrt darum, in Tauberschem Sinn vom Verhalten des Integrals auf das von L zu schließen, wenn über L noch Positivität u. ä. bekannt ist.

Für alle $\eta > \eta_1(\delta)$ ist also

$$\int_{-\infty}^{\lambda\eta+\sqrt{\lambda}} L\left(\eta + \frac{1}{\sqrt{\lambda}} - \frac{v}{\lambda}\right) \frac{\sin^2 v}{v^2}\, dv < \pi\left(A + \frac{\delta}{2}\right)$$

und wegen $L \geqq 0$ erst recht

$$(6) \qquad \int_{-\sqrt{\lambda}}^{-\sqrt{\lambda}} L\left(\eta + \frac{1}{\sqrt{\lambda}} - \frac{v}{\lambda}\right) \frac{\sin^2 v}{v^2}\, dv < \pi\left(A + \frac{\delta}{2}\right).$$

Nun ist aber F monoton (was hier zum erstenmal ausgenutzt wird), also

$$L(t_2) \geqq L(t_1)\, e^{-(t_2 - t_1)} \qquad \text{für } t_2 \geqq t_1$$

und daher

$$(7) \qquad \int_{-\sqrt{\lambda}}^{+\sqrt{\lambda}} L\left(\eta + \frac{1}{\sqrt{\lambda}} - \frac{v}{\lambda}\right) \frac{\sin^2 v}{v^2}\, dv \geqq \int_{-\sqrt{\lambda}}^{+\sqrt{\lambda}} L(\eta)\, e^{-\left(\frac{1}{\sqrt{\lambda}} - \frac{v}{\lambda}\right)} \frac{\sin^2 v}{v^2}\, dv$$

$$\geqq L(\eta)\, e^{-\frac{2}{\sqrt{\lambda}}} \int_{-\sqrt{\lambda}}^{+\sqrt{\lambda}} \frac{\sin^2 v}{v^2}\, dv.$$

(6) und (7) liefern

$$(8) \qquad L(\eta) \leqq \pi\left(A + \frac{\delta}{2}\right) e^{\frac{2}{\sqrt{\lambda}}} \left(\int_{-\sqrt{\lambda}}^{+\sqrt{\lambda}} \frac{\sin^2 v}{v^2}\, dv\right)^{-1} \qquad \text{für } \eta > \eta_1.$$

Für $\lambda \to \infty$ konvergiert $e^{\frac{2}{\sqrt{\lambda}}}$ von oben gegen 1, $\int_{-\sqrt{\lambda}}^{+\sqrt{\lambda}}$ von unten gegen $\int_{-\infty}^{+\infty} = \pi$, also $\pi\left(\int_{-\sqrt{\lambda}}^{+\sqrt{\lambda}}\right)^{-1}$ von oben gegen 1. Wegen $A \geqq 0$ kann man $\lambda = \lambda_0$ fest so gewählt denken, daß die rechte Seite von (8) kleiner als $A + \delta$ ist. Damit finden wir:

$$(9) \qquad L(\eta) < A + \delta \quad \text{für} \quad \eta > \eta_1(\delta).$$

2. Ersetzt man η in (5) durch $\eta - \frac{1}{\sqrt{\lambda}}$, so hat man:

$$\lim_{\eta \to \infty} \int_{-\infty}^{\lambda\left(\eta - \frac{1}{\sqrt{\lambda}}\right)} L\left(\eta - \frac{1}{\sqrt{\lambda}} - \frac{v}{\lambda}\right) \frac{\sin^2 v}{v^2}\, dv = \pi A.$$

Wir behaupten, daß $\int_{-\infty}^{\sqrt{\eta}}$ denselben Grenzwert für $\eta \to \infty$ hat. Denn nach dem Ergebnis unter 1. ist $L(t) < A + \delta$ für $t > \eta_1$. Für $0 \leqq t \leqq \eta_1$ ist aber

$$L(t) = e^{-t} F(t) \leqq F(\eta_1).$$

Also ist für alle $t \geqq 0$

$$L(t) < K = \mathrm{Max}\left(A + \delta, F(\eta_1)\right).$$

Demnach gilt:

$$\int\limits_{\sqrt{\eta}}^{\lambda\left(\eta - \frac{1}{\sqrt{\lambda}}\right)} L\left(\eta - \frac{1}{\sqrt{\lambda}} - \frac{v}{\lambda}\right) \frac{\sin^2 v}{v^2}\, dv < K \int\limits_{\sqrt{\eta}}^{\lambda\left(\eta - \frac{1}{\sqrt{\lambda}}\right)} \frac{\sin^2 v}{v^2}\, dv \to 0 \quad \text{für } \eta \to \infty.$$

Es ist also

$$\lim_{\eta \to \infty} \int\limits_{-\infty}^{\sqrt{\eta}} L\left(\eta - \frac{1}{\sqrt{\lambda}} - \frac{v}{\lambda}\right) \frac{\sin^2 v}{v^2}\, dv = \pi A,$$

und folglich für alle $\eta > \eta_2(\delta)$:

$$(10) \qquad \int\limits_{-\infty}^{\sqrt{\eta}} L\left(\eta - \frac{1}{\sqrt{\lambda}} - \frac{v}{\lambda}\right) \frac{\sin^2 v}{v^2}\, dv > \pi\left(A - \frac{\delta}{2}\right).$$

Nun ist aber, wenn schon $\eta > \lambda$ ist:

$$(11) \quad \int\limits_{-\infty}^{\sqrt{\eta}} L\left(\eta - \frac{1}{\sqrt{\lambda}} - \frac{v}{\lambda}\right) \frac{\sin^2 v}{v^2}\, dv \leqq \int\limits_{-\infty}^{-\sqrt{\lambda}} \frac{K}{v^2}\, dv + \int\limits_{-\sqrt{\lambda}}^{+\sqrt{\lambda}} L(\eta)\, e^{\frac{1}{\sqrt{\lambda}} + \frac{v}{\lambda}} \frac{\sin^2 v}{v^2}\, dv + \int\limits_{\sqrt{\lambda}}^{\infty} \frac{K}{v^2}\, dv$$

$$\leqq \frac{2K}{\sqrt{\lambda}} + L(\eta)\, e^{\frac{2}{\sqrt{\lambda}}} \pi.$$

(10) und (11) liefern:

$$\frac{2K}{\sqrt{\lambda}} + \pi\, e^{\frac{2}{\sqrt{\lambda}}} L(\eta) \geqq \pi\left(A - \frac{\delta}{2}\right)$$

oder

$$(12) \qquad L(\eta) \geqq e^{-\frac{2}{\sqrt{\lambda}}}\left(\left(A - \frac{\delta}{2}\right) - \frac{2K}{\pi\sqrt{\lambda}}\right) \quad \text{für } \eta > \eta_3 = \mathrm{Max}\,(\eta_2, \lambda).$$

Wählt man $\lambda = \lambda_1$ so, daß die rechte Seite von (12) größer als $A - \delta$ ist, so erhält man:

$$(13) \qquad L(\eta) > A - \delta \quad \text{für } \eta > \eta_3.$$

(9) und (13) zusammen beweisen unsere Behauptung.

Satz 1 zeigt, daß, wenn $f(s)$ sich für $\Re s \geqq 1$ wie die analytische Funktion $\frac{A}{s-1}$ verhält, die Funktion $F(t)$ sich für $t \to \infty$ wie die zu $\frac{A}{s-1}$ gehörige L-Funktion $A\, e^t$ verhält, sobald F als positiv und monoton bekannt ist. Man kann den Satz leicht dahin verallgemeinern, daß die einander entsprechenden Funktionen $\frac{A}{s-s_0}$ und $A\, e^{s_0 t}$ als Vergleichsfunktionen benutzt werden.

Satz 2. *Die Funktion* $e^{-(s_0-1)t}F(t)$ *(s_0 beliebig komplex) sei positiv und monoton wachsend.* $f(s) = \mathfrak{L}\{F\}$ *sei für* $\mathfrak{R}s > s_0$ *konvergent. Wenn*

$$g(s) = f(s) - \frac{A}{s-s_0} \qquad (A \text{ eine gewisse Konstante} \geqq 0)$$

für $\mathfrak{R}s \to \mathfrak{R}s_0$ *in jedem endlichen Intervall* $-a \leqq \mathfrak{I}s \leqq +a$ *gleichmäßig gegen eine Grenzfunktion konvergiert (wenn also z. B. die analytische Fortsetzung von* $f(s)$ *in* $s = s_0$ *einen Pol erster Ordnung hat und im übrigen über die Gerade* $\mathfrak{R}s = \mathfrak{R}s_0$ *hinaus regulär ist), so gilt:*

$$F(t) \sim A\,e^{s_0 t} \quad \text{für } t \to \infty.$$

Bemerkung. Der Satz gilt auch, wenn $e^{-(s_0-1)t}F(t)$ negativ und monoton abnehmend ist. A ist dann $\leqq 0$.

Beweis: Wir setzen

$$e^{-(s_0-1)t}F(t) = \Phi(t).$$

Dann ist nach Gesetz I_b'':

$$\mathfrak{L}\{\Phi\} = \varphi(s) = f(s+s_0-1).$$

Ersetzen wir in $g(s)$ die Variable s durch $s+s_0-1$, so erhalten wir

$$g(s+s_0-1) = f(s+s_0-1) - \frac{A}{s-1} = \varphi(s) - \frac{A}{s-1}.$$

$g(s)$ hat das oben bezeichnete Randverhalten für $\mathfrak{R}s \to \mathfrak{R}s_0$, also $g(s+s_0-1)$ für $\mathfrak{R}(s+s_0-1) \to \mathfrak{R}s_0$, d. h. für $\mathfrak{R}s \to 1$. Daher läßt sich Satz 1 auf Φ und φ anwenden und liefert:

$$\Phi(t) = e^{-(s_0-1)t}F(t) \sim A\,e^t,$$

d. h.

$$F(t) \sim A\,e^{s_0 t} \quad \text{für } t \to \infty.$$

11. Kapitel.

Ein allgemeines Prinzip der asymptotischen Entwicklung und die verschiedenen Arten von Asymptotik[142].

Ist eine Funktion $\varphi(z)$ einer komplexen Variablen in der Umgebung einer Stelle z_0 regulär, so verhält sie sich dort sehr einfach und übersichtlich. Sie konvergiert bei zweidimensionaler Annäherung an die Stelle z_0 gegen einen Grenzwert, und die Art des Verhaltens wird des näheren beschrieben z. B. durch ihre Potenzreihenentwicklung, d. h. (um den in 10.1 geprägten Begriff zu verwenden) man kann sie z. B. durch deren Abschnittspolynome differenzasymptotisch darstellen:

$$\varphi(z) - \sum_{\nu=0}^{n} c_\nu (z-z_0)^\nu = O((z-z_0)^{n+1}) \to 0 \quad \text{für } z \to z_0.$$

An singulären Stellen aber gibt es eine solche universelle Beschreibung nicht. Hier muß man von Fall zu Fall brauchbare, in ihrem Verhalten bekannte Vergleichsfunktionen ausfindig machen, die differenz- oder quotientenasymptotisch die vorliegende Funktion approximieren, wobei die Vergleichsfunktionen im allgemeinen noch davon abhängig sind, auf welchen Teil der Umgebung des singulären Punktes man die Untersuchung erstreckt (Strahl oder andere Kurve, die in dem Punkt endet, Winkelraum und dergleichen). Während man die Approximation durch eine einzelne Vergleichsfunktion eine „*asymptotische Darstellung*" nennt, spricht man in dem Falle, daß die Anzahl der Vergleichsfunktionen sich unter gleichzeitiger Verfeinerung der Approximation beliebig vermehren läßt, von einer „*asymptotischen Entwicklung*". Die Potenz- und anderen Entwicklungen an regulären Stellen fallen natürlich nachträglich auch unter diesen Begriff, ebenso kann man von asymptotischen Entwicklungen bei Funktionen reden, auf die sich die Begriffe regulär und singulär gar nicht anwenden lassen.

Im 10. Kapitel wurde nun festgestellt, daß zwischen dem asymptotischen Verhalten einer L-Funktion und dem ihrer l-Funktion ein enger Zusammenhang besteht, der Schlüsse von dem einen Verhalten auf das andere gestattet. Dies leitet uns auf ein ganz allgemeines Prinzip, nach dem man eine asymptotische Entwicklung herstellen kann: *Man legt eine Funktionaltransformation zugrunde, bei der die betreffende Funktion als eine der beiden zugeordneten Funktionen erscheint. Anstatt ihr eigenes asymptotisches Verhalten direkt zu untersuchen, studiert man das der zugeordneten Funktion und schließt von diesem auf das Verhalten der ursprünglichen Funktion.* Natürlich ist dieses Prinzip praktisch nur dann von Wert, wenn die zugeordnete Funktion von übersichtlicherem Charakter als die ursprüngliche ist, so daß es kein mechanisch zu handhabendes Schema abgibt, sondern immer wieder die Lösung der Aufgabe erfordert, gerade diejenige Funktionaltransformation ausfindig zu machen, bei der die zugeordnete Funktion von hinreichend einfacher Art ist.

Nun gibt es von vornherein wesensmäßig *zwei verschiedene Möglichkeiten der Anwendung* des allgemeinen Prinzips: man kann von der Objektfunktion auf die Resultatfunktion schließen und umgekehrt. Diese beiden Untersuchungsrichtungen sind aber prinzipiell voneinander verschieden. Denn es ist nun einmal so, daß durch die Funktionaltransformation die Resultatfunktion in expliziter Abhängigkeit von der Objektfunktion gegeben ist, aber nicht umgekehrt. Man muß also leicht aus einer Eigenschaft der Objektfunktion eine Folgerung für die Resultatfunktion ziehen, mit anderen Worten einen Satz von Abelscher Art (siehe 10.1) oder wie wir kurz sagen werden, vom Typus $A\ (O \rightarrow R)$ ableiten können, während das Umgekehrte von vornherein als schwieriger erscheint. In der Tat gelang das in 10.2 und 10.3 für die Laplace-Transformation erst mit viel komplizierteren Mitteln und nur unter Hinzufügung einer Tauberschen Bedingung für die Objektfunktion.

Derartige Sätze nennen wir allgemein Sätze vom Typus $T(R \to O)$. — Wir können die beiden Auswirkungen unseres Prinzips folgendermaßen formulieren:

I. **Abelsche Asymptotik**: Eine Aussage über das asymptotische Verhalten einer Funktion $f(s)$ erhält man, indem man eine Funktionaltransformation zugrunde legt, bei der $f(s)$ als *Resultatfunktion* erscheint, und dann auf Grund eines für diese Transformation geltenden Satzes vom Typus $A(O \to R)$ vom asymptotischen Verhalten der zugehörigen Objektfunktion $F(t)$ auf das Verhalten von $f(s)$ schließt.

II. **Taubersche Asymptotik**: Legt man eine Funktionaltransformation zugrunde, bei der die zu untersuchende Funktion $F(t)$ als *Objektfunktion* erscheint, so kann man auf Grund eines Satzes vom Typus $T(R \to O)$ von dem asymptotischen Verhalten der zugeordneten Resultatfunktion $f(s)$ und einer Zusatzvoraussetzung über $F(t)$ auf das asymptotische Verhalten von $F(t)$ schließen.

Unser allgemeines Prinzip läßt sich aber noch zu einem dritten Ansatz ausnutzen. Der Schluß von der Resultat- auf die Objektfunktion ist deshalb so schwierig, weil für die Umkehrung der Transformation im allgemeinen keine explizite Formel zur Verfügung steht. Nun haben wir aber doch im 6. und 7. Kapitel eine Reihe von Fällen kennengelernt, wo solche „Umkehrformeln" für die Laplace-Transformation existieren (sogar verschiedene), und bei anderen Transformationen $\mathfrak{T}$ ist es ganz ähnlich. Man kann nun für diese *Umkehrungstransformationen* $\mathfrak{T}^{-1}$ Abelsche Sätze aufstellen, deren Typus wir mit $A^{-1}(R \to O)$ bezeichnen, und folgendermaßen ausnutzen:

III. **Indirekte Abelsche Asymptotik**: Soll eine Funktion $F(t)$ asymptotisch untersucht werden, so führt man sie zunächst durch eine Transformation $\mathfrak{T}$ in eine Resultatfunktion $f(s)$ über. Ist im vorliegenden Fall eine *Umkehrformel* $F = \mathfrak{T}^{-1}\{f\}$ anwendbar, so kann man vermöge eines Satzes vom Typus $A^{-1}(R \to O)$ von dem Verhalten der Funktion $f(s)$ auf das der Funktion $F(t)$ schließen. — Die meisten der bekannten asymptotischen Methoden gehören in diese Kategorie.

Es ist zu beachten, daß hier gegenüber der „direkten" Abelschen Asymptotik noch die weitere Voraussetzung hinzukommt, daß $\mathfrak{T}^{-1}$ wirklich auf f anwendbar ist und genau die Objektfunktion F liefert, aus der f durch $\mathfrak{T}$ hervorgegangen ist. Diese Bedingung ist deshalb so wichtig, weil es, wie wir in 6.1 sahen, vorkommen kann, daß $\mathfrak{T}^{-1}$ für eine Funktion f einen Sinn hat, ohne daß $\mathfrak{T}^{-1}\{f\}$ die zu f gehörige Objektfunktion darstellt.

Dem Thema dieses Buches entsprechend werden wir bei der Anwendung dieser Methoden zur asymptotischen Darstellung bzw. Entwicklung von Funktionen in der Folge nur die Laplace-Transformation benutzen.

Die Brauchbarkeit der drei Methoden.

Wie man sieht, ist die *(direkte) Abelsche Asymptotik* die bei weitem einfachste Methode, so daß man ihr stets den Vorrang einräumen wird, sobald sie anwendbar ist. Wir werden im 12.—14. Kapitel Gelegenheit haben, an speziellen Beispielen, wo mehrere Methoden anwendbar sind, die besonderen Vorzüge der Abelschen Asymptotik kennenzulernen. Sie zeichnet sich vor allem auch dadurch aus, daß sie in vielen Fällen nur reelle Analysis und keine komplexe Funktionentheorie benutzt.

Bei der Anwendung *Tauberscher Asymptotik* tritt die zu untersuchende Funktion als L-Funktion auf. Das bedeutet, daß der Kreis der der Behandlung zugänglichen Funktionen viel größer ist als bei der Abelschen Asymptotik. Bei dieser ist die zu untersuchende Funktion $f(s)$ eine l-Funktion, also eo ipso regulär, außerdem unterliegt sie sehr scharfen Einschränkungen, z. B. daß sie für $s \to \infty$ in $|\arc s| \leqq \vartheta < \frac{\pi}{2}$ gleichmäßig gegen 0 strebt. Bei der Tauberschen Asymptotik braucht die zu untersuchende Funktion $F(t)$ nur für positive reelle t definiert zu sein und für $t \to 0$ und $t \to \infty$ sich so zu verhalten, daß $\mathfrak{L}\{F\}$ für irgend ein s konvergiert. Dabei kann man häufig noch die folgende Bemerkung mit Nutzen verwerten: Sucht man das asymptotische Verhalten für $t \to \infty$, so ist es gleichgültig, wie $F(t)$ sich bei $t = 0$ benimmt. Sollte also z. B. F bei $t = 0$ nicht integrabel sein, so kann man es in der Umgebung von $t = 0$ durch eine andere Funktion, z. B. 0, ersetzen. Fragt man andererseits nach dem Verhalten für $t \to 0$, so kann man F für $t \geqq T > 0$ beliebig abändern, um eventuell die Konvergenz von $\mathfrak{L}\{F\}$ oder eine bequemere zugehörige l-Funktion zu erzielen. — Was hier für die Taubersche Asymptotik gesagt ist, gilt auch für die *indirekte Abelsche Asymptotik*. — Bei der Tauberschen Asymptotik tritt aber der Umstand als sehr erschwerend hinzu, daß man von der zu untersuchenden Funktion von vornherein eine gewisse (einseitige) Beschränktheitseigenschaft kennen muß. Außerdem kommen die indirekte Abelsche Asymptotik und die tieferen Teile der Tauberschen Asymptotik nicht ohne komplexe Funktionentheorie aus.

*   *
*

In den meisten praktischen Anwendungen unseres Prinzips wird sich die Anzahl der Vergleichsfunktionen beliebig steigern lassen, so daß wir also asymptotische Entwicklungen erhalten. Das wird so zustande kommen, daß wir z. B. bei der Abelschen Asymptotik eine asymptotische Entwicklung für $F(t)$ zugrunde legen und ihr dann Glied für Glied eine asymptotische Entwicklung für $f(s)$ zuordnen können. Wie man sieht, ist das nichts anderes als eine Verallgemeinerung des im II. Teil angewandten Prinzips, *konvergente* Reihenentwicklungen in dem einen Funktionenraum in konvergente Reihen im anderen zu übersetzen.

12. Kapitel.

Abelsche Asymptotik.

§ 1. Die singulären Stellen Dirichletscher Reihen in Abhängigkeit vom asymptotischen Verhalten der Koeffizienten.

Wir beginnen die Ausführungen über Abelsche Asymptotik mit einem Beispiel, wo von dem asymptotischen Verhalten der L-Funktion für $t \to \infty$ auf das Verhalten der l-Funktion an einer oder mehreren Stellen im Endlichen geschlossen wird, und zwar betrachten wir eine Anwendung auf Dirichletsche Reihen.

Satz 1. *Die summatorische Funktion der Koeffizienten der Dirichletschen Reihe*

$$\varphi(s) = \sum_{n=1}^{\infty} \frac{a_n}{n^s}$$

genüge der Bedingung
$$(1) \qquad A_n = a_1 + \cdots + a_n = A\, n^{s_0}\, (\log n)^\alpha + O\, (n^{\sigma_0}),$$

wo A, s_0 und α beliebige komplexe Zahlen bedeuten und σ_0 eine reelle Zahl mit $\Re s_0 - 1 < \sigma_0 < \Re s_0$ ist. Dann ist die Reihe für $\Re s > \Re s_0$ konvergent, die Funktion $\varphi(s)$ aber in die Halbebene $\Re s > \sigma_0$ mit Ausnahme der Stelle s_0 fortsetzbar, und zwar ist

$$\varphi(s) = A\, \Gamma\,(\alpha + 1)\, \frac{s}{(s - s_0)^{\alpha + 1}} + g(s) \qquad \text{für} \qquad \alpha \neq -1, -2, \ldots,$$

$$\varphi(s) = A\, \frac{(-1)^p}{(p-1)!}\, s\, (s - s_0)^{p-1} \log\,(s - s_0) + g(s) \qquad \text{für} \qquad \alpha = -p,$$

wo p eine positive ganze Zahl und $g(s)$ eine in $\Re s > \sigma_0$ reguläre Funktion bedeutet [143].

Beweis: Wir greifen auf die Erörterungen in 3.5 zurück und bringen den vorliegenden Fall dadurch am einfachsten mit den dortigen Bezeichnungen in Einklang, daß wir $a_0 = 0$ und $\lambda_n = \log n$ für $n = 1, 2, \ldots$ setzen. Dann ist nach 3.5 (2)

$$\sum_{\nu=1}^{n} a_\nu \nu^{-s} = A_n n^{-s} + \sum_{\nu=1}^{n-1} A_\nu\, (\nu^{-s} - (\nu+1)^{-s}).$$

Wegen (1) ist
$$A_n n^{-s} \to 0 \qquad \text{für} \quad n \to \infty \qquad \text{bei} \quad \Re s > \Re s_0.$$

Ferner ist nach dem Mittelwertsatz der Differentialrechnung $(0 < \vartheta < 1)$
$$(\nu + 1)^{-s} - \nu^{-s} = -s\,(\nu + \vartheta)^{-s-1},$$

also
$$\left| \nu^{-s} - (\nu + 1)^{-s} \right| \leqq \begin{cases} |s|\, \nu^{-\Re s - 1} & \text{für} \quad \Re s \geqq -1 \\ |s|\, (\nu + 1)^{-\Re s - 1} & \text{für} \quad \Re s < -1. \end{cases}$$

Da wegen (1)
$$A_\nu = O\, (\nu^{\Re s_0 + \delta})$$

für jedes noch so kleine $\delta > 0$ ist, so folgt, daß $\sum\limits_{v=1}^{\infty} A_v \left(v^{-s} - (v+1)^{-s}\right)$

und damit auch $\sum\limits_{v=1}^{\infty} a_v v^{-s}$ für $\Re s > \Re s_0$ konvergiert. $\varphi(s)$ ist also für

$\Re s > \Re s_0$ regulär. — Nach Satz 1 [3.5] können wir $\dfrac{\varphi(s)}{s}$ für $\Re s >$ Max $(\Re s_0, 0)$ als $\mathfrak{L}$-Integral schreiben:

$$\varphi(s) = s \int\limits_0^{\infty} e^{-st} A(t)\, dt$$

mit

$$A(t) = A_n = A\, n^{s_0} (\log n)^{\alpha} + O\,(n^{\sigma_0}) \quad \text{für} \quad \log n < t < \log(n+1),$$

d. h. für $n < e^t < n+1$. Wir wollen abschätzen, welchen Fehler wir begehen, wenn wir in $n^{s_0} (\log n)^{\alpha}$ den Wert $\log n$ durch t ersetzen. Nach dem Mittelwertsatz ist $(0 < \vartheta < 1)$

$$\frac{e^{s_0 t}\, t^{\alpha} - e^{s_0 \log n} (\log n)^{\alpha}}{t - \log n} = (s_0\, v^{\alpha} + \alpha\, v^{\alpha-1})\, e^{s_0 v} \Big|_{v = \log n + \vartheta\,(t - \log n)}.$$

Wegen $v^{\alpha} = O\,(e^{\delta v})$, $v^{\alpha-1} = O\,(e^{\delta v})$ für jedes $\delta > 0$ und

$$t - \log n < \log(n+1) - \log n = \log\left(1 + \frac{1}{n}\right) = O\left(\frac{1}{n}\right)$$

ist

$$e^{s_0 t}\, t^{\alpha} - n^{s_0} (\log n)^{\alpha} = O\left(\frac{1}{n}\, e^{(\Re s_0 + \delta)\log n}\right) = O\,(n^{\Re s_0 - 1 + \delta}).$$

Denken wir also δ so klein, daß $\Re s_0 - 1 + \delta < \sigma_0$ ist, so wird dieser Fehler von $O\,(n^{\sigma_0})$ verschluckt. Ebenso können wir $O\,(n^{\sigma_0})$ durch $O\,(e^{\sigma_0 t})$ ersetzen. Also ist

$$A(t) = A\, e^{s_0 t}\, t^{\alpha} + O\,(e^{\sigma_0 t}).$$

$\mathfrak{L}\{A\}$ konvergiert mithin für $\Re s > \Re s_0$. Ist $\Re s_0 < 0$, so ist die Übereinstimmung mit $\dfrac{\varphi(s)}{s}$ zunächst nur für $\Re s > 0$ bekannt, sie gilt aber auch für das volle Gebiet $\Re s > \Re s_0$, da $\varphi(s)$ und $\mathfrak{L}\{A\}$ dort beide regulär sind*. Unser Satz ist nunmehr eine Folge von Satz 4 [10.1].

Bemerkung: Wenn man statt (1) nur die Beziehung

$$A_n \sim A\, n^{s_0} (\log n)^{\alpha} \quad \text{für} \quad n \to \infty \quad (\alpha > -1)$$

kennt, so kann man auf Grund von Satz 3 [10.1] nur schließen, daß

$$\varphi(s) \sim A\, \Gamma(\alpha + 1) \frac{s}{(s - s_0)^{\alpha+1}} \quad \text{für} \quad s \to s_0$$

im Winkelraum $\mathfrak{W}$, aber nicht in einer vollen Umgebung gilt.

---

* Das involviert, daß $\dfrac{\varphi(s)}{s}$ auch in $s = 0$ regulär, also $\varphi(0) = 0$ ist. Das stimmt in der Tat, denn es ist $\varphi(0) = \sum\limits_0^{\infty} a_n = \lim\limits_{n \to \infty} A_n$, und dieser Grenzwert ist nach (1) für $\Re s_0 < 0$ gleich 0.

Ein Spezialfall: Bei der *Riemannschen Zetafunktion* ist $A_n = n$, also $A = 1$, $s_0 = 1$, $\alpha = 0$, $0 < \sigma_0 < 1$. Unser Abelscher Satz liefert daher das Resultat, daß $\zeta(s)$ mindestens in der Halbebene $\Re s > 0$ regulär ist mit Ausnahme von $s = 1$, wo ein Pol erster Ordnung mit dem Residuum 1 vorliegt.

Satz 1 läßt sich leicht dahin *verallgemeinern*, daß man aus einer Darstellung von A_n in der Gestalt

$$(2)\quad A_n = B_0\, n^{s_0} (\log n)^{\alpha_0} + B_1\, n^{s_1} (\log n)^{\alpha_1} + \cdots + B_k\, n^{s_k} (\log n)^{\alpha_k} + O\,(n^{\sigma_k})$$

mit $\Re s_0 > \Re s_1 > \cdots > \Re s_k > \sigma_k > \Re s_k - 1$ auf die Regularität von $\varphi(s)$ in $\Re s > \sigma_k$ schließt mit Ausnahme der Punkte $s_0, s_1, \ldots, s_k$, wo algebraische oder logarithmische Singularitäten vorliegen. Läßt sich in (2) das k unbegrenzt vergrößern, so stellt (2) eine asymptotische Entwicklung für A_n dar; aus ihr folgt eine *Darstellung von $\varphi(s)$ in einer sich ständig vergrößernden Halbebene, die ihre dort vorhandenen Singularitäten in Evidenz setzt.*

§ 2. Asymptotische Reihen im Sinne von Poincaré.

Ehe wir zu weiteren Beispielen Abelscher Asymptotik übergehen, führen wir einen neuen Begriff ein. Ist $\varphi(x)$ in einem Kreis $|x| < r$ um den Nullpunkt regulär, so läßt es sich dort durch eine Potenzreihe darstellen: $\varphi(x) = \sum\limits_{0}^{\infty} a_n x^n$. Es gilt dann

$$(1)\qquad \varphi(x) - \sum_{\nu=0}^{n} a_\nu x^\nu = x^{n+1}(a_{n+1} + a_{n+2} x + \cdots)$$

und infolgedessen, da $|a_{n+1} + a_{n+2} x + \cdots| < M$ für $|x| \leqq \varrho < r$ ist, für jedes feste n

$$(2)\qquad \varphi(x) - \sum_{\nu=0}^{n} a_\nu x^\nu \to 0 \quad\text{für}\quad x \to 0.$$

$\varphi(x)$ wird also durch $s_n(x) = \sum\limits_{\nu=0}^{n} a_\nu x^\nu$ für $x \to 0$ differenzasymptotisch dargestellt. Man kann hier nun aber bedeutend mehr aussagen. Aus (1) folgt nämlich sogar

$$(3)\qquad \frac{\varphi(x) - s_n(x)}{x^n} \to 0$$

oder auch

$$(4)\qquad \frac{\varphi(x) - s_n(x)}{x^{n+1}} \to a_{n+1} \quad\text{für}\quad x \to 0,$$

d. h. die Differenz $\varphi(x) - s_n(x)$ strebt so stark gegen 0, daß sie, sogar mit einem gewissen gegen unendlich strebenden Faktor multipliziert, noch gegen 0 bzw. einen endlichen Wert a_{n+1} strebt. (3) und (4) sind übrigens völlig äquivalent, denn aus (4) folgt evidentermaßen (3), und umgekehrt folgt aus (3):

$$\frac{\varphi(x) - s_{n-1}(x) - a_n x^n}{x^n} = \frac{\varphi(x) - s_{n-1}(x)}{x^n} - a_n \to 0,$$

also (4), bloß für den Index $n-1$ statt n aufgeschrieben.

Die Relationen (3) und (4) kann man auch quotientenasymptotisch schreiben:

$$(3') \qquad \varphi(x) - s_n(x) = o(x^n),$$

$$(4') \qquad \varphi(x) - s_n(x) \sim a_{n+1} x^{n+1}.$$

Das läßt sich so ausdrücken: Der „Fehler" $\varphi(x) - s_n(x)$ ist für kleine x von der Größenordnung des nächsten Gliedes $a_{n+1} x^{n+1}$.

Das Charakteristische an dem Verhältnis von $\varphi(x)$ *und* $s_n(x)$ ist folgendes: 1. Bei festem n ist $\varphi(x) \not\equiv s_n(x)$ für $x \neq 0$, aber der Fehler $\varphi(x) - s_n(x)$ ist um so kleiner, je näher x an 0 liegt. 2. Der Fehler ist nicht bloß als klein bekannt, sondern er ist quotientenasymptotisch gleich dem nächsten Glied. 3. Diese Relation läßt sich nicht nur für ein n, sondern für jedes n anschreiben, d. h. man hat bei festem x unendlich viele Näherungen für $\varphi(x)$ zur Verfügung.

Diese Eigenschaften sind nun bei einer viel allgemeineren Klasse von im allgemeinen *nichtkonvergenten Reihen* erfüllt, von denen die bekannteste die Stirlingsche Reihe für die Gammafunktion ist, die wir in § 4 kennenlernen werden. Derartige Reihen treten sehr häufig in der analytischen Mechanik, speziell bei astronomischen Problemen auf. Versucht man z. B. eine Differentialgleichung formal durch eine Potenzreihe zu befriedigen, so bekommt man gewisse Relationen für die Koeffizienten, aus denen man diese berechnen kann. Aber die damit gebildete Reihe divergiert im allgemeinen, da sie ja nur dann konvergieren kann, wenn $x = 0$ eine reguläre Stelle der Lösungsfunktion ist. Trotzdem hat man von jeher in der Astronomie mit solchen Reihen gearbeitet (häufig ohne überhaupt zu wissen, daß sie divergierten) und dabei numerisch sehr brauchbare Resultate erzielt. Das kommt daher, daß die Abschnitte dieser Reihen wenigstens asymptotisch für $x \to 0$ die Funktion darstellen. — Den Reihen nach aufsteigenden Potenzen von x sind natürlich die nach absteigenden Potenzen an die Seite zu stellen, die nur konvergieren, wenn die Funktion im Unendlichen regulär ist, deren Abschnitte aber unter Umständen auch im Falle der Divergenz befähigt sind, die Funktion für $x \to \infty$ asymptotisch darzustellen.

Nach diesen Vorbereitungen wird folgende Definition verständlich [144].

I. Gegeben sei eine für $0 < x < x_0$ oder in einem Winkelraum $\vartheta_1 < \mathrm{arc}\, x < \vartheta_2$, $0 < |x| < \varrho$ definierte Funktion $\varphi(x)$ sowie eine unendliche (im allgemeinen divergente) Reihe $\sum\limits_{n=0}^{\infty} a_n x^{\lambda_n}$, wo die λ_n reelle, nicht notwendig ganze Zahlen mit der Eigenschaft $\lambda_0 < \lambda_1 < \lambda_2 < \cdots \to +\infty$ sind. Endlich viele von ihnen können also auch negativ sein. Wir nennen die Reihe *eine asymptotische Reihe für* $\varphi(x)$ *bei* $x = 0$ und schreiben

$$\varphi(x) \approx \sum_{n=0}^{\infty} a_n x^{\lambda_n},$$

wenn

$$\frac{1}{x^{\lambda_n}}\left(\varphi(x)-\sum_{\nu=0}^{n}a_\nu\,x^{\lambda_\nu}\right)\to 0$$

oder, was dasselbe bedeutet,

$$\frac{1}{x^{\lambda_{n+1}}}\left(\varphi(x)-\sum_{\nu=0}^{n}a_\nu\,x^{\lambda_\nu}\right)\to a_{n+1}$$

ist, sobald x längs der reellen Achse eindimensional bzw. in dem Winkelraum zweidimensional gegen 0 strebt.

II. Gegeben sei eine für $x > x_0$ oder in einem Winkelraum $\vartheta_1 < \mathrm{arc}\,x < \vartheta_2$, $|x| > \varrho$ definierte Funktion $\varphi(x)$ sowie eine unendliche (im allgemeinen divergente) Reihe $\sum\limits_{n=0}^{\infty}a_n\,x^{-\lambda_n}$, wo die λ_n dieselbe Eigenschaft wie unter I haben. Wir nennen die Reihe *eine asymptotische Reihe für* $\varphi(x)$ *bei* $x=\infty$ und schreiben

$$\varphi(x)\approx\sum_{n=0}^{\infty}a_n\,x^{-\lambda_n},$$

wenn

$$x^{\lambda_n}\left(\varphi(x)-\sum_{\nu=0}^{n}a_\nu\,x^{-\lambda_\nu}\right)\to 0$$

oder, was dasselbe bedeutet,

$$x^{\lambda_{n+1}}\left(\varphi(x)-\sum_{\nu=0}^{n}a_\nu\,x^{-\lambda_\nu}\right)\to a_{n+1}$$

ist, sobald x längs der reellen Achse eindimensional bzw. in dem Winkelraum zweidimensional gegen ∞ strebt.

Die Erweiterung von I für den Fall, daß $x=0$ durch einen anderen Punkt ersetzt wird, ist selbstverständlich.

Bei einer asymptotischen Reihe $\sum\limits_{n=0}^{\infty}a_n\,x^{\lambda_n}$ ist

$$\varphi(x)-\sum_{\nu=0}^{n}a_\nu\,x^{\lambda_\nu}\to 0$$

und, was viel mehr besagt,

$$\frac{\varphi(x)}{\sum\limits_{\nu=0}^{n}a_\nu\,x^{\lambda_\nu}}\to 1\qquad\text{für}\qquad x\to 0,$$

entsprechend bei $x\to\infty$. Die Abschnitte der Reihe stellen also die Funktion sowohl differenz- als auch quotientenasymptotisch dar.

§ 3. Das Laplacesche Problem der Funktionen großer Zahlen.
(Allgemeine Sätze über die asymptotische Darstellung von $f(s)$ für $s\to\infty$.)

Das unter diesem Namen in der Analysis und in den Anwendungsgebieten bekannte Problem verlangt die asymptotische Abschätzung einer Funktion der Gestalt

$$\int_a^b \varphi(x)\,[\psi(x)]^s\,dx \qquad\qquad (\psi(x) \geqq 0)$$

für große Werte von s. Da $\psi(x)$ in der Gestalt $e^{\psi_1(x)}$ geschrieben werden kann, so läßt sich die Funktion durch eine Variablensubstitution auf die Gestalt

$$\int_0^\alpha e^{-st}F(t)\,dt$$

bringen. Es handelt sich also darum, von dem Verhalten von $F(t)$ (es genügt dasjenige in der Nähe von $t = 0$) auf das Verhalten von $f(s) = \mathfrak{L}\{F\}$ für $s \to \infty$ zu schließen, mithin um einen Fall Abelscher Asymptotik, wo der Punkt $t = 0$ mit $s = \infty$ in Beziehung gebracht wird. Wir können diese Aufgabe auf Grund des völlig elementaren Satzes $\mathfrak{L}$ [10.1] mit den denkbar einfachsten Mitteln erledigen, und zwar unter Voraussetzungen, die viel allgemeiner sind als sonst in der Literatur üblich. Dabei nehmen wir gleich den allgemeinsten Fall $\alpha = \infty$ [145].

Satz 1. $\int_0^\infty e^{-st}F(t)\,dt = f(s)$ *besitze eine Halbebene bedingter Konvergenz* *, *und* $F(t)$ *gestatte bei* $t = 0$ *eine asymptotische Reihenentwicklung* **

$$(1) \qquad F(t) \approx \sum_{n=0}^\infty c_n\,t^{\lambda_n} \qquad (-1 < \lambda_0 < \lambda_1 < \cdots),$$

d. h.

$$(2) \qquad \frac{1}{t^{\lambda_{n+1}}}\left(F(t) - \sum_{v=0}^n c_v\,t^{\lambda_v}\right) \to c_{n+1} \quad\text{für}\quad t \to 0.$$

Dann besitzt $f(s)$ *in dem Winkelraum* $\mathfrak{W}$: $|\arc s| \leqq \vartheta < \dfrac{\pi}{2}$ *für* $s \to \infty$ *die asymptotische Reihenentwicklung* ***

$$(3) \qquad f(s) \approx \sum_{n=0}^\infty c_n\,\frac{\Gamma(\lambda_n + 1)}{s^{\lambda_n + 1}},$$

d. h.

$$(4) \qquad s^{\lambda_{n+1}+1}\left(f(s) - \sum_{v=0}^n c_v\,\frac{\Gamma(\lambda_v + 1)}{s^{\lambda_v+1}}\right) \to c_{n+1}\,\Gamma(\lambda_{n+1} + 1)$$

---

* Das ist z. B. sicher der Fall, wenn $\mathfrak{L}\{F\}$, wie die meisten Autoren bei diesem Problem annehmen, die Gestalt $\int_0^\alpha e^{-st}F(t)\,dt$ hat. Dann ist $f(s)$ sogar eine ganze Funktion (vgl. 4.1).

** Natürlich können z. B. von einer Stelle an alle c_n gleich 0 sein oder die Reihe kann sogar konvergieren.

*** Sie ergibt sich aus der Reihe für $F(t)$ durch formale gliedweise Anwendung der Laplace-Transformation.

oder

$$(5) \qquad f(s) = \sum_{\nu=0}^{n} c_\nu \frac{\Gamma(\lambda_\nu + 1)}{s^{\lambda_\nu + 1}} + O\left(\frac{1}{|s|^{\lambda_{n+1} + 1}}\right) \qquad \text{für} \quad s \to \infty,$$

und zwar gilt das gleichmäßig für alle s mit demselben $\Re s$.

Beweis: Aus (2) folgt nach Satz 9 [10.1], da auch $\mathfrak{L}\left\{F(t) - \sum_{\nu=0}^{n} c_\nu t^{\lambda_\nu}\right\}$ eine Halbebene bedingter Konvergenz besitzt:

$$\mathfrak{L}\left\{F(t) - \sum_{\nu=0}^{n} c_\nu t^{\lambda_\nu}\right\} = f(s) - \sum_{\nu=0}^{n} c_\nu \frac{\Gamma(\lambda_\nu + 1)}{s^{\lambda_\nu + 1}} \sim c_{n+1} \frac{\Gamma(\lambda_{n+1} + 1)}{s^{\lambda_{n+1} + 1}}$$

gleichmäßig in $\mathfrak{W}$. Das ist unsere Behauptung.

Zusatz. $f(s)$ ist in der Konvergenzhalbebene von $\mathfrak{L}\{F\}$ eine analytische Funktion, besitzt also sämtliche Ableitungen und kann beliebig oft (von ∞ bis s) integriert werden. Wir behaupten, daß die *Ableitungen* und im Fall $\lambda_0 > 0$ auch das *Integral* durch die formal gliedweise gebildeten Ableitungen und das Integral der asymptotischen Reihe für $f(s)$ asymptotisch dargestellt werden [146]. Nach Gesetz III_b gehört nämlich zu $f^{(\nu)}(s)$ die L-Funktion $(-t)^\nu F(t)$. Aus (1) folgt aber

$$(-t)^\nu F(t) \approx (-1)^\nu \sum_{n=0}^{\infty} c_n t^{\lambda_n + \nu} \qquad \text{für} \quad t \to 0 \qquad (-1 < \lambda_n + \nu).$$

Also ist nach Satz 1:

$$f^{(\nu)}(s) \approx (-1)^\nu \sum_{n=0}^{\infty} c_n \frac{\Gamma(\lambda_n + \nu + 1)}{s^{\lambda_n + \nu + 1}} \qquad \text{für} \quad s \to \infty.$$

Das ist aber genau die Reihe, die durch ν-malige gliedweise Differentiation aus (3) hervorgeht.

Ist ferner in (1) nicht bloß $\lambda_0 > -1$, sondern $\lambda_0 > 0$, so konvergiert auch $\mathfrak{L}\left\{\frac{F}{t}\right\} = \varphi(s)$. Nach Gesetz III_b ist $f(s) = \mathfrak{L}\{F\} = \mathfrak{L}\left\{t\frac{F}{t}\right\} = -\varphi'(s)$, also wegen $f(s) \to 0$ für $s \to \infty$, $|\arg s| < \frac{\pi}{2}$:

$$\varphi(s) = \int_s^{\infty} f(\sigma) \, d\sigma$$

(vgl. auch Gesetz II_b). Nun ist aber

$$\frac{F(t)}{t} \approx \sum_{n=0}^{\infty} c_n t^{\lambda_n - 1} \qquad \text{für} \quad t \to 0,$$

also

$$\int_s^{\infty} f(\sigma) \, d\sigma \approx \sum_{n=0}^{\infty} c_n \frac{\Gamma(\lambda_n)}{s^{\lambda_n}} \qquad \text{für} \quad s \to \infty.$$

Diese Reihe entsteht aus (3) durch gliedweise Integration.

Ein in der Literatur und den Anwendungen besonders häufiger Spezialfall von Satz 1 ist folgender:

Satz 2. $\mathfrak{L}\{F\} = f(s)$ *besitze eine Halbebene bedingter Konvergenz und $F(t)$ habe in einem beliebig kleinen Intervall $0 \leq t \leq t_0$ die $n + 1$ ersten Ableitungen. $F^{(n+1)}(t)$ sei dort beschränkt. Dann ist für jedes $\varepsilon > 0$ im Winkelraum $\mathfrak{W}$*

$$f(s) = \sum_{v=0}^{n} \frac{F^{(v)}(0)}{s^{v+1}} + o\left(\frac{1}{s^{n+2-\varepsilon}}\right) \quad \text{für} \quad s \to \infty,$$

gleichmäßig für alle s mit gleichem $\mathfrak{R}\,s$.

Beweis: Nach dem Taylorschen Satz ist

$$F(t) = \sum_{v=0}^{n} \frac{F^{(v)}(0)}{v!} t^v + \frac{F^{(n+1)}(\vartheta t)}{(n+1)!} t^{n+1}.$$

Wegen der Beschränktheit von $F^{(n+1)}$ ist für jedes noch so kleine $\varepsilon > 0$:

$$F(t) - \sum_{v=0}^{n} \frac{F^{(v)}(0)}{v!} t^v = o(t^{n+1-\varepsilon}) \quad \text{für} \quad t \to 0,$$

also nach Satz 12 [10.1] (es liegt der Fall $B = 0$ vor):

$$f(s) - \sum_{v=0}^{n} \frac{F^{(v)}(0)}{s^{v+1}} = o\left(\frac{1}{s^{n+2-\varepsilon}}\right) \quad \text{für} \quad s \to \infty.$$

Abermals eine Spezialisierung stellt der folgende Satz dar:

Satz 3. *Ist $F(t)$ in einer beliebig kleinen Umgebung von $t = 0$ regulär und besitzt $\mathfrak{L}\{F\} = f(s)$ eine Halbebene bedingter Konvergenz, so gilt bei beliebigem $\varepsilon > 0$ im Winkelraum $\mathfrak{W}$ für jedes $n = 0, 1, \ldots$*

$$f(s) = \sum_{v=0}^{n} \frac{F^{(v)}(0)}{s^{v+1}} + o\left(\frac{1}{s^{n+2-\varepsilon}}\right) \quad \text{für } s \to \infty,$$

gleichmäßig für alle s mit demselben $\mathfrak{R}\,s$. Die asymptotische Reihe $\sum_{v=0}^{\infty} \dfrac{F^{(v)}(0)}{s^{v+1}}$ ist dann und nur dann für hinreichend große $|s|$ konvergent, wenn $F(t)$ eine ganze Funktion vom Exponentialtypus ist.

Beweis: Folgt aus Satz 2 und 5.1.

Wir verallgemeinern Satz 1 in einer Weise, die für die Anwendungen, wo es sich oft um analytische Funktionen handelt, von großer Bedeutung ist.

Satz 4. *$F(t)$ sei in einem Winkelraum $\alpha < \arctan t < \beta\ (\beta - \alpha < \pi)$ mit eventueller Ausnahme von $t = 0$ und $t = \infty$ regulär. Es sei darin*

$$F(t) = O(e^{a|t|}) \qquad \text{für} \qquad |t| \to \infty \qquad\qquad (a \geq 0),$$

$$F(t) \approx \sum_{n=0}^{\infty} c_n t^{\lambda_n} \qquad \text{für} \qquad |t| \to 0 \qquad\qquad (-1 < \lambda_0 < \lambda_1 < \cdots)$$

in dem Sinne, daß auf jedem Strahl arc t = const

$$\frac{1}{t^{\lambda_n+1}}\left(F(t)-\sum_{\nu=0}^{n}c_\nu\,t^{\lambda_\nu}\right)\to c_{n+1}\qquad \textit{für}\qquad t\to 0$$

gilt. (Es braucht nicht gleichmäßig im Winkelraum zu gelten.) Dann besitzt die im Winkelraum $\alpha-\dfrac{\pi}{2}<arc\,s<\beta+\dfrac{\pi}{2}$ *durch*

$$f(s)=\mathfrak{L}^{(\varphi)}\{F\}\equiv\int_0^{\infty\,(\varphi)}e^{-st}F(t)\,dt\qquad(\alpha<\varphi<\beta)$$

(vgl. S. 66) definierte Funktion (die durch analytische Fortsetzung von $f(s)=\mathfrak{L}\{F\}$ *entsteht) die asymptotische Entwicklung*

$$f(s)\approx\sum_{n=0}^{\infty}c_n\,\frac{\Gamma(\lambda_n+1)}{s^{\lambda_n+1}}\qquad\textit{für}\qquad s\to\infty,$$

und zwar gilt diese gleichmäßig in jedem kleineren Winkelraum

$$\alpha-\frac{\pi}{2}+\delta<arc\,s<\beta+\frac{\pi}{2}-\delta\qquad\qquad(\delta>0).$$

Beweis: Für ein F der obigen Art sind alle $\mathfrak{L}^{(\varphi)}\{F\}$ konvergent und stellen Elemente einer und derselben Funktion $f(s)$ dar (s. S. 71). In der Halbebene $\mathfrak{R}(s\,e^{i\varphi})>a$ ist

$$\int_0^{\infty\,(\varphi)}e^{-st}F(t)\,dt=e^{i\varphi}\int_0^{\infty}e^{-s\,e^{i\varphi}r}F(r\,e^{i\varphi})\,dr,$$

also, da

$$F(r\,e^{i\varphi})\approx\sum_{n=0}^{\infty}c_n\,e^{i\lambda_n\varphi}\,r^{\lambda_n}$$

ist, nach Satz 1

$$f(s)\approx e^{i\varphi}\sum_{0}^{\infty}c_n\,e^{i\lambda_n\varphi}\,\frac{\Gamma(\lambda_n+1)}{\left(s\,e^{i\varphi}\right)^{\lambda_n+1}}=\sum_{0}^{\infty}c_n\,\frac{\Gamma(\lambda_n+1)}{s^{\lambda_n+1}}\qquad\text{für}\quad|s|\to\infty.$$

In jeder verkleinerten Halbebene gilt das gleichmäßig. Zwei zu verschiedenen φ, die nahe an α und β liegen, gehörige Halbebenen haben wegen $\beta-\alpha<\pi$ einen Sektor gemein, also ist die Gleichmäßigkeit im oben angegebenen Winkelraum gesichert.

Eine andere bemerkenswerte Variante werden wir an unserem Verfahren bei Gelegenheit der asymptotischen Entwicklung der Bessel-Funktionen anbringen.

Wir erweitern den Satz 1 noch auf andere Art, indem wir eine Verallgemeinerung des Laplace-Integrals betrachten, die bei Fragen der Asymptotik häufig vorkommt.

Satz 5. *Das Integral* $\varphi(s)=\displaystyle\int_0^{\infty}e^{-s\tau^\alpha}\Phi(\tau)\,d\tau,$ *wo* $\alpha>0$, *habe eine Halbebene bedingter Konvergenz* $\mathfrak{R}\,s>\beta$, *und* $\Phi(\tau)$ *besitze in der Nähe* *von $\tau = 0$ die asymptotische Reihendarstellung*

$$\Phi(\tau) \approx \sum_{n=0}^{\infty} c_n \tau^{\lambda_n} \qquad (-1 < \lambda_0 < \lambda_1 < \cdots).$$

Dann gilt für $\varphi(s)$ in dem Winkelraum $\mathfrak{W}$: $|\arc s| \leqq \vartheta < \dfrac{\pi}{2}$ für $s \to \infty$ die asymptotische Reihe

$$\varphi(s) \approx \frac{1}{\alpha} \sum_{n=0}^{\infty} c_n \frac{\Gamma\left(\dfrac{\lambda_n + 1}{\alpha}\right)}{s^{\frac{\lambda_n + 1}{\alpha}}},$$

gleichmäßig für alle s mit demselben $\Re s$ [147].

Beweis: Wegen $\lambda_\nu > -1$ ist folgendes Integral für $\Re s > \mathrm{Max}\,(\beta,\,0)$ konvergent:

$$\int_0^{\infty} e^{-s\tau^{\alpha}} \left\{ \Phi(\tau) - \sum_{\nu=0}^{n} c_\nu \tau^{\lambda_\nu} \right\} d\tau = \frac{1}{\alpha} \int_0^{\infty} e^{-st} \left\{ \Phi\left(t^{\frac{1}{\alpha}}\right) - \sum_{\nu=0}^{n} c_\nu t^{\frac{\lambda_\nu}{\alpha}} \right\} t^{\frac{1}{\alpha}-1}\, dt.$$

Nach Voraussetzung ist

$$\Phi(\tau) - \sum_{\nu=0}^{n} c_\nu \tau^{\lambda_\nu} \sim c_{n+1}\, \tau^{\lambda_{n+1}} \qquad \text{für} \quad \tau \to 0,$$

also

$$\Phi\left(t^{\frac{1}{\alpha}}\right) - \sum_{\nu=0}^{n} c_\nu t^{\frac{\lambda_\nu}{\alpha}} \sim c_{n+1}\, t^{\frac{\lambda_{n+1}}{\alpha}} \qquad \text{für} \quad t \to 0$$

und

$$\frac{1}{\alpha} \left\{ \Phi\left(t^{\frac{1}{\alpha}}\right) - \sum_{\nu=0}^{n} c_\nu t^{\frac{\lambda_\nu}{\alpha}} \right\} t^{\frac{1}{\alpha}-1} \sim \frac{1}{\alpha} c_{n+1}\, t^{\frac{\lambda_{n+1}+1}{\alpha}-1} \qquad \text{für} \quad t \to 0.$$

Wegen $\lambda_{n+1} + 1 > 0$ ist $\dfrac{\lambda_{n+1}+1}{\alpha} - 1 > -1$, also nach Satz § [10.1]:

$$\int_0^{\infty} e^{-s\tau^{\alpha}} \left\{ \Phi(\tau) - \sum_{\nu=0}^{n} c_\nu \tau^{\lambda_\nu} \right\} d\tau \sim \frac{1}{\alpha} c_{n+1} \frac{\Gamma\left(\dfrac{\lambda_{n+1}+1}{\alpha}\right)}{s^{\frac{\lambda_{n+1}+1}{\alpha}}} \qquad \text{für} \quad s \to \infty,$$

gleichmäßig in $\mathfrak{W}$. Nun ist aber, zunächst für positive s $(s\tau^{\alpha} = u)$:

$$\int_0^{\infty} e^{-s\tau^{\alpha}} \tau^{\lambda_\nu}\, d\tau = \int_0^{\infty} e^{-u} \left(\frac{u}{s}\right)^{\frac{\lambda_\nu}{\alpha}} \frac{1}{\alpha} \left(\frac{u}{s}\right)^{\frac{1}{\alpha}-1} \frac{du}{s} = \frac{\Gamma\left(\dfrac{\lambda_\nu+1}{\alpha}\right)}{\alpha\, s^{\frac{\lambda_\nu+1}{\alpha}}},$$

und das gilt, da beide Seiten analytische Funktionen sind, nachträglich auch für $\Re s > 0$. Also ist

$$\int_0^{\infty} e^{-s\tau^{\alpha}} \Phi(\tau)\, d\tau - \frac{1}{\alpha} \sum_{\nu=0}^{n} c_\nu \frac{\Gamma\left(\dfrac{\lambda_\nu+1}{\alpha}\right)}{s^{\frac{\lambda_\nu+1}{\alpha}}} \sim \frac{1}{\alpha} c_{n+1} \frac{\Gamma\left(\dfrac{\lambda_{n+1}+1}{\alpha}\right)}{s^{\frac{\lambda_{n+1}+1}{\alpha}}} \quad \text{für } s \to \infty,$$

was mit der Behauptung gleichbedeutend ist.

Alle diese Sätze* haben das Gemeinsame, daß sie die asymptotische Abschätzung der l-Funktion auf allen Strahlen liefern, die mit der positiven reellen Achse einen Winkel $< \frac{\pi}{2}$ bilden, auf vertikalen Strahlen aber nicht. Für Abschätzungen in dieser Richtung könnte man Satz 4 [4.3] verwenden. Wir sehen von einer Weiterverfolgung dieser Idee an dieser Stelle ab; da wir derartige Untersuchungen in anderem Gewand im 14. Kapitel kennen lernen werden. [Auf einer Vertikalen der s-Ebene ist das Laplace-Integral ein (einseitig unendliches) Fourier-Integral. Die komplexe Umkehrformel ist auch ein (allerdings zweiseitig unendliches) Fourier-Integral, und dessen asymptotischem Verhalten wird das 14. Kapitel gewidmet sein.]

§ 4. Anwendungen.

1. Die Stirlingsche Reihe für $\log \Gamma(s)$ [148].

In den Anfangsgründen der Analysis wird gezeigt, daß die Funktion

$$f(s) = \log \Gamma(s) - s \log s + \frac{1}{2} \log s + s - \frac{1}{2} \log 2\pi$$

für ganzzahlig wachsendes $s = n$ wie $\frac{1}{n}$ gegen 0 strebt. Wir betrachten die Funktion nun für komplexes s und behaupten, daß $f(s)$ eine l-Funktion ist. Man kann aus der Eulerschen Summenformel in ihrer einfachsten Gestalt in wenigen Zeilen den in der ganzen s-Ebene mit Ausnahme der negativ reellen Achse gültigen Ausdruck herleiten**:

$$f(s) = -\int\limits_0^\infty \frac{B_1(x)}{s+x}\, dx,$$

wo $B_1(x)$ in $0 \leqq x < 1$ das erste Bernoullische Polynom $x - \frac{1}{2}$ ist und im übrigen aus den periodischen Wiederholungen dieser Funktion besteht. Wir brauchen noch die weiteren Bernoullischen Polynome, die in $0 \leqq x < 1$ durch

$$B_2(x) = \frac{x^2}{2} - \frac{x}{2} + \frac{1}{12}, \qquad B_3(x) = \frac{x^3}{6} - \frac{x^2}{4} + \frac{x}{12}$$

definiert und periodisch fortzusetzen sind. Es ist

$$B_2(x) = \frac{1}{12} + \int\limits_0^x B_1(\xi)\, d\xi, \qquad B_3(x) = \int\limits_0^x B_2(\xi)\, d\xi.$$

(Die Integrationskonstanten sind so bestimmt, daß $\int\limits_0^1 B_n(x)\, dx = 0$ ist, so daß beim Integrieren wieder periodische Funktionen entstehen.)

---

* Mit Ausnahme von Satz 4.

** Siehe z. B. L. BIEBERBACH: Lehrbuch der Funktionentheorie, Bd. I, S. 306. 2. Aufl., Leipzig und Berlin 1923.

Durch verallgemeinerte partielle Integration erhalten wir:

$$f(s) = -\int_0^\infty \frac{B_1(x)}{s+x}\,dx = \frac{B_2(0)}{s} - \int_0^\infty \frac{B_2(x)}{(s+x)^2}\,dx = \frac{B_2(0)}{s} - 2\int_0^\infty \frac{B_3(x)}{(s+x)^3}\,dx.$$

Setzt man

$$\operatorname{Max}|B_3(x)| = M, \qquad s = r\,e^{i\varphi}, \qquad x = r\,\xi,$$

so ergibt sich:

$$\left|\int_0^\infty \frac{B_3(x)}{(s+x)^3}\,dx\right| \leqq M\int_0^\infty \frac{dx}{|s+x|^3} = \frac{M}{r^2}\int_0^\infty \frac{d\xi}{|e^{i\varphi}+\xi|^3}.$$

Das letzte Integral hat für $|\varphi| < \pi$ einen Sinn und hängt stetig von φ ab, ist also für $|\varphi| \leqq \frac{\pi}{2}$ beschränkt. Demnach hat $f(s)$ für $\Re s > 0$ die Gestalt

$$f(s) = \frac{1}{12\,s} + \frac{\mu(s)}{s^2},$$

wo $\mu(s)$ beschränkt ist, stellt also nach Satz 3 [6.10] eine l-Funktion dar.

Anstatt die zugehörige L-Funktion durch ein komplexes Integral oder durch Umformung:

$$f(s) = -\int_0^\infty \frac{B_1(x)}{s+x}\,dx = -\int_0^\infty B_1(x)\,dx \int_0^\infty e^{-(s+x)t}\,dt = -\int_0^\infty e^{-st}\,dt \int_0^\infty e^{-tx}\,B_1(x)\,dx$$

auszurechnen, gehen wir eleganter so vor: Nach der Definition von $f(s)$ ist:

$$f'(s) = \frac{\Gamma'(s)}{\Gamma(s)} - \log s + \frac{1}{2s} \qquad \text{oder} \qquad \frac{\Gamma'(s)}{\Gamma(s)} = f'(s) + \log s - \frac{1}{2s}.$$

Nun ergibt sich aber aus

$$\Gamma(s+1) = s\,\Gamma(s)$$

durch logarithmische Differentiation:

$$\frac{\Gamma'(s+1)}{\Gamma(s+1)} = \frac{\Gamma'(s)}{\Gamma(s)} + \frac{1}{s}.$$

Folglich ist

$$f'(s+1) + \log(s+1) - \frac{1}{2(s+1)} = f'(s) + \log s - \frac{1}{2s} + \frac{1}{s}$$

oder

$$f'(s+1) - f'(s) = -\log\frac{s+1}{s} + \frac{1}{2}\left(\frac{1}{s} + \frac{1}{s+1}\right).$$

Auf Grund der Gesetze $\mathrm{III_b}$, $\mathrm{I_b''}$ und der Formeln*

$$\mathfrak{L}\{1\} = \frac{1}{s}, \qquad \mathfrak{L}\{e^{-t}\} = \frac{1}{s+1}, \qquad \mathfrak{L}\left\{\frac{1-e^{-t}}{t}\right\} = \log\frac{s+1}{s}$$

---

* Die letzte rechnet man am einfachsten durch Reihenentwicklung aus. Auf anderem Wege wurde sie S. 152 abgeleitet.

entspricht dieser Differenzengleichung für $f(s)$ die folgende algebraische Gleichung für die zugehörige L-Funktion $F(t)$:

$$-t\,e^{-t}\,F(t) + t\,F(t) = -\frac{1-e^{-t}}{t} + \frac{1}{2}\,(1 + e^{-t}),$$

aus der folgt:

$$F(t) = \frac{1}{t}\left(\frac{1}{1-e^{-t}} - \frac{1}{t} - \frac{1}{2}\right).$$

Damit erhalten wir für $\Re s > 0$ die bekannte fundamentale *Binetsche Formel*

$$(1)\quad \log\Gamma(s) = s\log s - \frac{1}{2}\log s - s + \frac{1}{2}\log 2\pi + \int\limits_0^\infty e^{-st}\,\frac{1}{t}\left(\frac{1}{1-e^{-t}} - \frac{1}{t} - \frac{1}{2}\right)dt.$$

Weil $F(t)$ für $|\arctan t| < \dfrac{\pi}{2}$ regulär (auf $\Re t = 0$ hat es die Pole $t = 2k\pi i$) und $F(t) = O\left(\dfrac{1}{t^2}\right) = O(e^{\varepsilon t})$ für jedes $\varepsilon > 0$ ist, so ist das Binetsche Integral durch Drehung des Integrationsweges in die ganze Ebene mit Ausnahme der negativ reellen Achse fortsetzbar (vgl. S. 71). Da es sich um lauter analytische Funktionen handelt, gilt Gleichung (1) mit passend gewähltem Integrationsweg also in der ganzen Ebene mit Ausnahme der negativ reellen Achse.

Die Funktion $F(t)$ ist für $|t| < 2\pi$ regulär, also in eine Potenzreihe entwickelbar, und zwar ist sie gerade die erzeugende Funktion für die Bernoullischen Zahlen (vgl. S. 8):

$$F(t) = \sum_{n=1}^\infty (-1)^{n-1}\,\frac{B_{2n}}{(2n)!}\,t^{2(n-1)}.$$

Satz 4 [12.3] liefert daher für das Restintegral in $|\arctan s| < \pi$:

$$f(s) \approx \sum_1^\infty (-1)^{n-1}\,\frac{B_{2n}}{(2n)!}\,\frac{(2n-2)!}{s^{2n-1}},$$

womit wir die sog. *Stirlingsche asymptotische Reihe*

$$\log\Gamma(s) \approx s\log s - \frac{1}{2}\log s - s + \frac{1}{2}\log 2\pi$$

$$+ \sum_{n=1}^\infty (-1)^{n-1}\,\frac{B_{2n}}{(2n-1)\,2n}\,\frac{1}{s^{2n-1}}\quad \text{für}\quad s \to \infty$$

erhalten, die in der ganzen Ebene mit Ausnahme der negativ reellen Achse, in jedem Winkelraum $|\arctan s| \le \vartheta < \pi$ sogar gleichmäßig gilt[149]. (Konvergieren kann die Reihe nirgends, weil $F(t)$ keine ganze Funktion ist.) Die ersten Bernoullischen Zahlen lauten:

$$B_2 = \frac{1}{6}, \qquad B_4 = \frac{1}{30}, \qquad B_6 = \frac{1}{42}, \qquad B_8 = \frac{1}{30},$$

$$B_{10} = \frac{5}{66}, \qquad B_{12} = \frac{691}{2730}, \qquad B_{14} = \frac{7}{6}, \qquad B_{16} = \frac{3617}{510}.$$

2. Die asymptotische Entwicklung der Besselschen Funktionen[150].

Die Besselsche Funktion $J_0(x)$ (vgl. 9.2) läßt sich für alle komplexen Werte von x durch ein endliches Fourier-Integral darstellen:

$$J_0(x) = \frac{1}{\pi} \int_{-1}^{+1} e^{ixz} \frac{dz}{(1-z^2)^{\frac{1}{2}}}.$$

Man kommt auf diese Form, wenn man die Besselsche Differentialgleichung nach der bekannten Laplaceschen Methode, die Lösung als komplexes Integral anzusetzen, integriert. Setzt man

$$x = is, \qquad z = t - 1,$$

so erhält man:

$$J_0(is) = \frac{e^s}{\pi} \int_0^2 e^{-st} [t(2-t)]^{-\frac{1}{2}} dt.$$

Die Funktion $J_0(is)$ wird mit $I_0(s)$ bezeichnet. Da $I_0(s)$ die $\mathfrak{L}$-Transformierte einer Funktion ist, die in der Umgebung des Nullpunktes nach gebrochenen Potenzen von t entwickelt werden kann, erhalten wir nach Satz 1 [12.3] zunächst die asymptotische Entwicklung von $I_0(s)$ für $\Re s > 0$, also die von $J_0(s)$ für $\Im s > 0$. Da $J_0(-s) = J_0(s)$ ist, so beherrscht man damit $J_0(s)$ für alle *nichtreellen Argumente*. Die reellen Argumente werden wir anschließend erledigen. Es ist

$$[t(2-t)]^{-\frac{1}{2}} = (2t)^{-\frac{1}{2}} \left(1 - \frac{t}{2}\right)^{-\frac{1}{2}} = (2t)^{-\frac{1}{2}} \sum_{n=0}^{\infty} \binom{-\frac{1}{2}}{n} \left(-\frac{t}{2}\right)^n$$

und

$$\binom{-\frac{1}{2}}{n} = \frac{(-\frac{1}{2})(-\frac{3}{2})\cdots(-\frac{1}{2}-n+1)}{n!}$$

$$= (-1)^n \frac{(n-\frac{1}{2})(n-\frac{3}{2})\cdots\frac{3}{2}\frac{1}{2}\,\Gamma(\frac{1}{2})}{n!\,\Gamma(\frac{1}{2})} = \frac{(-1)^n}{\sqrt{\pi}} \frac{\Gamma(n+\frac{1}{2})}{n!},$$

also

$$[t(2-t)]^{-\frac{1}{2}} = \frac{1}{\sqrt{2\pi}} \sum_{n=0}^{\infty} \frac{\Gamma(n+\frac{1}{2})}{2^n\,n!} t^{n-\frac{1}{2}}.$$

Die Reihe stellt die Funktion nicht bloß asymptotisch dar, sondern konvergiert. Die Anwendung von Satz 1 [12.3] ergibt: In $|\arccos s| \leq \vartheta < \dfrac{\pi}{2}$ ist gleichmäßig

$$(1) \qquad \pi e^{-s} J_0(is) \approx \frac{1}{\sqrt{2\pi}} \sum_{n=0}^{\infty} \frac{(\Gamma(n+\frac{1}{2}))^2}{2^n\,n!} \frac{1}{s^{n+\frac{1}{2}}} \qquad \text{für} \quad s \to \infty.$$

Um die Entwicklung für $J_0(x)$ zu bekommen, haben wir $x = i\,s,\ s = -i\,x$ zu substituieren. Da $s^{\frac{1}{2}}$ der Hauptzweig ist, so ist bei der Bestimmung von $(-i)^{\frac{1}{2}}$ zu setzen: $-i = e^{-i\frac{\pi}{2}}$. Das ergibt:

In $0 < \delta < \operatorname{arc} x < \pi - \delta$ ist gleichmäßig

$$J_0(x) \approx \frac{e^{-i\left(x - \frac{\pi}{4}\right)}}{\pi\,\sqrt{2\pi\,x}} \sum_{n=0}^{\infty} \frac{\left(\Gamma\left(n + \frac{1}{2}\right)\right)^2 e^{n i \frac{\pi}{2}}}{2^n\,n!}\,\frac{1}{x^n} \quad \textit{für} \quad x \to \infty.$$

Hierin kann man noch (vgl. S. 184)

$$\Gamma\left(n + \frac{1}{2}\right) = \sqrt{\pi}\,\frac{(2n)!}{2^{2n}\,n!}$$

oder auch

$$\left(\Gamma\left(n + \frac{1}{2}\right)\right)^2 = \pi\,(-1)^n\,\frac{\Gamma(\tfrac{1}{2} + n)}{\Gamma(\tfrac{1}{2} - n)}$$

setzen, wodurch man auf den üblichen Ausdruck

$$J_0(x) \approx \frac{e^{-i\left(x - \frac{\pi}{4}\right)}}{\sqrt{2\pi\,x}} \sum_{n=0}^{\infty} \frac{\Gamma\left(\frac{1}{2} + n\right)}{\Gamma\left(\frac{1}{2} - n\right)}\,\frac{e^{-n i \frac{\pi}{2}}}{2^n\,n!}\,\frac{1}{x^n}$$

kommt.

Um die asymptotische Entwicklung für *reelle x* zu erhalten, bringen wir an dem Verfahren von § 1 eine *wichtige Variante* an, der ganz allgemeine Bedeutung zukommt, die wir aber schon völlig klar an diesem speziellen Beispiel erläutern können. Wäre unsere L-Funktion in einem sich ins Unendliche erstreckenden Winkelraum regulär und von Exponentialordnung, so könnten wir wie unter Nr. 1 bei der Stirlingschen Reihe den Integrationsweg drehen und so bei der Entwicklung von $J_0(i\,s)$ über die imaginäre Achse hinübergreifen. Im vorliegenden Fall ist die L-Funktion für $t > 2$ gleich 0 zu setzen, und nicht einmal auf der reellen Achse, geschweige denn in einem Winkelraum regulär. Trotzdem können wir eine Schwenkung des Integrationsweges vornehmen, wenn auch nicht so einfach wie in Satz 4 [12.3]. Wir wählen in der komplexen t-Ebene den Punkt $\tau = 1 + i$ und ersetzen auf Grund des Cauchyschen Satzes das Integral von 0 nach 2 durch das über die geraden Strecken $0 \cdots \tau$ und $\tau \cdots 2$ erstreckte Integral*

$$\pi\,e^{-s}\,J_0(i\,s) = \int_0^{\tau} e^{-st}\,[t(2-t)]^{-\frac{1}{2}}\,dt + \int_{\tau}^{2} e^{-st}\,[t(2-t)]^{-\frac{1}{2}}\,dt$$

$$= f_1(s) + f_2(s).$$

Das Integral $f_1(s)$ können wir genau so behandeln wie in Satz 4 [12.3] das Integral mit komplexem Integrationsweg. Wir erhalten seine

---

* Der Integrand ist zwar nicht im Innern und auf dem Rand des Dreiecks $0 \cdots 2 \cdots \tau$ regulär. Aber $\int_0^2$ ist ja als $\lim_{\delta \to 0} \int_{\delta}^{2-\delta}$ zu verstehen, und auf das Dreieck $\delta \cdots 2 - \delta \cdots \tau$ ist der Cauchysche Satz anwendbar.

asymptotische Entwicklung in der Halbebene $\Re\,(s\,e^{i\,\mathrm{arc}\,\tau}) > 0$, d. h. in

$$-\frac{\pi}{2} - \mathrm{arc}\,\tau < \mathrm{arc}\,s < +\frac{\pi}{2} - \mathrm{arc}\,\tau, \text{ also } \left(\mathrm{arc}\,\tau = \frac{\pi}{4}\right) \text{ auch auf der nega-}$$

tiven imaginären Achse, und sie sieht formal genau so aus wie bei dem von 0 bis 2 erstreckten Integral, d. h. für $f_1(s)$ bekommen wir einfach die Entwicklung (1), bloß mit anderem Gültigkeitsbereich. Nun brauchen wir bloß noch $f_2(s)$ auf die Gestalt eines von 0 an erstreckten $\mathfrak{L}$-Integrals zu bringen. Dazu setzen wir $t = 2 + u$. Dann ergibt sich*:

$$f_2(s) = \int\limits_{\tau-2}^{0} e^{-s(2+u)}\left[-(2+u)\,u\right]^{-\frac{1}{2}} du = -e^{+\frac{\pi}{2}i}\,e^{-2s}\int\limits_{0}^{\tau-2} e^{-su}\left[u(2+u)\right]^{-\frac{1}{2}} du.$$

Mit $\tau - 2 = i - 1 = R\,e^{i\varphi}$, $u = r\,e^{i\varphi}\left(\varphi = \frac{3}{4}\pi\right)$ ergibt sich hierfür das Integral mit reellem Integrationsweg

$$f_2(s) = -e^{\left(\varphi+\frac{\pi}{2}\right)i}\,e^{-2s}\int\limits_{0}^{R} e^{-s\,e^{i\varphi}r}\left[r\,e^{i\varphi}(2 + r\,e^{i\varphi})\right]^{-\frac{1}{2}} dr.$$

Nun ist für hinreichend kleine r

$$\left[r\,e^{i\varphi}(2 + r\,e^{i\varphi})\right]^{-\frac{1}{2}} = (2\,r\,e^{i\varphi})^{-\frac{1}{2}}\left(1 + \frac{r}{2}\,e^{i\varphi}\right)^{-\frac{1}{2}} =$$

$$= (2\,r\,e^{i\varphi})^{-\frac{1}{2}}\sum_{n=0}^{\infty}\binom{-\frac{1}{2}}{n}\left(\frac{r}{2}\right)^{n}e^{i\,n\varphi}$$

$$= \frac{1}{\sqrt{2\pi}}\sum_{n=0}^{\infty}(-1)^n\frac{\Gamma(n+\frac{1}{2})}{n!\,2^n}\,e^{i\left(n-\frac{1}{2}\right)\varphi}\,r^{n-\frac{1}{2}},$$

also nach Satz 1 [12.3]:

$$f_2(s) \approx -e^{\left(\varphi+\frac{\pi}{2}\right)i}\,e^{-2s}\frac{1}{\sqrt{2\pi}}\sum_{n=0}^{\infty}(-1)^n\frac{\Gamma(n+\frac{1}{2})}{n!\,2^n}\,e^{i\left(n-\frac{1}{2}\right)\varphi}\frac{\Gamma(n+\frac{1}{2})}{(s\,e^{i\varphi})^{n+\frac{1}{2}}}$$

$$= -\frac{e^{+\frac{\pi}{2}i}}{\sqrt{2\pi s}}\,e^{-2s}\sum_{n=0}^{\infty}(-1)^n\frac{(\Gamma(n+\frac{1}{2}))^2}{2^n\,n!}\frac{1}{s^n} \quad \text{für} \quad s \to \infty$$

in $\left|\mathrm{arc}\,s\,e^{i\varphi}\right| \leqq \vartheta < \frac{\pi}{2}$, d. h. $-\vartheta - \frac{3}{4}\pi \leqq \mathrm{arc}\,s \leqq \vartheta - \frac{3}{4}\pi$, $\vartheta < \frac{\pi}{2}$, also jedenfalls auf der negativ imaginären Achse. Insgesamt erhalten wir also, wenn wir s auf letztere beschränken:

$$\pi\,e^{-s}\,J_0(i\,s) \approx \frac{1}{\sqrt{2\pi s}}\left\{\sum_{n=0}^{\infty}\frac{(\Gamma(n+\frac{1}{2}))^2}{2^n\,n!}\frac{1}{s^n}\right.$$

$$\left. -e^{\frac{\pi}{2}i}\,e^{-2s}\sum_{n=0}^{\infty}(-1)^n\frac{(\Gamma(n+\frac{1}{2}))^2}{2^n\,n!}\frac{1}{s^n}\right\}$$

---

* Es ist $(-u)^{-\frac{1}{2}} = (-1)^{-\frac{1}{2}}\,u^{-\frac{1}{2}}$. Damit unter $(-u)^{-\frac{1}{2}}$ und $u^{-\frac{1}{2}}$ beidemal der Hauptzweig verstanden werden kann, ist $-1 = e^{-\pi i}$, $(-1)^{-\frac{1}{2}} = e^{+\frac{\pi}{2}i}$ zu setzen.

oder, indem wir $x = i\,s,\ s = -\,i\,x = e^{-\frac{\pi}{2}i}\,x$ setzen, wo x nun positiv reell ist:

$$J_0(x) \approx \frac{e^{\frac{\pi}{4}i}}{\pi\sqrt{2\pi x}}\left\{\sum_{n=0}^{\infty}\frac{(\Gamma(n+\frac{1}{2}))^2}{2^n\,n!}\,\frac{e^{n\frac{\pi}{2}i}}{x^n}\,e^{-ix}\right.$$

$$\left.-\,e^{+\frac{\pi}{2}i}\sum_{n=0}^{\infty}(-1)^n\frac{(\Gamma(n+\frac{1}{2}))^2}{2^n\,n!}\,\frac{e^{n\frac{\pi}{2}i}}{x^n}\,e^{ix}\right\}.$$

Mit $-(-1)^n = e^{-(n+1)\pi i}$ in der zweiten Summe ergibt das:

$$J_0(x) \approx \frac{1}{\pi\sqrt{2\pi x}}\sum_{n=0}^{\infty}\frac{(\Gamma(n+\frac{1}{2}))^2}{2^n\,n!}\left\{e^{\left(n\frac{\pi}{2}+\frac{\pi}{4}-x\right)i}+e^{\left(-n\frac{\pi}{2}-\frac{\pi}{4}+x\right)i}\right\}\frac{1}{x^n}$$

$$= \frac{1}{\pi}\sqrt{\frac{2}{\pi x}}\sum_{n=0}^{\infty}\frac{\left(\Gamma\left(n+\frac{1}{2}\right)\right)^2}{2^n\,n!}\,\frac{\cos\left(x-\frac{\pi}{4}-n\frac{\pi}{2}\right)}{x^n}$$

$$= \sqrt{\frac{2}{\pi x}}\sum_{n=0}^{\infty}\frac{\Gamma\left(\frac{1}{2}+n\right)}{\Gamma\left(\frac{1}{2}-n\right)}\,\frac{1}{2^n\,n!}\,\frac{\cos\left(x-\frac{\pi}{4}+n\frac{\pi}{2}\right)}{x^n}$$

für positiv reelles x.

Auf demselben einfachen Wege erhält man aus

$$J_\nu(x) = \frac{\left(\frac{x}{2}\right)^\nu}{\sqrt{\pi}\,\Gamma\left(\nu+\frac{1}{2}\right)}\int_{-1}^{+1}e^{i\,x\,z}(1-z^2)^{\nu-\frac{1}{2}}\,dz$$

$\left(\Re\nu > -\frac{1}{2}\right)$ die asymptotische Entwicklung von $J_\nu(x)$[151].

3. Die asymptotische Entwicklung der Gaußschen Fehlerfunktion[152].

Nach S. 90 ist für alle s, wenn $\int\limits_{s}^{\infty}$ über einen Horizontalstrahl von s nach rechts erstreckt wird:

$$e^{s^2}\int_{s}^{\infty}e^{-u^2}\,du = \mathfrak{L}\left\{\frac{1}{2}\,e^{-\frac{t^2}{4}}\right\}.$$

Die L-Funktion ist eine ganze Funktion, aber nicht vom Exponentialtyp, die l-Funktion also im Unendlichen nicht regulär. (Das folgt auch daraus, daß sie für alle s existiert, also eine ganze Funktion ist.) Sie hat folglich keine konvergente, aber eine asymptotische Potenzentwicklung nach $\dfrac{1}{s}$. Aus

$$\frac{1}{2}\, e^{-\frac{t^2}{4}} = \frac{1}{2} \sum_{n=0}^{\infty} \frac{(-1)^n\, t^{2n}}{4^n\, n!}$$

und

$$e^{-\frac{t^2}{4}} = o\,(1) \quad \text{für} \quad |\operatorname{arc} t| \leqq \alpha < \frac{\pi}{4}$$

folgt nach Satz 4 [12.3]:

$$e^{s^2} \int\limits_{s}^{\infty} e^{-u^2}\, du \approx \frac{1}{2} \sum_{n=0}^{\infty} \frac{(-1)^n\, (2n)!}{4^n\, n!\, s^{2n+1}} = \frac{1}{2\sqrt{\pi}} \sum_{n=0}^{\infty} \frac{(-1)^n\, \Gamma\left(n+\frac{1}{2}\right)}{s^{2n+1}}$$

$$\text{für} \quad |\operatorname{arc} s| \leqq \vartheta < \frac{3}{4}\,\pi.$$

Wegen

$$\int\limits_{0}^{\infty} e^{-u^2}\, du = \frac{1}{2}\,\sqrt{\pi}$$

ergibt sich für die Gaußsche Fehlerfunktion* bei reellem s:

$$\frac{2}{\sqrt{\pi}} \int\limits_{0}^{s} e^{-u^2}\, du \approx 1 - \frac{1}{\pi}\, e^{-s^2} \sum_{n=0}^{\infty} \frac{(-1)^n\, \Gamma\left(n+\frac{1}{2}\right)}{s^{2n+1}} \quad \text{für} \quad s \to +\infty.$$

13. Kapitel.
Taubersche Asymptotik.

§ 1. Anwendung der reellen Tauber-Sätze:
Asymptotische Potenzentwicklungen für $F(t)$ bei $t=0$ und $t=\infty$.

1. Entwicklung bei $t=0$.

Satz 1. *$F(t)$ sei für $0 < t \leqq T$ reell definiert, in jedem Intervall rechts von 0 eigentlich und bis zum Nullpunkt absolut uneigentlich integrabel. $F(t)$ werde für $t > T$ so ergänzt, daß $\mathfrak{L}\{F\} = f(s)$ für ein s konvergiert. Besitzt dann $f(s)$ für $s \to \infty$ eine asymptotische Potenzentwicklung*

$$f(s) \approx \sum_{n=1}^{\infty} a_n\, s^{-\mu_n} \quad \textit{mit} \quad 0 < \mu_1 < \mu_2 < \cdots,$$

so gilt bei $t=0$ die asymptotische Darstellung

$$\int\limits_{0}^{t} F(\tau)\, d\tau \approx \sum_{n=1}^{\infty} a_n\, \frac{t^{\mu_n}}{\Gamma(\mu_n + 1)},$$

vorausgesetzt, daß

$$\Psi_n(t) = F(t) - \sum_{\nu=1}^{n} a_\nu\, \frac{t^{\mu_\nu - 1}}{\Gamma(\mu_\nu)} = O_L\!\left(t^{\mu_{n+1}-1}\right) \quad \textit{für} \quad t > 0 \quad (n = 1, 2, \ldots)$$

---

* Die Funktion heißt auch Krampsche Transzendente. Im Englischen wird sie oft mit *Erf s* (Error function) bezeichnet.

ist. Sind die $\Psi_n(t)$ *in der Nähe von* $t=0$ *monoton, so gilt sogar*

$$F(t) \approx \sum_{n=1}^{\infty} a_n \frac{t^{\mu_n - 1}}{\Gamma(\mu_n)} \quad \text{für} \quad t \to 0.$$

Beweis: Nach Voraussetzung ist

$$\mathfrak{L}\{\Psi_n\} = \mathfrak{L}\left\{F(t) - \sum_{\nu=1}^{n} a_\nu \frac{t^{\mu_\nu - 1}}{\Gamma(\mu_\nu)}\right\} = f(s) - \sum_{\nu=1}^{n} a_\nu \, s^{-\mu_\nu} \sim a_{n+1}\, s^{-\mu_{n+1}}$$

für $s \to \infty$ und

$$\Psi_n(t) = O_L\left(t^{\mu_{n+1} - 1}\right),$$

also nach Satz 3 [10.2]:

$$\int_0^t \Psi_n(\tau)\,d\tau = \int_0^t F(\tau)\,d\tau - \sum_{\nu=1}^{n} a_\nu \frac{t^{\mu_\nu}}{\Gamma(\mu_\nu + 1)} \sim a_{n+1} \frac{t^{\mu_{n+1}}}{\Gamma(\mu_{n+1} + 1)} \quad \text{für} \quad t \to \infty.$$

Ist $\Psi_n(t)$ obendrein monoton wachsend, so wendet man das Lemma S. 209 an.

Ist $f(s)$ im Unendlichen regulär und gleich 0, also in eine für hinreichend große $|s|$ konvergente Reihe

$$f(s) = \sum_{n=1}^{\infty} \frac{a_n}{s^n}$$

entwickelbar, so ist nach 5.1 $F(t)$ eine ganze Funktion und ohne weitere Beschränktheits- und Monotonievoraussetzung

$$F(t) = \sum_{n=1}^{\infty} a_n \frac{t^{n-1}}{(n-1)!} \quad \text{für} \quad \text{alle } t.$$

2. Entwicklung bei $t = \infty$.

Wir bringen als Beispiel einen Satz, der bei der Behandlung von Randwertproblemen zweiter Ordnung (s. V. Teil) gebraucht werden kann. Bei ihm setzen wir voraus, daß $f(s)$ in der Nähe von $s = 0$ in eine konvergente Reihe nach Potenzen von $s^{\frac{1}{2}}$ entwickelbar ist. Der Satz ist dadurch merkwürdig, daß die Glieder mit ganzzahligen Exponenten ≥ 0, die in ihrer Gesamtheit eine bei $s = 0$ reguläre Funktion darstellen, bei der Übertragung auf $F(t)$ völlig wegfallen. (Der Satz stellt eine der Heavisideschen Regeln dar, wie sie in der Operatorenrechnung ohne hinreichende Voraussetzungen benutzt zu werden pflegen, vgl. 18.3 und insbesondere das 24. Kapitel.)

Satz 2. *Die reelle Funktion* $F(t)$ *sei für* $t > 0$ *differenzierbar und in* $t = 0$ *stetig.* $\mathfrak{L}\{F'\}$ *existiere für* $s > 0$, *also auch* $\mathfrak{L}\{F\} = f(s)$. *Ist* $f(s)$ *in einer beliebig kleinen Umgebung von* $s = 0$ *durch die konvergente Reihe*

$$(1) \qquad f(s) = \frac{1}{s}\left(a_0 + b_0\, s^{\frac{1}{2}} + a_1\, s + b_1\, s^{\frac{3}{2}} + a_2\, s^2 + b_2\, s^{\frac{5}{2}} + \cdots\right)$$

darstellbar, so ist

$$(2) \qquad F(t) \approx a_0 + \sum_{n=0}^{\infty} b_n \frac{t^{-(n+\frac{1}{2})}}{\Gamma(-n+\frac{1}{2})} \; \textit{für} \quad t \to \infty,$$

d. h.

$$F(t) \approx a_0 + \frac{1}{\pi \sqrt{t}} \sum_{n=0}^{\infty} (-1)^n b_n \frac{\Gamma(n+\frac{1}{2})}{t^n} \; \textit{für} \quad t \to \infty,$$

vorausgesetzt, daß für $n = 0, 1, 2, \ldots$

$$(3) \qquad \frac{d}{dt}\left[t^{n+1}\left(F(t) - a_0 - \sum_{v=0}^{n-1} b_v \frac{t^{-(v+\frac{1}{2})}}{\Gamma(-v+\frac{1}{2})} \right) \right] = O_L\left(t^{-\frac{1}{2}}\right) \quad \textit{für} \quad t > 0$$

ist. $\left(\textit{Für } n = 0 \textit{ soll } \sum_{v=0}^{n-1} = 0 \textit{ sein.}\right)$[153]

Beweis: Der Beweis basiert auf dem Tauberschen Satz 6 [10.2]. Es läge nahe, $F - a_0$ und dementsprechend $f(s) - \frac{a_0}{s}$ zu betrachten und aus der Potenzreihe zu entnehmen: $f(s) - \frac{a_0}{s} \sim b_0 s^{-\frac{1}{2}}$. Hierauf könnte man aber Satz 6 [10.2] nicht anwenden, weil $\gamma = -\frac{1}{2}$ wäre. Es ist also ein neuer Kunstgriff nötig, und dieser besteht darin, daß wir die Funktion

$$F_1(t) = t(F(t) - a_0)$$

betrachten. Nach Gesetz III_b ist

$$\mathfrak{L}\{F_1\} = f_1(s) = -f'(s) - a_0 s^{-2}.$$

Aus (1) folgt

$$f'(s) = -a_0 s^{-2} - b_0 \frac{1}{2} s^{-\frac{3}{2}} + 0 + b_1 \frac{1}{2} s^{-\frac{1}{2}} + a_2 + b_2 \frac{3}{2} s^{\frac{1}{2}} + \cdots$$

(man beachte, daß der Koeffizient a_1 ausfällt), also

$$f_1(s) \sim \frac{b_0}{2} s^{-\frac{3}{2}} \quad \text{für} \quad s \to 0.$$

Wegen der aus (3) folgenden Abschätzung $F_1'(t) = O_L\left(t^{-\frac{1}{2}}\right)$ ergibt sich nach Satz 6 [10.2]:

$$F_1(t) = t(F(t) - a_0) \sim \frac{b_0}{2} \frac{t^{\frac{1}{2}}}{\Gamma(\frac{3}{2})} \quad \text{für} \quad t \to \infty.$$

oder

$$F(t) - a_0 \sim \frac{b_0}{2\,\Gamma(\frac{3}{2})} t^{-\frac{1}{2}} = \frac{b_0}{\Gamma(\frac{1}{2})} t^{-\frac{1}{2}}.$$

Nunmehr betrachten wir die Funktion

$$F_2(t) = t^2\left(F - a_0 - \frac{b_0}{\Gamma(\frac{1}{2})} t^{-\frac{1}{2}} \right),$$

Bemerkungen:

1. Die Voraussetzung über $f(s)$ ist z. B. erfüllt, wenn $f(s)$ in eine

Partialbruchreihe $\sum\limits_{n=0}^{\infty}{}' \dfrac{c_n}{s - s_n}$ entwickelbar ist, die nach Ausschluß der

s_n durch kleine Kreise in jedem endlichen Teil der Ebene gleichmäßig konvergiert und bei der $s_n \to -\infty$ ist.

2. Man vergleiche mit Satz 1 die Erörterungen in 7.4, wo es sich um konvergente Entwicklungen von $f(s)$ und $F(t)$ desselben Typs wie oben handelt. Für die Konvergenz spielt die Größenordnung der c_n eine wesentliche Rolle. Bei der asymptotischen Darstellung sind die c_n dagegen durch die Bedingungen (2a, b) eingeschränkt. Wir wollen uns den Sinn von (2a) klarmachen. Nach (4) ist

$$F(t)\, e^{-s_0 t} - \sum_{v=0}^{n-1} c_v\, e^{-(s_0 - s_v)t} \sim c_n\, e^{-(s_0 - s_n)t},$$

also

$$F(t)\, e^{-s_0 t} - c_0 - \sum_{v=1}^{n-1} c_v\, e^{-(s_0 - s_v)t} = O\left(e^{-(s_0 - s_n)t}\right) \quad \text{für} \quad t \to \infty.$$

Die linke Seite strebt also wie $e^{-(s_0 - s_n)t}$ gegen 0. Da sie gleich $\Phi_n(t)\, e^{-s_0 t}$ ist und diese Funktion dasselbe Vorzeichen wie $\Phi_n(t)$ hat, so besagt (2a), daß $\Phi_n(t)e^{-s_0 t}$ nicht bloß schlechtweg gegen 0 strebt, sondern sogar nur von einer Seite her, die durch das Vorzeichen von c_n bestimmt ist, mit anderen Worten, daß das Vorzeichen der in der Behauptung gewonnenen ,,Fehlerabschätzung'' $c_n\, e^{-(s_0 - s_n)t}$ bereits in der Voraussetzung gegeben ist. Natürlich ist, damit überhaupt die Relation (4) bestehen kann, das Erfülltsein von (2a) für große t notwendig. Das Zusätzliche besteht in dem Erfülltsein für alle $t > 0$.

3. Im Falle, daß $s_n \to -\infty$ ist und die Reihe konvergiert, ist

$$e^{-s_0 t} F(t) = \sum_{n=0}^{\infty} c_n\, e^{-(s_0 - s_n)t}$$

eine Dirichletsche Reihe. Satz 1 kann also dahin aufgefaßt werden, daß er eine Funktion nicht in eine Dirichletsche Reihe zu entwickeln, sondern durch eine verallgemeinerte Dirichletsche Reihe (verallgemeinert, weil $s_n \to -\lambda > -\infty$ sein kann) asymptotisch darzustellen lehrt.

Beweis: Die Funktion $e^{-(s_0 - 1)t} F(t)$ ist für $c_n > 0$ positiv und monoton wachsend, für $c_n < 0$ negativ und monoton fallend. $\varphi_n(s) = \mathfrak{L}\{\Phi_n\}$ ist für $\Re s > s_n$ konvergent und

$$g_n(s) = \varphi_n(s) - \frac{c_n}{s - s_n} = f(s) - \sum_{v=0}^{n} \frac{c_v}{s - s_v}$$

ist für $\Re s \geqq s_n$ (d. h. ein Stück über $\Re s = s_n$ hinaus) regulär. Nach Satz 2 [10.3] (man beachte auch die dortige Bemerkung) ist also

$$\Phi_n(t) \sim c_n\, e^{s_n t} \quad \text{für} \quad t \to \infty.$$

§ 2. Anwendung der funktionentheoretischen Tauber-Sätze: Asymptotische Exponentialentwicklung für $F(t)$ bei $t = \infty$.

Besteht $f(s)$ aus endlich vielen Partialbrüchen:

$$f_n(s) = \sum_{\nu=0}^{n} \frac{c_\nu}{(s - s_\nu)^{\lambda_\nu}}$$

(s_ν beliebig komplex, λ_ν nicht notwendig ganz), so ist $F(t)$ (abgesehen von einer Nullfunktion) ein Ausdruck der Form:

$$F_n(t) = \sum_{\nu=0}^{n} c_\nu\, e^{s_\nu t}\, \frac{t^{\lambda_\nu - 1}}{\Gamma(\lambda_\nu)}.$$

Auf Grund der funktionentheoretischen Tauber-Sätze sind wir in der Lage, das Verhalten von $F(t)$ durch einen Ausdruck der Form $F_n(t)$ wenigstens für $t \to \infty$ asymptotisch zu beschreiben, wenn $f(s)$ sich in einer Halbebene wie eine Funktion $f_n(s)$ verhält. Wir erhalten damit die präzise Formulierung eines Satzes, der in der Operatorenrechnung häufig unter ungenügenden Voraussetzungen als „Heavisidescher Entwicklungssatz" benutzt wird (vgl. 24. Kapitel). — Wir beschränken uns dabei auf den in den Anwendungen häufigsten Fall $\lambda_\nu = 1$, d. h. auf Pole erster Ordnung bei $f(s)$.

Satz 1. *$F(t)$ sei für $t > 0$ reell. $\mathfrak{L}\{F\} = f(s)$ habe eine Konvergenzhalbebene und lasse sich in eine Halbebene $\mathfrak{R}\,s > \sigma$ (die auch die Vollebene sein kann) so fortsetzen, daß sie dort als einzige Singularitäten die einfachen reellen Pole (in endlicher oder unendlicher Anzahl) $s_0 > s_1 > s_2 > \cdots$ mit den Residuen $c_0, c_1, c_2, \ldots$ besitzt. (Da $f(s)$ für reelle s reell ist, so sind die $c_n = \lim\limits_{s \to s_n} f(s)\,(s - s_n)$ auch reell.) Die Funktionen**

$$(1) \qquad \Phi_n(t) = F(t) - \sum_{\nu=0}^{n-1} c_\nu\, e^{s_\nu t} \qquad (n = 0, 1, 2, \ldots)$$

mögen die Eigenschaften haben:

$$(2\mathrm{a}) \qquad sign\, \Phi_n(t) = sign\, c_n,$$

$$(2\mathrm{b}) \qquad e^{-(s_n - 1)t}\,\big|\Phi_n(t)\big| \;\; wächst\; monoton.$$

Ferner sei $\mathfrak{L}\{\Phi_n\} = \varphi_n(s)$ für $\mathfrak{R}\,s > s_n$ konvergent. Dann ist

$$(3) \qquad F(t) \approx \sum_{n=0}^{\infty} c_n\, e^{s_n t} \qquad für\; t \to \infty$$

*in dem Sinne, daß***

$$(4) \qquad F(t) - \sum_{\nu=0}^{n-1} c_\nu\, e^{s_\nu t} \sim c_n\, e^{s_n t},$$

d. h.

$$e^{-s_n t}\left\{ F(t) - \sum_{\nu=0}^{n-1} c_\nu\, e^{s_\nu t} \right\} \to c_n \qquad für\; t \to \infty.$$

---

* Für $n = 0$ soll $\sum\limits_{\nu=0}^{n-1} = 0$ sein.

** Es handelt sich hier um eine Verallgemeinerung des Begriffs der asymptotischen Reihe von Potenzen auf beliebige Funktionen.

Bemerkungen:

1. Die Voraussetzung über $f(s)$ ist z. B. erfüllt, wenn $f(s)$ in eine Partialbruchreihe $\sum\limits_{n=0}^{\infty} \dfrac{c_n}{s-s_n}$ entwickelbar ist, die nach Ausschluß der s_n durch kleine Kreise in jedem endlichen Teil der Ebene gleichmäßig konvergiert und bei der $s_n \to -\infty$ ist.

2. Man vergleiche mit Satz 1 die Erörterungen in 7.4, wo es sich um konvergente Entwicklungen von $f(s)$ und $F(t)$ desselben Typs wie oben handelt. Für die Konvergenz spielt die Größenordnung der c_n eine wesentliche Rolle. Bei der asymptotischen Darstellung sind die c_n dagegen durch die Bedingungen (2a, b) eingeschränkt. Wir wollen uns den Sinn von (2a) klarmachen. Nach (4) ist

$$F(t)\,e^{-s_0 t} - \sum_{\nu=0}^{n-1} c_\nu\, e^{-(s_0 - s_\nu)t} \sim c_n\, e^{-(s_0 - s_n)t}\,,$$

also

$$F(t)\,e^{-s_0 t} - c_0 - \sum_{\nu=1}^{n-1} c_\nu\, e^{-(s_0 - s_\nu)t} = O\left(e^{-(s_0 - s_n)t}\right) \quad \text{für} \quad t \to \infty.$$

Die linke Seite strebt also wie $e^{-(s_0 - s_n)t}$ gegen 0. Da sie gleich $\Phi_n(t)\, e^{-s_0 t}$ ist und diese Funktion dasselbe Vorzeichen wie $\Phi_n(t)$ hat, so besagt (2a), daß $\Phi_n(t)e^{-s_0 t}$ nicht bloß schlechtweg gegen 0 strebt, sondern sogar nur von einer Seite her, die durch das Vorzeichen von c_n bestimmt ist, mit anderen Worten, daß das Vorzeichen der in der Behauptung gewonnenen „Fehlerabschätzung" $c_n\, e^{-(s_0 - s_n)t}$ bereits in der Voraussetzung gegeben ist. Natürlich ist, damit überhaupt die Relation (4) bestehen kann, das Erfülltsein von (2a) für große t notwendig. Das Zusätzliche besteht in dem Erfülltsein für alle $t > 0$.

3. Im Falle, daß $s_n \to -\infty$ ist und die Reihe konvergiert, ist

$$e^{-s_0 t}\, F(t) = \sum_{n=0}^{\infty} c_n\, e^{-(s_0 - s_n)t}$$

eine Dirichletsche Reihe. Satz 1 kann also dahin aufgefaßt werden, daß er eine Funktion nicht in eine Dirichletsche Reihe zu entwickeln, sondern durch eine verallgemeinerte Dirichletsche Reihe (verallgemeinert, weil $s_n \to -\lambda > -\infty$ sein kann) asymptotisch darzustellen lehrt.

Beweis: Die Funktion $e^{-(s_0 - 1)t}\, F(t)$ ist für $c_n > 0$ positiv und monoton wachsend, für $c_n < 0$ negativ und monoton fallend. $\varphi_n(s) = \mathfrak{L}\{\Phi_n\}$ ist für $\mathfrak{R}\, s > s_n$ konvergent und

$$g_n(s) = \varphi_n(s) - \frac{c_n}{s - s_n} = f(s) - \sum_{\nu=0}^{n} \frac{c_\nu}{s - s_\nu}$$

ist für $\mathfrak{R}\, s \geqq s_n$ (d. h. ein Stück über $\mathfrak{R}\, s = s_n$ hinaus) regulär. Nach Satz 2 [10.3] (man beachte auch die dortige Bemerkung) ist also

$$\Phi_n(t) \sim c_n\, e^{s_n t} \quad \text{für} \quad t \to \infty.$$

§ 3. Anwendung der funktionentheoretischen Tauber-Sätze: Der Primzahlsatz.

GAUSS scheint als erster 1792 die Vermutung aufgestellt zu haben (ohne sie zu publizieren), daß die Anzahl $\pi(x)$ der Primzahlen, die $\leqq x$ sind, sich asymptotisch durch $\dfrac{x}{\log x}$ darstellen läßt:

$$\frac{\pi(x)}{\dfrac{x}{\log x}} \to 1 \quad \text{oder} \quad \pi(x) \sim \frac{x}{\log x} \quad \text{für} \quad x \to \infty.$$

Bewiesen wurde diese Behauptung, der sog. *Primzahlsatz*, nach vielen vergeblichen Anstrengungen anderer Forscher erst 100 Jahre später, nämlich 1896 gleichzeitig durch HADAMARD und DE LA VALLÉE POUSSIN. Seitdem sind eine Reihe wesentlich einfacherer Beweise bekanntgeworden, von denen der nachfolgende der einfachste ist. Er stützt sich auf den funktionentheoretischen Tauber-Satz 1 [10.3][155]. Die in diesem Satz mit $f(s)$ bezeichnete l-Funktion wird bei unserer Anwendung die Funktion $-\dfrac{1}{s}\dfrac{\zeta'(s)}{\zeta(s)}$ sein, wo $\zeta(s)$ die für $\Re s > 1$ durch $\zeta(s) = \displaystyle\sum_{1}^{\infty}\frac{1}{n^s}$ definierte *Riemannsche Zetafunktion* ist. Von dieser brauchen wir einige *funktionentheoretische Eigenschaften*, die wir als Lemmata zusammenstellen.

Lemma 1. $\zeta(s) - \dfrac{1}{s-1}$ ist für $\Re s > 0$ regulär.

Das bewiesen wir als Spezialfall des (Abelschen) Satzes 1 [12.1].

Wir führen die zahlentheoretische Funktion $\Lambda(n)$ durch folgende *Definition* ein:

$$\Lambda(n) = \begin{cases} \log p & \text{für } n = p^m, \text{ wo } p \text{ eine Primzahl und } m > 0 \text{ ganz}; \\ 0 & \text{für alle anderen ganzen } n > 0 \end{cases}$$

und behaupten

Lemma 2. Für $\Re s > 1$ ist

$$-\zeta'(s) = \zeta(s)\sum_{n=1}^{\infty}\frac{\Lambda(n)}{n^s}.$$

Beweis: $\displaystyle\sum_{n=1}^{\infty}\frac{1}{n^s}$ konvergiert bei jedem $\varepsilon > 0$ für $\Re s \geqq 1 + \varepsilon$ gleichmäßig, da

$$\frac{1}{|n^s|} = \frac{1}{n^{\Re s}} < \frac{1}{n^{1+\varepsilon}}$$

und $\displaystyle\sum_{n=1}^{\infty}\frac{1}{n^{1+\varepsilon}}$ konvergiert. Nach dem Weierstraßschen Doppelreihensatz kann also $\zeta'(s)$ durch gliedweise Differentiation gewonnen werden:

$$\zeta'(s) = -\sum_{n=1}^{\infty}\frac{\log n}{n^s} \quad \text{für} \quad \Re s > 1.$$

Da für $\Re s > 1$ die Reihe für $\zeta(s)$ und wegen $0 \le \Lambda(n) \le \log n$ die Reihe $\sum_{n=1}^{\infty} \frac{\Lambda(n)}{n^s}$ absolut konvergiert, so können sie beliebig gliedweise, also z. B. nach der Dirichletschen Regel multipliziert werden:

$$\zeta(s) \sum_{n=1}^{\infty} \frac{\Lambda(n)}{n^s} = \sum_{\nu=1}^{\infty} \frac{1}{\nu^s} \sum_{n=1}^{\infty} \frac{\Lambda(n)}{n^s} = \sum_{k=1}^{\infty} \frac{1}{k^s} \sum_{n/k} \Lambda(n),$$

wo das Symbol n/k bedeutet, daß über alle n summiert werden soll, die Teiler von k sind. Lautet nun die Primfaktorenzerlegung von k folgendermaßen:

$$k = p_1^{\alpha_1} \cdot p_2^{\alpha_2} \cdots p_r^{\alpha_r},$$

so kommen als Teiler n von k, für die $\Lambda(n) \neq 0$ ist, nur die folgenden in Frage:

$$p_1, p_1^2, \ldots, p_1^{\alpha_1}; \quad p_2, p_2^2, \ldots, p_2^{\alpha_2}; \quad \cdots \quad p_r, p_r^2, \ldots, p_r^{\alpha_r}.$$

Für die erste Gruppe ist $\Lambda(n) = \log p_1$, für die zweite $\Lambda(n) = \log p_2$, usw., also

$$\sum_{n/k} \Lambda(n) = \alpha_1 \log p_1 + \alpha_2 \log p_2 + \cdots + \alpha_r \log p_r = \log(p_1^{\alpha_1} \cdots p_r^{\alpha_r}) = \log k.$$

Demnach ist das obige Produkt gleich

$$\sum_{k=1}^{\infty} \frac{\log k}{k^s} = -\zeta'(s).$$

Lemma 3. Für $\Re s > 1$ ist $\zeta(s) \neq 0$.

Beweis: $\sum_{n=1}^{\infty} \frac{\Lambda(n)}{n^s}$ ist bei jedem $\varepsilon > 0$ für $\Re s \ge 1 + \varepsilon$ gleichmäßig konvergent, also für $\Re s > 1$ regulär. Hätte $\zeta(s)$ in s_0 ($\Re s_0 > 1$) eine Nullstelle μ^{ter} Ordnung ($\mu \ge 1$), so hätte $\zeta'(s)$ in s_0 eine Nullstelle $\mu - 1^{\text{ter}}$ Ordnung (das bedeutet im Falle $\mu = 1$: keine Nullstelle). Nach der Gleichung von Lemma 2 hätte es aber eine Nullstelle von mindestens μ^{ter} Ordnung.

Lemma 4. Für $\Re s > 1$ ist

$$-\frac{\zeta'(s)}{\zeta(s)} = \sum_{n=1}^{\infty} \frac{\Lambda(n)}{n^s}.$$

Das folgt aus Lemma 2 und 3.

Die Dirichletsche Reihe $\sum_{1}^{\infty} \frac{\Lambda(n)}{n^s} = \sum_{1}^{\infty} \Lambda(n) e^{-s \log n}$ können wir als $\mathfrak{L}$-Integral schreiben, indem wir definieren (s. Satz 1 [3.5]):

$$A(t) = \sum_{\nu=0}^{n} \Lambda(\nu) \quad \text{für} \quad \log n \le t < \log(n+1), \text{ d.h. für } n \le e^t < n+1.$$

Dann ist

$$\sum_{n=1}^{\infty} \frac{\Lambda(n)}{n^s} = s \int_0^{\infty} e^{-st} A(t)\, dt \quad \text{für } \Re s > 1.$$

Mit der in der Zahlentheorie üblichen Bezeichnung

$$\psi(x) = \sum_{\nu \leq x} \Lambda(\nu) \quad \text{für} \quad x \geq 0$$

ist

$$A(t) = \psi(e^t),$$

also gilt

Lemma 5. Für $\Re s > 1$ ist

$$-\frac{\zeta'(s)}{\zeta(s)} = s \int_0^{\infty} e^{-st} \psi(e^t)\, dt.$$

Lemma 6. Für $\Re s = 1\,(s \neq 1)$ ist $\zeta(s) \neq 0$.

Beweis: Wir setzen $s = 1 + yi$, $y \gtrless 0$, $\frac{\zeta'(s)}{\zeta(s)} = \varphi(s)$. Für $\varepsilon > 0$ ist nach Lemma 4:

$$3\,\varphi(1 + \varepsilon) + 4\,\Re\,\varphi(1 + \varepsilon + yi) + \Re\,\varphi(1 + \varepsilon + 2\,yi)$$

$$= -\sum_{n=1}^{\infty} \frac{\Lambda(n)}{n^{1+\varepsilon}} \{3 + 4\,\Re\,n^{-yi} + \Re\,n^{-2yi}\}.$$

Wegen

$$n^{-yi} = e^{-iy\log n} = \cos(y \log n) - i \sin(y \log n)$$

ist

$$\{\cdots\} = 2 + 4 \cos(y \log n) + [1 + \cos(2\,y \log n)]$$
$$= 2\,[1 + 2 \cos(y \log n) + \cos^2(y \log n)]$$
$$= 2\,[1 + \cos(y \log n)]^2,$$

also

$$3\,\varphi(1 + \varepsilon) + 4\,\Re\,\varphi(1 + \varepsilon + yi) + \Re\,\varphi(1 + \varepsilon + 2\,yi) \leq 0.$$

Aus Lemma 1 folgt, daß

$$\zeta(s) = \frac{h(s)}{s - 1},$$

also

$$\zeta'(s) = -\frac{h(s)}{(s - 1)^2} + \frac{h'(s)}{s - 1},$$

wo $h(s)$ in einer Umgebung von $s = 1$ regulär und $h(1) \neq 0$ ist. Demnach hat

$$\frac{\zeta'(s)}{\zeta(s)} = -\frac{1}{s - 1} + \frac{h'(s)}{h(s)}$$

in $s = 1$ einen einfachen Pol mit dem Residuum -1, und es ist

$$\lim_{s \to 1} (s - 1) \frac{\zeta'(s)}{\zeta(s)} = -1,$$

also

$$\lim_{\varepsilon \to 0} \varepsilon \varphi (1 + \varepsilon) = -1 .$$

Hat ferner $\zeta (s)$ in s_0 eine μ-fache Nullstelle ($\mu \geqq 0$), was im Falle $\mu = 0$ bedeuten soll, daß keine Nullstelle vorliegt, so ist

$$\zeta (s) = (s - s_0)^\mu k (s) ,$$

wo $k (s)$ in einer Umgebung von s_0 regulär und $k (s_0) \neq 0$ ist, also

$$\zeta' (s) = \mu (s - s_0)^{\mu - 1} k (s) + (s - s_0)^\mu k' (s)$$

und

$$\varphi (s) = \frac{\zeta' (s)}{\zeta (s)} = \frac{\mu}{s - s_0} + \frac{k' (s)}{k (s)} ,$$

also

$$(s - s_0) \varphi (s) \to \mu \quad \text{für} \quad s \to s_0 .$$

Angenommen, $\zeta (s)$ hätte in $1 + yi$ eine (wirkliche) Nullstelle μ_1^{ter} Ordnung ($\mu_1 \geqq 1$); in $1 + 2 yi$ hat es eine Nullstelle oder nicht, wir sagen eine Nullstelle μ_2^{ter} Ordnung, wobei $\mu_2 \geqq 0$. Dann ist

$$\lim_{\varepsilon \to 0} \varepsilon \varphi (1 + yi + \varepsilon) = \mu_1, \qquad \lim_{\varepsilon \to 0} \varepsilon \varphi (1 + 2 yi + \varepsilon) = \mu_2 .$$

Da ε und μ_1, μ_2 reell sind, so gilt das auch für $\Re\varphi$ an Stelle von φ. Also ist

$$\lim_{\varepsilon \to 0} \varepsilon \left[3 \varphi (1 + \varepsilon) + 4 \Re \varphi (1 + \varepsilon + yi) + \Re \varphi (1 + \varepsilon + 2 yi) \right]$$
$$= -3 + 4 \mu_1 + \mu_2 \geqq 1 .$$

Nach dem obigen Ergebnis kann dieser Grenzwert aber nur $\leqq 0$ sein.

Lemma 7. Die Funktion $- \dfrac{\zeta' (s)}{\zeta (s)}$ ist für $\Re s \geqq 1$ mit Ausnahme der Stelle $s = 1$, wo sie einen einfachen Pol mit dem Residuum 1 hat, regulär. (Regulär für $\Re s \geqq 1$ ist eine Abkürzung für: regulär für $\Re s > 1$ und in einer kleinen Umgebung jedes Punktes mit $\Re s = 1$.)

Beweis: Wir wissen bereits, z. B. durch Lemma 3, daß $\dfrac{\zeta' (s)}{\zeta (s)}$ für $\Re s > 1$ regulär ist. Ferner bewiesen wir schon bei Lemma 6, daß $- \dfrac{\zeta' (s)}{\zeta (s)}$ in $s = 1$ einen einfachen Pol mit dem Residuum 1 hat. Wir haben also bloß noch zu zeigen, daß $\dfrac{\zeta' (s)}{\zeta (s)}$ in einer kleinen Umgebung jedes Punktes $s = 1 + y i$, $y \geqq 0$, regulär ist. Da $\zeta (s)$ nach Lemma 1 für $\Re s > 0$ außer in $s = 1$ regulär ist, so genügt es, daß $\zeta (s) \neq 0$ für $1 + y i$, $y \geqq 0$; denn dann ist $\zeta (s)$ auch in einer kleinen Umgebung $\neq 0$, also $\dfrac{\zeta' (s)}{\zeta (s)}$ dort regulär. Nach Lemma 6 ist das aber der Fall.

Nunmehr ergibt sich sofort ein Satz, der mit dem Primzahlsatz äquivalent ist, nämlich

Satz 1. *Für die summatorische Funktion* $\psi (x) = \displaystyle\sum_{v \leqq x} \varLambda (v)$ *gilt:*

$$\psi (x) \sim x \quad \textit{für} \quad x \to \infty .$$

Beweis: Wegen $\Lambda(v) \geqq 0$ ist $\psi(x)$ für $x \geqq 1$ positiv und monoton zunehmend, also auch $\psi(e^t)$ für $t \geqq 0$. $\mathfrak{L}\{\psi(e^t)\}$ ist nach Lemma 5 für $\mathfrak{R}s > 1$ konvergent und gleich $-\dfrac{1}{s}\dfrac{\zeta'(s)}{\zeta(s)}$. Diese Funktion ist nach Lemma 7 über $\mathfrak{R}s = 1$ hinaus regulär mit Ausnahme der Stelle $s = 1$, wo sie einen einfachen Pol mit dem Residuum 1 hat*. Also ist nach dem funktionentheoretischen Tauber-Satz 1 [10.3]:

$$\psi(e^t) \sim e^t \quad \text{für} \quad t \to \infty.$$

Das ist mit unserer Behauptung gleichbedeutend.

Aus Satz 1 folgt nun elementar:

Satz 2 (Primzahlsatz). *Für die Anzahl $\pi(x)$ der Primzahlen $\leqq x$ gilt:*

$$\pi(x) \sim \frac{x}{\log x}.$$

Beweis: Im folgenden wird $\log\log x$ vorkommen. Damit diese Zahl positiv ist, wählen wir von vornherein $x > e$. — In $\psi(x) = \sum\limits_{v \leqq x} \Lambda(v)$ sind nur die Summanden $\neq 0$, für die v die Gestalt p^m ($p = $ Primzahl) hat. Für ein festes p kommen die Potenzen

$$p, p^2, \ldots, p^\alpha$$

in Frage, wo α die größte ganze Zahl mit der Eigenschaft

$$p^\alpha \leqq x \quad \text{oder} \quad \alpha \log p \leqq \log x$$

ist, d. h. $\alpha = \left[\dfrac{\log x}{\log p}\right]$. Diese Potenzen tragen zu $\psi(x)$ den Wert $\left[\dfrac{\log x}{\log p}\right] \log p$ bei. Also ist

$$\psi(x) = \sum_{p \leqq x} \left[\frac{\log x}{\log p}\right] \log p.$$

Das schätzen wir so ab:

$$\psi(x) \leqq \sum_{p \leqq x} \frac{\log x}{\log p} \log p = \log x \sum_{p \leqq x} 1 = \pi(x) \log x$$

und erhalten

$$(1) \qquad 1 \leqq \frac{\pi(x) \log x}{\psi(x)}.$$

Nun ist für $1 < \omega < x$:

$$\pi(x) = \pi(\omega) + \sum_{\omega < p \leqq x} 1 = \pi(\omega) + \sum_{\omega < p \leqq x} \frac{\log p}{\log p} < \pi(\omega) + \sum_{\omega < p \leqq x} \frac{\log p}{\log \omega}$$

$$\leqq \omega + \frac{1}{\log \omega} \psi(x).$$

Aus dieser sehr rohen Abschätzung entnehmen wir:

$$\frac{\pi(x) \log x}{\psi(x)} < \frac{\omega \log x}{\psi(x)} + \frac{\log x}{\log \omega}.$$

---

* Hat $f(s)$ in $s = s_0$ das Residuum r und ist $g(s)$ in $s = s_0$ regulär und $\neq 0$, so hat $f(s)\,g(s)$ in s_0 das Residuum $r\,g(s_0)$.

Wir wollen nun ω so wählen, daß der erste Summand rechts für $x \to \infty$ gegen 0 und der zweite gegen 1 strebt. Dies erreichen wir z. B. mit $\omega = \dfrac{x}{\log^2 x}$. Dann ist nämlich nach Satz 1:

$$\frac{\omega \log x}{\psi(x)} = \frac{x}{\psi(x) \log x} \sim \frac{1}{\log x} \to 0$$

und

$$\frac{\log x}{\log \omega} = \frac{\log x}{\log x - 2 \log \log x} \to 1 \qquad \text{für} \qquad x \to \infty .$$

Also ist $\dfrac{\pi(x) \log x}{\psi(x)}$ kleiner als eine Funktion von x, die mit wachsendem x gegen 1 strebt. Mit (1) zusammen führt das zu

$$\frac{\pi(x) \log x}{\psi(x)} \to 1 ,$$

d. h.

$$\pi(x) \sim \frac{\psi(x)}{\log x} \sim \frac{x}{\log x} \qquad \text{für} \qquad x \to \infty .$$

$$*\qquad\qquad * \qquad\qquad *$$

Wie bei Satz 1 [10.3] bemerkt, würde der reelle Tauber-Satz 5 [10.2], bei dem man allerdings nur $-\dfrac{\zeta'(s)}{\zeta(s)} \sim \dfrac{1}{s-1}$ für s (reell) $\to 1$ (und keine Monotonie von ψ) zu wissen brauchte, statt zu Satz 1 nur zu

$$\int_0^t e^{-\tau} \psi(e^\tau)\, d\tau \sim t \qquad \text{für} \qquad t \to \infty ,$$

d. h.

$$\int_1^x \psi(\xi)\, \frac{d\xi}{\xi^2} \sim \log x \qquad \text{für} \qquad x \to \infty$$

führen. Durch eine leichte Umformung erhält man hieraus:

$$\sum_{\nu \leqq x} \frac{\Lambda(\nu)}{\nu} - \frac{\psi(x)}{x} \sim \log x .$$

Nach der obigen Abschätzung (1) gilt:

$$\frac{\psi(x)}{x} \leqq \frac{\pi(x)}{x} \log x .$$

Da nun ganz elementar zu beweisen ist*:

$$\frac{\pi(x)}{x} \to 0 \qquad \text{für} \qquad x \to \infty ,$$

so erhalten wir:

$$\frac{\psi(x)}{x} = o(\log x)$$

---

* Vgl. E. LANDAU: Handbuch der Lehre von der Verteilung der Primzahlen, Bd. I, § 15, S. 69. Leipzig und Berlin 1909.

und damit

$$\sum_{v \leq x} \frac{\Lambda(v)}{v} \sim \log x.$$

Diese bekannte Relation ist an sich interessant, reicht aber bei weitem nicht zum Beweis des Primzahlsatzes aus [156].

Satz 1 ließe sich auch vermittels der im nächsten Kapitel geschilderten indirekten Abelschen Asymptotik ableiten. Hierbei müßte man aber außer den oben benutzten Eigenschaften von $\zeta(s)$ noch mehr über das asymptotische Verhalten von $\zeta(s)$ auf $\Re s = 1$ für $\Im s \to \infty$ wissen. Von diesem Typus waren die älteren Beweise, während die ersten Beweise von Hadamard und de la Vallée Poussin sogar das Verhalten von $\zeta(s)$ im „kritischen Streifen" $0 < \Re s < 1$ benutzten. Daß der Taubersche Satz 1 [10.3] so rasch zum Ziel führt, liegt daran, daß er die sehr starken Voraussetzungen: „$F(t)$ positiv und monoton wachsend" macht, die für $\psi(e^t)$ trivialerweise erfüllt sind. Diese Zufälligkeit erlaubt, für $\psi(e^t)$ leicht das erste Glied e^t einer asymptotischen Entwicklung zu finden. Wollte man auf diesem Wege im Sinne des Satzes 1 [13.2] zu höheren Gliedern vordringen, so müßte man etwas über das Vorzeichen von $\psi(e^t) - e^t$ wissen, was für sich allein schon eine sehr schwierige Aufgabe darstellt. Bei den höheren Entwicklungsgliedern und bei Funktionen, die nicht der Zahlentheorie entstammen und bei denen man das Verhalten im großen nicht so leicht überblicken kann, führen die Methoden des nächsten Kapitels viel weiter.

<h2 style="text-align:center">14. Kapitel.</h2>

<h1 style="text-align:center">Indirekte Abelsche Asymptotik.</h1>

<h3 style="text-align:center">§ 1. Asymptotik der Mellin-Transformation
bzw. der zweiseitig unendlichen Laplace-Transformation
im Falle analytischer Funktionen.</h3>

Die indirekte Abelsche Asymptotik beruht darauf, daß in gewissen Fällen, nachdem die zu untersuchende Objektfunktion in eine Resultatfunktion transformiert ist, umgekehrt die Objektfunktion aus der Resultatfunktion wieder explizit durch eine Integraltransformation gewonnen werden kann. Das asymptotische Verhalten der Objektfunktion erhält man dann durch Anwendung eines für das *Umkehrintegral* gültigen Abelschen Satzes. Das Schwierigste an dieser Methode ist meist der Nachweis, daß die betreffende Umkehrformel wirklich angewandt werden kann. Wir behandeln daher zunächst einen Fall, bei dem wir von vornherein sicher sind, daß das zutrifft, nämlich die zweiseitig unendliche Laplace-Transformation für analytische Funktionen der Klasse L_{II}^0 oder, was dasselbe ist, die Mellin-Transformation für analytische Funktionen der Klasse M^0 (s. die Definitionen und Bezeichnungsweisen in 6.7 und 6.8). Wie wir wissen, ist für diese Funktionen die

$\mathfrak{L}_{\mathrm{II}}$- bzw. $\mathfrak{M}$-Transformation

$$(1\,\mathrm{a})\quad f(s) = \int\limits_{-\infty+i\eta}^{+\infty+i\eta} e^{-st} F(t)\,dt \quad\text{bzw.}\quad (1\,\mathrm{b})\quad \varphi(s) = \int\limits_{0}^{\infty\, e^{i\vartheta}} z^{s-1}\,\Phi(z)\,dz$$

stets durch das komplexe Integral $\mathfrak{L}_{\mathrm{II}}^{-1}$ bzw. $\mathfrak{M}^{-1}$

$$(2\,\mathrm{a})\quad F(t) = \frac{1}{2\pi i} \int\limits_{x-i\infty}^{x+i\infty} e^{ts} f(s)\,ds \quad\text{bzw.}\quad (2\,\mathrm{b})\quad \Phi(z) = \frac{1}{2\pi i} \int\limits_{x-i\infty}^{x+i\infty} z^{-s}\,\varphi(s)\,ds$$

umkehrbar. Die indirekte Abelsche Asymptotik für die Transformation
(1 a, b) mit $F(t)$ bzw. $\Phi(z)$ als Objekt- und $f(s)$ bzw. $\varphi(s)$ als Resultatfunktion ist hier offenbar völlig gleichbedeutend mit der direkten Abelschen Asymptotik für die Transformation (2 a, b) mit $f(s)$ bzw. $\varphi(s)$
als Objekt- und $F(t)$ bzw. $\Phi(z)$ als Resultatfunktion, und wir hätten
diesen Fall daher schon im 12. Kapitel bringen können. Wir behandeln
ihn aber deshalb hier, weil man in sehr vielen Fällen doch ursprünglich
nicht von der Darstellung einer Funktion $F(t)$ bzw. $\Phi(z)$ vermittels (2 a, b)
ausgeht, sondern auf diese Formel erst durch Umkehrung einer voraus-
gegangenen Transformation (1 a, b) kommt, und weil ferner die Erörterungen dieses Paragraphen eine gute Vorbereitung auf die indirekte
Abelsche Asymptotik bei der $\mathfrak{L}_{\mathrm{I}}$-Transformation bilden [157].

**1. Eine Korrespondenz zwischen meromorphen Funktionen
und asymptotischen (verallgemeinerten) Potenzreihen (Mellin-
Transformation) bzw. asymptotischen Exponentialreihen
(zweiseitig unendliche Laplace-Transformation) [158].**

Eine Funktion $\Phi(z)$ sei in einem Winkelraum $|\vartheta| \leq \vartheta_0$ ($\vartheta = \mathrm{arc}\,z$)
regulär mit eventueller Ausnahme von $z = 0$ und $z = \infty$ und sei für
$z \to \infty$ asymptotisch durch eine Potenzreihe verallgemeinerter Art
darstellbar:

$$(3)\qquad \Phi(z) \approx \sum_{\nu=0}^{\infty} \left[a_\nu^{(0)} + a_\nu^{(1)} \log z + \cdots + a_\nu^{(k_\nu)} (\log z)^{k_\nu} \right] z^{-q\nu}$$

($q > 0$). Das soll bedeuten, daß in dem Winkelraum für $z \to \infty$

$$(4)\quad \Phi(z) - \sum_{\nu=0}^{n} \left[a_\nu^{(0)} + a_\nu^{(1)} \log z + \cdots + a_\nu^{(k_\nu)} (\log z)^{k_\nu} \right] z^{-q\nu} = O\left(|z|^{-q(n+1)+\delta}\right)$$

für jedes $\delta > 0$ ist. (Fallen die Logarithmen alle weg, so handelt es sich
um eine gewöhnliche asymptotische Potenzreihe in z^{-q}.) Ferner soll
für $z \to 0$ gelten:

$$(5)\qquad\qquad \Phi(z) = O\left(|z|^{-x_1}\right)$$

mit einem gewissen $x_1 < q$. Aus (4) folgt für $n = 0$, daß für $z \to \infty$

$$\Phi(z) = a_0^{(0)} + a_0^{(1)} \log z + \cdots + a_0^{(k_0)} (\log z)^{k_0} + O\left(|z|^{-q+\delta}\right)$$
$$= O\left(|z|^{-(q-\varepsilon)}\right)$$

für jedes $\varepsilon > 0$ ist. $\Phi(z)$ ist also eine M^0-Funktion mit den Konstanten
ϑ_0, x_1, $x_2 = q - \varepsilon$, wobei wir $x_2 > x_1$, d. h. $\varepsilon < q - x_1$ wählen können.

Die Funktion

$$(6) \qquad \varphi(s) = \int_0^\infty z^{s-1} \Phi(z)\, dz$$

gehört also in jedem Streifen $x_1 + \delta \leq x \leq q - \delta$ $(s = x + iy,\ \delta > 0)$ zur Klasse m^0, d. h. sie ist dort regulär und erfüllt die Ungleichung

$$|\varphi(s)| < C(\delta)\, e^{-\vartheta_0 |y|}.$$

Sie läßt sich nun folgendermaßen analytisch fortsetzen: Es ist, wenn wir $\sum\limits_{\nu=0}^{n}$ in (4) durch $S_n(z)$ bezeichnen:

$$\varphi(s) = \int_0^1 z^{s-1} \Phi(z)\, dz + \int_1^\infty z^{s-1} \Phi(z)\, dz$$

$$= \int_0^1 z^{s-1} \Phi(z)\, dz + \int_1^\infty z^{s-1} (\Phi(z) - S_n(z))\, dz + \int_1^\infty z^{s-1} S_n(z)\, dz.$$

Wegen (5) ist das erste Integral für $\Re s > x_1$, wegen (4) das zweite für $\Re s < q(n+1)$ konvergent und regulär. Das dritte Integral läßt sich explizit ausrechnen: Für $\Re s < q\nu$ ist $(z = e^t)$:

$$\int_1^\infty z^{s-1} (\log z)^\alpha z^{-q\nu}\, dz = \int_0^\infty e^{-(q\nu - s)t}\, t^\alpha\, dt = \frac{\Gamma(\alpha+1)}{(q\nu - s)^{\alpha+1}},$$

also für $\Re s < 0$

$$(7) \quad \int_1^\infty z^{s-1} S_n(z)\, dz = \sum_{\nu=0}^{n} \left(a_\nu^{(0)} \frac{\Gamma(1)}{q\nu - s} + a_\nu^{(1)} \frac{\Gamma(2)}{(q\nu - s)^2} + \cdots + a_\nu^{(k_\nu)} \frac{\Gamma(k_\nu + 1)}{(q\nu - s)^{k_\nu + 1}} \right).$$

Die rechts stehende Funktion ist in der ganzen Ebene regulär bis auf die $k_\nu + 1$-fachen Pole $s = q\nu\,(\nu = 0, 1, \ldots, n)$. Zusammengefaßt ergibt sich also, daß $\varphi(s)$ in dem Streifen $x_1 < \Re s < q(n+1)$ meromorph ist und die Punkte $s = q\nu\,(\nu = 0, \ldots, n)$ zu Polen hat. (Ist $x_1 > 0$, so fällt der Punkt $s = 0$ aus.) Da aber n beliebig groß ist, so folgt, daß $\varphi(s)$ in der ganzen rechten Halbebene $\Re s > x_1$ meromorph ist und dort die arithmetische reelle Polreihe $(0,)\ q, 2q, \ldots$ hat. — Dabei haben wir noch gar nicht benutzt, daß $\Phi(z)$ in einem Winkelraum regulär ist. Das Ergebnis über das funktionentheoretische Verhalten von $\varphi(s)$ gilt also auch, wenn $\Phi(z)$ nur auf der reellen Achse definiert und dort asymptotisch durch (3) darstellbar ist. Ist nun aber $\Phi(z)$ im Winkelraum $|\vartheta| \leq \vartheta_0$ regulär und dort für $z \to \infty$ durch (3) darstellbar, während für $z \to 0$ die Abschätzung (5) gilt, so kann man nach 6.8 das Integral (6) auch über jede Gerade $\operatorname{arc} z = \vartheta$ erstrecken, ohne daß sein Wert sich ändert:

$$\varphi(s) = \int_0^{\infty e^{i\vartheta}} z^{s-1} \Phi(z)\, dz = e^{i\vartheta s} \int_0^\infty \varrho^{s-1} \Phi(\varrho\, e^{i\vartheta})\, d\varrho$$

$$= e^{i\vartheta s} \left\{ \int_0^1 \varrho^{s-1} \Phi(\varrho\, e^{i\vartheta})\, d\varrho + \int_1^\infty \varrho^{s-1} \left(\Phi(\varrho\, e^{i\vartheta}) - S_n(\varrho\, e^{i\vartheta}) \right) d\varrho \right.$$

$$\left. + \int_1^\infty \varrho^{s-1} S_n(\varrho\, e^{i\vartheta})\, d\varrho \right\}.$$

Auf Grund von (5) ist* für $\Re s \geqq x_1 + \delta \;(\delta > 0)$:

$$\int\limits_0^1 \varrho^{s-1}\, \Phi(\varrho\, e^{i\vartheta})\, d\varrho = O\left(\int\limits_0^1 \varrho^{\Re s - 1 - x_1}\, d\varrho\right) = O\left(\int\limits_0^1 \varrho^{\delta - 1}\, d\varrho\right) = O\left(\frac{1}{\delta}\right)$$

und auf Grund von (4) für $\Re s \leqq q(n+1) - \delta$:

$$\int\limits_1^\infty \varrho^{s-1}\big(\Phi(\varrho\, e^{i\vartheta}) - S_n(\varrho\, e^{i\vartheta})\big)\, d\varrho = O\left(\int\limits_1^\infty \varrho^{\Re s - 1 - q(n+1) + \frac{\delta}{2}}\, d\varrho\right)$$

$$= O\left(\int\limits_1^\infty \varrho^{-1 - \frac{\delta}{2}}\, d\varrho\right) = O\left(\frac{2}{\delta}\right).$$

Das dritte Integral läßt sich wieder explizit ausrechnen. Wegen $\log(\varrho\, e^{i\vartheta})$ $= \log \varrho + i\vartheta$ ergibt $a_\nu^{(0)} + a_\nu^{(1)} \log z + \cdots + a_\nu^{(k_\nu)} (\log z)^{k_\nu}$, wenn man die Potenzen nach dem binomischen Lehrsatz ausrechnet und das Ganze nach Potenzen von $\log \varrho$ ordnet, einen Ausdruck der Gestalt

$$b_\nu^{(0)} + b_\nu^{(1)} \log \varrho + \cdots + b_\nu^{(k_\nu)} (\log \varrho)^{k_\nu},$$

so daß man erhält:

$$S_n(\varrho\, e^{i\vartheta}) = \sum_{\nu = 0}^n e^{-i\vartheta q \nu}\, (b_\nu^{(0)} + b_\nu^{(1)} \log \varrho + \cdots + b_\nu^{(k_\nu)} (\log \varrho)^{k_\nu})\, \varrho^{-q\nu}.$$

Das dritte Integral liefert also wie oben bei (7) eine gebrochen rationale Funktion in Partialbruchzerlegung. Eine solche Funktion strebt für $s \to \infty$ gegen 0. Da schließlich noch

$$\left|e^{i\vartheta s}\right| = \left|e^{i\vartheta(x + iy)}\right| = e^{-\vartheta y}$$

ist, so erhalten wir insgesamt: In dem Streifen $x_1 + \delta \leqq x \leqq q(n+1) - \delta$ ist

$$|\varphi(s)| < C\, e^{-\vartheta y} \quad \text{für} \quad |y| \to \infty,$$

wobei natürlich C von δ, n und ϑ abhängt. ϑ konnte dabei irgendwie zwischen $-\vartheta_0$ und $+\vartheta_0$ einschließlich gewählt werden. Das nutzen wir nun in der Weise aus, daß wir $\vartheta = \vartheta_0$ bei positivem y und $\vartheta = -\vartheta_0$ bei negativem y wählen. Dann ist

$$|\varphi(s)| < C(\delta,\, n)\, e^{-\vartheta_0 |y|} \quad \text{für} \quad |y| \to \infty.$$

Wir bringen an unseren Voraussetzungen noch eine kleine Verallgemeinerung an: Fügen wir der Entwicklung für $\Phi(z)$ einen Faktor $z^{-\alpha}$ (α beliebig komplex) an, so bedeutet das den Übergang von $\varphi(s)$ zu $\varphi(s - \alpha)$. Hat $\varphi(s)$ die Pole $q\nu$, so hat $\varphi(s - \alpha)$ die Pole $\alpha + q\nu$, die wieder eine arithmetische Reihe bilden, aber bei der komplexen Zahl α anfangen. Die Multiplizitäten und Residuen bleiben erhalten.

Nun können wir unsere Ergebnisse so zusammenfassen:

---

* Im folgenden können wir das Ergebnis von 6.8 nicht unmittelbar verwenden, die Abschätzungen laufen aber teilweise denen in 6.7 parallel.

Satz 1. *Die Funktion $\Phi(z)$ mit $z = \varrho\, e^{i\vartheta}$ sei im Winkelraum $|\vartheta| \leqq \vartheta_0$ regulär mit eventueller Ausnahme von $z = 0$ und $z = \infty$ und dort für $z \to \infty$ asymptotisch so darstellbar:*

$$(8) \qquad \Phi(z) \approx \sum_{\nu = 0}^{\infty} [a_\nu^{(0)} + a_\nu^{(1)} \log z + \cdots + a_\nu^{(k_\nu)} (\log z)^{k_\nu}]\, z^{-\alpha - q\nu}$$

$$(\alpha\ \textit{beliebig komplex},\ q > 0)$$

in dem Sinne, daß

$$(9) \quad \Phi(z) - \sum_{\nu = 0}^{n} [a_\nu^{(0)} + a_\nu^{(1)} \log z + \cdots + a_\nu^{(k_\nu)} (\log z)^{k_\nu}]\, z^{-\alpha - q\nu} = O\left(|z|^{-\Re\alpha - q(n+1) + \delta}\right)$$

für $|z| \to \infty$ bei jedem $\delta > 0$ ist. Ferner sei

$$(10) \qquad \Phi(z) = O\left(|z|^{-x_1}\right) \quad \textit{für} \quad z \to 0 \quad (x_1 < q).$$

Dann ist Φ eine M^0-Funktion. Ihre hiernach existierende Mellin-Transformierte $\varphi(s) = \mathfrak{M}\{\Phi\}$ ist in der ganzen rechten Halbebene $\Re s > x_1$ regulär bis auf die in die Halbebene fallenden Pole $s = \alpha + q\nu\,(\nu = 0, 1, 2, \ldots)$, die eine arithmetische, horizontal laufende Folge bilden. Der zu $\alpha + q\nu$ gehörige Hauptteil lautet:

$$- a_\nu^{(0)}\, \frac{1}{s - (\alpha + q\nu)} + a_\nu^{(1)}\, \frac{1!}{(s - (\alpha + q\nu))^2} - + \cdots$$

$$(11) \qquad\qquad \cdots + (-1)^{k_\nu + 1}\, a_\nu^{(k_\nu)}\, \frac{k_\nu!}{(s - (\alpha + q\nu))^{k_\nu + 1}}.$$

Die Funktion $\varphi(s)$ unterliegt in jedem Streifen endlicher Breite $(s = x + iy)$

$$x_1 + \delta \leqq x \leqq \Re\alpha + q(n + 1) - \delta$$

einer Beschränkung der Form

$$(12) \qquad\qquad |\varphi(s)| < C(\delta, n)\, e^{-\vartheta_0|y|},$$

wenn man die endlich vielen in dem Streifen liegenden Pole durch kleine Kreise ausschneidet.

Wir werden nun das Reziproke beweisen, und das wird von dem Standpunkt, den wir in diesem Teil des Buches einnehmen, der interessantere Satz sein, denn bei ihm wird von dem funktionentheoretischen Verhalten von $\varphi(s)$ auf das asymptotische Verhalten von $\Phi(t)$ geschlossen.

Satz 2. *Die Funktion $\varphi(s)$ mit $s = x + iy$ sei in der rechten Halbebene $\Re s \geqq x_1$ bis auf die Pole $\alpha + q\nu\ (\nu = 0, 1, 2, \ldots)$ regulär (α beliebig komplex mit $\Re\alpha > x_1$, $q > 0$). Der zu $\alpha + q\nu$ gehörige Hauptteil habe die Gestalt (11). In jedem Streifen $x_1 \leqq x \leqq \Re\alpha + q(n + 1)$ sei $\varphi(s)$ nach Ausschluß der darin liegenden Pole durch kleine Kreise vom Charakter einer m^0-Funktion, d. h. $\varphi(s)$ erfülle die Ungleichung*

$$(13) \qquad\qquad |\varphi(s)| < C(n)\, e^{-\vartheta_0|y|}.$$

Ihre hiernach existierende Transformierte $\Phi(z) = \mathfrak{M}^{-1}\{\varphi\}\ (z = \varrho\, e^{i\vartheta})$ ist dann in jedem Winkelraum $|\vartheta| \leqq \vartheta_0 - \varepsilon\,(\varepsilon > 0)$ regulär und für $z \to \infty$ durch die Reihe (8) asymptotisch darstellbar.

17*

Beweis: In dem Streifen $x_1 \leqq x \leqq \Re\alpha - \delta$ ist $\varphi(s)$ regulär und genügt der Abschätzung $\varphi(s) < C(0)\,e^{-\vartheta_0|y|}$, ist also eine m^0-Funktion, zu der nach 6.8 eine in $|\vartheta| \leqq \vartheta_0 - \varepsilon$ reguläre M^0-Funktion $\Phi(z)$ gehört, die den Abschätzungen

$$|\Phi(z)| < C_1(\varepsilon)\,\varrho^{-x_1} \qquad \text{für} \quad \varrho \leqq 1,$$
$$|\Phi(z)| < C_2(\varepsilon)\,\varrho^{-(\Re\alpha - \delta)} \qquad \text{für} \quad \varrho > 1$$

genügt. Sie läßt sich so darstellen:

$$\Phi(z) = \frac{1}{2\pi i} \int\limits_{x-i\infty}^{x+i\infty} z^{-s}\,\varphi(s)\,ds \qquad\qquad (x_1 \leqq x \leqq \Re\alpha - \delta)\,.$$

Wegen der Abschätzung (13) kann der Integrationsweg beliebig weit nach rechts verschoben werden, wenn man nur jeweils die Residuen der dabei überschrittenen Pole in Abrechnung bringt: Wir schließen den dem ursprünglichen Integrationsweg $x - i\infty \cdots x + i\infty$ rechts benachbarten Pol α in ein Rechteck $ABCD$ ein und schreiben:

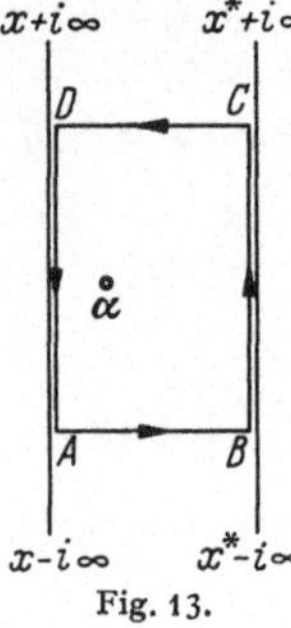

$$\Phi(z) = \frac{1}{2\pi i} \int\limits_{x-i\infty}^{x+i\infty} + \frac{1}{2\pi i} \int\limits_{ABCDA} - \frac{1}{2\pi i} \int\limits_{ABCDA}\,.$$

Die beiden ersten Integrale vereinigen sich zu dem Integral über den Weg $x - i\infty \to A \to B \to C \to D \to x + i\infty$, das wegen der Abschätzung (13) nach dem Cauchyschen Satz gleich dem Integral von $x^* - i\infty$ bis $x^* + i\infty$ ist, wo x^* die Abszisse von B und C bedeutet. (Vgl. die analogen Beweise im 6. Kapitel.) Also ist

$$\Phi(z) = -\{\text{Residuum von } z^{-s}\varphi(s) \text{ in } \alpha\} + \frac{1}{2\pi i} \int\limits_{x^*-i\infty}^{x^*+i\infty} z^{-s}\,\varphi(s)\,ds\,.$$

In analoger Weise verfährt man mit den weiter rechts gelegenen Polen und erhält:

$$\Phi(z) = -\sum_{\nu=0}^{n} \{\text{Residuum von } z^{-s}\varphi(s) \text{ in } \alpha + q\nu\} + \frac{1}{2\pi i} \int\limits_{x-i\infty}^{x+i\infty} z^{-s}\,\varphi(s)\,ds$$

mit

$$\Re\alpha + qn < x < \Re\alpha + q(n+1)\,.$$

Die Residuen lassen sich berechnen, indem man z^{-s} in eine Reihe nach Potenzen von $s - (\alpha + q\nu)$ entwickelt:

$$z^{-s} = e^{-s\log z} = e^{-(\alpha + q\nu)\log z}\,e^{-(s - (\alpha + q\nu))\log z}$$

$$= z^{-\alpha - q\nu} \sum_{\lambda=0}^{\infty} (-1)^\lambda \frac{(s - (\alpha + q\nu))^\lambda}{\lambda!} (\log z)^\lambda,$$

mit der Laurent-Entwicklung von $\varphi(s)$, die mit den durch (11) gegebenen negativen Potenzen beginnt, gliedweise multipliziert und die Koeffizienten der Glieder mit $\dfrac{1}{s-(\alpha+q\,v)}$ einsammelt. Das ergibt gerade das allgemeine Glied von (8). Da ferner $\varphi(s)$ in dem Streifen

$$\alpha + q\,n + \delta < x < \alpha + q\,(n+1) - \delta$$

eine m^0-Funktion mit der Abschätzung (13) ist, so ergibt sich nach 6.8, daß das Restglied $\dfrac{1}{2\pi i}\displaystyle\int\limits_{x-i\infty}^{x+i\infty} z^{-s}\,\varphi(s)\,ds$ in jedem Winkelraum $|\vartheta| \leqq \vartheta_0 - \varepsilon$ regulär ist und für $|z| > 1$ einer Beschränkung $C(\varepsilon, n)\,|z|^{-\Re\alpha - q(n+1)+\delta}$ unterliegt.

Satz 1 und 2 zusammen ergeben die notwendige und hinreichende Bedingung dafür, daß eine Funktion $\Phi(z)$ für $z \to \infty$ eine asymptotische Entwicklung der Gestalt (8) besitzt, nämlich daß ihre Mellin-Transformierte $\varphi(s)$ den in Satz 2 ausgesprochenen funktionentheoretischen Charakter hat. — Man kann hieraus sofort die Bedingung für die asymptotische Entwickelbarkeit von $\Phi(z)$ für $z \to 0$ ableiten. Ist nämlich $\Phi(z)$ eine M^0-Funktion mit den Konstanten ϑ_0, x_1, x_2, so ist offenbar $\Phi\left(\dfrac{1}{z}\right)$ eine M^0-Funktion mit den Konstanten ϑ_0, $-x_2$, $-x_1$. Wegen $\left(z = \dfrac{1}{u}\right)$

$$\int\limits_0^\infty z^{s-1}\,\Phi(z)\,dz = \int\limits_0^\infty u^{-s-1}\,\Phi\left(\frac{1}{u}\right)\,du$$

gehört zu $\Phi\left(\dfrac{1}{z}\right)$ die m^0-Funktion $\varphi(-s)$. Aus Satz 1 und 2 ergeben sich also folgende Sätze:

Satz 3. *Die Funktion $\Phi(z)$ sei im Winkelraum $|\vartheta| \leqq \vartheta_0$ regulär mit eventueller Ausnahme von $z = 0$ und $z = \infty$ und dort für $z \to 0$ asymptotisch so darstellbar:*

$$(14) \qquad \Phi(z) \approx \sum_{v=0}^{\infty} [a_v^{(0)} + a_v^{(1)} \log z + \cdots + a_v^{(k_v)} (\log z)^{k_v}]\, z^{\alpha + q\,v}$$

$$(\alpha \text{ beliebig komplex, } q > 0)$$

in dem Sinne, daß

$$\Phi(z) - \sum_{v=0}^{n} [\cdots]\, z^{\alpha + q\,v} = O\left(|z|^{\Re\alpha + q\,(n+1)-\delta}\right) \qquad \text{für} \qquad z \to 0$$

bei jedem $\delta > 0$ ist. Ferner sei

$$(15) \qquad\qquad \Phi(z) = O\left(|z|^{x_1}\right) \qquad \text{für} \qquad z \to \infty \qquad\qquad (x_1 < q).$$

Dann ist Φ eine M^0-Funktion. Ihre hiernach existierende Mellin-Transformierte $\varphi(s) = \mathfrak{M}\{\Phi\}$ ist in der ganzen linken Halbebene $\Re s < -x_1$ regulär bis auf die in die Halbebene fallenden Pole aus der arithmetischen Reihe $-\alpha - q\,v\,(v = 0, 1, \ldots)$. Der zu $-\alpha - q\,v$ gehörige Hauptteil lautet

$$(16) \quad -a_v^{(0)}\,\frac{1}{s+\alpha+q\,v} + a_v^{(1)}\,\frac{1!}{(s+\alpha+q\,v)^2} - + \cdots + (-1)^{k_v+1}\,a_v^{(k_v)}\,\frac{k_v!}{(s+\alpha+q\,v)^{k_v+1}}$$

Die Funktion $\varphi(s)$ unterliegt in jedem Streifen

$$-\Re\alpha - q(n+1) + \delta \leqq x \leqq -x_1 - \delta$$

einer Beschränkung der Form

$$|\varphi(s)| < C(\delta, n)\, e^{-\vartheta_0|y|},$$

wenn man die endlich vielen in dem Streifen liegenden Pole durch kleine Kreise ausschneidet.

Satz 4. *Die Funktion $\varphi(s)$ sei in der linken Halbebene $\Re s \leqq -x_1$ bis auf die Pole $-\alpha - qv$ ($v = 0, 1, 2, \ldots$) regulär (α beliebig komplex mit $\Re(-\alpha) < -x_1$, $q > 0$). Der zu $-\alpha - qv$ gehörige Hauptteil habe die Gestalt* (16). *In jedem Streifen $-\Re\alpha - q(n+1) \leqq x \leqq -x_1$ sei $\varphi(s)$ nach Ausschluß der darin liegenden Pole durch kleine Kreise vom Charakter einer m^0-Funktion, d. h. $\varphi(s)$ erfülle die Ungleichung $|\varphi(s)| < C(n)\, e^{-\vartheta_0|y|}$. Ihre hiernach existierende Transformierte $\Phi(z) = \mathfrak{M}^{-1}\{\varphi\}$ ist dann in jedem Winkelraum $|\vartheta| \leqq \vartheta_0 - \varepsilon$ regulär und für $z \to 0$ durch die Reihe* (14) *asymptotisch darstellbar.*

Besitzt $\Phi(z)$ sowohl für $z \to \infty$ wie für $z \to 0$ asymptotische Darstellungen der Form (8) bzw. (14) (die α und q in (8) und (14) brauchen nicht notwendig dieselben zu sein) und ist, damit die Bedingungen (10) und (15) erfüllt sind, das $-\Re\alpha = -\Re\alpha_2$ in (14) kleiner als das $q = q_1$ in (8) und das $-\Re\alpha = -\Re\alpha_1$ in (8) kleiner als das $q = q_2$ in (14),˙ so ist $\varphi(s)$ in den beiden Halbebenen $\Re s > -\Re\alpha_2$ und $\Re s < \Re\alpha_1$, also, wenn $-\Re\alpha_2 < \Re\alpha_1$ ist, in der ganzen Ebene meromorph und nach Ausschluß der Pole in jedem Streifen endlicher Breite vom Charakter einer m^0-Funktion; ferner gilt das Umgekehrte.

Unsere Ergebnisse lassen sich leicht in die Sprache der *zweiseitig unendlichen Laplace-Transformation* $f(s) = \mathfrak{L}_{\mathrm{II}}\{F\}$ durch die Substitution $z = e^{-t}$ übersetzen. An den Aussagen über $f(s) = \varphi(s)$ ändert sich überhaupt nichts, die asymptotische Entwicklung von $F(t)$ erhält für $t \to -\infty$ die Gestalt

$$F(t) \approx \sum_{v=0}^{\infty} \left[a_v^{(0)} + a_v^{(1)}(-t) + \cdots + a_v^{(k_v)}(-t)^{k_v}\right] e^{(\alpha + qv)t},$$

während in der Entwicklung für $t \to +\infty$ $e^{-(\alpha + qv)t}$ an Stelle des letzten Faktors steht. Man vergleiche hiermit die konvergenten Reihenentwicklungen bei der einseitig unendlichen Laplace-Transformation in 7.4.

Auf Grund der Tatsache, daß der *Faltung* $\Phi(z) = \int_0^{\infty} \Phi_1(\zeta)\, \Phi_2\!\left(\frac{z}{\zeta}\right) \frac{d\zeta}{\zeta}$

zweier M^0-Funktionen Φ_1, Φ_2 das *Produkt* $\varphi(s) = \varphi_1(s)\, \varphi_2(s)$ ihrer m^0-Funktionen entspricht (s. Schluß von 8.7) und das Produkt zweier meromorphen Funktionen wieder diesen Charakter hat, kann man aus den asymptotischen Entwicklungen von Φ_1 und Φ_2 eine asymptotische Darstellung für Φ ableiten[159].

Wir wollen das an einem wichtigen Beispiel zeigen:

2. Asymptotik der Stieltjes-Transformation[160].

Ist speziell $\Phi_2(z) = \dfrac{1}{1-z}$, so ist

$$\Phi(z) = \int\limits_0^\infty \frac{\Phi_1(\zeta)}{1 + \dfrac{z}{\zeta}}\,\frac{d\zeta}{\zeta} = \int\limits_0^\infty \frac{\Phi_1(\zeta)}{z + \zeta}\,d\zeta.$$

Φ_2 ist eine M^0-Funktion mit den Konstanten $\pi - \varepsilon$, 0, 1, ihre m^0-Funktion $\varphi_2(s)$ ist also in dem Streifen $0 < \Re s < 1$ regulär. Da Φ_2 bei $z = 0$ und $z = \infty$ nicht bloß asymptotische, sondern sogar konvergente Potenzentwicklungen besitzt:

$$\Phi_2(z) = \sum_{\nu=0}^\infty z^{-1-\nu} \quad \text{bei} \quad z = \infty \qquad (\alpha_1 = 1, q_1 = 1),$$

$$\Phi_2(z) = \sum_{\nu=0}^\infty z^\nu \quad \text{bei} \quad z = 0 \qquad (\alpha_2 = 0, q_2 = 1),$$

und da $-\Re\alpha_2 < q_1$ (nämlich $0 < 1$) und $-\Re\alpha_1 < q_2$ (nämlich $-1 < 1$) ist, so ist $\varphi_2(s)$ für $\Re s > 0$ und $\Re s < 1$, mithin in der ganzen Ebene meromorph, und die Pole sind alle einfach, weil die Entwicklungen logarithmenfrei sind. Übrigens ist explizit (zunächst für $0 < \Re s < 1$)*:

$$\varphi_2(s) = \int\limits_0^\infty z^{s-1}\frac{dz}{1+z} = \frac{\pi}{\sin\pi s},$$

und diese Funktion ist in der Tat in der ganzen Ebene bis auf die einfachen Pole $z = \pm\mu\,(\mu = 0, 1, \dots)$ mit den Residuen $(-1)^\mu$ regulär.

Nehmen wir nun an, um einen möglichst einfachen Fall zu bekommen, daß $\Phi_1(z)$ in einem Winkelraum $|\operatorname{arc}|z \lesseqgtr \vartheta_0$ regulär ist und den Abschätzungen genügt:

$$|\Phi_1(z)| < C_1|z|^{-\delta} \quad \text{für} \quad z \to 0 \qquad (\delta \text{ beliebig klein})$$

und

$$|\Phi_1(z)| < C_2|z|^{-\omega} \quad \text{für} \quad z \to \infty \qquad (\omega \text{ beliebig groß}).$$

Dann ist $\Phi_1(z)$ eine M^0-Funktion mit den Konstanten ϑ_0, δ, ∞ (man kann sagen, daß Φ_1 für $z \to \infty$ eine identisch verschwindende asymptotische Potenzentwicklung hat), und ihre m^0-Funktion $\varphi_1(s)$ ist in der

---

* Das ergibt sich so $(u = vz)$:

$$\Gamma(s)\,\Gamma(1-s) = \int\limits_0^\infty e^{-u}u^{s-1}\,du \cdot \int\limits_0^\infty e^{-v}v^{-s}\,dv = \int\limits_0^\infty e^{-v}v^{-s}\left[\int\limits_0^\infty e^{-u}u^{s-1}\,du\right]dv$$

$$= \int\limits_0^\infty e^{-v}v^{-s}\int\limits_0^\infty e^{-vz}(vz)^{s-1}\,v\,dz\,dv = \int\limits_0^\infty\int\limits_0^\infty e^{-v(1+z)}z^{s-1}\,dv\,dz$$

$$= \int\limits_0^\infty z^{s-1}\,dz\int\limits_0^\infty e^{-v(1+z)}\,dv = \int\limits_0^\infty z^{s-1}\frac{1}{1+z}\,dz.$$

Die links stehende Funktion ist aber bekanntlich gleich $\dfrac{\pi}{\sin\pi s}$.

Halbebene $\Re s > 0$ regulär. Die zu $\Phi(z)$ gehörige m^0-Funktion $\varphi(s) = \varphi_1(s)\,\varphi_2(s)$ hat also in der Halbebene $\Re s > 0$ dieselben Pole wie $\varphi_2(s)$, d. h. $s = 1 + \nu\,(\nu = 0, 1, \ldots)$, aber mit den Residuen $(-1)^{\nu+1}\varphi_1(\nu + 1)$. (Ist $\varphi_1(\nu + 1) = 0$, so ist $1 + \nu$ in Wahrheit kein Pol.) Da $\varphi(s)$ nach Ausschluß der Pole vom Charakter einer m^0-Funktion (da das für φ_1 und φ_2 gilt) und zwar $O(e^{-(\pi - \varepsilon + \vartheta_0)\,|y|})$ ist, so kann man Satz 2 anwenden und erhält*:

Satz 5. *In der „Stieltjes-Transformation"*

$$\Phi(z) = \int\limits_0^\infty \frac{\Phi_1(\zeta)}{z + \zeta}\, d\zeta$$

sei die Objektfunktion $\Phi_1(z)$ in $|arc\, z| \leqq \vartheta_0$ regulär mit eventueller Ausnahme von 0 und ∞ und erfülle für jedes beliebig kleine $\delta > 0$ und beliebig große ω die Ungleichungen:

$$|\Phi_1(z)| < C_1\,|z|^{-\delta} \quad \text{für} \quad z \to 0,$$
$$|\Phi_1(z)| < C_2\,|z|^{-\omega} \quad \text{für} \quad z \to \infty.$$

Dann ist die Resultatfunktion $\Phi(z)$ in dem (auf einer Riemannschen Fläche liegenden) Winkelraum $|arc\, z| \leqq \pi + \vartheta_0 - \varepsilon$ ($\varepsilon > 0$ beliebig klein) regulär und hat für $z \to \infty$ die asymptotische Entwicklung

$$\Phi(z) \approx \sum\limits_{\nu = 0}^\infty (-1)^\nu\, \varphi_1(\nu + 1)\, z^{-\nu-1},$$

wo

$$\varphi_1(s) = \int\limits_0^\infty z^{s-1}\, \Phi_1(z)\, dz$$

ist, so daß die Zahlen

$$\varphi_1(\nu + 1) = \int\limits_0^\infty z^\nu\, \Phi_1(z)\, dz$$

die Momente von $\Phi_1(z)$ bedeuten.

Unter geeigneten Voraussetzungen über $\Phi_1(z)$ erhält man mit derselben Methode unter Benutzung von Satz 4 eine asymptotische Entwicklung von $\Phi(z)$ für $z \to 0$ [161].

Ein hübsches Anwendungsbeispiel für Satz 5 wird durch die Funktion $\Phi_1(z) \equiv e^{-z}$ geliefert, die die Voraussetzungen unseres Satzes mit $\vartheta_0 < \dfrac{\pi}{2}$ erfüllt. Ihre Stieltjes-Transformierte führt bis auf den Faktor e^z den Namen *Integrallogarithmus* [162] von e^{-z}, abgekürzt $Li(e^{-z})$:

$$e^z Li(e^{-z}) = \int\limits_0^\infty \frac{e^{-\zeta}}{z + \zeta}\, d\zeta = \int\limits_z^{z+\infty} \frac{e^{z-u}}{u}\, du,$$

also

$$Li(e^{-z}) = \int\limits_z^{z+\infty} \frac{e^{-u}}{u}\, du,$$

---

* Wir müssen $\alpha = 1$, $- a_\nu^{(0)} = (-1)^{\nu+1}\,\varphi_1(\nu + 1)$, $q = 1$ setzen.

wobei das Integral horizontal zu erstrecken ist. z darf in dieser Darstellung alle komplexen Werte außer $z \leqq 0$ annehmen. Nach Satz 5 läßt sich $e^z Li(e^{-z})$ in das Gebiet $|\arg z| < \frac{3}{2}\pi$ (ausschließlich 0 und ∞) fortsetzen und hat dort wegen

$$\int\limits_0^\infty z^\nu e^{-z}\, dz = \Gamma(\nu + 1) = \nu!$$

für $z \to \infty$ die asymptotische Entwicklung

$$e^z Li(e^{-z}) \approx \sum_{\nu=0}^\infty (-1)^\nu \frac{\nu!}{z^{\nu+1}}.$$

§ 2. Indirekte Abelsche Asymptotik der einseitig unendlichen Laplace-Transformation.

Eine indirekte Abelsche Asymptotik bei der $\mathfrak{L}_\mathrm{I}$-Transformation kommt dadurch zustande, daß man eine Aussage von Abelscher Art über eine ihrer Umkehrformeln heranzieht. Als besonders aussichtsreich für diesen Zweck erscheint die Umkehrformel in 7.2, weil sie nur die Werte von $f(s)$ für große s benutzt und daher für asymptotische Untersuchungen wie geschaffen ist. Die Asymptotik dieser Formel ist aber bisher nicht untersucht worden, ebensowenig wie die der anderen Umkehrformeln — mit Ausnahme der komplexen Integralformel

$$(1\,\mathrm{a}) \qquad F(t) = \frac{1}{2\pi i} \int\limits_{x-i\infty}^{x+i\infty} e^{ts} f(s)\, ds$$

$$(1\,\mathrm{b}) \qquad = \frac{1}{2\pi} e^{xt} \int\limits_{-\infty}^{+\infty} e^{iyt} f(x + iy)\, dy.$$

Für diese kennen wir einen Satz Abelscher Art (und übrigens nur einen), nämlich die Erweiterung des Riemannschen Lemmas auf Integrale mit unendlichem Integrationsintervall (Satz $\mathfrak{X}$ [4.3]). Dieser Satz sagt aus, daß das Integral in (1 b), wenn es gleichmäßig für $t \geqq T \geqq 0$ konvergiert, mit wachsendem t gegen 0 strebt, so daß $F(t) = o(e^{xt})$ ist*. Wir brauchen nun F bzw. f nur noch solche Bedingungen aufzuerlegen, daß $F(t)$ aus seiner $\mathfrak{L}$-Transformierten $f(s)$ tatsächlich durch (1 a) gewonnen werden kann. Am passendsten sind für den gegenwärtigen Zweck die in Satz 6 [6.5] genannten Bedingungen, weil dort gleichmäßige Konvergenz von (1 a), aber nur für jedes endliche Teilintervall von $t \geqq T$ gefordert wird,

---

* Diesem Satz für das Umkehrintegral (1 a) entspricht beim Mellin-Integral $(e^{-t} = z)$ die Aussage $\Phi(z) = o(z^{-x})$. — Das Riemannsche Lemma spielt für das komplexe Umkehrintegral dieselbe fundamentale Rolle wie die Tatsache: $f(s) \to 0$ für $s \to \infty$ für das Laplace-Integral.

so daß die gleichmäßige Konvergenz des Integrals in (1 b) genügt und der Faktor e^{xt} nicht stört. Das führt zu folgendem

Satz 1. *$F(t)$ sei für $t > 0$ definiert und für $t \geqq T$, wo T eine feste Zahl $\geqq 0$ ist, stetig. $f(s) = \mathfrak{L}\{F\}$ sei für ein reelles $s = \sigma$ einfach konvergent. Bei einem $x > \sigma$ sei das Integral*

$$\int_{-\infty}^{+\infty} e^{ity}\, f(x + i\,y)\, d\,y$$

für $t \geqq T$ gleichmäßig konvergent. Dann ist

$$F(t) = o(e^{xt}) \quad \text{für} \quad t \to \infty.$$

Selbstverständlich liefert der Satz eine um so schärfere Abschätzung, je kleiner man x wählen kann. Im günstigsten Fall kann man dafür die Konvergenzabszisse bzw. eine beliebig nahe an ihr liegende Zahl brauchen. Wir wollen aber jetzt noch weitere Bedingungen hinzunehmen, die es gestatten, die Konvergenzgerade zu überschreiten und in die *Regularitätshalbebene*, die ja größer als die Konvergenzhalbebene sein kann, vorzudringen, ja sogar bis zu deren Begrenzungsgeraden, nachdem, ganz wie im vorigen Paragraphen, die durch die dort liegenden Singularitäten verursachten Funktionsbestandteile (Hauptteile von Polen usw.) subtrahiert sind. Gerade diese Erweiterung wird wie in § 1 erst zu asymptotischen Entwicklungen, d. h. zur Heranziehung beliebig vieler Vergleichsfunktionen führen können [163].

Die erste Station auf diesem Wege ist eine Gerade in der Regularitätshalbebene. Wir nehmen eine Bedingung hinzu, die die Verschiebung des Integrationsweges in (1a) bis zu einer solchen gestattet.

Satz 2. *a) $F(t)$ sei für $t > 0$ definiert und für $t \geqq T$ (T fest $\geqq 0$) stetig, $f(s) = \mathfrak{L}\{F\}$ sei für ein reelles $s = \sigma$ einfach konvergent. Bei einem gewissen $x > \sigma$ sei das Integral*

$$\int_{-\infty}^{+\infty} e^{ity}\, f(x + i\,y)\, d\,y$$

für $t \geqq T$ gleichmäßig konvergent. b) Weiterhin sei $f(s)$, als reguläre Funktion betrachtet, in der Halbebene $\Re s > a$ ($a \leqq \sigma$) analytisch und besitze für $\Re s \to a$ Randwerte (die wir mit $f(a + i\,y)$ bezeichnen) in dem Sinne, daß die durch diese Randwerte komplettierte Funktion $f(s)$ in $\Re s \geqq a$ zweidimensional stetig ist. Das Integral

$$\int_{-\infty}^{+\infty} e^{ity}\, f(a + i\,y)\, d\,y$$

sei für $t \geqq T$ gleichmäßig konvergent. c) Schließlich sollen die Integrale

$$\int_{a+i\omega}^{x+i\omega} e^{ts}\, f(s)\, d\,s, \qquad \int_{a-i\omega}^{x-i\omega} e^{ts}\, f(s)\, d\,s$$

bei $t \geqq T$ für $\omega \to \infty$ gegen 0 streben. Dann ist

$$F(t) = o(e^{at}) \quad \text{für} \quad t \to \infty.$$

Beweis: $f(s)$ ist im Innern des Rechtecks mit den Ecken

$$a-i\,\omega,\quad x-i\,\omega,\quad x+i\,\omega,\quad a+i\,\omega$$

regulär und einschließlich Rand stetig, also ist nach dem auch für diesen Fall gültigen Cauchyschen Satz* das Integral von $\dfrac{1}{2\pi i}\,e^{ts}f(s)$, erstreckt über den Rechtecksrand, gleich 0. Läßt man ω gegen ∞ streben, so verschwinden wegen c) die Beiträge der horizontalen Seiten, und es bleibt übrig:

$$\frac{1}{2\pi i}\int\limits_{a-i\infty}^{a+i\infty} e^{ts}f(s)\,ds = \frac{1}{2\pi i}\int\limits_{x-i\infty}^{x+i\infty} e^{ts}f(s)\,ds.$$

Wegen a) ist nach Satz 6 (6.5) die rechte Seite gleich $F(t)$, also auch die linke:

$$F(t) = \frac{1}{2\pi i}\int\limits_{a-i\infty}^{a+i\infty} e^{ts}f(s)\,ds = \frac{1}{2\pi}\,e^{at}\int\limits_{-\infty}^{+\infty} e^{ity}f(a+i\,y)\,dy.$$

Auf Grund von b) liefert Satz 4 [4.3] die Behauptung.

Bemerkung. Wer die oben benutzte Erweiterung des Cauchyschen Integralsatzes nicht kennt, setze voraus, daß $f(s)$ in jedem endlichen y-Intervall gleichmäßig gegen eine (auf Grund der Regularität von $f(s)$ eo ipso stetige) Randfunktion $f(a+i\,y)$ strebt, wende den Cauchyschen Satz auf ein Rechteck an, dessen linke Seite die Abszisse $a+\varepsilon$ hat und lasse $\varepsilon\to 0$ streben. — Statt dessen kann man auch voraussetzen, daß in jedem festen y-Intervall $f(a+\varepsilon+i\,y)$ für alle $\varepsilon>0$ gleichmäßig beschränkt ist und für $\varepsilon\to 0$ einer integrablen Grenzfunktion zustrebt. Dann hat man bei dem an dem Cauchyschen Satz vorgenommenen Grenzübergang $\varepsilon\to 0$ den Satz von Arzelà (S. 96) anzuwenden.

Macht man über die Randfunktion $f(a+i\,y)$ Differenzierbarkeitsvoraussetzungen, so kann man die Aussage von Satz 2 noch verschärfen.

Satz 3. *Außer den Voraussetzungen a), b)**, c) von Satz 2 sei noch folgende Bedingung erfüllt: d) Die Randfunktion $f(a+i\,y)$ besitze n Ableitungen nach y:* $f'(a+i\,y),\dots,f^{(n)}(a+i\,y)$. *Die Funktionen*

$$f(a+i\,y),\quad f'(a+i\,y),\dots,\quad f^{(n-1)}(a+i\,y)$$

mögen für $y\to\pm\infty$ den Grenzwert 0 haben. $f^{(n)}(a+i\,y)$ sei in jedem endlichen Intervall integrabel und

$$\int\limits_{-\infty}^{+\infty} e^{ity}f^{(n)}(a+i\,y)\,dy$$

---

* Zuerst von Pollard 1923 bewiesen; einfacher Beweis bei H. Heilbronn: Zu dem Integralsatz von Cauchy. Math. Z. **37** (1933) S. 37—38.

** Die Voraussetzung, daß $\int\limits_{-\infty}^{+\infty} e^{ity}f(a+iy)\,dy$ für $t\geqq T$ gleichmäßig konvergiert, ist jetzt zu streichen.

konvergiere für $t \geqq T$ *gleichmäßig. Dann ist*

$$F(t) = o\left(t^{-n} e^{at}\right) \quad \text{für} \quad t \to \infty.$$

Beweis: Nach Satz 2 ist

$$2\pi e^{-at} F(t) = \int_{-\infty}^{+\infty} e^{ity} f(a+iy)\, dy.$$

Da die Funktionen $f'(a+iy), \ldots, f^{(n)}(a+iy)$ in jedem endlichen Intervall integrabel sind, so gelten folgende Gleichungen:

$$\int_{-\infty}^{+\infty} e^{ity} f(a+iy)\, dy = \lim_{\omega \to \infty} \int_{-\omega}^{+\omega} e^{ity} f(a+iy)\, dy$$

$$= \lim_{\omega \to \infty} \left\{ \frac{1}{it} e^{ity} f(a+iy) \Big|_{-\omega}^{+\omega} - \frac{1}{it} \int_{-\omega}^{+\omega} e^{ity} f'(a+iy)\, dy \right\}$$

$$= -\frac{1}{it} \int_{-\infty}^{+\infty} e^{ity} f'(a+iy)\, dy,$$

$$\int_{-\infty}^{+\infty} e^{ity} f'(a+iy)\, dy = -\frac{1}{it} \int_{-\infty}^{+\infty} e^{ity} f''(a+iy)\, dy,$$

$$\cdot \quad \cdot \quad \cdot \quad \cdot \quad \cdot \quad \cdot \quad \cdot \quad \cdot \quad \cdot \quad \cdot \quad \cdot \quad \cdot \quad \cdot \quad \cdot$$

$$\int_{-\infty}^{+\infty} e^{ity} f^{(n-1)}(a+iy)\, dy = -\frac{1}{it} \int_{-\infty}^{+\infty} e^{ity} f^{(n)}(a+iy)\, dy.$$

(Die Existenz des letzten Integrals rechter Hand ist hiermit bewiesen.) Hieraus folgt

$$2\pi e^{-at} F(t) = \left(-\frac{1}{it}\right)^n \int_{-\infty}^{+\infty} e^{ity} f^{(n)}(a+iy)\, dy,$$

also auf Grund von Satz 3 [4.3] die Behauptung.

Wir geben nun unserer asymptotischen Methode *eine neue Wendung:*

Haben wir es mit einer Funktion $f(s)$ zu tun, die für $\Re s > a$ regulär ist, auf $\Re s = a$ aber eine Singularität im Punkte s_0 besitzt, so werden wir versuchen, eine möglichst einfache Funktion $\Phi(t)$ zu finden, deren $\mathfrak{L}$-Transformierte $\varphi(s)$ dieselbe Singularität wie $f(s)$ (und keine weitere) auf $\Re s = a$ hat. Erfüllt dann die *Differenz* $f(s) - \varphi(s)$, die nun in s_0 keine Singularität mehr hat, die Bedingungen von Satz 3, so erhalten wir eine Relation der Form

$$t^n e^{-at} \left(F(t) - \Phi(t)\right) \to 0 \quad \text{für} \quad t \to \infty,$$

d. h. $F(t)$ wird durch $\Phi(t)$ differenzasymptotisch dargestellt, und zwar ist der „Fehler" $o\left(t^{-n} e^{at}\right)$. — Wir werden nun gewisse *Typen von Singularitäten*, nämlich *algebraische* (unter denen auch die Pole enthalten sind) und *logarithmische*, vollständig diskutieren*. Es soll sich dabei um folgende Typen handeln:

$$\frac{1}{(s - s_0)^\beta}, \quad \text{wo } \beta \text{ komplex } \neq 0, -1, -2, \ldots \text{ ist}$$

(die ausgeschlossenen Werte entsprechen den Fällen der Regularität und kommen daher nicht in Frage);

$$\frac{\log (s - s_0)}{(s - s_0)^\beta}, \quad \text{wo } \beta \text{ beliebig komplex ist.}$$

L-Funktionen, deren l-Funktionen im Endlichen überhaupt keine anderen als Singularitäten dieses Typus haben, sind uns schon bekannt. Aus den Beweisen der Sätze 4 und 5 [10.1] ergibt sich nämlich: Zu

$$\Phi_1(t) = \frac{1}{\Gamma(\beta)} e^{s_0 t} t^{\beta - 1} \qquad (\Re \beta > 0)$$

gehört

$$\varphi_1(s) = \frac{1}{(s - s_0)^\beta} \cdot$$

Zu

$$\Phi_2(t) = \begin{cases} 0 & \text{für } 0 \leq t < 1 \\ \dfrac{1}{\Gamma(\beta)} e^{s_0 t} t^{\beta - 1} & \text{für } t \geq 1 \end{cases} \qquad (\Re \beta \leq 0, \quad \beta \neq 0, -1, -2, \ldots)$$

gehört

$$\varphi_2(s) = \frac{1}{(s - s_0)^\beta} + \text{ganze Funktion}.$$

Zu

$$\Phi_3(t) = \begin{cases} 0 & \text{für } 0 \leq t < 1 \\ -(-1)^k k! \; e^{s_0 t} t^{-k-1} & \text{für } t \geq 1 \end{cases} \qquad (k = 0, 1, 2 \ldots)$$

gehört

$$\varphi_3(s) = (s - s_0)^k \log (s - s_0) + \text{ganze Funktion}.$$

Zu

$$\Phi_4(t) = \begin{cases} 0 & \text{für } 0 \leq t < 1 \\ -\dfrac{1}{\Gamma(\beta)} e^{s_0 t} t^{\beta - 1} \left(\log t - \dfrac{\Gamma'(\beta)}{\Gamma(\beta)} \right) & \text{für } t \geq 1 \end{cases} \qquad (\beta \neq 0, -1, -2, \ldots)$$

gehört

$$\varphi_4(s) = \frac{\log (s - s_0)}{(s - s_0)^\beta} + \text{ganze Funktion}.$$

Wir formulieren nun folgenden

Satz 4. a) *$F(t)$ sei für $t > 0$ definiert und für $t \geq T$ (T fest ≥ 0) stetig. $f(s) = \mathfrak{L}\{F\}$ sei für ein reelles $s = \sigma$ einfach konvergent. Bei einem gewissen $x > \sigma$ sei das Integral*

$$\int\limits_{-\infty}^{+\infty} e^{ity} f(x + iy) \, dy$$

---

* Handelt es sich um Singularitäten, in deren Umgebung die Funktion $f(s)$ eindeutig ist, so ist es viel einfacher und der funktionentheoretischen Einstellung der Untersuchung angepaßter, statt $\varphi(s)$ zu subtrahieren, den Integrationsweg über die Singularitäten hinwegzuschieben und die Residuen dafür in Rechnung zu stellen. In der Umgebung der im folgenden betrachteten Singularitäten ist aber $f(s)$ im allgemeinen logarithmisch verzweigt.

für $t \geqq T$ gleichmäßig konvergent. b) $f(s)$ *sei, als reguläre Funktion betrachtet, in der offenen Halbebene $\Re s > a\,(a \leqq \sigma)$ analytisch. In der abgeschlossenen Halbebene $\Re s \geqq a$ lasse sie sich so darstellen, wobei s_0 ein Punkt der Geraden $\Re s = a$ ist:*

$$\text{1. } f(s) = \frac{c}{(s-s_0)^\beta} + \psi(s) \qquad\qquad (\Re\beta > 0)$$

oder

$$\text{2. } f(s) = \frac{c}{(s-s_0)^\beta} + \psi(s) \qquad (\Re\beta \leqq 0,\ \beta \neq 0, -1, -2, \ldots)$$

oder

$$\text{3. } f(s) = c\,(s-s_0)^k \log\,(s-s_0) + \psi(s) \qquad (k = 0, 1, 2, \ldots)$$

oder

$$\text{4. } f(s) = c\,\frac{\log\,(s-s_0)}{(s-s_0)^\beta} + \psi(s) \qquad (\beta \neq 0, -1, -2, \ldots).$$

Hier sei $\psi(s)$ jeweils eine in $\Re s \geqq a$ stetige (für $\Re s > a$ eo ipso reguläre) Funktion, deren Randwerte $\psi(a + iy)$ n-mal differenzierbar sind $(n \geqq 0)$. $\psi^{(n)}\,(a + iy)$ sei in jedem endlichen Intervall integrabel. c) *Die Integrale*

$$\int\limits_{a+i\omega}^{x+i\omega} e^{ts} f(s)\,ds, \qquad\qquad \int\limits_{a-i\omega}^{x-i\omega} e^{ts} f(s)\,ds$$

sollen bei $t \geqq T$ für $\omega \to \infty$ gegen 0 streben. d) *Nach den Voraussetzungen über $\psi(s)$ unter b) existiert die Randfunktion $f(a + iy)$ außer für $y = \Im s_0$ und ist n-mal differenzierbar. Die Funktionen*

$$f(a + i\,y), \quad f'(a + i\,y), \ldots, \quad f^{(n-1)}\,(a + i\,y)$$

mögen für $y \to \pm\infty$ den Grenzwert 0 haben. Die beiden Integrale

$$\int\limits_{-\infty}^{y_1} e^{ity} f^{(n)}\,(a + i\,y)\,dy, \qquad \int\limits_{y_2}^{\infty} e^{ity} f^{(n)}\,(a + i\,y)\,dy,$$

wo y_1 und y_2 zwei feste Zahlen mit $y_1 < \Im s_0 < y_2$ sind, sollen für $t \geqq T$ gleichmäßig konvergieren. Dann ist

in den Fällen 1 und 2: $\qquad \lim\limits_{t \to \infty} t^n e^{-at}\left[F(t) - \dfrac{c}{\Gamma(\beta)}\,e^{s_0 t}\, t^{\beta-1}\right] = 0,$

im Falle 3: $\qquad \lim\limits_{t \to \infty} t^n e^{-at}\,[F(t) + c\,(-1)^k\, k!\, e^{s_0 t}\, t^{-k-1}] = 0,$

im Falle 4: $\qquad \lim\limits_{t \to \infty} t^n e^{-at}\left[F(t) + \dfrac{c}{\Gamma(\beta)}\,e^{s_0 t}\, t^{\beta-1}\left(\log t - \dfrac{\Gamma'(\beta)}{\Gamma(\beta)}\right)\right] = 0.$

Bemerkung: Liegen auf $\Re s = a$ endlich viele Singularitäten der betrachteten Art, so gilt eine sinnentsprechende Verallgemeinerung.

Beweis: Wir wollen den Satz 3 auf $F_\nu(t) = F(t) - c\,\Phi_\nu(t)$ $(\nu = 1, 2, 3, 4)$ anwenden. Die $\mathfrak{L}$-Transformierte dieser Funktion ist $f_\nu(s) = f(s) - c\,\varphi_\nu(s)$. Setzt man den expliziten Ausdruck von $\varphi_\nu(s)$ ein, so ergibt sich, daß $f_\nu(s) = \psi(s) + $ ganze Funktion ist. Geht man nun die Voraussetzungen von Satz 3 durch, so sieht man, daß abgesehen von den evidentermaßen erfüllten Bedingungen noch folgendes gelten muß:

I. Mit dem x der Voraussetzung a) ist $\int\limits_{-\infty}^{+\infty} e^{ity} f_\nu\,(x + i\,y)\,d\,y$ für $t \geqq T$ gleichmäßig konvergent.

II. $\int\limits_{a+i\omega}^{x+i\omega} e^{ts}\,f_\nu\,(s)\,d\,s$ und $\int\limits_{a-i\omega}^{x-i\omega} e^{ts}\,f_\nu\,(s)\,d\,s$ streben bei $t \geqq T$ für $\omega \to \infty$ gegen 0.

III. $f_\nu^{(r)}\,(a + i\,y) \to 0$ für $y \to \pm\infty$ bei $r = 0, 1, \ldots, n-1$, und $\int\limits_{-\infty}^{+\infty} e^{ity} f_\nu^{(n)}\,(a + i\,y)\,d\,y$ konvergiert für $t \geqq T$ gleichmäßig.

Dazu genügt es, folgendes zu beweisen:

I′. Bei jedem $x > a$ ist $\int\limits_{-\infty}^{+\infty} e^{ity}\,\varphi_\nu\,(x + i\,y)\,d\,y$ für $t \geqq T$ gleichmäßig konvergent.

II′. $\int\limits_{a+i\omega}^{x+i\omega} e^{ts}\,\varphi_\nu\,(s)\,d\,s$ und $\int\limits_{a-i\omega}^{x-i\omega} e^{ts}\,\varphi_\nu\,(s)\,d\,s$ streben bei $t \geqq T$ für $\omega \to \infty$ gegen 0.

III′. Für jedes $n = 0, 1, 2, \ldots$ ist $\varphi_\nu^{(n)}\,(a + i\,y) \to 0$ für $y \to \pm\infty$ und $\int\limits_{-\infty}^{y_1} e^{ity}\,\varphi_\nu^{(n)}\,(a + i\,y)\,d\,y$ sowie $\int\limits_{y_2}^{\infty} e^{ity}\,\varphi_\nu^{(n)}\,(a + i\,y)\,d\,y$ für $t \geqq T$ gleichmäßig konvergent.

Ehe wir diese Bedingungen der Reihe nach in allen vier Fällen des Satzes verifizieren, schicken wir folgende Hilfssätze voraus:

Lemma 1. Ist $\int\limits_{y_2}^{\infty} |\varphi\,(x + i\,y)|\,d\,y$ konvergent, d. h. $\varphi\,(x + i\,y)$ bei $y = \infty$ absolut integrabel, so konvergiert $\int\limits_{y_2}^{\infty} e^{ity}\,\varphi\,(x + i\,y)\,d\,y$ für alle reellen t gleichmäßig. Analoges gilt für $\int\limits_{-\infty}^{y_1}$.

Dieser Satz ist selbstverständlich.

Lemma 2. Ist $\varphi'\,(x + i\,y)$ bei $y = +\infty$ absolut integrabel und $\lim\limits_{y \to +\infty} \varphi\,(x + i\,y) = 0$, so konvergiert $\int\limits_{y_2}^{\infty} e^{ity}\,\varphi\,(x + i\,y)\,d\,y$ für $t \geqq T > 0$ gleichmäßig. Analoges gilt bei $y = -\infty$.

Beweis: Durch partielle Integration folgt:

$$\int\limits_{\omega_1}^{\omega_2} e^{ity}\,\varphi\,(x + i\,y)\,d\,y = \frac{1}{it}\,e^{ity}\,\varphi\,(x + i\,y)\,\Big|_{\omega_1}^{\omega_2} - \frac{1}{it}\int\limits_{\omega_1}^{\omega_2} e^{ity}\,\varphi'\,(x + i\,y)\,d\,y,$$

also für $t \geqq T$:

$$\left| \int\limits_{\omega_1}^{\omega_2} e^{ity}\, \varphi(x+iy)\, dy \right| \leqq \frac{1}{T} \left(|\varphi(x+i\omega_1)| + |\varphi(x+i\omega_2)| + \int\limits_{\omega_1}^{\omega_2} |\varphi'(x+iy)|\, dy \right).$$

Auf Grund der Voraussetzungen ist diese Abschätzung für alle hinreichend großen ω_1 und ω_2 beliebig klein.

Lemma 3. Für die Funktion $\varphi(y) = \dfrac{e^{iy}}{x+iy}$ ist $\int e^{ity}\, \varphi(y)\, dy$ bei $y = \pm \infty$ für alle $t \geqq 0$ gleichmäßig konvergent (x ist beliebig reell).

Beweis: Durch partielle Integration ergibt sich:

$$\int\limits_{\omega_1}^{\omega_2} e^{ity} \frac{e^{iy}}{x+iy}\, dy = \frac{e^{i(1+t)y}}{i\,(1+t)\,(x+iy)} \bigg|_{\omega_1}^{\omega_2} + \frac{1}{1+t} \int\limits_{\omega_1}^{\omega_2} \frac{e^{i(1+t)y}}{(x+iy)^2}\, dy,$$

also für $t \geqq 0$:

$$\left| \int\limits_{\omega_1}^{\omega_2} e^{ity} \frac{e^{iy}}{x+iy}\, dy \right| \leqq \frac{1}{|x+i\omega_1|} + \frac{1}{|x+i\omega_2|} + \int\limits_{\omega_1}^{\omega_2} \frac{dy}{|x+iy|^2}.$$

Diese Abschätzung ist, wenn $|\omega_1|$ und $|\omega_2|$ oberhalb einer hinreichend großen Zahl liegen, beliebig klein.

Fall 1.
$$\varphi_1(s) = \frac{1}{(s-s_0)^\beta} \qquad\qquad (\Re\,\beta > 0).$$

Für festes $\Re\,s = x$ ist, $s_0 = a + i\,y_0$ gesetzt:

$$\varphi_1(x+iy) = \frac{1}{(x-a+i\,(y-y_0))^\beta},$$

also

$$\varphi_1'(x+iy) = \frac{-\beta\,i}{(x-a+i\,(y-y_0))^{\beta+1}}.$$

Nach Lemma 2 ist I′ erfüllt, ebenso der auf $n=0$ bezügliche Teil von III′. Die übrigen Bedingungen sind offenkundig erfüllt.

Fall 2. $\varphi_2(s) = \dfrac{1}{\Gamma\beta} \int\limits_{0}^{\infty} e^{-(s-s_0)t}\, t^{\beta-1}\, dt \quad (\Re\,\beta \leqq 0,\ \beta \neq 0, -1, -2, \ldots)$.

Durch zweimalige partielle Integration ergibt sich für $\Re\,s > \Re\,s_0 = a$:

$$\Gamma(\beta)\,\varphi_2(s) = \frac{e^{-(s-s_0)t}}{-(s-s_0)}\, t^{\beta-1} \bigg|_{1}^{\infty} + \frac{\beta-1}{s-s_0} \int\limits_{1}^{\infty} e^{-(s-s_0)t}\, t^{\beta-2}\, dt$$

$$= \frac{e^{-(s-s_0)}}{s-s_0} + \frac{\beta-1}{s-s_0} \left[\frac{e^{-(s-s_0)t}}{-(s-s_0)}\, t^{\beta-2} \bigg|_{1}^{\infty} + \frac{\beta-2}{s-s_0} \int\limits_{1}^{\infty} e^{-(s-s_0)t}\, t^{\beta-3}\, dt \right]$$

$$= \frac{e^{-(s-s_0)}}{s-s_0} + (\beta-1) \frac{e^{-(s-s_0)}}{(s-s_0)^2} + \frac{(\beta-1)\,(\beta-2)}{(s-s_0)^2} \int\limits_{1}^{\infty} e^{-(s-s_0)t}\, t^{\beta-3}\, dt.$$

I' ist für den ersten Summanden nach Lemma 3, für den zweiten nach Lemma 1 erfüllt. Der dritte läßt sich für $s = x + i\,y$, wo x sogar $\geqq a$ sein kann, so abschätzen:

$$\frac{(\beta-1)\,(\beta-2)}{|s-s_0|^2}\int\limits_1^\infty e^{-(x-a)t}\,\big|t^{\beta-3}\big|\,dt \leqq \frac{(\beta-1)\,(\beta-2)}{|s-s_0|^2}\int\limits_1^\infty \big|t^{\beta-3}\big|\,dt,$$

da das letzte Integral wegen $\Re\beta \leqq 0$ konvergiert. I' ist also für diesen Summanden nach Lemma 1 erfüllt. Zugleich sieht man, daß II' befriedigt ist. Ferner ist der ursprüngliche Ausdruck für $\varphi_2(s)$ auch noch für alle s auf der Geraden $\Re s = \Re s_0 = a$ konvergent, denn für $\Re\beta < 0$ ist das Integral sogar absolut konvergent, für $\Re s = 0$ wenigstens bedingt konvergent, wie man sich leicht überlegt. Nach Satz 1 [4.2] sind die Randwerte von $\varphi_2(s)$, die als Grenzwerte von $\varphi_2(s)$ für $\Re s \to a$ definiert sind, gleich den Werten des Integrals für $\Re s = a*$:

$$\varphi_2(a + i\,y) = \frac{1}{\Gamma(\beta)}\int\limits_1^\infty e^{-i(y-y_0)t}\,t^{\beta-1}\,dt.$$

Durch $n+1$-malige partielle Integration erhält man:

$$\Gamma(\beta)\,\varphi_2(a+i\,y) = \left[\frac{e^{-i(y-y_0)}}{i(y-y_0)} + (\beta-1)\frac{e^{-i(y-y_0)}}{(i(y-y_0))^2} + \cdots\right.$$
$$\left. + (\beta-1)(\beta-2)\cdots(\beta-n)\frac{e^{-i(y-y_0)}}{(i(y-y_0))^{n+1}}\right]$$
$$+ \frac{(\beta-1)(\beta-2)\cdots(\beta-n-1)}{(i(y-y_0))^{n+1}}\int\limits_1^\infty e^{-i(y-y_0)t}\,t^{\beta-n-2}\,dt.$$

Bei der Differentiation eines Ausdrucks der Gestalt $\dfrac{e^{-i(y-y_0)}}{(i(y-y_0))^\nu}$ nach y entstehen zwei Terme gleicher Bauart, der eine mit dem Exponenten ν, der andere mit dem Exponenten $\nu + 1$. Durch n-malige Differentiation ($n \geqq 0$) der eckigen Klammer entstehen also lauter Ausdrücke dieser Bauart, und zwar mit Exponenten $\nu \geqq 1$. Für alle diese Glieder ist nach Lemma 3 (für $\nu = 1$) und Lemma 1 ($\nu > 1$) die gleichmäßige Konvergenz der Integrale in III' gesichert. — Den zweiten Summanden in $\Gamma(\beta)\,\varphi(\alpha + i\,y)$ differenzieren wir nach der Regel

$$\frac{d^n\,(k(y)\,l(y))}{d\,y^n} = \sum_{j=0}^n \binom{n}{j}\frac{d^{n-j}\,k(y)}{d\,y^{n-j}}\,\frac{d^j\,l(y)}{d\,y^j}$$

mit

$$k(y) = \frac{(\beta-1)\cdots(\beta-n-1)}{(i(y-y_0))^{n+1}},\qquad l(y) = \int\limits_1^\infty e^{-i(y-y_0)t}\,t^{\beta-n-2}\,dt.$$

---

* Dieser Punkt bedarf, je nach der Art, wie der Begriff „Randwert" definiert ist (s. Satz 2 und die Bemerkung am Schluß) noch einer mehr oder weniger ausführlichen Betrachtung, die auch die Stetigkeit der Randfunktion, die aus dem folgenden hervorgeht, berücksichtigen muß.

Die Ableitungen von k ergeben Ausdrücke der gleichen Gestalt mit den Exponenten $n+1$, $n+2,\ldots$ im Nenner. Die n ersten Ableitungen von l können durch Differentiation unter dem Integral gebildet werden, weil die entstehenden Integrale in y gleichmäßig konvergieren:

$$\frac{d^j\, l(y)}{d\, y^j} = (-i)^j \int\limits_1^\infty e^{-i(y-y_0)t}\, t^{\beta-n+j-2}\, dt \qquad (j = 0,\ldots, n)\,.$$

Alle diese Integrale sind absolut konvergent und in y beschränkt. Die n^{te} Ableitung von $k(y)\, l(y)$ besteht also aus lauter Summanden, die im Zähler eine beschränkte Funktion und im Nenner mindestens die Potenz $(y-y_0)^{n+1}$ $(n = 0, 1, \ldots)$ haben. Nach Lemma 3 und 1 sind daher die Integrale in III$'$ gleichmäßig konvergent. Zugleich sieht man, daß $\varphi_2^{(n)}(a+i\,y) \to 0$ für $y \to \pm\infty$.

Fall 3. $\varphi_3(s) = (-1)^{k+1}\, k!\, \int\limits_1^\infty e^{-(s-s_0)t}\, t^{-k-1}\, dt \quad (k = 0, 1, 2, \ldots)\,.$

Durch $n+1$-malige partielle Integration $(n = 0, 1, \ldots)$ erhält man:

$$\frac{(-1)^{k+1}}{k!}\, \varphi_3(s) = \frac{e^{-(s-s_0)}}{s-s_0} - (k+1)\frac{e^{-(s-s_0)}}{(s-s_0)^2} + \cdots + (-1)^n\, (k+1)\cdots(k+n)\frac{e^{-(s-s_0)}}{(s-s_0)^{n+1}}$$

$$- (-1)^n\, \frac{(k+1)\cdots(k+n+1)}{(s-s_0)^{n+1}} \int\limits_1^\infty e^{-(s-s_0)t}\, t^{-k-n-2}\, dt\,.$$

Hieran liest man genau wie im Fall 2 das Erfülltsein aller Bedingungen ab.

Fall 4.

$$\varphi_4(s) = -\frac{1}{\Gamma(\beta)} \int\limits_1^\infty e^{-(s-s_0)t}\, t^{\beta-1}\left(\log t - \frac{\Gamma'(\beta)}{\Gamma(\beta)}\right) dt \quad (\beta \neq 0, -1, -2, \ldots)\,.$$

Ist $\Re\beta > 0$, so betrachtet man einfacher das von 0 an erstreckte Integral (was nur die Addition einer ganzen Funktion bedeutet). Es ist

$$\int\limits_0^\infty e^{-(s-s_0)t}\, t^{\beta-1}\log t\, dt = \frac{d}{d\beta}\int\limits_0^\infty e^{-(s-s_0)t}\, t^{\beta-1}\, dt = \frac{d}{d\beta}\,\frac{\Gamma(\beta)}{(s-s_0)^\beta}$$

$$= \frac{\Gamma'(\beta)}{(s-s_0)^\beta} - \frac{\Gamma(\beta)}{(s-s_0)^\beta}\log(s-s_0)\,,$$

also

$$\int\limits_0^\infty e^{-(s-s_0)t}\, t^{\beta-1}\left(\log t - \frac{\Gamma'(\beta)}{\Gamma(\beta)}\right) dt = -\frac{\Gamma(\beta)}{(s-s_0)^\beta}\log(s-s_0)\,.$$

Lemma 2 zeigt, daß die Integrale in I$'$ und III$'$ gleichmäßig konvergieren. Die Ableitung des letzten Ausdrucks ist

$$\frac{\Gamma(\beta+1)}{(s-s_0)^{\beta+1}}\log(s-s_0) - \frac{\Gamma(\beta)}{(s-s_0)^{\beta+1}}\,.$$

Die übrigen Bedingungen sind offenbar erfüllt.

Ist $\Re\beta \leqq 0$, $\beta \neq 0, -1, \ldots$, so genügt es, das Integral

$$\int_1^\infty e^{-(s-s_0)t}\, t^{\beta-1} \log t \, dt$$

zu betrachten, da man $\varphi_4(s)$ hieraus durch Kombination mit Fall 2 erhält. Durch partielle Integration ergibt sich

$$\frac{1}{s-s_0} \int_1^\infty e^{-(s-s_0)t}\, ((\beta-1)\, t^{\beta-2} \log t + t^{\beta-2})\, dt.$$

Das Glied

$$\frac{1}{s-s_0} \int_1^\infty e^{-(s-s_0)t}\, t^{\beta-2}\, dt$$

braucht man nicht zu berücksichtigen, da es schon durch Fall 2 erledigt ist. Das restierende Glied

$$\frac{\beta-1}{s-s_0} \int_1^\infty e^{-(s-s_0)t}\, t^{\beta-2} \log t \, dt$$

behandelt man in gleicher Weise weiter und sieht, daß man durch hinreichend oftmalige Wiederholung dieses Prozesses eine Gestalt erreichen kann, an der sich genau wie in den obigen Fällen für die Funktion und ihre Ableitungen alles Erforderliche ablesen läßt.

Fall 4 ließe sich übrigens (in Analogie zu dem am Schluß von 14. 1.1 Gesagten) auch so behandeln, daß man $\dfrac{\log(s-s_0)}{(s-s_0)^\beta}$ multiplikativ aus $\log(s-s_0)$, das ist Fall 3 mit $k=0$, und $\dfrac{1}{(s-s_0)^\beta}$, das ist Fall 1 und 2, zusammensetzt. Dem entspricht die Faltung der L-Funktionen, und diese läßt sich ziemlich leicht diskutieren [164].

§ 3. Anwendungen.

1. Das asymptotische Verhalten der ganzen Funktionen vom Exponentialtypus. (Beispiel: Besselsche Funktion.)

Wie wir aus dem 5. Kapitel wissen, ist die l-Funktion $f(s)$ einer ganzen Funktion $F(t)$ vom Exponentialtypus im Unendlichen regulär und gleich 0, d. h. von der Form $f(s) = \sum_{n=0}^\infty \dfrac{a_n}{s^{n+1}}$. Bei einem solchen $F(t)$ kann man in $\mathfrak{L}\{F\}$ als Integrationsweg jeden Strahl mit der Richtung φ von 0 nach ∞ wählen und erhält Konvergenz in der durch die Stützgerade der Singularitätenhülle $\mathfrak{K}$ von $f(s)$ senkrecht zur Richtung $-\varphi$ begrenzten Halbebene. (Konvergenz- und Regularitätshalbebene sind hier identisch.) Die Ergebnisse von § 2 lassen sich natürlich sofort auf $\mathfrak{L}^{(\varphi)}\{F\}$ (mit beliebiger Integrationsrichtung φ) übertragen. Liegen auf der Stützgeraden von $\mathfrak{K}$ nur endlich viele Singularitäten der in § 2 betrachteten Art, so ist Satz 4 mit $a = k(-\varphi)$ anwendbar, wo k in der Bezeichnungsweise von 5.3 die Stützfunktion von $\mathfrak{K}$ ist. Denn $f(s)$ ist mit Ausnahme jener Singularitäten sogar über die Stützgerade hinaus regulär und verschwindet im Unendlichen von mindestens erster, seine Ableitungen von mindestens zweiter Ordnung. Die Voraussetzungen von Satz 4 hinsichtlich f sind also (unter Zuhilfenahme von Lemma 2) sofort zu verifizieren, so daß bloß noch die Restfunktion $\psi(s)$ daraufhin zu untersuchen ist, wie oft sie differenzierbar ist. Die Aussagen liefern bedeutend mehr als die früher in 5.4 gefundene, sehr summarische Abschätzung

$$\varlimsup_{r \to \infty} \frac{\log |F(r\,e^{i\varphi})|}{r} = k(-\varphi),$$

d. h.

$$e^{-k(-\varphi)r}\,|F(r\,e^{i\varphi})| < e^{\varepsilon r} \quad \text{für alle } r > r_0(\varepsilon),$$
$$e^{-k(-\varphi)r}\,|F(r\,e^{i\varphi})| > e^{-\varepsilon r} \quad \text{für unendlich viele } r \ (\varepsilon > 0).$$

Das liegt daran, daß jetzt nicht nur die *Lage* der Singularitäten berücksichtigt wird, die sich in der Größe $k(-\varphi)$ ausdrückt, sondern auch ihr *Charakter*.

Als Beispiel sei die *asymptotische Entwicklung der Besselschen Funktion* $J_0(t)$ erwähnt (vgl. 12.4.2) [165]. Hier ist

$$f(s) = \frac{1}{\sqrt{1 + s^2}} = \frac{1}{\sqrt{s - i}}\,\frac{1}{\sqrt{s + i}}.$$

Die einzigen singulären Stellen sind $s = \pm\,i$, die algebraische Singularitäten $-\frac{1}{2}$ter Ordnung sind. Für $\varphi = 0$ und $\varphi = \pi$ liegen beide auf der Stützgeraden der Singularitätenhülle (die hier einfach die Verbindungsstrecke $-i \cdots + i$ ist), für jede andere Richtung nur eine. Hiermit klärt sich von einem anderen Gesichtspunkt als früher (12.4.2) auf, warum die asymptotische Entwicklung von J_0 für reelle t komplizierter ist (zwei Reihen) als für komplexe (eine Reihe). In der Umgebung von $s = i$ ist

$$f(s) = (s-i)^{-\frac{1}{2}}\,(2i + (s-i))^{-\frac{1}{2}} = (2i)^{-\frac{1}{2}}\,(s-i)^{-\frac{1}{2}} \sum_{v=0}^{\infty} \binom{-\frac{1}{2}}{v}\left(\frac{s-i}{2i}\right)^{v}$$
$$= \frac{(2i)^{-\frac{1}{2}}}{\sqrt{\pi}} \sum_{v=0}^{\infty} \frac{(-1)^{v}\,\Gamma(v + \frac{1}{2})}{v!\,(2i)^{v}}\,(s-i)^{v-\frac{1}{2}}.$$

Analog gilt in der Umgebung von $s = -i$:

$$f(s) = \frac{(-2i)^{-\frac{1}{2}}}{\sqrt{\pi}} \sum_{v=0}^{\infty} \frac{(-1)^{v}\,\Gamma(v + \frac{1}{2})}{v!\,(-2i)^{v}}\,(s+i)^{v-\frac{1}{2}}.$$

Die Differenz

$$\psi(s) = f(s) - \frac{(2i)^{-\frac{1}{2}}}{\sqrt{\pi}} \sum_{\nu=0}^{n} \frac{(-1)^{\nu}\,\Gamma(\nu+\frac{1}{2})}{\nu!\,(2i)^{\nu}} (s-i)^{\nu-\frac{1}{2}}$$

$$- \frac{(-2i)^{-\frac{1}{2}}}{\sqrt{\pi}} \sum_{\nu=0}^{n} \frac{(-1)^{\nu}\,\Gamma(\nu+\frac{1}{2})}{\nu!\,(-2i)^{\nu}} (s+i)^{\nu-\frac{1}{2}}$$

beginnt mit den Potenzen $(s-i)^{n+\frac{1}{2}}$ bzw. $(s+i)^{n+\frac{1}{2}}$, ist also auf der Geraden $\Re s = 0$ stetig und n-mal differenzierbar, und die n^{te} Ableitung ist in jedem endlichen Intervall integrabel. Nach Satz 4 (Fall 1 und 2) ist also für reell gegen ∞ wanderndes t $(\varphi = 0)$:

$$\lim_{t \to \infty} t^n \left[J_0(t) - \frac{(2i)^{-\frac{1}{2}}}{\sqrt{\pi}} \sum_{\nu=0}^{n} \frac{(-1)^{\nu}\,\Gamma(\nu+\frac{1}{2})}{\Gamma(\frac{1}{2}-\nu)\,\nu!\,(2i)^{\nu}} e^{it} t^{-\nu-\frac{1}{2}} \right.$$

$$\left. - \frac{(-2i)^{-\frac{1}{2}}}{\sqrt{\pi}} \sum_{\nu=0}^{n} \frac{(-1)^{\nu}\,\Gamma(\nu+\frac{1}{2})}{\Gamma(\frac{1}{2}-\nu)\,\nu!\,(-2i)^{\nu}} e^{-it} t^{-\nu-\frac{1}{2}} \right] = 0,$$

was auf denselben Ausdruck wie S. 242 führt. Ebenso ergibt sich die Entwicklung für die anderen Richtungen φ.

In 12.4.2 erreichten wir diese Resultate durch direkte Abelsche Asymptotik auf methodisch sehr viel einfacherem Wege.

2. Asymptotische Potenzentwicklung für $F(t)$ bei $t = \infty$.

In 13.1.2 leiteten wir unter gewissen Tauberschen Bedingungen aus einer Entwicklung von $f(s)$ nach ganzen und gebrochenen Potenzen in der Umgebung von $s = 0$ eine asymptotische Entwicklung für $F(t)$ bei $t = \infty$ ab, die durch das Wegfallen der ganzzahligen Potenzen merkwürdig war. Formal dieselbe Regel läßt sich unter ganz anderen Bedingungen vermittels der Methode in 14.2 ableiten [166].

Satz 1. *$F(t)$ sei für $t > 0$ definiert und für $t \geqq T$ (T fest $\geqq 0$) stetig. $f(s) = \mathfrak{L}\{F\}$ sei für ein reelles $s = \sigma > 0$ einfach konvergent. Bei einem gewissen $x > \sigma$ sei das Integral*

$$\int_{-\infty}^{+\infty} e^{ity} f(x+iy)\,dy$$

für $t \geqq T$ gleichmäßig konvergent. $f(s)$ sei, als reguläre Funktion betrachtet, für $\Re s \geqq 0$ analytisch (also ein Stück über $\Re s = 0$ hinaus), mit Ausnahme der Stelle $s = 0$, in deren Umgebung sich $f(s)$ so darstellen läßt:

$$f(s) = \frac{1}{s}\left(a_0 + b_0 s^{\frac{1}{2}} + a_1 s + b_1 s^{\frac{3}{2}} + a_2 s^2 + b_2 s^{\frac{5}{2}} + \cdots\right).$$

In dem Streifen $0 \leqq \Re s \leqq x$ strebe $f(s)$ gleichmäßig in $\Re s$ gegen 0 für $|\Im s| \to \infty$. Die Ableitungen $f'(iy),\ldots,f^{(n)}(iy)$ sollen für $|y| \to \infty$ gegen 0 streben $(n \geqq 1)$ und $f^{(n+1)}(iy)$ bei $y = \pm\infty$ absolut integrabel sein.

Dann ist

$$\lim_{t \to \infty} t^n \left[F(t) - a_0 - \frac{1}{\pi \sqrt{t}} \sum_{\nu=0}^{n} (-1)^\nu b_\nu \frac{\Gamma(\nu + \frac{1}{2})}{t^\nu} \right] = 0.$$

Bemerkung: Der Satz ist selbstverständlich auch anwendbar, wenn alle a von vornherein verschwinden.

Beweis: Die Voraussetzungen von Satz 4 [14.2] hinsichlich f sind erfüllt. (Wegen der gleichmäßigen Konvergenz von $\int\limits_{-\infty}^{y_1}$ und $\int\limits_{y_2}^{\infty} e^{ity} f^{(n)}(iy)\,dy$ für $t \geqq T$ beachte man Lemma 2 in 14.2; die Voraussetzungen von Satz 1 sind so formuliert, wie sie in den Anwendungen bei Differentialgleichungen meist erfüllt sind.) Setzen wir

$$f(s) - \frac{a_0}{s} - \sum_{\nu=0}^{n} b_\nu s^{\nu - \frac{1}{2}} = \psi(s),$$

so ist $\psi(s)$ für $\Re s \geqq 0$ regulär mit Ausnahme der Stelle $s = 0$, in deren Umgebung es die Gestalt

$$\psi(s) = (a_1 + a_2 s + \cdots) + b_{n+1} s^{n + \frac{1}{2}} + \cdots$$

hat. Die Randwerte $\psi(iy)$ sind daher n-mal differenzierbar, und $\psi^{(n)}(iy)$ ist in jedem endlichen Intervall integrabel. Also ist nach Satz 4, Fall 1 und 2:   [14.2]

$$\lim_{t \to \infty} t^n \left[F(t) - a_0 - \sum_{\nu=0}^{n} \frac{b_\nu}{\Gamma(-\nu + \frac{1}{2})} t^{-\nu - \frac{1}{2}} \right] = 0.$$

Wegen

$$\Gamma\left(-\nu + \frac{1}{2}\right) = \frac{\pi}{(-1)^\nu \, \Gamma(\nu + \frac{1}{2})}$$

ist das die Behauptung.

Bemerkungen: 1. Man beachte, daß wir in 13.1 etwas mehr bewiesen haben. Dort würde der vor der eckigen Klammer stehende Faktor nicht t^n, sondern $t^{n + \frac{1}{2}}$ lauten. Der Faktor t^n entspricht nicht genau dem, was wir asymptotische Darstellung im Sinne von Poincaré (12.2) genannt haben.

2. Man sieht hier deutlich, warum die in der Operatorenrechnung (vgl. 24.1) übliche skrupellose Übersetzung der Entwicklung von $f(s)$ in der Umgebung von $s = 0$ nach gebrochenen Potenzen, ohne Hinzunahme von Voraussetzungen, im allgemeinen nicht richtig sein kann. Denn abgesehen von einer ganzen Reihe weiterer Bedingungen muß dazu vor allem $s = 0$ die einzige Singularität auf $\Re s = 0$ sein. Ist das nicht der Fall, so werden bei der Übersetzung der Entwicklung bei $s = 0$ die anderen Singularitäten überhaupt nicht berücksichtigt [167].

IV. Teil.

Integralgleichungen.

15. Kapitel.

Integralgleichungen vom reellen Faltungstypus.

§ 1. Die lineare Integralgleichung.

Wir beginnen jetzt mit der Behandlung von *Funktionalgleichungen* vermittels der $\mathfrak{L}$-Transformation, und zwar zunächst von gewissen Integralgleichungen. Eine *Integralgleichung* besteht in der Forderung, eine Funktion zu finden, für die eine vermittels Integralen gebildete Funktionaltransformation einen vorgeschriebenen Wert hat. Das einfachste Beispiel liefern die sog. linearen Integralgleichungen

$$G(t) = \int_a^b K(t, \tau)\, F(\tau)\, d\tau \qquad\qquad \text{(1. Art)}$$

$$F(t) = G(t) + \int_a^b K(t, \tau)\, F(\tau)\, d\tau \qquad\qquad \text{(2. Art)},$$

wo G und K gegebene Funktionen sind, während $F(t)$ gesucht wird. Ist die obere Grenze b im Integral konstant, so heißt die Gleichung vom Fredholmschen Typ, wird sie durch die Variable t ersetzt, so heißt sie vom Volterraschen Typ. Es liegt hier eine vermittels eines Integrals gebildete Funktionaltransformation vor:

$$\mathfrak{T}\{F\} \equiv \int_a^b K(t, \tau)\, F(\tau)\, d\tau - G(t)$$

bzw.

$$\mathfrak{T}\{F\} \equiv F(t) - \int_a^b K(t, \tau)\, F(\tau)\, d\tau - G(t),$$

und verlangt wird, die Funktion $F(t)$ zu bestimmen, für die $\mathfrak{T}\{F\} = 0$ ist. Die Theorie der linearen Integralgleichungen ist durch die Arbeiten von VOLTERRA, FREDHOLM, HILBERT, E. SCHMIDT und vielen anderen in voller Allgemeinheit durchforscht. Über nichtlineare Integralgleichungen ist dagegen nur verhältnismäßig wenig bekannt. Wir werden uns hier mit Gleichungen beschäftigen, die eine ganz spezielle Bauart haben, aber keineswegs linear zu sein brauchen. Es soll sich nämlich um solche Gleichungen handeln, bei denen die vorkommenden Integrale als *Faltungen* (8.4) aufgefaßt werden können. Derartige Gleichungen nennen wir Integralgleichungen vom *Faltungstypus*. Durch Anwendung der $\mathfrak{L}$-Transformation gehen die Faltungen der L-Funktionen in einfache Produkte der entsprechenden l-Funktionen über. Im l-Bereich entspricht der Integralgleichung eine algebraische Gleichung, die ein unvergleichlich einfacheres Problem darstellt. Aus ihrer Lösung erhält man

durch Aufsuchen der entsprechenden L-Funktion die Lösung der Integralgleichung. Damit stoßen wir zum erstenmal auf eine Methode, die
wir in der Folge unausgesetzt anwenden werden: *Liegt im Objektbereich
eine komplizierte Funktionalgleichung* (z. B. Integralgleichung oder
Differentialgleichung oder Differenzengleichung u. ä.) *vor, so versuchen
wir, sie durch eine Funktionaltransformation* wie z. B. die $\mathfrak{L}$-Transforma-
tion *in ein einfacheres Problem im Resultatbereich zu „übersetzen".* Läßt
sich dieses lösen, so braucht man nur noch die Lösung in den Objektbereich zurückzuübersetzen. Das Schema dieser Methode sieht also so
aus:

Schema.

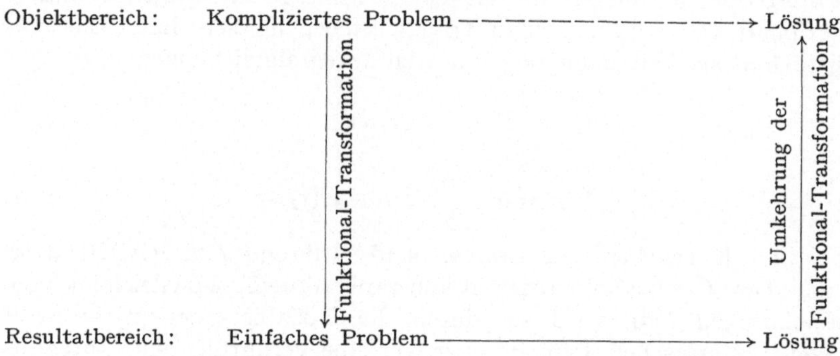

Anstatt die Lösung in dem vorliegenden Bereich unmittelbar vorzu-
nehmen, macht man den durch die drei Pfeile im Schema bezeichneten
Umweg über einen zugeordneten Bereich. In den folgenden Kapiteln
werden wir sehen, wie dadurch viele Probleme eine überaus durchsichtige
Lösung erfahren. Im einzelnen stellen sich dabei natürlich noch mancherlei Schwierigkeiten ein.

Wir erläutern das Gesagte zunächst am Beispiel der linearen Integralgleichung [168].

1. Die lineare Integralgleichung zweiter Art.

Es sei die lineare Integralgleichung zweiter Art vom Volterraschen Typ

$$(1) \qquad F(t) = G(t) + \int_0^t K(t-\tau)\,F(\tau)\,d\tau \equiv G(t) + K * F$$

vorgelegt, bei der also der Kern $K(t, \tau)$ nur von der Differenz $t-\tau$
abhängt, so daß das Integral eine Faltung darstellt. Wir setzen zunächst
voraus, daß G und K L-Funktionen sind und daß $\mathfrak{L}\{K\}$ irgendwo absolut
konvergiert, daß also K eine L_a-Funktion ist (s. 3.2). Gibt es nun eine
Lösung F, die eine L-Funktion ist, deren $\mathfrak{L}$-Integral aber nicht absolut
zu konvergieren braucht, so gilt nach Satz 7 [8.5] für die zugehörige

l-Funktion in einer Halbebene, wo $\mathfrak{L}\{F\}$, $\mathfrak{L}\{G\}$ einfach und $\mathfrak{L}\{K\}$ absolut konvergieren, die Gleichung

$$(2) \qquad f(s) = g(s) + k(s)\,f(s).$$

Das ist eine lineare algebraische Gleichung, die sich sofort lösen läßt:

$$(3) \qquad f(s) = \frac{g(s)}{1 - k(s)}.$$

Damit (1) eine L-Funktion zur Lösung hat, ist also notwendig, daß $\frac{g(s)}{1 - k(s)}$ in einer gewissen Halbebene eine l-Funktion darstellt. Eine spezielle der unendlich vielen zugehörigen L-Funktionen heiße F_0. Aus (3) folgt (2) und hieraus nach Satz 1 [3.7]:

$$F_0(t) = G(t) + \int\limits_0^t K(t-\tau)\,F(\tau)\,d\tau + N_0(t),$$

wo $N_0(t)$ eine gewisse Nullfunktion ist. ($f(s) - g(s) - k(s)f(s)$ ist identisch 0, jede zugehörige L-Funktion, z. B. also auch $F(t) - G(t) - K * F$ ist daher eine Nullfunktion.) Die Funktion $F(t) = F_0(t) - N_0(t)$ ist also Lösung von (1), so daß die obige Bedingung auch hinreichend ist. Man findet $F(t)$ folgendermaßen: Ist $G(t)$ stetig, so muß wegen der Stetigkeit von $K * F$ auch $F(t)$ stetig sein. Man hat also aus den zu $f(s)$ gehörigen L-Funktionen, die einzige (nach dem vorigen sicher vorhandene) stetige auszusuchen. Ist $G(t)$ nicht durchweg stetig, so muß $F(t)$ dieselben Unstetigkeiten wie $G(t)$ haben, d. h. $F(t) - G(t)$ stetig sein. Wir erhalten damit:

Satz 1. *In der Integralgleichung mit der Unbekannten $F(t)$*

$$(1) \qquad F(t) = G(t) + \int\limits_0^t K(t-\tau)\,F(\tau)\,d\tau$$

sei G eine L-Funktion und K eine L_a-Funktion. Notwendig und hinreichend dafür, daß (1) eine L-Funktion zur Lösung hat, ist, daß $\frac{g(s)}{1 - k(s)}$ mit $g(s) = \mathfrak{L}\{G\}$, $k(s) = \mathfrak{L}\{K\}$ eine $\mathfrak{L}$-Funktion darstellt. Unter den unendlich vielen zu ihr gehörigen L-Funktionen ist als Lösung F diejenige auszuwählen, die die Differenz $F(t) - G(t)$ zu einer stetigen Funktion macht.

Es sei darauf hingewiesen, daß hierbei die gesuchte und die gegebenen Funktionen nicht wie in der klassischen Theorie meist üblich, als eigentlich integrabel oder quadratisch integrabel vorausgesetzt zu werden brauchen, sondern daß sie beim Nullpunkt absolut uneigentlich integrabel sein können, so daß die Integralgleichung nach dem klassischen Sprachgebrauch eine „singuläre" sein kann.

Unser Resultat läßt sich nun nach verschiedenen Richtungen verbessern. Wir schreiben (3) in der Gestalt

$$(4) \qquad f(s) = g(s) + g(s)\frac{k(s)}{1 - k(s)}.$$

Hieraus sieht man, daß unter unseren Voraussetzungen $f(s)$ sicher eine l-Funktion ist, sobald

$$(5) \qquad q(s) = \frac{k(s)}{1 - k(s)}$$

eine l_a-Funktion (siehe 3.3) darstellt, denn zu $g \cdot q$ gehört dann nach Satz 7 [8.5] z. B. die L-Funktion $Q * G$, wo $\mathfrak{L}\{Q\} = q$ ist. (Welches unter den möglichen Q genommen wird, ist gleichgültig.) Setzen wir

$$F(t) = G(t) + Q * G \equiv G(t) + \int_0^t Q(t-\tau)\, G(\tau)\, d\tau,$$

so ist automatisch $F - G$ stetig und daher F eine Lösung.

Damit erhalten wir:

Satz 2. *Ist G eine L-Funktion und K eine L_a-Funktion, so ist, damit* (1) *eine L-Funktion als Lösung hat, hinreichend, daß* $q(s) = \dfrac{k(s)}{1 - k(s)}$ *eine l_a-Funktion darstellt. Vermittels ihrer zugehörigen L_a-Funktion $Q(t)$ läßt sich die Lösung so darstellen:*

$$(6) \qquad F(t) = G(t) + \int_0^t Q(t-\tau)\, G(\tau)\, d\tau.$$

Damit ergibt sich die auch aus der klassischen Theorie der allgemeinen linearen Integralgleichung bekannte Form der Lösung vermittels des sog. *reziproken Kerns* Q. Die beiden Gleichungen (1) und (6) sind zueinander völlig reziprok. (6) kann als Integralgleichung für G mit dem Kern $-Q$ aufgefaßt werden, deren Lösung durch (1) gegeben wird. Nach (5) gilt:

$$q(s) - k(s) = k(s)\, q(s),$$

also

$$Q(t) - K(t) = \int_0^t K(t-\tau)\, Q(\tau)\, d\tau.$$

Das ist die ebenfalls in der allgemeinen Theorie bekannte Relation zwischen den beiden Kernen K und Q, die zeigt, daß jeder sich aus dem anderen durch Lösung einer Integralgleichung ergibt.

Die Bedingung, daß $q(s) = \dfrac{k(s)}{1 - k(s)}$ in einer Halbebene $\Re s \geqq \sigma$ eine l_a-Funktion darstellt, wobei $k(s)$ in $\Re s \geqq \sigma$ selber eine l_a-Funktion ist, ist schon erfüllt, sobald nur $q(s)$ in $\Re s \geqq \sigma$ überhaupt einen Sinn hat, d. h. wenn dort $k(s) \neq 1$ ist [169]. Wir beweisen das hier aber nicht, weil der Beweis bisher nur mit Hilfsmitteln aus der modernen Theorie des Fourier-Integrals durchgeführt worden ist. Es wäre wünschenswert, hierfür einen im Bereich der in diesem Buch entwickelten Theorie verbleibenden Beweis zu haben. (Vgl. den Beweis am Schluß dieses Abschnitts S. 287 für ein außerhalb eines endlichen Intervalls verschwindendes $K(t)$.)

Als *Beispiel* betrachten wir die folgende, in der Theorie der Wärme-leitung in einer Kugel auftretende Integralgleichung [170]

$$F(t) = G(t) + \frac{2}{\sqrt{\pi}} \int_{\frac{1}{\sqrt{t}}}^{\infty} e^{-u^2} F\left(t - \frac{1}{u^2}\right) du$$

oder gleich die allgemeine [171]

$$F(t) = G(t) - \frac{2}{\sqrt{\pi}} \int_{\frac{1}{\sqrt{t}}}^{\infty} \sum_{n=1}^{\infty} n \lambda_n e^{-n^2 u^2} F\left(t - \frac{1}{u^2}\right) du,$$

wobei

$$\lambda(x) = 1 + \sum_{n=1}^{\infty} \lambda_n x^n$$

für $|x| < 1$ als konvergent vorausgesetzt wird. Die spezielle Gleichung entspricht dem Fall $\lambda(x) = 1 - x$. Durch die Substitution $u = \tau^{-\frac{1}{2}}$ geht die Gleichung über in

$$F(t) = G(t) - \frac{1}{\sqrt{\pi}} \int_{0}^{t} \sum_{n=1}^{\infty} n \lambda_n \tau^{-\frac{3}{2}} e^{-\frac{n^2}{\tau}} F(t - \tau) d\tau$$

$$= G(t) - F(t) * \sum_{n=1}^{\infty} \lambda_n \psi(2n, t),$$

wo ψ die aus 3.4 bekannte Funktion ist. Nach Hilfssatz 1 (Anhang) und der in 3.4, Beispiel 9, gefundenen Formel ist

$$f(s) = g(s) - f(s) \sum_{n=1}^{\infty} \lambda_n e^{-2n\sqrt{s}},$$

also

$$f(s) = \frac{g(s)}{1 + \sum_{n=1}^{\infty} \lambda_n e^{-2n\sqrt{s}}}.$$

$\lambda(x) = 1 + \sum_{n=1}^{\infty} \lambda_n x^n$ ist in der Umgebung von $x = 0$ von 0 verschieden, also ist $\frac{1}{\lambda(x)}$ für $|x| < \vartheta$ in eine Potenzreihe entwickelbar:

$$\frac{1}{\lambda(x)} = 1 + \sum_{n=1}^{\infty} \mu_n x^n.$$

Folglich ist für $|e^{-2\sqrt{s}}| < \vartheta$, d. h. $\Re \sqrt{s} > -\frac{1}{2} \log \vartheta$:

$$\frac{1}{1 + \sum_{n=1}^{\infty} \lambda_n e^{-2n\sqrt{s}}} = 1 + \sum_{n=1}^{\infty} \mu_n e^{-2n\sqrt{s}} = 1 + \mathfrak{L}\left\{\sum_{n=1}^{\infty} \mu_n \psi(2n, t)\right\}$$

und

$$f(s) = g(s) + g(s) \mathfrak{L}\left\{\sum_{n=1}^{\infty} \mu_n \psi(2n, t)\right\},$$

wird, was dann auf die in Satz 3 angegebene Lösung führt*. Diese Lösung, wenn sie einmal gefunden ist, hat aber, wie wir oben zeigten, einen viel größeren Geltungsbereich, den man nun ganz unabhängig von der Art der Herleitung der Lösungsformel abgrenzen kann. *Dieses Prinzip läuft also darauf hinaus, die Gesamtheit aller als gegeben und gesucht möglichen Funktionen als einen Raum aufzufassen und sich zunächst einmal auf einen Teilraum zu beschränken, wo eine bestimmte Lösungsmethode anwendbar ist; dann läßt man die Methode ganz beiseite und sieht zu, in welchem größeren Teilraum die gefundene Lösung auch noch einen Sinn hat* (Fortsetzungsprinzip).

Das ist ein Prinzip, das auch sonst in der Mathematik auftritt. Es sei z. B. daran erinnert, daß die erste Randwertaufgabe der Potentialtheorie für den Kreis durch das Poissonsche Integral gelöst wird. Dieses kann man dadurch erhalten, daß man sich zunächst auf solche harmonischen Funktionen beschränkt, die mit ihrer konjugierten zusammen den Real- und Imaginärteil einer komplexen Funktion definieren, die auch noch über den Kreis hinaus analytisch ist. Für diese gilt die Cauchysche Integralformel, aus der man leicht das Poissonsche Integral durch Abtrennen des Realteils erhält. Nachträglich verifiziert man aber, daß dieses Integral für jede beliebige stetige Randfunktion eine harmonische Funktion mit den vorgeschriebenen Randwerten darstellt. — Wir werden dieses Prinzip vor allem bei den Differentialgleichungen auch wieder benutzen.

Wir können dem obigen Gedankengang bei unserer linearen Integralgleichung noch *eine andere Wendung* geben derart, daß wir innerhalb der Methode der $\mathfrak{L}$-Transformation bleiben. Da in (1) für $0 < t \leqq T$ sowohl von den gegebenen wie von der gesuchten Funktion nur die Werte für Argumente zwischen 0 und T vorkommen, kann $F(t)$ nur von diesen Werten abhängen. Es muß also für die Lösung in $0 < t \leqq T$ gleichgültig sein, wie man die Werte für $t > T$ definiert. Setzen wir nun

$$K(t) = 0 \quad \text{für } t > T,$$
$$F(t) = 0 \quad \text{für } t > T,$$

so lautet (1) folgendermaßen:

$$F(t) = G(t) + \int\limits_0^t K(t-\tau)\, F(\tau)\, d\tau \quad \text{in } 0 < t \leqq T,$$

$$0 = G(t) + \int\limits_{t-T}^T K(t-\tau)\, F(\tau)\, d\tau \quad \text{in } T < t < 2\,T,$$

$$0 = G(t) \qquad\qquad\qquad\qquad \text{in } t \geqq 2\,T.$$

---

* Z. B. der Kern $K(t) \equiv e^{-t}$ hat diese Eigenschaft. Bei ihm ist $K^{*\,n} = e^{-t}\dfrac{t^{n-1}}{(n-1)!}$ (was man am einfachsten durch Übergang in den l_a-Bereich verifiziert), also die Reihe

$$Q(t) = K(t) + \sum_{n=2}^{\infty} K^{*\,n} = e^{-t} \sum_{n=1}^{\infty} \frac{t^{n-1}}{(n-1)!} = 1$$

für $t \geqq 0$ konvergent und $\mathfrak{L}\{\Sigma K^{*\,n}\} = \Sigma \mathfrak{L}\{K^{*\,n}\}$, vgl. Hilfssatz 1 (Anhang).

Ist $G(t)$ in $0 \leq t \leq T$ beschränkt, so kann man das Integral $Q * G$ gliedweise ausführen:

$$Q * G = K * G + \sum_{n=2}^{\infty} K^{*n} * G,$$

und die resultierende Reihe ist wieder gleichmäßig konvergent. Wir definieren nun eine Funktion $F(t)$ durch (6), wobei Q durch (7) definiert ist:

$$(8) \qquad F(t) = G(t) + \sum_{n=1}^{\infty} K^{*n} * G.$$

Dann ist wegen der Beschränktheit von K und der gleichmäßigen Konvergenz der Reihe in (8) für $0 \leq t \leq T$:

$$K * F = K * G + \sum_{n=1}^{\infty} K^{*n+1} * G = \sum_{n=1}^{\infty} K^{*n} * G$$
$$= F(t) - G(t),$$

d. h. $F(t)$ befriedigt die Integralgleichung (1) im Intervall $0 \leq t \leq T$.

So erhalten wir ein Resultat, das auf die $\mathfrak{L}$-Transformation gar nicht mehr Bezug nimmt und auch nicht davon ausgeht, daß die Integralgleichung für alle $t > 0$ erfüllt sein soll, sondern nur in einem endlichen Intervall.

Satz 3. *$G(t)$ und $K(t)$ seien im Intervall $0 \leq t \leq T$ eigentlich integrabel*. Eine Lösung der Integralgleichung* (1) *wird dann gegeben durch*

$$F(t) = G(t) + \int\limits_{0}^{t} Q(t-\tau)\, G(\tau)\, d\tau,$$

wo

$$Q(t) = K(t) + \sum_{n=2}^{\infty} K^{*n},$$

also

$$F(t) = G(t) + \sum_{n=1}^{\infty} K^{*n} * G$$

ist.

Wir haben hier ein **allgemeines Prinzip** benutzt, das für die ganze Behandlung von Funktionalgleichungen vermittels der Laplace-Transformation fundamental ist: Es gibt zweifellos L_a-Kerne K, für die die durch (7) definierte Reihe in $t > 0$ konvergiert und für die

$$\mathfrak{L}\{Q\} = \mathfrak{L}\{K\} + \sum_{n=2}^{\infty} \mathfrak{L}\{K^{*n}\} = \sum_{n=1}^{\infty} k^n(s) = \frac{k(s)}{1 - k(s)} = q(s)$$

ist, wobei $\mathfrak{L}\{Q\}$ sogar absolut konvergiert, so daß Satz 2 anwendbar

---

* Dann ist die oben geforderte Beschränktheit gewährleistet.

wird, was dann auf die in Satz 3 angegebene Lösung führt*. Diese Lösung, wenn sie einmal gefunden ist, hat aber, wie wir oben zeigten, einen viel größeren Geltungsbereich, den man nun ganz unabhängig von der Art der Herleitung der Lösungsformel abgrenzen kann. *Dieses Prinzip läuft also darauf hinaus, die Gesamtheit aller als gegeben und gesucht möglichen Funktionen als einen Raum aufzufassen und sich zunächst einmal auf einen Teilraum zu beschränken, wo eine bestimmte Lösungsmethode anwendbar ist; dann läßt man die Methode ganz beiseite und sieht zu, in welchem größeren Teilraum die gefundene Lösung auch noch einen Sinn hat* (Fortsetzungsprinzip).

Das ist ein Prinzip, das auch sonst in der Mathematik auftritt. Es sei z. B. daran erinnert, daß die erste Randwertaufgabe der Potentialtheorie für den Kreis durch das Poissonsche Integral gelöst wird. Dieses kann man dadurch erhalten, daß man sich zunächst auf solche harmonischen Funktionen beschränkt, die mit ihrer konjugierten zusammen den Real- und Imaginärteil einer komplexen Funktion definieren, die auch noch über den Kreis hinaus analytisch ist. Für diese gilt die Cauchysche Integralformel, aus der man leicht das Poissonsche Integral durch Abtrennen des Realteils erhält. Nachträglich verifiziert man aber, daß dieses Integral für jede beliebige stetige Randfunktion eine harmonische Funktion mit den vorgeschriebenen Randwerten darstellt. — Wir werden dieses Prinzip vor allem bei den Differentialgleichungen auch wieder benutzen.

Wir können dem obigen Gedankengang bei unserer linearen Integralgleichung noch *eine andere Wendung* geben derart, daß wir innerhalb der Methode der $\mathfrak{L}$-Transformation bleiben. Da in (1) für $0 < t \leq T$ sowohl von den gegebenen wie von der gesuchten Funktion nur die Werte für Argumente zwischen 0 und T vorkommen, kann $F(t)$ nur von diesen Werten abhängen. Es muß also für die Lösung in $0 < t \leq T$ gleichgültig sein, wie man die Werte für $t > T$ definiert. Setzen wir nun

$$K(t) = 0 \quad \text{für } t > T,$$
$$F(t) = 0 \quad \text{für } t > T,$$

so lautet (1) folgendermaßen:

$$F(t) = G(t) + \int_0^t K(t-\tau)\, F(\tau)\, d\tau \quad \text{in } 0 < t \leq T,$$

$$0 = G(t) + \int_{t-T}^T K(t-\tau)\, F(\tau)\, d\tau \quad \text{in } T < t < 2T,$$

$$0 = G(t) \qquad\qquad\qquad\qquad \text{in } t \geq 2T.$$

---

* Z. B. der Kern $K(t) \equiv e^{-t}$ hat diese Eigenschaft. Bei ihm ist $K^{*n} = e^{-t}\dfrac{t^{n-1}}{(n-1)!}$ (was man am einfachsten durch Übergang in den l_a-Bereich verifiziert), also die Reihe

$$Q(t) = K(t) + \sum_{n=2}^{\infty} K^{*n} = e^{-t} \sum_{n=1}^{\infty} \frac{t^{n-1}}{(n-1)!} = 1$$

für $t \geq 0$ konvergent und $\mathfrak{L}\{\Sigma K^{*n}\} = \Sigma\mathfrak{L}\{K^{*n}\}$, vgl. Hilfssatz 1 (Anhang).

Wir bekommen also im ersten Intervall $0 < t \leqq T$ die alte Integralgleichung; im zweiten Intervall $T < t < 2\,T$ müssen wir $G(t)$ so definieren, wie es die obige Gleichung vorschreibt, wobei von $F(t)$ nur Werte aus dem ersten Intervall gebraucht werden; im dritten Intervall $t \geqq 2\,T$ müssen wir $G(t) = 0$ setzen. Jetzt sind $\mathfrak{L}\{F\}$, $\mathfrak{L}\{G\}$ und $\mathfrak{L}\{K\}$ sicher für alle s absolut konvergent, wenn G und K nur I-Funktionen, also erst recht, wenn sie in $0 \leqq t \leqq T$ eigentlich integrabel sind. Wie oben sieht man, daß dann die Reihe $K + \sum\limits_{n=2}^{\infty} K^{*n}$ in jedem endlichen Intervall gleichmäßig konvergiert und $|K^{*n}| < M\,\dfrac{(M\,t)^{n-1}}{(n-1)!}$ ist, weil ja jetzt $K = 0$ für $t > T$ ist und daher in jedem Intervall unter derselben Schranke M wie in $0 \leqq t \leqq T$ liegt. Man kann also nach Hilfssatz 1 (Anhang) die $\mathfrak{L}$-Transformation für $\Re s > M$ gliedweise vornehmen, da dann

$$\sum \int\limits_0^{\infty} e^{-\Re s t}\,|K^{*n}|\,dt \leqq \sum M^n \int\limits_0^{\infty} e^{-\Re s t}\,\frac{t^{n-1}}{(n-1)!}\,dt = \sum \frac{M^n}{(\Re s)^n}$$

konvergiert, womit die S. 284 ausgesprochene Bedingung für das Bestehen von (7) erfüllt ist. — Für einen außerhalb eines endlichen Intervalls verschwindenden Kern $K(t)$ existiert also zu $q(s) = \dfrac{k(s)}{1 - k(s)}$ immer eine L-Funktion $Q(t)$ in der Gestalt (7). Vgl. dazu die allgemeinere Behauptung S. 282 [172].

2. Die lineare Integralgleichung erster Art.

Spezielle Gleichungen erster Art werden wir in § 3 behandeln. Hier sei nur kurz auf zwei Behandlungsweisen hingewiesen, zunächst auf eine Möglichkeit, die Gleichung *auf eine einfachere Hilfsgleichung zurückzuführen.* In der Gleichung

$$K * F = G(t)$$

sei G für $t > 0$ differenzierbar und in $t = 0$ stetig, K, G und G' seien L_a-Funktionen. Damit es eine L-Funktion F als Lösung gibt, ist notwendig und hinreichend, daß

$$k(s)\,f(s) = g(s),$$

also $\dfrac{g(s)}{k(s)} = f(s)$ eine l-Funktion ist. Angenommen, die Gleichung

$$K * \varPhi = 1$$

sei durch eine L-Funktion $\varPhi$ lösbar. Dann ist

$$k(s)\,\varphi(s) = \frac{1}{s},$$

also

$$f(s) = s\,g(s)\,.\varphi(s) = [s\,g(s) - G(0)]\,\varphi(s) + G(0)\,\varphi(s)$$
$$= \mathfrak{L}\{G'\}\,\varphi(s) + G(0)\,\varphi(s)$$

nach Satz 1 [8.3]. Da $\mathfrak{L}\{G'\}$ nach Voraussetzung absolut konvergiert, so ist $f(s)$ eine l-Funktion, und zwar gehört dazu als L-Funktion:

$$F(t) = G' * \Phi + G(0)\,\Phi(t).$$

Die Voraussetzungen über die Funktionen im Unendlichen, d. h. über die Existenz ihrer $\mathfrak{L}$-Transformierten, sind natürlich wieder überflüssig, und man kann dieselbe Lösung auch ganz ohne Anwendung der $\mathfrak{L}$-Transformation finden: Aus $K * F = G$ folgt:

$$K * F * \Phi = G * \Phi.$$

Ist $K * \Phi = 1$, so steht da:

$$F * 1 = G * \Phi.$$

F erhält man hieraus durch Differentiation gemäß Satz 2 [8.4] [173]. — Man sieht sofort, daß man auch die Hilfsgleichung

$$K * \Phi = e^{\alpha t}$$

benutzen kann. Dann erhält man

$$F * e^{\alpha t} = G * \Phi$$

oder

$$\int_0^t e^{-\alpha\tau} F(\tau)\,d\tau = e^{-\alpha t}(G * \Phi),$$

woraus sich wieder $F(t)$ durch Differentiation berechnen läßt.

Die zu $K * F = G$ im l-Bereich gehörige Gleichung $k(s)\,f(s) = g(s)$ ist zwar sofort lösbar: $f(s) = \dfrac{g(s)}{k(s)}$, es ist aber nicht möglich, die zugehörige L-Funktion allgemein anzugeben. Der Faltungssatz ist nicht anwendbar, da $\dfrac{1}{k(s)}$ sicher keine l-Funktion ist*. Manchmal führt aber folgender *Kunstgriff* zum Ziel: Setzen wir

$$\Phi(t) = \int_0^t F(\tau)\,d\tau = F * 1,$$

so ist, wenn F eine L-Funktion ist:

$$\varphi(s) = f(s)\,\frac{1}{s},$$

so daß

$$\varphi(s) = g(s)\,\frac{1}{s\,k(s)}$$

wird. Es kann nun sein, daß $\dfrac{1}{s\,k(s)}$ eine l_a-Funktion: $\dfrac{1}{s\,k(s)} = \mathfrak{L}\{\Psi\}$ ist. Dann erhält man:

$$\Phi(t) = \int_0^t F(\tau)\,d\tau = G * \Psi.$$

---

* Das folgt schon daraus, daß $k(s) \to 0$ für $s \to \infty$, also $\dfrac{1}{|k(s)|} \to \infty$.

Hat die Funktion $G * \Psi$ eine integrierbare Ableitung, so können wir F gleich dieser setzen. — Diese Methode läuft darauf hinaus, die gegebene Integralgleichung durch

$$K * F * 1 = G * 1$$

zu ersetzen. Offenbar kann man sie dadurch erweitern, daß man

$$\Phi(t) = F * 1^{*n} \qquad\qquad (n = 2, 3, \ldots)$$

setzt, wodurch man

$$\varphi(s) = \frac{g(s)}{s^n k(s)}$$

erhält. Wenn auch $\dfrac{1}{k(s)}$ keine l-Funktion ist, so kann doch $\dfrac{1}{s^n k(s)}$ eine solche sein; dann läßt sich wieder der Faltungssatz anwenden. — Ein Beispiel für diese Methoden werden in § 3 kennenlernen[174].

§ 2. Allgemeine Integral- und Integrodifferentialgleichungen vom Faltungstypus.

Nach derselben Methode wie in § 1 kann man Integralgleichungen behandeln, in denen *Faltungen beliebig hoher Ordnung* vorkommen. Dabei nehmen wir im Hinblick auf spätere Anwendungen gleich noch eine Verallgemeinerung vor, indem wir zulassen, daß die gesuchte Funktion vor der Faltung mit einem Polynom multipliziert werden darf[175].

Es sei $\Phi(x_0, x_1, \ldots, x_n; y_1, \ldots, y_p)$ eine ganze rationale Funktion von $n + p + 1$ Variablen. Sind $G_1(t), \ldots, G_p(t)$ gegebene L_a-Funktionen, $F(t)$ eine beliebige Funktion, so ersetzen wir in Φ die Variable x_ν durch $t^\nu F(t)$, y_μ durch $G_\mu(t)$ und alle Multiplikationen außer denen mit Konstanten durch Faltungen, also das Glied

$$A\, x_0^{\alpha_0}\, x_1^{\alpha_1} \ldots x_n^{\alpha_n}\, y_1^{\beta_1} \ldots y_p^{\beta_p}$$

durch

$$A\, F^{*\alpha_0} * (t F)^{*\alpha_1} * \cdots * (t^n F)^{*\alpha_n} * G_1^{*\beta_1} * \cdots * G_p^{*\beta_p}\, .$$

Dann ist in leicht verständlicher Bezeichnungsweise

$$(1) \qquad \Phi(F^*, (tF)^*, \ldots, (t^n F)^*; G_1^*, \ldots, G_p^*) = 0$$

eine *Integralgleichung vom Faltungstypus* für F.

Angenommen, die Gleichung (1) habe eine Lösung F, die eine L_a-Funktion ist. Dann sind auch $tF, \ldots, t^n F$ L_a-Funktionen, und nach den Gesetzen IV_b und III_b gilt:

$$(2) \qquad \Phi(f, -f', \ldots, (-1)^n f^{(n)}; g_1, \ldots, g_p) = 0,$$

wo $f, g_1, \ldots, g_p$ die l_a-Funktionen zu $F, G_1, \ldots, G_p$ sind. $f(s)$ erfüllt also eine *algebraische Differentialgleichung* n^{ter} Ordnung, im Falle $n = 0$ eine gewöhnliche algebraische Gleichung. Übrigens sind die Koeffizienten analytisch in einer Halbebene, und $f(s)$ ist selbst auch in einer Halbebene analytisch. — Ist umgekehrt eine Lösung $f(s)$ von (2) eine

l_a-Funktion und ist $F(t)$ eine ihrer L_a-Funktionen, so bringt diese zwar im allgemeinen die linke Seite von (1) nicht identisch zum Verschwinden, macht sie jedoch identisch gleich einer Nullfunktion. Denn dann ist

$$\Phi(\mathfrak{L}\{F\},\ \mathfrak{L}\{tF\},\ \ldots,\ \mathfrak{L}\{t^n F\};\ \mathfrak{L}\{G_1\}\ \ldots,\ \mathfrak{L}\{G_p\}) = 0$$

oder

$$\mathfrak{L}\{\Phi(F^*,\ (tF)^*,\ \ldots,\ (t^n F)^*;\ G_1^*,\ \ldots,\ G_p^*)\} = 0,$$

also

$$\Phi(F^*,\ (tF)^*,\ \ldots,\ (t^n F)^*;\ G_1^*,\ \ldots,\ G_p^*) = \text{Nullfunktion}.$$

Hat die Integralgleichung (1) L_a-Funktionen zu Lösungen, so kann man diese demnach so finden:

1. Man transformiere die Gleichung (1) in die entsprechende Differentialgleichung bzw. algebraische Gleichung (2) und suche diejenigen Lösungen, die in einer Halbebene analytisch sind.

2. Man lese unter diesen diejenigen aus, die l_a-Funktionen sind.

3. Man wähle unter den ihnen entsprechenden L_a-Funktionen diejenigen aus, die die linke Seite von (1) nicht bloß zu einer Nullfunktion, sondern identisch zu 0 machen. — Ist das von F freie Glied der Gleichung (1) stetig und kommt F auch nichtintegriert vor, so kann F nur stetig sein, da alle Faltungsintegrale stetig sind.

Mit dieser Methode lassen sich noch wesentlich allgemeinere Funktionalgleichungen lösen. Man kann z. B. zulassen, daß F noch von einem Parameter α abhängt und daß nach diesem differenziert wird, da unter geeigneten Voraussetzungen

$$\mathfrak{L}\left\{\frac{\partial F(t,\alpha)}{\partial \alpha}\right\} = \frac{\partial}{\partial \alpha}\,\mathfrak{L}\{F\}$$

ist; dann erhält man im l-Bereich eine partielle Differentialgleichung. Oder man kann zulassen, daß Ableitungen von F nach t vorkommen, die sich gemäß Gesetz III_a transformieren. (Dann läßt sich allerdings die Gleichung auch auf eine von dem zuerst behandelten Typ zurückführen, indem man die höchste vorkommende Ableitung $F^{(k)}(t)$ gleich einer neuen Unbekannten $\Psi(t)$ und $F^{(k-1)}(t) = \Psi(t) * 1 + F^{(k-1)}(0)$, usw. setzt. Es stellte sich aber schon in § 1 (Ende) heraus, daß es gerade zweckmäßig sein kann, die Ableitungen stehen zu lassen bzw. sogar einzuführen.) Beide Typen wären als *Integrodifferentialgleichungen* zu bezeichnen.

Beispiel: Wir illustrieren die Methode an der quadratischen Integralgleichung* [176]

$$F * F + F * 1 - 2\,t\,F(t) - 1 = 0.$$

---

* Man sieht ihr sofort an, daß keine Lösung für $t \to 0$ beschränkt bleiben kann. Denn dann würde $F * F \to 0$, $F * 1 \to 0$, $t\,F(t) \to 0$ für $t \to 0$ sein, was der Integralgleichung widerspricht.

Ihr entspricht die Differentialgleichung

$$f^2(s) + \frac{f(s)}{s} + 2f'(s) - \frac{1}{s} = 0.$$

Setzt man $s = x^2$ und $f(x^2) = y(x)$, also $y'(x) = f'(x^2)\, 2\,x$, d. h. $f'(x^2) = \frac{1}{2\,x}\, y'(x)$, so geht sie über in

$$(x\,y)^2 + y + x\,y' - 1 = 0.$$

Durch die Substitution $x\,y = z$, also $x\,y' + y = z'$ erhält man:

$$z' = 1 - z^2.$$

Die allgemeine Lösung lautet

$$\int \frac{dz}{1 - z^2} = \int dx,$$

also

$$\frac{1}{2} \log \frac{1+z}{1-z} = x + c$$

oder

$$z = \frac{e^{2(x+c)} - 1}{e^{2(x+c)} + 1}.$$

Hieraus ergibt sich

$$f(s) = \frac{1}{s^{\frac{1}{2}}} \frac{e^{2\left(s^{\frac{1}{2}}+c\right)} - 1}{e^{2\left(s^{\frac{1}{2}}+c\right)} + 1} = \frac{1}{s^{\frac{1}{2}}} \frac{e^{s^{\frac{1}{2}}+c} - e^{-\left(s^{\frac{1}{2}}+c\right)}}{e^{s^{\frac{1}{2}}+c} + e^{-\left(s^{\frac{1}{2}}+c\right)}} = \frac{1}{s^{\frac{1}{2}}} \frac{\mathfrak{Sin}\left(s^{\frac{1}{2}}+c\right)}{\mathfrak{Cof}\left(s^{\frac{1}{2}}+c\right)}$$

mit beliebigem komplexen c. Zur Berechnung von $F(t)$ benutzen wir die Methode der Reihenentwicklung aus 7.5. Die Größe $s^{\frac{1}{2}}$ kann bei reellem positiven s das positive oder negative Vorzeichen haben. Ist zunächst $s^{\frac{1}{2}}$ negativ, so ist $2(s^{\frac{1}{2}}+c)$ für hinreichend große s negativ, also $\left| e^{2\left(s^{\frac{1}{2}}+c\right)} \right| < 1$, so daß wir schreiben können:

$$f(s) = s^{-\frac{1}{2}}\left(e^{2\left(s^{\frac{1}{2}}+c\right)} - 1\right) \sum_{n=0}^{\infty} (-1)^n\, e^{2n\left(s^{\frac{1}{2}}+c\right)}$$

$$= s^{-\frac{1}{2}}\left\{\sum_{n=0}^{\infty} (-1)^n\, e^{2(n+1)\left(s^{\frac{1}{2}}+c\right)} - \sum_{n=0}^{\infty} (-1)^n\, e^{2n\left(s^{\frac{1}{2}}+c\right)}\right\}$$

$$= -s^{-\frac{1}{2}}\left\{1 + 2\sum_{n=1}^{\infty} (-1)^n\, e^{2n\left(s^{\frac{1}{2}}+c\right)}\right\}.$$

Zu $\dfrac{1}{s^{\frac{1}{2}}}\, e^{2n s^{\frac{1}{2}}}$ gehört, wenn $s^{\frac{1}{2}}$ das negative Vorzeichen hat, d. h. wenn

$$\frac{1}{s^{\frac{1}{2}}}\, e^{2n\sqrt{s}} = -\frac{1}{\left|s^{\frac{1}{2}}\right|}\, e^{-2n\left|\sqrt{s}\right|},$$

die L-Funktion $-\chi(2\,n,\,t)$ (s. S. 25), so daß, da nach Hilfssatz 1 (Anhang) das $\mathfrak{L}$-Integral mit der Summe vertauschbar ist, $F(t)$ eine L_a-Funktion darstellt mit folgender Entwicklung:

$$F(t) = \chi(0,\,t) + 2\sum_{n=1}^{\infty}(-1)^n\,e^{2nc}\,\chi(2\,n,\,t)$$

$$= \frac{1}{\sqrt{\pi t}}\left\{1 + 2\sum_{n=1}^{\infty}(-1)^n\,e^{2nc-\frac{n^2}{t}}\right\},$$

wo $\sqrt{t}$ positiv zu nehmen ist. Ersetzen wir c durch $-c+\frac{\pi}{2}\,i$, so können wir schreiben:

$$F(t) = \frac{1}{\sqrt{\pi t}}\left\{1 + 2\sum_{n=1}^{\infty}e^{-2nc-\frac{n^2}{t}}\right\} = U(c,\,t).$$

Bei Wahl des positiven Wertes für $s^{\frac{1}{2}}$ formen wir $f(s)$ so um:

$$f(s) = \frac{1}{s^{\frac{1}{2}}}\,\frac{1 - e^{-2\left(s^{\frac{1}{2}}+c\right)}}{1 + e^{-2\left(s^{\frac{1}{2}}+c\right)}}$$

und können nun wieder in eine geometrische Reihe entwickeln, was auf denselben Wert für F führt. — Aus der Integralgleichung folgt, daß jede Lösung stetig sein muß. Da dies von $U(c,\,t)$ erfüllt ist, so stellt es wirklich Lösungen dar. Die Konstante c kann jede komplexe Zahl bedeuten.

Damit haben wir gezeigt, daß die Integralgleichung unendlich viele Lösungen hat und daß diejenigen, die L_a-Funktionen sind, durch die obige Reihe dargestellt werden. Diese hat den Charakter einer Thetafunktion; für $c = 0$ bzw. $c = \frac{\pi}{2}\,i$ erhält man die Funktionen $\vartheta_2(0,\,t)$ bzw. $\vartheta_3(0,\,t)$. $U(c,\,t)$ existiert offenbar für $\mathfrak{R}\,t > 0$, ist aber nach bekannten funktionentheoretischen Sätzen nicht über die imaginäre Achse fortsetzbar. Eine Ausnahme macht nur der Grenzfall $U(\infty,\,t) = \frac{1}{\sqrt{\pi t}}$. Für diese Funktion zerfällt übrigens die Integralgleichung: Hier ist schon einzeln $F*F - 1 = 0$ und $F*1 - 2\,t\,F(t) = 0$.

In derselben Weise, wie wir hier Integralgleichungen vom Faltungstypus $F_1\overset{t}{\underset{0}{*}}F_2 \equiv \int_0^t F_1(\tau)\,F_2(t-\tau)\,d\tau$ durch die $\mathfrak{L}_{\mathrm{I}}$-Transformation erledigt haben, kann man Integralgleichungen, in denen die Integrale vom Typus $F_1\overset{+\infty}{\underset{-\infty}{*}}F_2 \equiv \int_{-\infty}^{+\infty}F_1(\tau)\,F_2(t-\tau)\,d\tau$ (vgl. S. 161) sind, vermittels der $\mathfrak{L}_{\mathrm{II}}$-Transformation oder besser, da dazu weniger Voraussetzungen nötig sind, mit der Fourier-Transformation angreifen. Vgl. dazu die Sätze 1 und 2 [8.5][177].

§ 3. Die Abelsche Integralgleichung
und die Differentiation und Integration nichtganzer Ordnung.

1. Die Abelsche Integralgleichung.

Wir wollen als Beispiel unserer Theorie eine bekannte, von Abel[178] gelöste lineare Integralgleichung erster Art etwas ausführlicher behandeln, weil sie in vielen Gebieten der Analysis eine fundamentale Rolle spielt. Sie lautet:

$$(1) \quad G(t) = \int_0^t (t-\tau)^{-\alpha} \frac{dF(\tau)}{d\tau}\, d\tau \equiv t^{-\alpha} * F' \quad \text{für} \quad t > 0 \text{ mit } 0 < \alpha < 1,$$

wo G gegeben und F gesucht ist. Wir ersetzen mit Absicht die Ableitung F' nicht durch eine andere Funktion, weil gerade der Ansatz der Unbekannten als Ableitung die Lösung ermöglichen wird (vgl. § 1, Ende). $G(t)$ sei eine L-Funktion und für $t > 0$ stetig, denn diese Bedingung muß notwendig erfüllt sein, damit eine Lösung existiert. Wir suchen solche Lösungen F, die in $t = 0$ stetig sind und deren Ableitung eine L-Funktion ist. Wenn es solche gibt, so muß, da $\mathfrak{L}\{t^{-\alpha}\}$ absolut konvergiert, nach Satz 7 [8.5] und Gesetz $\mathrm{III_a}$ im l-Bereich die Gleichung gelten:

$$(2) \qquad g(s) = \frac{\Gamma(1-\alpha)}{s^{1-\alpha}}\, (s f(s) - F(0)).$$

(Dies würde sogar für $\alpha < 1$ richtig sein.) Ihre Lösung lautet:

$$(3) \qquad f(s) = \frac{F(0)}{s} + \frac{1}{\Gamma(1-\alpha)\, s^{\alpha}}\, g(s).$$

Die hierzu gehörigen L-Funktionen kann man sofort angeben (erst hier wird die Voraussetzung $\alpha > 0$ gebraucht):

$$F(t) = F(0) + \frac{1}{\Gamma(1-\alpha)\,\Gamma(\alpha)}\, t^{\alpha-1} * G(t) + \text{Nullfunktion.}$$

Da $F(t)$ differenzierbar, also stetig sein muß, so kommt nur

$$(4) \qquad F(t) = F(0) + \frac{1}{\Gamma(1-\alpha)\,\Gamma(\alpha)}\, t^{\alpha-1} * G(t)$$

in Frage. Wenn diese Funktion differenzierbar und F' eine L-Funktion ist, so stellt (4) tatsächlich eine Lösung von (1) dar, denn aus (4) folgt (3) und (2) und hieraus auf Grund unserer Voraussetzungen schließlich (1). Wenn $G(t)$ in $t = 0$ stetig ist und $G'(t)$ für $t > 0$ existiert und eine L-Funktion ist, so ist $F(t)$ nach Satz 2 [8.4] sicher differenzierbar und

$$F'(t) = \frac{1}{\Gamma(\alpha)\,\Gamma(1-\alpha)}\, (t^{\alpha-1} * G' + G(0)\, t^{\alpha-1})$$

offenbar eine L-Funktion. Benutzen wir noch den sog. Ergänzungssatz der Γ-Funktion:

$$\frac{1}{\Gamma(\alpha)\,\Gamma(1-\alpha)} = \frac{\sin \alpha \pi}{\pi},$$

so erhalten wir das Ergebnis:

Satz 1. *$G(t)$ sei für $t > 0$ differenzierbar und in $t = 0$ stetig, $G'(t)$ sei eine L-Funktion. Dann hat die Integralgleichung (1) die einzige L-Funktion*

$$F(t) = F(0) + \frac{\sin \alpha \pi}{\pi} \, t^{\alpha - 1} * G(t)$$

als Lösung, und es ist

(5)
$$F'(t) = \frac{\sin \alpha \pi}{\pi} \, (t^{\alpha - 1} * G' + G(0) \, t^{\alpha - 1})$$

ebenfalls eine L-Funktion.

Nach dem in § 1 ausgesprochenen *Fortsetzungsprinzip* kann man nun aber unmittelbar verifizieren, daß (5) auch ohne Voraussetzungen über das Verhalten der Funktionen im Unendlichen eine Lösung von (1) ist. Es ist nämlich

$$t^{-\alpha} * t^{\alpha - 1} = \Gamma(\alpha) \, \Gamma(1 - \alpha) \,,$$

also

$$t^{-\alpha} * F' = \frac{\sin \alpha \pi}{\pi} \, (t^{-\alpha} * t^{\alpha - 1} * G' + G(0) \, t^{-\alpha} * t^{\alpha - 1})$$

$$= G' * 1 + G(0) = G(t) \,.$$

Damit erhalten wir:

Satz 2. *$G(t)$ sei für $t > 0$ differenzierbar und in $t = 0$ stetig, $G'(t)$ sei eine I-Funktion. Dann hat die Integralgleichung (1) die Lösung (4) bzw. (5). F' ist eine I-Funktion und für $t > 0$ stetig.*

Es kann übrigens (abgesehen von der trivialen Addition von Null-funktionen) keine weitere I-Funktion als Lösung F' geben, denn wenn

$$t^{-\alpha} * F_1' = G(t) \quad \text{und} \quad t^{-\alpha} * F_2' = G(t)$$

ist, so hat man

$$t^{-\alpha} * (F_1' - F_2') = 0 \,,$$

also

$$t^{\alpha - 1} * t^{-\alpha} (F_1' - F_2') = \Gamma(\alpha) \, \Gamma(1 - \alpha) \cdot 1 * (F_1' - F_2') = 0$$

oder

$$\int_0^t (F_1'(\tau) - F_2'(\tau)) \, d\tau = 0 \,.$$

$F_1' - F_2'$ ist also eine Nullfunktion.

Wir können das Ergebnis auch so formulieren:

Satz 3. *$G(t)$ sei für $t > 0$ differenzierbar und in $t = 0$ stetig, $G'(t)$ sei eine I-Funktion. Die einzige I-Funktion $\Phi(t)$, die der Integralgleichung*

(6)
$$G(t) = t^{-\alpha} * \Phi \qquad\qquad (0 < \alpha < 1)$$

genügt, ist die stetige Funktion

(7)
$$\Phi(t) = \frac{\sin \alpha \pi}{\pi} \, (t^{\alpha - 1} * G' + G(0) \, t^{\alpha - 1}) \,,$$

wenn man von der trivialen Möglichkeit, zu Φ Nullfunktionen zu addieren, absieht.

Unter zusätzlichen Voraussetzungen kann man der Lösung noch eine Form geben, die für spätere Zwecke instruktiv ist. Sind G und Φ L-Funktionen, so entspricht der Gleichung (6) im l-Bereich:

$$g(s) = \frac{\Gamma(1-\alpha)}{s^{1-\alpha}}\,\varphi(s),$$

also

$$\varphi(s) = \frac{1}{\Gamma(1-\alpha)\,s^{\alpha-1}}\,g(s).$$

Wir nehmen nun an, daß $G'(t), \ldots, G^{(\nu)}(t)$ für $t \geqq 0$, $G^{(\nu+1)}(t)$ für $t > 0$ existiert und $G^{(\nu)}(t)$ in $t = 0$ stetig, daß ferner $G^{(\nu+t)}(t)$ eine L-Funktion ist. Aus der Umformung

$$\varphi(s) = \frac{1}{\Gamma(1-\alpha)}\left\{ \frac{G(0)}{s^{\alpha}} + \frac{G'(0)}{s^{\alpha+1}} + \cdots + \frac{G^{(\nu)}(0)}{s^{\alpha+\nu}}\right.$$
$$\left. + \frac{1}{s^{\alpha+\nu}}\left[s^{\nu+1}g(s) - G(0)\,s^{\nu} - G'(0)\,s^{\nu-1} - \cdots - G^{(\nu)}(0)\right]\right\}$$

folgt nach Gesetz $\mathrm{III_a}$:

$$\Phi(t) = \frac{1}{\Gamma(1-\alpha)}\left\{ G(0)\,\frac{t^{\alpha-1}}{\Gamma(\alpha)} + G'(0)\,\frac{t^{\alpha}}{\Gamma(\alpha+1)} + \cdots + G^{(\nu)}(0)\,\frac{t^{\alpha+\nu-1}}{\Gamma(\alpha+\nu)}\right.$$
$$\left. + G^{(\nu+1)}(t) * \frac{t^{\alpha+\nu-1}}{\Gamma(\alpha+\nu)}\right\}.$$

Man sieht wiederum, daß diese Lösung[179] auch ohne die Voraussetzungen über $G^{(\nu+1)}(t)$ und $\Phi(t)$ im Unendlichen richtig ist. Denn wegen

$$t^{a} * t^{b} = \frac{\Gamma(a+1)\,\Gamma(b+1)}{\Gamma(a+b+2)}\,t^{a+b+1} \qquad (a > -1,\, b > -1)$$

gilt für das gewonnene $\Phi(t)$:

$$\Phi(t) * t^{-\alpha} = \frac{1}{\Gamma(1-\alpha)}\left\{ G(0)\,\frac{\Gamma(1-\alpha)}{\Gamma(1)} + G'(0)\,\frac{\Gamma(1-\alpha)}{\Gamma(2)}\,t + \cdots\right.$$
$$\left. + G^{(\nu)}(0)\,\frac{\Gamma(1-\alpha)}{\Gamma(\nu+1)}\,t^{\nu} + G^{(\nu+1)}(t) * \frac{\Gamma(1-\alpha)}{\Gamma(\nu+1)}\,t^{\nu}\right\}$$
$$= G(0) + G'(0)\,\frac{t}{1!} + \cdots + G^{\nu}(0)\,\frac{t^{\nu}}{\nu!} + G^{(\nu+1)}(t) * \frac{t^{\nu}}{\Gamma(\nu+1)}.$$

Das ist die Taylorsche Entwicklung von $G(t)$ mit Integralrestglied. Es ergibt sich also:

Satz 4. $G(t)$ sei für $t \geqq 0$ ν-mal, für $t > 0$ $\nu + 1$-mal differenzierbar $(\nu \geqq 0)$; $G^{(\nu)}(t)$ sei in $t = 0$ stetig, $G^{(\nu+1)}(t)$ eine I-Funktion. Dann hat die Integralgleichung*

$$(8) \qquad\qquad G(t) = \frac{t^{-\alpha}}{\Gamma(1-\alpha)} * \Phi(t)$$

---

* Wir ersetzen wegen der späteren Anwendungen $G(t)$ durch $\Gamma(1-\alpha)\,G(t)$, so daß die oben gefundene Funktion $\Phi(t)$ jetzt mit $\Gamma(1-\alpha)$ zu multiplizieren ist.

nur eine I-Funktion als Lösung (abgesehen von der trivialen Addition von Nullfunktionen), nämlich die für $t > 0$ stetige Funktion:

$$(9) \qquad \Phi(t) = G(0)\,\frac{t^{\alpha-1}}{\Gamma(\alpha)} + G'(0)\,\frac{t^\alpha}{\Gamma(\alpha+1)} + \cdots + G^{(\nu)}(0)\,\frac{t^{\alpha+\nu-1}}{\Gamma(\alpha+\nu)}$$
$$+ G^{(\nu+1)}(t) * \frac{t^{\alpha+\nu-1}}{\Gamma(\alpha+\nu)}.$$

Bisher war immer $0 < \alpha < 1$. Für $\alpha \geqq 1$ hat die Abelsche Integralgleichung überhaupt keinen Sinn, da $t^{-\alpha}$ nicht integrabel ist. Dagegen wollen wir sie jetzt für $\alpha \leqq 0$ behandeln, schreiben aber besser $\alpha = -\beta$ und betrachten[180]

$$(10) \qquad\qquad G(t) = t^\beta * \Phi(t) \qquad \text{mit} \quad \beta \geqq 0.$$

Damit die Gleichung überhaupt I-Funktionen zur Lösung hat, muß notwendig $G(t)$ für $t \geqq 0$ stetig und $G(0) = 0$ sein.

Der Fall $\beta = 0$, d. h. $G(t) = \int\limits_0^t \Phi(\tau)\,d\tau$ läßt sich sofort erledigen. Eine notwendige und hinreichende Bedingung dafür, daß eine Funktion $G(t)$ ein Integral ist, läßt sich nur bei Lebesgueschen Integralen angeben. Bei Riemannschen Integralen müssen wir uns mit der hinreichenden Bedingung begnügen: $G(t)$ hat eine integrable Ableitung. Ist dies erfüllt, so ist $\Phi(t) = G'(t)$.

Ist nun $\beta > 0$, so muß nach Satz 2 [8.4] $G(t)$ für $t > 0$ differenzierbar und

$$G'(t) = \beta\, t^{\beta-1} * \Phi(t)$$

sein. Hieraus folgt, daß $G'(t)$ für $t > 0$ stetig ist. Ist $\beta \geqq 1$, so ist $G'(t)$ nach Hilfssatz 3 (Anhang) auch in $t = 0$ vorhanden und stetig und $G'(0) = 0$.

Ist $\beta > 1$, so ist abermals nach Satz 2 [8.4] $G'(t)$ für $t > 0$ differenzierbar und

$$G''(t) = \beta\,(\beta-1)\,t^{\beta-2} * \Phi(t),$$

also $G''(t)$ für $t > 0$ stetig, und bei $\beta \geqq 2$ ist $G''(0) = 0$; usw., allgemein:

für $\beta > n$: $G^{(n)}(t)$ in $t = 0$ stetig, $G^{(n)}(0) = 0$, $G^{(n+1)}(t)$ für $t > 0$ vorhanden und stetig;

für $\beta = n+1$: außerdem $G^{(n+1)}(t)$ in $t = 0$ vorhanden und stetig und $G^{(n+1)}(0) = 0$.

Dies können wir so ausdrücken:

Satz 5. *Damit die Integralgleichung* (10) *eine I-Funktion zur Lösung haben kann, muß $G(t)$ notwendig folgende Eigenschaften haben: Ist $n \leqq \beta < n+1$ $(n = 0, 1, 2, \ldots)$, so ist $G'(t), \ldots, G^{(n)}(t)$ für $t \geqq 0$ vorhanden und stetig, $G(0) = G'(0) = \cdots = G^{(n)}(0) = 0$. Für $n < \beta < n+1$ ist sogar $G^{(n+1)}(t)$ für $t > 0$ vorhanden und stetig, und es gilt:*

$$G^{(n+1)}(t) = \beta\,(\beta-1), \ldots, (\beta-n)\, t^{\beta-n-1} * \Phi(t).$$

Für $\beta = n$ *ist*

$$G^{(n)}(t) = \beta!\, 1 * \Phi(t).$$

Diese beiden Gleichungen sind mit der ursprünglichen äquivalent, da man aus ihnen durch wiederholte Integration, d. h. Faltungen mit 1 die ursprüngliche Gleichung zurückgewinnen kann. Man hat dazu nur

$$1 * n + 1 = \frac{t^n}{\Gamma(n+1)}$$ und die oben angegebene Formel für $t^a * t^b$ zu beachten.

Da für $n < \beta < n + 1$ der Exponent $\beta - n - 1$ zwischen -1 und 0 ausschließlich liegt, so ist in diesem Fall durch Satz 5 die Integralgleichung (10) auf die Gleichung (6), im Falle $\beta = n$ auf die vorab erledigte Gleichung (10) mit $\beta = 0$ zurückgeführt. Wenden wir Satz 4 an, so ergibt sich:

S a t z 6. *Vorgelegt ist die Integralgleichung*

$$(11) \qquad G(t) = \frac{t^\beta}{\Gamma(\beta + 1)} * \Phi(t) \qquad mit \qquad \beta \geqq 0.$$

Die Funktion $G(t)$ *erfülle die in Satz 5 genannten notwendigen Bedingungen. Ist* β *eine ganze Zahl* $n = 0, 1, 2, \ldots$, *so ist die Gleichung äquivalent mit*

$$(12) \qquad G^{(n)}(t) = \int_0^t \Phi(\tau)\,d\tau;$$

ist $G^{(n+1)}(t)$ *vorhanden und eine I-Funktion, so ist*

$$(13) \qquad \Phi(t) = G^{(n+1)}(t).$$

Ist $n < \beta < n + 1$ $(n = 0, 1, 2, \ldots)$, *so ist die Gleichung äquivalent mit*

$$(14) \qquad G^{(n+1)}(t) = \frac{t^{\beta - n - 1}}{\Gamma(\beta - n)} * \Phi(t);$$

ist $G(t)$ *für* $t \geqq 0$ $n + v + 1$-*mal* $(v \geqq 0)$, *für* $t > 0$ $n + v + 2$-*mal differenzierbar,* $G^{(n+v+1)}(t)$ *in* $t = 0$ *stetig und* $G^{(n+v+2)}(t)$ *eine I-Funktion, so hat* (11), *abgesehen von additiven Nullfunktionen, nur eine I-Funktion als Lösung, nämlich die für* $t > 0$ *stetige Funktion*

$$(15) \quad \Phi(t) = G^{(n+1)}(0)\frac{t^{n-\beta}}{\Gamma(n-\beta+1)} + G^{(n+2)}(0)\frac{t^{n-\beta+1}}{\Gamma(n-\beta+2)} + \cdots$$

$$+ G^{(n+v+1)}(0)\frac{t^{n-\beta+v}}{\Gamma(n-\beta+v+1)} + G^{(n+v+2)}(t) * \frac{t^{n-\beta+v}}{\Gamma(n-\beta+v+1)}.$$

Setzt man in Satz 4 $\alpha = -\beta$, so ist $-1 < \beta < 0$, und man erkennt, daß die dortige Formel (9) mit (15) übereinstimmt, wenn man in (15) $n = -1$ setzt. *Daher gilt Satz 6 auch für* $\beta > -1$.

Wir fassen nun die Sätze 4, 5 und 6 zusammen und setzen $\beta = \mu - 1$, wodurch sich ergibt:

S a t z 7. *Damit die Integralgleichung*

$$(16) \qquad G(t) = \frac{t^{\mu - 1}}{\Gamma(\mu)} * \Phi(t) \qquad mit \qquad \mu > 0$$

eine I-Funktion zur Lösung hat, muß $G(t)$ *folgende Bedingung erfüllen:*

$0 < \mu < 1$: $G(t)$ *für* $t > 0$ *stetig;*

$n \leqq \mu < n + 1$ ($n \geqq 1$ *ganz*): $G'(t), \ldots, G^{(n-1)}(t)$ *für* $t \geqq 0$ *vorhanden und stetig,* $G(0) = G'(0) = \cdots = G^{(n-1)}(0) = 0;$

$n < \mu < n + 1$: *außerdem* $G^{(n)}(t)$ *für* $t > 0$ *vorhanden und stetig.*

Ist μ *eine ganze Zahl* $n = 1, 2, \ldots$, *so ist die Lösung von* (16) *identisch mit der von*

$$(17) \qquad G^{(n-1)}(t) = \int_0^t \Phi(\tau)\, d\tau;$$

ist daher $G^{(n)}(t)$ *vorhanden und eine I-Funktion, so ist*

$$(18) \qquad \Phi(t) = G^{(n)}(t).$$

Ist $n < \mu < n + 1$ ($n = 0, 1, 2, \ldots$), *so ist* (16) *dann und nur dann lösbar, wenn*

$$(19) \qquad G^{(n)}(t) = \frac{t^{\mu - n - 1}}{\Gamma(\mu - n)} * \Phi(t) \qquad (-1 < \mu - n - 1 < 0)$$

eine Lösung hat; ist $G(t)$ *für* $t \geqq 0$ $n + \nu$-*mal* ($\nu \geqq 0$), *für* $t > 0$ $n + \nu + 1$-*mal differenzierbar,* $G^{(n+\nu)}(t)$ *in* $t = 0$ *stetig und* $G^{(n+\nu+1)}(t)$ *eine I-Funktion, so hat* (16), *abgesehen von additiven Nullfunktionen, nur eine I-Funktion als Lösung, nämlich die . für* $t > 0$ *stetige Funktion*

$$\Phi(t) = G^{(n)}(0)\, \frac{t^{n-\mu}}{\Gamma(n-\mu+1)} + G^{(n+1)}(0)\, \frac{t^{n-\mu-1}}{\Gamma(n-\mu+2)} + \cdots$$

$$(20) \qquad + G^{(n+\nu)}(0)\, \frac{t^{n-\mu+\nu}}{\Gamma(n-\mu+\nu+1)} + G^{(n+\nu+1)}(t) * \frac{t^{n-\mu+\nu}}{\Gamma(n-\mu+\nu+1)}.$$

2. Integration und Differentiation nichtganzer Ordnung.

Dieses Ergebnis läßt nun eine sehr anschauliche Deutung zu, wenn man den Begriff der (reellen) Integration und Differentiation nichtganzer Ordnung einführt [181]. Wir bemerken schon hier und werden es im 24. Kapitel deutlich sehen, daß es keine eindeutige und universelle Weise der Definition dieser Begriffe geben kann, sondern daß dabei immer ein gewisser Punkt der reellen Achse, z. B. $t = 0$ oder $t = -\infty$, allgemein $t = t_0$ ausgezeichnet werden muß und die Definition sich dann nur auf $t > t_0$ bezieht. Bei der Verwendung der verallgemeinerten Integration und Differentiation in der Theorie der partiellen Differentialgleichungen entspricht dem die Tatsache, daß dort das Problem stets für ein bestimmtes Intervall, z. B. $t > 0$ oder alle t, gestellt wird. Die Definition, die wir hier im Anschluß an die Abelsche Gleichung einführen, beruht auf der *Auszeichnung des Punktes* 0 (vgl. 24.1).

Dazu gehen wir aus von der μ-fachen Iteration ($\mu \geqq 1$ ganz) der Integration einer I-Funktion $\Phi(t)$ von 0 bis $t > 0$:

$$I^{(\mu)}\, \Phi = \int_0^t d\tau_\mu \ldots d\tau_3 \int_0^{\tau_3} d\tau_2 \int_0^{\tau_2} \Phi(\tau_1)\, d\tau_1.$$

Vermittels der Faltungssymbolik können wir einfach schreiben:

$$I^{(\mu)}\,\Phi = \Phi * \underbrace{1}_{1} * \underbrace{1}_{2} * \cdots * \underbrace{1}_{\mu} = \Phi * 1^{*\mu}\,.$$

Nun ist aber $1^{*\mu} = \dfrac{t^{\mu-1}}{\Gamma(\mu)}$, also läßt sich das μ-fache Integral durch ein einfaches ausdrücken:

$$(21)\qquad I^{(\mu)}\,\Phi = \Phi * \frac{t^{\mu-1}}{\Gamma(\mu)} = \frac{1}{\Gamma(\mu)}\int\limits_0^t \Phi(\tau)\,(t-\tau)^{\mu-1}\,d\tau\,.$$

In dieser neuen Gestalt steht aber nichts im Wege, μ auch nicht ganzzahlig, und zwar beliebig > 0 zu wählen (μ könnte sogar komplex mit $\Re\,\mu > 0$ sein). Wir definieren daher das *μ-fach iterierte Integral* $I^{(\mu)}\,\Phi$ von Φ, jeweils von 0 bis $t > 0$ erstreckt, für $\mu > 0$ durch die Gleichung (21)[182].

Aus

$$\Phi * \frac{t^{\mu-1}}{\Gamma(\mu)} * \frac{t^{\lambda-1}}{\Gamma(\lambda)} = \Phi * \frac{t^{\mu+\lambda-1}}{\Gamma(\mu+\lambda)}$$

folgt

$$(\mathrm{I})\qquad I^{(\lambda)}\{I^{(\mu)}\,\Phi\} = I^{(\mu)}\{I^{(\lambda)}\,\Phi\} = I^{(\mu+\lambda)}\Phi\,.$$

Zu einer entsprechenden Verallgemeinerung des Begriffs der Ableitung kommt man nun so: Ist μ ganz $\geqq 1$ und $I^{(\mu)}\,\Phi = G(t)$, so ist nach Satz 7

$$\Phi(t) = G^{(\mu)}(t)\,,$$

falls $G^{(\mu)}(t)$ vorhanden und integrabel und $G(0) = G'(0) = \cdots = G^{(\mu-1)}(0) = 0$ ist. Es liegt also nahe zu definieren: Unter der μ^{ten} *Derivierten* $D^{(\mu)}\,G$ ($\mu > 0$)* einer für $t \geqq 0$ definierten Funktion $G(t)$ versteht man die Lösung der Integralgleichung

$$(22)\qquad I^{(\mu)}\,\Phi \equiv \Phi * \frac{t^{\mu-1}}{\Gamma(\mu)} = G(t)\,,$$

falls sie existiert. Für ganzzahlige μ bedeutet das teilweise eine Einschränkung — denn eine im klassischen Sinn vorhandene, aber nicht integrable Ableitung wird jetzt nicht mehr als Derivierte gerechnet —, teilweise eine Erweiterung — denn es kann z. B. vorkommen, daß die Gleichung $\Phi * 1 = G$ eine Lösung besitzt, ohne daß G im klassischen Sinn differenzierbar ist**. Für nichtganzes μ stellt die Definition eine

---

* Wir nennen von jetzt an die neu definierten Ableitungen „Derivierte" und bezeichnen sie durch das Operatorenzeichen $D^{(\mu)}$, während wir für die klassische Ableitung die Kennzeichnung durch einen oberen Suffix, z. B. $G^{(n)}$, festhalten.

** So ist z. B. für

$$\Phi(t) = \begin{cases} 0 & \text{für } 0 \leqq t \leqq 1 \\ 1 & \text{für } t > 1 \end{cases}$$

die Funktion $G(t)$ an der Stelle $t = 1$ nicht differenzierbar:

$$G(t) = \begin{cases} 0 & \text{für } 0 \leqq t \leqq 1 \\ t - 1 & \text{für } t > 1\,. \end{cases}$$

Neuschöpfung dar, die aber auf einer Auszeichnung des Punktes 0 beruht (als Anfangspunkt des Integrationsintervalls) und daher keine universelle Bedeutung beanspruchen kann. — Nach Definition ist

$$\text{(II)} \qquad\qquad I^{(\mu)}\{D^{(\mu)}G\} = G.$$

Ferner folgt aus der Gleichung $I^{(\mu)}G = G * \dfrac{t^{\mu-1}}{\Gamma(\mu)}$:

$$\text{(III)} \qquad\qquad D^{(\mu)}\{I^{(\mu)}G\} = G.$$

Nach Satz 7 ist $D^{(\mu)}G$ bei nichtganzem μ mit $n < \mu < n+1$ dann und nur dann vorhanden, wenn G', G'', ..., $G^{(n-1)}$ für $t \geq 0$, $G^{(n)}$ für $t > 0$ im klassischen Sinn vorhanden und stetig, $G(0) = G'(0) = \ldots = G^{(n-1)}(0) = 0$ und die Gleichung (19) lösbar ist. Letzteres heißt aber in unserer jetzigen Sprache: wenn $D^{(\mu-n)}G^{(n)}(t)$ existiert. Wir erhalten also: Es ist

$$\text{(IV)} \qquad D^{(\mu)}G = D^{(\mu-n)}G^{(n)}(t) \qquad \text{für} \qquad n < \mu < n+1,$$

entweder wenn $D^{(\mu)}G$ existiert oder wenn $D^{(\mu-n)}G^{(n)}$ existiert und $G(0) = G'(0) = \cdots = G^{(n-1)}(0) = 0$ ist.

Aus (I) und (III) folgt: Es ist stets

$$\text{(V)} \qquad\qquad D^{(\mu)}\{I^{(\mu+\lambda)}G\} = I^{(\lambda)}G.$$

Wenn $D^{(\mu+\lambda)}G$ existiert, so ist nach (I):

$$G(t) = I^{(\mu+\lambda)}\{D^{(\mu+\lambda)}G\} = I^{(\lambda)}\{I^{(\mu)}\{D^{(\mu+\lambda)}G\}\}.$$

Das bedeutet: Es ist

$$\text{(VI)} \qquad\qquad I^{(\mu)}\{D^{(\mu+\lambda)}G\} = D^{(\lambda)}G,$$

falls $D^{(\mu+\lambda)}G$ existiert.

Aus (II) folgt durch Anwendung von $I^{(\lambda)}$:

$$I^{(\lambda)}\{I^{(\mu)}\{D^{(\mu)}G\}\} = I^{(\lambda)}G,$$

also nach (I):

$$\text{(VII)} \qquad\qquad I^{(\mu+\lambda)}\{D^{(\mu)}G\} = I^{(\lambda)}G,$$

falls $D^{(\mu)}G$ existiert.

Das können wir auch so lesen: Es ist

$$\text{(VIII)} \qquad\qquad D^{(\mu+\lambda)}\{I^{(\lambda)}G\} = D^{(\mu)}G,$$

falls $D^{(\mu)}G$ existiert.

Aus (VI) folgt: Es ist

$$\text{(IX)} \qquad\qquad D^{(\mu)}\{D^{(\lambda)}G\} = D^{(\mu+\lambda)}G,$$

falls $D^{(\mu+\lambda)}G$ existiert.

Wir bemerken noch, daß sich aus (VI) speziell ergibt: Wenn $D^{(\nu)}G$ $(\nu > 0)$ existiert, so existiert auch $D^{(\lambda)}G$ für jedes $0 < \lambda < \nu$.

Aus den abgeleiteten Regeln folgt, daß die Indizes der Operationen $I^{(\mu)}$ und $D^{(\mu)}$ sich bei Aufeinanderfolge mehrerer Operationen additiv (wenn es Operationen derselben Art) und subtraktiv (wenn es solche verschiedener Art sind) verhalten. Man kann die beiden Scharen $I^{(\mu)}$ und $D^{(\mu)}$ daher auch zu einer einzigen vereinigen und die Differentiationen als Integrationen mit negativem Index oder umgekehrt ansehen:

$$I^{(\mu)}\,G = D^{(-\mu)}\,G,$$
$$D^{(\mu)}\,G = I^{(-\mu)}\,G.$$

Dann kann man sämtliche Regeln in die eine zusammenfassen:

$$I^{(\mu)}\,I^{(\lambda)}\,G = I^{(\mu+\lambda)}\,G \quad \text{bzw.} \quad D^{(\mu)}\,D^{(\lambda)}\,G = D^{(\mu+\lambda)}\,G \qquad (\mu \gtreqless 0,\ \lambda \gtreqless 0).$$

Dabei ist $I^{(0)}\,G = D^{(0)}\,G = G$ zu setzen. Allerdings hat man jeweils die in den einzelnen Regeln ausgesprochenen Voraussetzungen zu beachten.

Wir wollen nun feststellen, wie unsere neuen Begriffe *im Lichte der Laplace-Transformation* aussehen, und betrachten zunächst wieder die Integrale. Ist $\varPhi$ eine L-Funktion, so gilt nach Satz 7 [8.5] für $I^{(\mu)}\,\varPhi$ dasselbe, und es ist

$$\mathfrak{L}\{I^{(\mu)}\,\varPhi\} = \mathfrak{L}\left\{\varPhi * \frac{t^{\mu-1}}{\Gamma(\mu)}\right\} = s^{-\mu}\,\mathfrak{L}\{\varPhi\} \qquad (\mu > 0).$$

Dies ist uns für ganzzahlige μ von früher her bekannt:

$$\mathfrak{L}\{\underbrace{\varPhi * 1}_{1} * \underbrace{1}_{2} * \cdots * \underbrace{1}_{\mu}\} = \mathfrak{L}\{\varPhi\}\left(\frac{1}{s}\right)^{\mu}.$$

Durch die neue Definition wird die Schar $s^{-\mu}\,\mathfrak{L}\{\varPhi\}$ für nichtganze $\mu > 0$ interpoliert.

Ist weiterhin $D^{(\mu)}\,G = \varPhi$ vorhanden ($\mu > 0$) und eine L-Funktion, so ist

$$\mathfrak{L}\{\varPhi\}\,s^{-\mu} = \mathfrak{L}\{G\},$$

also

$$\mathfrak{L}\{D^{(\mu)}\,G\} = s^{\mu}\,\mathfrak{L}\{G\}.$$

Erinnern wir uns nun daran (Satz 7), daß $D^{(\mu)}\,G$ mit $n \leq \mu < n+1$ nur existieren kann, wenn $G(0) = G'(0) = \cdots = G^{(n-1)}(0) = 0$ ist, so stimmt diese Formel mit der durch Gesetz $\mathrm{III_a}$ bekannten für ganzzahlige $\mu = n$ überein:

$$\mathfrak{L}\{G^{(n)}\} = s^{n}\,\mathfrak{L}\{G\} - G(0)\,s^{n-1} - G'(0)\,s^{n-2} - \cdots - G^{(n-1)}(0).$$

Unsere Definition stellt also vom Standpunkt der $\mathfrak{L}$-Transformation aus die sachgemäße Interpolation dar [183].

Aus Satz 7 kann man noch eine instruktive Darstellung von $D^{(\mu)}\,G$ durch die Formel (20) entnehmen im Falle, daß G Ableitungen ganzzahliger Ordnung $> n$ ($n < \mu < n+1$) besitzt. Diese Formel kann man so deuten: Ist $G(t)$ für $t \geq 0$ $n+\nu$-mal ($\nu \geq 0$), für $t > 0$ $n+\nu+1$-mal differenzierbar, $G^{(n+\nu)}(t)$ in $t = 0$ stetig und $G^{(n+\nu+1)}(t)$ eine I-Funktion, so ist nach dem Taylorschen Satz mit Integralrestglied, wenn, wie in unserem Fall, $G(0) = G'(0) = \cdots = G^{(n-1)}(0) = 0$ ist:

$$G(t) = G^{(n)}(0)\,\frac{t^n}{\Gamma(n+1)} + G^{(n+1)}(0)\,\frac{t^{n+1}}{\Gamma(n+2)} + \cdots$$

$$\cdots + G^{(n+\nu)}(0)\,\frac{t^{n+\nu}}{\Gamma(n+\nu+1)} + G^{(n+\nu+1)}(t) * \frac{t^{n+\nu}}{\Gamma(n+\nu+1)}\,.$$

Die Formel (20) ergibt sich nun hieraus einfach dadurch, daß man die für ganzzahlige $\mu < \alpha + 1$ bekannte Formel

$$(23) \qquad \frac{d^\mu t^\alpha}{d t^\mu} = \alpha\,(\alpha-1)\cdots(\alpha-\mu+1)\,t^{\alpha-\mu} = \frac{\Gamma(\alpha+1)}{\Gamma(\alpha-\mu+1)}\,t^{\alpha-\mu}$$

auch für nichtganze $\mu < \alpha + 1$ in Anspruch nimmt* und die Taylor-Entwicklung gliedweise n-mal differenziert.

Zum Schluß sei darauf hingewiesen, daß unsere *Definition* von $D^{(\mu)} G$ *nicht die allgemein übliche* ist. Gewöhnlich definiert man:

$$(24) \qquad\qquad D^{(\mu)} G = \frac{d^{n+1}}{d t^{n+1}}\,I^{(n-\mu+1)} G \qquad\qquad (n \le \mu < n+1),$$

wobei $I^{(n-\mu+1)}$ dasselbe wie bei uns bedeutet [vgl. hiermit Regel (IV)]. Wenn dies auch manchmal, z. B. für t^α mit $\mu < \alpha + 1$ dasselbe wie oben liefert, so bestehen doch wesentliche *Unterschiede*:

1. Unsere Operation $D^{(\mu)}$ ist nicht die Umkehrung der Integration schlechthin, d. h. des unbestimmten Integrals im Sinne der primitiven Funktion, sondern der μ-fach iterierten bestimmten Integration von 0 an. Beide Operationen, Integration und Differentiation, sind eindeutig und im strengen Sinn invers [s. Regel (II) und (III)]. Bei der Definition (24) dagegen kommt die klassische Ableitung $\dfrac{d^{n+1}}{d t^{n+1}}$ vor, deren Umkehrung (nämlich das klassische Integral im Sinne der primitiven Funktion) nicht eindeutig ist: Sucht man zu gegebenem $D^{(\mu)} G$ das G, so ist dieses nur bis auf ein Polynom n^{ten} Grades bestimmt. So ist nach (24) z. B. $D^{(\frac{3}{2})} t^{\frac{1}{2}} = 0$ und die zugehörige primitive Funktion gleich $c_0 + c_1 t$.

2. Damit hängt es zusammen, daß bei uns stets $G(0) = G'(0) = \cdots = G^{(n-1)}(0)$ sein muß. Denn nach Regel (IV) kann unser $D^{(\mu)}$ auch vermittels der klassischen Ableitung $G^{(n)}$ definiert werden, würde also ohne jene Einschränkung auch eine mehrdeutige Umkehrung haben.

3. Für uns kommen als Derivierte nur integrable Funktionen in Frage, da man ja von ihnen durch iterierte bestimmte Integration wieder

---

* Diese Formel ist übrigens auch nach der neuen Definition von $D^{(\mu)} t^\alpha$ ($\alpha > -1$, $0 < \mu < \alpha + 1$) richtig. Denn es ist

$$I^{(\mu)}\,\frac{\Gamma(\alpha+1)}{\Gamma(\alpha-\mu+1)}\,t^{\alpha-\mu} = \frac{\Gamma(\alpha+1)}{\Gamma(\alpha-\mu+1)\,\Gamma(\mu)}\,t^{\alpha-\mu} * t^{\mu-1} = t^\alpha\,.$$

zur Ausgangsfunktion muß zurückkehren können. Deshalb können wir z. B. $D^{(\mu)} t^\alpha$ nur für $\mu < \alpha + 1$ bilden. Die durch (24) definierten Derivierten können nichtintegrabel sein; so ist z. B.

$$D^{\left(\frac{5}{2}\right)} t^{\frac{1}{3}} = \frac{d^3}{dt^3}\left\{ t^{\frac{1}{3}} * \frac{t^{-\frac{1}{2}}}{\Gamma\left(\frac{1}{2}\right)} \right\} = \frac{d^3}{dt^3}\left\{ \frac{\Gamma\left(\frac{4}{3}\right)}{\Gamma\left(\frac{11}{6}\right)} t^{\frac{5}{6}} \right\} = \frac{\Gamma\left(\frac{4}{3}\right)}{\Gamma\left(-\frac{7}{6}\right)} t^{-\frac{13}{6}} .$$

4. Ist $G'(t), \ldots, G^{(n)}(t)$ für $t \geqq 0$, $G^{(n+1)}(t)$ für $t > 0$ vorhanden, $G^{(n)}(t)$ in $t = 0$ stetig und $G^{(n+1)}(t)$ eine I-Funktion, so kann man die durch (24) definierte Derivierte nach Satz 2 [8.4] für $t > 0$ ausrechnen:

$$\frac{d}{dt}\left\{ G * \frac{t^{n-\mu}}{\Gamma(n-\mu+1)} \right\} = G' * \frac{t^{n-\mu}}{\Gamma(n-\mu+1)} + G(0)\frac{t^{n-\mu}}{\Gamma(n-\mu+1)}$$

$$\frac{d^2}{dt^2}\left\{ G * \frac{t^{n-\mu}}{\Gamma(n-\mu+1)} \right\} = G'' * \frac{t^{n-\mu}}{\Gamma(n-\mu+1)} + G'(0)\frac{t^{n-\mu}}{\Gamma(n-\mu+1)} + G(0)\frac{t^{n-\mu-1}}{\Gamma(n-\mu)}$$

$$\cdot \quad \cdot \quad \cdot \quad \cdot \quad \cdot \quad \cdot \quad \cdot \quad \cdot \quad \cdot \quad \cdot \quad \cdot \quad \cdot \quad \cdot \quad \cdot \quad \cdot \quad \cdot \quad \cdot \quad \cdot$$

$$\frac{d^{n+1}}{dt^{n+1}}\left\{ G * \frac{t^{n-\mu}}{\Gamma(n-\mu+1)} \right\} = G^{(n+1)} * \frac{t^{n-\mu}}{\Gamma(n-\mu+1)} + G^{(n)}(0)\frac{t^{n-\mu}}{\Gamma(n-\mu+1)}$$

$$+ G^{(n-1)}(0)\frac{t^{n-\mu-1}}{\Gamma(n-\mu)} + \cdots + G'(0)\frac{t^{-\mu+1}}{\Gamma(-\mu+2)} + G(0)\frac{t^{-\mu}}{\Gamma(-\mu+1)} .$$

$\left(\text{Dabei ist } \dfrac{1}{\Gamma(-p)} = 0 \text{ für } p = 0, 1, 2, \ldots \text{ zu setzen, was nur für ganz-}\right.$

$\left.\text{zahliges } \mu \text{ in Frage kommt.}\right)$ Ist nun $G(0) = G'(0) = \cdots = G^{(n-1)}(0) = 0$, so ist dieser Wert gleich dem durch unsere Definition gelieferten, denn dann stimmt er mit (20) für den Fall $\nu = 0$ überein. — Was die beiden Definitionen unterscheidet, ist also die nichtintegrable Funktion

$$G(0)\frac{t^{-\mu}}{\Gamma(-\mu+1)} + G'(0)\frac{t^{-\mu+1}}{\Gamma(-\mu+2)} + \cdots + G^{(n-1)}(0)\frac{t^{n-\mu+1}}{\Gamma(n-\mu)} .$$

Um diese zu bekommen, braucht man nur die Definition von $D^{(\mu)}$ nach (24) auf den Ausdruck

$$P_{n-1}(t) = G(0) + G'(0)\frac{t}{1!} + \cdots + G^{(n-1)}(0)\frac{t^{n-1}}{(n-1)!},$$

der bei uns gewissermaßen abgezogen war, um zu erreichen, daß die Funktion mit ihren $n-1$ ersten Ableitungen in $t = 0$ verschwindet, anzuwenden. Denn nach dieser Definition ist für $\alpha > -1$:

$$D^{(\mu)} t^\alpha = \frac{d^{n+1}}{dt^{n+1}}\left\{ t^\alpha * \frac{t^{n-\mu}}{\Gamma(n-\mu+1)} \right\} = \frac{d^{n+1}}{dt^{n+1}} \frac{\Gamma(\alpha+1)}{\Gamma(\alpha+n-\mu+2)} t^{\alpha+n-\mu+1}$$

$$= \begin{cases} 0 & \text{für } \mu-\alpha = \text{ganze Zahl} > 0 \\[2mm] \dfrac{\Gamma(\alpha+1)}{\Gamma(\alpha-\mu+1)} t^{\alpha-\mu} & \text{in allen anderen Fällen.} \end{cases}$$

(Das ist formal derselbe Ausdruck (23), der nach unserer Definition für $\mu < \alpha + 1$ gilt.)

5. Was uns veranlaßt hat, die Definition (22) und nicht (24) zu verwenden, ist außer der größeren formalen Schmiegsamkeit und der

Eigenschaft, sich dem Begriff des iterierten Integrals konsequenter einzupassen, vor allem die Tatsache, daß es dieser Begriff der Derivierten ist, der in der Behandlung von Randwertproblemen vermittels der $\mathfrak{L}$-Transformation und damit bei der sog. symbolischen (Heavisideschen) Methode gebraucht wird (siehe 24.1).

Nachdem der Begriff der Ableitung beliebiger Ordnung eingeführt ist, kann man auch *Differentialgleichungen* bilden, die solche verallgemeinerte Ableitungen enthalten. In Wahrheit sind das natürlich nichts anderes als Integrodifferentialgleichungen und zwar Verallgemeinerungen der Abelschen Gleichung. Wir wollen hier nur an einem Beispiel[184] zeigen, wie man solche Probleme mit der $\mathfrak{L}$-Transformation erledigt. Es bedeute $D^{\left(\frac{1}{2}\right)}$ den durch (24) (also nicht in unserem Sinn) definierten Operator, und es sei die „verallgemeinerte Differentialgleichung‟

$$D^{\left(\frac{1}{2}\right)} F(t) + \lambda F(t) = G(t)$$

vorgelegt, die explizit so lautet:

$$\frac{d}{dt}\left\{F * \frac{t^{-\frac{1}{2}}}{\Gamma(\frac{1}{2})}\right\} + \lambda F(t) = G(t).$$

Sind die drei einzelnen Terme dieser Gleichung L-Funktionen und ist

$$F * \frac{t^{-\frac{1}{2}}}{\Gamma(\frac{1}{2})} \to a \quad \text{für} \quad t \to 0,$$

so ergibt die Übersetzung in den l-Bereich nach Gesetz III_a:

$$s\,\mathfrak{L}\left\{F * \frac{t^{-\frac{1}{2}}}{\Gamma(\frac{1}{2})}\right\} - a + \lambda f(s) = g(s)$$

oder

$$s\,f(s)\,\frac{1}{s^{\frac{1}{2}}} - a + \lambda f(s) = g(s),$$

woraus folgt:

$$f(s) = \frac{g(s)}{s^{\frac{1}{2}} + \lambda} + \frac{a}{s^{\frac{1}{2}} + \lambda}.$$

Nun ist aber

$$\frac{1}{s^{\frac{1}{2}} + \lambda} = \frac{1}{s^{\frac{1}{2}}} - \frac{\lambda}{s - \lambda^2} + \frac{\lambda^2}{s^{\frac{1}{2}}(s - \lambda^2)},$$

wozu die L-Funktion

$$\frac{1}{\sqrt{\pi t}} - \lambda\,e^{\lambda^2 t} + \frac{\lambda^2}{\sqrt{\pi t}} * e^{\lambda^2 t}$$

gehört. Man kann also die L-Funktion zu $f(s)$ explizit anschreiben:

$$F(t) = G(t) * \left(\frac{1}{\sqrt{\pi t}} - \lambda\,e^{\lambda^2 t} + \frac{\lambda^2}{\sqrt{\pi t}} * e^{\lambda^2 t}\right) + a\left(\frac{1}{\sqrt{\pi t}} - \lambda\,e^{\lambda^2 t} + \frac{\lambda^2}{\sqrt{\pi t}} * e^{\lambda^2 t}\right).$$

Die verallgemeinerte Differentialgleichung hat also unendlich viele Lösungen, weil a jeden komplexen Wert bedeuten kann. Da $\dfrac{1}{\sqrt{\pi t}} * \dfrac{1}{\sqrt{\pi t}}$

$= 1$ ist, so verifiziert man sofort, daß, wie oben verlangt, $F(t) * \dfrac{t^{-\frac{1}{2}}}{\Gamma(\frac{1}{2})} \to a$

für $t \to 0$. Die Lösung $F(t)$ selbst verhält sich für $t \to 0$ wie $G * \dfrac{1}{\sqrt{\pi t}}$

$+ \dfrac{a}{\sqrt{\pi t}}$. Ist also G in der Umgebung von $t = 0$ beschränkt, so verhält

sich F wie $\dfrac{a}{\sqrt{\pi t}}$.

16. Kapitel.

Funktionalrelationen mit Faltungsintegralen, insbesondere transzendente Additionstheoreme.

Im vorigen Kapitel haben wir den Faltungssatz dazu benutzt, um Integralgleichungen zu lösen, indem wir Faltungen, in denen eine unbekannte Funktion vorkam, vermittels der $\mathfrak{L}$-Transformation in Produkte übersetzten. Natürlich kann man ganz analog, wenn es sich nur um *bekannte* Funktionen handelt, diese Übersetzung vornehmen. Hier wird man aber im allgemeinen den umgekehrten Weg gehen: Wenn eine L-Funktion F eine einfache l-Funktion f hat, so wird man oft für diese eine elementare *algebraische Relation* leicht finden können. Dieser entspricht dann kraft des Faltungssatzes eine aus Faltungsintegralen bestehende, also *transzendente Relation* für die L-Funktion. Besonderes Interesse verdient der Fall, daß F und folglich auch f noch von einem Parameter abhängt und die elementare Relation für f in einem *algebraischen Additionstheorem* hinsichtlich dieses Parameters besteht:

$$\Theta\left(f(\alpha, s), f(\beta, s), f(\alpha + \beta, s); f_1(s), \ldots, f_p(s)\right) = 0,$$

wo Θ ein Polynom ist. Ihm entspricht dann ein·*transzendentes Additionstheorem* für F:

$$\Theta\left(F(\alpha, t)*, F(\beta, t)*, F(\alpha + \beta, t)*; F_1(t)*, \ldots, F_p(t)*\right) = \text{Nullfunktion}.$$

Die auf diese Weise erhaltenen Funktionalrelationen sind oft aus der gewöhnlichen Theorie der betreffenden Funktionen heraus kaum auffindbar, ja sogar ihre rein rechnerische Bestätigung wäre ohne Anwendung einer Funktionaltransformation manchmal überaus langwierig und beschwerlich[185]. Ist der skizzierte Weg der Herleitung einmal erkannt, so ist es natürlich leicht, ihn auf beliebig viele Funktionen und Funktionsklassen anzuwenden*. Wir begnügen uns mit der Vorführung einiger typischer Beispiele, bei denen es sich um bekannte und wichtige Funktionen und um formal sehr einfache, früher größtenteils unbekannte

---

* Es liegt hier etwas Analoges wie bei den Reihenentwicklungen im 9. Kapitel vor, wo man auch die Anzahl der Beispiele beliebig vermehren könnte.

Relationen handelt. Wir werden übrigens später in der Theorie der Randwertprobleme noch einen zweiten Zugang zu den Faltungsrelationen herstellen und dabei den Zusammenhang zwischen den beiden scheinbar so weit auseinanderliegenden Wegen klären (25. Kapitel).

§ 1. Thetafunktionen.

Sucht man zunächst einmal ein möglichst einfaches und schlagkräftiges Beispiel, so muß es sich offenbar um eine elementare l-Funktion mit einer besonders durchsichtigen multiplikativen Eigenschaft handeln. Der denkbar einfachste Fall wäre der, daß $f(s)$ noch von einem Parameter x abhängt: $f(x, s)$, und das algebraische Additionstheorem

$$f(x_1, s)\, f(x_2, s) = f(x_1 + x_2, s)$$

besitzt. Bei stetiger Abhängigkeit von x hat diese Funktionalgleichung bekanntlich nur die Lösung

$$f(x, s) = e^{-x\varphi(s)},$$

wo nun $\varphi(s)$ analytisch sein muß. Für die nächstliegende Wahl $\varphi(s) \equiv s$ ergibt sich keine l-Funktion (vgl. S. 143). Dagegen liefert $\varphi(s) = s^{\frac{1}{2}}$ eine l-Funktion, und zwar ist (s. S. 25)

$$\mathfrak{L}\{\psi(x, t)\} = e^{-x\sqrt{s}} \qquad\qquad (x > 0).$$

Aus dem algebraischen Additionstheorem

$$e^{-x_1\sqrt{s}} \cdot e^{-x_2\sqrt{s}} = e^{-(x_1 + x_2)\sqrt{s}}$$

entspringt sofort das transzendente Additionstheorem der ψ-Funktion:

$$(1) \qquad\qquad \psi(x_1, t) * \psi(x_2, t) = \psi(x_1 + x_2, t) \qquad (x_1 > 0,\ x_2 > 0).$$

(Die eventuell zu addierende Nullfunktion ist wegen der Stetigkeit beider Seiten identisch 0.) [186]

Die Funktion ψ ist eine Ausartung einer Thetafunktion, was besonders in der Theorie der Wärmeleitung deutlich wird (vgl. 20.2.3); es ist nämlich [Definition von ϑ_3 siehe 7.5 (2)]:

$$-\frac{1}{l}\,\frac{\partial \vartheta_3\left(\dfrac{x}{2l},\ \dfrac{t}{l^2}\right)}{\partial x} \to \psi(x, t)$$

für $l \to \infty$ bei festem x und $t > 0$. Wir werden dadurch veranlaßt, unsere Methode auf die Thetafunktionen und verwandte Funktionen anzuwenden. Dazu knüpfen wir zunächst an die allgemeine Lösung $U(c, t)$ der S. 290 behandelten quadratischen Integralgleichung an:

$$U(c, t) = \frac{1}{\sqrt{\pi t}}\left\{1 + 2\sum_{n=1}^{\infty}(-1)^n\, e^{2nc - \frac{n^2}{t}}\right\},$$

die die Funktionen $\vartheta_3(0, t)$ und $\vartheta_2(0, t)$ als Spezialfälle enthält. Es ist

$$\mathfrak{L}\{U(c, t)\} = \frac{1}{s^{\frac{1}{2}}} \frac{e^{s^{\frac{1}{2}}+c} - e^{-\left(s^{\frac{1}{2}}+c\right)}}{e^{s^{\frac{1}{2}}+c} + e^{-\left(s^{\frac{1}{2}}+c\right)}} = -\frac{1}{\sqrt{-s}} \frac{\sin\left(\sqrt{-s}+ic\right)}{\cos\left(\sqrt{-s}+ic\right)}$$

$$= -\frac{\operatorname{tg}\left(\sqrt{-s}+ic\right)}{\sqrt{-s}} = u(c, s).$$

Aus

$$u(c, s)\, u\left(c + i\frac{\pi}{2}, s\right) = \frac{\operatorname{tg}\left(\sqrt{-s}+ic\right) \operatorname{tg}\left(\sqrt{-s}+ic-\frac{\pi}{2}\right)}{-s} = \frac{1}{s}$$

folgt:

(2) $$U(c, t) * U\left(c + i\frac{\pi}{2}, t\right) = 1.$$

Für $c = 0$ ergibt das die Thetarelation [187]

(3) $$\vartheta_2(0, t) * \vartheta_3(0, t) = 1.$$

$\vartheta_2(0, t)$ und $\vartheta_3(0, t)$ sind also hinsichtlich der symbolischen Faltungsmultiplikation „reziprok". Man kann daher in jeder Relation, wo die eine auftritt, diese durch Faltung mit der anderen entfernen. So ist z. B., da ϑ_3 unter den Lösungen der Integralgleichung von S. 290 vorkommt:

$$\vartheta_3(0, t)^{*2} + \vartheta_3(0, t) * 1 - 2t\,\vartheta_3(0, t) - 1 = 0,$$

also nach Faltung mit $\vartheta_2(0, t)$ in abgekürzter Schreibweise:

$$\vartheta_3 * \vartheta_3 * \vartheta_2 + \vartheta_3 * \vartheta_2 * 1 - 2(t\,\vartheta_3) * \vartheta_2 - \vartheta_2 * 1 = 0$$

oder

$$\vartheta_3 * 1 + t - 2(t\,\vartheta_3) * \vartheta_2 - \vartheta_2 * 1 = 0.$$

Wir gehen nun zu den allgemeinen Thetafunktionen selbst über und stellen zunächst einmal ihre $\mathfrak{L}$-Transformierten zusammen, die man auf dieselbe Weise wie für $\vartheta_3(v, t)$ in 7.4 und 7.5 erhält [188]:

$$\vartheta_0(v, t) = \frac{1}{\sqrt{\pi t}} \sum_{n=-\infty}^{+\infty} e^{-\frac{1}{t}\left(v+\frac{1}{2}+n\right)^2}, \qquad f_0(v, s) = -\frac{\cos 2v\sqrt{-s}}{\sqrt{-s}\,\sin\sqrt{-s}}$$

$$\left(-\frac{1}{2} \leqq v \leqq +\frac{1}{2}\right);$$

$$\vartheta_1(v, t) = \frac{1}{\sqrt{\pi t}} \sum_{n=-\infty}^{+\infty} (-1)^n e^{-\frac{1}{t}\left(v-\frac{1}{2}+n\right)^2}, \qquad f_1(v, s) = -\frac{\sin 2v\sqrt{-s}}{\sqrt{-s}\,\cos\sqrt{-s}}$$

$$\left(-\frac{1}{2} \leqq v \leqq +\frac{1}{2}\right);$$

$$\vartheta_2(v, t) = \frac{1}{\sqrt{\pi t}} \sum_{n=-\infty}^{+\infty} (-1)^n e^{-\frac{1}{t}(v+n)^2}, \qquad f_2(v, s) = -\frac{\sin(2v-1)\sqrt{-s}}{\sqrt{-s}\,\cos\sqrt{-s}}$$

$$(0 \leqq v \leqq 1);$$

$$\vartheta_3(v, t) = \frac{1}{\sqrt{\pi t}} \sum_{n=-\infty}^{+\infty} e^{-\frac{1}{t}(v+n)^2}, \qquad f_3(v, s) = -\frac{\cos(2v-1)\sqrt{-s}}{\sqrt{-s}\,\sin\sqrt{-s}}$$

$$(0 \leqq v \leqq 1).$$

20*

Aus

$$f_3^2(0, s) - f_0^2(0, s) = \frac{\cos^2 \sqrt{-s}}{-s \sin^2 \sqrt{-s}} - \frac{1}{-s \sin^2 \sqrt{-s}} = \frac{1}{s}$$

ergibt sich:

(4) $$\vartheta_3(0, t)^{*2} - \vartheta_0(0, t)^{*2} = 1$$

oder

$$\{\vartheta_3(0, t) + \vartheta_0(0, t)\} * \{\vartheta_3(0, t) - \vartheta_0(0, t)\} = 1 \,,.$$

so daß die Funktionen $\vartheta_3 + \vartheta_0$ und $\vartheta_3 - \vartheta_0$ auch ein Paar „reziproker Funktionen" bilden.

Aus

$$f_1(v_1, s) f_0(v_2, s) + f_0(v_1, s) f_1(v_2, s)$$

$$= -\frac{\sin 2v_1 \sqrt{-s} \cos 2v_2 \sqrt{-s} + \cos 2v_1 \sqrt{-s} \sin 2v_2 \sqrt{-s}}{-s \sin \sqrt{-s} \cos \sqrt{-s}}$$

$$= \frac{\sin 2(v_1 + v_2) \sqrt{-s}}{\sqrt{-s} \cos \sqrt{-s}} \cdot \frac{-1}{\sqrt{-s} \sin \sqrt{-s}} = f_1(v_1 + v_2, s) f_0(0, s)$$

folgt das Additionstheorem, das die Funktionen ϑ_0 und ϑ_1 verknüpft:

(5) $$\vartheta_1(v_1, t) * \vartheta_0(v_2, t) + \vartheta_0(v_1, t) * \vartheta_1(v_2, t) = \vartheta_1(v_1 + v_2, t) * \vartheta_0(0, t)$$

$$\text{für} \quad -\frac{1}{2} \leq v_1, v_2, v_1 + v_2 \leq +\frac{1}{2}.$$

Ebenso erhält man aus

$$f_2(v_1, s) f_0(v_2, s) - f_3(v_1, s) f_1(v_2, s)$$

$$= \frac{\sin (2v_1 - 1) \sqrt{-s} \cos 2v_2 \sqrt{-s} + \cos (2v_1 - 1) \sqrt{-s} \sin 2v_2 \sqrt{-s}}{-s \sin \sqrt{-s} \cos \sqrt{-s}}$$

$$= \frac{-\sin (2(v_1 + v_2) - 1) \sqrt{-s}}{\sqrt{-s} \cos \sqrt{-s}} \cdot \frac{-1}{\sqrt{-s} \sin \sqrt{-s}} = f_2(v_1 + v_2, s) f_0(0, s)$$

das die sämtlichen Thetafunktionen verknüpfende Theorem:

(6) $$\vartheta_2(v_1, t) * \vartheta_0(v_2, t) - \vartheta_3(v_1, t) * \vartheta_1(v_2, t) = \vartheta_2(v_1 + v_2, t) * \vartheta_0(0, t)$$

$$\text{für} \quad 0 \leq v_1 \leq 1, \quad -\frac{1}{2} \leq v_2 \leq +\frac{1}{2}, \quad 0 \leq v_1 + v_2 \leq 1.$$

Besonders glatte Relationen erhält man, wenn man den klassischen Thetafunktionen ϑ_0 und ϑ_3 andere gegenüberstellt, die sich von ihnen dadurch unterscheiden, daß die den negativen Summationsindizes entsprechenden Glieder mit -1 multipliziert sind; wir fügen sogleich die leicht zu berechnenden l-Funktionen bei:

$$\hat{\vartheta}_0(v, t) = \frac{1}{\sqrt{\pi t}} \left\{ \sum_{n=0}^{\infty} e^{-\frac{1}{t}\left(v + \frac{1}{2} + n\right)^2} - \sum_{n=-1}^{-\infty} e^{-\frac{1}{t}\left(v + \frac{1}{2} + n\right)^2} \right\},$$

$$\hat{f}_0(v, s) = -i \frac{\sin 2v \sqrt{-s}}{\sqrt{-s} \sin \sqrt{-s}} \qquad \left(-\frac{1}{2} \leq v \leq +\frac{1}{2}\right);$$

$$\hat{\vartheta}_3(v, t) = \frac{1}{\sqrt{\pi t}} \left\{ \sum_{n=0}^{\infty} e^{-\frac{1}{t}(v+n)^2} - \sum_{n=-1}^{-\infty} e^{-\frac{1}{t}(v+n)^2} \right\},$$

$$\hat{f}_3(v, s) = -i \, \frac{\sin(2v-1\sqrt{-s}}{\sqrt{-s}\,\sin\sqrt{-s}} \qquad (0 \leqq v \leqq 1).$$

Auf demselben Weg wie oben ergibt sich dann:

$$(7) \qquad \vartheta_3(v_1, t) * \vartheta_3(v_2, t) + \hat{\vartheta}_3(v_1, t) * \hat{\vartheta}_3(v_2, t) = \vartheta_3\left(v_1 + v_2 - \frac{1}{2}, t\right) * \vartheta_3\left(\frac{1}{2}, t\right)$$

$$\text{für } 0 \leqq v_1 \leqq 1, \quad 0 \leqq v_2 \leqq 1, \quad \frac{1}{2} \leqq v_1 + v_2 \leqq \frac{3}{2};$$

$$(8) \qquad \vartheta_0(v_1, t) * \vartheta_0(v_2, t) + \hat{\vartheta}_0(v_1, t) * \hat{\vartheta}_0(v_2, t) = \vartheta_0(v_1 + v_2, t) * \vartheta_0(0, t)$$

$$\text{für } -\frac{1}{2} \leqq v_1, v_2, v_1 + v_2 \leqq +\frac{1}{2};$$

$$(9) \qquad \vartheta_3(v, t)^{*2} - \hat{\vartheta}_3(v, t)^{*2} = \vartheta_0(0, t)^{*2} = \vartheta_3(0, t)^{*2} - 1 \quad \text{(unabhängig von } v\text{)}$$

$$\text{für } 0 \leqq v \leqq 1^{189}.$$

Zu einem ebenfalls sehr einfachen Typ von Relationen kommt man durch Einführung des Integrals der Thetafunktionen hinsichtlich v, wofür folgendes Beispiel angeführt sei: Indem man für große bzw. kleine t die erste bzw. zweite Darstellungsform von $\vartheta_3(v, t)$ in 7.5 (2) benutzt, sieht man, daß $\mathfrak{L}\left\{\vartheta_3\left(\frac{\xi}{2}, t\right)\right\}$ für $0 \leqq x \leqq \xi \leqq 1$ gleichmäßig konvergiert, so daß man erhält:

$$\mathfrak{L}\left\{\int_x^1 \vartheta_3\left(\frac{\xi}{2}, t\right) d\xi\right\} = \int_x^1 \mathfrak{L}\left\{\vartheta_3\left(\frac{\xi}{2}, t\right)\right\} d\xi = -\int_x^1 \frac{\cos(\xi-1)\sqrt{-s}}{\sqrt{-s}\,\sin\sqrt{-s}}\,d\xi$$

$$= -\frac{\sin(x-1)\sqrt{-s}}{s\,\sin\sqrt{-s}}.$$

Andererseits ist

$$f_3(0, s)\, f_3\left(\frac{x}{2}, s\right) - f_3\left(\frac{1}{2}, s\right) f_3\left(\frac{1-x}{2}, s\right)$$

$$= \frac{-\cos\sqrt{-s}}{\sqrt{-s}\,\sin\sqrt{-s}} \, \frac{-\cos(x-1)\sqrt{-s}}{\sqrt{-s}\,\sin\sqrt{-s}} - \frac{-1}{\sqrt{-s}\,\sin\sqrt{-s}} \, \frac{-\cos x\sqrt{-s}}{\sqrt{-s}\,\sin\sqrt{-s}}$$

$$= -\frac{1}{s\,\sin^2\sqrt{-s}} \left\{\cos x\sqrt{-s}\cos^2\sqrt{-s} + \sin x\sqrt{-s}\sin\sqrt{-s}\cos\sqrt{-s} - \cos x\sqrt{-s}\right\}$$

$$= -\frac{1}{s\,\sin^2\sqrt{-s}} \left\{-\cos x\sqrt{-s}\sin\sqrt{-s} + \sin x\sqrt{-s}\cos\sqrt{-s}\right\} \sin\sqrt{-s}$$

$$= -\frac{\sin(x-1)\sqrt{-s}}{s\,\sin\sqrt{-s}}.$$

Daraus ergibt sich für $0 \leqq x \leqq 1^{190}$:

$$(10) \qquad \int_x^1 \vartheta_3\left(\frac{\xi}{2}, t\right) d\xi = \vartheta_3(0, t) * \vartheta_3\left(\frac{x}{2}, t\right) - \vartheta_3\left(\frac{1}{2}, t\right) * \vartheta_3\left(\frac{1-x}{2}, t\right).$$

Für $x = 0$ geht (10) übrigens in (4) über, da $\vartheta_3\left(\frac{1}{2}, t\right) = \vartheta_0\,(0, t)$ und,

wie man leicht nachrechnet, $\int\limits_0^1 \vartheta_3\left(\frac{\xi}{2}, t\right) d\xi = 1$ (unabhängig von t) ist.
Die Formel (10) stellt eine eigentümliche Verbindung zwischen dem Integral von ϑ_3 nach v und dem Integral eines quadratischen Ausdrucks in ϑ_3 nach t her.

§ 2. Hermitesche und Laguerresche Polynome, Besselsche Funktionen.

Die in der Überschrift genannten Funktionsklassen gehören insofern zusammen, als sie als Sonderfälle der *Whittakerschen konfluenten hypergeometrischen Funktionen* aufgefaßt werden können, die durch

$$M_{k,\,m}(t) = t^{m + \frac{1}{2}} e^{-\frac{t}{2}} {}_1F_1\left(m + \frac{1}{2} - k,\, 2\,m + 1; t\right)$$

definiert sind, wobei

$$ {}_1F_1(a, \varrho; t) = 1 + \frac{a}{1!\,\varrho}\, t + \frac{a\,(a+1)}{2!\,\varrho\,(\varrho+1)}\, t^2 + \cdots $$

ein Grenzfall der Gaußschen hypergeometrischen Reihe ist[191]. Es ist nämlich

$$M_{m+n+\frac{1}{2},\,m}(t) = n!\,\frac{\Gamma\,(2\,m+1)}{\Gamma\,(2\,m + n + 1)}\, t^{m+\frac{1}{2}} e^{-\frac{t}{2}} L_n^{(2\,m)}(t),$$

$$M_{n+\frac{1}{4},\,-\frac{1}{4}}(t) = (-1)^n \frac{n!}{(2\,n)!}\, t^{\frac{1}{4}} e^{-\frac{t}{2}}\, H_{2\,n}\left(\sqrt{t}\right),$$

$$M_{n+\frac{3}{4},\,\frac{1}{4}}(t) = (-1)^{n+1} \frac{n!}{2\,(2\,n+1)!}\, t^{\frac{1}{4}} e^{-\frac{t}{2}} H_{2\,n+1}\left(\sqrt{t}\right),$$

$$M_{0,\,m}(t) = 2^{2\,m} e^{-\frac{m\,\pi}{2}\,i}\,\Gamma\,(m+1)\, t^{\frac{1}{2}}\, J_m\left(i\,\frac{t}{2}\right),$$

wo $L_n^{(\alpha)}$ das verallgemeinerte Laguerresche (9.3), H_n das Hermitesche Polynom (9.4) und J_m die Bessel-Funktion (9.2) bezeichnet. Es ist[192]

$$\mathfrak{L}\left\{\frac{t^{m-\frac{1}{2}} M_{k,\,m}(t)}{\Gamma\,(2\,m+1)}\right\} = \frac{(s-\frac{1}{2})^{k-m-\frac{1}{2}}}{(s+\frac{1}{2})^{k+m+\frac{1}{2}}} \quad \text{für} \quad 2\,m+1 > 0,\ \Re s > \tfrac{1}{2}.$$

Das Produkt zweier verschiedener solcher l-Funktionen ist wieder eine l-Funktion derselben Art:

$$\frac{(s-\frac{1}{2})^{k-m-\frac{1}{2}}}{(s+\frac{1}{2})^{k+m+\frac{1}{2}}}\,\frac{(s-\frac{1}{2})^{k'-m'-\frac{1}{2}}}{(s+\frac{1}{2})^{k'+m'+\frac{1}{2}}} = \frac{(s-\frac{1}{2})^{(k+k')-(m+m'+\frac{1}{2})-\frac{1}{2}}}{(s+\frac{1}{2})^{(k+k')+(m+m'+\frac{1}{2})+\frac{1}{2}}},$$

also ergibt sich für $M_{k,\,m}$ das Additionstheorem[193]

$$(1)\quad \left\{\frac{t^{m-\frac{1}{2}}}{\Gamma(2m+1)}\,M_{k,\,m}(t)\right\} * \left\{\frac{t^{m'-\frac{1}{2}}}{\Gamma(2m'+1)}\,M_{k',\,m'}(t)\right\} = \frac{t^{m+m'}}{\Gamma(2\,(m+m'+1))}\,M_{k+k',\,m+m'+\frac{1}{2}}(t),$$

das zum Ausdruck bringt, daß die M-Funktionen hinsichtlich der Faltung eine Gruppe bilden. Man sieht sofort, daß die auf Besselsche Funktionen und verallgemeinerte Laguerresche Polynome führenden M-Funktionen schon für sich die Gruppeneigenschaft haben. Das Additionstheorem für Laguerresche Polynome gewinnt eine besonders prägnante Gestalt, wenn man

$$\frac{n!}{\Gamma(\alpha+n)}\, t^{\alpha-1} L_n^{(\alpha-1)}(t) = \Lambda(\alpha, n, t)$$

setzt. Es lautet dann $(\alpha > 0,\ \beta > 0)$[194]:

$$(2) \qquad \Lambda(\alpha, m, t) * \Lambda(\beta, n, t) = \Lambda(\alpha + \beta, m + n, t).$$

Dagegen bilden die *speziellen Laguerreschen Polynome* $(\alpha = 0)$ und die *Hermiteschen Polynome* für sich offensichtlich keine Untergruppen. Additionstheoreme innerhalb dieser Klassen können also nicht in (2) enthalten sein. Wir bekommen solche, indem wir auf die $\mathfrak{L}$-Transformierten dieser Funktionen zurückgreifen. Aus (siehe 7.3)

$$\mathfrak{L}\{L_n(t)\} = \frac{1}{s}\left(\frac{s-1}{s}\right)^n$$

folgt

$$(3) \qquad L_n(t) * L_m(t) = L_{m+n}(t) * L_0(t) \quad (\equiv L_{m+n}(t) * 1)\,[195].$$

Benutzt man die Formel 9.4 (1):

$$\mathfrak{L}\left\{\frac{1}{\sqrt{t}} H_{2n}(\sqrt{t})\right\} = \sqrt{\pi}\,\frac{(2n)!}{n!}\,\frac{1}{\sqrt{s}}\left(\frac{1-s}{s}\right)^n,$$

in der man noch (vgl. S. 184)

$$\frac{(2n!)}{n!} = \frac{4^n}{\sqrt{\pi}}\,\Gamma\left(n + \frac{1}{2}\right)$$

setzen kann, so ergibt sich für die Funktion

$$\mathfrak{H}_n^{(1)}(t) = \frac{H_{2n}(\sqrt{t})}{\Gamma(n + \frac{1}{2})\sqrt{t}}$$

das Additionstheorem [196]

$$(4) \qquad \mathfrak{H}_{n_1}^{(1)}(t) * \mathfrak{H}_{n_2}^{(1)}(t) = \mathfrak{H}_{n_1+n_2}^{(1)}(t) * \mathfrak{H}_0^{(1)}(t) \quad \left(\equiv \mathfrak{H}_{n_1+n_2}^{(1)}(t) * \frac{1}{\sqrt{\pi t}}\right).$$

Ebenso ergibt sich aus 9.4 (2):

$$\mathfrak{L}\{H_{2n+1}(\sqrt{t})\} = -\sqrt{\pi}\,\frac{(2n+1)!}{n!}\,\frac{1}{s^{\frac{3}{2}}}\left(\frac{1-s}{s}\right)^n,$$

worin man

$$\frac{(2n+1)!}{n!} = \frac{2}{\sqrt{\pi}}\,4^n\,\Gamma\left(n + \frac{3}{2}\right)$$

setzen kann, für die Funktion

$$\mathfrak{H}_n^{(2)} = \frac{H_{2n+1}(\sqrt{t})}{\Gamma(n + \frac{3}{2})}$$

das Additionstheorem

$$(5) \qquad \mathfrak{H}_{n_1}^{(2)}(t) * \mathfrak{H}_{n_2}^{(2)}(t) = \mathfrak{H}_{n_1+n_2}^{(2)}(t) * \mathfrak{H}_0^{(2)}(t).$$

Es ist nun interessant, daß sich diesen Additionstheoremen für die Funktionen $H_\nu(\sqrt{t})$ andere gegenüberstellen lassen, in denen das *reziproke Argument* vorkommt. Dazu gehen wir aus von der durch S. 24 bekannten Funktion

$$\chi(x, t) = \frac{1}{\sqrt{\pi t}}\, e^{-\frac{x^2}{4t}}$$

und bilden (vgl. die Definition von H_ν S. 184)

$$\chi_\nu(x, t) \equiv -\frac{\partial^{\nu+1} \chi(x, t)}{\partial x^{\nu+1}} = -\frac{1}{\sqrt{\pi t}}\left(\frac{\partial^{\nu+1} e^{-z^2}}{\partial z^{\nu+1}}\right)_{z = \frac{x}{2\sqrt{t}}}\left(\frac{\partial z}{\partial x}\right)^{\nu+1}$$

$$= \frac{1}{\sqrt{\pi}\, 2^{\nu+1}\, t^{\frac{\nu}{2}+1}}\, H_{\nu+1}\left(\frac{x}{2\sqrt{t}}\right) e^{-\frac{x^2}{4t}}.$$

Da, wie man leicht nachweist ($\mathfrak{L}\{\chi\}$ s. S. 25),

$$\mathfrak{L}\left\{\frac{\partial^{\nu+1}\chi}{\partial x^{\nu+1}}\right\} = \frac{\partial^{\nu+1}}{\partial x^{\nu+1}}\,\mathfrak{L}\{\chi\} = \frac{\partial^{\nu+1}}{\partial x^{\nu+1}}\frac{1}{\sqrt{s}}\, e^{-x\sqrt{s}} = (-1)^{\nu+1}\, s^{\frac{\nu}{2}}\, e^{-x\sqrt{s}}$$

ist, so ergibt sich:

$$\mathfrak{L}\{\chi_\nu(x, t)\} = (-1)^\nu s^{\frac{\nu}{2}}\, e^{-x\sqrt{s}} \qquad (x > 0,\ \nu \geqq -1).$$

Hieraus folgt die Relation:

(6) $\chi_\mu(x, t) * \chi_\nu(y, t) = \chi_{\mu+\nu}(x+y, t)$ für $\mu, \nu, \mu+\nu \geqq -1;\ x, y, t > 0,$

die wie (1) ein Additionstheorem mit *zwei* additiven Parametern darstellt. (Denkt man daran, daß außerdem bei expliziter Schreibweise links die Argumente τ und $t-\tau$, rechts nur ihre Summe t vorkommt, so kann man sogar von einem Additionstheorem in drei Parametern sprechen.)   Setzt man $\nu = 0$, so ergibt sich:

(7) $\chi_\mu(x, t) * \chi_0(y, t) = \chi_\mu(x+y, t)$ für $\mu \geqq -1;\ x, y, t > 0,$

woraus man (6) wieder durch Differentiation nach y ableiten könnte [197]. Setzt man auch noch $\mu = 0$, so ergibt sich wegen (s. S. 24)

$$\chi_0(x, t) = \psi(x, t)$$

die früher gefundene Relation 16.1 (1). Übrigens zeigt (6), daß

$$\chi_\mu(x, t) * \chi_\nu(y, t) = \chi_\nu(x, t) * \chi_\mu(y, t)$$

ist. — Explizit durch Integrale und Hermitesche Polynome ausgedrückt, haben die Relationen (6) und (7) eine ziemlich komplizierte Gestalt. Wir werden sie später ähnlich wie die Thetarelationen von § 1 als Ausdrücke für gewisse physikalische Sachverhalte kennenlernen (25. Kapitel).

Faltungsintegrale spielen vor allem in der Theorie der *Bessel-Funktionen* eine große Rolle, so daß unsere Methode gestattet, viele der dort bekannten Relationen einheitlich und überaus einfach abzuleiten. Die obige Formel (1) liefert für den Spezialfall $k = 0$ nur eine ganz spezielle, überdies auf Bessel-Funktionen mit imaginärem Argument bezügliche Relation. Man bekommt eine Fülle von teilweise sehr wichtigen Beziehungen, wenn man von folgenden $\mathfrak{L}$-Transformationen ausgeht [198]:

(a) $$\mathfrak{L}\{J_\nu(at)\} = \frac{(\sqrt{s^2+a^2}-s)^\nu}{a^\nu\,\sqrt{s^2+a^2}} \qquad (\Re\nu > -1),$$

(b) $$\mathfrak{L}\left\{\frac{J_\nu(a\,t)}{t}\right\} = \frac{(\sqrt{s^2+a^2}-s)^\nu}{\nu\,a^\nu} \qquad (\Re\nu > 0),$$

(c) $$\mathfrak{L}\{t^\nu\,J_\nu(at)\} = \frac{(2\,a)^\nu\,\Gamma(\nu+\tfrac{1}{2})}{\sqrt{\pi}(s^2+a^2)^{\nu+\frac{1}{2}}} \qquad \left(\Re\nu > -\frac{1}{2}\right),$$

(d) $$\mathfrak{L}\left\{t^{\frac{\nu}{2}}\,J_\nu(a\,\sqrt{t})\right\} = \frac{a^\nu}{2^\nu\,s^{\nu+1}}\,e^{-\frac{a^2}{4s}} \qquad (\Re\nu > -1).$$

Wir erinnern noch an die Formel (s. 3.4, Beispiel 6):

(e) $$\mathfrak{L}\{\sin t\} = \frac{1}{s^2+1}\,.$$

Der Faltungssatz liefert unmittelbar folgende Relationen, die als Typen aus einer großen Reihe ausgewählt sind [199]:

(8) $$\frac{J_\mu}{t} * J_\nu = \frac{1}{\mu}\,J_{\mu+\nu} \qquad (\Re\mu > 0,\ \Re\nu > -1),$$

(9) $$J_\nu * J_{-\nu} = \sin t \qquad (-1 < \Re\nu < 1),$$

(10) $$\frac{J_\mu}{t} * \frac{J_\nu}{t} = \left(\frac{1}{\mu}+\frac{1}{\nu}\right)\frac{J_{\mu+\nu}}{t} \qquad (\Re\mu > 0,\ \Re\nu > 0),$$

(11) $$\left\{\frac{t^\mu\,J_\mu}{\Gamma(\mu+\frac{1}{2})}\right\} * \left\{\frac{t^\nu\,J_\nu}{\Gamma(\nu+\frac{1}{2})}\right\} = \frac{1}{\sqrt{2\pi}}\,\frac{t^{\mu+\nu+\frac{1}{2}}\,J_{\mu+\nu+\frac{1}{2}}}{\Gamma(\mu+\nu+1)}$$
$$\left(\Re\mu > -\frac{1}{2},\ \Re\nu > -\frac{1}{2}\right),$$

(12) $$\left(\frac{a}{2}\right)^\mu\frac{t^{\mu-1}}{\Gamma(\mu)} * \left\{t^{\frac{\nu}{2}}\,J_\nu(a\,\sqrt{t})\right\} = t^{\frac{\mu+\nu}{2}}\,J_{\mu+\nu}(a\,\sqrt{t}) \qquad (\Re\mu > 0,\ \Re\nu > -1)*,$$

(13) $$\left\{\frac{t^{\frac{\mu}{2}}}{a^\mu}\,J_\mu(a\,\sqrt{t})\right\} * \left\{\frac{t^{\frac{\nu}{2}}}{b^\nu}\,J_\nu(b\,\sqrt{t})\right\} = \left\{\frac{t^{\frac{\mu+\nu}{2}}}{(\sqrt{a^2+b^2})^{\mu+\nu}}\,J_{\mu+\nu}\left(\sqrt{(a^2+b^2)t}\right)\right\} * 1$$
$$(\Re\mu,\ \Re\nu,\ \Re(\mu+\nu) > -1).$$

---

* Diese Formel kann als μ-fache Integration gedeutet werden, vgl. 15.3.2:

$$I^{(\mu)}\left\{t^{\frac{\nu}{2}}\,J_\nu(2\sqrt{t})\right\} = t^{\frac{\mu+\nu}{2}}\,J_{\mu+\nu}(2\sqrt{t})$$

bzw.

$$D^{(\mu)}\left\{t^{\frac{\mu+\nu}{2}}\,J_{\mu+\nu}(2\sqrt{t})\right\} = t^{\frac{\nu}{2}}\,J_\nu(2\sqrt{t}).$$

Man kann also aus einer Bessel-Funktion, z. B. aus $J_{\frac{1}{2}}(t) = \sqrt{\dfrac{2}{\pi t}}\,\sin t$, durch Integration und Differentiation alle übrigen in formal überaus einfacher Weise erhalten.

Die Relation (13) kann man für $v \geqq 0$ auch in differenzierter Gestalt schreiben, indem man Satz 1 [8.3] auf Formel (d) anwendet und

$$J_v(0) = \begin{cases} 1 \text{ für } v = 0 \\ 0 \text{ für } v > 0 \end{cases}$$

beachtet. Dann ergibt sich:

$$(14_0) \quad \left\{ \frac{t^{\frac{\mu}{2}}}{a^\mu} J_\mu\left(a\sqrt{t}\right) \right\} * \frac{d J_0(b\sqrt{t})}{dt} = \frac{t^{\frac{\mu}{2}}}{(\sqrt{a^2 + b^2})^\mu} J_\mu\left(\sqrt{(a^2 + b^2)\,t}\right) - \frac{t^{\frac{\mu}{2}}}{a^\mu} J_\mu\left(a\sqrt{t}\right)$$

$$(\mu > -1),$$

$$(14) \quad \left\{ \frac{t^{\frac{\mu}{2}}}{a^\mu} J_\mu\left(a\sqrt{t}\right) \right\} * \frac{d}{dt} \left\{ \frac{t^{\frac{v}{2}}}{b^v} J_v\left(b\sqrt{t}\right) \right\} = \frac{t^{\frac{\mu+v}{2}}}{(\sqrt{a^2 + b^2})^{\mu+v}} J_{\mu+v}\left(\sqrt{(a^2 + b^2)\,t}\right)$$

$$(\mu > -1, \ v > 0).$$

17. Kapitel.

Integralgleichungen und Funktionalrelationen vom komplexen Faltungstypus.

§ 1. Der komplexe Faltungstypus im Bereich der l^0-Funktionen.

Die Ergebnisse des 15. und 16. Kapitels beruhten darauf, daß die $\mathfrak{L}$-Transformation die reelle Faltung zweier L_a-Funktionen bzw. einer L- und einer L_a-Funktion in das Produkt der zugehörigen l-Funktionen überführt. Da nun nach 8.6 die komplexe Faltung

$$f(s) = \frac{1}{2\pi i} \int\limits_{|z|\,=\,P} f_1(s-z)\,f_2(z)\,dz$$

zweier l^0-Funktionen (das Integral im positiven Sinn erstreckt) durch die Umkehrung der $\mathfrak{L}$-Transformation in das Produkt der zugehörigen L^0-Funktionen übergeht, so kann man im Bereich der l^0-Funktionen eine analoge Theorie der Integralgleichungen und Funktionalrelationen vom komplexen Faltungstypus aufbauen, die dadurch noch einfacher als die frühere Theorie ist, daß die Korrespondenz zwischen l^0-Funktionen, d. h. den im Unendlichen regulären und verschwindenden Funktionen, und L^0-Funktionen, d. h. den ganzen Funktionen vom Exponentialtypus, eine lückenlose und eineindeutige ist.

Als Beispiel betrachten wir die komplexe lineare Integralgleichung erster Art

$$(1) \qquad \frac{1}{2\pi i} \int\limits_{|z|\,=\,P} k(s-z)\,f(z)\,dz = g(s),$$

wo $k(s)$ und $g(s)$ gegeben, $f(s)$ gesucht ist. Damit das Gesetz IV_a^0 anwendbar ist, sollen k, g und f l^0-Funktionen sein. $k(s)$ sei für $|s| > \varrho_1 \geqq 0$, $g(s)$ für $|s| > \varrho \geqq \varrho_1$ regulär. Als Lösungen $f(s)$ kommen solche l^0-Funktionen in Betracht, die für $|s| > \varrho_2$ mit $\varrho_2 \geqq \varrho - \varrho_1$ regulär sind. s kann jeden komplexen Wert mit $|s| > \varrho_1 + \varrho_2$ bedeuten. Der Radius P des Integrationsweges ist dann so zu wählen, daß

$$\varrho_2 < P < |s| - \varrho_1$$

ist. Da nach Gesetz IV_a^0 die Integralgleichung (1) völlig äquivalent mit der algebraischen Gleichung

$$(2) \qquad\qquad K(t)\,F(t) = G(t)$$

für die entsprechenden L^0-Funktionen ist, so erhalten wir:

Satz 1. *Notwendig und hinreichend dafür, daß die Integralgleichung* (1), *in der $k(s)$ und $g(s)$ l^0-Funktionen sind, eine l^0-Funktion zur Lösung hat, ist, daß* $\dfrac{G(t)}{K(t)}$ *eine L^0-Funktion darstellt.*

Dazu ist vor allem erforderlich, daß die Nullstellen von $K(t)$ unter denen von $G(t)$ vorkommen und keine höhere Vielfachheit haben, daß also G durch K „teilbar" ist[200].

Es ist von Interesse, daß man das Integralgleichungsproblem (1) in ganz anderen Gestalten erscheinen lassen kann. Als l^0-Funktion hat $k(s)$ eine Entwicklung der Gestalt

$$k(s) = \sum_{\nu = 0}^{\infty} \frac{k_\nu}{s^{\nu + 1}},$$

die für $|s| > \varrho_1$ konvergiert, so daß

$$\limsup \sqrt[\nu]{|k_\nu|} \leqq \varrho_1$$

ist. Damit ergibt sich

$$\frac{1}{2\pi i} \int\limits_{|z| = P} k(s - z)\,f(z)\,dz = \sum_{\nu = 0}^{\infty} (-1)^{\nu + 1} k_\nu \frac{1}{2\pi i} \int\limits_{|z| = P} \frac{f(z)}{(z - s)^{\nu + 1}}\,dz,$$

wobei das Integral im positiven Sinn zu erstrecken ist. Soll $f(z)$ außerhalb eines Kreises mit $\varrho_2 < P$ regulär und im Unendlichen gleich 0 sein, so stellt, da wegen $|s| > P + \varrho_1$ der Punkt s außerhalb des Kreises mit P liegt, das Integral $\dfrac{1}{2\pi i} \int\limits_{|z| = P} \dfrac{f(z)}{(z - s)^{\nu + 1}}\,dz$, im negativen Sinn durchlaufen, $\dfrac{1}{\nu!}\,f^{(\nu)}(s)$ dar*. Die Integralgleichung (1) ist also äquivalent mit

---

* Man sieht das leicht ein, wenn man das über einen Kreis $|z| = P_0 > |s|$ im positiven Sinn erstreckte Integral und die über ein radiales Verbindungsstück zwischen beiden Kreisen hin und zurück laufenden Integrale hinzufügt. Die Gesamtsumme ist $\dfrac{1}{\nu!}\,f^{(\nu)}(s)$. Das Integral über $|z| = P_0$ verschwindet aber, da es absolut genommen kleiner als

$$\frac{1}{2\pi}\frac{\underset{|z| = P_0}{\operatorname{Max}}|f(z)|}{(P_0 - |s|)^{\nu + 1}}\,2\pi P_0$$

ist; denn P_0 kann beliebig groß sein, und $\underset{|z| = P_0}{\operatorname{Max}}|f(z)|$ strebt wegen der Voraussetzung $f(\infty) = 0$ gegen 0 für $P_0 \to \infty$.

der linearen Differentialgleichung unendlich hoher Ordnung mit konstanten Koeffizienten

$$(3) \qquad \sum_{\nu=0}^{\infty} (-1)^{\nu} \frac{k_{\nu}}{\nu!}\, f^{\nu}(s) = g(s).$$

Wir können also Satz 1 auch so aussprechen:

Satz 2. *Notwendig und hinreichend dafür, daß die Differentialgleichung (3) von unendlich hoher Ordnung, in der $q(s)$ eine l^0-Funktion und $\limsup \sqrt[\nu]{|k_{\nu}|}$ endlich ist, eine l^0-Funktion zur Lösung hat, ist, daß $\dfrac{G(t)}{K(t)}$ eine L^0-Funktion darstellt. Dabei ist*

$$K(t) = \sum_{\nu=0}^{\infty} \frac{k_{\nu}}{\nu!}\, t^{\nu} \quad \text{und} \quad G(t) = \mathfrak{L}^{-1}\{g(s)\}.$$

Wir gehen in der Umformung von (1) noch einen Schritt weiter. Es ist für $|z| = P < |s|$:

$$\frac{1}{(s-z)^{\nu+1}} = \frac{1}{s^{\nu+1}}\left(1 - \frac{z}{s}\right)^{-(\nu+1)} = \frac{1}{s^{\nu+1}} \sum_{\lambda=0}^{\infty} \binom{-\nu-1}{\lambda}(-1)^{\lambda}\left(\frac{z}{s}\right)^{\lambda}$$

$$= \frac{1}{s^{\nu+1}} \sum_{\lambda=0}^{\infty} \binom{\lambda+\nu}{\lambda}\left(\frac{z}{s}\right)^{\lambda},$$

also $(\lambda + \nu = \varkappa)$

$$k(s-z) = \sum_{\nu=0}^{\infty} \frac{k_{\nu}}{s^{\nu+1}} \sum_{\lambda=0}^{\infty} \binom{\lambda+\nu}{\lambda}\left(\frac{z}{s}\right)^{\lambda} = \sum_{\varkappa=0}^{\infty} \frac{1}{s^{\varkappa+1}} \sum_{\lambda=0}^{\varkappa} k_{\varkappa-\lambda}\binom{\varkappa}{\lambda} z^{\lambda}.$$

Setzen wir für $f(z)$ auch seine Potenzreihenentwicklung $\sum_{\mu=0}^{\infty} \dfrac{f_{\mu}}{z^{\mu+1}}$ ein, so erhalten wir

$$\frac{1}{2\pi i} \int k(s-z)\, f(z)\, dz = \sum_{\varkappa=0}^{\infty} \frac{1}{s^{\varkappa+1}} \frac{1}{2\pi i} \int \sum_{\lambda=0}^{\varkappa} k_{\varkappa-\lambda}\binom{\varkappa}{\lambda} z^{\lambda} \sum_{\mu=0}^{\infty} \frac{f_{\mu}}{z^{\mu+1}}\, dz.$$

Nach Ausmultiplizieren ergeben nur die Glieder mit dem Faktor $\dfrac{1}{z}$ ein Residuum, das sind diejenigen, wo $\mu + 1 - \lambda = 1$, mithin $\mu = \lambda$ ist. Es kommt also heraus:

$$\sum_{\varkappa=0}^{\infty} \frac{1}{s^{\varkappa+1}} \sum_{\lambda=0}^{\varkappa} \binom{\varkappa}{\lambda} k_{\varkappa-\lambda} f_{\lambda}.$$

Dies soll gleich $g(s)$, das eine Potenzreihenentwicklung der Form $\sum_{\varkappa=0}^{\infty} \dfrac{g_{\varkappa}}{s^{\varkappa+1}}$ hat, sein. Dann müssen aber die Gleichungen

$$(4) \qquad k_{\varkappa} f_0 + \binom{\varkappa}{1} k_{\varkappa-1} f_1 + \binom{\varkappa}{2} k_{\varkappa-2} f_2 + \cdots k_0 f_{\varkappa} = g_{\varkappa}$$

erfüllt sein. Satz 1 kann also auch in folgende Gestalt gesetzt werden:

Satz 3. *Das aus unendlich vielen linearen Gleichungen mit unendlich vielen Unbekannten f_μ bestehende System* (4), *in dem*

$$\limsup \sqrt[\nu]{|k_\nu|} \quad und \quad \limsup \sqrt[\varkappa]{|g_\varkappa|}$$

endlich seien, hat dann und nur dann ein Lösungssystem mit endlichem $\limsup \sqrt[\mu]{|f_\mu|}$, *wenn* $\dfrac{G(t)}{K(t)}$ *eine ganze Funktion vom Exponentialtypus darstellt, wo*

$$G(t) = \sum_{\varkappa=0}^{\infty} \frac{g_\varkappa}{\varkappa!} t^\varkappa, \qquad K(t) = \sum_{\nu=0}^{\infty} \frac{k_\nu}{\nu!} t^\nu$$

ist [201].

Ist speziell

$$k(s) = (-1)^n \frac{n!}{s^{n+1}} \qquad\qquad (n \text{ ganz} \geqq 0),$$

also $k_0 = k_1 = \cdots = k_{n-1} = 0$, $k_n = (-1)^n n!$, $k_{n+1} = k_{n+2} = \cdots = 0$, so ist

$$K(t) = (-t)^n,$$

und $F(t) = \dfrac{G(t)}{K(t)}$ ist dann und nur dann eine L^0-Funktion, wenn die L^0-Funktion $G(t)$ in $t = 0$ eine Nullstelle mindestens n^{ter} Ordnung besitzt:

$$G(0) = G'(0) = \cdots = G^{(n-1)}(0) = 0,$$

d. h.

$$g_0 = g_1 = \cdots = g_{n-1} = 0.$$

Aus

$$G(t) = (-t)^n F(t)$$

folgt nach Gesetz III$_\text{b}$:

$$g(s) = f^{(n)}(s).$$

Auf diese Gleichung reduziert sich in diesem Fall die Differentialgleichung (3). Sie besagt natürlich nichts anderes als die (S. 315 benutzte) Cauchysche Formel

$$f^{(n)}(s) = \frac{(-1)^n n!}{2\pi i} \int\limits_{|z|=P} \frac{f(z)}{(s-z)^{n+1}}\, dz$$

für $|s| > P$ und ein im Unendlichen reguläres und verschwindendes $f(z)$, wenn der Kreis $|z| = P$ im positiven Sinn durchlaufen wird. — Das lineare Gleichungssystem (4) reduziert sich hier auf

$$\binom{\varkappa}{\varkappa - n} (-1)^n n!\, f_{\varkappa-n} = g_\varkappa \quad \text{für} \quad \varkappa \geqq n.$$

Explizit ist

$$f(s) = (-1)^n \left(\frac{g_n}{n!\, s} + \frac{1!\, g_{n+1}}{(n+1)!\, s^2} + \frac{2!\, g_{n+2}}{(n+2)!\, s^3} + \cdots \right).$$

Die Lösung ist eindeutig, obwohl die Gleichung $f^{(n)}(s) = g(s)$ eine Mehrdeutigkeit zuzulassen scheint, weil $f(s)$ und erst recht seine Ableitungen im Unendlichen verschwinden müssen [202].

§ 2. Der komplexe Faltungstypus im Bereich der m^0-Funktionen.

Im vorigen Paragraphen handelte es sich um Gleichungen für l^0-Funktionen, in denen komplexe Faltungsintegrale mit geschlossenem, endlichem Integrationsweg vorkamen. Man kann auf dieselbe Weise (für allgemeinere l-Funktionen) Faltungsintegrale behandeln, bei denen der *Integrationsweg* eine *vertikale Gerade* ist [203], doch sind die Ergebnisse nicht so glatt, weil sich nicht auf einfache Weise eine Klasse von l-Funktionen abgrenzen läßt, für die dem Faltungsintegral das Produkt der L-Funktionen entspricht. Dies gelingt dagegen leicht, wenn man statt der einseitigen die zweiseitig unendliche Laplace-Transformation und die Klasse l_{II}^0 zugrunde legt, wie ja überhaupt alles, was mit der komplexen Umkehrformel zusammenhängt, eigentlich auf die $\mathfrak{L}_{II}$-Transformation zugeschnitten ist. Im Hinblick auf die in der Literatur aufgetretenen Anwendungen ersetzen wir die $\mathfrak{L}_{II}$-Transformation durch die ihr äquivalente Mellin-Transformation und die Klassen l_{II}^0 und L_{II}^0 durch die Klassen m^0 und M^0. Die Grundlage für das folgende bildet Satz 1 [8.7] in der Gestalt des Zusatzes S. 173.

Ein besonders einfaches Beispiel, das völlig analog zu dem im Anfang von 16.1 behandelten ist, erhalten wir, wenn wir von der M^0-Funktion $\Phi(z) \equiv e^{-\alpha z}\,(\Re\,\alpha > 0)$ ausgehen. Ihr entspricht die m^0-Funktion

$$\varphi(s) = \int\limits_0^\infty z^{s-1} e^{-\alpha z}\,dz = \frac{1}{\alpha^s} \int\limits_0^{\alpha\infty} u^{s-1} e^{-u}\,du = \frac{\Gamma(s)}{\alpha^s},$$

die in der Halbebene $\Re\,s > 0$ regulär ist ($x_1 = 0$, $x_2 > 0$ beliebig groß in der Terminologie von 6.8). Nun ist

$$e^{-\alpha z} \cdot e^{-\beta z} = e^{-(\alpha+\beta)z},$$

also

$$(1) \quad \frac{1}{2\pi i} \int\limits_{x-i\infty}^{x+i\infty} \frac{\Gamma(s-\sigma)}{\alpha^{s-\sigma}}\,\frac{\Gamma(\sigma)}{\beta^\sigma}\,d\sigma = \frac{\Gamma(s)}{(\alpha+\beta)^s} \qquad (0 < x < \Re\,s,\ \Re\,\alpha > 0,\ \Re\,\beta > 0).$$

Allgemeiner ist [204]

$$(2) \quad \left(\frac{1}{2\pi i}\right)^p \int\limits_{x_1-i\infty}^{x_1+i\infty}\cdots\int\limits_{x_p-i\infty}^{x_p+i\infty} \frac{\Gamma(s-\sigma_1-\cdots-\sigma_p)}{\alpha_0^{s-\sigma_1-\cdots-\sigma_p}}\,\frac{\Gamma(\sigma_1)}{\alpha_1^{\sigma_1}}\cdot\ldots\cdot\frac{\Gamma(\sigma_p)}{\alpha_p^{\sigma_p}}\,d\sigma_1\ldots d\sigma_p = \frac{\Gamma(s)}{(\alpha_0+\alpha_1+\cdots+\alpha_p)^s}$$

$$(0 < x_1 + \cdots + x_p < \Re\,s,\ \Re\,\alpha_0 > 0,\ \Re\,\alpha_1 > 0,\ \ldots,\ \Re\,\alpha_p > 0).$$

Einen interessanten Spezialfall von (1) erhält man, wenn man $\alpha = 1$, $\beta = z$, $s = \lambda$, $\sigma = s$ setzt (vgl. hierzu 6.8, Ende):

$$(3) \quad \frac{1}{2\pi i} \int\limits_{x-i\infty}^{x+i\infty} z^{-s}\,\Gamma(s)\,\Gamma(\lambda-s)\,ds = \frac{\Gamma(\lambda)}{(1+z)^\lambda} \qquad (0 < x < \Re\,\lambda,\ \Re\,z > 0).$$

Diese Formel besagt, daß zu der m^0-Funktion $\Gamma(s)\,\Gamma(\lambda-s)$ die M^0-Funktion $\dfrac{\Gamma(\lambda)}{(1+z)^\lambda}$ gehört, so daß die entsprechende Formel

$$\Gamma(\lambda)\int\limits_0^\infty z^{s-1}(1+z)^{-\lambda}\,dz = \Gamma(s)\,\Gamma(\lambda-s) \qquad (0 < \Re s < \Re\lambda)$$

gilt. Diese Formel ist mit der Integraldarstellung der Eulerschen B-Funktion äquivalent, denn mit $1+z=\dfrac{1}{1-u}$ kann sie so geschrieben werden:

$$B(s,\lambda-s) = \frac{\Gamma(s)\,\Gamma(\lambda-s)}{\Gamma(\lambda)} = \int\limits_0^\infty z^{s-1}(1+z)^{-\lambda}\,dz = \int\limits_0^1 u^{s-1}(1-u)^{\lambda-s-1}\,du.$$

(1) ist ein transzendentes Additionstheorem für die Funktion $\dfrac{\Gamma(s)}{\alpha^s}$. Wir stellen uns die Aufgabe, alle m^0-Funktionen $\varphi(s,\alpha)$ zu bestimmen, die ein Additionstheorem dieser Gestalt haben:

$$(4)\qquad \frac{1}{2\pi i}\int\limits_{x-i\infty}^{x+i\infty}\varphi(s-\sigma,\alpha)\,\varphi(\sigma,\beta)\,d\sigma = \varphi(s,\alpha+\beta),$$

und die ebenso wie die zugehörigen M^0-Funktionen $\Phi(z,\alpha)$ von (dem jetzt zunächst reell >0 angenommenen) Parameter α stetig abhängen [205]. Die $\Phi(z,\alpha)$ müssen dem algebraischen Additionstheorem

$$(5)\qquad \Phi(z,\alpha)\,\Phi(z,\beta) = \Phi(z,\alpha+\beta)$$

genügen. Dann muß aber Φ die Form* haben:

$$\Phi(z,\alpha) = e^{\alpha G(z)}.$$

Demnach ergibt sich als Lösung von (4) die Funktionenmenge

$$\varphi(s,\alpha) = \int\limits_0^\infty z^{s-1}e^{\alpha G(z)}\,dz,$$

wo $G(z)$ jede Funktion bedeuten kann, die $e^{\alpha G(z)}$ zu einer M^0-Funktion macht.

Natürlich gibt es auch noch andere als l^0-Funktionen, die der Gleichung (4) genügen. Solche kann man dadurch erhalten, daß man für $\Phi(z,\alpha)$ nichtanalytische Funktionen wählt. Die Funktionalgleichung (5) wird durch $e^{\alpha G(z)}$ ja auch erfüllt, wenn $G(z)$ irgendeine Funktion, also

---

* Es folgt nämlich

$$\log|\Phi(z,\alpha)| + \log|\Phi(z,\beta)| = \log|\Phi(z,\alpha+\beta)|,$$

und dieser Funktionalgleichung genügt nach Cauchy bei stetiger Abhängigkeit von α nur

$$\log|\Phi(z,\alpha)| = G_1(z)\,\alpha,$$

so daß sich ergibt:

$$|\Phi(z,\alpha)| = e^{\alpha G_1(z)},$$

wo $G_1(z)$ eine reelle Funktion ist. Folglich ist

$$\Phi(z,\alpha) = e^{\alpha(G_1(z)+i G_2(z))} = e^{\alpha G(z)}.$$

z. B. längs einer oder mehrerer Strecken gleich $-\infty$ ist, was bedeutet, daß $\Phi(z, \alpha)$ in diesen Intervallen gleich 0 ist. Wir können also versuchsweise

$$\varphi(s, \alpha) = \int\limits_{\mathfrak{M}} z^{s-1}\, e^{\alpha G(z)}\, dz$$

setzen, wo die Menge $\mathfrak{M}$ und die Funktion $G(z)$ so gewählt sind, daß das Integral konvergiert. Wählen wir

$$G(z) = 1, \qquad \mathfrak{M} = (0 \leqq z \leqq 1),$$

so wird

$$\varphi(s, \alpha) = \int\limits_0^1 z^{s-1}\, e^{\alpha}\, dz = \frac{e^{\alpha}}{s} \quad \text{für} \quad \Re s > 0.$$

Diese Funktion ist keine m^0-Funktion (da die Abschätzung 6.8 (4) nicht erfüllt ist), trotzdem ist (auch für komplexe α, β)

$$\frac{1}{2\pi i} \int\limits_{x-i\infty}^{x+i\infty} \frac{e^{\alpha}}{s-\sigma}\, \frac{e^{\beta}}{\sigma}\, d\sigma = \frac{e^{\alpha+\beta}}{s}. \qquad (0 < x < \Re s),$$

wie man durch Residuenrechnung feststellen kann.

Wählen wir dagegen

$$G(z) = 1, \qquad \mathfrak{M} = (1 \leqq z),$$

so wird

$$\varphi(s, \alpha) = \int\limits_1^{\infty} z^{s-1}\, e^{\alpha}\, dz = -\frac{e^{\alpha}}{s} \quad \text{für} \quad \Re s < 0.$$

Wollen wir diese Funktion in die Gleichung (4) einsetzen, so müssen wir dafür sorgen, daß

$$\Re \sigma < 0, \quad \Re(s-\sigma) < 0,$$

d. h. $\Re s < x < 0$ ist. Auch hier kann man leicht das Erfülltsein von (4) konstatieren.

Wählt man

$$G(z) = -\log z, \qquad \mathfrak{M} = (0 \leqq z \leqq 1),$$

so erhält man:

$$\varphi(s, \alpha) = \int\limits_0^1 z^{s-1}\, z^{-\alpha}\, dz = \frac{1}{s-\alpha} \quad \text{für} \quad \Re s > \Re \alpha.$$

In (4) muß also

$$\Re \sigma > \Re \alpha, \quad \Re(s-\sigma) > \Re \beta,$$

d. h.

$$\Re \alpha < x < \Re(s-\beta)$$

sein. — Wählt man bei demselben $G(z)$ für $\mathfrak{M}$ die Menge $1 \leqq z$, so ergibt sich:

$$\varphi(s, \alpha) = \int\limits_1^{\infty} z^{s-1}\, z^{-\alpha}\, dz = -\frac{1}{s-\alpha} \quad \text{für} \quad \Re s < \Re \alpha.$$

Jedesmal kann man verifizieren, daß (4) erfüllt ist.

V. Teil.

Differentialgleichungen.

18. Kapitel.

Gewöhnliche Differentialgleichungen.

§ 1. Die lineare Differentialgleichung n^{ter} Ordnung
mit konstanten Koeffizienten und beliebiger Störungsfunktion.

Die beim gegenwärtigen Stand der Theorie wohl wichtigste Anwendungsmöglichkeit der Laplace-Transformation liegt im Gebiete der gewöhnlichen und vor allem partiellen Differentialgleichungen. Der Ansatzpunkt hierfür ist Gesetz III_a, das aussagt, daß dem transzendenten Prozeß der Differentiation im L-Bereich im wesentlichen der elementare Prozeß der Multiplikation mit einer Potenz der Variablen im l-Bereich entspricht. Die Anwendung der $\mathfrak{L}$-Transformation auf eine Differentialgleichung bedeutet also eine „*Algebraisierung*" des Problems. Von großer Bedeutung ist dabei der Umstand, daß bei der Übersetzung von $F^{(\nu)}(t)$ in den l-Bereich die Werte $F(0), F'(0), \ldots, F^{(\nu-1)}(0)$, die man in der Theorie der Differentialgleichungen die *Anfangswerte* der Funktion nennt, auftreten, so daß die Methode, die wir entwickeln werden, gerade den sog. *Anfangswertproblemen* angepaßt ist. Wie jede Methode hat natürlich auch diese gewisse Grenzen der Brauchbarkeit; sie besitzt aber jedenfalls den Vorzug, daß sie große Klassen von Differentialgleichungen, für die man sonst ganz verschiedene Theorien entwickeln mußte, in völlig einheitlicher und ohne ad hoc ersonnene Kunstgriffe zu bewältigen gestattet. Wir führen die Methode zunächst an dem einfachsten Beispiel, der gewöhnlichen linearen Differentialgleichung n^{ter} Ordnung mit konstanten Koeffizienten, aber beliebigem, als stetig vorausgesetzten Absolutglied* vor:

$$(1) \qquad Y^{(n)} + c_{n-1} Y^{(n-1)} + \cdots + c_1 Y' + c_0 Y = F(t),$$

bei der natürlich gegenüber der klassischen Theorie, abgesehen von der größeren Übersichtlichkeit, nichts Neues herauskommen kann, wo aber schon einige Charakteristika der Methode deutlich in Erscheinung treten[206].

Schreibt man (1) in der leicht verständlichen Form

$$\left(\frac{d^n}{dt^n} + c_{n-1} \frac{d^{n-1}}{dt^{n-1}} + \cdots + c_1 \frac{d}{dt} + c_0 \right) Y = F(t)$$

oder auch

$$(D^n + c_{n-1} D^{n-1} + \cdots + c_1 D + c_0) Y = F(t),$$

so kann man kürzer

$$x^n + c_{n-1} x^{n-1} + \cdots + c_1 x + c_0 \equiv p(x)$$

---

* In den physikalischen Anwendungen pflegt man dieses die „Störungsfunktion" (äußere Kraft) zu nennen.

setzen und schreiben:

$$p\left(\frac{d}{dt}\right) Y \equiv p\,(D)\,Y = F.$$

Angenommen, es gebe für $t \geqq 0$ eine Lösung $Y(t)$, und $F(t)$ sowie $Y^{(n)}(t)$ [und damit auch $Y^{(n-1)}(t), \ldots, Y'(t), Y(t)$] seien L-Funktionen. Wir setzen $\mathfrak{L}\{Y\} = y(s)$, $\mathfrak{L}\{F\} = f(s)$. Dann gilt nach Gesetz $\mathrm{III_a}$ für y die Relation*

$$s^n y - [Y(0)\,s^{n-1} + Y'(0)\,s^{n-2} + \cdots + Y^{(n-1)}(0)]$$

$$+ c_{n-1}\{s^{n-1} y - [Y(0)\,s^{n-2} + Y'(0)\,s^{n-3} + \cdots + Y^{(n-2)}(0)]\}$$

$$\cdots \cdots \cdots \cdots \cdots \cdots \cdots \cdots \cdots \cdots \cdots \cdots$$

$$+ c_1\{s\,y - Y(0)\}$$

$$+ c_0\,y \hspace{6cm} = f(s)$$

oder

$$(2) \qquad p(s)\,y(s) = f(s) + Y(0)\,(s^{n-1} + c_{n-1}\,s^{n-2} + \cdots + c_2 s + c_1)$$

$$+ Y'(0)\,(s^{n-2} + c_{n-1}\,s^{n-3} + \cdots + c_2)$$

$$\cdots \cdots \cdots \cdots \cdots \cdots \cdots \cdots \cdots$$

$$+ Y^{(n-2)}(0)\,(s + c_{n-1})$$

$$+ Y^{(n-1)}(0),$$

die eine lineare algebraische Gleichung für $y(s)$ darstellt** und daher sofort lösbar ist:

$$y(s) = \frac{f(s)}{p(s)} + Y(0)\,\frac{s^{n-1} + c_{n-1}\,s^{n-2} + \cdots + c_2\,s + c_1}{p(s)}$$

$$(3) \qquad + Y'(0)\,\frac{s^{n-2} + c_{n-1}\,s^{n-3} + \cdots + c_2}{p(s)} + \cdots + Y^{(n-2)}(0)\,\frac{s + c_{n-1}}{p(s)}$$

$$+ Y^{(n-1)}(0)\,\frac{1}{p(s)}.$$

Diese Funktion ist sicher eine l-Funktion. Denn $\dfrac{1}{p(s)}$ und die Koeffizienten der $Y^{(n)}(0)$ sind gebrochen rationale Funktionen, bei denen der Grad des Nenners größer als der des Zählers ist. Zur Berechnung der zugehörigen L-Funktion behandeln wir zweckmäßig das erste Glied einerseits und alle anderen Glieder zusammen andererseits für sich,

---

* Man beachte, daß für die Anwendung von Gesetz $\mathrm{III_a}$ die Differentialgleichung für $t = 0$ nicht erfüllt zu sein und $Y^{(n)}$ für $t = 0$ nicht zu existieren braucht. Es muß nur $Y^{(n-1)}(t)$ für $t = 0$ nach rechts stetig sein.

** Die Koeffizienten von $Y(0), Y'(0), \ldots$ sind gerade die Zwischenstadien bei der Berechnung des Polynoms $p(s)$ nach dem Hornerschen Schema:

$$(\cdots((s + c_{n-1})\,s + c_{n-2})\,s + c_{n-3})\,s + \cdots)\,s + c_0.$$

Setzt man $\dfrac{p(s) - p(0)}{s} = \varDelta\,p(s)$, $\varDelta\,(\varDelta\,p(s)) = \varDelta^2\,p(s)$ usw., so sind die Koeffizienten gleich $\varDelta\,p(s), \varDelta^2\,p(s), \ldots, \varDelta^{n-1}\,p(s), \varDelta^{(n)}\,p(s) = 1$.

was darauf hinausläuft, daß wir einmal die inhomogene Differentialgleichung ($F \not\equiv 0$, daher $f \not\equiv 0$) mit verschwindenden (also speziellen) Anfangsbedingungen, das andere Mal die homogene Differentialgleichung ($F \equiv 0$, daher $f \equiv 0$) mit beliebigen Anfangsbedingungen betrachten, und dann die beiden Lösungen superponieren.

1. Die inhomogene Differentialgleichung mit verschwindenden Anfangsbedingungen.

Es sei also zunächst $Y(0) = Y'(0) = \cdots = Y^{(n-1)}(0) = 0$, d. h. $y(s) = \dfrac{f(s)}{p(s)}$. Es kommt nur darauf an, die L-Funktion $Q(t)$ zu $q(s) = \dfrac{1}{p(s)}$ zu finden, da die zu $\dfrac{f(s)}{p(s)}$ sich dann nach dem Faltungssatz ergibt. Zu diesem Zweck zerlegen wir $p(s)$ in seine Linearfaktoren*:

$$p(s) = (s - \alpha_1) \ldots (s - \alpha_n).$$

Dann ist

$$\frac{1}{p(s)} = \frac{1}{s - \alpha_1} \cdot \ldots \cdot \frac{1}{s - \alpha_n},$$

also

$$Q(t) = e^{\alpha_1 t} * e^{\alpha_2 t} * \cdots * e^{\alpha_n t}.$$

Eine übersichtlichere Gestalt erhalten wir bei Verwendung der Partialbruchzerlegung. Dazu unterscheiden wir zwei Fälle:

a) Die α_ν sind sämtlich verschieden.

Dann hat die charakteristische Gleichung nur einfache Wurzeln, d. h. $p'(\alpha_\nu) \neq 0$, und die Partialbruchzerlegung von $\dfrac{1}{p(s)}$ hat die Gestalt:

$$q(s) = \frac{1}{p(s)} = \sum_{\nu=1}^{n} \frac{a_\nu}{s - \alpha_\nu}.$$

Die a_ν lassen sich vermittels des Cauchyschen Satzes bestimmen ($\Re_\nu$ sei ein kleiner Kreis um α_ν, der alle anderen Wurzeln ausschließt):

$$a_\nu = \frac{1}{2\pi i} \int\limits_{\Re_\nu} \frac{ds}{p(s)} = \frac{1}{2\pi i} \int\limits_{\Re_\nu} \frac{1}{\dfrac{p'(\alpha_\nu)}{1!} + \dfrac{p''(\alpha_\nu)}{2!}(s - \alpha_\nu) + \cdots} \frac{ds}{s - \alpha_\nu}$$

$$= \frac{1}{p'(\alpha_\nu)}$$

oder elementar:

$$a_\nu = \lim_{s \to \alpha_\nu} \frac{s - \alpha_\nu}{p(s)} = \lim_{s \to \alpha_\nu} \frac{1}{\dfrac{p(s) - p(\alpha_\nu)}{s - \alpha_\nu}} = \frac{1}{p'(\alpha_\nu)}.$$

---

* Dazu müssen die (im allgemeinen komplexen) Wurzeln der Gleichung $p(s) = 0$ aufgesucht werden. Genau dasselbe geschieht auch in der klassischen Theorie, denn die Gleichung $p(s) = 0$ ist die sog. „charakteristische Gleichung", auf die man geführt wird, wenn man die homogene Gleichung durch den willkürlichen Ansatz $Y(t) = e^{\alpha t}$ zu befriedigen sucht.

Zu $q(s) = \dfrac{1}{p(s)}$ gehört also die L-Funktion

$$(4) \qquad Q(t) = \sum_{\nu=1}^{n} \frac{1}{p'(\alpha_\nu)}\, e^{\alpha_\nu t},$$

und da dies eine L_a-Funktion ist, gehört nach Satz 7 [8.5] zu $y(s) = \dfrac{f(s)}{p(s)}$ die L-Funktion

$$(5) \qquad Y(t) = F(t) * Q(t) = F(t) * \sum_{\nu=1}^{n} \frac{e^{\alpha_\nu t}}{p'(\alpha_\nu)}$$

$$= \sum_{\nu=1}^{n} \frac{e^{\alpha_\nu t}}{p'(\alpha_\nu)} \int_0^t e^{-\alpha_\nu \tau} F(\tau)\, d\tau.$$

Wenn es also überhaupt eine L-Funktion gibt, die (1) genügt und die Anfangswerte 0 hat, so muß es die durch (5) gegebene sein. Wir machen nun von dem S. 286 formulierten „Fortsetzungsprinzip" Gebrauch und zeigen, daß die durch (5) dargestellte Funktion $Y(t)$ für $t > 0$ die Differentialgleichung befriedigt und für $t \to 0$ die geforderten Anfangsbedingungen in der Gestalt $\lim\limits_{t\to+0} Y(t) = \lim\limits_{t\to+0} Y'(t) = \cdots = \lim\limits_{t\to+0} Y^{(n-1)}(0) = 0$ erfüllt*, sobald nur $F(t)$ eine I-Funktion und für $t > 0$ stetig $\left(\text{oder allgemeiner: die Ableitung seines Integrals } \int_0^t F(\tau)\, d\tau\right)$ ist. Dazu beweisen wir zunächst:

$$(6) \qquad Q(0) = Q'(0) = \cdots Q^{(n-2)}(0) = 0, \qquad Q^{(n-1)}(0) = 1.$$

Im Rahmen der Theorie der $\mathfrak{L}$-Transformation ergibt sich das am schnellsten so: Da offenbar $Q(t)$ eine L^0-Funktion und $q(s)$ eine l^0-Funktion ist, so bekommt man aus der Potenzentwicklung von $Q(t)$:

$$Q(t) = \sum_{\nu=0}^{\infty} \frac{Q^{(\nu)}(0)}{\nu!}\, t^\nu$$

die von $q(s)$ (vgl. Satz 2 [5.1]):

$$q(s) = \sum_{\nu=0}^{\infty} \frac{Q^{(\nu)}(0)}{s^{\nu+1}}.$$

Andererseits ist aber, da $p(s)$ ein Polynom n^{ten} Grades mit dem höchsten Koeffizienten 1 ist:

$$q(s) = \frac{1}{p(s)} = \frac{1}{s^n} + \frac{k_{n+1}}{s^{n+1}} + \frac{k_{n+2}}{s^{n+2}} + \cdots.$$

---

* Diese allgemeinere, von der üblichen abweichende Formulierung des Anfangswertproblems wählen wir mit Absicht im Hinblick auf die später bei partiellen Differentialgleichungen auftretenden Verhältnisse.

Der Koeffizientenvergleich ergibt die Behauptung. — Funktionentheoretisch sind die Identitäten (6) evident, wenn man sie in der expliziten Gestalt

$$\sum_{\nu=1}^{n} \frac{\alpha_{\nu}^{l}}{p'(\alpha_{\nu})} = \begin{cases} 0 & \text{für} \quad 0 \leqq l \leqq n-2, \\ 1 & \text{für} \quad l = n-1 \end{cases}$$

schreibt. Denn die linke Seite ist die Summe der Residuen von $\dfrac{s^{l}}{p(s)}$ im Endlichen (das stimmt auch, wenn unter den α_{ν} die Zahl 0 vorkommt), also gleich

$$\frac{1}{2\pi i} \int \frac{s^{l}}{p(s)} \, ds,$$

erstreckt über einen Kreis vom Radius R um den Nullpunkt, der alle Nullstellen von $p(s)$ einschließt. Ist $0 \leqq l \leqq n-2$, so sieht man in bekannter Weise, indem man das Integral abschätzt und R gegen ∞ wandern läßt, daß der Wert gleich 0 ist. Im Falle $q = n-1$ aber fügen wir zu dem Integral eine lineare Kombination der als verschwindend erkannten Integrale mit $l = 0, 1, \ldots, n-2$ hinzu und schreiben:

$$\frac{1}{2\pi i} \int \frac{s^{n-1}}{p(s)} \, ds = \frac{1}{n} \frac{1}{2\pi i} \int \frac{n\,s^{n-1} + c_{n-1}(n-1)\,s^{n-2} + \cdots + c_{2}\,2\,s + c_{1}}{s^{n} + c_{n-1}\,s^{n-1} + \cdots + c_{1}\,s + c_{0}} \, ds$$

$$= \frac{1}{n} \frac{1}{2\pi i} \int \frac{p'(s)}{p(s)} \, ds.$$

Dieser Ausdruck ist aber bekanntlich gleich dem n^{ten} Teil der Nullstellenanzahl von $p(s)$, also gleich 1 [207].

Nun bilden wir unter Benutzung von Satz 2 [8.4] die Ableitungen von $Y(t)$:

$$\begin{aligned} Y'(t) &= F(t) * Q'(t) \\ Y''(t) &= F(t) * Q''(t) \end{aligned}$$

(7)
$$\cdots \cdots \cdots \cdots \cdots \cdots \cdots$$

$$\begin{aligned} Y^{(n-1)}(t) &= F(t) * Q^{(n-1)}(t) \\ Y^{(n)}(t) &= F(t) * Q^{(n)}(t) + F(t). \end{aligned}$$

Aus diesen Gleichungen ersieht man zunächst, daß die Anfangswerte von Y verschwinden. Ferner ist

$$Y^{(n)} + c_{n-1} Y^{(n-1)} + \cdots + c_{0} Y = F(t) * \{Q^{(n)} + c_{n-1} Q^{(n-1)} + \cdots + c_{0} Q\} + F(t)$$

$$= F(t) * \sum_{\nu=1}^{n} \frac{e^{\alpha_{\nu} t}}{p'(\alpha_{\nu})} (\alpha_{\nu}^{n} + c_{n-1} \alpha_{\nu}^{n-1} + \cdots + c_{0}) + F(t)$$

$$= F(t),$$

da $\alpha_{\nu}^{n} + c_{n-1} \alpha_{\nu}^{n-1} + \cdots + c_{0} = p(\alpha_{\nu}) = 0$ ist. Damit ist unsere Behauptung bewiesen.

Wir heben noch den Spezialfall $F(t) \equiv 1$ hervor, bei dem $f(s) \equiv \dfrac{1}{s}$ ist. Bezeichnen wir die Lösung in diesem Fall mit $Y_{0}(t)$, so gilt für die zugehörige l-Funktion

$$y_{0}(s) = \frac{1}{s\,p(s)}.$$

Ist nun von den (als einfach vorausgesetzten) Nullstellen α_ν von $p(s)$ keine gleich 0, so hat $s\,p(s)$ die einfachen Nullstellen $0, \alpha_1, \ldots, \alpha_n$, und die Partialbruchzerlegung ergibt:

$$y_0(s) = \frac{\text{Resid. von } \dfrac{1}{s\,p(s)} \text{ in } 0}{s} + \sum_{\nu=1}^{n} \frac{\text{Resid. von } \dfrac{1}{s\,p(s)} \text{ in } \alpha_\nu}{s - \alpha_\nu}$$

$$= \frac{\dfrac{1}{p(0)}}{s} + \sum_{\nu=1}^{n} \frac{\dfrac{1}{\alpha_\nu\,p'(\alpha_\nu)}}{s - \alpha_\nu},$$

so daß man erhält:

$$(8) \qquad Y_0(t) = \frac{1}{p(0)} + \sum_{\nu=1}^{n} \frac{e^{\alpha_\nu t}}{\alpha_\nu\,p'(\alpha_\nu)}.$$

Natürlich würde man auch auf diesen Ausdruck kommen, wenn man (5) mit $F \equiv 1$ explizit ausrechnet.

Den Fall eines beliebigen F kann man auf diesen Spezialfall reduzieren. Es ist nämlich, wenn wir wieder vorübergehend $F(t)$ als L-Funktion annehmen:

$$y(s) = \frac{f(s)}{p(s)} = s\,(f(s)\,y_0(s)).$$

Zu $f(s)\,y_0(s)$ gehört, da $Y_0(t)$ eine L_a-Funktion ist, die Funktion $F * Y_0$. Diese ist nach Satz 2 [8.4] differenzierbar (man beachte $Y_0(0) = 0$):

$$\frac{d}{dt}\,[F * Y_0] = F * Y_0',$$

und $\mathfrak{L}\{F * Y_0'\}$ existiert, da Y_0' eine L_a-Funktion ist (Satz 7 [8.5]). Also ist nach Satz 1 [8.3]:

$$\mathfrak{L}\{F * Y_0'\} = s\,\mathfrak{L}\{F * Y_0\} = s\,(f(s)\,y_0(s)).$$

Damit ergibt sich die allgemeine Lösung Y aus der speziellen Y_0 folgendermaßen (und dies gilt wieder für jede stetige I-Funktion F)[208]:

$$(9) \qquad Y(t) = \frac{d}{dt}\,[F * Y_0] = F * Y_0'.$$

Der Vergleich mit (5) zeigt, daß

$$(10) \qquad Y_0'(t) = Q(t)$$

sein muß, was ja auch leicht aus (5) direkt folgt, denn mit $F(t) \equiv 1$ ergibt (5):

$$Y_0(t) = 1 * Q(t),$$

woraus (10) folgt.

b) Gewisse α_ν sind gleich.

Wir bezeichnen die wirklich verschiedenen Wurzeln von $p(s)$ mit $\alpha_1, \ldots, \alpha_m$, sie mögen beziehungsweise die Vielfachheiten $k_1, \ldots, k_m$ haben

$(k_1 + \cdots + k_m = n)$. Die Partialbruchzerlegung von $\frac{1}{p(s)}$ hat dann die Gestalt:

$$q(s) = \frac{1}{p(s)} = \sum_{\nu=1}^{m} \left(\frac{a_{\nu 1}}{s - \alpha_\nu} + \cdots + \frac{a_{\nu k_\nu}}{(s - \alpha_\nu)^{k_\nu}} \right),$$

und die $a_{\nu\mu}$ lassen sich als Residuen berechnen:

$$(11) \qquad a_{\nu\mu} = \frac{1}{2\pi i} \int \frac{(s - \alpha_\nu)^{\mu - 1}}{p(s)} \, ds \qquad (\mu = 1, \ldots, k_\nu),$$

wobei das Integral über einen Kreis um α_ν zu erstrecken ist, der die übrigen α ausschließt.

Zu $q(s)$ gehört die L-Funktion

$$(12) \qquad Q(t) = \sum_{\nu=1}^{m} \left(a_{\nu 1} + a_{\nu 2} \frac{t}{1!} + \cdots + a_{\nu k_\nu} \frac{t^{k_\nu - 1}}{(k_\nu - 1)!} \right) e^{\alpha_\nu t},$$

und die Lösung der Differentialgleichung (1) lautet wieder:

$$Y(t) = F(t) * Q(t).$$

Auch hier ist

$$Y(t) = F(t) * Y_0'(t),$$

wo Y_0 die Lösung für $F \equiv 1$, weil $Y_0(t) = 1 * Q(t)$, also $Q(t) = Y_0'(t)$ ist. Die Verifikation, daß $Y(t)$ wirklich Lösung ist, vollzieht sich genau so einfach wie unter a), denn zunächst ergeben sich wieder die Gleichungen (6), wenn man den ersten der oben angegebenen Beweise benutzt. Hieraus folgen die Gleichungen (7). Weiterhin ergibt sich nach Gesetz III$_a$:

$$(13) \qquad \begin{aligned} \mathfrak{L}\{Q^{(\nu)}\} &= s^\nu \, \mathfrak{L}\{Q\} \quad \text{für} \quad \nu = 0, 1, \ldots, n-1 \\ \mathfrak{L}\{Q^{(n)}\} &= s^n \, \mathfrak{L}\{Q\} - 1, \end{aligned}$$

also

$$\mathfrak{L}\{Q^{(n)} + c_{n-1} Q^{(n-1)} + \cdots + c_0 Q\} = \mathfrak{L}\{Q\}(s^n + c_{n-1} s^{n-1} + \cdots + c_0) - 1$$
$$= q(s)\, p(s) - 1 = 0.$$

Hieraus folgt aber wegen der Stetigkeit, daß *

$$Q^{(n)} + c_{n-1} Q^{(n-1)} + \cdots + c_0 Q = 0$$

und damit wie unter a), daß

$$Y^{(n)} + c_{n-1} Y^{(n-1)} + \cdots + c_0 Y = F(t)$$

ist.

Wir bemerken noch, daß hiernach $Q(t)$ die homogene Differentialgleichung $p(D)Q = 0$ mit den Anfangsbedingungen $Q(0) = Q'(0) = \cdots = Q^{(n-2)}(0) = 0$, $Q^{(n-1)}(0) = 1$ befriedigt. Daß man vermittels dieser

---

* Den Nachweis, daß $p(D)Q = 0$ ist, haben wir so auf dem Weg über den l-Bereich und damit besonders einfach geführt. Das geht, weil Q eine wohlbekannte Funktion ist, deren l-Funktion existiert. Für Y, in dem die beliebige Funktion F vorkommt, läßt sich das nicht machen.

Funktion die Lösung der inhomogenen Gleichung mit verschwindenden Anfangsbedingungen in der Gestalt $Y(t) = F(t) * Q(t)$ darstellen kann, ist auch a priori klar, denn das zeigen sofort die Gleichungen (7).

2. Die homogene Differentialgleichung mit beliebigen Anfangsbedingungen.

Wir betrachten ein einzelnes Glied in (3):

$$\frac{s^{n-\mu-1} + c_{n-1} s^{n-\mu-2} + \cdots + c_{\mu+1}}{p(s)} \qquad (\mu = 0, 1, \ldots, n-1).$$

Nach (13) gehört hierzu die L-Funktion

$$(14) \qquad U_\mu(t) = Q^{(n-\mu-1)}(t) + c_{n-1} Q^{(n-\mu-2)}(t) + \cdots + c_{\mu+1} Q(t),$$

wo $Q(t)$ durch (4) bzw. (12) gegeben ist. $U_\mu(t)$ genügt der homogenen Differentialgleichung (1), denn $Q(t)$ tut es nach der obigen Bemerkung, also auch seine Ableitungen, folglich jede lineare Kombination von solchen. Weiterhin ergibt sich aus (6):

$$U_\mu(0) = 0, \qquad U_\mu'(0) = 0, \ldots, \qquad U_\mu^{(\mu-1)}(0) = 0, \qquad U_\mu^{(\mu)}(0) = 1.$$

Für die höheren Ableitungen benutzen wir die Differentialgleichung

$$Q^{(n)}(t) + c_{n-1} Q^{(n-1)}(t) + \cdots + c_1 Q'(t) + c_0 Q(t) = 0,$$

aus der durch Differenzieren folgt:

$$Q^{(n+1)}(t) + c_{n-1} Q^{(n)}(t) + \cdots + c_1 Q''(t) + c_0 Q'(t) = 0,$$
$$Q^{(n+2)}(t) + c_{n-1} Q^{(n+1)}(t) + \cdots + c_1 Q'''(t) + c_0 Q''(t) = 0,$$

usw. Für $t = 0$ ergibt sich unter Beachtung von (6):

$$Q^{(n)}(0) + c_{n-1} = 0,$$
$$Q^{(n+1)}(0) + c_{n-1} Q^{(n)}(0) + c_{n-2} = 0,$$
$$Q^{(n+2)}(0) + c_{n-1} Q^{(n+1)}(0) + c_{n-2} Q^{(n)}(0) + c_{n-3} = 0,$$

usw. Diese Gleichungen sind aber gleichbedeutend mit

$$U_\mu^{(\mu+1)}(0) = 0, \qquad U_\mu^{(\mu+2)}(0) = 0, \ldots, U_\mu^{(n-1)}(0) = 0.$$

Hieraus folgt, daß die Funktion

$$(15) \quad \sum_{\mu=0}^{n-1} Y^{(\mu)}(0) U_\mu(t) = \sum_{\mu=0}^{n-1} Y_0^{(\mu)}(0) \left(Q^{n-\mu-1}(t) + c_{n-1} Q^{n-\mu-2}(t) + \cdots + c_{\mu+1} Q(t) \right)$$

der homogenen Differentialgleichung (1) genügt und die Anfangswerte $Y^{(\mu)}(0)$ $(\mu = 0, 1, \ldots, n-1)$ hat.

Addiert man (5) und (15), wobei Q durch (4) bzw. (12) definiert ist, so erhält man die Lösung der inhomogenen Gleichung mit beliebigen Anfangsbedingungen.

Verallgemeinerung: Die Koeffizienten der Differentialgleichung setzten wir, abgesehen von dem Störungsglied, als konstant voraus. Ist nun allgemeiner eine Ableitung $Y^{(\nu)}$ mit einer Potenz t^m multipliziert, so entspricht diesem Glied vermöge Gesetz III_b im l-Bereich der Ausdruck

$$(-1)^m \frac{d^m}{d\,s^m}\left(s^v\,y\,(s) - Y\,(0)\,s^{v-1} - Y'\,(0)\,s^{v-2} - \cdots - Y^{(v-1)}(0)\right).$$

Bei der Ausführung der Differentiation treten die Ableitungen von $y(s)$ bis zur m^{ten} auf, die Koeffizienten sind Potenzen. Daraus folgt: Einer linearen Differentialgleichung n^{ter} Ordnung im L-Bereich, deren Koeffizienten Polynome bis zum m^{ten} Grad sind, entspricht im l-Bereich eine Differentialgleichung m^{ter} Ordnung, deren Koeffizienten auch Polynome sind. Ist $m < n$, so ist damit das Problem auf ein einfacheres reduziert. Die Differentialgleichung im l-Bereich hat unendlich viele Lösungen, in Frage kommen aber nur solche, die l-Funktionen sind; das gleiche gilt dann von den Ableitungen. Also hat man die Anfangsbedingungen $y(+\infty) = y'(+\infty) = \cdots = 0$ zu beachten, die unter Umständen eine Lösung aussondern. Wir verfolgen dies hier nicht weiter, weil sich für den allgemeinen Fall nicht viel aussagen läßt.

Bemerkung: Ist die Störungsfunktion eine Konstante oder allgemeiner eine L^0-Funktion, so gilt offenbar das gleiche für die Lösung $Y(t)$, da Q eine L^0-Funktion ist. Also hat $Y(t)$ eine *beständig konvergierende Entwicklung* nach *aufsteigenden Potenzen* von t, ebenso wie $y(s)$ die entsprechende außerhalb eines gewissen Kreises konvergente Entwicklung nach absteigenden Potenzen von s besitzt (Satz 2 [5.1]). Dagegen gibt es *keine* konvergente Entwicklung für $Y(t)$ nach *absteigenden Potenzen* von t, wohl aber *asymptotische* Entwicklungen in der Umgebung von $t = \infty$, die nach den in 14.3 aufgestellten Sätzen zu finden sind, sobald $F(t)$ als L-Funktion gegeben ist.

§ 2. Ein System von linearen Differentialgleichungen mit konstanten Koeffizienten und beliebigen Störungsfunktionen.

Unter $p_{\alpha\beta}(D)$ verstehen wir einen linearen Differentialoperator n^{ter} Ordnung:

$$p_{\alpha\beta}(D) = c_n^{\alpha\beta}\,D^n + c_{n-1}^{\alpha\beta}\,D^{n-1} + \cdots + c_1^{\alpha\beta}\,D + c_0^{\alpha\beta},$$

wobei wir die Möglichkeit offen lassen, daß gewisse von den c verschwinden, daß also z. B. der Operator in Wahrheit von niedrigerer Ordnung als n ist. $Y_1(t), \ldots, Y_r(t)$ seien unbekannte, $F_1(t), \ldots, F_r(t)$ bekannte, für $t > 0$ stetige Funktionen. Dann betrachten wir das System von Differentialgleichungen

$$(1)\quad \begin{cases} p_{11}(D)\,Y_1 + p_{12}(D)\,Y_2 + \cdots + p_{1r}(D)\,Y_r = F_1(t) \\ \cdots\cdots\cdots\cdots\cdots\cdots\cdots\cdots\cdots\cdots \\ p_{r1}(D)\,Y_1 + p_{r2}(D)\,Y_2 + \cdots + p_{rr}(D)\,Y_r = F_r(t). \end{cases}$$

Der Übersichtlichkeit halber nehmen wir an, daß der in allen physikalischen Anwendungen realisierte Fall $n = 2$ vorliegt, und schreiben kürzer:

$$p_{\alpha\beta}(D) = a_{\alpha\beta}\,D^2 + b_{\alpha\beta}\,D + c_{\alpha\beta}.$$

Wir setzen zunächst voraus, daß die F_k L-Funktionen sind und daß es Lösungen $Y_\nu(t)$ mit vorgeschriebenen Anfangswerten $Y_\nu(0)$, $Y_\nu'(0)$ gibt, deren zweite Ableitungen L-Funktionen sind. Dann entspricht dem differentiellen Gleichungssystem (1) im l-Bereich das algebraische

$$(2)\begin{cases} p_{11}(s)\,y_1 + \cdots + p_{1r}(s)\,y_r = f_1(s) + \sum_{\nu=1}^{r}(a_{1\nu}s + b_{1\nu})\,Y_\nu(0) + \sum_{\nu=1}^{r} a_{1\nu}\,Y_\nu'(0) \\ \cdot \quad \cdot \quad \cdot \quad \cdot \quad \cdot \quad \cdot \quad \cdot \quad \cdot \quad \cdot \quad \cdot \quad \cdot \quad \cdot \quad \cdot \quad \cdot \\ p_{r1}(s)\,y_1 + \cdots + p_{rr}(s)\,y_r = f_r(s) + \sum_{\nu=1}^{r}(a_{r\nu}s + b_{r\nu})\,Y_\nu(0) + \sum_{\nu=1}^{r} a_{r\nu}\,Y_\nu'(0). \end{cases}$$

Wie in § 1 zerlegen wir das Problem zweckmäßig in zwei Teile:

1. Inhomogenes System mit verschwindenden Anfangsbedingungen.

Das System (2) hat hier die Gestalt:

$$(3)\begin{cases} p_{11}(s)\,y_1 + \cdots + p_{1r}(s)\,y_r = f_1(s) \\ \cdot \quad \cdot \quad \cdot \quad \cdot \quad \cdot \quad \cdot \quad \cdot \quad \cdot \\ p_{r1}(s)\,y_1 + \cdots + p_{rr}(s)\,y_r = f_r(s). \end{cases}$$

Bezeichnen wir die Determinante der $p_{\alpha\beta}(s)$ mit $\varDelta(s)$, das algebraische Komplement zu $p_{\alpha\beta}(s)$ mit $\varDelta_{\alpha\beta}(s)$, so ergibt sich in bekannter Weise:

$$(4)\qquad \varDelta(s)\,y_l(s) = \sum_{k=1}^{r} \varDelta_{kl}(s)\,f_k(s) \qquad (l = 1, 2, \ldots, r).$$

Dabei sind $\varDelta(s)$ und $\varDelta_{kl}(s)$ Polynome von höchstens $2r^{\text{tem}}$ bzw. $2(r-1)^{\text{tem}}$ Grad. Wir behandeln nun folgende Fälle:

a) Normalfall: $\varDelta(s)$ hat den Grad $2r$.
Dann ist

$$y_l(s) = \sum_{k=1}^{r} \frac{\varDelta_{kl}(s)}{\varDelta(s)}\,f_k(s),$$

und die $\dfrac{\varDelta_{kl}(s)}{\varDelta(s)}$ sind gebrochen rationale Funktionen, deren Zähler von niedrigerem Grad als der Nenner sind. Durch Partialbruchzerlegung

$$\frac{\varDelta_{kl}(s)}{\varDelta(s)} = \sum_{\nu=1}^{m} \left(\frac{d_{\nu 1}}{s - \alpha_\nu} + \cdots + \frac{d_{\nu k_\nu}}{(s - \alpha_\nu)^{k_\nu}} \right),$$

wo die α_ν die wirklich verschiedenen Wurzeln von $\varDelta(s)$ mit den Vielfachheiten k_ν sind, erhält man leicht die zugehörigen L-Funktionen $Q_{kl}(t)$:

$$\mathfrak{L}\{Q_{kl}(t)\} = \frac{\varDelta_{kl}(s)}{\varDelta(s)},$$

und damit die Lösungen in der Gestalt

$$(5)\qquad Y_l(t) = \sum_{k=1}^{r} Q_{kl}(t) * F_k(t).$$

Daß diese Funktionen, auch wenn die $F_k(t)$ keine L-Funktionen, sondern nur für $t > 0$ stetige I-Funktionen sind, wirklich ein Lösungssystem von (1) mit den Anfangsbedingungen $Y_l(0) = Y_l'(0) = 0$ darstellen, verifiziert man genau wie in § 1. Denn in $\dfrac{\varDelta_{kl}(s)}{\varDelta(s)}$ ist der Grad des Nenners um mindestens 2 größer als der des Zählers, in der Potenzentwicklung

$$\frac{\varDelta_{kl}(s)}{\varDelta(s)} = \frac{Q_{kl}(0)}{s} + \frac{Q_{kl}'(0)}{s^2} + \cdots$$

ist also $Q_{kl}(0) = 0$. Es ist daher

$$(6) \qquad Y_l'(t) = \sum_{k=1}^{r} Q_{kl}'(t) * F_k(t),$$

$$(7) \qquad Y_l''(t) = \sum_{k=1}^{r} Q_{kl}''(t) * F_k(t) + \sum_{k=1}^{r} Q_{kl}'(0)\, F_k(t).$$

Aus (5) und (6) ersieht man das Verschwinden von $Y_l(0)$ und $Y_l'(0)$. Um das Erfülltsein des Systems (3) zu zeigen, bemerken wir zweierlei:

   1. Es ist

$$(8) \qquad \sum_{l=1}^{r} p_{il}(s)\,\frac{\varDelta_{kl}(s)}{\varDelta(s)} = \begin{cases} 1 & \text{für} \quad k = i \\ 0 & \text{für} \quad k \neq i, \end{cases}$$

also wegen

$$\sum_{l=1}^{r} p_{il}(s)\frac{\varDelta_{kl}(s)}{\varDelta(s)} = \sum_{l=1}^{r}(a_{il}s^2 + b_{il}s + c_{il})\left(\frac{Q_{kl}'(0)}{s^2} + \cdots\right) = \sum_{l=1}^{r}(a_{il}Q_{kl}'(0) + \cdots):$$

$$(9) \qquad \sum_{l=1}^{r} a_{il}Q_{kl}'(0) = \begin{cases} 1 & \text{für} \quad k = i \\ 0 & \text{für} \quad k \neq i. \end{cases}$$

   2. Bei festem k erfüllen die Funktionen $Q_{k1}, \ldots, Q_{kr}$ das homogene System (1), bei dem also rechts alle F verschwinden. Denn es ist

$$p_{il}(D)\, Q_{kl}(t) = a_{il}\, Q_{kl}''(t) + b_{il}\, Q_{kl}'(t) + c_{il}\, Q_{kl}(t),$$

also nach Gesetz $\mathrm{III_a}$ wegen $Q_{kl}(0) = 0$:

$$\mathfrak{L}\{p_{il}(D)\, Q_{kl}(t)\} = a_{il}[s^2\,\mathfrak{L}\{Q_{kl}(t)\} - Q_{kl}'(0)] + b_{il}\, s\,\mathfrak{L}\{Q_{kl}(t)\} + c_{il}\,\mathfrak{L}\{Q_{kl}(t)\}$$

$$= p_{il}(s)\,\frac{\varDelta_{kl}(s)}{\varDelta(s)} - a_{il}\, Q_{kl}'(0),$$

und daher wegen (8) und (9):

$$\mathfrak{L}\left\{\sum_{l=1}^{r} p_{il}(D)\, Q_{kl}(t)\right\} = \sum_{l=1}^{r} p_{il}\frac{\varDelta_{kl}(s)}{\varDelta(s)} - \sum_{l=1}^{r} a_{il}\, Q_{kl}'(0) = 0,$$

also auch

$$(10) \qquad \sum_{l=1}^{r} p_{il}(D)\, Q_{kl}(t) = 0.$$

Nunmehr ergibt sich das Erfülltsein von (1) durch die $Y_l\,(t)$. Aus (5), (6) und (7) folgt:

$$\sum_{l=1}^{r} p_{il}\,(D)\,Y_l = \sum_{l=1}^{r}\sum_{k=1}^{r} \{p_{il}\,(D)\,Q_{kl}\,(t)\} * F_k\,(t) + \sum_{l=1}^{r}\sum_{k=1}^{r} a_{il}\,Q'_{kl}\,(0)\,F_k\,(t)$$

$$= \sum_{k=1}^{r} F_k\,(t) * \sum_{l=1}^{r} p_{il}\,(D)\,Q_{kl}\,(t) + \sum_{k=1}^{r} F_k\,(t)\sum_{l=1}^{r} a_{il}\,Q'_{kl}\,(0)$$

$$= F_i\,(t)$$

wegen (9) und (10).

b) Extremfall: $\Delta\,(s) \equiv 0$.

In diesem Fall hat die Matrix $\|p_{\alpha\beta}\,(s)\|$ einen Rang $v < r$. Zwischen den linken Seiten der Gleichungen (3) bestehen dann $r - v$ lineare Relationen. Damit das System (3) lösbar ist, müssen notwendig dieselben Relationen zwischen den rechten Seiten $f_k(s)$ und damit zwischen den $F_k(t)$ bestehen. Das Bestehen dieser Relationen ist aber auch hinreichend dafür, daß Lösungen, und zwar unendlich viele, existieren. Denn dann kann man $r - v$ Gleichungen als überflüssig streichen und in den v übrigen gewisse $r - v$ Funktionen $y_l(s)$, die so auszusuchen sind, daß die Koeffizientendeterminante der übrigen von 0 verschieden ist, beliebig wählen.

Die übrigen Fälle, die möglich sind, lohnt es sich nicht allgemein durchzudiskutieren, da die Diskussion wegen der vielen Sonderfälle zu unübersichtlich wird. Es wäre dabei zu berücksichtigen, daß $\Delta\,(s)$ ein Polynom von jedem Grad $\leqq 2\,r$ sein kann, sei es, daß durch spezielle Wahl der Koeffizienten $a_{\alpha\beta}$, $b_{\alpha\beta}$, $c_{\alpha\beta}$ die höheren Potenzen sich wegheben, sei es, daß manche von den Operatoren $p_{\alpha\beta}$ garnicht von zweiter Ordnung, sondern von einer niedrigeren sind. Dabei wäre wiederum zu erwägen, bei welchen Funktionen $Y_l\,(t)$ gar nicht zwei, sondern weniger Anfangsbedingungen vorgeschrieben werden können. In jedem einzelnen Spezialfall ist die Diskussion natürlich ohne prinzipielle Schwierigkeiten durchführbar.

2. Homogenes System mit beliebigen Anfangsbedingungen.

Das System (2) hat in diesem Fall die Gestalt:

$$(11)\quad \begin{cases} p_{11}(s)\,y_1 + \cdots + p_{1r}(s)\,y_r = \displaystyle\sum_{v=1}^{r}(a_{1v}\,s + b_{1v})\,Y_v\,(0) + \sum_{v=1}^{r} a_{1v}\,Y'_v\,(0) \\[2mm] \cdot\quad\cdot\quad\cdot\quad\cdot\quad\cdot\quad\cdot\quad\cdot\quad\cdot\quad\cdot\quad\cdot\quad\cdot\quad\cdot\quad\cdot\quad\cdot \\[2mm] p_{r1}(s)\,y_1 + \cdots + p_{rr}(s)\,y_r = \displaystyle\sum_{v=1}^{r}(a_{rv}\,s + b_{rv})\,Y_v\,(0) + \sum_{v=1}^{r} a_{rv}\,Y'_v\,(0). \end{cases}$$

(Ist ein Operator $p_{\alpha\beta}$ von geringerer als zweiter Ordnung, so fallen die durch ihn scheinbar hereingebrachten Anfangsbedingungen in Wahrheit aus.) Auch hier sind dieselben Fallunterscheidungen hinsichtlich des

Verhaltens von $\Delta(s)$ zu machen wie unter 1. Beschränken wir uns auf den dortigen Normalfall a), so erhalten wir:

$$y_l(s) = \sum_{k=1}^{r} \frac{\Delta_{kl}(s)}{\Delta(s)} \left[\sum_{\nu=1}^{r} (a_{k\nu}\, s + b_{k\nu})\, Y_\nu(0) + \sum_{\nu=1}^{r} a_{k\nu}\, Y_\nu'(0) \right].$$

Dazu gehört die L-Funktion

$$(12) \quad Y_l(t) = \sum_{\nu=1}^{r} Y_\nu(0) \sum_{k=1}^{r} (a_{k\nu}\, Q_{kl}'(t) + b_{k\nu}\, Q_{kl}(t)) + \sum_{\nu=1}^{r} Y_\nu'(0) \sum_{k=1}^{r} a_{k\nu}\, Q_{kl}(t).$$

Denn wendet man hierauf die $\mathfrak{L}$-Transformation an, so tritt nach Gesetz $\mathrm{III_a}$ zwar noch das Glied

$$\sum_{\nu=1}^{r} Y_\nu(0) \sum_{k=1}^{\nu} a_{k\nu}\, Q_{kl}(0)$$

auf; dieses verschwindet aber wegen $Q_{kl}(0) = 0$ (s. S. 331).

Die Funktionen (12) bilden wirklich Lösungen des homogenen Gleichungssystems (1) mit den vorgeschriebenen Anfangsbedingungen. Denn nach S. 331 befriedigen die Q_{kl} und damit auch die Q_{kl}' bei festem k das homogene System, also auch die linearen Kombinationen $\sum_{k=1}^{r} a_{k\nu} Q_{kl}'(t)$ usw. (ν fest, $l = 1, 2, \ldots, r$), und folglich auch die hieraus durch lineare Kombination entstehenden Funktionen $Y_l(t)$.

Um die Anfangsbedingungen zu verifizieren, bilden wir zunächst das Analogon zu (8):

$$(13) \quad \sum_{k=1}^{r} p_{k\nu}(s)\, \frac{\Delta_{kl}(s)}{\Delta(s)} = \begin{cases} 1 & \text{für} \quad \nu = l \\ 0 & \text{für} \quad \nu \neq l. \end{cases}$$

Nun ist aber

$$\sum_{k=1}^{r} p_{k\nu}(s)\, \frac{\Delta_{kl}(s)}{\Delta(s)} = \sum_{k=1}^{r} (a_{k\nu}\, s^2 + b_{k\nu}\, s + c_{k\nu}) \left(\frac{Q_{kl}'(0)}{s^2} + \frac{Q_{kl}''(0)}{s^3} + \cdots \right)$$

$$= \sum_{k=1}^{r} a_{k\nu}\, Q_{kl}'(0) + \frac{1}{s} \sum_{k=1}^{r} (a_{k\nu}\, Q_{kl}''(0) + b_{k\nu}\, Q_{kl}'(0)) + \cdots,$$

also muß gelten:

$$(14) \quad \sum_{k=1}^{r} a_{k\nu}\, Q_{kl}'(0) = \begin{cases} 1 & \text{für} \quad \nu = l \\ 0 & \text{für} \quad \nu \neq l, \end{cases}$$

$$(15) \quad \sum_{k=1}^{r} (a_{k\nu}\, Q_{kl}''(0) + b_{k\nu}\, Q_{kl}'(0)) = 0.$$

Beachtet man noch $Q_{kl}(0) = 0$, so sieht man, daß die rechte Seite von (12) bzw. ihre Ableitung für $t = 0$ liefert:

$$\sum_{\nu=1}^{r} Y_\nu(0) \sum_{k=1}^{r} a_{k\nu}\, Q_{kl}'(0) = Y_l(0),$$

$$\sum_{\nu=1}^{r} Y_\nu(0) \sum_{k=1}^{r} (a_{k\nu}\, Q_{kl}''(0) + b_{k\nu}\, Q_{kl}'(0)) + \sum_{\nu=1}^{r} Y_\nu'(0) \sum_{k=1}^{r} a_{k\nu}\, Q_{kl}'(0) = Y_l'(0).$$

Bemerkung: Hinsichtlich *konvergenter und asymptotischer Entwicklungen* für ein Lösungssystem gilt sinngemäß das am Ende von § 1 Gesagte.

§ 3. Die Beziehung der Methode der Laplace-Transformation zur symbolischen Methode (Heavisidekalkül).

Wie im 2. Kapitel erwähnt wurde, hat schon LAPLACE erkannt, daß durch das nach ihm benannte Integral eine brauchbare Basis zur Begründung der zu seinen Zeiten und schon früher üblichen symbolischen Methoden der Differentialrechnung geschaffen wird. Da die symbolische Methode bis zum heutigen Tag in der technischen Literatur eine große Rolle spielt, wollen wir sie hier auseinandersetzen und ihre Beziehung zu der in § 1 und 2 dargestellten Theorie untersuchen.

Die schon in § 1 erwähnte symbolische Schreibweise der dortigen Differentialgleichung

$$(1) \qquad p(D)\, Y = F$$

verführt dazu, das Symbol $p(D)$ als *Faktor* anzusehen und demgemäß die Lösung in der Formel

$$(2) \qquad Y = \frac{1}{p(D)}\, F$$

zu suchen. Real steckt hinter dieser zunächst gar nichts besagenden Formel folgendes: $p(D)$ ist ein Differentialoperator, eine Verallgemeinerung des Grundoperators D. Man weiß, daß durch Ausübung dieses Operators aus Y eine bekannte Funktion F wird. So wie nun die einfachste derartige Gleichung $D\,Y = F$ dadurch gelöst wird, daß man die „Umkehrung" der Differentiation, nämlich die Integration, erfindet, so wird auch die Lösung von (1) damit gleichbedeutend sein, daß man den Operator $p(D)$ „umkehrt", d. h. einen anderen Operator J erfindet derart, daß $J\{p(D)\}$ einfach die Identität ist, kurz

$$J\,p(D) = 1.$$

Will man dieser „Inversen" zu $p(D)$ das Zeichen $\frac{1}{p(D)}$ geben, so ist das recht suggestiv, besagt aber über diese Operation selbst noch garnichts. Nun würde über die „Lösung" von (1) durch (2) wohl nie ein Wort verloren worden sein, wenn man nicht durch unentwegtes Weiterverfolgen dieses kühnen Weges offenbare Erfolge erzielt hätte. Wir erläutern das am allereinfachsten Fall, daß $p(x) \equiv x + c$ und die Störungsfunktion konstant gleich b ist, also die Differentialgleichung

$$Y' + c\,Y = b \ \text{ oder } \ (D + c)\,Y = b$$

vorliegt. Nachdem man

$$(3) \qquad Y = \frac{1}{D + c}\, b$$

hingeschrieben hatte, sagte man sich: Ist $c = 0$, so bedeutet $\frac{1}{D}$ die Inverse zu D, also Integration, beispielsweise von 0 an:

$$Y = \int\limits_0^t b\, d\tau = b\, t.$$

Das ist völlig richtig, wenn $Y(0) = 0$ als Anfangsbedingung gestellt wird; darum sei dies in der Folge vorausgesetzt. Ist nun $c \neq 0$, so kann man dadurch in die Bahn des Spezialfalls kommen, daß man (3) nach Potenzen von $\frac{1}{D}$ entwickelt:

$$(4) \qquad Y = \frac{b}{D}\, \frac{1}{1 + \dfrac{c}{D}} = \frac{1}{D}\, b - \frac{1}{D^2}\, b\, c + \frac{1}{D^3}\, b\, c^2 - + \cdots.$$

Da $\frac{1}{D}$ Integration von 0 an bedeutete, so liegt es nahe, unter $\frac{1}{D^n}$ n-fach iterierte Integration von 0 an zu verstehen, was bezüglich der Konstanten 1 liefert:

$$\frac{1}{D}\, 1 = t, \quad \frac{1}{D^2}\, 1 = \frac{t^2}{2!}, \ldots, \quad \frac{1}{D^n}\, 1 = \frac{t^n}{n!}, \ldots.$$

Damit ergibt (4):

$$(5) \qquad Y = b\, t - b\, c\, \frac{t^2}{2!} + b\, c^2\, \frac{t^3}{3!} - + \cdots = \frac{b}{c}\, (1 - e^{-ct}).$$

Das ist nun in der Tat eine Lösung der Differentialgleichung (1), deren allgemeine Lösung ja lautet:

$$Y(t) = \frac{b}{c}\, (1 - e^{-ct}) + Y(0)\, e^{-ct},$$

und zwar ist es gerade die mit der Anfangsbedingung $Y(0) = 0$, die ja auch oben vorausgesetzt wurde. Damit hat diese Methode, bei der jeder Schritt völlig in der Luft hängt, einen zweifellosen Erfolg errungen.

Im Sinne dieser Behandlungsart wäre nun auch noch ein anderer Weg denkbar. Wenn man (3) schon nach Potenzen von D entwickelt, so kann man es auch nach aufsteigenden Potenzen entwickeln:

$$(6) \qquad Y = \frac{b}{c}\, \frac{1}{1 + \dfrac{D}{c}} = \frac{b}{c}\, \left(1 - D\, \frac{1}{c} + D^2\, \frac{1}{c^2} - + \cdots\right).$$

Da D Differentiation bedeutet, so wird man unter $D^2, D^3, \cdots$ wiederholte Differentiation verstehen müssen, was auf

$$(7) \qquad Y = \frac{b}{c}$$

führt. Damit erhalten wir zwar nicht die Lösung (5), aber doch wenigstens den Wert, dem sie asymptotisch [wie übrigens alle Lösungen von (1)] zustrebt.

Hat nun diese „experimentierende" Methode einen wirklichen mathematischen Sinn, beruht das Ergebnis nur auf Zufall oder lassen sich damit auch die allgemeinsten Differentialgleichungen angreifen bzw. kann man Grenzen abstecken, innerhalb deren die Methode erfolgreich ist? Alle diese Fragen lassen sich auf Grund der Kenntnis von § 1 völlig erledigen, man wird aber auch ohne diese Kenntnis ganz zwangsläufig auf die Methode von § 1 geführt. Dazu braucht man sich nämlich nur von dem Gedanken freizumachen (dieser hat der Klärung des Symbolismus lange im Wege gestanden), daß die betrachteten Funktionen dieselben blieben, wenn man eine so einschneidende Handlung vornimmt wie den Ersatz eines Operators D durch eine rein algebraisch zu handhabende Größe. Vielmehr kann es sich hier um gar nichts anderes handeln, als um den Übergang von dem Bereich der dem Operator unterworfenen Funktionen zu einem zugeordneten anderen, in dem sich jener Operator als eine algebraische Multiplikation widerspiegelt, also um eine *Funktionaltransformation*. Einen solchen Übergang bewerkstelligt aber gerade die Laplace-Transformation, wobei wir es dahingestellt sein lassen, ob es auch noch andere derartige Funktionaltransformationen gibt [209]. Dabei wird nun zunächst einmal klar, warum die symbolische Methode, wenn sie überhaupt funktioniert, gerade diejenige Lösung liefert, deren Anfangswert $Y(0)$ verschwindet*. Denn wenn man in der Bezeichnungsweise der symbolischen Methode $\frac{d}{dt} Y$ durch $D \cdot Y$, d. h. in der Sprache der $\mathfrak{L}$-Transformation durch $s \cdot y$ ersetzt, so bedeutet das, daß man $Y(0) = 0$ voraussetzt, denn andernfalls müßte $s\, y - Y(0)$ geschrieben werden. Weiterhin wird im Symbolismus die rechts stehende Konstante b unverändert gelassen, während bei der $\mathfrak{L}$-Transformation dafür $\frac{b}{s}$ eintritt. Das bedingt einen durchgängigen Unterschied der Formeln um den Faktor $\frac{1}{s}$, der in der Folge zu beachten ist. Die Frage, was $\frac{1}{D+c}\, b$ bzw. $\frac{1}{s+c}\, \frac{b}{s}$ bedeutet, braucht nun nicht durch vage Vermutungen, über deren Richtigkeit erst der Erfolg entscheidet, gelöst zu werden, sondern bedeutet jetzt nichts anderes, als den Schritt von vorhin zurückzutun, nämlich von einer gewissen Funktion des zugeordneten Bereichs zur Originalfunktion zurückzugehen. Daß der Funktion $y = \frac{1}{s+c}\, \frac{b}{s}$ eine Originalfunktion entspricht, ist klar. Ihre Berechnung bzw. analytische Darstellung ist eine sekundäre Angelegenheit, sie kann auf die verschiedensten Arten erfolgen. Wir können

---

* Irgendeinen „Anfangspunkt" braucht die symbolische Methode auf alle Fälle, da sie ja Integrale von einer bestimmten Stelle an bildet, die den Operatoren $\frac{1}{D^n}$ entsprechen. Das braucht nicht gerade der Punkt $t = 0$ zu sein, es könnte auch irgend ein anderer Punkt $t = t_0$ sein. Dann würde man als Funktionaltransformation das Integral $\int_{t_0}^{\infty} e^{-st} F(t)\, dt$ benutzen.

dafür $Y = e^{-ct} * b$ schreiben (was der Symbolismus nicht kennt), wir können die Partialbruchzerlegung $y = \dfrac{b}{c}\left(\dfrac{1}{s} - \dfrac{1}{s+c}\right)$ vornehmen und dementsprechend $Y = \dfrac{b}{c}(1 - e^{-ct})$ setzen, wir können auch y in eine konvergente Reihe nach absteigenden Potenzen von s entwickeln:

$$y = \frac{b}{s^2}\,\frac{1}{1+\frac{c}{s}} = \frac{b}{s^2} - \frac{bc}{s^3} + \frac{bc^2}{s^4} - + \cdots,$$

was der Entwicklung (4) entspricht und erhalten hierzu natürlich die Entwicklung (5). Wir können y auch nach aufsteigenden Potenzen von s entwickeln:

$$y = \frac{\frac{b}{c}}{s}\left(1 - \frac{s}{c} + \frac{s^2}{c^2} - + \cdots\right),$$

wissen dann aber, daß ihr keine konvergente Entwicklung von $Y(t)$ entsprechen kann (s. die Schlußbemerkung von § 1), sondern daß wir aus ihr unter gewissen einschneidenden Voraussetzungen, die hier übrigens erfüllt sind, nach den Sätzen von 13.1.2 und 14.3.2 eine asymptotische Entwicklung für $t \to \infty$ bekommen, die so lautet (nach jenen Sätzen fallen alle Glieder mit positiven ganzen Exponenten weg):

$$\lim_{t \to \infty} t^n\left(Y(t) - \frac{b}{c}\right) = 0 \quad \text{für jedes } n \geqq 0.$$

Das ist das Ergebnis (7) in wesentlich verschärfter Gestalt.

Man sieht, daß die symbolische Methode sich ganz *allgemein* auf *gewöhnliche Differentialgleichungen* mit konstanten Koeffizienten und konstanter rechter Seite in genau gleicher Weise anwenden läßt, weil das ja nur auf eine Imitation der Lösung in § 1 hinausläuft. Dazu ist im einzelnen noch zu bemerken:

1. Die der Partialbruchzerlegung entsprechende Formel 18.1 (8), die den Spezialfall $F \equiv 1$ von 18.1 (5) darstellt, ist im Symbolismus unter dem Namen „*Heavisidescher Entwicklungssatz** (Expansion theorem)" bekannt und pflegt dort mit einem mystischen Schimmer umwoben zu werden. Heaviside (1850—1925), ein englischer Elektroingenieur[210], war Autodidakt und ein leidenschaftlicher Verfechter der „Experimentalmethode" in der Mathematik, von der wir oben eine Probe gegeben haben. Durch ihn ist die in Wahrheit schon lange vor ihm bestehende symbolische Methode der Differentialoperatoren in der technischen Literatur populär geworden, so daß sie vielfach auch als „Heavisidekalkül" bezeichnet wird. Wie Heaviside selbst zu dem „Expansion theorem" gekommen ist, ist nicht ganz klar, wahrscheinlich aus physikalischen Erwägungen heraus[211]. Die Formel selbst war natürlich in der reinen Mathematik schon lange bekannt[212].

---

* Gemeint ist: Entwicklung nach den Eigenfunktionen der Differentialgleichung, d. h. nach den Lösungen $e^{\alpha_\nu t}$ der homogenen Gleichung.

2. Die Ableitung der „effektiven" Formel (5) aus der „symbolischen" Formel (4) kann in die einfache Anweisung gekleidet werden*: Man ersetze in der unendlichen Reihe (4) das $\dfrac{1}{D^n}$ durch $\dfrac{t^n}{n!}$ $\left(\text{das entspricht der Zuordnung von } \dfrac{1}{s^{n+1}} \text{ zu } \dfrac{t^n}{n!}\right)$. Daß dies zum richtigen Resultat führt, liegt an zwei Zufälligkeiten, nämlich einmal daran, daß die rechte Seite der Differentialgleichung eine Konstante war, so daß sich das von der Entwicklung von $\dfrac{1}{s+c}$ herrührende $\dfrac{1}{s^n}$ mit dem von der rechten Seite herrührenden $\dfrac{1}{s}$ zu $\dfrac{1}{s^{n+1}}$ vereinigt (im allgemeinen Fall würde dafür $\dfrac{1}{s^n} f(s)$ stehen), zum anderen daran, daß hier (wo es sich speziell um eine L^0- bzw. l^0-Funktion handelt) die gliedweise Anwendung der $\mathfrak{L}$-Transformation auf die unendliche Reihe sicher legitim ist. — Die Formel (5) wird von den Symbolikern meist die *Heavisidesche Potenzreihenlösung* genannt, obwohl sie ja nichts anderes ist, als die ganz selbstverständliche Potenzentwicklung einer ganzen Funktion. Sie hat eigentlich gar nichts damit zu tun, daß $Y(t)$ die Lösung einer Differentialgleichung ist.

3. Daß die (auch bei Heaviside vorkommende) Entwicklung (6) und die entsprechenden Entwicklungen in allgemeineren Fällen nach aufsteigenden Potenzen von D keine konvergenten, sondern *asymptotische* Darstellungen von $Y(t)$ liefern, ist auch von den Symbolikern mehrfach bemerkt worden. Bei partiellen Differentialgleichungen, die wir im 24. Kapitel behandeln, schreiten diese Entwicklungen oft nach gebrochenen Potenzen von D fort, z. B. $D^{\frac{1}{2}}, D^1, D^{\frac{3}{2}}, D^2, \ldots$ Es zeigte sich insbesondere, daß die Potenzen mit positiven ganzen Exponenten wie oben bei (6) völlig gestrichen werden müssen, wenn man überhaupt etwas Brauchbares bekommen will. Alle Versuche der Symboliker, diesem Verfahren eine mathematische Grundlage zu geben, sind als gescheitert anzusehen. Der Grund wird im Lichte der $\mathfrak{L}$-Transformation klar: Wie schon oben bemerkt, liegen dem Verfahren in Wahrheit Sätze vom Charakter der in 13.1.2 und 14.3.2 aufgestellten zugrunde (die übrigens wieder mit der Tatsache, daß $Y(t)$ einer Differentialgleichung genügen soll, gar nichts zu tun haben). Diese Sätze schließen aus der Entwicklung von y nach aufsteigenden Potenzen von s gar nicht bedingungslos auf eine asymptotische Entwicklung von Y bei $t=\infty$, sondern machen eine Reihe von schwerwiegenden Voraussetzungen und benötigen zudem zu ihrem Beweis ein beträchtliches Quantum von mathematischer Theorie. Jene asymptotische Heavisidesche Regel gilt also gar nicht in dem Umfang, wie sie von den Symbolikern in Anspruch genommen

---

* Es sei hier erwähnt, daß die orthodoxen Heavisideianer den Buchstaben D durch p ersetzen und diesem Ritus eine besondere Weihekraft beimessen.

wird, noch weniger läßt sie sich mit so dürftigen mathematischen Hilfsmitteln, wie sie die Symboliker gewöhnlich aufwenden, beweisen [213].

Es sei noch erwähnt, daß das einzige wirklich in die Theorie der Differentialgleichungen Gehörige an der symbolischen Methode, nämlich das „Expansion theorem", sich für gewöhnliche Differentialgleichungen auch ohne $\mathfrak{L}$-Transformation einwandfrei im Rahmen eines mathematisch sinnvoll und konsequent durchgeführten Symbolismus begründen läßt [214]. Für partielle Differentialgleichungen dagegen ist es, obwohl es auch hierfür von den Symbolikern in Anspruch genommen wird, im allgemeinen gar nicht richtig, und zur Abgrenzung von Fällen, wo es gültig ist, ist die Theorie der $\mathfrak{L}$-Transformation unerläßlich. Wir kommen darauf im 24. Kapitel zurück.

19. Kapitel.

Allgemeines über die Behandlung von partiellen Differentialgleichungen durch Funktionaltransformationen.

§ 1. Rand- bzw. Anfangswertprobleme und der Sinn der Randbedingungen.

Wird für eine Funktion U, die von mehreren Variablen $x, y, \ldots$ abhängt, eine Funktionalgleichung vorgegeben, die außer der Funktion noch gewisse partielle Ableitungen nach jenen Variablen enthält, so heißt die Gleichung eine partielle Differentialgleichung. Während es bei gewöhnlichen Differentialgleichungen leicht ist, die Zusatzbedingungen anzugeben, die unter den unendlich vielen Lösungen der Gleichung eine bestimmte charakterisieren, ist dies bei partiellen Differentialgleichungen eine im allgemeinen schwierige Aufgabe, die bis jetzt nur für wenige Klassen von Differentialgleichungen gelöst ist. Da die partiellen Differentialgleichungen eine große Rolle in der mathematischen Physik spielen, so kann man sich dabei oft von physikalischen Erwägungen leiten lassen. Die folgenden Erörterungen sind daher an physikalische Probleme angelehnt. Genau wie bei den gewöhnlichen Differentialgleichungen ist zunächst das Grundgebiet des $x\,y\cdots$-Raumes festzulegen, in dem die Differentialgleichung integriert werden soll. Wenn z. B. U ein Geschwindigkeitspotential darstellt, so ist dieses Gebiet im allgemeinen endlich, und es ist physikalisch einleuchtend, daß U im Innern festliegt, wenn man seinen Wert auf der Begrenzung (dem Rand) vorgibt. Statt dessen kann man auch die Komponente der Geschwindigkeit senkrecht zum Rand, d. i. die Normalableitung von U vorgeben. In solchen Fällen, wo die Werte der Funktion oder gewisser Ableitungen oder beides auf dem Rand zur Festlegung der Lösung dienen·sollen, spricht man von einem *Randwertproblem*. Bei einem anderen Problemtyp zerfallen die Variablen in zwei nach ihrer physikalischen Bedeutung völlig verschiedene Klassen: die einen, etwa x, y, z,

22*

stellen Raumkoordinaten dar, eine andere Variable, t, bedeutet die Zeit. Handelt es sich um ein Ausbreitungsphänomen, wie etwa die Schall- oder Lichtfortpflanzung, so können oft die x, y, z im ganzen Raum variieren (d. h. jede Variable zwischen $-\infty$ und $+\infty$), während zeitlich der Vorgang erst von einem gewissen Moment, etwa $t = 0$, an beobachtet wird, so daß $t \geqq 0$ zu nehmen ist. Im Anfang des Experiments werden z. B. beim Schall die Moleküle der Luft aus ihrer Ruhelage herausbewegt und mit gewissen Geschwindigkeiten versehen, und es soll nun die Erregung U an jeder Stelle des Raumes zu jeder späteren Zeit berechnet werden. Hier ist also das Grundgebiet unendlich, und es sind die „Anfangswerte" von U und seiner Ableitung nach der Zeit für $t = 0$ als charakterisierende Zusatzbedingungen gegeben. Eine solche Aufgabe heißt ein *Anfangswertproblem**. (Natürlich ist ein solches nichts anderes als eine besondere Art von Randwertproblem, die Bezeichnung nimmt eigentlich nur Bezug auf die eigenartige Rolle und Bedeutung der Variablen t als Zeit). — Die beiden Problemtypen kommen auch kombiniert vor. Ist beim Schall der Raum nicht unbegrenzt, sondern handelt es sich nur um ein endliches Stück, z. B. im Eindimensionalen um eine Saite endlicher Länge, so müssen nicht nur die Anfangswerte, sondern auch für alle Zeiten die Randwerte (im Beispiel die Ausschläge an den beiden Enden, statt dessen etwa auch die Randwerte der räumlichen Ableitung oder etwas Ähnliches) gegeben sein. Man kann dann die „Randwerte" und die „Anfangswerte" des Problems unterscheiden.

Die Unterscheidung in Randwertprobleme und Anfangswertprobleme kennt man ja auch in der Theorie der gewöhnlichen Differentialgleichungen: man kann eine Lösung beispielsweise einer linearen Differentialgleichung zweiter Ordnung festlegen durch den Wert der Funktion und ihrer ersten Ableitung in einem bestimmten Punkt (Anfangswertproblem) oder durch die Werte der Funktion in zwei verschiedenen Punkten (Randwertproblem). Dabei ist es dann so, daß diese in den geläufigen Fällen, in denen man die Lösung explizit anschreiben kann, die vorgeschriebenen Werte wirklich darstellt, wenn man die betreffenden Punkte in sie einsetzt, ein Umstand, der sich dort so selbstverständlich einstellt, daß man ihn gar nicht besonders hervorhebt. Das ist nun bei partiellen Differentialgleichungen ganz anders. Man hat schon früh bemerkt, daß die Lösung einer partiellen Differentialgleichung die Rand- bzw. Anfangswerte selbst nicht darzustellen braucht, da sie für Punkte des Randes oft überhaupt keinen Sinn hat. Schon in den einfachsten Fällen, z. B. bei dem bekannten Poissonschen Integral, das die Potentialgleichung bei gegebenen Randwerten für den Kreis als Grundgebiet löst, tritt dies ein. Das einzige, was man verlangen kann, ist, daß U im offenen Innern

---

* In der Elektrotechnik nennt man einen im Moment $t = 0$ einsetzenden und von da an betrachteten Zustand einen „Einschaltvorgang", während man von einem „Beharrungszustand" spricht, wenn t von $-\infty$ bis $+\infty$ betrachtet wird.

des Gebietes der Differentialgleichung genügt und gegen den vorgeschriebenen Randwert konvergiert, wenn der Punkt sich einem Randpunkt nähert. Diese *Konvergenz* kann man aber *in ganz verschiedener Weise verstehen*, und wir müssen diese Möglichkeiten etwas ausführlicher diskutieren, einmal weil in den üblichen Darstellungen der Theorie diese Fragen nicht weiter behandelt werden, zum anderen weil sie für die Methode der Funktionaltransformationen von entscheidender Bedeutung sind. Wir wollen dabei, um etwas Bestimmtes vor Augen zu haben, U als Funktion zweier Variablen x, y annehmen [215].

1. Vom *mathematischen* Standpunkt aus wird man an eine *zweidimensionale* Konvergenz denken, d. h. wenn in einem Randpunkt (x_0, y_0) der Randwert U_0 vorgegeben ist, so soll sich zu jedem $\varepsilon > 0$ ein $\delta > 0$ so bestimmen lassen, daß

$$| U(x, y) - U_0 | < \varepsilon$$

ausfällt für alle zu dem Integrationsgebiet gehörigen (x, y), für die

$$| x - x_0 |^2 + | y - y_0 |^2 < \delta$$

ist. Setzt man im Innern des Gebietes U sowieso als (zweidimensional) stetig voraus und sind die Randwerte selbst in sich stetig, so kann man auch sagen: Die durch $U(x, y)$ im Innern und durch die Werte U_0 auf dem Rand definierte Funktion soll in dem aus „Inneres plus Rand" gebildeten abgeschlossenen Bereich stetig sein. — In diesem Sinn wird der Anschluß an die Randwerte in rein mathematischen Bearbeitungen durchweg verstanden.

2. Diese Auffassung ist nun aber vom *physikalischen* Standpunkt aus sicher viel zu eng, und es liegt hier der interessante Fall vor, daß die Physik eine allgemeinere Auffassung verlangt. als vom Standpunkt der Mathematik aus nahezuliegen scheint. Ist z. B. $U(x, y)$ die Temperatur eines eindimensionalen Körpers (Stab) mit der Raumkoordinate $x (0 \leqq x \leqq l)$ zur Zeit $y (y \geqq 0)$, so ist das Grundgebiet ein Halbstreifen, und die Randwerte bestehen aus der „Anfangstemperatur" $U(x, 0) = U_0(x)$ und den Randtemperaturen $U(0, y) = A_0(y)$ und $U(l, y) = A_1(y)$. Sollen gemäß der Auffassung 1. die Randwerte in sich stetig sein, so muß z. B. in der Ecke $x = 0$, $y = 0$ gelten: $U_0(0) = A_0(0)$. In der Praxis wird fast immer genau das Gegenteil vorliegen, denn es müßte ja geradezu ein Zufall sein, wenn die die Randtemperatur $A(y)$ erzeugende Wärmequelle (etwa eine Flamme) dieselbe Temperatur wie die erwärmte Stelle $x = 0$ zu Beginn des Experiments hätte. Charakteristischerweise sind auch schon bei dem allerersten Problem, das Fourier in seinem klassischen Werk „Théorie analytique de la chaleur" löst, und das die stationäre Temperaturverteilung in einer halbstreifenförmigen Platte zum Gegenstand hat, die Randwerte nicht stetig; auf dem endlichen Begrenzungsstück sind sie gleich 1, auf den Halbgeraden gleich 0. Von zweidimensionaler Stetigkeit der Funktion „Lösung plus

Randwerte" kann also keine Rede sein. Nun ist ja physikalisch bei dem obigen Temperaturproblem klar, wie der Anschluß an die Randwerte zu verstehen ist*: Wenn man zu einem bestimmten Zeitpunkt y von innen her gegen ein Stabende, z. B. $x = 0$, vorgeht, so muß man dort die angelegte Randtemperatur $A_0(y)$ antreffen, und wenn man an einer bestimmten inneren Stelle x des Stabes von einer Zeit $y > 0$ ausgehend die Temperatur zeitlich zurückverfolgt, so muß man auf die in x vorhanden gewesene Anfangstemperatur $U_0(x)$ stoßen. Das bedeutet in der $x\,y$-Ebene, daß man den stetigen Anschluß an die Randwerte nur bei senkrechtem, eindimensionalem Vorgehen gegen den Rand fordert**. (Analoges gilt für etwaige Ableitungen.) Bei dieser Auffassung sind Unstetigkeiten wie oben im Fall $U_0(0) \neq A_0(0)$ durchaus sinnvoll: Die Ecken $(0, 0)$ und $(l, 0)$ des halbstreifenförmigen Grundgebiets sind bei normaler Annäherung von innen heraus überhaupt nicht erreichbar.

Wir wollen die unter 1. geschilderte *Problemstellung* die *spezielle*, die unter 2. die *allgemeine* nennen. Beide haben je nach dem Interessengebiet des Bearbeiters ihren Sinn und ihre Berechtigung und stellen eben zwei verschiedene Aufgabengebiete in der Theorie der Randwertprobleme dar. Jedenfalls ist es aber notwendig, sich darüber zu verständigen, welche Problemstellung gemeint ist und was vielleicht auch sonst noch von der Lösung verlangt wird, wie z. B. Existenz und eventuell Stetigkeit gewisser Ableitungen, manchmal auch solcher, die gar nicht in der Gleichung selbst vorkommen, weil sonst der Begriff „Lösung einer partiellen Differentialgleichung unter Randbedingungen" überhaupt keinen eindeutigen Sinn hat.

§ 2. Die zu einem Rand- bzw. Anfangswertproblem passende Funktionaltransformation.

Schon bei den gewöhnlichen Differentialgleichungen haben wir davon Gebrauch gemacht, daß die $\mathfrak{L}$-Transformation den Prozeß des Differenzierens in den des Multiplizierens mit der Variablen verwandelt. Diese Eigenschaft läßt sich natürlich auch bei partiellen Differentialgleichungen verwenden und führt hier zu ungleich wertvolleren und wichtigeren Resultaten. Da eine solche Gleichung aber mehrere Variable

---

* Nicht bei allen Problemen ist dieselbe Interpretation am Platze. Die Deutung, die wir hier den Randbedingungen geben, hängt aufs engste damit zusammen, daß die Wärmeleitung mit unendlicher Geschwindigkeit vor sich geht (wenigstens theoretisch). Bei Vorgängen, die sich mit endlicher Geschwindigkeit fortpflanzen, ist eine ganz andere Deutung sinnvoll: Der die Randbedingung konstatierende Beobachter muß sich mit geringerer Geschwindigkeit gegen den Rand bewegen als der betreffende Vorgang. Siehe hierzu 21.2.1.

** Vgl. Enzyklopädie der math. Wissenschaften II 3, Heft 8, § 6, S. 1245, wo auf eine ähnliche Formulierung der Randbedingungen hingewiesen wird mit dem Zusatz: „Gerade diese der Natur des Problems angepaßte Fragestellung ist bisher in der Literatur verhältnismäßig wenig behandelt."

enthält, die außerdem in Intervallen sehr verschiedenen Charakters variieren können, so ist zunächst eine Erörterung darüber am Platze, *in bezug auf welche Variable* die Transformation ausgeübt werden soll und *welche Transformation* überhaupt benutzbar ist [216]. Es ist klar, daß das Integrationsintervall der Transformation mit dem Intervall, in dem die betreffende Variable in der Differentialgleichung variiert, übereinstimmen muß. Man wird daher die $\mathfrak{L}$-Transformation auf eine Variable t dann anwenden, wenn diese im Intervall $t \geqq 0$ variiert. So etwas kommt nun gerade bei den Anfangswertproblemen vor, und es stellen sich hier einige sehr günstige Umstände ein: Bei der Transformation der Ableitung $\dfrac{d^\nu U}{dt^\nu}$ treten im l-Bereich die Werte von $U, \dfrac{\partial U}{\partial t}, \ldots$ für $t = 0$, also gerade die Anfangswerte auf, und zwar in dem Sinne von Grenzwerten der Funktionen $U, \dfrac{\partial U}{\partial t}, \ldots$ für $t \to +0$ bei Festhaltung der übrigen Variablen *, so daß die Methode gerade der „allgemeinen Problemstellung" angepaßt ist; außerdem laufen die Anfangswerte jetzt nicht mehr neben der Differentialgleichung her, sondern treten durch die Transformation in die neue Funktionalgleichung ein, so daß sie dort automatisch berücksichtigt sind, wie wir das schon bei den gewöhnlichen Differentialgleichungen erlebt haben. Es erhebt sich natürlich die Frage, ob dabei nicht vielleicht mehr oder auch weniger Anfangsbedingungen erfordert werden, als in Wahrheit zur Verfügung stehen. Diese Frage stellen wir bis zur konkreten Behandlung gewisser Typen einstweilen zurück.

Variiert eine Variable x im Intervall $-\infty < x < +\infty$, so wird man entsprechend an die $\mathfrak{L}_{II}$-Transformation denken, die auch die Differentiation in eine Multiplikation verwandelt, aber ohne daß Anfangswerte auftreten (s. Satz 2 [8.3]), die ja hier auch gar nicht gegeben wären. Nun ist dabei aber zu bedenken, daß diese Methode zu ihrer Anwendung zunächst einmal voraussetzt (wenn man dann auch später vermittels des Fortsetzungsprinzips davon absehen kann), daß die Funktion U in Abhängigkeit von der Variablen x überhaupt eine $\mathfrak{L}_{II}$-Transformierte besitzt. Das bedeutet eine sehr scharfe Einschränkung hinsichtlich des Verhaltens für $x \to \pm\infty$, da der Transformationskern e^{-sx} für $\Re s > 0$ bei $x \to -\infty$, für $\Re s < 0$ bei $x \to +\infty$ sehr stark wächst. Nun würde hier aber, wie man leicht sieht, die Fourier-Transformation (vgl. 6.4) dieselben Dienste tun und dabei sehr viel weniger Anforderungen an das Verhalten der Funktion im Unendlichen stellen. Es kommt das darauf hinaus, daß man die $\mathfrak{L}_{II}$-Transformation nur auf der Vertikalen $\Re s = 0$ betrachtet und dadurch eine Funktion einer reellen Variablen bekommt, die nicht wie die $\mathfrak{L}_{II}$-Transformierte in einem Vertikalstreifen analytisch zu sein braucht [217]. — Man könnte glauben, daß es analog bei einem Anfangswertproblem vorteilhafter wäre, die

---

* Siehe Gesetz III$_a$.

einseitig unendliche Fourier-Transformation zu verwenden. Das wäre aber unsinnig, denn wenn die einseitig unendliche Laplace-Transformation überhaupt irgendwo konvergiert, so konvergiert sie gleich in einer Halbebene und stellt dort eine analytische Funktion dar, während es vorkommen kann, daß die $\mathfrak{L}_{\mathrm{II}}$-Transformierte nur auf einer Geraden (als Fourier-Transformierte) existiert und sonst nirgends. Man würde sich also ganz überflüssigerweise einer der vorteilhaftesten Eigenschaften der Transformation berauben, wenn man beim Anfangswertproblem die Fourier-Transformation verwenden wollte[218]. — Ist schließlich das Intervall einer Variablen endlich, etwa $-l \leq x \leq +l$, so ist die passende Transformation die „endliche" Fourier-Transformation[219]

$$u(n) = \int\limits_{-l}^{+l} e^{-in\frac{\pi}{l}x}\, U(x)\, dx,$$

wo n die ganzen Zahlen $0, \pm 1, \pm 2, \ldots$ durchläuft, so daß hier die Resultatfunktion eine Folge ist, die übrigens nichts anderes als die (komplexen) Fourier-Koeffizienten von $U(x)$ darstellt. Statt dessen kann man gelegentlich, nämlich wenn nur Ableitungen gerader Ordnung auftreten, im Intervall $0 \leq x \leq l$ die „endliche cos- bzw. sin-Transformation"

$$u(n) = \int\limits_{0}^{l} \cos n\frac{\pi}{l}x\, U(x)\, dx \qquad \text{bzw.} \qquad u(n) = \int\limits_{0}^{l} \sin n\frac{\pi}{l}x\, U(x)\, dx$$

verwenden. Auf jeden Fall bewirkt die Anwendung einer solchen Transformation, daß die Differentiation nach einer der Variablen wegfällt, so daß das Problem erheblich reduziert wird. (Bei gewöhnlichen Differentialgleichungen fiel die Differentiation vollständig weg, und wir behielten eine algebraische Gleichung.) — Da wir es in diesem Buch hauptsächlich mit der einseitig unendlichen Laplace-Transformation zu tun haben, so behandeln wir nur den Fall, daß die zu transformierende Variable t das Intervall $t \geq 0$ durchläuft, d. h. daß ein Anfangswertproblem vorliegt, das aber im Sinne von § 1 mit einem Randwertproblem kombiniert sein kann.

Was den *Gleichungstyp* selbst anlangt, so muß, damit die Transformation möglich ist, die partielle Differentialgleichung *linear* sein und die *Koeffizienten*, abgesehen vom Absolutglied, dürfen *von der zu transformierenden Variablen t nicht abhängen*, so daß sie, wenn U etwa die Variablen x, y, z, t enthält, die Gestalt hat:

$$\sum A_{\mu_1 \mu_2 \mu_3 \nu}(x, y, z)\, \frac{\partial^{\mu_1 + \mu_2 + \mu_3 + \nu} U}{\partial x^{\mu_1}\partial y^{\mu_2}\partial z^{\mu_3}\partial t^{\nu}} = B(x, y, z, t).$$

Um zu wirklich greifbaren Resultaten zu kommen, müssen wir natürlich viel speziellere Typen betrachten, die uns aber in Anbetracht der Schwierigkeiten der partiellen Differentialgleichungen und der eng begrenzten Kenntnisse über sie noch genügend interessante Resultate vermitteln werden. Wir orientieren uns dabei an den Erfordernissen der mathematischen Physik und wählen einen Typus, der die grundlegenden der dort auftretenden Probleme umfaßt.

§ 3. Allgemeine Richtlinien
für die Behandlung des Anfangswertproblems eines speziellen Typs von partiellen Differentialgleichungen zweiter Ordnung.

Wir betrachten die partielle Differentialgleichung zweiter Ordnung für die unbekannte Funktion $U(x, y, z, t)$

$$(1) \quad \Delta U + A_2(x, y, z) \frac{\partial^2 U}{\partial t^2} + A_1(x, y, z) \frac{\partial U}{\partial t} + A_0(x, y, z) U = B(x, y, z, t),$$

wobei Δ den Laplaceschen Operator $\frac{\partial^2}{\partial x^2} + \frac{\partial^2}{\partial y^2} + \frac{\partial^2}{\partial z^2}$ bedeutet. x, y, z mögen in einem gewissen Gebiet $\mathfrak{G}$ des x, y, z-Raumes, den wir uns als physischen Raum vorstellen, mit der Berandung $\mathfrak{R}$, die Variable t, die meist die Zeit bedeuten wird, im Intervall $t \geqq 0$ variieren. Hinsichtlich der Variablen x, y, z mag eine lineare Randbedingung vorgegeben sein, d. h. auf $\mathfrak{R}$ seien die Werte von U oder der Normalableitung $\frac{\partial U}{\partial n}$ oder eine lineare Kombination der beiden für alle $t > 0$ vorgeschrieben:

$$G(x, y, z) U + H(x, y, z) \frac{\partial U}{\partial n} = K(x, y, z, t) \text{ auf } \mathfrak{R},$$

wo G und H stetige Funktionen seien. Hinsichtlich t seien gewisse Anfangsbedingungen vorgeschrieben, z. B.*

$$U(x, y, z, 0) = U_0(x, y, z) \quad \text{oder} \quad U_t(x, y, z, 0) = U_1(x, y, z)$$

oder auch beide; wir werden sehen, daß die Anzahl der möglichen Anfangsbedingungen von den Koeffizienten der Gleichung abhängt. Mit Rücksicht auf die Ausführungen in § 1 müssen wir aber präzis sagen, in welchem Sinne wir die Rand- und Anfangsbedingen meinen. Wir sahen schon, daß unsere Methode genau der *„allgemeinen Problemstellung"* angepaßt ist, die wir hier so formulieren:

Randbedingung: Wenn bei festem t der Punkt (x, y, z) gegen einen Randpunkt (x_0, y_0, z_0) von $\mathfrak{G}$ strebt (wobei wir es offen lassen wollen, ob dieses Streben drei- oder zwei- oder eindimensional vor sich geht), so sei

$$(2) \quad G(x_0, y_0, z_0) \lim U(x, y, z, t) + H(x_0, y_0, z_0) \lim U_n(x, y, z, t)$$
$$= \lim K(x, y, z, t).$$

Anfangsbedingung: Wenn bei festem (x, y, z) die Variable t von der positiven Seite her gegen 0 strebt, so sei

$$(3) \quad \lim U(x, y, z, t) = U_0(x, y, z), \quad \lim U_t(x, y, z, t) = U_1(x, y, z).$$

---

* U_t bedeutet $\frac{\partial U}{\partial t}$. Ebenso schreiben wir U_n für $\frac{\partial U}{\partial n}$ usw.

sind und für deren Transformierte u die Gleichung (4) gilt, während die Randbedingung (5) von u nicht erfüllt wird (Verletzung von V_2), und daß es weiterhin Lösungen U geben kann, für die V_1 nicht stimmt, ja sogar solche, für deren Transformierte u der Operator Δ gar nicht existiert.

Wir wenden uns jetzt zur Betrachtung des durch (4), (5) formulierten „*reduzierten*" *Problems* und kommen dabei auf die oben offengelassene Frage zurück, wieviel Anfangsbedingungen man für U vorschreiben kann. Das reduzierte Problem kann je nach Lage der Dinge noch sehr verschiedenen Charakter haben: Die Gleichung (4) ist im allgemeinen inhomogen, sie kann aber auch dadurch, daß gewisse der Koeffizientenfunktionen A_2, A_1, A_0, B oder der Anfangsbedingungen U_0, U_1 verschwinden, auch homogen sein. Ebenso kann die Randbedingung (5), die als inhomogen erscheint, homogen sein, wenn $k(x, y, z, s)$ auf $\Re$ verschwindet. Vor allem aber ist zu beachten, daß (4) einen Parameter s enthält, so daß also die Theorie der *Eigenwerte* eine Rolle spielen wird, das sind diejenigen Parameterwerte, für die das homogene Problem* eine von 0 verschiedene (nichttriviale) Lösung hat, während das inhomogene Problem im allgemeinen keine Lösung besitzt. Über ein so allgemeines Problem wie das durch (4), (5) dargestellte sind Resultate in dieser Richtung nicht bekannt. In Spezialfällen, z. B. wenn die Funktionen A Konstante sind, so daß die Gleichung (4) im homogenen Fall die Gestalt

$$(6) \qquad \Delta u + \lambda u = 0$$

mit

$$(7) \qquad \lambda = A_2 s^2 + A_1 s + A_0$$

hat, liegt der Fall so, daß es eine abzählbar unendliche Folge von Werten λ (Eigenwerte) gibt, für die das homogene Problem eine oder mehrere nichttriviale Lösungen (Eigenfunktionen) besitzt. Für diese Eigenwerte hat das inhomogene Problem im allgemeinen keine Lösung, außer wenn *die rechten Seiten* von (4) und (5) gewisse, mit Hilfe der Eigenfunktionen gebildete *Relationen* erfüllen. (Auf Einzelheiten gehen wir hier noch nicht ein, es kommt uns nur auf das Qualitative an.) Nun soll aber doch die Lösung u eine l-Funktion sein, sie muß also zum mindesten für alle s mit hinreichend großem Realteil existieren. Verhalten sich nun die Eigenwerte λ und die Koeffizienten A_2, A_1, A_0 so, daß die Gleichungen (7) Lösungen s mit beliebig großem Realteil haben, so kann das inhomogene Problem nur dann eine l-Funktion zur Lösung haben, wenn jene Relationen für die rechten Seiten von (4) und (5) erfüllt sind. Da die rechte Seite von (4) die Anfangsbedingungen U_0 und U_1 enthält, so bedeutet das, daß zwischen U_0 und U_1 eine Beziehung bestehen muß. Man kann sie also nicht unabhängig voneinander vor-

---

* Ein Problem heißt homogen, wenn sowohl die Differentialgleichung wie die Randbedingung homogen ist; inhomogen, wenn mindestens eines von beiden nicht zutrifft.

Dann liefert die Anwendung der $\mathfrak{L}$-Transformation auf (2) die Randbedingung für Annäherung von (x, y, z) an $\mathfrak{R}$:

(5) $\quad G(x_0, y_0, z_0) \lim u(x, y, z, s) + H(x_0, y_0, z_0) \lim u_n(x, y, z, s) = \lim k(x, y, z, s)$

oder in kurzer, aber mißverständlicher Schreibweise:

$$G(x, y, z)\, u(x, y, z, s) + H(x, y, z)\, u_n(x, y, z, s) = k(x, y, z, s) \quad \text{auf } \mathfrak{R}.$$

Daß es Lösungen gibt, die zwar eine Laplace-Transformierte besitzen, aber die Voraussetzung V_1 oder V_2 oder beide nicht erfüllen, werden wir später (20.5) sehen. Diese Lösungen werden vor allem für die Frage der Eindeutigkeit wichtig sein.

Das ursprüngliche Problem ist also jetzt reduziert auf die Integration der Differentialgleichung (4) unter der Randbedingung (5). Ist die Lösung $u(x, y, z, s)$ gefunden, so haben wir die zugehörige L-Funktion $U(x, y, z, t)$ zu bestimmen (vorausgesetzt, daß sie existiert) und erhalten dann eine Lösung des ursprünglichen Problems. Wir können die Methode durch das Schema symbolisieren:

Schema.

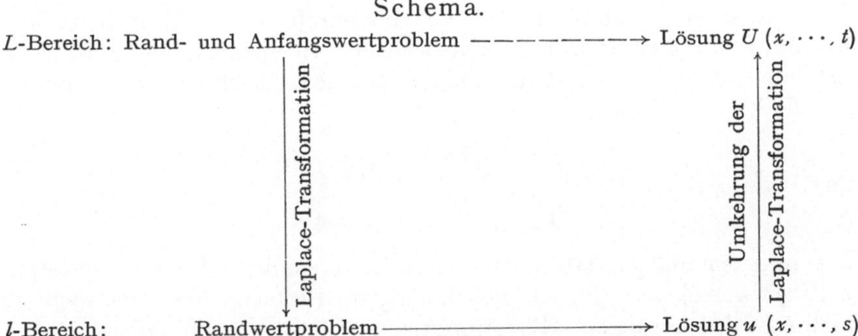

Die Methode setzt natürlich voraus, daß es überhaupt Lösungen gibt, auf die sie sich anwenden läßt und für die insbesondere auch V_1 und V_2 erfüllt sind, so daß also einerseits die Existenz einer Lösung von (4), sogar einer l-Funktion, noch nicht mit Sicherheit auf eine Lösung von (1) führen muß*, sondern das Erfülltsein von (1) durch U noch zu verifizieren ist, andererseits, wenn sich wirklich eine Lösung ergibt, sehr wohl noch andere existieren können, für die eben die Voraussetzungen der Methode nicht erfüllt sind und die sich daher auf diesem Wege überhaupt nicht finden lassen. Wir werden später in der Tat an Beispielen zeigen, daß es Lösungen U von (1) geben kann, die wohl L-Funktionen

---

* Wir können nur schließen: Wenn eine Lösung U existiert, die allen Voraussetzungen der Methode genügt, so kann es nur diejenige sein, deren $\mathfrak{L}$-Transformierte durch Lösung von (4) und (5) bestimmt ist. Aber es braucht ja überhaupt kein solches U zu existieren.

sind und für deren Transformierte u die Gleichung (4) gilt, während die Randbedingung (5) von u nicht erfüllt wird (Verletzung von V_2), und daß es weiterhin Lösungen U geben kann, für die V_1 nicht stimmt, ja sogar solche, für deren Transformierte u der Operator Δ gar nicht existiert.

Wir wenden uns jetzt zur Betrachtung des durch (4), (5) formulierten *„reduzierten"* *Problems* und kommen dabei auf die oben offengelassene Frage zurück, wieviel Anfangsbedingungen man für U vorschreiben kann. Das reduzierte Problem kann je nach Lage der Dinge noch sehr verschiedenen Charakter haben: Die Gleichung (4) ist im allgemeinen inhomogen, sie kann aber auch dadurch, daß gewisse der Koeffizientenfunktionen A_2, A_1, A_0, B oder der Anfangsbedingungen U_0, U_1 verschwinden, auch homogen sein. Ebenso kann die Randbedingung (5), die als inhomogen erscheint, homogen sein, wenn $k(x, y, z, s)$ auf $\Re$ verschwindet. Vor allem aber ist zu beachten, daß (4) einen Parameter s enthält, so daß also die Theorie der *Eigenwerte* eine Rolle spielen wird, das sind diejenigen Parameterwerte, für die das homogene Problem* eine von 0 verschiedene (nichttriviale) Lösung hat, während das inhomogene Problem im allgemeinen keine Lösung besitzt. Über ein so allgemeines Problem wie das durch (4), (5) dargestellte sind Resultate in dieser Richtung nicht bekannt. In Spezialfällen, z. B. wenn die Funktionen A Konstante sind, so daß die Gleichung (4) im homogenen Fall die Gestalt

$$(6) \qquad\qquad \Delta u + \lambda u = 0$$

mit

$$(7) \qquad\qquad \lambda = A_2 s^2 + A_1 s + A_0$$

hat, liegt der Fall so, daß es eine abzählbar unendliche Folge von Werten λ (Eigenwerte) gibt, für die das homogene Problem eine oder mehrere nichttriviale Lösungen (Eigenfunktionen) besitzt. Für diese Eigenwerte hat das inhomogene Problem im allgemeinen keine Lösung, außer wenn *die rechten Seiten* von (4) und (5) gewisse, mit Hilfe der Eigenfunktionen gebildete *Relationen* erfüllen. (Auf Einzelheiten gehen wir hier noch nicht ein, es kommt uns nur auf das Qualitative an.) Nun soll aber doch die Lösung u eine l-Funktion sein, sie muß also zum mindesten für alle s mit hinreichend großem Realteil existieren. Verhalten sich nun die Eigenwerte λ und die Koeffizienten A_2, A_1, A_0 so, daß die Gleichungen (7) Lösungen s mit beliebig großem Realteil haben, so kann das inhomogene Problem nur dann eine l-Funktion zur Lösung haben, wenn jene Relationen für die rechten Seiten von (4) und (5) erfüllt sind. Da die rechte Seite von (4) die Anfangsbedingungen U_0 und U_1 enthält, so bedeutet das, daß zwischen U_0 und U_1 eine Beziehung bestehen muß. Man kann sie also nicht unabhängig voneinander vor-

---

* Ein Problem heißt homogen, wenn sowohl die Differentialgleichung wie die Randbedingung homogen ist; inhomogen, wenn mindestens eines von beiden nicht zutrifft.

geben, sondern wenn z. B. U_0 gegeben wird, so ist U_1 schon bestimmt. —
Überschreiten dagegen die Realteile der Lösungen s der Gleichung (7)
eine gewisse Schranke nach oben nicht, so tritt, wenn s in der entsprechenden rechten Halbebene variiert, in (6) überhaupt kein Eigenwert λ auf.
In diesem Fall besteht also keine Bindung zwischen U_0 und U_1. — Wir
bemerken noch, daß im parabolischen Fall $A_2 \equiv 0$ der Anfangswert U_1
in Gleichung (4) sowieso überhaupt nicht vorkommt. — Die nähere
Ausführung dieser Zusammenhänge verschieben wir auf die konkreten
Fälle, die wir behandeln werden [220].

Über die *Gewinnung von U* auf Grund von u und die explizite Darstellung der Lösung U ist noch ein Wort zu sagen. In gewissen einfachen Fällen ist auf den ersten Blick zu sehen, daß u eine l-Funktion
ist und wie ihre L-Funktion lautet. Man kennt ja eine große Zahl derartiger zusammengehöriger Funktionenpaare. Gute Dienste leistet hier
eine Art *Wörterbuch*, in dem die bekannten L-Funktionen mit ihren
l-Funktionen aufgeführt sind, so daß man rasch die „Übersetzung" von
dem einen in den anderen Bereich findet (s. Anhang). In vielen Fällen
führen auch Reihenentwicklungen nach Art der in 7.3 bis 7.5 angegebenen
zum Ziel. Ist die Aufgabe auf diesem Wege nicht zu lösen, so wird man
nach den Sätzen von 6.10 greifen, die in sehr allgemeinen Fällen zu entscheiden gestatten, ob u eine l-Funktion ist, und die U in Form eines
komplexen Integrals liefern. Dieses bietet dann die Möglichkeit, durch
Residuenrechnung wieder eine *Reihen-* oder *asymptotische Darstellung* für
U zu finden (vgl. 7.4). Auf diese Darstellung der Lösung U durch ein komplexes Integral kommen wir im 24. Kapitel noch ausführlicher zurück,
da sie mit gewissen anderen Theorien in engem Zusammenhang steht.

In den nächsten Kapiteln behandeln wir nun nach der dargelegten
Methode die partielle Differentialgleichung (1) im Falle konstanter
Koeffizienten, und zwar rechnen wir je ein Beispiel des parabolischen,
hyperbolischen und elliptischen Typs explizit bis zur vollständigen
Lösung durch. Dabei beschränken wir uns auf den Fall *einer* räumlichen
Dimension, damit wir möglichst wenig aus der Theorie der Differentialgleichung (4), auf die das Problem reduziert wird und die dann eine
gewöhnliche Differentialgleichung ist, vorauszusetzen brauchen, und damit
das Wesentliche an der Methode deutlich hervortritt. Der Fall zweier
oder dreier räumlicher Dimensionen ist in prinzipiell gleicher Weise
zu erledigen. — Im 23. Kapitel geben wir dann Proben von Gleichungen
mit variablen Koeffizienten.

20. Kapitel.

Die Wärmeleitungsgleichung (parabolischer Typ).

§ 1. Das allgemeine Problem mit Randbedingungen dritter Art.

Ein homogener Stab von verschwindender Dicke und der Länge l
habe bei der Abszisse x ($0 \leqq x \leqq l$) zur Zeit t die Temperatur $U(x,t)$.

Im Innern mögen Wärmequellen der Stärke $\Phi(x, t)$, die also örtlich und zeitlich variabel sein können, vorliegen. Dann genügt U, wenn keine seitliche Wärmeausstrahlung stattfindet, der linearen Wärmeleitungsgleichung*

$$(1) \qquad \frac{\partial^2 U}{\partial x^2} - \frac{\partial U}{\partial t} = -\Phi(x, t).$$

Die Anfangstemperatur zur Zeit $t = 0$ sei $U_0(x)$, d. h.

$$(2) \qquad \lim_{t \to +0} U(x, t) = U_0(x) \qquad \text{bei festem } x \text{ mit } 0 < x < l.$$

An den Enden $x = 0$ und $x = l$ sei je eine lineare Randbedingung zwischen U und $\frac{\partial U}{\partial x}$ vorgeschrieben** ($\alpha_0, \beta_0, \alpha_1, \beta_1$ konstant):

$$(3) \qquad \lim_{x \to +0} [\alpha_0 U(x, t) + \beta_0 U_x(x, t)] = A_0(t),$$

$$(4) \qquad \lim_{x \to l-0} [\alpha_1 U(x, t) + \beta_1 U_x(x, t)] = A_1(t) \qquad \text{bei festem } t > 0.$$

Physikalisch ist $\frac{\partial U}{\partial x} = U_x$ proportional zur Wärmeabgabe an der betreffenden Stelle. — Wie wir durch die Schreibweise von (2) bis (4) deutlich gemacht haben, ist die Aufgabe im Sinne der „allgemeinen Problemstellung" (siehe 19.1) gemeint. Ist also z. B. $\beta_0 = \beta_1 = 0$. so daß die Werte von U auf dem Rand des Streifens $0 \leqq x \leqq l$, $t \geqq 0$ vorgeschrieben sind, so braucht nicht $A_0(0) = U_0(0)$, $A_1(0) = U_0(l)$ zu sein.

Nehmen wir zunächst an, daß alle in 19.3 formulierten Voraussetzungen*** erfüllt sind, und setzen wir

$$\mathfrak{L}\{U(x, t)\} = u(x, s), \qquad \mathfrak{L}\{\Phi(x, t)\} = \varphi(x, s),$$
$$\mathfrak{L}\{A_0(t)\} = a_0(s), \qquad \mathfrak{L}\{A_1(t)\} = a_1(s),$$

so wird durch die $\mathfrak{L}$-Transformation das Problem reduziert auf die Lösung der gewöhnlichen Differentialgleichung

$$(5) \qquad \frac{d^2 u}{d x^2} - s u = -\varphi(x, s) - U_0(x),$$

---

* $\dfrac{\partial^2 U}{\partial x^2}$ hat eigentlich den Faktor $\dfrac{k}{\varrho c}$, wo k die Leitfähigkeit, ϱ die Dichte, c die spezifische Wärme ist. Da wir den Faktor als konstant ansehen, so können wir ihn durch passende Wahl der Längen- oder Zeiteinheit zu 1 machen.

** Da der Rand $\mathfrak{R}$ des räumlichen Grundgebiets nur aus zwei Punkten besteht, so reduzieren sich die unendlich vielen Gleichungen 19.3 (2) hier auf zwei. Übrigens wird natürlich $\alpha_0^2 + \beta_0^2 \neq 0$, $\alpha_1^2 + \beta_1^2 \neq 0$ vorausgesetzt.

*** Die Voraussetzung V_2 besagt hier, daß

$$\mathfrak{L}\{\lim_{x \to +0} U(x, t)\} = \lim_{x \to +0} \mathfrak{L}\{U(x, t)\} = u(0, s),$$
$$\mathfrak{L}\left\{\lim_{x \to +0} \frac{\partial U}{\partial x}\right\} = \lim_{x \to +0} \frac{\partial}{\partial x} \mathfrak{L}\{U\} = u_x(0, s)$$

sein soll, entsprechend an dem Rand $x = l$.

die s nur als Parameter enthält, mit den Randbedingungen

$$\text{(6)} \qquad \alpha_0\, u\,(0, s) + \beta_0\, u_x\,(0, s) = a_0\,(s)\,,$$

$$\text{(7)} \qquad \alpha_1\, u\,(l,\ s) + \beta_1\, u_x\,(l,\ s) = a_1\,(s)\,.$$

(Bei einer gewöhnlichen Differentialgleichung können wir uns dieser einfacheren Schreibweise bedienen.) Es handelt sich also bei dem Problem im l-Bereich um ein *Randwertproblem für eine gewöhnliche Differentialgleichung* der Form

$$\text{(8)} \qquad \frac{d^2 u}{d x^2} + \lambda\, u = \psi\,(x)$$

mit sog. Randbedingungen dritter Art, die die Gestalt

$$\text{(9)} \qquad \alpha_0\, u\,(0) + \beta_0\, u'\,(0) = a_0\,,$$

$$\text{(10)} \qquad \alpha_1\, u\,(l) + \beta_1\, u'\,(l) = a_1$$

haben. Wir stellen die wohlbekannten Ergebnisse hinsichtlich dieser Aufgabe zusammen, die wir auch in den folgenden Paragraphen gebrauchen werden [221]:

Ist sowohl die Gleichung (8) wie die Randbedingungen (9), (10) homogen, d. h. ist $\psi\,(x) \equiv 0$, $a_0 = a_1 = 0$, so heißt das *Problem* homogen, im anderen Fall inhomogen. Das homogene Problem hat stets die triviale Lösung $u\,(x) \equiv 0$, die wir überhaupt nicht als Lösung mitrechnen wollen. Für die homogene Gleichung (8) ($\psi\,(x) \equiv 0$) bilden die Funktionen

$$u_1\,(x) = \cos \sqrt{\lambda}\, x, \qquad u_2\,(x) = \sin \sqrt{\lambda}\, x$$

ein Fundamentalsystem von Lösungen, vermittels deren sich alle übrigen in der Gestalt

$$\text{(11)} \qquad u\,(x) = c_1\, u_1\,(x) + c_2\, u_2\,(x)$$

darstellen lassen. Das *homogene Problem** hat im allgemeinen keine Lösung. Nur für abzählbar unendlich viele reelle Werte $\lambda = \lambda_n$ mit $\lambda_0 < \lambda_1 < \lambda_2 < \cdots \to \infty$, die *Eigenwerte*, hat es Lösungen. Diese λ_n bestimmen sich als Wurzeln der Gleichung

$$\text{(12)} \qquad \begin{vmatrix} \alpha_0\, u_1\,(0) + \beta_0\, u_1'\,(0) & \alpha_0\, u_2\,(0) + \beta_0\, u_2'\,(0) \\ \alpha_1\, u_1\,(l) + \beta_1\, u_1'\,(l) & \alpha_1\, u_2\,(l) + \beta_1\, u_2'\,(l) \end{vmatrix}$$

$$= (\alpha_0\,\beta_1 - \alpha_1\,\beta_0)\, \sqrt{\lambda}\, \cos \sqrt{\lambda}\, l + (\alpha_0\,\alpha_1 + \beta_0\,\beta_1\,\lambda)\, \sin \sqrt{\lambda}\, l = 0.$$

Bezeichnet man eine der zu λ_n gehörigen Lösungen mit u_{λ_n}, so haben alle anderen die Gestalt:

$$u\,(x) = c\, u_{\lambda_n}\,(x) \qquad (c = \text{beliebige Konstante}).$$

Für u_{λ_n} kann man wählen:

$$u_{\lambda_n}\,(x) = \beta_0\, \sqrt{\lambda_n}\, \cos \sqrt{\lambda_n}\, x - \alpha_0 \sin \sqrt{\lambda_n}\, x.$$

---

* Man achte auf die Unterscheidung zwischen „Gleichung" und „Problem".

Die u_{λ_n} sind paarweise orthogonal im Intervall $(0, l)$ und heißen die *Eigenfunktionen* des Problems. Ist das homogene Problem nicht lösbar, d. h. $\lambda \neq \lambda_n$, so hat das *inhomogene Problem* genau eine Lösung. Ist das homogene Problem lösbar, d. h. $\lambda = \lambda_n$, so hat das inhomogene im allgemeinen keine Lösung; notwendig und hinreichend für die Lösbarkeit des inhomogenen Problems ist dann bei homogenen Randbedingungen, d. h. $a_0 = a_1 = 0$ das Bestehen der Gleichung

$$(13) \qquad \int\limits_0^l \psi(x)\, u_{\lambda_n}(x)\, d\,x = 0,$$

d. h. ψ muß zu u_{λ_n} orthogonal sein; sind die Randwerte von u gegeben (Randbedingungen erster Art), d. h. $\alpha_0 = \alpha_1 = 1$, $\beta_0 = \beta_1 = 0$, so lautet die Bedingung der Lösbarkeit:

$$(14) \qquad \int\limits_0^l \psi(x)\, u_{\lambda_n}(x)\, d\,x - \frac{\lambda_n}{l} \int\limits_0^l [a_0(l-x) + a_1\, x]\, u_{\lambda_n}(x)\, d\,x = 0.$$

Es gibt dann sogar unendlich viele Lösungen, die sich aus einer von ihnen, $u^*(x)$, so ergeben:

$$u(x) = u^*(x) + c\, u_{\lambda_n}(x) \qquad (c = \text{beliebige Konstante}).$$

Im Falle der Gleichung (5) ist $s = -\lambda$. Beschränken wir also s auf die Halbebene $\Re s > -\lambda_0$, so hat das Problem (5), (6), (7) im homogenen Fall stets nur die triviale Lösung $u \equiv 0$; das bedeutet, daß die einzige Lösung des ursprünglichen Problems (1) bis (4) mit $\Phi(x,t) \equiv 0$, $U_0(x) \equiv 0$, $A_0(t) \equiv 0$, $A_1(t) \equiv 0$, die alle Voraussetzungen unserer Methode erfüllt, die triviale Lösung $U(x, t) \equiv 0$ ist. Das inhomogene Problem (5), (6), (7) hat stets eine und nur eine Lösung, die man leicht bestimmen kann, etwa in der üblichen Art und Weise so, daß man einerseits die homogene Gleichung (5) bei beliebigem a_0 und a_1 in (6), (7), andererseits die inhomogene Gleichung (5) bei $a_0 = a_1 = 0$ in (6), (7) löst und dann die allgemeine Lösung durch Superponieren dieser beiden erhält. Die erstere Lösung bekommt man sofort aus (11) durch passende Bestimmung der Konstanten c_1, c_2, die zweite pflegt man mit Hilfe der zu dem Problem gehörigen Greenschen Funktion anzuschreiben. Wir wollen das für drei Fälle explizit durchführen: 1. die Randbedingungen (6), (7) sind „von erster Art", d. h. $\alpha_0 = \alpha_1 = 1$, $\beta_0 = \beta_1 = 0$ (das bedeutet, daß im ursprünglichen Problem die Werte von U an den Rändern $x = 0$ und $x = l$ gegeben sind); 2. die Randbedingungen sind „von zweiter Art", d. h. $\alpha_0 = \alpha_1 = 0$, $\beta_0 = \beta_1 = 1$ (die Werte von $\dfrac{\partial U}{\partial x}$ an den Rändern sind gegeben); 3. es handelt sich um spezielle Randbedingungen dritter Art: $\alpha_0 = 1$, $\beta_0 = 0$, $\alpha_1 = 0$, $\beta_1 = 1$ (am linken Rand ist U, am rechten $\dfrac{\partial U}{\partial x}$ gegeben).

§ 2. Randbedingungen erster Art: Gegebene Randtemperaturen.

Die Randbedingungen 20.1 (3) und (4) lauten hier:

$$(1) \qquad \lim_{x \to +0} U(x, t) = A_0(t), \qquad \lim_{x \to l-0} U(x, t) = A_1(t),$$

die Gleichungen 20.1 (6) und (7):

$$(2) \qquad u(0, s) = a_0(s), \qquad u(l, s) = a_1(s).$$

1. Der Wärmeleiter ohne innere Quellen und mit verschwindender Anfangstemperatur[222].

Wir setzen zunächst $\Phi(x, t) \equiv 0$, $U_0(x) \equiv 0$, dagegen $A_0(t)$ und $A_1(t)$ als beliebig voraus, so daß es sich bei dem reduzierten Problem um die homogene Gleichung

$$(3) \qquad \frac{d^2 u}{d x^2} - s u = 0$$

handelt. Die Eigenwerte bestimmen sich gemäß 20.1 (12) als Wurzeln der Gleichung $\sin \sqrt{\lambda}\, l = 0$, so daß $\lambda_n = \dfrac{n^2 \pi^2}{l^2}$ $(n = 0, 1, \ldots)$ ist. Für $\Re s > 0$ ist also das durch (3) und (2) gegebene Problem ausnahmslos lösbar. Als Fundamentallösungssystem wählt man praktischerweise

$$u_0(x, s) = \frac{e^{(l-x)\sqrt{s}} - e^{-(l-x)\sqrt{s}}}{e^{l\sqrt{s}} - e^{-l\sqrt{s}}} = \frac{\sin(l-x)\sqrt{-s}}{\sin l \sqrt{-s}} = \frac{\mathfrak{Sin}\,(l-x)\sqrt{s}}{\mathfrak{Sin}\, l \sqrt{s}},$$

$$u_1(x, s) = \frac{e^{x\sqrt{s}} - e^{-x\sqrt{s}}}{e^{l\sqrt{s}} - e^{-l\sqrt{s}}} = \frac{\sin x \sqrt{-s}}{\sin l \sqrt{-s}} = \frac{\mathfrak{Sin}\, x \sqrt{s}}{\mathfrak{Sin}\, l \sqrt{s}},$$

das die Randbedingungen

$$u_0(0, s) = 1, \qquad u_0(l, s) = 0;$$
$$u_1(0, s) = 0, \qquad u_1(l, s) = 1$$

erfüllt. Die Lösung, die den Bedingungen (2) genügt, lautet:

$$(4) \qquad u(x, s) = a_0(s)\, u_0(x, s) + a_1(s)\, u_1(x, s).$$

Die zugehörige L-Funktion $U(x, t)$ kann man auf Grund des Faltungssatzes sofort angeben, wenn man die L-Funktionen $U_0(x, t)$ und $U_1(x, t)$ zu $u_0(x, s)$ und $u_1(x, s)$ kennt. Nun ist in der Bezeichnungsweise von S. 307:

$$u_0(x, s) = -\frac{1}{2}\left[\frac{\partial f_3(v, l^2 s)}{\partial v}\right]_{v = \frac{x}{2l}} \qquad \text{für} \quad 0 \leqq x \leqq 2l,$$

$$u_1(x, s) = -\frac{1}{2}\left[\frac{\partial f_3(v, l^2 s)}{\partial v}\right]_{v = \frac{l-x}{2l}} \qquad \text{für} \quad -l \leqq x \leqq l.$$

Da, wie man leicht nachweist, die $\mathfrak{L}$-Transformation im Innern des Intervalls $0 < v < 1$ mit der Differentiation nach v vertauschbar ist[*], so erhält man nach Gesetz I_b':

$$U_0(x,t) = -\frac{1}{2\,l^2}\left[\frac{\partial\vartheta_3\left(v,\frac{t}{l^2}\right)}{\partial v}\right]_{v=\frac{x}{2l}} = -\frac{1}{l}\,\frac{\partial\vartheta_3\left(\frac{x}{2l},\frac{t}{l^2}\right)}{\partial x} \quad \text{für} \quad 0 < x < 2\,l,$$

$$U_1(x,t) = -\frac{1}{2\,l^2}\left[\frac{\partial\vartheta_3\left(v,\frac{t}{l^2}\right)}{\partial v}\right]_{v=\frac{l-x}{2l}} = \frac{1}{l}\,\frac{\partial\vartheta_3\left(\frac{l-x}{2l},\frac{t}{l^2}\right)}{\partial x} \quad \text{für} \quad -l < x < l.$$

Da U_0 und U_1 L_a-Funktionen sind, so gehört nach Satz 7 [8.5] zu $u(x,s)$ die L-Funktion (U muß hinsichtlich t differenzierbar, also stetig sein, so daß eine additive Nullfunktion nicht in Frage kommt):

$$(5) \quad U(x,t) = -\frac{1}{l}\,A_0(t)*\frac{\partial\vartheta_3\left(\frac{x}{2l},\frac{t}{l^2}\right)}{\partial x} + \frac{1}{l}\,A_1(t)*\frac{\partial\vartheta_3\left(\frac{l-x}{2l},\frac{t}{l^2}\right)}{\partial x} \quad \text{für} \quad 0 < x < l$$

$$= \frac{2\pi}{l^2}\left(A_0(t)*\sum_{n=1}^{\infty} n\sin n\frac{\pi}{l}x\,e^{-n^2\frac{\pi^2}{l^2}t} - A_1(t)*\sum_{n=1}^{\infty}(-1)^n n\sin n\frac{\pi}{l}x\,e^{-n^2\frac{\pi^2}{l^2}t}\right).$$

Wir machen nun von dem Fortsetzungsprinzip Gebrauch und zeigen, daß $U(x,t)$ unter sehr weiten Voraussetzungen, die nicht viel mehr als die Existenz der vorkommenden Integrale verlangen, der homogenen Differentialgleichung $\frac{\partial^2 U}{\partial x^2} - \frac{\partial U}{\partial t} = 0$ genügt und die Randwerte $U_0(x) \equiv 0$, $A_0(t)$, $A_1(t)$ besitzt. Dabei können wir uns auf den Bestandteil $A_0(t)*U_0(x,t)$ beschränken, d. h. $A_1 \equiv 0$ setzen, da $U_1(x,t) = U_0(l-x,t)$ ist, und zeigen, daß dieser den linken Randwert A_0, den rechten $A_1 \equiv 0$ hat. Dazu schicken wir eine Eigenschaft der Funktion $U_0(x,t)$ voraus, die wir auch später noch brauchen werden.

Lemma. Die Funktion $U_0(x,t)$ strebt bei festem $t > 0$ für $x \to +0$ und $x \to l-0$ gegen 0, ferner bei festem x $(0 < x < l)$ für $t \to +0$ gegen 0. Das gleiche gilt für alle Ableitungen nach t.

Beweis: Es ist explizit

$$(6) \qquad U_0(x,t) = \frac{2\pi}{l^2}\sum_{n=1}^{\infty} n\,e^{-n^2\frac{\pi^2}{l^2}t}\sin n\frac{\pi}{l}x.$$

---

[*] An den Enden ist dies sicher nicht der Fall, denn für $v = 0$ und $v = 1$ ist

$$\frac{\partial}{\partial v}\vartheta_3(v,t) = -\sum_{n=1}^{\infty} 4\,n\,\pi\sin 2\,n\,\pi\,v\,e^{-n^2\pi^2 t}$$

gleich 0, die zugehörige l-Funktion also auch, während

$$\frac{\partial}{\partial v}f_3(v,s) = 2\,\frac{\sin(2\,v-1)\sqrt{-s}}{\sin\sqrt{-s}}$$

gleich -2 bzw. $+2$ ist.

Diese Reihe ist bei festem $t > 0$ gleichmäßig in x konvergent, und da für $x \to 0$ und $x \to l$ jedes einzelne Glied gegen 0 strebt, so strebt auch die Reihe gegen 0, übrigens sogar gleichmäßig in $t \geqq t_0 > 0$.

Wählen wir für ϑ_3 die auf $\frac{1}{t}$ transformierte Gestalt [vgl. 7.5 (2)], so ist

$$(7) \qquad U_0(x, t) = \frac{1}{2\sqrt{\pi}\, t^{\frac{3}{2}}} \sum_{-\infty}^{+\infty} (x + 2nl)\, e^{-\frac{(x+2nl)^2}{4t}}$$

$$= \frac{e^{-\frac{x^2}{4t}}}{2\sqrt{\pi}\, t^{\frac{3}{2}}} \sum_{-\infty}^{+\infty} (x + 2nl)\, e^{-\frac{nlx + n^2l^2}{t}}.$$

Die hier vorkommende Reihe konvergiert gleichmäßig für $0 < t \leqq t_0$, und das allgemeine Glied mit einem Index $n \neq 0$ strebt für $t \to 0$ gegen 0. Infolgedessen nähert sich die Reihe dem Wert x und die Funktion $U_0(x, t)$ wegen des Faktors $e^{-\frac{x^2}{4t}}$ für $x > 0$ dem Wert 0. — Für die Ableitungen läuft der Beweis ganz analog.

Wir behaupten nun folgendes:

Satz 1. *$A_0(t)$ sei eine I-Funktion. Dann gilt: a) Die Funktion $U(x, t)$ $= A_0(t) * U_0(x, t)$ genügt im offenen Halbstreifen $0 < x < l, t > 0$ der homogenen Differentialgleichung $\frac{\partial^2 U}{\partial x^2} - \frac{\partial U}{\partial t} = 0$. b) Bei festem x $(0 < x < l)$ ist $U(x, t) \to 0$ für $t \to 0$. c) An jeder Stetigkeitsstelle* $t_0 > 0$ von $A_0(t)$ ist $U(x, t_0) \to A_0(t_0)$ für $x \to +0$. d) Für jedes feste $t > 0$ ist $U(x, t) \to 0$ für $t \to l - 0$.*

Beweis: a) In dem Ausdruck $U(x, t) = \int\limits_0^t A_0(t - \tau)\, U_0(x, \tau)\, d\tau$ darf im Intervall $0 < x < l$ nach dem Parameter x unter dem Integralzeichen differenziert werden. Denn ist τ_0 ein Wert zwischen 0 und t, so ist:

$$\frac{U(x + \Delta x, t) - U(x, t)}{\Delta x} = \int\limits_0^t A_0(t-\tau)\, \frac{U_0(x + \Delta x, \tau) - U_0(x, \tau)}{\Delta x}\, d\tau$$

$$= \int\limits_0^{\tau_0} A_0(t-\tau)\, \frac{\partial U_0(x + \vartheta \Delta x, \tau)}{\partial x}\, d\tau + \int\limits_{\tau_0}^t A_0(t-\tau)\, \frac{\partial U_0(x + \vartheta \Delta x, \tau)}{\partial x}\, d\tau,$$

wo ϑ eine noch von τ abhängige Zahl zwischen 0 und 1 ist. Nun überzeugt man sich leicht, daß $\frac{\partial U_0(\xi, \tau)}{\partial \xi}$ bei $0 < \xi_1 \leqq \xi \leqq \xi_2 < l$ einerseits für $\tau \to 0$ gleichmäßig in ξ gegen 0 strebt, also beschränkt, andererseits an der Stelle ξ stetig ist, und zwar gleichmäßig in τ in dem Intervall $0 < \tau_0 \leqq \tau \leqq t$. Man kann also zunächst τ_0 so klein wählen, daß das erste Integral beliebig klein wird, und dann Δx auf einen so

---

* Es genügt Stetigkeit nach links.

kleinen Spielraum beschränken, daß das zweite Integral sich von

$$\int\limits_{\tau_0}^{t} A_0(t-\tau)\,\frac{\partial\,U_0(x,\tau)}{\partial x}\,d\,\tau$$ beliebig wenig unterscheidet. Unser Differenzen-

quotient strebt mithin für $\Delta x \to 0$ gegen $\int\limits_{0}^{t} A_0(t-\tau)\,\frac{\partial\,U_0(x,\tau)}{\partial x}\,d\tau$. Analog

beweist man die abermalige Differenzierbarkeit *. Es ist also einerseits

$$\frac{\partial^2\,U(x,t)}{\partial x^2} = \int\limits_{0}^{t} A_0(t-\tau)\,\frac{\partial^2\,U_0(x,\tau)}{\partial x^2}\,d\tau,$$

andererseits nach Satz 2 [8.4], wenn man berücksichtigt, daß nach dem Lemma $U_0(x,\,0) = 0$ zu setzen ist:

$$\frac{\partial\,U(x,t)}{\partial t} = \int\limits_{0}^{t} A_0(t-\tau)\,\frac{\partial\,U_0(x,\tau)}{\partial\tau}\,d\tau.$$

Nun genügt aber, wie man durch offensichtlich erlaubtes gliedweises Differenzieren von (6) feststellt, die Funktion $U_0(x,\,t)$ der Differentialgleichung

$$(8) \qquad \frac{\partial^2\,U_0(x,t)}{\partial x^2} - \frac{\partial\,U_0(x,t)}{\partial t} = 0.$$

Damit ist die Behauptung a) bewiesen.

b) Diese Tatsache ergibt sich ganz leicht aus der entsprechenden für $U_0(x,\,t)$, siehe Lemma.

c) Unter Verwendung von (7) können wir $U(x,\,t_0)$ in der Gestalt schreiben:

$$U(x,t_0) = \int\limits_{0}^{t_0} A_0(t_0-\tau)\,\frac{x}{2\sqrt{\pi}\,\tau^{\frac{3}{2}}}\,e^{-\frac{x^2}{4\tau}}\,d\tau$$

$$+\,\frac{1}{2\sqrt{\pi}}\int\limits_{0}^{t_0} A_0(t_0-\tau)\sum_{n=1}^{\infty}\frac{(2nl+x)e^{-\frac{(2nl+x)^2}{4\tau}}-(2nl-x)e^{-\frac{(2nl-x)^2}{4\tau}}}{\tau^{\frac{3}{2}}}\,d\tau.$$

Das erste Integral geht in das S. 189 behandelte über, wenn man dort

$$\Phi(\tau) = \begin{cases} A_0(t_0-\tau) & \text{für } 0\leqq\tau < t_0 \\ 0 & \text{für } \tau\geqq t_0 \end{cases}$$

setzt. Ist A_0 in t_0 nach links stetig, so $\Phi(\tau)$ in 0 nach rechts. Nach S. 189 strebt also das erste Integral für $x \to +0$ gegen $\Phi(0) = A_0(t_0)$. Das zweite Integral verschwindet bei diesem Grenzübergang. Denn die in

---

* Man kann die Differentiation unter dem Integralzeichen auch damit rechtfertigen, daß das entstehende Integral in der Nähe einer Stelle $0 < x < l$, $t > 0$ gleichmäßig konvergiert; vgl. DE LA VALLÉE POUSSIN: Cours d'analyse infinitésimale II. 5e éd. Louvain-Paris 1925, S. 30.

ihm vorkommende Reihe konvergiert gleichmäßig für $0 < \tau \leqq t_0$ und $0 \leqq x \leqq l$. Für $x \to 0$ streben die einzelnen Glieder gegen 0, also strebt auch der Summenwert gleichmäßig in τ gegen 0, folglich auch das Integral.

d) Wir schreiben $U(x, t)$ in der Gestalt:

$$U(x,t) = \frac{1}{2\sqrt{\pi}} \int_0^t A_0(t - \tau) \sum_{n=0}^{\infty} \frac{(2nl+x)e^{-\frac{(2nl+x)^2}{4\tau}} - (2nl+2l-x)e^{-\frac{(2nl+2l-x)^2}{4\tau}}}{\tau^{\frac{3}{2}}}\, d\tau.$$

Die Reihe konvergiert gleichmäßig für $0 < \tau \leqq t$ und $0 \leqq x \leqq l$, für $x \to l$ streben die Glieder gegen 0, folglich nähert sich die Summe gleichmäßig in τ dem Wert 0 und damit auch das Integral.

2. Der Wärmeleiter mit verschwindenden Randtemperaturen [223].

Wir nehmen jetzt $A_0(t) \equiv 0$, $A_1(t) \equiv 0$, dagegen $U_0(x)$ und $\Phi(x, t)$ beliebig an. Dann handelt es sich bei dem reduzierten Problem um die inhomogene Gleichung

$$\frac{d^2 u}{d x^2} - s u = \psi(x) \quad \text{mit} \quad \psi(x) = -\varphi(x, s) - U_0(x)$$

unter den Randbedingungen

$$u(0, s) = 0, \quad u(l, s) = 0.$$

Die Lösung läßt sich vermittels der zu den Randbedingungen gehörigen Greenschen Funktion*

$$\gamma(x, \xi; s) = \begin{cases} \dfrac{\sin(l - \xi)\sqrt{-s}\,\sin x\sqrt{-s}}{\sqrt{-s}\,\sin l\sqrt{-s}} & \text{für } x \leqq \xi \\[2ex] \dfrac{\sin(l - x)\sqrt{-s}\,\sin \xi\sqrt{-s}}{\sqrt{-s}\,\sin l\sqrt{-s}} & \text{für } x \geqq \xi \end{cases}$$

in der eleganten Form darstellen:

$$(9) \qquad u(x, s) = -\int_0^l \gamma(x, \xi; s)\,\psi(\xi)\, d\xi$$

$$= \int_0^l \gamma(x, \xi; s)\, U_0(\xi)\, d\xi + \int_0^l \gamma(x, \xi; s)\,\varphi(\xi, s)\, d\xi.$$

---

* Siehe z. B. D. HILBERT: Grundzüge einer allgemeinen Theorie der linearen Integralgleichungen. Leipzig u. Berlin 1912, S. 39f., insbesondere S. 52 u. Satz 11, S. 46. Dort ist $l = 1$; man hat also x durch $\dfrac{x}{l}$ und λ durch $-l^2 s$ zu ersetzen, um auf unsere Gleichung nebst Randbedingungen zurückzufallen. Damit die Ableitung der Greenschen Funktion bei $x = \xi$ wieder den Sprung 1 habe, ist sie mit l zu multiplizieren. — A. a. O. wird von ψ Stetigkeit und demgemäß von der Lösung u zweimalige stetige Differenzierbarkeit vorausgesetzt. Wir können das vorläufig auch tun und werden dann erst bei der Endlösung U zusehen, wie weit man die Voraussetzungen über ψ fassen kann.

Wir haben jetzt vor allem die L-Funktion zu γ zu berechnen und zerlegen dazu γ so:

$$\gamma(x,\xi;s) = \begin{cases} -\dfrac{\cos(x-\xi+l)\sqrt{-s}}{2\sqrt{-s}\,\sin l\sqrt{-s}} + \dfrac{\cos(x+\xi-l)\sqrt{-s}}{2\sqrt{-s}\,\sin l\sqrt{-s}} & (x \leqq \xi) \\[3mm] -\dfrac{\cos(x-\xi-l)\sqrt{-s}}{2\sqrt{-s}\,\sin l\sqrt{-s}} + \dfrac{\cos(x+\xi-l)\sqrt{-s}}{2\sqrt{-s}\,\sin l\sqrt{-s}} & (x \geqq \xi). \end{cases}$$

Die in γ auftretenden Funktionen sind die l-Funktionen zu gewissen ϑ_3-Funktionen, wobei noch folgende Wertbereiche zu beachten sind:

$$\text{Für } 0 \leqq x \leqq \xi \leqq l \text{ ist } -\frac{1}{2} \leqq \frac{x-\xi}{2l} \leqq 0,\ 0 \leqq \frac{x+\xi}{2l} \leqq 1,$$

$$\text{für } 0 \leqq \xi \leqq x \leqq l \text{ ist } \quad 0 \leqq \frac{x-\xi}{2l} \leqq \frac{1}{2},\ 0 \leqq \frac{x+\xi}{2l} \leqq 1,$$

da die ϑ_3-Funktion in verschiedenen v-Intervallen verschiedene l-Funktionen besitzt (siehe S. 145). Unter Beachtung von Gesetz I_b' ergibt sich:

$$\Gamma(x,\xi;t) = \frac{1}{2l}\left[\vartheta_3\left(\frac{x-\xi}{2l},\frac{t}{l^2}\right) - \vartheta_3\left(\frac{x+\xi}{2l},\frac{t}{l^2}\right)\right]$$

$$= \frac{2}{l}\sum_{n=1}^{\infty} e^{-n^2\frac{\pi^2}{l^2}t}\sin n\frac{\pi}{l}x \sin n\frac{\pi}{l}\xi$$

$$= \frac{1}{2\sqrt{\pi t}}\sum_{n=-\infty}^{+\infty}\left(e^{-\frac{(x-\xi+2nl)^2}{4t}} - e^{-\frac{(x+\xi+2nl)^2}{4t}}\right).$$

Wenn nun die $\mathfrak{L}$-Transformation mit dem Integral nach ξ vertauschbar ist, so gehört zu (9) folgende L-Funktion (dem Produkt $\gamma\varphi$ im zweiten Integral entspricht die Faltung $\Gamma * \Phi$):

$$(10)\quad U(x,t) = \int_0^l \Gamma(x,\xi;t)\,U_0(\xi)\,d\xi + \int_0^l d\xi \int_0^t \Gamma(x,\xi;t-\tau)\,\Phi(\xi,\tau)\,d\tau.$$

Das zweite Integral kann man, wenn $\Phi(x,t)$ zweidimensional und eindimensional integrabel ist, auch als Doppelintegral, erstreckt über das Rechteck $0 \leqq \xi \leqq l$, $0 \leqq \tau \leqq t$ oder als iteriertes Integral mit umgekehrter Integrationsfolge schreiben.

Man kann nun wieder zeigen, daß (10) unter sehr weiten Voraussetzungen, die nicht auf die $\mathfrak{L}$-Transformation Bezug nehmen, eine Lösung des Problems ist.

Satz 2. *Die Funktion $U_0(x)$ sei in jedem Teilintervall von $0 < x < l$ eigentlich, bis zu $x = 0$ und $x = l$ uneigentlich absolut integrabel. $\Phi(x,t)$ sei in dem abgeschlossenen Halbstreifen $0 \leqq x \leqq l$, $t \geqq 0$ zweidimensional stetig*. Dann gilt: a) Die Funktion (10) genügt im offenen Halbstreifen $0 < x < l$, $t > 0$ der Differentialgleichung 20.1 (1). b) An einer festen Stelle x $(0 < x < l)$, für die $U_0(x)$ stetig ist, gilt $U(x,t) \to U_0(x)$ für $t \to +0$. c) Bei festem $t > 0$ ist $U(x,t) \to 0$ für $x \to +0$ und $x \to l-0$.*

---

* Diese Voraussetzung könnte noch sehr gemildert werden.

Beweis: Zunächst ist es eine bekannte Tatsache*, daß an einer Stetigkeitsstelle von $U_0(x)$ für den ersten Bestandteil von $U(x, t)$ gilt:

$$\int_0^l \Gamma(x, \xi; t)\, U_0(\xi)\, d\xi \to U_0(x) \quad \text{für} \quad t \to 0.$$

Hieraus folgt unter unseren Voraussetzungen über $\Phi(x, t)$ weiter, daß in dem zweiten Bestandteil von $U(x, t)$ das Integral $\int_0^l \Gamma(x, \xi; t-\tau)\, \Phi(\xi, \tau)\, d\xi$ in der Umgebung des einzigen kritischen Wertes $\tau = t$ sich wie $\Phi(x, t)$ verhält, so daß $\int_0^t d\tau \int_0^l \Gamma(x, \xi; t-\tau)\, \Phi(\xi, \tau)\, d\xi$ für $t \to 0$ gegen 0 strebt. Daß beide Bestandteile bei festem $t > 0$ für $x \to 0$ und $x \to l$ gegen 0 streben, ergibt sich daraus, daß die Funktion $\Gamma(x, \xi; t)$ dieselbe Eigenschaft hat, und zwar gleichmäßig in ξ. Ferner erfüllt der erste Bestandteil die homogene Differentialgleichung $\dfrac{\partial^2 U}{\partial x^2} - \dfrac{\partial U}{\partial t} = 0$, weil Γ diese Eigenschaft hat und der erste Bestandteil für $0 < x < l$, $t > 0$ unter dem Integralzeichen differenziert werden darf, was man wie S. 355 beweist.

Der zweite Bestandteil $\int_0^t d\tau \int_0^l \Gamma(x, \xi; t-\tau)\, \Phi(\xi, \tau)\, d\xi$ erfüllt die inhomogene Gleichung 20.1 (1). Denn die Differentiation nach x ist wieder unter dem Integralzeichen erlaubt und liefert

$$\int_0^t d\tau \int_0^l \frac{\partial^2 \Gamma(x, \xi; t-\tau)}{\partial x^2}\, \Phi(\xi, \tau)\, d\xi,$$

während die Differentiation bezüglich t nach der Differentiationsregel für ein Integral, das die Variable in der oberen Grenze und im Integranden enthält (vgl. die Fußnote S. 160), auszuführen ist:

$$\int_0^t d\tau \int_0^l \frac{\partial \Gamma(x, \xi; t-\tau)}{\partial t}\, \Phi(\xi, \tau)\, d\xi + \lim_{\tau \to t} \int_0^l \Gamma(x, \xi; t-\tau)\, \Phi(\xi, \tau)\, d\xi.$$

---

* Das wurde zuerst von WEIERSTRASS: Über die analytische Darstellbarkeit sogenannter willkürlicher Functionen reeller Argumente (1885). Werke **3**, S. 1—37 exakt bewiesen und bildet ein grundlegendes Resultat in der Theorie der „singulären Integrale". Um das bei Weierstraß stehende $\int_{-l}^{+l} \vartheta_3\!\left(\dfrac{x-\xi}{2l}, \dfrac{t}{l^2}\right) \Phi(\xi)\, d\xi$ zu erhalten, braucht man nur $\Phi(\xi)$ in das Intervall $-l < \xi < 0$ als ungerade Funktion fortzusetzen und zu schreiben: $-\int_0^l \vartheta_3\!\left(\dfrac{x+\xi}{2l}, \dfrac{t}{l^2}\right) \Phi(\xi)\, d\xi = \int_{-l}^0 \vartheta_3\!\left(\dfrac{x-\xi}{2l}, \dfrac{t}{l^2}\right) \Phi(\xi)\, d\xi$.

Der Weierstraßsche Beweis bleibt auch unter unseren weitergefaßten Voraussetzungen über $\Phi(\xi)$ gültig. — Die Annäherung ist übrigens eine gleichmäßige in jedem Stetigkeitsintervall.

Der hier vorkommende limes ist aber nach einer schon oben gemachten Bemerkung gleich $\Phi(x, t)$, so daß, weil Γ die homogene Differentialgleichung befriedigt, der zweite Bestandteil die inhomogene erfüllt.

Die Lösung des allgemeinen Randwertproblems erster Art für die inhomogene Wärmeleitungsgleichung erhält man nun durch Superposition der beiden Lösungen (5) und (10). — Als besonders *bemerkenswert* für unsere Methode heben wir noch hervor, daß die für die inneren Wärmequellen charakteristische Funktion $\Phi(x, t)$ und die Anfangstemperatur $U_0(x)$ gleichwertig auftreten: die *inhomogene Wärmeleitungsgleichung* zu lösen ist nicht schwieriger als die *homogene mit nicht verschwindender Anfangstemperatur*.

3. Der unendlich lange Wärmeleiter.

Ist $l = \infty$, erstreckt sich also der Leiter von $x = 0$ an nach einer Seite ins Unendliche, so erheben sich einige Fragen, die bisher in der Literatur noch nicht behandelt sind und auf die wir daher hinweisen wollen. Man kann versuchen, in unseren Lösungsformeln den Grenzübergang $l \to \infty$ zu machen. Das braucht nicht zur richtigen Lösung für $l = \infty$ zu führen, denn es ist nicht a priori sicher, daß die Lösung eines Grenzfalls der Grenzfall der Lösung ist. Bei unserem Problem erhalten wir allerdings dabei sowohl im L- wie im l-Bereich sinnvolle Lösungen: $u_0(x, s)$ strebt gegen $e^{-x\sqrt{s}}$, $u_1(x, s)$ gegen 0, so daß (4) die Gestalt

$$u(x, s) = a_0(s)\, e^{-x\sqrt{s}}$$

erhält, wozu die L-Funktion (vgl. S. 25)

$$(11) \qquad U(x, t) = A_0(t) * \psi(x, t)$$

gehört. Dieselbe Funktion würde sich herausstellen, wenn man den Grenzübergang an (5) ausführen würde, wobei $U_0(x, t)$ gegen $\psi(x, t)$ strebt. Drückt man weiterhin $\gamma(x, \xi; s)$ durch Exponentialfunktionen aus, so sieht man, daß es gegen $\dfrac{e^{-|x-\xi|\sqrt{s}} - e^{-|x+\xi|\sqrt{s}}}{2\sqrt{s}}$, $\Gamma(x, \xi; t)$ gegen die zugehörige L-Funktion (vgl. S. 25) $\dfrac{1}{2}\,[\chi(x-\xi, t) - \chi(x+\xi, t)]$ und die Lösung (10) gegen

$$(12) \qquad U(x, t) = \frac{1}{2} \int\limits_0^\infty [\chi(x-\xi, t) - \chi(x+\xi, t)]\, U_0(\xi)\, d\xi$$

$$+ \frac{1}{2} \int\limits_0^\infty d\xi \int\limits_0^t [\chi(x-\xi, t-\tau) - \chi(x+\xi, t-\tau)]\, \Phi(\xi, \tau)\, d\tau$$

strebt, wenn über $U_0(x)$ und $\Phi(x, t)$ in Unendlichen gewisse Konvergenzvoraussetzungen gemacht werden. Man kann wie oben verifizieren, daß (11) und (12) Lösungen mit den vorgeschriebenen Bedingungen sind. Nun ist doch sehr merkwürdig, daß bei (11) die zweite Randbedingung völlig weggefallen ist, während man erwarten müßte, daß für $x = \infty$ noch eine Bedingung gegeben werden kann. Physikalisch erklärt sich der Wegfall der zweiten Randbedingung dadurch, daß es für einen Punkt x in endlicher Entfernung gleichgültig ist, welche Temperatur an den unendlich weit entfernten rechten Rand angelegt ist, weil diese an die Stelle x keine Erwärmung entsenden kann. Das ist aber kein mathematischer Beweis. — Weiterhin fragt es sich, wie die Lösung aussieht, wenn die Funktionen $U_0(x)$ und $\Phi(x, t)$ sich im Unendlichen so verhalten, daß die Integrale in (12) nicht existieren. Diese Fragen sind bisher noch nicht geklärt.

§ 3. Randbedingungen zweiter Art: Ausstrahlung am Rand gegeben.

Wegen der späteren Anwendungen wollen wir noch zwei weitere Randwertprobleme lösen, und zwar seien zunächst die Randbedingungen 20.1 (3) und (4) spezialisiert zu

$$(1) \qquad \lim_{x \to +0} \frac{\partial U}{\partial x} = B(t), \qquad \lim_{x \to l-0} \frac{\partial U}{\partial x} = 0.$$

Die Eigenwerte im l-Bereich sind hier dieselben wie in § 1. Wir beschränken uns auf die Durchführung des Falles

$$U_0(x) \equiv 0, \qquad \Phi(x, t) \equiv 0.$$

Wir brauchen die Rechnung nicht nochmals in allen Einzelheiten durchzuführen, sondern sehen sofort, daß

$$(2) \qquad U(x, t) = -\frac{1}{l} B(t) * \vartheta_3\left(\frac{x}{2l}, \frac{t}{l^2}\right)$$

eine Lösung ist, denn U erfüllt die homogene Wärmeleitungsgleichung, weil $\vartheta_3\left(\frac{x}{2l}, \frac{t}{l^2}\right)$ es tut (vgl. 20.2.1); U strebt für $t \to 0$ gegen 0, weil $\vartheta_3\left(\frac{x}{2l}, \frac{t}{l^2}\right)$ für $0 < x < l$ in t beschränkt ist; schließlich ist

$$\frac{\partial U}{\partial x} = -\frac{1}{l} B(t) * \frac{\partial \vartheta_3\left(\frac{x}{2l}, \frac{t}{l^2}\right)}{\partial x},$$

und von diesem Ausdruck wissen wir aus 20.2.1, daß er für $x \to 0$ gegen $B(t)$, für $x \to l$ gegen 0 strebt.

§ 4. Eine spezielle Randwertaufgabe dritter Art: Temperatur an dem einen und Ausstrahlung an dem anderen Rand gegeben[224].

Wir betrachten zum Schluß noch die Randwertaufgabe dritter Art:

$$(1) \qquad \lim_{x \to +0} U(x, t) = A_0(t), \qquad \lim_{x \to l-0} \frac{\partial U}{\partial x} = B_1(t)$$

mit

$$U_0(x) \equiv 0, \qquad \Phi(x, t) \equiv 0.$$

Die Eigenwerte von 20.1 (8) sind hier die Wurzeln der spezialisierten Gleichung 20.1 (12)

$$\sqrt{\lambda}\,\cos\sqrt{\lambda}\,l = 0,$$

bestimmen sich also zu

$$\lambda = 0 \quad\text{und}\quad \lambda = \left(\frac{2\,n+1}{2}\right)^2\frac{\pi^2}{l^2}.$$

Für $\Re s > 0$ ist daher im l-Bereich die homogene Gleichung 20.2 (3) mit den den Bedingungen (1) entsprechenden inhomogenen Randwerten

$$u\,(0,\,s) = a_0\,(s), \qquad u_x\,(l,\,s) = b_1\,(s)$$

lösbar. Als Fundamentalsystem benutzen wir die Funktionen

$$u_2\,(x,\,s) = \frac{e^{(l-x)\sqrt{s}} + e^{-(l-x)\sqrt{s}}}{e^{l\sqrt{s}} + e^{-l\sqrt{s}}} = \frac{\cos(l-x)\sqrt{-s}}{\cos l\sqrt{-s}},$$

$$u_3\,(x,\,s) = \frac{1}{\sqrt{s}}\frac{e^{x\sqrt{s}} - e^{-x\sqrt{s}}}{e^{l\sqrt{s}} + e^{-l\sqrt{s}}} = \frac{\sin x\sqrt{-s}}{\sqrt{-s}\,\cos l\sqrt{-s}},$$

die die Randbedingungen

$$u_2\,(0,\,s) = 1, \qquad \frac{\partial u_2}{\partial x}\,(l,\,s) = 0;$$

$$u_3\,(0,\,s) = 0, \qquad \frac{\partial u_3}{\partial x}\,(l,\,s) = 1$$

erfüllen, und erhalten:

$$u\,(x,\,s) = a_0\,(s)\,u_2\,(x,\,s) + b_1\,(s)\,u_3\,(x,\,s).$$

Nach S. 307 ist

$$U_2\,(x,\,t) = -\frac{1}{l}\frac{\partial\,\vartheta_2\left(\dfrac{x}{2\,l},\,\dfrac{t}{l^2}\right)}{\partial x} \quad\text{für}\quad 0 < x < 2\,l,$$

$$U_3\,(x,\,t) = \frac{1}{l}\,\vartheta_2\left(\frac{l-x}{2\,l},\,\frac{t}{l^2}\right) \qquad\text{für}\quad -l < x < l.$$

Also ergibt sich:

$$U\,(x,\,t) = -\frac{1}{l}\,A_0\,(t)\,*\,\frac{\partial\,\vartheta_2\left(\dfrac{x}{2\,l},\,\dfrac{t}{l^2}\right)}{\partial x} + \frac{1}{l}\,B_1\,(t)\,*\,\vartheta_2\left(\frac{l-x}{2\,l},\,\frac{t}{l^2}\right) \quad\text{für } 0 < x < l.$$

Daß dies, wenn $A_0\,(t)$ und $B_1\,(t)$ stetige I-Funktionen sind, eine Lösung des Problems darstellt, beweist man wie in 20.2.1.

§ 5. Die Ein- oder Vieldeutigkeit der Lösung.

Für die behandelten Probleme haben wir jeweils eine Lösung erhalten; es fragt sich, ob es die einzig mögliche ist. Für die spezielle Problemstellung gibt es einen Eindeutigkeitsbeweis, der zeigt, daß es nur eine Lösung gibt, wenn man noch voraussetzt, daß $\dfrac{\partial U}{\partial t}$ im Innern des Streifens stetig ist [225]. Manche andere Eindeutigkeitsbeweise scheinen, oberflächlich betrachtet, auf die allgemeine Problemstellung anwendbar zu sein.

Bei näherem Zusehen aber erweisen sie sich nicht einmal für die spezielle Problemstellung als stichhaltig bzw. nur dann als richtig, wenn man eine größere Anzahl von zusätzlichen Voraussetzungen über die Lösung macht, die in den betreffenden Darstellungen nicht formuliert werden und mit dem Wesen der Aufgabe gar nichts zu tun haben [226]. Es liegt daher der Verdacht nahe, daß die *Lösung des ,,allgemeinen" Problems* bei nicht zu engen Voraussetzungen *gar nicht eindeutig* ist. Und so ist es in der Tat! Dazu genügt es, Lösungen der homogenen Wärmeleitungsgleichung anzugeben, deren Randwerte (seien es bei einem Randwertproblem erster Art die Randwerte der Funktion, bei einem solchen zweiter Art diejenigen der Ableitung usw.) verschwinden, denn eine solche Lösung kann man, noch mit einer beliebigen Konstanten multipliziert, zu der in § 2—4 bereits gefundenen Lösung (der homogenen oder inhomogenen Gleichung) addieren, ohne die Randwerte zu ändern. Die Beispiele, die wir angeben werden, sind die oben zur Darstellung der Lösung benutzten Funktionen $U_0(x, t)$ usw., die man auch als Greensche Funktionen des betreffenden Problems bezeichnen kann, bzw. aus ihnen abgeleitete Funktionen. Wir wollen jede Lösung mit den Randwerten 0 eine *singuläre Lösung* nennen [227]. Auf solche werden wir ganz naturgemäß geführt, wenn wir noch einmal an die oben benutzte Methode der $\mathfrak{L}$-Transformation anknüpfen, und zwar an die dort gemachte *Voraussetzung V_2*. Diese besagt z. B. im Falle des Randwertproblems erster Art, daß am linken Rand $x = 0$

$$\mathfrak{L}\{\lim_{x \to +0} U\} = \lim_{x \to +0} \mathfrak{L}\{U\},$$

also

(1) $$\mathfrak{L}\{A_0(t)\} = a_0(s) = u(0, s)$$

ist. Am rechten Ende wollen wir zur Vereinfachung $A_1(t) \equiv 0$, $a_1(s) \equiv 0$ voraussetzen. Die Gleichung (1) besagt, daß die $\mathfrak{L}$-Transformation auf der Schar von L-Funktionen $U(x, t)$ an der ,,Stelle" $U(0, t) = A_0(t)$ stetig sein soll. Nun haben wir schon in 3.8 bemerkt, daß die $\mathfrak{L}$-Transformation die Eigenschaft der Stetigkeit im allgemeinen nicht hat. Ist sie auf $U(x, t)$ unstetig, so liegt im l-Bereich eine neue Randfunktion $a(s) \neq \mathfrak{L}\{A_0\}$ vor, so daß hier die Lösung lautet: $\bar{u}(x, s) = a(s)\, u_0(x, s)$. Ist $\bar{u}(x, s)$ eine l-Funktion, so gibt diese Veranlassung zu einer anderen Lösung $\bar{U}(x, t)$ im L-Bereich, also zu einer Mehrdeutigkeit der Lösung. Wäre nun $a(s)$ eine l-Funktion mit der L-Funktion $A(t)$, so wäre $\bar{U}(x, t) = A(t) * U_0(x, t)$, und diese Funktion hat nach Satz 1 [20.2] den Randwert $A(t)$ und nicht $A_0(t)$. Es bleibt aber noch die Möglichkeit, daß zwar $\bar{u}(x, s) = a(s)\, u_0(x, s)$ eine l-Funktion ist, $a(s)$ aber nicht. Wählen wir z. B. $a(s) = 1$, so ist das keine l-Funktion, wohl aber $\bar{u}(x, s) = u_0(x, s)$. Zu dieser l-Funktion gehört die L-Funktion

$$\bar{U}(x, t) = U_0(x, t),$$

und das ist nun tatsächlich eine Lösung der homogenen Wärmeleitungsgleichung, bei der die Randwerte im L- und l-Bereich einander nicht
entsprechen. $U_0(x, t)$ genügt nämlich nach Formel 20.2 (8) der Differentialgleichung und hat nach dem Lemma in 20.2.1 an allen Begrenzungen
des Halbstreifens die Randwerte 0. (Es ist also eine „singuläre Lösung".)
Dagegen hat die zugehörige l-Funktion den linken Randwert 1 und nicht
$\mathfrak{L}\{0\} = 0$.

Wählt man $a(s) = s^n$, so ist das wieder keine l-Funktion, dagegen
ist $\bar{u}(x, s) = s^n u_0(x, s)$ eine solche, und zwar gehört zu ihr

$$\overline{U}(x, t) = \frac{\partial^n U_0(x, t)}{\partial t^n},$$

was nach Gesetz $\mathrm{III_a}$ sofort daraus folgt, daß nach dem Lemma in
20.2.1 die Ableitungen $\dfrac{\partial^{n-1} U_0}{\partial t^{n-1}}, \ldots, \dfrac{\partial U_0}{\partial t}$ und U_0 für $t \to 0$ gegen 0 streben.
Auch alle Ableitungen von U_0 nach t sind singuläre Lösungen.

Einen anderen Typus von singulären Lösungen erhält man durch
$a(s) = e^{-t_0 s}\,(t_0 > 0)$. Dies führt nach Gesetz $\mathrm{I_a''}$ auf

$$\overline{U}(x, t) = \begin{cases} 0 & \text{für} \quad 0 < t \leqq t_0 \\ U_0(x, t - t_0) & \text{für} \quad t > t_0. \end{cases}$$

(Die Funktionswerte $U_0(x, t)$ sind um t_0 nach oben verschoben, in dem
leeren Rechteck wird $\overline{U}$ durch 0 definiert.) Man verifiziert sofort, daß
diese Funktion eine singuläre Lösung ist, daß sie insonderheit auch
auf der Strecke $t = t_0$ die Differentialgleichung erfüllt.

Im Fall des einseitig unendlich langen Leiters spielt die Funktion
$\psi(x, t)$ und die nach obigen Beispielen aus ihr abgeleiteten Funktionen
dieselbe Rolle.

Die hier angegebenen singulären Lösungen gehören zur Randwertaufgabe erster Art. Man kann aber nach demselben Schema auch
singuläre Lösungen für die anderen Randwertprobleme finden. So ist
die Funktion $\vartheta_3\left(\dfrac{x}{2l}, \dfrac{t}{l^2}\right)$ aus 20.3 eine Lösung, die für $t \to 0$ in $0 < x < l$
gegen 0 strebt, während ihre Ableitung nach x für $x \to 0$ und $x \to l$
bei $t > 0$ gegen 0 geht; und die Funktion $\dfrac{\partial}{\partial x} \vartheta_2\left(\dfrac{x}{2l}, \dfrac{t}{l^2}\right)$ aus 20.4 hat
links und unten, ihre Ableitung nach x rechts den Randwert 0.

Auf die angegebenen singulären Lösungen und damit auf die unendliche Vieldeutigkeit der Lösung sind wir dadurch gekommen, daß
wir Lösungen konstruierten, die die Voraussetzung V_2 verletzten. Es
gibt nun einen weiteren Typ von singulären Lösungen, bei dem die
Voraussetzung V_1 nicht erfüllt ist. Wir betrachten, wenn l die Länge
des Wärmeleiters ist, zunächst die zu dem Intervall $0 \leqq x \leqq \dfrac{l}{m}$ ($m =$ positive ganze Zahl) gehörige Greensche Funktion U_0, die wir mit $U_0^*(x, t)$
bezeichnen wollen. Diese Funktion setzen wir nun in der x-Richtung

analytisch fort und nennen die entstehende Funktion $U^*(x, t)$. Der expliziten Darstellung 20.2 (6) sieht man an, daß U^* so definiert ist:

$$U^*(x, t) = \begin{cases} U_0^*(x, t) & \text{für} \quad 0 \leqq x \leqq \dfrac{l}{m} \\[2mm] -U_0^*\left(2\dfrac{l}{m} - x, t\right) & \text{für} \quad \dfrac{l}{m} \leqq x \leqq 2\dfrac{l}{m} \\[2mm] U_0^*\left(x - 2\dfrac{l}{m}, t\right) & \text{für} \quad 2\dfrac{l}{m} \leqq x \leqq 3\dfrac{l}{m} \\[2mm] \cdots\cdots\cdots\cdots\cdots \end{cases}$$

Auf Grund der in 20.2.1 bewiesenen Eigenschaften von U_0^* sieht man leicht, daß U^* in dem Streifen $0 < x < l$, $t > 0$, insbesondere auch auf den Geraden $x = v\dfrac{l}{m}$, mitsamt $\dfrac{\partial U^*}{\partial x}$, $\dfrac{\partial U^*}{\partial t}$, $\dfrac{\partial^2 U^*}{\partial x^2}$ stetig ist und die homogene Wärmeleitungsgleichung erfüllt, daß ferner U^* bei normaler Annäherung an die Ränder gegen 0 strebt, also eine singuläre Lösung darstellt. (Für $m = 2$ ist, wie man nachrechnet, U^* nur eine Linearkombination bereits bekannter singulärer Lösungen, nämlich gleich $U_0(x, t) - U_0(l - x, t)$, für $m > 2$ aber nicht.) Wir betrachten nun z. B. für $m = 3$ die zugehörige l-Funktion $u^*(x, s)$, die aus $u_0^*(x, s)$, d. i. die l-Funktion zu U_0^*, die zunächst in $0 \leqq x \leqq \dfrac{l}{3}$ definiert ist, so entsteht:

$$u^*(x, s) = \begin{cases} u_0^*(x, s) & \text{für} \quad 0 < x < \dfrac{l}{3} \\[2mm] -u_0^*\left(2\dfrac{l}{3} - x, s\right) & \text{für} \quad \dfrac{l}{3} < x < 2\dfrac{l}{3} \\[2mm] u_0^*\left(x - 2\dfrac{l}{3}, s\right) & \text{für} \quad 2\dfrac{l}{3} < x < l. \end{cases}$$

Da

$$u_0^*(x, s) \to 1 \quad \text{für} \quad x \to +0, \qquad u_0^*(x, s) \to 0 \quad \text{für} \quad x \to \dfrac{l}{3},$$

so strebt $u^*(x, s)$ für $x \to 2\dfrac{l}{3} - 0$ gegen -1, für $x \to 2\dfrac{l}{3} + 0$ gegen 0, ist also an der Stelle $x = 2\dfrac{l}{3}$ nicht einmal stetig, geschweige denn differenzierbar. Von einer Erfüllung der Voraussetzung V_1 kann also keine Rede sein. — Auf analoge Art kann man aus den anderen obengenannten Funktionen $\overline{U}$ singuläre Lösungen dieses Typs gewinnen.

Wie vorauszusehen, zeigen die singulären Lösungen in der Nähe der Ecken $(x = 0, t = 0)$, $(x = l, t = 0)$ des Halbstreifens ein besonders kompliziertes Verhalten. Sie sind dort *nicht zweidimensional stetig*, haben, wenn man auf Kurven in den Eckpunkt einrückt, ganz verschiedene Grenzwerte oder auch gar keinen Grenzwert und sind beliebig großer und beliebig kleiner Werte fähig. Denn z. B. $U_0(x, t)$ verhält sich in der Umgebung von $(x = 0, t = 0)$ offenbar wie das dem Summationsindex 0 in der Entwicklung 20.2 (7) entsprechende Glied, also wie

$$\psi(x, t) = \frac{x\, e^{-\frac{x^2}{4t}}}{2\, \sqrt{\pi}\ t^{\frac{3}{2}}},$$

und dieser Funktion sieht man das gekennzeichnete Verhalten unmittelbar an. Denn etwa längs der Kurve $\dfrac{x}{\sqrt{t}} = \text{const}$ verhält sich ψ wie $\dfrac{1}{t}$, strebt also gegen ∞, längs $\dfrac{x^2}{\sqrt{t}} = \text{const}$ wie $\dfrac{1}{t^{\frac{5}{4}}}\, e^{-\frac{1}{\sqrt{t}}}$, strebt also gegen 0.

Man wird geneigt sein, den singulären Lösungen eine *physikalische Bedeutung* abzusprechen. Gleichwohl läßt sich mit ihnen ein guter Sinn verbinden. Legt man an das rechte Ende des Leiters die konstante Temperatur 0 an, während das linke eine kurze Zeitspanne t_0 lang auf der positiven Temperatur $A(t)$, von da an auf der Temperatur 0 gehalten wird, so lautet die klassische Lösung 20.2 (5):

$$U(x, t) = \int_0^{t_0} A(\tau)\, U_0(x, t - \tau)\, d\tau \quad \text{für} \quad t \geqq t_0$$

$$= U_0(x, t - \vartheta\, t_0) \int_0^{t_0} A(\tau)\, d\tau$$

$(0 \leqq \vartheta \leqq 1)$ nach dem 1. Mittelwertsatz. Lassen wir nun die Zeitspanne t_0 immer kleiner, die angelegte Temperatur A aber immer größer werden, derart, daß die gesamte aufgewendete Wärmemenge $\int_0^{t_0} A(\tau)\, d\tau$ dieselbe, sagen wir gleich 1, bleibt, so strebt der Temperaturzustand $U(x, t)$ der Grenze $U_0(x, t)$ zu. Diese Funktion gibt also die Temperaturverteilung an, wenn dem Ende $x = 0$ eines Stabes von der Anfangstemperatur 0 die Wärmemenge 1 in verschwindend kurzer Zeit (was unendlich hohe Temperatur bedingt) mitgeteilt wird. Wir können eine solche Erscheinung physikalisch als „*Wärmeexplosion*" deuten. Analoge Deutungen ergeben sich für die anderen singulären Lösungen [228].

21. Kapitel.

Die Telegraphengleichung und die Wellengleichung (hyperbolischer Typ).

§ 1. Die Problemstellung.

Eine elektrische Freileitung* habe die Kapazität K, die Induktivität L, den Ohmschen Widerstand R, die Ableitung (Leitwert der Isolation) I pro Längeneinheit. (Diese Größen werden als unabhängig

---

* Wir sprechen von *Freileitung*, damit sämtliche physikalische Konstanten in Erscheinung treten. Bei *Kabeln* kann man die Induktivität gleich 0 setzen. Die Telegraphengleichung reduziert sich in diesem Fall auf eine parabolische Gleichung, es ist dann nämlich in der unten folgenden Gleichung (3) der Koeffizient $A = 0$.

von Ort und Zeit, d. h. als konstant angesehen.) Die Ortskoordinate der Leitung bezeichnen wir mit x, die Leitung reiche von $x = 0$ bis $x = l$; t sei die Zeit. Die Stromstärke $i(x, t)$ und die Spannung $p(x, t)$ genügen gemäß den Gesetzen von Ohm und Faraday dem System von partiellen Differentialgleichungen erster Ordnung:

$$(1) \qquad -\frac{\partial p}{\partial x} = R\,i + L\,\frac{\partial i}{\partial t}$$

$$(2) \qquad -\frac{\partial i}{\partial x} = I\,p + K\frac{\partial p}{\partial t}.$$

Differenziert man die erste Gleichung nach x und setzt $\dfrac{\partial i}{\partial x}$ aus der zweiten ein, so erhält man eine Differentialgleichung zweiter Ordnung für p. Differenziert man die zweite Gleichung nach x und setzt $\dfrac{\partial p}{\partial x}$ aus der ersten ein, so ergibt sich genau dieselbe Gleichung für i. Benutzt man für p und i gemeinsam den Buchstaben U, so lautet die Gleichung:

$$(3) \qquad \frac{\partial^2 U}{\partial x^2} - A\,\frac{\partial^2 U}{\partial t^2} - B\,\frac{\partial U}{\partial t} - C\,U = 0,$$

wobei wir zur Abkürzung

$$(4) \qquad L\,K = A, \qquad R\,K + L\,I = B, \qquad R\,I = C$$

gesetzt haben. Da L und K positiv, also $A \geqq 0$ ist, so ist die Gleichung im allgemeinen vom hyperbolischen, nur in dem Spezialfall $A = 0$ vom parabolischen Typ. (Letzteres tritt bei längeren Leitungen oder Kabeln, in denen $K \neq 0$ ist, nur dann ein, wenn die Induktivität vernachlässigt, d. h. $L = 0$ gesetzt werden kann.) Wir setzen hier $A > 0$ voraus, weil der Fall $A = 0$ im wesentlichen im 20. Kapitel erledigt worden ist. Gleichung (3) heißt die *Telegraphengleichung*; sie enthält für $B = C = 0$ die sog. *Schwingungs-* oder *Wellengleichung* als Spezialfall.

Die Anfangsbedingungen: Zur Zeit $t = 0$ ist die Stromstärke i und die Spannung p gegeben. Man kann dann $\left(\dfrac{\partial i}{\partial t}\right)_{t=0}$ und $\left(\dfrac{\partial p}{\partial t}\right)_{t=0}$ vermittels der Gleichungen (1), (2) ausrechnen, verfügt also, gleichgültig ob U die Stromstärke oder die Spannung bezeichnet, über

$$(5) \qquad \lim_{t \to 0} U(x, t) = U_0(x) \quad \text{und} \quad \lim_{t \to 0} \frac{\partial U}{\partial t} = U_1(x) \quad (0 < x < l).$$

Die Randbedingungen: In $x = 0$ und $x = l$ sei der Wert von $U(x, t)$ für $t > 0$ gegeben:

$$(6) \qquad \lim_{x \to +0} U(x, t) = A_0(t), \qquad \lim_{x \to l-0} U(x, t) = A_1(t) \quad (t > 0).$$

Die transformierte Gleichung 19.3 (4) lautet hier:

$$(7) \qquad \frac{d^2 u}{d x^2} - (A\,s^2 + B\,s + C)\,u = -(A\,s + B)\,U_0(x) - A\,U_1(x),$$

vorgeschrieben sind für sie die Randbedingungen

$$(8) \qquad u(0, s) = a_0(s), \qquad u(l, s) = a_1(s).$$

Wir erhalten also wieder eine Gleichung der Gestalt 20.1 (8), und zwar ist

$$\lambda = -(A\,s^2 + B\,s + C).$$

Da wie in 20.2.1 die Eigenwerte λ_n gleich $\dfrac{n^2\pi^2}{l^2}$ $(n = 0, 1, 2, \ldots)$ sind, so ist wegen $A > 0$ für hinreichend große $\Re s$ der Parameter λ von allen Eigenwerten verschieden. Das homogene Problem hat also nur die triviale Lösung $u(x, s) \equiv 0$, das inhomogene genau eine Lösung. Man kann die allgemeine Lösung wieder wie im 20. Kapitel durch Superposition der beiden speziellen Lösungen, die den Annahmen $U_0(x) \equiv 0$, $U_1(x) \equiv 0$ bzw. $A_0(t) \equiv 0$, $A_1(t) \equiv 0$ entsprechen, gewinnen.

§ 2. Die anfänglich strom- und spannungslose Leitung bei gegebener Randerregung [229].

Ist zur Zeit $t = 0$ der Strom i und die Spannung p gleich 0, befindet sich die Leitung also anfänglich im Ruhezustand, so folgt aus (1) und (2), daß auch $\dfrac{\partial i}{\partial t}$ und $\dfrac{\partial p}{\partial t}$ für $t = 0$ verschwinden. Wir haben also

$$U_0(x) \equiv 0, \qquad U_1(x) \equiv 0$$

zu setzen, und die Gleichung 21.1 (7) ist homogen:

$$(1) \qquad \frac{d^2 u}{d x^2} - (A\,s^2 + B\,s + C)\,u = 0.$$

Bei den Randbedingungen können wir uns auf den Fall $A_0(t) \not\equiv 0$, $A_1(t) \equiv 0$ beschränken, da die Lösung für $A_0(t) \equiv 0$, $A_1(t) \not\equiv 0$ aus der für den vorigen Fall durch den Ersatz von x durch $l - x$ hervorgeht und der allgemeine Fall $A_0(t) \not\equiv 0$, $A_1(t) \not\equiv 0$ die Superposition der beiden Spezialfälle darstellt. — Es ist also in der Folge

$$(2) \qquad a_0(s) \not\equiv 0, \qquad a_1(s) \equiv 0.$$

Setzen wir zur Abkürzung

$$A\,s^2 + B\,s + C = Q(s),$$

so lautet die Lösung von (1) unter der Randbedingung (2) (vgl. 20.2.1):

$$(3) \qquad u(x, s) = a_0(s)\,\frac{e^{(l-x)\sqrt{Q}} - e^{-(l-x)\sqrt{Q}}}{e^{l\sqrt{Q}} - e^{-l\sqrt{Q}}} = a_0(s)\,u_0(x, s).$$

Dabei verstehen wir unter $\sqrt{Q}$ den Hauptzweig, der für reelles positives Q selbst positiv ist. Zur Berechnung der dem $u_0(x, s)$ entsprechenden L-Funktion $U_0(x, t)$ entwickeln wir u_0 in eine Reihe:

$$u_0(x, s) = \frac{e^{-x\sqrt{Q}} - e^{-(2l-x)\sqrt{Q}}}{1 - e^{-2l\sqrt{Q}}} = \left(e^{-x\sqrt{Q}} - e^{-(2l-x)\sqrt{Q}}\right) \sum_{n=0}^{\infty} e^{-2nl\sqrt{Q}}$$

oder

$$(4) \qquad u_0(x, s) = \sum_{n_1=0}^{\infty} e^{-(2n_1 l + x)\sqrt{Q}} - \sum_{n_2=1}^{\infty} e^{-(2n_2 l - x)\sqrt{Q}}.$$

Für hinreichend große positive s ist $\sqrt{Q}$ positiv, mithin $0 < e^{-2l\sqrt{Q}} < 1$ und folglich die Konvergenz gesichert. Der Behandlung des allgemeinen Falles schicken wir zwei Spezialfälle voraus.

1. Die verlustfreie Leitung (Reine Wellengleichung).

Wir betrachten zunächst den Fall, daß $B = C = 0$ ist, d. h. daß es sich um die reine Schwingungsgleichung

$$(5) \qquad \frac{\partial^2 U}{\partial x^2} = A \frac{\partial^2 U}{\partial t^2} \qquad (A > 0),$$

wie sie z. B. den Schwingungen einer Saite zugrunde liegt, handelt. Nach 21.1 (4) ist dann

$$R K + L I = 0, \qquad R I = 0,$$

folglich entweder $R = 0$, $I \neq 0$, woraus $L = 0$ folgt;

oder $\qquad I = 0$, $R \neq 0$, woraus $K = 0$ folgt;

oder $\qquad I = 0$, $R = 0$, dann sind L und K beliebig.

Da $A = L K \neq 0$ sein soll, so sind die beiden ersten Möglichkeiten auszuschließen. Elektrotechnisch liegt also der Fall vor, daß Ableitung und Widerstand zu vernachlässigen sind, d. h. daß die Leitung *verlustfrei* ist.

Es ist jetzt $\sqrt{Q} = \sqrt{A}\, s\, (\sqrt{A} > 0)$, das einzelne Glied in $u_0\,(x, s)$ hat also die Gestalt $e^{-\alpha s}$. Ihm entspricht keine L-Funktion (siehe S. 143), wohl aber dem Produkt $a_0\,(s)\, e^{-\alpha s}$, nämlich nach Gesetz $\mathrm{I_a''}$ die Funktion [230]

$$\begin{cases} 0 & \text{für } t \leqq \alpha \\ A_0(t - \alpha) & \text{für } t > \alpha. \end{cases}$$

Definieren wir die Funktion $A_0(t)$, die bisher nur für $t > 0$ definiert war, für $t \leqq 0$ gleich 0, so können wir kürzer sagen, daß zu $a_0(s)\, e^{-\alpha s}$ die L-Funktion $A_0(t - \alpha)$ gehört. Setzen wir (4) in (3) ein und transformieren gliedweise, so erhalten wir:

$$(6) \qquad U(x, t) = \sum_{n_1 = 0}^{\infty} A_0\,(t - (2\,n_1\,l + x)\,\sqrt{A}) - \sum_{n_2 = 1}^{\infty} A_0\,(t - (2\,n_2\,l - x)\,\sqrt{A})$$

$$[A_0\,(\tau) = 0 \quad \text{für} \quad \tau \leqq 0].$$

Für ein festes Wertepaar (x, t) stehen in Wahrheit *nur die endlich vielen Glieder* da, *deren Argumente > 0 sind*[*]:

$$t - (2\,n_1\,l + x)\,\sqrt{A} > 0, \qquad t - (2\,n_2\,l - x)\,\sqrt{A} > 0,$$

d. h.

$$n_1 < \frac{t - x\sqrt{A}}{2\,l\,\sqrt{A}}, \qquad n_2 < \frac{t + x\sqrt{A}}{2\,l\,\sqrt{A}}.$$

Bei festem x sind mit wachsendem t immer mehr Glieder zu berücksichtigen.

Wir sehen nun gemäß dem Fortsetzungsprinzip ganz davon ab, wann der Übergang von (3) zu (6) oder umgekehrt gliedweise ausgeführt

---

[*] Eine Reihe ähnlicher Art ist uns schon einmal in 9.2 begegnet.

werden darf, setzen $A_0(t)$ auch gar nicht als L-Funktion voraus, sondern zeigen, unter welchen Bedingungen die Funktion (6) eine Lösung unseres Problems ist. Zuvor aber wollen wir (6) noch *physikalisch deuten*. Diese Funktion stellt eine nach Art einer fortschreitenden Welle vor sich gehende Fortpflanzung der Randerregung A_0 ins Innere des Leiters mit der Geschwindigkeit $c = \dfrac{1}{\sqrt{A}}$ unter fortwährender Reflexion an den Enden dar, wobei jedesmal das Vorzeichen der Welle umgekehrt wird. Man sieht das am einfachsten dadurch ein, daß man einmal den *Weg eines bestimmten Randwertes* $A_0(t_0)$ verfolgt. Er tritt in allen „Weltpunkten" (x, t), für die

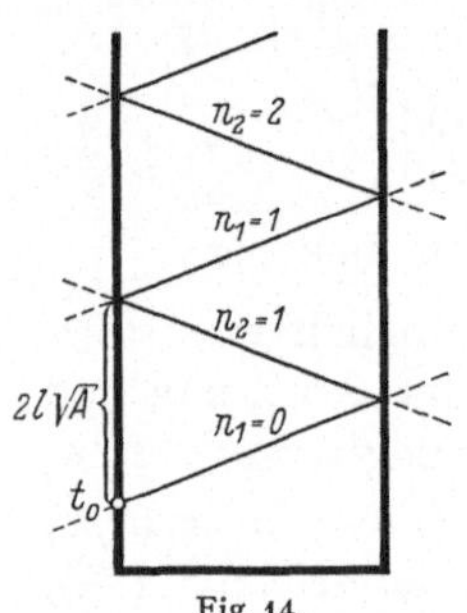

Fig. 14.

$t - (2 n_1 l + x) \sqrt{A} = t_0$ ist, mit positivem Vorzeichen,

$t - (2 n_2 l - x) \sqrt{A} = t_0$ ist, mit negativem Vorzeichen

auf. Diese Gleichungen stellen Gerade dar mit dem Steigungsmaß $\sqrt{A}$ bzw. $-\sqrt{A}$ [es sind das übrigens die sog. Charakteristiken der partiellen Differentialgleichung (5)], die den Rand $x = 0$ in den Abständen $t = t_0 + 2 n l \sqrt{A}$, den Rand $x = l$ in $t = t_0 + (2 n_1 + 1) l \sqrt{A}$ bzw. $t = t_0 + (2 n_2 - 1) l \sqrt{A}$ schneiden. Die für uns allein in Frage kommenden, in dem Streifen $0 \leqq x \leqq l$ liegenden Stücke schließen sich zu einer aufwärtssteigenden Zickzacklinie zusammen, die den „Weltweg" der Randerregung $A_0(t_0)$ darstellt * (Fig. 14). An einer festen Stelle x erscheint also diese Randerregung immer wieder, und zwar mit

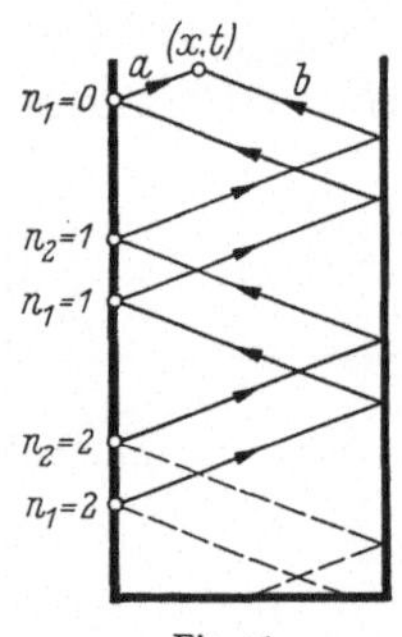

Fig. 15.

abwechselndem Vorzeichen. Die Geschwindigkeit, mit der sie fortschreitet, ist konstant, und zwar $\left| \dfrac{d x}{d t} \right| = \dfrac{1}{\sqrt{A}} = c$. — Richten wir unser Augenmerk auf *eine feste Stelle x zu einer bestimmten Zeit t*, so superponieren sich dort alle Randerregungen, die von den durch (x, t) gehenden beiden Zickzacklinien a, b (Fig. 15) herangetragen werden; die auf Stücken von a herangewanderten mit positivem Vorzeichen (sie sind eine gerade Anzahl von Malen reflektiert worden), die auf b ankommenden (ungeradzahlig oft reflektierten) mit negativem Vorzeichen. Es sind das diejenigen Randerregungen, die Zeit gehabt haben, sich direkt oder durch Reflexion mit der Geschwindigkeit $c = \dfrac{1}{\sqrt{A}}$ bis zur Stelle x fortzupflanzen, und gerade im Moment t dort eintreffen. Je größer t ist, um so mehr Randerregungen superponieren sich, im Einklang damit, daß dann in (6) die Anzahl der wirklich vorhandenen Glieder steigt.

---

* Es sind das die Weltpunkte (x, t), die mit $(0, t_0)$, wie man sagt, *in Welle* sind.

Bemerkenswerterweise findet eine Dämpfung ebensowenig statt wie eine Diffusion, d. h. eine Randerregung zerstreut sich nicht über die Leitung, sondern macht sich geballt nur immer dann bemerkbar, wenn die Welle sie über den betreffenden Punkt hinwegträgt.

Der *partiellen Differentialgleichung* (5) genügt die Funktion (6) nur dann, wenn $A_0(t)$ zweimal differenzierbar ist. Ist $A_0(t)$ an einer Stelle nicht zweimal differenzierbar, so wird (6) längs der ganzen von da ausstrahlenden Zickzacklinie die Differentialgleichung (5) nicht im strengen Sinn erfüllen (Irregularitäten auf dem Rand pflanzen sich also längs der Charakteristiken ins Innere fort). — Die *Anfangsbedingungen* $U_0(x) \equiv U_1(x) \equiv 0$ sind immer erfüllt, denn solange $t < x \sqrt{A}$ ist, enthält die Summe (6) überhaupt kein Glied, U und damit $\frac{\partial U}{\partial t}$ ist also dort 0 und folglich auch der Grenzwert für $t \to 0$. — Bei den *Randbedingungen* beschränken wir uns auf Betrachtung des linken Randes $x = 0$, da für $x = l$ ganz Analoges gilt. Läßt man in Fig. 15 den Punkt (x, t) gegen den

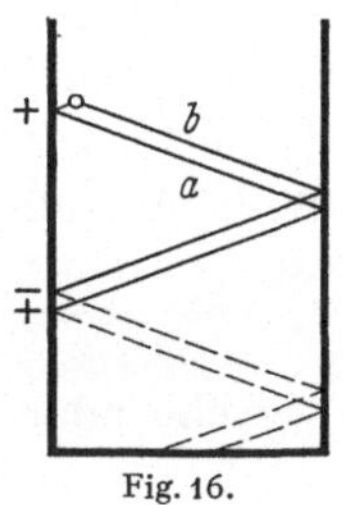
Fig. 16.

linken Rand (senkrecht) wandern, so sieht man, daß die Randstellen, von denen die superponierten Erregungen herrühren, abgesehen von der dem Summationsindex $n_1 = 0$ entsprechenden, paarweise zusammenrücken (Fig. 16). Da sie jeweils mit entgegengesetztem Vorzeichen zu nehmen sind, so werden sie sich beim Grenzübergang aufheben, wenn die Funktion $A_0(t)$ stetig ist. Es bleibt also nur $A_0(t)$ übrig. Eine Ausnahme tritt nur dann ein, wenn t ein Multiplum von $2l\sqrt{A}$ ist, d. h. wenn $(0, t)$ auf dem von $(0, 0)$ ausstrahlenden Zickzackwege liegt (Fig. 17). In diesem Fall kommt am Ende der Zickzackwege kein Paar zustande, da b wohl noch positive, a aber schon negative t trifft. Ist $A_0(t)$ auch

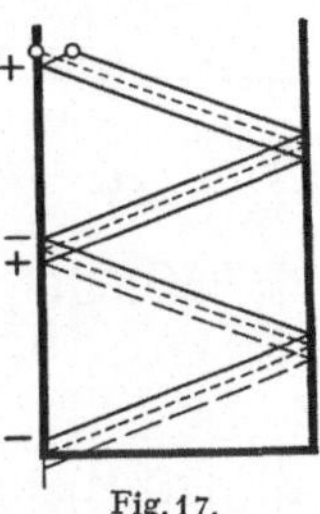
Fig. 17.

in $t = 0$ noch stetig, so strebt daher $U(x, t)$ in diesem Fall für $x \to 0$ gegen $A_0(t) - A_0(0)$. Dieses unerwünschte Auftreten von $-A_0(0)$ läßt sich nun aber durch eine *Modifikation des Sinnes der Randbedingung* eliminieren, wodurch zugleich erhellt, daß der Grenzübergang bei einer Randbedingung je nach Art des vorliegenden Problems einmal so, einmal anders verstanden werden muß. Wandert nämlich der Punkt (x, t) nicht auf einer Normalen zum Rand, sondern längs eines Strahles innerhalb des in Fig. 18 gekennzeichneten Sektors σ, so endigen beide von (x, t) ausgehenden Zickzackwege a, b bei negativen t, es kommt

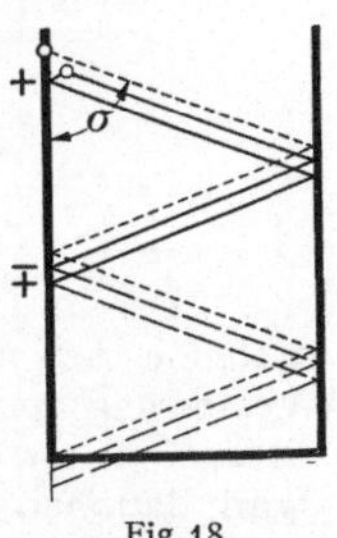
Fig. 18.

also das in der Nähe von $t = 0$ endigende Stück von b geradesowenig in Frage wie vorher das von a. Diese Art von Grenzübergang, bei der sich wirklich $A_0(t)$ als Randwert ergibt, drängt sich daher hier als die sachgemäße auf, und sie hat ihren guten physikalischen Sinn: Längs eines Strahles in σ ist $\left|\dfrac{dx}{dt}\right| < \dfrac{1}{\sqrt{A}} = c$, d. h. der das Erfülltsein der Randbedingung feststellende Beobachter bewegt sich mit geringerer Geschwindigkeit als die Welle. Bewegt er sich dagegen mit größerer Geschwindigkeit (längs der Normalen ist seine Geschwindigkeit sogar unendlich), so fängt er den Stoß $-A_0(t)$ gerade noch ein.

2. Die verzerrungsfreie Leitung.

Der vorige Fall ließ sich deshalb so einfach erledigen, weil Q das Quadrat einer linearen Funktion von s war. Allgemein trifft das dann und nur dann zu, wenn die Diskriminante von Q:

$$D = A\,C - \left(\frac{B}{2}\right)^2$$

verschwindet. Das bedeutet für die Leitungskonstanten:

$$L\,K\,R\,I - \frac{1}{4}(R\,K + L\,I)^2 = -\frac{1}{4}(R\,K - L\,I)^2 = 0,$$

also

$$R\,K = L\,I.$$

Eine solche Leitung heißt *verzerrungsfrei**. Wegen

$$(7) \qquad Q = A\,s^2 + B\,s + C = \frac{1}{A}\left[\left(A\,s + \frac{B}{2}\right)^2 + \left(A\,C - \left(\frac{B}{2}\right)^2\right)\right]$$

ist im Falle $D = 0$:

$$\sqrt{Q} = \sqrt{A}\,s + \frac{B}{2\sqrt{A}},$$

so daß (3) und (4) ergeben:

$$u(x, s) = \sum_{n_1 = 0}^{\infty} e^{-\frac{B}{2\sqrt{A}}(2n_1 l + x)}\, a_0(s)\, e^{-(2n_1 l + x)\sqrt{A}\,s}$$

$$- \sum_{n_2 = 1}^{\infty} e^{-\frac{B}{2\sqrt{A}}(2n_2 l - x)}\, a_0(s)\, e^{-(2n_2 l - x)\sqrt{A}\,s}.$$

---

* Bei ihr fehlt nämlich die, wie wir sehen werden, im allgemeinen Fall auftretende, besonders in der Telegraphie und Telephonie sehr störende und eine Verzerrung der Signale bewirkende Diffusion. Es ist das Verdienst von O. HEAVISIDE, als erster erkannt zu haben, daß die Übertragung nicht dadurch verbessert wird, daß man gewisse Konstanten, z. B. die Selbstinduktion, zu 0 macht, sondern daß man alle in ein bestimmtes Verhältnis setzt. Diese damals nicht anerkannte Forderung wurde dann später durch PUPIN vermittels der nach ihm benannten Spule verwirklicht. — In der Praxis ist die Größe $\dfrac{R}{L} - \dfrac{I}{K}$ bei Starkstrom- und dickeren Fernsprechkabeln bis herab zu 1,2 mm Durchmesser etwa 0,0014 bis 0,06.

Die gliedweise Übersetzung in den L-Bereich ergibt wie in der vorigen Nummer:

$$(8) \qquad U(x,t) = \sum_{n_1=0}^{\infty} e^{-\frac{B}{2\sqrt{A}}(2n_1 l + x)} A_0\left(t - (2n_1 l + x)\sqrt{A}\right)$$

$$- \sum_{n_2=1}^{\infty} e^{-\frac{B}{2\sqrt{A}}(2n_2 l - x)} A_0\left(t - (2n_2 l - x)\sqrt{A}\right)$$

$$\text{mit } A_0(\tau) = 0 \quad \text{für} \quad \tau \leqq 0.$$

(8) bedeutet wie (6), daß jede Randerregung $A_0(t)$ mit der Geschwindig-keit $\dfrac{1}{\sqrt{A}}$ sich fortpflanzt und immer wieder unter Umkehrung des Vorzeichens an den Enden reflektiert wird; nur wird sie jetzt *gedämpft* (für $B > 0$), mit wachsender Reflexionszahl wird die Dämpfung immer größer. Verfolgen wir einen Randwert längs eines Zickzackweges in Fig. 14, d. h. lassen wir bei wachsendem t das x in dem Glied mit $n_1 = 0$ von 0 bis l wachsen, dann in dem Glied mit $n_2 = 1$ von l bis 0 abnehmen, dann in dem Glied mit $n_1 = 1$ wieder von 0 bis l wachsen usw., so steigt das logarithmische Dekrement der Dämpfung stetig von 0 auf $\dfrac{B}{2\sqrt{A}}\, l$, dann von diesem Wert auf $\dfrac{B}{2\sqrt{A}}\, 2l$ usw. — Hinsichtlich der Erfüllung der Differentialgleichung und der Randbedingungen gilt dasselbe wie unter Nr. 1.

3. Der allgemeine Fall.

Es kommt darauf an, zu dem allgemeinen Glied der Reihe (4), das die Gestalt $e^{-\alpha\sqrt{Q}}$ hat, die L-Funktion zu finden. Zu diesem Zweck gehen wir aus von der Formel[231]

$$\int_{\alpha}^{\infty} e^{-\sigma\tau} J_0\left(k\sqrt{\tau^2 - \alpha^2}\right) d\tau = \frac{e^{-\alpha\sqrt{\sigma^2 + k^2}}}{\sqrt{\sigma^2 + k^2}} \qquad (\alpha \geqq 0,\ \sigma > 0,\ k \text{ beliebig})$$

bzw. von der aus ihr durch Differentiation nach α entstehenden $[J_0'(z) = -J_1(z)]$:

$$k\alpha \int_{\alpha}^{\infty} e^{-\sigma\tau} \frac{J_1\left(k\sqrt{\tau^2 - \alpha^2}\right)}{\sqrt{\tau^2 - \alpha^2}}\, d\tau - e^{-\sigma\alpha} = -e^{-\alpha\sqrt{\sigma^2 + k^2}},$$

wo J_n die S. 178 definierte Besselsche Funktion ist. Setzen wir hierin

$$\sigma = \sqrt{A}\, s + \frac{B}{2\sqrt{A}}, \qquad k^2 = \frac{D}{A}, \qquad \sqrt{A}\, \tau = t,$$

so erhalten wir:

$$e^{-\alpha\frac{B}{2\sqrt{A}}}\, e^{-\alpha\sqrt{A}s} - \alpha\sqrt{\frac{D}{A}} \int_{\alpha\sqrt{A}}^{\infty} e^{-st}\, e^{-\frac{B}{2A}t}\, \frac{J_1\left(\frac{\sqrt{D}}{A}\sqrt{t^2 - A\alpha^2}\right)}{\sqrt{t^2 - A\alpha^2}}\, dt = e^{-\alpha\sqrt{Q}}.$$

Diese Formel besagt: $e^{-\alpha\sqrt{Q}}$ zerfällt in einen ersten Summanden, der die Gestalt der in Nr. 2 vorkommenden Funktion hat und keine l-Funktion ist, und in einen zweiten Summanden, der die l-Funktion zu folgender L-Funktion ist[*]:

$$(9) \qquad V(t,\alpha) = \begin{cases} 0 & \text{für} \quad 0<t<\alpha\sqrt{A} \\[2ex] -\alpha\sqrt{\dfrac{D}{A}}\, e^{-\frac{B}{2A}t}\, \dfrac{J_1\left(\dfrac{\sqrt{D}}{A}\sqrt{t^2-A\,\alpha^2}\right)}{\sqrt{t^2-A\,\alpha^2}} & \text{für} \quad t\gtreqqless\alpha\,\sqrt{A}. \end{cases}$$

Benutzen wir diese Darstellung von $e^{-\alpha\sqrt{Q}}$ in (4) und (3) und transformieren gliedweise, so müssen wir jeweils bei dem ersten Summanden wie unter Nr. 1 das Gesetz I_a'', bei dem zweiten den Faltungssatz anwenden und erhalten:

$$(10) \qquad U(x,t) = \sum_{n_1=0}^{\infty} e^{-\frac{B}{2\sqrt{A}}(2n_1 l+x)}\, A_0\left(t-(2n_1 l+x)\sqrt{A}\right)$$

$$-\sum_{n_2=1}^{\infty} e^{-\frac{B}{2\sqrt{A}}(2n_2 l-x)}\, A_0\left(t-(2n_2 l-x)\sqrt{A}\right)$$

$$-\sqrt{\frac{D}{A}}\sum_{n_1=0}^{\infty}(2n_1 l+x)\int_{(2n_1 l+x)\sqrt{A}}^{t} A_0(t-\tau)\, e^{-\frac{B}{2A}\tau}\, \frac{J_1\left(\frac{\sqrt{D}}{A}\sqrt{\tau^2-A(2n_1 l+x)^2}\right)}{\sqrt{\tau^2-A(2n_1 l+x)^2}}\, d\tau$$

$$+\sqrt{\frac{D}{A}}\sum_{n_2=1}^{\infty}(2n_2 l-x)\int_{(2n_2 l-x)\sqrt{A}}^{t} A_0(t-\tau)\, e^{-\frac{B}{2A}\tau}\, \frac{J_1\left(\frac{\sqrt{D}}{A}\sqrt{\tau^2-A(2n_2 l-x)^2}\right)}{\sqrt{\tau^2-A(2n_2 l-x)^2}}\, d\tau,$$

wobei in den Summen nur die Glieder wirklich vorkommen, in denen $t>(2n_1 l+x)\sqrt{A}$ bzw. $t>(2n_2 l-x)\sqrt{A}$ ist. Es ergibt sich also zunächst derselbe gedämpfte reine Fortpflanzungs- und Reflexionsvorgang wie bei der verzerrungsfreien Leitung; diesem überlagert sich aber eine durch die Integrale dargestellte „*Verzerrung*", an der sämtliche Randerregungen, die bis zu der fraglichen Zeit sich an der betreffenden Stelle bemerkbar machen konnten, beteiligt sind. Im allgemeinen Fall liegt mithin sowohl wellenartige Fortpflanzung als Diffusion vor. — Man kann auch hier zeigen, daß (10) tatsächlich die Differentialgleichung

---

* Ist $D=0$, so ist $V\equiv0$; das ist der Fall von Nr. 2. Ist $D<0$, was z. B. vorkommt, wenn die Ableitung zu vernachlässigen ist ($I=0$, also $C=0$), so ist das Argument von J_1 rein imaginär. Nun ist aber

$$J_1(iz) = i\sum_{m=0}^{\infty} \frac{\left(\frac{z}{2}\right)^{2m+1}}{m!\,(m+1)!},$$

also $\sqrt{D}\,J_1(iz)$ wieder reell.

und die Randbedingungen befriedigt, wenn $A_0(t)$ zweimal differenzierbar ist, doch ist der Beweis ziemlich umständlich und sei daher hier unterdrückt.

Es läßt sich übrigens nachweisen, daß es auch bei der Telegraphengleichung ebenso wie bei der Wärmeleitungsgleichung *nicht identisch verschwindende Lösungen* gibt, für die *alle Rand- und Anfangswerte* A_0, A_1, U_0, U_1 verschwinden *(singuläre Lösungen)*, so daß die allgemeine Lösung *nicht eindeutig* ist[232]. Das leistet, wie man leicht nachrechnet, z. B. die „Greensche Funktion" des Ausdrucks (10):

$$G(x, t) = \sum_{n_1 = 0}^{\infty} V(t, 2 n_1 l + x) - \sum_{n_2 = 1}^{\infty} V(t, 2 n_2 l - x),$$

wo V die durch (9) definierte Funktion ist; ferner auch $\dfrac{\partial G}{\partial t}$, $\dfrac{\partial^2 G}{\partial t^2}$, ..., sowie

$$G^*(x, t) = \begin{cases} 0 & \text{für } t < t_0 \\ G(x, t - t_0) & \text{für } t \geqq t_0 \end{cases} \qquad (t_0 > 0),$$

genau wie bei der Wärmeleitungsgleichung. Ein Unterschied gegen damals ist jedoch bemerkenswert: Die in 20.5 mit $U_0(x, t)$ bezeichnete fundamentale singuläre Lösung ist in der Umgebung des Eckpunktes $x = 0$, $t = 0$ beliebig großer und kleiner Werte fähig, während $G(x, t)$, das in der Nähe dieses Punktes mit dem ersten Reihenglied $V(t, x)$ identisch ist, unterhalb der Geraden $t = x \sqrt{A}$ verschwindet und oberhalb wegen des Faktors x in hinreichender Nähe des Eckpunktes beliebig wenig von 0 abweicht*.

§ 3. Beliebige Anfangsbedingungen in einem Spezialfall.

Wir behandeln nun den Fall, daß die Randwerte $A_0(t)$ und $A_1(t)$ verschwinden, daß aber beliebige Anfangswerte $U_0(x)$ und $U_1(x)$ vorgegeben sind. (Praktisch entspricht das dem Ausschwingen einer Leitung, die im Moment $t = 0$ abgeschaltet wird.) Die Lösung hat sich in den Bahnen von 20.2.2 zu bewegen: der dortigen Differentialgleichung im l-Bereich entspricht jetzt die Gleichung 21.1 (7), so daß wir in der Lösung 20.2 (9) s durch $Q(s)$ und $\psi(x)$ durch $-(A s + B) U_0(x) - A U_1(x)$ zu ersetzen haben. Das ergibt:

$$u(x, s) = \int_0^l \gamma(x, \xi; s) \left[(A s + B) U_0(\xi) + A U_1(\xi) \right] d\xi$$

mit

$$\gamma(x, \xi; s) = \begin{cases} \dfrac{\sin(l - \xi)\sqrt{-Q(s)} \, \sin x \sqrt{-Q(s)}}{\sqrt{-Q(s)} \, \sin l \sqrt{-Q(s)}} & \text{für } x \leqq \xi \\[3ex] \dfrac{\sin(l - x)\sqrt{-Q(s)} \, \sin \xi \sqrt{-Q(s)}}{\sqrt{-Q(s)} \, \sin l \sqrt{-Q(s)}} & \text{für } x \geqq \xi. \end{cases}$$

---

* $\dfrac{J_1(k z)}{z}$ hat für $z \to 0$ den Grenzwert $\dfrac{k}{2}$, so daß der andere Faktor beschränkt ist.

Hierzu kann man durch Reihenentwicklungen in der Art der von § 2 die entsprechenden *L*-Funktionen bestimmen. Statt diese umfangreichen Rechnungen durchzuführen, wollen wir nur den Spezialfall der *verzerrungsfreien Leitung* betrachten und dabei annehmen, daß die Leitung sich *nach beiden Seiten ins Unendliche* erstreckt $(-\infty < x < \infty)$. Dann können keine Reflexionen an den Enden zustande kommen, und die Reihen reduzieren sich auf je ein Glied.

Die transformierte Gleichung lautet, wenn wir zur Abkürzung

$$-(A\,s + B)\,U_0\,(x) - A\,U_1(x) = r(x)$$

setzen:

$$(1) \qquad \frac{d^2 u}{d\,x^2} - Q\,(s)\,u = r\,(x)\,;$$

ihre allgemeine Lösung läßt sich, wenn $r(x)$ stetig ist, so darstellen:

$$u\,(x, s) = c_1\,e^{x\sqrt{Q(s)}} + c_2\,e^{-\,x\sqrt{Q(s)}}$$

$$(2) \qquad + \frac{e^{x\sqrt{Q(s)}}}{2\sqrt{Q(s)}} \int\limits_0^x e^{-\,\xi\sqrt{Q(s)}}\,r\,(\xi)\,d\xi - \frac{e^{-\,x\sqrt{Q(s)}}}{2\sqrt{Q(s)}} \int\limits_0^x e^{\xi\sqrt{Q(s)}}\,r\,(\xi)\,d\xi.$$

Randbedingungen sind hier nicht vorhanden, die Frage, in welchem Umfang solche gestellt werden können, ist nicht geklärt (vgl. 20.2.3). Bei physikalischen Betrachtungen wird immer angenommen, daß $U\,(x, t)$ für $x \to \pm \infty$ gegen 0 streben müsse. Machen wir uns diese Forderung zu eigen und übertragen sie auch in den *l*-Bereich, so muß für $x \to \infty$ der Faktor von $e^{x\sqrt{Q}}$ und für $x \to -\infty$ der von $e^{-\,x\sqrt{Q}}$ verschwinden. Das ergibt:

$$c_1 = -\,\frac{1}{2\sqrt{Q(s)}} \int\limits_0^{\infty} e^{-\,\xi\sqrt{Q(s)}}\,r\,(\xi)\,d\xi, \qquad c_2 = \frac{1}{2\sqrt{Q(s)}} \int\limits_0^{-\infty} e^{\xi\sqrt{Q(s)}}\,r\,(\xi)\,d\xi$$

und

$$u\,(x, s) = -\,\frac{e^{x\sqrt{Q(s)}}}{2\sqrt{Q(s)}} \int\limits_x^{\infty} e^{-\,\xi\sqrt{Q(s)}}\,r\,(\xi)\,d\xi - \frac{e^{-\,x\sqrt{Q(s)}}}{2\sqrt{Q(s)}} \int\limits_{-\infty}^x e^{\xi\sqrt{Q(s)}}\,r\,(\xi)\,d\xi$$

oder, wenn wir $\xi - x = \dfrac{t}{\sqrt{A}}$ bzw. $x - \xi = \dfrac{t}{\sqrt{A}}$ substituieren:

$$(3) \qquad u\,(x, s) = -\,\frac{1}{2\sqrt{A\,Q(s)}} \int\limits_0^{\infty} e^{-\,t\sqrt{\frac{Q(s)}{A}}}\,r\left(x + \frac{t}{\sqrt{A}}\right)d\,t$$

$$\qquad\qquad - \frac{1}{2\sqrt{A\,Q(s)}} \int\limits_0^{\infty} e^{-\,t\sqrt{\frac{Q(s)}{A}}}\,r\left(x - \frac{t}{\sqrt{A}}\right)d\,t.$$

Für $D = 0$ ist $Q\,(s) = \dfrac{1}{A}\left(A\,s + \dfrac{B}{2}\right)^2$. Setzen wir ferner für $r(\xi)$ seinen expliziten Ausdruck ein, so ergibt sich:

$$(4) \qquad u(x,s) = \frac{As+B}{2\left(As+\dfrac{B}{2}\right)} \int_0^\infty e^{-\left(s+\frac{B}{2A}\right)t} U_0\left(x+\frac{t}{\sqrt{A}}\right) dt$$

$$+ \frac{A}{2\left(As+\dfrac{B}{2}\right)} \int_0^\infty e^{-\left(s+\frac{B}{2A}\right)t} U_1\left(x+\frac{t}{\sqrt{A}}\right) dt$$

$$+ \frac{As+B}{2\left(As+\dfrac{B}{2}\right)} \int_0^\infty e^{-\left(s+\frac{B}{2A}\right)t} U_0\left(x-\frac{t}{\sqrt{A}}\right) dt$$

$$+ \frac{A}{2\left(As+\dfrac{B}{2}\right)} \int_0^\infty e^{-\left(s+\frac{B}{2A}\right)t} U_1\left(x-\frac{t}{\sqrt{A}}\right) dt.$$

Den ersten Summanden können wir so schreiben:

$$\frac{1}{2} \int_0^\infty e^{-st}\cdot e^{-\frac{B}{2A}t} U_0\left(x+\frac{t}{\sqrt{A}}\right) d$$

$$+ \frac{B}{4A\left(s+\dfrac{B}{2A}\right)} \int_0^\infty e^{-st}\cdot e^{-\frac{B}{2A}t} U_0\left(x+\frac{t}{\sqrt{A}}\right) dt.$$

Das erste Glied ist die l-Funktion zu $\dfrac{1}{2}\, e^{-\frac{B}{2A}t} U_0\left(x+\dfrac{t}{\sqrt{A}}\right)$, das zweite ist das Produkt der l-Funktion zu $\dfrac{B}{4A}\, e^{-\frac{B}{2A}t}$ und der l-Funktion zu $e^{-\frac{B}{2A}t} U_0\left(x+\dfrac{t}{\sqrt{A}}\right)$, also nach dem Faltungssatz die l-Funktion der Faltung dieser beiden Funktionen. Verfährt man bei den übrigen Summanden analog, so erhält man zu (4) die L-Funktion

$$(5) \qquad U(x,t) = \frac{1}{2} e^{-\frac{B}{2A}t}\left\{ U_0\left(x+\frac{t}{\sqrt{A}}\right) + \frac{B}{2A}\int_0^t U_0\left(x+\frac{\tau}{\sqrt{A}}\right) d\tau \right.$$

$$+ U_0\left(x-\frac{t}{\sqrt{A}}\right) + \frac{B}{2A}\int_0^t U_0\left(x-\frac{\tau}{\sqrt{A}}\right) d\tau$$

$$\left. + \int_0^t U_1\left(x+\frac{\tau}{\sqrt{A}}\right) d\tau + \int_0^t U_1\left(x-\frac{\tau}{\sqrt{A}}\right) d\tau \right\}$$

$$= \frac{1}{2} e^{-\frac{B}{2A}t} \left\{ U_0\left(x + \frac{t}{\sqrt{A}}\right) + U_0\left(x - \frac{t}{\sqrt{A}}\right) \right.$$

$$\left. + \frac{B}{2\sqrt{A}} \int\limits_{x-\frac{t}{\sqrt{A}}}^{x+\frac{t}{\sqrt{A}}} U_0(\xi)\, d\xi + \sqrt{A} \int\limits_{x-\frac{t}{\sqrt{A}}}^{x+\frac{t}{\sqrt{A}}} U_1(\xi)\, d\xi \right\}.$$

Physikalisch bedeutet dieser Ausdruck, daß jede Anfangserregung $U_0(\xi)$, $U_1(\xi)$ sich mit der Geschwindigkeit $\dfrac{1}{\sqrt{A}}$ nach beiden Seiten fortpflanzt, wobei aber gewisse durch die Integrale dargestellte Rückstände bleiben. Der Vorgang ist zeitlich gedämpft, gleichmäßig in x. Ist $B = 0$ und damit wegen $D = 0$ auch $C = 0$, so liegt die reine Wellengleichung vor, und man erhält die bekannte d'Alembertsche Lösung.

22. Kapitel.

Die Potentialgleichung (elliptischer Typ).

§ 1. Lösbarkeitsbedingungen.

Wir betrachten in dem Halbstreifen $0 \leqq x \leqq l$, $t \geqq 0$ die Laplacesche oder Potentialgleichung

$$(1) \qquad \frac{\partial^2 U}{\partial x^2} + \frac{d^2 U}{\partial t^2} = 0,$$

die das fundamentale Beispiel einer Gleichung von elliptischem Typ darstellt. Ist das Integrationsgebiet endlich, so kann man bekanntlich entweder die *Randwerte der Funktion* (erste Randwertaufgabe oder Dirichletsches Problem) oder *die der Normalableitung* (zweite Randwertaufgabe oder Neumannsches Problem) „beliebig", d. h. nur durch gewisse Stetigkeits- oder Integrabilitätsvoraussetzungen eingeschränkt, vorgeben. Dasselbe wird sich im wesentlichen auch für das obige unendlich ausgedehnte Gebiet ergeben, wenigstens wenn man sich auf Lösungen beschränkt, bei denen unsere Methode anwendbar ist. Benutzen wir die Bezeichnungen

$$(2) \qquad \lim_{x \to +0} U(x, t) = A_0(t), \qquad \lim_{x \to l-0} U(x, t) = A_1(t);$$

$$(3) \qquad \lim_{t \to 0} U(x, t) = U_0(x), \qquad \lim_{t \to 0} \frac{\partial U}{\partial t} = U_1(x),$$

so entspricht der Gleichung (1) die transformierte Gleichung

$$(4) \qquad \frac{d^2 u}{d x^2} + s^2 u = U_0(x)\, s + U_1(x)$$

mit den Randbedingungen

$$(5) \qquad u(0, s) = a_0(s) = \mathfrak{L}\{A_0\}, \quad u(l, s) = a_1(s) = \mathfrak{L}\{A_1\}.$$

Es hat zunächst den Anschein, als ob man nicht nur die Randwerte von U, sondern am unteren Rand $t = 0$ auch noch die von $\dfrac{\partial U}{\partial t}$ brauchte, und als ob man sie sämtlich beliebig vorgeben könnte. Nun spielen aber in diesem Fall zum erstenmal die *Eigenwerte* von (4) wirklich eine Rolle. (4) hat die Gestalt der Gleichung 20.1 (8), bezüglich der Randbedingungen (5) liegt derselbe Spezialfall wie in 20.2.1 vor, die Eigenwerte lauten daher $\lambda_n = n^2 \dfrac{\pi^2}{l^2}$, die Eigenfunktionen $u_{\lambda_n} = \sin \sqrt{\lambda_n}\, x = \sin n \dfrac{\pi}{l} x$ $(n = 1, 2, \ldots)$. Das inhomogene Problem (4), (5), bei dem also nicht gleichzeitig $U_0(x)s + U_1(x) \equiv 0$ [d. h. $U_0(x) \equiv 0$, $U_1(x) \equiv 0$], $a_0(s) = 0$, $a_1(s) = 0$ [d. h. $A_0(t) \equiv 0$, $A_1(t) \equiv 0$] ist, hat also für $s = \pm\, n \dfrac{\pi}{l}$ $(n = 1, 2, \ldots)$ im allgemeinen keine Lösung $u(x, s)$ [siehe den in 20.1 angeführten Satz]. Nun muß aber doch $u(x, s)$ als l-Funktion in einer Halbebene existieren. Beschränken wir uns auf Lösungen $U(x, t)$, die nicht nur die bisherigen Voraussetzungen unserer Methode, also insbesondere die Bedingungen V_1 und V_2 von 19.3 erfüllen, sondern deren l-Funktionen $u(x, s)$ auch noch speziell für $\Re s > 0$ existieren (Voraussetzung V_3), so kann es solche nur geben, wenn das Problem (4), (5) auch für $s = n \dfrac{\pi}{l}$ $(n = 1, 2, \ldots)$ lösbar ist. Dann muß aber die Bedingungsgleichung 20.1 (14), die im vorliegenden Fall die Gestalt

$$(6) \qquad \int_0^l \psi(\xi) \sin n \frac{\pi}{l} \xi\, d\xi + n \frac{\pi}{l} \left[(-1)^n u(l) - u(0) \right] = 0$$

hat, für $n = 1, 2, \ldots$ erfüllt sein, d. h. es muß gelten[233]:

$$(7) \qquad n \frac{\pi}{l} \int_0^l U_0(\xi) \sin n \frac{\pi}{l} \xi\, d\xi + \int_0^l U_1(\xi) \sin n \frac{\pi}{l} \xi\, d\xi$$
$$+ n \frac{\pi}{l} \left[(-1)^n a_1\left(n \frac{\pi}{l} \right) - a_0\left(n \frac{\pi}{l} \right) \right] = 0$$

für $n = 1, 2, \ldots$ oder explizit

$$n \frac{\pi}{l} \int_0^l U_0(\xi) \sin n \frac{\pi}{l} \xi\, d\xi + \int_0^l U_1(\xi) \sin n \frac{\pi}{l} \xi\, d\xi$$
$$+ n \frac{\pi}{l} \int_0^\infty e^{-n \frac{\pi}{l} t} \left[(-1)^n A_1(t) - A_0(t) \right] dt = 0.$$

Bei Lösungen $U(x, t)$, die die Voraussetzungen V_1, V_2, V_3 erfüllen, können also die Randwerte U_0, U_1, A_0, A_1 *nicht beliebig vorgegeben* werden, sondern wenn beispielsweise $U_0(x)$, $A_0(t)$, $A_1(t)$ gegeben sind, so sind dadurch die Fourierkoeffizienten

$$c_n = \int_0^l U_1(\xi) \sin n \frac{\pi}{l} \xi\, d\xi$$

von $U_1(x)$ bestimmt, aus denen sich $U_1(x)$ in gewissen Fällen vermittels der Fourierreihe *

$$U_1(x) = \frac{2}{l} \sum_{n=1}^{\infty} c_n \sin n \frac{\pi}{l} x$$

vollständig berechnen läßt. Ebenso kann man U_1, A_0, A_1 vorgeben und U_0 berechnen, oder aus gegebenen U_0, U_1, A_0 das A_1 berechnen**. (Wenn es überhaupt eine L-Funktion $A_1(t)$ gibt, deren l-Funktion die vorgeschriebenen Werte $a_1\left(n\frac{\pi}{l}\right)$ hat, so gibt es, abgesehen von additiven Nullfunktionen, nur eine, denn zwei l-Funktionen, die in der äquidistanten Punktreihe $n\frac{\pi}{l}$ übereinstimmen, sind bis auf Nullfunktionen identisch.) Immerhin bleibt die Frage offen, wieweit die vierte Funktion durch die drei übrigen bestimmt ist, wenn z. B. die Fourierreihe für $U_1(x)$ nicht konvergiert (im gewöhnlichen Sinn oder im Sinn der Mittelkonvergenz), oder wenn sich für die $a_1\left(n\frac{\pi}{l}\right)$ Werte ergeben, die nicht die Werte einer l-Funktion an den Stellen $n\frac{\pi}{l}$ sein können. Bemerkenswert bleibt aber, daß *unsere Methode* wie hier so auch in den anderen Fällen *ganz von selbst die Randbedingungen, die man stellen kann und muß, in Erscheinung treten läßt* und so einen Beitrag liefert zu der sehr heiklen *Frage, wann ein Randwertproblem „richtig gestellt"* ist, die für allgemeinere Typen von Problemen noch lange nicht als erledigt gelten kann.

§ 2. Lösung der ersten Randwertaufgabe für den Halbstreifen.

Wie man aus 20.2.1 und 20.2.2 unmittelbar entnehmen kann (der dortige Faktor $-s$ in der transformierten Differentialgleichung ist einfach durch $+s^2$ zu ersetzen), hat die Gleichung 22.1 (4) für $s > 0$ und $s \neq n\frac{\pi}{l}$ ($n = 1, 2, \ldots$) die Lösung:

$$(1) \quad u(x,s) = -\int_0^l \gamma(x,\xi;s) \left[U_0(\xi)s + U_1(\xi) \right] d\xi + a_0(s) \frac{\sin(l-x)s}{\sin l s} + a_1(s) \frac{\sin x s}{\sin l s}$$

mit

$$(2) \quad \gamma(x,\xi;s) = \begin{cases} \dfrac{\sin(l-x)s \,\sin \xi s}{s \sin l s} & \text{für} \quad 0 \leqq \xi \leqq x \\[2mm] \dfrac{\sin(l-\xi)s \,\sin x s}{s \sin l s} & \text{für} \quad x \leqq \xi \leqq l. \end{cases}$$

Ist die Bedingung 22.1 (7) erfüllt, so hat 22.1 (4) auch für $s = n\frac{\pi}{l}$ ($n = 1, 2, \ldots$) eine Lösung, die übrigens aus (1) durch Grenzübergang

---

* Man beachte, daß im Intervall $(0, l)$ schon die Funktionen $\sin n \frac{\pi}{l} x$ allein (ohne die cos) ein vollständiges Orthogonalsystem bilden.

** Zur Berechnung von $A_1(t)$ aus den $a_1\left(n\frac{\pi}{l}\right)$ eignet sich die Formel in 7.2.

$s \to n \frac{\pi}{l}$ hervorgeht*. Wir brauchen sie also nicht eigens hinzuschreiben. Um die zugehörige L-Funktion zu gewinnen, schreiben wir γ in Gestalt einer Partialbruchreihe bezüglich der Variablen s:

$$(3) \quad \gamma\,(x, \xi;\, s) = -\frac{1}{l} \sum_{n=-\infty}^{+\infty}{}' \; \frac{\sin n \frac{\pi}{l}\, x \,\sin n \frac{\pi}{l}\, \xi}{n \frac{\pi}{l}\left(s - n \frac{\pi}{l}\right)} \quad \text{für} \quad 0 \leqq x \leqq l,\; 0 \leqq \xi \leqq l,$$

wobei der Akzent am Summenzeichen andeuten soll, daß das Glied mit $n = 0$ fehlt **. Bei der als Faktor von $U_0(\xi)$ in (1) auftretenden Funktion $s\,\gamma(x, \xi;\, s)$ fehlt in der Partialbruchentwicklung der Nenner $n \frac{\pi}{l}$. Weiterhin nehmen wir an, daß die Funktionen $a_0(s)$ und $a_1(s)$ in der ganzen Ebene existieren (das läuft darauf hinaus, daß $A_0(t)$ und $A_1(t)$ für wachsendes t stark abnehmen) und daß der zweite und dritte Summand in (1) durch Partialbruchentwicklungen darstellbar sind:

$$(s) \quad \frac{\sin(l-x)\,s}{\sin l\,s} = \sum_{n=-\infty}^{+\infty}{}' \; \frac{a_0\left(n \frac{\pi}{l}\right)\sin(l-x)\,n \frac{\pi}{l}}{l\,(-1)^n\left(s - n \frac{\pi}{l}\right)} = -\frac{1}{l} \sum_{n=-\infty}^{+\infty}{}' \; \frac{a_0\left(n \frac{\pi}{l}\right)\sin n \frac{\pi}{l}\, x}{s - n \frac{\pi}{l}},$$

---

* Man kann auch umgekehrt die Bedingung 22.1 (7) dadurch ableiten, daß man verlangt, (1) habe auch für $s = n \frac{\pi}{l}$ einen Sinn, d. h. für diesen Wert, für den der Nenner $\sin l\,s$ verschwindet, verschwinde auch der Zähler.

** $\gamma(x, \xi;\, s)$ hat die Nullstellen $n \frac{\pi}{l}$ $(n = \pm\,1,\, \pm\,2, \ldots)$ von $\sin l\,s$ zu einfachen Polen; $n = 0$ liefert keinen Pol, weil für $s = 0$ Zähler und Nenner in γ von gleicher Ordnung verschwinden. Das Residuum von γ in $s = n \frac{\pi}{l}$ ist gleich

$$\frac{\sin(l-x)\,n \frac{\pi}{l}\,\sin \xi\, n \frac{\pi}{l}}{n \frac{\pi}{l}\, l\,(-1)^n} = -\frac{1}{l}\,\frac{\sin n \frac{\pi}{l}\, x\,\sin n \frac{\pi}{l}\, \xi}{n \frac{\pi}{l}},$$

da die Ableitung von $s \sin l\,s$ an der Stelle $s = n \frac{\pi}{l}$ gleich $n \frac{\pi}{l}\, l\,(-1)^n$ ist (vgl. die Fußnote S. 140). Natürlich folgt hieraus noch nicht, daß die diese Pole und Residuen in Evidenz setzende Partialbruchreihe wirklich γ darstellt. (3) läßt sich aber durch Residuenrechnung feststellen oder noch eleganter aus der Theorie der Integralgleichungen entnehmen, siehe D. HILBERT, Grundzüge einer allgemeinen Theorie der linearen Integralgleichungen, S. 52. Leipzig und Berlin 1912. Hier ist $l = 1$, $s = \sqrt{\lambda}$. γ ist die lösende Funktion zum Kern

$$K\,(x, \xi) = \begin{cases} (1-x)\,\xi & \text{für} \quad 0 \leqq \xi \leqq x \\ (1-\xi)\,x & \text{für} \quad x \leqq \xi \leqq 1, \end{cases}$$

der die Eigenwerte $\lambda_n = n^2 \pi^2$, die normierten Eigenfunktionen $\sqrt{2}\,\sin n\,x$ hat, also bekanntlich in der Gestalt $2 \sum_{n=1}^{\infty} \frac{\sin n\,x \sin n\,\xi}{n^2 \pi^2 - \lambda}$ darstellbar, was mit (3) äquivalent ist, wenn man dort die Glieder mit $+n$ und $-n$ vereinigt.

$$a_1\,(s)\,\frac{\sin' x\,s}{\sin l\,s} = \sum_{n=-\infty}^{+\infty}{}' \frac{a_1\left(n\frac{\pi}{l}\right)\sin x\,n\frac{\pi}{l}}{l\,(-1)^n\left(s-n\frac{\pi}{l}\right)} = \frac{1}{l}\sum_{n=-\infty}^{+\infty}{}' \frac{(-1)^n\,a_1\left(n\frac{\pi}{l}\right)\sin n\frac{\pi}{l}\,x}{s-n\frac{\pi}{l}}\,,$$

wobei die Summen eventuell im Sinne von $\displaystyle\lim_{N\to\infty}\sum_{n=-N}^{+N}$ zu nehmen sind. Vertauscht man im ersten Summanden in (1) noch Summe und Integral, so ergibt sich:

$$u\,(x,s) = \frac{1}{l}\sum_{n=-\infty}^{+\infty}{}' \frac{\sin n\frac{\pi}{l}\,x}{s-n\frac{\pi}{l}}\left\{\int_0^l U_0\,(\xi)\,\sin n\frac{\pi}{l}\,\xi\,d\xi\right.$$

$$+\frac{1}{n\frac{\pi}{l}}\int_0^l U_1\,(\xi)\,\sin n\frac{\pi}{l}\,\xi\,d\xi - a_0\left(n\frac{\pi}{l}\right) + (-1)^n\,a_1\left(n\frac{\pi}{l}\right)\Bigg\}.$$

Wegen der Bedingungsgleichung 22.1 (7) verschwinden alle Glieder mit positivem n. Für negative $n=-\nu$ $(\nu=1, 2, \ldots)$ dagegen ist $\sin n\frac{\pi}{l}\,x = -\sin \nu\frac{\pi}{l}\,x$ und

$$\{\ldots\} = -\int_0^l U_0\,(\xi)\,\sin \nu\frac{\pi}{l}\,\xi\,d\xi + \frac{1}{\nu\frac{\pi}{l}}\int_0^l U_1\,(\xi)\,\sin \nu\frac{\pi}{l}\,\xi\,d\xi$$

$$-a_0\left(-\nu\frac{\pi}{l}\right) + (-1)^\nu\,a_1\left(-\nu\frac{\pi}{l}\right)$$

oder, wenn wir den Wert des Integrals über $U_1\,(\xi)$ aus 22.1 (7) einsetzen:

$$\{\ldots\} = -2\int_0^l U_0\,(\xi)\,\sin \nu\frac{\pi}{l}\,\xi\,d\xi - (-1)^\nu\,a_1\left(\nu\frac{\pi}{l}\right) + a_0\left(\nu\frac{\pi}{l}\right)$$

$$-a_0\left(-\nu\frac{\pi}{l}\right) + (-1)^\nu\,a_1\left(-\nu\frac{\pi}{l}\right).$$

Also ist endgültig:

$$(4)\qquad u\,(x,s) = \frac{1}{l}\sum_{n=1}^{\infty} \frac{\sin n\frac{\pi}{l}\,x}{s+n\frac{\pi}{l}}\left\{2\int_0^l U_0\,(\xi)\,\sin n\frac{\pi}{l}\,\xi\,d\xi\right.$$

$$+\left[a_0\left(-n\frac{\pi}{l}\right) - a_0\left(n\frac{\pi}{l}\right)\right] - (-1)^n\left[a_1\left(-n\frac{\pi}{l}\right) - a_1\left(n\frac{\pi}{l}\right)\right]\Bigg\}.$$

Übersetzen wir diese l-Funktion gliedweise in den L-Bereich, so entsteht:

$$(5)\qquad U\,(x,t) = \frac{1}{l}\sum_{n=1}^{\infty} e^{-n\frac{\pi}{l}\,t}\,\sin n\frac{\pi}{l}\,x\left\{2\int_0^l U_0\,(\xi)\,\sin n\frac{\pi}{l}\,\xi\,d\xi\right.$$

$$+\left[a_0\left(-n\frac{\pi}{l}\right) - a_0\left(n\frac{\pi}{l}\right)\right] - (-1)^n\left[a_1\left(-n\frac{\pi}{l}\right) - a_1\left(n\frac{\pi}{l}\right)\right]\Bigg\}.$$

Explizit ist

$$a_0\left(-n\,\frac{\pi}{l}\right)-a_0\left(n\,\frac{\pi}{l}\right)=\int\limits_0^\infty\left(e^{n\frac{\pi}{l}\tau}-e^{-n\frac{\pi}{l}\tau}\right)A_0(\tau)\,d\tau$$

$$=2\int\limits_0^\infty A_0(\tau)\,\mathfrak{Sin}\,n\,\frac{\pi}{l}\,\tau\,d\tau\,,$$

also

$$(6)\qquad U(x,t)=\frac{2}{l}\sum_{n=1}^\infty e^{-n\frac{\pi}{l}t}\sin n\,\frac{\pi}{l}\,x\left\{\int\limits_0^l U_0(\xi)\sin n\,\frac{\pi}{l}\,\xi\,d\xi\right.$$

$$\left.+\int\limits_0^\infty[A_0(\tau)-(-1)^n A_1(\tau)]\,\mathfrak{Sin}\,n\,\frac{\pi}{l}\,\tau\,d\tau\right\}.$$

Für $A_0(t)\equiv 0$, $A_1(t)\equiv 0$ ist das ein klassisches Resultat[234]. Natürlich müßte jetzt analog zu den früheren Kapiteln untersucht werden, unter welchen Voraussetzungen über U_0, A_0, A_1 die Funktion (6) wirklich eine Lösung darstellt.

23. Kapitel.

Gleichungen mit variablen Koeffizienten.

Wie wir in 19.3 sahen, ist unsere Methode auch auf Gleichungen anwendbar, deren Koeffizienten Funktionen derjenigen Variablen sind, die nicht transformiert werden. Prinzipiell ändert sich nichts gegenüber dem oben behandelten Fall konstanter Koeffizienten, nur ist die transformierte Gleichung komplizierter und nicht immer explizit lösbar, so daß man etwas tiefere Theorien heranziehen muß.

Wir wollen das an folgendem Beispiel zeigen, das der Theorie der Wärmeleitung entstammt[235]. Die Temperatur U einer Kugel vom Radius R sei zentrisch symmetrisch verteilt, d. h. nur abhängig (außer von der Zeit t) vom Abstand r vom Mittelpunkt. $A(r)$ sei das Produkt aus spezifischer Wärme und Dichte, $K(r)$ die Wärmeleitfähigkeit, $\Phi(r, t)$ die pro Zeit- und Volumeinheit im Inneren durch radioaktive Umwandlung erzeugte Wärmemenge, σ die „äußere Leitfähigkeit" (Wärmeaustauschkoeffizient zwischen Kugel und umgebendem Medium). Die Anfangstemperatur der Kugel sei $U_0(r)$, die Temperatur des umgebenden Mediums sei 0. Dann genügt $U(r, t)$ der partiellen Differentialgleichung

$$(1)\qquad \frac{1}{r^2}\,\frac{\partial}{\partial r}\left(r^2 K(r)\,\frac{\partial U}{\partial r}\right)-A(r)\,\frac{\partial U}{\partial t}=-\Phi(r,t)$$

unter den Bedingungen

$$(2)\qquad \lim_{t\to 0}U(r,t)=U_0(r),$$

$$(3)\qquad \frac{\partial U}{\partial r}=0\quad\text{für } r=0,$$

$$(4)\qquad \frac{\partial U}{\partial r}+\sigma U=0\quad\text{für } r=R.$$

Die Anwendung der $\mathfrak{L}$-Transformation ergibt eine Funktion $u(r, s) = \mathfrak{L}\{U(r, t)\}$, die der Differentialgleichung

$$(5) \qquad \frac{d}{dr}\left(r^2 K(r) \frac{du}{dr}\right) - s\, r^2 A(r)\, u = -r^2 A(r)\, U_0(r) - r^2 \varphi(r, s)$$

mit $\varphi(r, s) = \mathfrak{L}\{\Phi(r, t)\}$ genügt, wobei die Randbedingungen zu erfüllen sind:

$$(6) \qquad \frac{du}{dr} = 0 \quad \text{für} \quad r = 0,$$

$$(7) \qquad \frac{du}{dr} + \sigma u = 0 \quad \text{für} \quad r = R.$$

Wir bemerken vorab, daß diese Randbedingungen homogen sind. Das durch (5), (6), (7) formulierte Problem fällt unter die Sturm-Liouvilleschen Randwertprobleme, für die folgender allgemeiner Satz* gilt:

Die gewöhnliche Differentialgleichung

$$\frac{d}{dr}\left(p(r)\frac{du}{dr}\right) + (\lambda \varrho(r) - q(r))\, u = \psi(r)$$

sei im Intervall $0 \leq r \leq R$ unter homogenen Randbedingungen vorgelegt. p, p', q und ψ seien stetig, ferner sei

$$p(r) > 0, \qquad \varrho(r) > 0.$$

Für eine abzählbare, gegen $+\infty$ wandernde Folge von positiven Zahlen λ_n, die Eigenwerte, hat die homogene Differentialgleichung [d. h. mit $\psi(r) \equiv 0$] je eine Lösung $u_n(r)$, die nicht identisch verschwindet; die $u_n(r)$ heißen die Eigenfunktionen unter den vorgegebenen Randbedingungen. Sie bilden ein vollständiges Orthogonalsystem, das normiert gedacht werden kann:

$$\int_0^R \varrho(r)\, u_i(r)\, u_k(r)\, dr = \begin{cases} 0 & \text{für} \quad i \neq k \\ 1 & \text{für} \quad i = k. \end{cases}$$

Für $\lambda = \lambda_n$ hat die inhomogene Gleichung $(\psi(x) \not\equiv 0)$ im allgemeinen keine Lösung. Für jedes $\lambda \neq \lambda_n$ hat sie genau eine Lösung, die so entwickelt werden kann**:

$$u(r) = \sum_{n=1}^{\infty} \frac{c_n}{\lambda - \lambda_n}\, u_n(r) \quad \text{mit} \quad c_n = \int_0^R \psi(x)\, u_n(x)\, dx.$$

Auch jede andere zweimal stetig differenzierbare Funktion ist in Fourierscher Weise in eine absolut und gleichmäßig konvergente Reihe nach den Eigenfunktionen $u_n(r)$ entwickelbar.

Dieser Satz ist auf unseren Fall anwendbar, weil $K(r)$ und $A(r)$ als physikalische Größen positiv sind. Bei uns ist $\lambda = -s$. Betrachten wir die l-Funktion $u(r, s)$ in einer Halbebene mit positiver Abszisse,

---

* Siehe z. B. R. Courant u. D. Hilbert: Methoden der mathematischen Physik I, V. Kapitel, § 14, Nr. 1—3. 2. Auflage, Berlin 1931.

** Statt durch die Eigenfunktionen kann man $u(r)$ auch vermittels der Greenschen Funktion des Problems darstellen, siehe Courant-Hilbert, a. a. O.

so kann s keinen Eigenwert annehmen, wir erhalten also immer eine und genau eine Lösung:

$$u(r, s) = -\sum_{n=1}^{\infty} \frac{c_n}{s + \lambda_n}\, u_n(r)$$

mit

$$c_n = -\int_0^R x^2\, [A(x)\, U_0(x) + \varphi(x, s)]\, u_n(x)\, dx,$$

also

$$(8) \quad u(r, s) = \sum_{n=1}^{\infty} \frac{u_n(r)}{s + \lambda_n} \int_0^R x^2 A(x)\, U_0(x)\, u_n(x)\, dx + \sum_{n=1}^{\infty} u_n(r) \int_0^R x^2 u_n(x)\, \frac{1}{s + \lambda_n} \varphi(x, s)\, dx.$$

Durch gliedweise Übersetzung und Anwendung des Faltungssatzes führt das zu:

$$(9) \quad U(r, t) = \sum_{n=1}^{\infty} e^{-\lambda_n t}\, u_n(r) \left\{ \int_0^R x^2 A(x)\, U_0(x)\, u_n(x)\, dx + \int_0^R x^2 u_n(x)\, dx \int_0^t e^{\lambda_n \tau}\, \Phi(x, \tau)\, d\tau \right\}.$$

Sind die Funktionen $U_0(r)$ und $\Phi(r, t)$ zweimal nach r stetig differenzierbar, so zeigt die letzte Aussage des oben zitierten Satzes, daß (9) die Differentialgleichung und die Randbedingungen befriedigt. — Natürlich ist die Lösung solange rein formal, als man nicht die Eigenlösungen $u_n(r)$ explizit berechnen kann.

Wie an den Beispielen im 20.—23. Kapitel klar geworden ist, besteht eine Hauptschwierigkeit bei unserer (wie überhaupt bei jeder) Methode darin, von der auf Grund einer größeren Anzahl von Voraussetzungen erhaltenen Funktion nachzuweisen, daß sie *wirklich eine Lösung* ist, und unter welchen weitesten Bedingungen sie diese Eigenschaft hat. Diese Aufgabe ist deshalb so schwierig, weil die Lösung in einem reichlich komplizierten Ausdruck besteht, nämlich durchweg durch „singuläre" Integrale dargestellt wird. Dagegen hat die zugehörige Lösung im l-Bereich als Lösung einer Differentialgleichung mit weniger Variablen stets einen unvergleichlich einfacheren Charakter. Es liegt also nahe, *das Erfülltsein der Bedingungen durch die L-Funktion direkt aus dem Charakter der l-Funktion zu erschließen*, z. B. dadurch, daß man sich auf Fälle beschränkt, wo die L-Funktion vermittels der l-Funktion durch die komplexe Umkehrformel dargestellt werden kann, und dann zur Verifizierung der die Randbedingungen darstellenden limes-Beziehungen die Methoden der indirekten Abelschen Asymptotik (14. Kapitel) heranzieht. Für diesen vielversprechenden Weg liegen auch bereits Ansätze vor, die wir hier aber nicht weiter verfolgen können [236].

24. Kapitel.

Die Beziehungen zum Heaviside-Kalkül und zur sog. funktionentheoretischen Methode [237].

§ 1. Der Heaviside-Kalkül bei partiellen Differentialgleichungen.

In 18.3 haben wir gesehen, daß man die Integration von *gewöhnlichen* Differentialgleichungen vermittels der Laplace-Transformation in das Gewand einer symbolischen Methode kleiden kann (allerdings heutzutage ganz überflüssigerweise) und daß dort der konsequent durchgeführte Symbolismus zu richtigen Resultaten führt. Ganz anders liegt nun der Fall bei *partiellen* Differentialgleichungen. Hier benutzen die Techniker zwar auch die symbolische Methode genau so unbekümmert wie im vorigen Fall, die oft gegebenen Begründungen sind aber nicht stichhaltig. Der Symbolismus, der hier übrigens noch weitere, viel gewagtere Deutungen von auftretenden Symbolen hinzufügen muß, kann, wie wir sehen werden, nicht allgemein legitimiert werden und führt manchmal zu offenkundig falschen Resultaten. Das erklärt sich daraus, daß die Stelle der bei gewöhnlichen Differentialgleichungen auftretenden gebrochen rationalen Funktion jetzt von allgemeinen meromorphen Funktionen eingenommen wird.

Wir wollen das an einem Beispiel verdeutlichen und wählen dazu das in 20.2 behandelte Problem in etwas vereinfachter Gestalt: Die Lösung der Wärmeleitungsgleichung $\dfrac{\partial^2 U}{\partial x^2} - \dfrac{\partial U}{\partial t} = 0$ zu bestimmen, die den Bedingungen

$$\lim_{t \to 0} U(x, t) = U_0(x), \quad \lim_{x \to +0} U(x, t) = A_0(t), \quad \lim_{x \to l-0} U(x, t) = 0$$

genügt. Die Symboliker ersetzen zunächst den Operator $\dfrac{\partial}{\partial t}$ durch ein multiplikatives Symbol D:

$$\frac{\partial^2 U}{\partial x^2} - D\dot{U} = 0;$$

das ist bis auf den nicht ausgeführten Ersatz des Buchstabens U durch u unsere Gleichung 20.2 (3). Sie entspricht dem Spezialfall $U_0(x) \equiv 0$. Bei nichtverschwindendem $U_0(x)$ müßte die Gleichung in unserer Sprache lauten:

$$(1) \qquad \frac{d^2 u}{d x^2} - s u + U_0(x) = 0.$$

Der Symbolismus kann eben, wie wir schon in 18.3 sahen, im Prinzip nur Probleme mit verschwindenden Anfangsbedingungen behandeln. — Die Lösung der erhaltenen gewöhnlichen Differentialgleichung lautet natürlich wie 20.2 (4), nur mit anderen Buchstaben:

$$U = A_0(t) \frac{\mathfrak{Sin}\,(l - x)\,\sqrt{D}}{\mathfrak{Sin}\,l\,\sqrt{D}} = A_0(t)\,u_0(x, D).$$

Das ist eine Funktion von derselben Form wie die Lösung $y(s) = f(s) \dfrac{1}{p(s)}$ bei der gewöhnlichen Differentialgleichung in 18.1.1, nur daß die gebrochen rationale Funktion $\dfrac{1}{p(s)}$ durch den meromorphen Sin-Quotienten ersetzt ist. Damals führte die Partialbruchentwicklung von $\dfrac{1}{p(s)}$ im Spezialfall $F(t) \equiv 1$ zu der mit dem Heavisideschen Entwicklungssatz identischen Formel 18.1 (8), zu deren Aufstellung man nur die Nullstellen von $p(s)$ braucht. Die Symboliker suchen nun ganz entsprechend auch im obigen Fall einfach die Nullstellen $\alpha_\nu = -n^2 \dfrac{\pi^2}{l^2}$ des Nenners auf und wenden den *Heavisideschen Entwicklungssatz* auf $p(s) = \dfrac{\mathfrak{Sin}\, l\, \sqrt{D}}{\mathfrak{Sin}\,(l-x)\,\sqrt{D}}$ an, was, wie man leicht nachrechnet, im Falle $A_0(t) \equiv 1$ auf

$$U(x, t) = \frac{l-x}{l} + 2 \sum_{n=1}^{\infty} \frac{1}{n\dfrac{\pi}{l}} \sin n\, \frac{\pi}{l}\, x\, e^{-n^2 \frac{\pi^2}{l^2} t}$$

führt. Das ist hier zufälligerweise richtig. Da die Formel 18.1 (8) auf der Partialbruchentwicklung von $\dfrac{1}{p(s)}$ oder vielmehr auf der von $\dfrac{1}{s p(s)}$ beruht*, so läuft das obige Verfahren darauf hinaus, daß man auch für die meromorphe Funktion $u_0(x, D)$ die Partialbruchzerlegung

$$u_0(x, D) = \sum \frac{\text{Residuum von } U_0(x, t) \text{ in } \alpha_\nu}{D - \alpha_\nu}$$

anschreibt und sie gliedweise in den L-Bereich übersetzt. Aber weder ist eine meromorphe Funktion im allgemeinen durch diese, ihre Pole in Evidenz setzende Entwicklung immer darstellbar, noch ist stets die $\mathfrak{L}$-Transformation mit der unendlichen Summe vertauschbar. Nur wenn beides zutrifft, führt der Heavisidesche Entwicklungssatz zum richtigen Resultat.

Analog übertragen die Symboliker die in 18.3 besprochenen *Entwicklungen* der symbolischen Lösung *nach auf- und absteigenden Potenzen von D* ebenfalls auf partielle Differentialgleichungen. Natürlich kann hier von allgemeiner Gültigkeit keine Rede sein. Denn bei gewöhnlichen Differentialgleichungen waren die Entwicklungen nur deshalb richtig, weil $\dfrac{1}{p(s)}$ eine l^0-Funktion, die zugehörige L^0-Funktion also eine ganze Funktion vom Exponentialtypus war. Die obige Funktion $u_0(x, D)$ z. B. ist aber sicher keine l^0-Funktion. Abgesehen davon tritt aber noch

---

* Wir erinnern daran, daß der Faktor $\dfrac{1}{s}$ bei uns dadurch hereinkommt, daß die l-Funktion zu $A_0(t) \equiv 1$ gleich $\dfrac{1}{s}$ ist, während der Symbolismus die 1 einfach stehen läßt.

eine zusätzliche Schwierigkeit auf: Die Entwicklung von $u_0(x, D)$ enthält Potenzen von D mit gebrochenen Exponenten. Wir wollen das der Einfachheit halber für den Fall des einseitig unendlich langen Wärmeleiters durchrechnen, wo die Funktion $u_0(x, D)$ die Gestalt $e^{-x\sqrt{D}}$ hat (siehe 20.2.3). Die Entwicklung ergibt:

$$(2) \qquad u_0(x, D) = \sum_{n=0}^{\infty} \frac{(-x)^n}{n!} D^{\frac{n}{2}},$$

so daß man die Lösung

$$U(x, t) = \sum_{n=0}^{\infty} \frac{(-x)^n}{n!} D^{\frac{n}{2}} A_0(t)$$

bekommt. Es taucht also die neue Frage auf, was unter D^μ bei nicht ganzem μ zu verstehen ist, und über die Beantwortung sind sich die Symboliker nicht ganz einig. Für uns ist die Antwort klar: Da in der Sprache der $\mathfrak{L}$-Transformation die Gleichung (2), mit $a_0(s)$ multipliziert, lautet:

$$u(x, s) = \sum_{n=0}^{\infty} \frac{(-x)^n}{n!} s^{\frac{n}{2}} a_0(s),$$

so ist $D^{\frac{n}{2}} A_0(t)$ diejenige L-Funktion, die der l-Funktion $s^{\frac{n}{2}} a_0(s)$ entspricht, falls eine solche L-Funktion existiert. Das ist aber gerade das, was wir früher (15.3.2, siehe insbesondere S. 304) die Derivierte $\left(\frac{n}{2}\right)^{\text{ter}}$ Ordnung genannt haben. Zugleich aber wird auch klar, warum die Symboliker den Wert von $D^{\frac{n}{2}}$ manchmal verschieden definieren. Denn der Ausdruck $s^{\frac{n}{2}} a_0(s)$ besagt für sich genommen noch gar nichts, man muß wissen, durch welche Transformation er entstanden ist. Oben war das die $\mathfrak{L}_{\mathrm{I}}$-Transformation, weil es sich um ein Problem handelte, bei dem t im Intervall $0 \le t < \infty$ variierte. Ist das Problem in einem anderen Intervall gestellt, so muß die Transformation eine andere sein (siehe 19.2), und dementsprechend gehört auch zu $s^{\frac{n}{2}} a_0(s)$, beim Symboliker zu $D^{\frac{n}{2}} A_0(t)$, eine ganz andere Funktion, wie schon in 19.2 (Anfang) betont wurde. Auf Grund dieser Bemerkung kann man sogar zu jedem Intervall die zugehörige Derivierte beliebiger Ordnung ausrechnen, indem man statt des symbolischen Weges den „effektiven" über die Transformation geht.

Ist speziell $A_0(t) \equiv 1$, so lautet die Lösung in unserer Sprache

$$U(x, t) = \sum_{n=0}^{\infty} \frac{(-x)^n}{n!} s^{\frac{n}{2}-1},$$

symbolisch

$$U(x, t) = \sum_{n=0}^{\infty} \frac{(-x)^n}{n!} D^{\frac{n}{2}} 1$$

oder meist so geschrieben (vgl. die Fußnote S. 338):

$$U(x, t) = \sum_{n=0}^{\infty} \frac{(-x)^n}{n!} p^{\frac{n}{2}}.$$

Die Symboliker streichen nun einfach die p-Potenzen mit ganzzahligen Exponenten, während sie für die mit gebrochenen Exponenten ($n = 2\nu + 1$) schreiben:

$$p^{\frac{n}{2}} = p^{\nu + \frac{1}{2}} = D^\nu p^{\frac{1}{2}} = D^\nu \frac{1}{\sqrt{\pi t}} \qquad *$$

$$= (-1)^\nu \frac{1 \cdot 3 \cdots (2\nu - 1)}{\sqrt{\pi t} (2t)^\nu}.$$

Wegen

$$\frac{1 \cdot 3 \cdots (2\nu - 1)}{2^\nu} = \frac{\Gamma(\nu + \frac{1}{2})}{\sqrt{\pi}}$$

bedeutet dies, daß $p^{\nu + \frac{1}{2}}$ durch $\dfrac{(-1)^\nu \Gamma(\nu + \frac{1}{2})}{\pi\, t^{\nu + \frac{1}{2}}}$ ersetzt wird. Formal führt das also auf eine (asymptotische) Entwicklung nach absteigenden Potenzen von t, wie sie sich in Satz 1 [14.3.2], aber nur unter sehr einschneidenden Bedingungen ergab. Warum derartige Entwicklungen nicht allgemein richtig sein können, wurde in der dortigen Bemerkung 2 ausgeführt.

Diese Erörterungen zeigen deutlich, daß heutzutage überhaupt kein Grund mehr besteht, sich der Sprache und der Bezeichnungsweise der Symbolik zu bedienen. Denn die Theorie der Funktionaltransformationen tut alle Schritte, die die Symbolik nur tastend und unsicher geht, in völliger Klarheit und in genauer Kenntnis der zu respektierenden Grenzen. Und in der Kürze des Weges, die von den Technikern immer als größter Vorzug des Symbolismus gerühmt wird, stimmt sie mit diesem genau überein.

§ 2. Die funktionentheoretische Methode der Techniker.

An dieser Stelle wollen wir einer anderen Methode gedenken, die manchmal als selbständige Theorie, manchmal als Rechtfertigung des symbolischen Kalküls auftritt, und sich völlig in unsere Betrachtungen einordnet. Wir wissen (siehe 6.5), daß man zu einer l-Funktion unter

---

* Man beachte, daß auch effektiv dem $p^{\frac{1}{2}}$ ein $s^{-\frac{1}{2}}$ und damit die L-Funktion $\dfrac{1}{\sqrt{\pi t}}$ entspricht.

gewissen einschränkenden Voraussetzungen, aber nicht immer, die zugehörige L-Funktion durch ein *komplexes Integral* finden kann, was für unsere Funktion $U(x, t)$, die einer partiellen Differentialgleichung genügt, so aussehen würde:

$$(1) \quad U(x, t) = \frac{1}{2\pi i} \int\limits_{\sigma - i\infty}^{\sigma + i\infty} e^{ts} u(x, s)\, ds = \frac{1}{2\pi} \int\limits_{-\infty}^{+\infty} e^{ity} \left[e^{\sigma t} u(x, \sigma + iy) \right] dy.$$

Läßt sich unsere Lösung in dieser Gestalt erhalten, so kann sie auch von vornherein so angesetzt werden, was übrigens dem Elektrotechniker besonders nahe liegt. Denn der physikalische Zustand $e^{-\sigma t} U(x, t)$, z. B. ein elektrischer Strom, erscheint hier aufgespalten in das Spektrum aller Schwingungen e^{iyt} (Frequenz y) mit den jeweiligen Amplituden $u(x, \sigma + iy)$. Der Elektrotechniker nennt, wie schon in 19.1 bei der Erklärung der Problemtypen erwähnt wurde, einen zu allen Zeiten von $t = -\infty$ bis $+\infty$ laufenden Strom einen „Beharrungszustand", während er bei einem vom Zeitpunkt $t = 0$ an betrachteten Stromverlauf von einem „Einschaltvorgang" spricht, weil ihm physikalisch ein System entspricht, dessen Vergangenheit nicht zur Diskussion steht und an dessen Ränder in einem bestimmten Moment $t = 0$ gewisse Erregungen (die Randbedingungen) angeschaltet werden. Der Physiker sieht daher in dem Ansatz (1) einen Aufbau der durch einen Einschaltvorgang erzeugten Schwingung aus periodischen Beharrungszuständen (Wechselströmen) durch Superposition oder eine spektrale Zerlegung in Oberschwingungen. Geht man mit dem Ansatz (1) in die partielle Differentialgleichung, z. B. in die obige Wärmeleitungsgleichung (§ 1) hinein, so erhält man unter der Voraussetzung, daß die Differentiationen mit dem Integral vertauschbar sind, die Gleichung

$$\int\limits_{\sigma - i\infty}^{\sigma + i\infty} e^{ts} \left[\frac{\partial^2 u}{\partial x^2} - su \right] ds = 0 \quad \text{für} \quad t > 0,$$

woraus man, falls das Integral absolut konvergiert, nach einem aus der Theorie der Fourier-Integrale bekannten Satz[238] schließen kann:

$$(2) \qquad \frac{d^2 u}{dx^2} - su = 0.$$

Es ergibt sich also fast dieselbe Hilfsgleichung wie bei unserer Methode [s. 24.1(1)], aber mit dem wesentlichen Unterschied, daß das den Anfangszustand charakterisierende Glied $U_0(x)$ fehlt. Die Methode ist also prinzipiell auf den Fall $U_0(x) \equiv 0$ zugeschnitten, im Falle eines nicht identisch verschwindenden Anfangszustandes muß die Hilfsfunktion $u(x, s)$ einer ganz anderen Differentialgleichung genügen. Eine Berücksichtigung der Anfangsbedingung ist nur durch eine nachträgliche Abänderung der Lösung möglich und stößt auf Schwierigkeiten, die von den Autoren, die diese Methode benutzen, durchweg ganz unzulänglich und unter

Zuhilfenahme nicht legitimer Prozesse überwunden werden[239]. Die dabei manchmal vorgenommene Ausbiegung des Integrationsweges, wodurch eine additive Funktion (Residuum) hereinkommt, läuft natürlich darauf hinaus, das in Wahrheit gesuchte Integral der durch das Hinzutreten von $U_0(x)$ inhomogen gewordenen Gleichung (2), d. h. der Gleichung 24.1 (1) aus einem Integral der homogenen und einem gewissen Integral der inhomogenen Gleichung aufzubauen. Selbstverständlich ist es viel einfacher, gleich von vornherein mit der „richtigen" Gleichung zu arbeiten.

Diese Methode, die Lösung als komplexes Integral anzusetzen, die unentwegt immer wieder von neuem „entdeckt" wird[240], ist übrigens eine der ältesten überhaupt vorkommenden Integrationsmethoden. Sie findet sich schon bei LAPLACE für gewöhnliche Differentialgleichungen, wo sie sogar sehr bekannt ist*, sodann bei CAUCHY** für partielle Differentialgleichungen mit beliebig vielen Variablen, und zwar viel weitergehend durchgearbeitet als bei den meisten modernen Bearbeitern und in klarer Erkenntnis ihrer Beziehungen zur symbolischen Methode[241].

Bei Cauchy trifft man auch bereits dasjenige Moment an, das der Methode in technischen Kreisen, wo sie eine große Beliebtheit genießt, den Namen der *„funktionentheoretischen" Methode* eingetragen hat, nämlich die Auswertung des komplexen Integrals durch *Residuenkalkül*. Es führt das auf manchmal konvergente, meist aber asymptotische Reihenentwicklungen, wie wir sie im 14. Kapitel betrachteten, und die in Wahrheit gar nichts damit zu tun haben, daß die betreffende Funktion einer Differentialgleichung genügt.

Der Haupteinwand, den man gegen diese Methode, abgesehen von der Schwierigkeit bei den Anfangsbedingungen, erheben kann, besteht darin, daß sie dem *Integrationsgebiet*, in dem die transformierte Variable t läuft, nicht Rechnung trägt, was, wenn man „von der anderen Seite", nämlich von der direkten Anwendung der Laplace-Transformation auf die gegebene Differentialgleichung, herkommt, sofort einzusehen ist. Würde t in $-\infty < t < +\infty$ variieren, so wäre nach 19.2 die zweiseitig unendliche Laplace-Transformation (bzw. die Fourier-Transformation) am Platz. Deren Umkehrungsformel lautet aber genau so, wie die der einseitig unendlichen Laplace-Transformation, ja sogar: Die Umkehrformel „gehört" eigentlich zur $\mathfrak{L}_{II}$-Transformation; die $\mathfrak{L}_{I}$-Transformation entspricht nur dem Spezialfall einer für $t < 0$ verschwindenden L-Funktion (siehe 6.5). Die Umkehrformel selber sagt eben noch gar nichts

---

* Siehe z. B. den S. 21 zitierten Abschnitt des Buches von SCHLESINGER.

** A. L. CAUCHY: Mémoire sur l'intégration des équations linéaires aux différences partielles et à coefficients constants. J. École Polytechn., cah. 19 (1823) S. 510—591; Mémoire sur l'application du calcul des résidus à la solution des problèmes de physique mathématique. Paris 1827; Sur l'analogie des puissances et des différences. Addition à l'article précédent. Exerc. de Math. Bd. 2 (1827) S. 159—192, 193—209.

darüber aus, ob sie auf eine L_{II}- oder eine L_I-Funktion führt. Das muß erst durch Diskussion der l-Funktion etwa im Sinne von 6.10 entschieden werden. (Vgl. hierzu das S. 89 zur Warnung vorgeführte Beispiel). In der Tat läßt ja einerseits der Ansatz (1) das Variabilitätsgebiet von t ganz offen, andererseits führt z. B. die Anwendung der $\mathfrak{L}_{II}$-Transformation auf die Wärmeleitungsgleichung (man beachte Satz 2 [8.3]) auf genau dieselbe Hilfsgleichung wie die $\mathfrak{L}_I$-Transformation im Falle einer identisch verschwindenden Anfangsbedingung $U_0(x)$. — Die „funktionentheoretische" Methode teilt alle angeführten Mängel mit der symbolischen Methode, die sie ja manchmal ersetzen soll.

25. Kapitel.

Huygenssches und Eulersches Prinzip.

Wir sind jetzt in der Lage, die im 16. Kapitel gefundenen, oft höchst merkwürdigen transzendenten Funktionalrelationen von einer neuen Seite zu betrachten und ihr Zustandekommen durch Übersetzung ganz elementarer Relationen tiefer zu verstehen. Wir werden nämlich sehen, daß sie Anwendungsbeispiele für zwei der Physik entstammende, allgemein geltende Prinzipe darstellen.

§ 1. Das Huygenssche Prinzip.

Das Huygenssche Prinzip tritt historisch zuerst in der Wellenoptik, d. h. in der Theorie der Wellengleichung, der einfachsten partiellen Differentialgleichung von hyperbolischem Typ, auf und besagt, daß jeder von einer Lichtwelle getroffene Punkt selbst wieder Ausgangspunkt einer Lichterregung ist, so daß man die von gewissen Lichtquellen in einem Punkt P erzeugte Erregung statt auf unmittelbarem Wege auch dadurch erhalten kann, daß man P in eine Fläche einschließt, zunächst die Erregung in deren Punkten bestimmt und dann die Erregung in P als Superposition der von der Fläche ausgehenden Wellen berechnet. Dieses Prinzip läßt sich sinngemäß für beliebige partielle Differentialgleichungen in folgender Weise aussprechen[242]: Liegt ein Randwertproblem vor, d. h. ist für einen Bereich $\mathfrak{B}$ eine Funktion U gesucht, die im Inneren einer partiellen Differentialgleichung genügen und auf dem Rand $\mathfrak{R}$ (eventuell auch mit gewissen Ableitungen) vorgeschriebene Werte $U(\mathfrak{R})$ annehmen soll, und kennt man eine Lösungsformel, so kann man den Funktionswert in einem inneren Punkt P einmal direkt, ein andermal aber auch so berechnen, daß man um P einen in $\mathfrak{B}$ enthaltenen Bereich $\mathfrak{B}'$ abgrenzt, für seine Berandung $\mathfrak{R}'$ zunächst die aus $U(\mathfrak{R})$ resultierenden Randwerte $U(\mathfrak{R}')$ ausrechnet und dann mit diesen Randwerten die Lösungsformel für den Bereich $\mathfrak{B}'$ anschreibt. — Gleichsetzen der beiden so erhaltenen Ausdrücke wird, wenn die Lösungsformel, wie in den im 20.—22. Kapitel behandelten Beispielen, durch ein Integral mit einer Greenschen Funktion als Kern dargestellt wird, für die Greensche Funktion eine *Integralrelation* liefern, und zwar im allgemeinen, wie wir sehen werden, ein *transzendentes Additionstheorem*. Natürlich können die beiden auf verschiedenen Wegen gewonnenen Lösungsausdrücke nur dann gleichgesetzt werden, wenn die Eindeutigkeit der Lösung gesichert ist.

In vielen Fällen kann man zu demselben Resultat auf einem einfacheren Wege gelangen, den wir, um eine kurze Bezeichnung dafür zu haben, das *reflexive Prinzip* nennen wollen[243]. Läßt sich die Lösung eines Randwertproblems durch ein Integral mit einer Greenschen Funktion als Kern darstellen, so liegt der Fall oft so, daß die Greensche Funktion selbst eine Lösung der Differentialgleichung, eventuell in einem Teilgebiet, ist. Dann kann man die Lösungsformel in diesem kleineren Gebiet direkt auf die Greensche Funktion anwenden und erhält so eine Integralrelation für sie.

Wir zeigen die Anwendbarkeit dieses Prinzips an einigen *Beispielen* aus der Wärmeleitung[244]. Das formal wohl einfachste ist das folgende: Die Funktion $U(x, t)$, die der homogenen Wärmeleitungsgleichung $\dfrac{\partial^2 U}{\partial x^2} - \dfrac{\partial U}{\partial t} = 0$ in der Viertelebene $x > 0$, $t > 0$ genügt und die Randwerte

$$\lim_{x \to +0} U(x, t) = A_0(t), \qquad \lim_{t \to +0} U(x, t) = 0$$

besitzt, wird nach 20.2.3 gegeben durch

$$U(x, t) = A_0(t) * \psi(x, t).$$

Wir schalten nun im Sinne des Huygensschen Prinzips bei $x_1 > 0$ eine Zwischenstation ein, und betrachten die Gerade $x = x_1$ als Rand einer verkleinerten Viertelebene. Dann können wir für $x > x_1$ den Wert $U(x, t)$ das eine Mal direkt, das andere Mal durch sprungweises Vorgehen berechnen, indem wir zunächst den Wert von U für x_1 feststellen, das ist $A_0(t) * \psi(x_1, t)$, und dann mit diesem Wert als Randwert in die Lösung für die verkleinerte Viertelebene, wo die Greensche Funktion natürlich $\psi(x - x_1, t)$ lautet, hineingehen. Das ergibt:

$$A_0(t) * \psi(x_1, t) * \psi(x - x_1, t) = A_0(t) * \psi(x, t) \qquad (0 < x_1 < x).$$

Wählen wir z. B. $A_0(t) \equiv 1$, so bedeutet die Faltung mit A_0 einfach Integration. Durch Differenzieren bekommt man also, wenn man noch $x - x_1 = x_2$ setzt:

$$(1) \qquad \psi(x_1, t) * \psi(x_2, t) = \psi(x_1 + x_2, t) \qquad (x_1, x_2 > 0);$$

das ist nichts anderes als das uns bekannte Additionstheorem 16.1 (1).

Zu der Ableitung ist allerdings zu bemerken, daß die Lösung der Wärmeleitungsgleichung gerade nicht eindeutig ist (siehe 20.5). Da wir aber die erhaltenen Formeln auch noch auf einem anderen Wege abgeleitet haben bzw. ableiten werden (§ 3), so wollen wir uns hier und in den folgenden Beispielen nicht damit aufhalten nachzuweisen, daß hier keine „singuläre Lösung" additiv hinzutritt.

Natürlich hätte man die obige Relation auch kürzer vermittels des reflexiven Prinzips finden können.

Man sieht sofort, daß die Relation 16.2(7) auf dieselbe Weise folgt, und daß die allgemeinere Formel 16.2(6) einfach zu einem anderen Randwertproblem der Wärmeleitungstheorie gehört, bei dem $\chi_\nu(x;t)$ als Greensche Funktion auftritt.

Wir wollen auf demselben Wege noch ein merkwürdiges Additionstheorem für die Funktion $\frac{\partial \vartheta_3}{\partial x}$ ableiten, die bei dem Randwertproblem in 20.2.1 als Greensche Funktion auftrat. Schreibt man bei einem linearen Wärmeleiter am linken Ende die Temperatur $A_0(t)$, am rechten Ende 0, und überdies die Anfangstemperatur 0 vor, so lautet die Lösung:

$$U(x,t) = A_0(t) * U_0(x,t;l),$$

wo $U_0(x,t;l)$ so definiert ist:

$$U_0(x,t;l) = -\frac{1}{l}\frac{\partial \vartheta_3\left(\frac{x}{2l},\frac{t}{l^2}\right)}{\partial x} = \frac{2\pi}{l^2}\sum_{n=1}^{\infty} n\sin n\frac{\pi}{l}x\; e^{-n^2\frac{\pi^2}{l^2}t}.$$

Das Huygenssche oder auch das reflexive Prinzip ergibt die Relation:

$$(2)\qquad U_0(x_0,t;l) * U_0(x-x_0,t;l-x_0) = U_0(x,t;l)\qquad \text{für } 0 < x_0 < x < l,$$

die in der Faltungssymbolik formal sehr einfach, explizit geschrieben jedoch ziemlich kompliziert ist.

§ 2. Das Eulersche Prinzip.

Beim Huygensschen Prinzip wird das *Grundgebiet* der Integration geändert, während der *Typus* des Randwertproblems derselbe bleibt. Man kann aber auch umgekehrt vorgehen: Jede Funktion, die einer partiellen Differentialgleichung genügt, ist ja in Wahrheit das Integral von unendlich vielen Randwertproblemen in demselben Grundgebiet, nämlich solchen mit verschieden gearteten Randbedingungen, läßt sich also vermittels der zugehörigen Lösungsformen auf unendlich viele Weisen darstellen. Konkret ausgedrückt: Eine Differentialgleichung kann so geartet sein, daß ihre Lösung eindeutig bestimmt ist, wenn z. B. auf den Rändern des Integrationsgebietes die Werte der Funktion vorgegeben sind — oder auf manchen Rändern die Funktionswerte, auf anderen die der ersten Ableitung — oder auf manchen Rändern die Werte der Funktion *und* der ersten Ableitung, auf anderen gar nichts usw. Alle diese Probleme haben als allgemeine Lösung bestimmte analytische Ausdrücke, meist in Integralform. Nimmt man nun eine spezielle Lösungsfunktion her, liest an ihr die Werte der Randfunktion, Randableitung usw. ab und setzt diese in die allgemeinen Lösungen ein, so bekommt man die verschiedenartigsten Ausdrücke für dieselbe spezielle Funktion. (Wir sprechen hier der Deutlichkeit halber von einer bestimmten Lösung; diese kann selbstverständlich jede der möglichen Lösungen bedeuten.) Natürlich kann das auch in der Weise geschehen, daß man einer zu einem bestimmten Typus von Randwertproblem gehörigen Lösung die für einen anderen Typus nötigen Randwerte entnimmt und in den entsprechenden Lösungsausdruck einsetzt. — Die Gleich-heit' zwischen zwei solchen Ausdrücken bedeutet eine Funktionalrelation, die meist eine Integralgleichung darstellt. Weil EULER in dem Spezialfall einer gewissen gewöhnlichen Differentialgleichung die Möglichkeit, die Lösung auf zwei verschiedene Arten auszudrücken, zur Ableitung einer bedeutsamen Relation als erster ausgenutzt hat, wollen wir das oben formulierte Prinzip *das Eulersche Prinzip* nennen[245].

Selbstverständlich kann man dieses Prinzip auch mit dem Huygensschen kombinieren, indem man gleichzeitig das Grundgebiet und den Typus der Randdaten variiert.

Auch beim Eulerschen Prinzip kann man wie beim Huygensschen die Relationen oft auf einfacherem Weg erhalten, indem man direkt die Greensche Funktion des einen Problems in einem Gebiet, wo sie Lösung der Differentialgleichung ist, hernimmt, an ihr die für das andere Problem benötigten Randwerte abliest und sie in dessen Lösung einsetzt.

Als *Beispiel*[246] betrachten wir die Greensche Funktion des in 20.3 behandelten Problems für den Fall $l = 1$, also $\vartheta_3\left(\frac{x}{2}, t\right)$, die in $0 < x < l$, $t > 0$ eine Lösung der homogenen Wärmeleitungsgleichung ist, und drücken sie als Lösung des Problems in 20.2 aus. Da sie die Randwerte

$$A_0(t) \equiv \vartheta_3(0, t), \qquad A_1(t) = \vartheta_3\left(\frac{1}{2}, t\right), \qquad U_0(x) \equiv 0$$

hat, so ergibt sich für $0 < x < 1$:

$$(1) \qquad \vartheta_3\left(\frac{x}{2}, t\right) = -\vartheta_3(0, t) * \frac{\partial \vartheta_3\left(\frac{x}{2}, t\right)}{\partial x} + \vartheta_3\left(\frac{1}{2}, t\right) * \frac{\partial \vartheta_3\left(\frac{1-x}{2}, t\right)}{\partial x}.$$

Aus dieser Relation kann man noch die Ableitung entfernen, indem man von 0 bis x integriert:

$$\int_0^x \vartheta_3\left(\frac{\xi}{2}, t\right) d\xi = -\vartheta_3(0, t) * \left\{\vartheta_3\left(\frac{x}{2}, t\right) - \vartheta_3(0, t)\right\}$$

$$(2) \qquad\qquad + \vartheta_3\left(\frac{1}{2}, t\right) * \left\{\vartheta_3\left(\frac{1-x}{2}, t\right) - \vartheta_3\left(\frac{1}{2}, t\right)\right\}.$$

Für $x = 1$ ist die linke Seite, wie man durch explizite Ausrechnung feststellt, unabhängig von t gleich 1. Für diesen Spezialwert führt also

(2) zu der übersichtlichen Relation:

$$(3) \quad \left\{\vartheta_3(0,t) + \vartheta_3\left(\tfrac{1}{2},t\right)\right\} * \left\{\vartheta_3(0,t) - \vartheta_3\left(\tfrac{1}{2},t\right)\right\} = \vartheta_3(0,t)^{*2} - \vartheta_3\left(\tfrac{1}{2},t\right)^{*2} = 1,$$

die mit 16.1 (4) identisch ist. Subtrahiert man (2) von (3), so erhält man die Gleichung

$$(4) \quad \int\limits_x^1 \vartheta_3\left(\tfrac{\xi}{2},t\right) d\xi = \vartheta_3(0,t) * \vartheta_3\left(\tfrac{x}{2},t\right) - \vartheta_3\left(\tfrac{1}{2},t\right) * \vartheta_3\left(\tfrac{1-x}{2},t\right),$$

die nun die sachgemäße Verallgemeinerung der Relation (3) darstellt, in die sie für $x = 0$ übergeht, und die wir schon in 16.1 (10) fanden.

§ 3. Die Beziehung zwischen der Erzeugung transzendenter Relationen durch das Huygenssche und Eulersche Prinzip und der Erzeugung durch die Laplace-Transformation [247].

Die in § 1 und 2 vermittels des Huygensschen und Eulerschen Prinzips abgeleiteten transzendenten Funktionalrelationen haben wir teilweise bereits in 16.1 dadurch gewonnen, daß wir algebraische Relationen zwischen l-Funktionen durch die $\mathfrak{L}$-Transformation (Faltungssatz) in Relationen zwischen den entsprechenden L-Funktionen übersetzten, und wir könnten offensichtlich alle Relationen in § 1 und 2 auf diesem Weg erhalten. Wie kommt es nun, daß man jene Beziehungen durch zwei so gänzlich verschiedene Methoden ableiten kann, und wie hängen die beiden Methoden zusammen? Das wird sofort klar, wenn wir daran denken, daß ja auch die beim Huygensschen und Eulerschen Prinzip benutzten Lösungsformeln für die Randwertprobleme durch Übersetzung der Lösungen derjenigen Differentialgleichungen gewonnen werden konnten, die ihnen im l-Bereich entsprechen. Die in 16.1 als Ausgangspunkt benutzten *algebraischen Relationen* zwischen den l-Funktionen sind einfach nichts anderes als die *Konsequenzen des Huygensschen bzw. Eulerschen Prinzips*, wenn man dieses, was natürlich durchaus möglich ist, auf *die transformierte Gleichung* im l-Bereich anwendet. Die $\mathfrak{L}$-Transformation vermittelt also die volle Einsicht in den Zusammenhang der beiden Methoden: Vorgelegt ist eine L-Funktion $U(x,t)$, die einer partiellen Differentialgleichung genügt; ihr wird ihre l-Funktion $u(x,s)$ zugeordnet, die einer gewöhnlichen Differentialgleichung genügt. Die Lösungsformel für $U(x,t)$ ist ein Integral, die Anwendung des Huygensschen und Eulerschen Prinzips führt daher auf eine Integralrelation; die Lösungsformel für $u(x,s)$ hat algebraische Gestalt, die Anwendung der beiden Prinzipe ergibt deshalb eine algebraische Relation. Die beiden Relationen, die transzendente und die algebraische, stehen zueinander natürlich im Verhältnis von Original und Bild, vermittelt durch die $\mathfrak{L}$-Transformation.

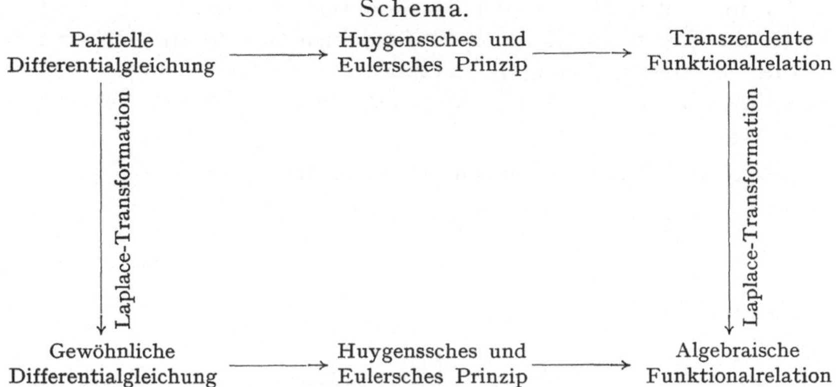

Wir wollen das an den Beispielen in § 1 und 2 des näheren verfolgen. Bei 25.1 (1) haben wir im l-Bereich die zugeordnete Differentialgleichung $\dfrac{d^2 u}{d x^2} - s\,u = 0$ im Intervall $0 \leqq x < \infty$ mit dem Randwert $u(0, s) = a_0(s)$ und dem nicht explizit genannten Randwert $u(\infty, s) = 0$; die Lösung lautet: $u(x, s) = a_0(s)\,e^{-x\sqrt{s}}$. Wendet man hierauf das Huygenssche Prinzip an, indem man zunächst den Wert von u in einem Punkt $x_1 > 0$ berechnet (das ergibt $a_0(s)\,e^{-x_1\sqrt{s}}$) und diesen dann als Ausgangswert in dem neuen Intervall $x \geqq x_1$, wo die Fundamentallösung $e^{-(x-x_1)\sqrt{s}}$ lautet, benutzt, so bekommt man nach Division durch $a_0(s)$:

$$(1) \qquad e^{-x\sqrt{s}} = e^{-x_1\sqrt{s}} \cdot e^{-(x-x_1)\sqrt{s}}.$$

Das ist das algebraische Additionstheorem der Exponentialfunktion. Ihm entspricht kraft des Faltungssatzes das transzendente Additionstheorem 25.1 (1), und so wurde dieses in 16.1 abgeleitet.

Dem Problem, das auf 25.1 (2) führte, entspricht im l-Bereich die Differentialgleichung $\dfrac{d^2 u}{d x^2} - s\,u = 0$ mit den Randbedingungen $u(0, s) = a_0(s)$, $u(l, s) = 0$. Die Lösung lautet:

$$u(x, s) = a_0(s)\,u_0(x, s; l) = a_0(s)\,\frac{\operatorname{\mathfrak{Sin}}(l-x)\sqrt{s}}{\operatorname{\mathfrak{Sin}} l\sqrt{s}}$$

(siehe 20.2.1). Wendet man wieder das Huygenssche (oder kürzer das reflexive) Prinzip an, so ergibt sich:

$$u_0(x, s; l) = u_0(x_0, s; l)\,u_0(x - x_0, s; l - x_0)$$

oder

$$(2) \qquad \frac{\operatorname{\mathfrak{Sin}}(l-x)\sqrt{s}}{\operatorname{\mathfrak{Sin}} l\sqrt{s}} = \frac{\operatorname{\mathfrak{Sin}}(l-x_0)\sqrt{s}}{\operatorname{\mathfrak{Sin}} l\sqrt{s}}\,\frac{\operatorname{\mathfrak{Sin}}[(l-x_0)-(x-x_0)]\sqrt{s}}{\operatorname{\mathfrak{Sin}}(l-x_0)\sqrt{s}}.$$

Das ist eine einfache Identität, der offensichtlich die Relation 25.1 (2) entspricht. — Die Gleichung (2) geht durch den Grenzübergang $l \to \infty$

in (1) über. Was also bei der $\mathfrak{Sin}$-Funktion eine triviale Identität ist, ist für die Exponentialfunktion ihr fundamentales Additionstheorem. — Der bei der Ableitung von (1) und (2) benutzte Gedankengang ist übrigens derselbe, der der gruppentheoretischen Behandlung der Differentialgleichungen zugrunde liegt.

Bei 25.2 (1) liegt im l-Bereich die Differentialgleichung $\dfrac{d^2 u}{d x^2} - s\, u = 0$ vor, und es wird zunächst die durch (vgl. 20.3)

$$\left(\frac{d u}{d x}\right)_{x = 0} = b\,(s), \qquad \left(\frac{d u}{d x}\right)_{x = 1} = 0$$

bestimmte Lösung

$$u\,(x,\,s) = -\,b\,(s)\,\frac{\mathfrak{Cof}\,(1 - x)\,\sqrt{s}}{\sqrt{s}\,\mathfrak{Sin}\,\sqrt{s}}$$

betrachtet. Ihre Randwerte lauten:

$$u\,(0,\,s) = -\,b\,(s)\,\frac{\mathfrak{Cof}\,\sqrt{s}}{\sqrt{s}\,\mathfrak{Sin}\,\sqrt{s}}, \qquad u\,(1,\,s) = -\,b\,(s)\,\frac{1}{\sqrt{s}\,\mathfrak{Sin}\,\sqrt{s}}.$$

Bestimmt man die Lösungsfunktion durch diese Werte, so erhält sie die Gestalt:

$$-\,b\,(s)\,\frac{\mathfrak{Cof}\,\sqrt{s}}{\sqrt{s}\,\mathfrak{Sin}\,\sqrt{s}}\,\frac{\mathfrak{Sin}\,(1 - x)\,\sqrt{s}}{\mathfrak{Sin}\,\sqrt{s}} - b\,(s)\,\frac{1}{\sqrt{s}\,\mathfrak{Sin}\,\sqrt{s}}\,\frac{\mathfrak{Sin}\,x\,\sqrt{s}}{\mathfrak{Sin}\,\sqrt{s}}.$$

Gleichsetzen der beiden Ausdrücke liefert die elementare Relation

$$(3) \qquad \mathfrak{Cof}\,(1 - x)\,\sqrt{s} = \frac{\mathfrak{Cof}\,\sqrt{s}\,\mathfrak{Sin}\,(1 - x)\,\sqrt{s} + \mathfrak{Sin}\,x\,\sqrt{s}}{\mathfrak{Sin}\,\sqrt{s}},$$

die mit dem Additionstheorem der Funktion $\mathfrak{Sin}$ bzw. $\mathfrak{Cof}$ äquivalent ist. Dividiert man sie wieder durch den in (2) weggelassenen Nenner $\sqrt{s}\,\mathfrak{Sin}\,\sqrt{s}$, so entspricht ihr auf Grund des Faltungssatzes die transzendente Relation 25.2 (1).

Anhang.

1. Einige Hilfssätze der Analysis.

Wir stellen hier einige weniger bekannte Sätze aus der Differential- und Integralrechnung zusammen, die sich in den meisten Lehrbüchern über diesen Gegenstand nicht finden.

Hilfssatz 1. *Die Funktionen $\varphi\,(x)$ und $f_n\,(x)$, $n = 0, 1, \ldots$, seien I-Funktionen; $\displaystyle\sum_{n=0}^{\infty} f_n\,(x)$ sei in jedem endlichen Intervall $0 < a \leqq x \leqq b$ gleichmäßig konvergent. Dann ist*

$$\int_0^\infty \varphi\,(x) \sum_{n=0}^{\infty} f_n\,(x)\,d x = \sum_{n=0}^{\infty} \int_0^\infty \varphi\,(x)\,f_n\,(x)\,d x,$$

vorausgesetzt, daß entweder das Integral

$$\int\limits_0^\infty |\varphi(x)| \sum\limits_{n=0}^\infty |f_n(x)|\, dx$$

oder die Reihe

$$\sum\limits_{n=0}^\infty \int\limits_0^\infty |\varphi(x)\, f_n(x)|\, dx$$

konvergiert.

Beweis unter spezielleren Voraussetzungen, der aber auch im obigen Fall gültig bleibt, in T. J. I'A. BROMWICH: An introduction to the theory of infinite series, Second edition. London 1926, S. 500.

Hilfssatz 2. *Es ist*

$$\int\limits_a^\infty dx \int\limits_b^\infty f(x, y)\, dy = \int\limits_b^\infty dy \int\limits_a^\infty f(x, y)\, dx,$$

vorausgesetzt, daß die beiden Integrale

$$\int\limits_a^\infty |f(x, y)|\, dx, \qquad \int\limits_b^\infty |f(x, y)|\, dy$$

und wenigstens eines der beiden Integrale

$$\int\limits_a^\infty dx \int\limits_b^\infty |f(x, y)|\, dy, \qquad \int\limits_b^\infty dy \int\limits_a^\infty |f(x, y)|\, dx$$

konvergieren.

Beweis in BROMWICH: l. c., S. 504.

Hilfssatz 3. *$f(x)$ sei für $x_0 < x \leqq x_1$ differenzierbar. Wenn $\lim\limits_{x \to x_0 + 0} f(x) = a$ und $\lim\limits_{x \to x_0 + 0} f'(x) = b$ existieren, so existiert $f'(x_0)$ und ist gleich b.*

Beweis: Definieren wir $f(x_0) = a$, so ist $f(x)$ an den Enden des Intervalles (x_0, x_1) stetig und im Innern differenzierbar, also gilt nach dem Mittelwertsatz der Differentialrechnung:

$$\frac{f(x) - f(x_0)}{x - x_0} = f'(\xi) \qquad (x_0 < x \leqq x_1),$$

wo ξ einen Zwischenwert zwischen x_0 und x bedeutet. Für $x \to x_0 + 0$ strebt auch ξ gegen x_0, also nach Voraussetzung die rechte Seite gegen b, folglich auch die linke.

Hilfssatz 4. *Wenn $f(x)$ in $a \leqq x \leqq b$ eigentlich integrabel und $a < \alpha < \beta < b$ ist, so gilt:*

$$\int\limits_\alpha^\beta |f(x + \delta) - f(x)|\, dx \to 0 \qquad \text{für} \qquad \delta \to 0.$$

In der Theorie des Lebesgueschen Integrals ist das ein geläufiger Satz, für Riemannsche Integrale pflegt er in den Lehrbüchern nicht bewiesen zu werden. Der folgende Beweis stammt aus DOETSCH 2, S. 195.

Zur größeren Übersichtlichkeit möge δ nur positive Werte haben, der allgemeine Fall erledigt sich ganz analog. Wir teilen das Intervall (α, b) durch die Punkte

$$x_0 = \alpha, \; x_1, \; x_2, \; \ldots, \; x_{2n}, \; x_{2n+1} = b$$

in $2n + 1$ gleiche Teile und wählen n von vornherein so groß, daß $x_{2n} \geqq \beta$ ist. Wir fassen das eine Mal die Teilpunkte

$$(1) \qquad x_0, \; x_2, \; x_4, \; \ldots, \; x_{2n}, \; x_{2n+1},$$

das andere Mal die Teilpunkte

$$(2) \qquad x_0, \; x_1, \; x_3, \; \ldots, \; x_{2n-1}, \; x_{2n+1}$$

ins Auge. Die Schwankung von $f(x)$ in einem Intervall (x_μ, x_ν), d. h. die Differenz zwischen oberer und unterer Grenze, benennen wir mit $s_{\mu\nu}$. Dann ist

$$\frac{1}{b-\alpha} \left\{ s_{02}\,(x_2 - x_0) + s_{24}\,(x_4 - x_2) + \cdots + s_{2n-2,2n}\,(x_{2n} - x_{2n-2}) \right.$$
$$\left. + s_{2n,2n+1}\,(x_{2n+1} - x_{2n}) \right\}$$

die „durchschnittliche Schwankung" von f in (α, b), die der Teilung (1) entspricht, analog

$$\frac{1}{b-\alpha} \left\{ s_{01}\,(x_1 - x_0) + s_{13}\,(x_3 - x_1) + \cdots + s_{2n-1,2n+1}\,(x_{2n+1} - x_{2n-1}) \right\}$$

für die Teilung (2). Da $f(x)$ in (α, b) Riemann-integrabel ist, so kann man n so groß wählen, daß jede dieser durchschnittlichen Schwankungen kleiner als $\dfrac{\varepsilon}{b-\alpha}$ ausfällt, wo ε eine vorgegebene Zahl > 0 bedeutet*. Nun ist

$$\int_\alpha^\beta \left| f(x+\delta) - f(x) \right| dx \leqq \int_\alpha^{x_{2n}} \left| f(x+\delta) - f(x) \right| dx = \int_{x_0}^{x_1} + \int_{x_1}^{x_2} + \cdots + \int_{x_{2n-1}}^{x_{2n}}.$$

Ist δ schon $< \dfrac{b-\alpha}{2n+1}$, so variiert x in $\displaystyle\int_{x_0}^{x_1}$ zwischen x_0 und x_1, $x + \delta$ höchstens zwischen x_0 und x_2, also ist

$$\int_{x_0}^{x_1} \left| f(x+\delta) - f(x) \right| dx \leqq s_{02}\,(x_1 - x_0) = \frac{1}{2}\,s_{02}\,(x_2 - x_0),$$

analog

$$\int_{x_1}^{x_2} \left| f(x+\delta) - f(x) \right| dx \leqq s_{13}\,(x_2 - x_1) = \frac{1}{2}\,s_{13}\,(x_3 - x_1),$$

usw., folglich

$$\int_\alpha^\beta \left| f(x+\delta) - f(x) \right| dx$$

$$\leqq \frac{1}{2} \left\{ s_{02}\,(x_2 - x_0) + s_{24}\,(x_4 - x_2) + \cdots + s_{2n-2,2n}\,(x_{2n} - x_{2n-2}) \right.$$
$$\left. + s_{13}\,(x_3 - x_1) + s_{35}\,(x_5 - x_3) + \cdots + s_{2n-1,2n+1}\,(x_{2n+1} - x_{2n-1}) \right\}$$

$$\leqq \varepsilon.$$

---

* Siehe das S. 16 zitierte Buch von Kowalewski, § 150.

2. Tabelle von Laplace-Transformationen.

Die Tabelle enthält die im Buche vorkommenden Laplace-Transformationen. Die zwei letzten Spalten geben die Konvergenzabszisse bzw. die Seite des Buches an, wo die Formel mit den nötigen Erläuterungen zu finden ist.

Nr.	L-Funktion $F(t)$	l-Funktion $f(s)$	β	Seite
1	1	$\dfrac{1}{s}$	0	22
2	$\begin{cases} 0 & \text{für} \ \ 0 \leqq t < a \\ 1 & \text{für} \ \ t \geqq a \end{cases}$	$\dfrac{e^{-as}}{s}$	0	22
3	$t^{\alpha} \quad (\Re\,\alpha > -1)$	$\dfrac{\Gamma(\alpha+1)}{s^{\alpha+1}}$	0	22
4	e^{at}	$\dfrac{1}{s-a}$	$\Re\,a$	23
5	$t^{\alpha}\,e^{\beta t}$	$\dfrac{\Gamma(\alpha+1)}{(s-\beta)^{\alpha+1}}$	$\Re\,\beta$	148
6	$\cos b\,t$	$\dfrac{s}{s^2+b^2}$	$\|\Im\,b\|$	23
7	$\sin b\,t$	$\dfrac{b}{s^2+b^2}$	$\|\Im\,b\|$	23
8	$\mathfrak{Cof}\,c\,t$	$\dfrac{s}{s^2-c^2}$	$\|\Re\,c\|$	23
9	$\mathfrak{Sin}\,c\,t$	$\dfrac{c}{s^2-c^2}$	$\|\Re\,c\|$	23
10	$\dfrac{1-e^{-t}}{t}$	$\log\left(1+\dfrac{1}{s}\right)$	0	152
11	$\dfrac{1}{t}\left(\dfrac{1}{1-e^{-t}}-\dfrac{1}{t}-\dfrac{1}{2}\right)$	$\log\Gamma(s)-s\log s+\dfrac{1}{2}\log s+s-\dfrac{1}{2}\log 2\pi$	0	238
12	$\log t$	$\dfrac{\Gamma'(1)}{s}-\dfrac{\log s}{s}$	0	26
13	$e^{-\frac{t^2}{4}}$	$2\,e^{s^2}\displaystyle\int_s^{\infty} e^{-u^2}\,du$	$-\infty$	90
14	$\dfrac{\cos x\sqrt{t}}{\pi\sqrt{t}} \quad (x \text{ reell})$	$\chi(x,s)=\dfrac{e^{-\frac{x^2}{4s}}}{\sqrt{\pi s}}$	0	24
15	$\dfrac{\sin x\sqrt{t}}{\pi} \quad (x \text{ reell})$	$\psi(x,s)=\dfrac{x}{2\sqrt{\pi}\,s^{\frac{3}{2}}}\,e^{-\frac{x^2}{4s}}$	0	24

Doetsch, Laplace-Transformation.

2. Tabelle von Laplace-Transformationen. (Fortsetzung.)

Nr.	L-Funktion $F(t)$	l-Funktion $f(s)$	β	Seite
16	$\dfrac{\operatorname{Cof} x\sqrt{t}}{\pi\sqrt{t}}$	$\dfrac{e^{\frac{x^2}{4s}}}{\sqrt{\pi s}}$	0	185
17	$\dfrac{\operatorname{Sin} x\sqrt{t}}{\pi}$	$\dfrac{x}{2\sqrt{\pi}\,s^{\frac{3}{2}}}\,e^{\frac{x^2}{4s}}$	0	185
18	$\chi(x,t)=\dfrac{e^{-\frac{x^2}{4t}}}{\sqrt{\pi t}}\qquad (x\geqq 0)$	$\dfrac{e^{-x\sqrt{s}}}{\sqrt{s}}$	0	25
19	$\psi(x,t)=\dfrac{x}{2\sqrt{\pi}\,t^{\frac{3}{2}}}\,e^{-\frac{x^2}{4t}}\quad (x>0)$	$e^{-x\sqrt{s}}$	0	25
20	$\left[\dfrac{\sqrt{t}}{2\pi}\right]$	$\dfrac{1}{2s}\big(\vartheta_3(0,4s)-1\big)=\dfrac{1}{s}\displaystyle\sum_{k=1}^{\infty}e^{-4\pi^2 k^2 s}$	0	26
21	$U(c,t)$	$\dfrac{1}{\sqrt{s}}\operatorname{Tg}\big(\sqrt{s}+c\big)$	0	291
22	$\vartheta_0(v,t)$	$\dfrac{\operatorname{Cof} 2v\sqrt{s}}{\sqrt{s}\,\operatorname{Sin}\sqrt{s}}\quad\left(-\dfrac{1}{2}\leqq v\leqq\dfrac{1}{2}\right)$	0	307
23	$\vartheta_1(v,t)$	$-\dfrac{\operatorname{Sin} 2v\sqrt{s}}{\sqrt{s}\,\operatorname{Cof}\sqrt{s}}\quad\left(-\dfrac{1}{2}\leqq v\leqq\dfrac{1}{2}\right)$	0	307
24	$\vartheta_2(v,t)$	$-\dfrac{\operatorname{Sin}(2v-1)\sqrt{s}}{\sqrt{s}\,\operatorname{Cof}\sqrt{s}}\quad(0\leqq v\leqq 1)$	0	307
25	$\vartheta_3(v,t)$	$\dfrac{\operatorname{Cof}(2v-1)\sqrt{s}}{\sqrt{s}\,\operatorname{Sin}\sqrt{s}}\quad(0\leqq v\leqq 1)$	0	141 144
26	$\hat{\vartheta}_0(v,t)$	$-\dfrac{\operatorname{Sin} 2v\sqrt{s}}{\sqrt{s}\,\operatorname{Sin}\sqrt{s}}\quad\left(-\dfrac{1}{2}\leqq v\leqq\dfrac{1}{2}\right)$	0	308
27	$\hat{\vartheta}_3(v,t)$	$-\dfrac{\operatorname{Sin}(2v-1)\sqrt{s}}{\sqrt{s}\,\operatorname{Sin}\sqrt{s}}\quad(0\leqq v\leqq 1)$	0	308
28	$-\dfrac{1}{l}\dfrac{\partial\vartheta_2\left(\frac{x}{2l},\frac{t}{l^2}\right)}{\partial x}$	$\dfrac{\operatorname{Cof}(l-x)\sqrt{s}}{\operatorname{Cof} l\sqrt{s}}\quad(0<x<2l)$	0	362
29	$-\dfrac{1}{l}\dfrac{\partial\vartheta_3\left(\frac{x}{2l},\frac{t}{l^2}\right)}{\partial x}$	$\dfrac{\operatorname{Sin}(l-x)\sqrt{s}}{\operatorname{Sin} l\sqrt{s}}\quad(0<x<2l)$	0	354
30	$\dfrac{1}{2l}\left[\vartheta_3\left(\frac{x-\xi}{2l},\frac{t}{l^2}\right)-\vartheta_3\left(\frac{x+\xi}{2l},\frac{t}{l^2}\right)\right]$ $=\dfrac{2}{l}\displaystyle\sum_{n=1}^{\infty}e^{-n^2\frac{\pi^2 t}{l^2}}\sin n\,\frac{\pi}{l}\,x\,\sin n\,\frac{\pi}{l}\,\xi$	$\dfrac{\operatorname{Sin}(l-\xi)\sqrt{s}\,\operatorname{Sin} x\sqrt{s}}{\sqrt{s}\,\operatorname{Sin} l\sqrt{s}}\quad\text{für } x\leqq\xi$ $\dfrac{\operatorname{Sin}(l-x)\sqrt{s}\,\operatorname{Sin}\xi\sqrt{s}}{\sqrt{s}\,\operatorname{Sin} l\sqrt{s}}\quad\text{für } x\geqq\xi$	0	358

2. Tabelle von Laplace-Transformationen. (Fortsetzung.)

Nr.	L-Funktion $F(t)$	l-Funktion $f(s)$	β	Seite
31	$\begin{cases} \dfrac{1}{\sqrt{t\,(2-t)}} & \text{für } 0<t<2 \\ 0 & \text{für } t\geqq 2 \end{cases}$	$\pi\, e^{-s}\, J_0\,(i\,s)$	$-\infty$	239
32	$J_0\,(t)$	$\dfrac{1}{\sqrt{1+s^2}}$	0	48
33	$J_\nu\,(t) \qquad (\Re\,\nu > -1)$	$\dfrac{(\sqrt{1+s^2}-s)^\nu}{\sqrt{1+s^2}}$	0	178 313
34	$\dfrac{J_\nu\,(a\,t)}{t} \qquad (\Re\,\nu > 0)$	$\dfrac{(\sqrt{s^2+a^2}-s)^\nu}{\nu\,a^\nu}$	0	313
35	$t^\nu J_\nu\,(a\,t) \quad \left(\Re\,\nu > -\dfrac{1}{2}\right)$	$\dfrac{(2\,a)^\nu\, \Gamma\!\left(\nu+\tfrac{1}{2}\right)}{\sqrt{\pi}\,(s^2+a^2)^{\nu+\frac{1}{2}}}$	0	313
36	$J_0\,(\alpha\,\sqrt{t}) \qquad (\alpha \text{ reell})$	$\dfrac{1}{s}\, e^{-\frac{\alpha^2}{4s}}$	0	177
37	$t^{\frac{\nu}{2}}\, J_\nu\,(\alpha\,\sqrt{t}) \quad (\Re\,\nu > -1)$	$\dfrac{\alpha^\nu}{2^\nu\, s^{\nu+1}}\, e^{-\frac{\alpha^2}{4s}}$	0	178
38	$\begin{cases} 0 & \text{für } 0\leqq t\leqq\alpha \\ J_0\,(k\,\sqrt{t^2-\alpha^2}) & \text{für } t>\alpha \end{cases}$	$\dfrac{e^{-\alpha\sqrt{s^2+k^2}}}{\sqrt{s^2+k^2}} \quad (\alpha\geqq 0;\ k \text{ beliebig})$	0	373
39	$\begin{cases} 0 & \text{für } 0\leqq t\leqq\alpha \\ k\,\alpha\,\dfrac{J_1\,(k\,\sqrt{t^2-\alpha^2})}{\sqrt{t^2-\alpha^2}} & \text{für } t>\alpha \end{cases}$	$e^{-\alpha s} - e^{-\alpha\sqrt{s^2+k^2}}$	0	373
40	$\dfrac{t^{m-\frac{1}{2}}}{\Gamma(2m+1)}\, M_{k,\,m}\,(t)$	$\dfrac{(s-\frac{1}{2})^{k-m-\frac{1}{2}}}{(s+\frac{1}{2})^{k+m+\frac{1}{2}}} \quad (2m+1>0)$	$\dfrac{1}{2}$	310
41	$L_n\,(t)$	$\dfrac{1}{s}\left(\dfrac{s-1}{s}\right)^n$	0	137
42	$t^\alpha L_n^{(\alpha)}\,(t)$	$\dfrac{\Gamma(\alpha+n+1)}{n!}\,\dfrac{1}{s^{\alpha+1}}\left(\dfrac{s-1}{s}\right)^n$	0	182
43	$\dfrac{H_{2n}\,(\sqrt{t})}{\sqrt{t}}$	$\sqrt{\pi}\,\dfrac{(2n)!}{n!}\,\dfrac{(1-s)^n}{s^{n+\frac{1}{2}}}$	0	184
44	$H_{2n+1}\,(\sqrt{t})$	$-\sqrt{\pi}\,\dfrac{(2n+1)!}{n!}\,\dfrac{(1-s)^n}{s^{n+\frac{3}{2}}}$	0	184
45	$\psi\,(e^t)$	$-\dfrac{\zeta'\,(s)}{s\,\zeta\,(s)}$	1	251

26*

Historische Anmerkungen.

[1] Nach einer Bemerkung von G. ENESTRÖM, siehe PINCHERLE **17**, S. 36, Fußnote 120.

[2] Dieser Ausdruck scheint zuerst bei ABEL **1** vorzukommen.

[3] ABEL **1**.

[4] In dieser Allgemeinheit findet sich der Satz zuerst bei PINCHERLE **8**, S. 14. Für $s = s_0 + p$, wo p positiv ist, wurde er vorher von PHRAGMÉN **1** bewiesen, sodann von LERCH **1**. Mit letzterem Beweis ist im wesentlichen der von Pincherle identisch. Bei ihm tritt übrigens das Laplace-Integral in der Gestalt $\int_1^\infty z^{-s}\, \Phi(z)\, dz$ auf, und $\Phi(z)$ wird als eigentlich integrabel in jedem endlichen Intervall vorausgesetzt.

[5] LANDAU **2**, S. 215. Für $\beta < 0$ ist $\beta = \lim\limits_{\omega \to \infty} \sup \dfrac{\log \left| \int_\omega^\infty F(t)\, dt \right|}{\omega}$, siehe PINCHERLE **11**, S. 270.

[6] Daß die früher üblichen Bezeichnungen fonction génératrice und fonction déterminante für F und f unzweckmäßig sind, weil sie nicht von allen Autoren im gleichen Sinn gebraucht werden, wurde schon am Schluß des 2. Kapitels erwähnt. Die früher in den Arbeiten von DOETSCH benutzten Bezeichnungen Oberfunktion und Unterfunktion wurden später fallen gelassen, weil sie nicht genügend charakteristisch und auch nicht in andere Sprachen übersetzbar sind. Die jetzt im Text gewählten Bezeichnungen haben außer ihrer Eindeutigkeit den weiteren Vorteil, daß sie sich sinngemäß auf andere Transformationen übertragen lassen; so werden später z. B. bei der Mellin-Transformation die beteiligten Funktionen als M- und m-Funktionen bezeichnet werden.

[7] Daß nach einer derartigen Substitution der Integrationsweg nicht mehr reell zu sein braucht, wird manchmal übersehen, vgl. z. B. H. POINCARÉ: Théorie analytique de la propagation de la chaleur. Paris 1895, S. 198, wo die weiteren Schlußfolgerungen dadurch falsch werden.

[8] HARDY and TITCHMARSH **1**.

[9] Beweis nach POINCARÉ, a. a. O. [7], S. 99.

[10] Der folgende Beweis nach DOETSCH **26**, S. 622.

[11] BERNSTEIN **4**.

[12] Das Vorige beruht darauf, daß zu einer endlichen Exponentialsumme $F(t)$ als l-Funktion eine gebrochen rationale, also eine meromorphe Funktion gehört, deren Pole die Exponenten in $F(t)$ sind. Dies läßt sich sinngemäß erweitern auf solche Funktionen $F(t)$, die die Grenze gleichmäßig konvergenter Folgen von Exponentialsummen der Gestalt $\sum\limits_{n=1}^{N} c_n e^{i\lambda_n t}$ sind. Diese machen aber genau die fastperiodischen Funktionen (im ursprünglichen Bohrschen Sinn) aus. Siehe BOCHNER and BOHNENBLUST **1**.

[13] Die Umformung der Dirichletschen Reihe in ein Laplace-Integral kommt implizit schon z. B. bei O. PERRON: Zur Theorie der Dirichletschen Reihen. J. f. d. reine u. angew. Math. **134** (1908) S. 95—143 vor, explizit bei HAMBURGER **1**, S. 4.

[14] HAMBURGER 1, S. 9.

[15] Im folgenden geben wir den Beweis von LERCH 1, der historisch der erste war. Weitere Beweise siehe in 6.5 (S. 107) und 7.2 (S. 135). Ein von OSTROWSKI 1 angegebener Beweis unterscheidet sich von dem von Lerch nur dadurch, daß der Weierstraßsche Approximationssatz umgangen wird, indem ein zu dessen Beweis benutzter Kunstgriff direkt auf den obigen Satz 2 angewendet wird.

[16] WINTNER 2.

[17] PINCHERLE 8.

[18] Zuerst (auf anderem Wege als oben) bewiesen von PINCHERLE 8. Der oben angegebene erste Beweis auf Grund des Satzes von De la Vallée Poussin stammt im wesentlichen von LANDAU 2. Hier wird allerdings $F(t)$ als eigentlich integrabel vorausgesetzt und die Differenzierbarkeit des Integrals mit endlicher oberer Grenze α durch Reihenentwicklung bewiesen. — Der zweite Beweis ist neu.

[19] Für dieses Verhalten der Laplace-Integrale scheint bisher in der Literatur noch kein Beispiel angegeben worden zu sein.

[20] Weitere Beispiele siehe bei T. CARLEMAN: Les fonctions quasi analytiques. Paris 1926, S. 21—24 und S. 60—64.

[21] Der Satz stammt von O. PERRON, siehe die unter [13] zitierte Arbeit; vgl. E. LANDAU: Handbuch der Lehre von der Verteilung der Primzahlen. Leipzig und Berlin 1909, § 229 und 230. Der oben gegebene Beweis ist neu.

[22] Implizit enthalten in W. ROGOSINSKI: Zur Theorie der Dirichletschen Reihen. Math. Z. **20** (1924) S. 280—320 [S. 288, 289].

[23] DOETSCH 13, S. 156.

[24] Dieser Satz wird fälschlich nach Vivanti benannt. In Wahrheit ist er zum erstenmal ausgesprochen und bewiesen worden von A. PRINGSHEIM: Über Funktionen, welche in gewissen Punkten endliche Differentialquotienten jeder endlichen Ordnung, aber keine Taylorsche Reihenentwicklung besitzen. Math. Ann. **44** (1894) S. 41—56. Vgl. hierzu A. PRINGSHEIM: Kritisch-historische Bemerkungen zur Funktionentheorie I. Sitzungsber. Münchn. Akad. 1928, S. 343—358.

[25] LANDAU 1, S. 546—548 und 2, S. 217.

[26] Analogon zu einem von PRINGSHEIM in der unter [24] an zweiter Stelle zitierten Arbeit bewiesenen Satz über Potenzreihen.

[27] Analogon zu einem bekannten Satz von DIENES über Potenzreihen.

[28] Die §§ 1 bis 4 des 5. Kapitels mit Ausnahme von Satz 3 und 4 [5.1] und der Entwicklungen S. 68—73 folgen im wesentlichen der Darstellung in PÓLYA 2, 2. Kap., insbesondere S. 578—586. Die Resultate selber waren schon sehr viel früher bekannt, was wir an den einzelnen Stellen vermerken.

[29] Nach PÓLYA 1, S. 180.

[30] Die Sätze 1 und 2 dieses Paragraphen stehen im wesentlichen bei PINCHERLE 2. Zu Satz 3 und 4 vgl. die entsprechenden Sätze für Laplace-Stieltjes-Integrale bei WIDDER 1, S. 728 und 731.

[31] Siehe z. B. L. BIEBERBACH: Lehrbuch der Funktionentheorie II, S. 288—292. Leipzig und Berlin 1927. Wegen der Autorschaft dieses (von Bieberbach nach WIGERT benannten) Satzes vgl. Enzyklopädie d. math. Wiss. II C 4, S. 467.

[32] Der Inhalt von § 2 bis zu dieser Stelle rührt von PINCHERLE 4 und 5 her. Hier wird sogar gleich die im Text S. 71 und S. 73 erwähnte Verallgemeinerung betrachtet, daß F nur in einem Winkelraum, evtl. bis auf isolierte Singularitäten, regulär ist. Auf den Fall, daß F eine ganze Funktion ist, wird aber ausdrücklich hingewiesen, siehe PINCHERLE 5, S. 294, Ziffer 16. Dieser Fall ist dann in PINCHERLE 9 ausführlich behandelt.

[33] Ohne Beweis ausgesprochen bei R. D. CARMICHAEL: Summation of functions of a complex variable. Ann. of Math. (2) **34** (1933) S. 349—378 [S. 362].

[34] Satz 3 und 4 bei I. J. SCHOENBERG: On certain two-point expansions of integral functions of exponential type. Bull. Amer. Math. Soc. **42** (1936) S. 284—288.

[35] Vgl. hierzu [32].

[36] PHRAGMÉN **2**, Théorème I.

[37] Vgl. hierzu [32].

[38] Der Satz ist ausgesprochen in DOETSCH **11**, S. 22, bewiesen in DOETSCH **17**, S. 9, Fußnote. In PÓLYA **2** kommt der Satz nicht vor. In PÓLYA **1**, S. 185 wird ohne Beweis der Satz ausgesprochen, daß $f(s)$ sich von $s = \infty$ aus in das ganze Äußere von $\Re$ fortsetzen lasse (nicht daß $\mathfrak{L}(\varphi)$ dort konvergiere) und alle Randpunkte von $\Re$ außer den im Innern geradliniger Begrenzungsstücke liegenden singulär seien, und erklärt, daß dies nur eine neue Form des bekannten Resultates über das Borelsche Summabilitätspolygon sei. Wie wir aber in § 5 sehen werden, ist nicht dieses, sondern das Innere seiner Fußpunktkurve mit dem Äußeren von $\Re$ äquivalent. Das rührt daher, daß das Borelsche Integral (siehe § 5) durch eine gewisse Transformation nicht in $\mathfrak{L}(\varphi)$, sondern nur in einen Spezialfall davon übergeht.

[39] Die Größe $h(\varphi)$ ist, auch für den allgemeineren Fall, daß F in einem Winkelraum regulär und von endlicher Ordnung ist, in der S. 56 zitierten Arbeit von LINDELÖF und PHRAGMÉN (S. 391—406) eingeführt worden. Der Ausdruck Indikator stammt aus PÓLYA **1**.

[40] Der Satz ist nur eine andere Ausdrucksweise eines Resultates von SERVANT: Essai sur les séries divergentes. Thèse, Paris 1899, über das Borelsche Summabilitätspolygon (vgl. § 5). Siehe den Beweis in BOREL **1**, S. 171.

[41] Die Untersuchungen von §§ 1 bis 4 lassen sich auf Funktionen übertragen, die auf der Riemannschen Fläche des Logarithmus regulär sind, siehe PFLUGER **1**.

[42] Siehe die ausführliche Darstellung in BOREL **1**. Die Borelschen Untersuchungen gehen bis ins Jahr 1895 zurück.

[43] PHRAGMÉN **1**.

[44] Wie das Borelsche Integral (3) aus dem Laplace-Integral durch Koppelung des Integrationsweges entsteht, ist in DOETSCH **17**, S. 8 und S. 10, dargestellt. — In PINCHERLE **7**, S. 516 wird irrtümlicherweise das Laplace-Integral mit festem reellen Integrationsweg als äquivalent mit dem Borelschen Integral angesehen. Derselbe Fehler ist noch öfters gemacht worden, z. B. BROGGI **1**.

[45] Die Diskussion dieses Falles ist neu.

[46] Den Inhalt von I siehe in Doetsch **17**, S. 11, 12.

[47] In der Arbeit REY PASTOR **1**, von der mir nur ein Sonderabdruck ohne Jahresangabe (vielleicht 1930?) vorliegt, wird ohne Ausführung des Beweises auch der Satz ausgesprochen, daß das Borelsche Integral mit beliebigem Integrationsweg in einem Kreisbogenpolygon konvergiert.

[48] Der Inhalt von II ist neu.

[49] Diese Ableitung wird in einer demnächst erscheinenden Arbeit gegeben werden.

[50] DOETSCH **18**, S. 278—280.

[51] Dies ist geschichtlich der erste exakte Satz über das Fouriersche Integraltheorem. Er wurde aufgestellt und bewiesen in C. JORDAN: Cours d'analyse II, 1. Aufl. 1883; siehe 3. Aufl. 1913, Nr. 267.

[52] Bei DIRICHLET selbst lautet die Bedingung so, daß F stückweise monoton sein soll. Das ist aber im wesentlichen mit dem später von JORDAN aufgestellten Begriff der beschränkten Variation äquivalent, da eine Funktion von beschränkter Variation die Differenz zweier monotonen Funktionen ist.

[53] A. PRINGSHEIM: Über die Gültigkeitsgrenzen für die Fouriersche Integralformel. Math. Ann. **68** (1910) S. 367—408.

[54] H. WEYL: Zwei Bemerkungen über das Fouriersche Integraltheorem. Jahresber. D.M.V. **20** (1911) S. 129—141; siehe auch H. HAHN: Über eine Verallgemeinerung der Fourierschen Integralformel. Acta Math. **49** (1926) S. 301—353.

[55] Siehe hierüber z. B. H. Hahn: Über die Darstellung gegebener Funktionen durch singuläre Integrale. Denkschriften Akad. Wien, math.-nat. Kl., **93** (1916) S. 585—692.

[56] Die Charakterisierung der Gesamtheit aller involutorischen Transformationen, deren Kern wie bei der Fourierschen cos- und sin-Transformation nur von dem Produkt der Variablen x und y abhängt, siehe bei G. N. Watson: General transforms. Proc. Lond. Math. Soc. (2) **35** (1933) S. 156—199; neuer und einfacher Beweis der Ergebnisse bei G. Doetsch: Beitrag zu Watsons „General Transforms". Math. Ann. **113** (1936) S. 226—241; vgl. auch G. Doetsch: Zur Theorie der involutorischen Transformationen (General Transforms) und der selbstreziproken Funktionen. Math. Ann. **113** (1937) S. 665—676.

[57] Diese Ergebnisse stammen von M. Plancherel und E. C. Titchmarsh. Siehe die Darstellung bei Bochner **1**, 8. Kap.

[58] Satz 2, der, wie im Text gezeigt wird, eine unmittelbare Folge des Satzes 1 [6.4] und damit des Jordanschen Satzes 1 [6.2] darstellt, wird bei Hamburger **1** auf einem überflüssigen Umweg unter Benutzung des Jordanschen Satzes abgeleitet.

[59] Unter der engeren Voraussetzung, daß $F(t)$ von beschränkter Variation ist, bei Haar **1**, S. 73, 74.

[60] Satz 1 ist (mit $\eta > 0$) zuerst von B. Riemann: Ueber die Anzahl der Primzahlen unter einer gegebenen Größe. Ges. Werke, 2. Aufl. 1892, S. 145—155, für den Fall, daß $\varphi(s)$ eine Halbebene absoluter Konvergenz besitzt und die Integrationslinie darin verläuft, bewiesen worden, allerdings nur für die spezielle Funktion $\log \zeta(s)$ und ohne exakte Gültigkeitsbedingungen für das beim Beweis benutzte Fouriersche Integraltheorem. Nach mehreren Zwischenstufen ist die obige Formulierung von O. Perron in der unter [13] zitierten Arbeit auf ziemlich kompliziertem Weg bewiesen worden. Daß der Satz nichts anderes als eine unmittelbare Folge des Satzes 2 [6.5] ist, wurde von Hamburger **1** erkannt. Der Satz ist ein Musterbeispiel dafür, wie Sätze über Dirichletsche Reihen durch die Schreibweise als Laplace-Integrale klar verständlich und leicht beweisbar werden.

[61] Wegen des Auftretens der Sätze dieses Paragraphen in der Literatur unter der Flagge der Mellin-Transformation siehe § 8.

[62] Diese Transformation ist von Mellin in zahlreichen grundlegenden Arbeiten studiert und auf die mannigfachsten Probleme der Analysis angewandt worden. Den Forschern Mellin und Pincherle hat die Theorie der Laplace-Transformation nächst dem Begründer Laplace ihre größten Fortschritte zu verdanken. Mellin hat die Zusammenhänge zunächst an dem Spezialfall, daß Φ eine hypergeometrische Funktion und φ eine Gammafunktion ist, entwickelt.

[63] Mellin **1**, § 14; **5**, § 7; **7**, § 8. Mellin benutzt bei seinen Beweisen hauptsächlich den Cauchyschen Satz und die Cauchysche Integralformel in einer Weise, die schon Cauchy selbst durchaus geläufig war, ist aber nach seinen Angaben (**1**, S. 87) auf diese Verwendungsart durch eine Arbeit von Kronecker geführt worden.

[64] Diese Formel stammt von S. Pincherle: Sulle funzioni ipergeometriche generallizate. Rend. Accad. Naz. dei Lincei (4) **4**, 1⁰ semestre (1888) S. 792—799. Sie spielt in der analytischen Zahlentheorie eine wichtige Rolle. — Die obige Herleitung in Mellin **6**, S. 7.

[65] Mellin **6**, S. 7.

[66] Mellin **6**, S. 8. Die Formel findet sich zuerst in der unter [60] zitierten Arbeit (S. 146) von Riemann, der auf ihr seinen ersten Beweis für die Funktionalgleichung der ζ-Funktion aufbaut.

[67] Für die erste Formel siehe die unter [60] zitierte Arbeit von Riemann, S. 147. Sie bietet die Grundlage des zweiten Riemannschen Beweises für die Funktionalgleichung der ζ-Funktion, der in den folgenden Zeilen des Textes wiedergegeben ist. — Die zweite Formel des Paares liegt dem Hardyschen Beweis des Satzes

zugrunde, daß $\zeta(s)$ auf der Geraden $x = \dfrac{1}{2}$ unendlich viele Nullstellen besitzt; siehe G. H. HARDY: Sur les zéros de la fonction $\zeta(s)$ de Riemann. Comptes Rendus Acad. Paris **158** (1914) S. 1012—1014 und MELLIN **11**. Die Formel ist ein spezieller Fall einer allgemeineren, die in MELLIN **3**, S. 39 angegeben ist.

[68] MELLIN **4**, S. 21; **6**, S. 7.

[69] Die Sätze dieses Paragraphen stammen aus MELLIN **13**, § 4; vgl. auch MELLIN **12**, S. 6.

[70] Satz 5 kommt in etwas allgemeinerer Gestalt schon vor bei F. CARLSON: Sur une classe de séries de Taylor. Thèse, Uppsala 1914, S. 58, Théorème C. (Übrigens hat MELLIN **13**, S. 27 weitere Sätze angegeben, die in anderer Richtung über Satz 5 hinausgehen.) Den Spezialfall, daß $f(s)$ als ganze Funktion und $\vartheta_0 = \pi$ vorausgesetzt wird, haben S. WIGERT: Sur un théorème concernant les fonctions entières. Arkiv för Mat., Astr. och Fys. **11** (1916) Nr. 21 (Corallaire 2, S. 5) — hier wird sogar $q < \dfrac{\pi}{2}$ verlangt — und H. CRAMÉR: Un théorème sur les séries de Dirichlet et son application. Arkiv för Mat., Astr. och Fys. **13** (1918) Nr. 22 (S. 11) wiedergefunden. Einen weiteren Beweis für den Fall $\vartheta_0 = \pi$, der wie der Mellinsche auf der Betrachtung der Funktion $\varphi(s) = \dfrac{f(s)}{\sin \vartheta_0\, s}$ und des Mellin-Integrals beruht, gab G. H. HARDY: On two theorems of F. Carlson and S. Wigert. Acta Math. **42** (1920) S. 327—339. Dieser Beweis läßt die inneren Zusammenhänge besonders deutlich erkennen. Hier wird nämlich für das Integral

$$\frac{1}{2\pi i} \int\limits_{\frac{1}{2} - i\infty}^{\frac{1}{2} + i\infty} z^s\, \pi\, \frac{f(s)}{\sin \pi s}\, d s = \Phi(z)$$

durch Residuenrechnung der explizite Ausdruck gefunden:

$$\Phi(z) = f(1)\, w - f(2)\, w^2 + f(3)\, w^3 - + \cdots,$$

der das identische Verschwinden von $\Phi(z)$ in Evidenz setzt. Aus

$$-\frac{\pi}{\sin \pi s}\, f(-s) = \int\limits_{0}^{\infty} z^{s-1}\, \Phi(z)\, dz \qquad \text{für} \qquad -1 < s < 0$$

folgt dann das Verschwinden von $f(s)$.

[71] Der im Text folgende Beweis ist hier neu hinzugefügt. Bei MELLIN **13**, S. 28, wird das Bestehen der Ungleichung für $\varphi(s)$ nur behauptet, aber nicht bewiesen.

[72] Eine andere wichtige Klasse von L-Funktionen, bei der die Idealforderung erfüllt ist, wird geliefert durch die Klasse $L^2(0, \infty)$. Ihr entspricht genau die Klasse derjenigen $f(s)$, für die

$$\int\limits_{-\infty}^{+\infty} |f(x + i y)|^2\, d y \leqq M \qquad \text{für} \qquad x > 0$$

ist (M eine von f abhängige Konstante). Hierfür sowie für Verallgemeinerungen siehe DOETSCH **30**; vgl. auch HILLE and TAMARKIN **1**, **2**; HILLE **1**.

[73] Das Darstellungsproblem kann als eine Verallgemeinerung des Momentenproblems (Herstellung einer Funktion aus ihren Momenten) angesehen werden. Setzt man $e^{-t} = x$, $F(-\log x) = \Phi(x)$, so ist $f(s) = \int\limits_{0}^{1} x^{s-1}\, \Phi(x)\, d x$. $f(s)$ bedeutet also die für alle Exponenten $s - 1$ gebildeten Potenzmomente von $\Phi(t)$ im Intervall $(0, 1)$. Daher lassen sich viele Ergebnisse aus der Theorie des Momentenproblems auf Laplace-Integrale verallgemeinern. Wir gehen dem hier nicht weiter

nach, weil diese Dinge eigentlich in die Theorie des Laplace-Stieltjes-Integrals gehören. Vgl. WIDDER 4.

[74] FUJIWARA 1, S. 379; kürzer und ähnlich wie oben im Text bewiesen bei HAMBURGER 2, S. 242.

[75] Satz und Beweis von DOETSCH, publiziert in CHURCHILL 2, S. 569. Vgl. dazu die Sätze I und II in FUJIWARA 1, die aber unrichtig sind, weil beim Beweis eine Reihe nicht angeführter Voraussetzungen benutzt wird; ferner TAMARKIN 1.

[76] PINCHERLE 8, S. 52.

[77] POST 1; auf Lebesguesche und Stieltjessche Laplace-Integrale übertragen von WIDDER 3, Part I.

[78] TRICOMI 8 hat die Formel von Satz 1 dazu ausgenutzt, um bei einem bekannten Paar von Funktionen F, f für $f^{(k)}$ eine Grenzwertrelation bei $k \to \infty$ aufzustellen.

[79] Diese Darstellung ist zuerst von H. VON KOCH: Sur la distribution des nombres premiers. Acta Math. 24 (1901) S. 159—182 angegeben und mit Erfolg zur Untersuchung der ζ-Funktion verwendet worden, kurz danach auch von MELLIN 6.

[80] PHRAGMÉN 2, S. 360. Die Formel wird hier nur für beschränkte F bewiesen und eigentlich nicht als Umkehrformel aufgestellt, sondern nur als Hilfsformel für den Beweis des Satzes 2 im Text. Daraus erklärt es sich, daß diese wichtige Formel bisher ganz unbeachtet geblieben ist. Man kann aus ihr eine bisher unbekannte Formel für die Koeffizienten einer Dirichletschen bzw. Potenzreihe ableiten.

[81] Dieser Beweis ist von PHRAGMÉN 2.

[82] Siehe z. B. R. COURANT und D. HILBERT: Methoden der mathematischen Physik. I. 2. Aufl. Berlin 1931, S. 79. Die L_n sind hier anders normiert.

[83] DOETSCH 27.

[84] TRICOMI 2 mit etwas anderem Beweis. Vgl. auch TRICOMI 4, PICONE 4 und DOETSCH 27. Formal ohne Gültigkeitsgrenzen wurde die Umkehrung der Laplace-Transformation durch eine Entwicklung nach Laguerreschen Polynomen bereits durchgeführt von R. MURPHY: Second memoir on the inverse method of definite integrals. Trans. Cambridge Phil. Soc. 5 (1835) S. 113—148 [S. 145]. Das Laplace-Integral tritt dort in Mellinscher Gestalt auf. Die Funktionen, nach denen entwickelt wird, sind mit T_n bezeichnet. — Ähnliche Entwicklungen nach gewissen Polynomtypen sind noch öfters angegeben worden und sind ja auch sehr naheliegend, jedoch fehlt es bei ihnen regelmäßig an der Angabe der Gültigkeitsgrenzen, so daß es sich nicht verlohnt, darauf näher einzugehen. — Zwei Methoden, die mehr auf die praktische Berechnung von $F(t)$ ausgehen, siehe in PICONE 5.

[85] CHURCHILL 2, S. 572. Der Satz kann als eine Präzisierung des in der Elektrotechnik oft benutzten Heavisideschen „expansion theorem" (siehe 24.1) angesehen werden.

[86] Zu diesem Beweis siehe für den Fall $v = 0$: HAMBURGER 3, für beliebiges v: DOETSCH 22, S. 87.

[87] Die Formel und hinreichende Bedingungen bei TRICOMI 7; exakte Gültigkeitsgrenzen, aus denen sich die im Text genannten ergeben, bei DOETSCH 29, S. 306.

[88] DOETSCH 30, S. 282.

[89] Hinsichtlich der in 7.1 behandelten Umkehrformel ist das bei WIDDER 3, 4 geschehen.

[90] DOETSCH 25, S. 78.

[91] Die Eigenschaft $L\{F'\} = s L\{F\} - F(0)$ ist insofern für die Laplace-Transformation charakteristisch, als sie diese unter Hinzunahme gewisser, ziemlich schwacher Voraussetzungen eindeutig bestimmt; siehe LEVI 1. Vgl. auch PINCHERLE 2 und MARTIS IN BIDDAU 1.

[92] Für L_a-Funktionen auf anderem Wege als im Text bewiesen bei DOETSCH **2**, S. 198.

[93] (2) ist das bekannte Parsevalsche Integral, so genannt, weil es PARSEVAL 1806 (in etwas speziellerer Gestalt) verwandt hat. Es dient u. a. zum Beweis des Hadamardschen Kompositionssatzes über den Zusammenhang der Singularitäten von φ mit denen von φ_1 und φ_2, vgl. J. HADAMARD: La série de Taylor et son prolongement analytique (Coll. Scientia Nr. 12). Paris 1901, S. 69.

[94] V. VOLTERRA: Leçons sur les fonctions de lignes. Paris 1913; V. VOLTERRA et J. PÉRÈS: Leçons sur la composition et les fonctions permutables. Paris 1924. Der Fall, daß die Funktionen nur von $x - y$ abhängen, kommt bei Volterra als Fall des „cycle fermé" vor (Chap. VII).

[95] DOETSCH **6**, S. 294.

[96] Es ist schwer festzustellen, wo dieser Satz zum erstenmal aufgetreten ist. Er kommt unter verschiedenen Gestalten an folgenden Stellen vor: TSCHEBYSCHEF: Sur deux théorèmes relatifs aux probabilités. Acta Math. **14** (1890/91) S. 305—315 [S. 309]; BOREL **1**, S. 131 (in der 1. Aufl. 1901, S. 104); CAILLER **1**; C. V. L. CHARLIER: Contributions to the mathematical theory of statistics. Arkiv för Mat., Astr. och Fys. **8** (1912) Nr. 4; HORN **1**, S. 323.

[97] DOETSCH **2**, S. 199.

[98] Satz 3 bis 6 bei DOETSCH **25**; vgl. hierzu die auf Laplace-Stieltjes-Integrale bezüglichen Sätze bei HILLE and TAMARKIN **3**.

[99] AMERIO **1**, S. 209. Satz 7 ist das Analogon zu dem Mertensschen Satz über Reihen, daß das Cauchysche Produkt einer einfach und einer absolut konvergenten Reihe konvergiert. Der obige Beweis verläuft in den Bahnen eines von Jensen herrührenden Beweises des Mertensschen Satzes.

[100] DOETSCH **25**, S. 83.

[101] Ohne strengen Beweis bei PINCHERLE **9**.

[102] Der Satz stammt von SCHNEE, siehe das unter [21] zitierte Handbuch, S. 793; kürzerer Beweis bei E. LANDAU: Neuer Beweis des Schneeschen Mittelwertsatzes über Dirichletsche Reihen. Tôhoku Math. J. **20** (1921) S. 125—130.

[103] In der auf Mellin-Integrale bezüglichen Gestalt bei MELLIN **6**, S. 41—44; es fehlt jedoch der Nachweis der Erlaubtheit der beim Beweis benötigten Integralvertauschung. Daselbst auch mit analogem Beweis der weiter unten folgende Satz 2.

[104] DOETSCH **22**, S. 94.

[105] Dort wird gezeigt, daß die Riemannsche Funktionalgleichung aus der Thetaformel folgt; das Umgekehrte ist bei HAMBURGER **3** und MELLIN **14** durchgeführt. In der ersteren Arbeit ist auch noch die Äquivalenz mit einer anderen (weniger einfachen) Fourier-Entwicklung sowie mit der Poissonschen Summationsformel nachgewiesen.

[106] Der Inhalt dieses Paragraphen stammt aus DOETSCH **22**.

[107] Verallgemeinerung dieses Zusammenhangs auf einen allgemeinen Reihentyp bei BALLOU **1**.

[108] Siehe G. N. WATSON: A treatise on the theory of Bessel functions. Cambridge 1922, S. 393. Die Formel ergibt sich sofort durch gliedweise Anwendung der Laplace-Transformation.

[109] Verallgemeinerungen von (3) und weitere ähnliche Formeln siehe bei H. KOBER: Transformationsformeln gewisser Besselscher Reihen, Beziehungen zu Zetafunktionen. Math. Z. **39** (1935) S. 609—624.

[110] Diese Formel ist schon von N. NIELSEN: Handbuch der Theorie der Cylinderfunktionen. Leipzig 1904, S. 336 auf anderem Wege gefunden worden.

[111] Siehe WATSON, l. c. [108], S. 394. Auch diese Formel entsteht durch gliedweise Anwendung der Laplace-Transformation.

[112] Diese Formel ist zusammen mit ihrer Umkehrung

$$J_0(z) = \frac{1}{\pi} \int_{-1}^{+1} \frac{e^{-izy}}{\sqrt{1-y^2}}\, dy$$

in der Theorie der Besselfunktionen wohlbekannt.

[113] Der Beweis ergibt sich leicht aus der expliziten Darstellung für $L_n^{(\alpha)}$, siehe TRICOMI 2, S. 234. Eine allgemeinere Formel für ein Produkt von Laguerreschen Polynomen siehe bei K. MAYR: Integraleigenschaften der Hermiteschen und Laguerreschen Polynome. Math. Z. **39** (1935) S. 597—604.

[114] Diese Formel kommt ohne Beweis vor bei E. HILLE: On Laguerre's series. First Note. Proc. Nat. Acad. USA **12** (1926) S. 261—265. Der Beweis des Textes stammt von TRICOMI 3.

[115] DOETSCH 27.

[116] TRICOMI 4; der Beweis im Text ist von DOETSCH 27. Verallgemeinerung mit derselben Beweismethode bei ERDÉLYI 4.

[117] Beweis in DOETSCH 15. Allgemeinere Formeln siehe in der unter [113] zitierten Arbeit von MAYR.

[118] Die Formeln rühren her von G. SZEGÖ: Beiträge zur Theorie der Laguerreschen Polynome. Math. Z. **25** (1926) S. 87—115, der Beweis des Textes von TRICOMI 3.

[119] DOETSCH 15.

[120] Die Formeln (5) bis (8) sind auf anderem Weg gefunden von F. TRICOMI: Sulle trasformazioni funzionali lineari commutabili con la derivazione. Comment. Math. Helv. **8** (1935/36) S. 70—87 [S. 82].

[121] Die Theorie dieser Transformation ist entwickelt in E. HILLE: A class of reciprocal functions. Ann. of Math. (2) **27** (1926) S. 427—464 und DOETSCH 29; vgl. auch die unter [120] zitierte Arbeit von TRICOMI.

[122] Diese Formeln kommen schon bei LAPLACE vor. Faßt man sie in der einen Formel

$$\frac{1}{\sqrt{\pi}} \int_{-\infty}^{+\infty} e^{-(x-y)^2}\, e^{2ix}\, dx = \frac{1}{e}\, e^{2iy}$$

zusammen, so ist diese der Spezialfall $t = 2$ der S. 89, 90 bewiesenen Formel

$$\frac{1}{\pi} \int_{-\infty}^{+\infty} e^{-u^2 + itu}\, du = \frac{1}{\sqrt{\pi}}\, e^{-\frac{t^2}{4}}.$$

[123] Für den Spezialfall, daß s reell gegen 0 strebt, bei HARDY and LITTLEWOOD 1, S. 27.

[124] DOETSCH 16.

[125] Weitere Anwendungen auf Dirichletsche Reihen siehe bei DOETSCH 16.

[126] Der dem Satz 2 entsprechende Satz für Potenzreihen findet sich bei APPELL: Sur certaines séries ordonnées par rapport aux puissances d'une variable. Comptes Rendus Acad. Paris **87** (1878) S. 689—692.

[127] Mit anderem Beweis bei PINCHERLE 8; der Beweis des Textes nach SCHNEE 1, S. 92—94, 113; siehe auch den Beweis bei HAAR 1, S. 82—84, 86.

[128] HAAR 1, S. 87.

[129] Verschwindet $F(t)$ außerhalb eines endlichen Intervalles (a, b), und ist $F(t)$ in (a, b) beschränkt, so ist trivialerweise

$$f(s) = O\left(\frac{e^{-a\,\Re s}}{\Re s}\right) \quad \text{für } \Re s > 0.$$

Ist aber obendrein $F(t)$ in (a, b) von beschränkter Variation, so kann man zeigen:

$$f(s) = O\left(\frac{e^{-a\Re s}}{|s|}\right) \quad \text{für } \Re s \geqq 0, \qquad f(s) = O\left(\frac{e^{-b\Re s}}{|s|}\right) \quad \text{für } \Re s \leqq 0.$$

Siehe das Lemma S. 198 und die in anderem Gewand auftretenden Untersuchungen in dem unter [7] zitierten Werk von POINCARÉ, S. 204—209. Zu diesem Fall des Laplace-Integrals mit endlichen Grenzen vgl. auch TITCHMARSH 1. Das Hauptziel dieser Arbeit ist übrigens die Abschätzung der Nullstellenanzahl von $f(s)$.

[130] Für den Spezialfall, daß s reell gegen ∞ strebt, bei HARDY and LITTLEWOOD 1, S. 27.

[131] Einen Spezialfall dieses Satzes mit einer überflüssigen zusätzlichen Voraussetzung über das Verhalten von $F(t)$ für $t \to \infty$ siehe bei TRICOMI 1.

[132] Nähere Angaben über den Satz mit der Voraussetzung $o\left(\dfrac{1}{n}\right)$ von TAUBER (1897), mit $O_L\left(\dfrac{1}{n}\right)$ von HARDY und LITTLEWOOD (1914) und über eine Zwischenstufe mit $O\left(\dfrac{1}{n}\right)$ von LITTLEWOOD (1911) siehe bei E. LANDAU: Darstellung und Begründung einiger neuerer Ergebnisse der Funktionentheorie. Berlin 1916, 3. Kap.

[133] Diese Mittel sind, auch für nichtganzes k, systematisch untersucht in G. DOETSCH: Eine neue Verallgemeinerung der Borelschen Summabilitätstheorie der divergenten Reihen. Dissertation, Göttingen 1920, 56 S.

[134] KARAMATA 2, S. 28. Hier wird übrigens $q(x)$ nur als Riemann-integrabel vorausgesetzt, jedoch wird der Beweis, der den Erörterungen oben im Text hinter Formel (1) entsprechen würde, nicht im einzelnen ausgeführt.

[135] Nachdem LANDAU 3 und 4 die Analoga zu den Sätzen von Tauber und Littlewood für Potenzreihen mit $a_n = o\left(\dfrac{1}{n}\right)$ bzw. $O\left(\dfrac{1}{n}\right)$ bewiesen hatte (siehe [132]), wurde das Analogon zu dem nach damaligen Anschauungen sehr tief liegenden Satz von Hardy und Littlewood für Potenzreihen mit $a_n = O_L\left(\dfrac{1}{n}\right)$ von DOETSCH 1, § 3 bewiesen. (Das Laplace-Integral wird in diesen Arbeiten in Mellinscher Gestalt geschrieben.) Es ist das der Satz 4 oben im Text. Der Beweis stützt sich wie im Text auf den Fall $\gamma = 1$ von Satz 3. Dieser Spezialfall $\gamma = 1$ wird in DOETSCH 1, § 2 mit Hilfe der von Hardy und Littlewood geschaffenen, sehr komplizierten Hilfsmittel geführt, der allgemeine Fall $\gamma > 0$ wäre ohne neue Schwierigkeiten genau so zu erledigen. — Sodann wurde Satz 2 für $L(x) \equiv 1$ von HARDY and LITTLEWOOD 1 bewiesen, und zwar nicht direkt, sondern als Folgerung aus einem analogen Satz über die Stieltjes-Transformation. (Daß letzterer umgekehrt auch aus den beiden Teilen von Satz 2 folgt, zeigte DOETSCH 13.) Danach gab SzÁSz 1 nochmals einen Beweis der Hälfte des Satzes 2 mit $L(x) \equiv 1$, die sich auf $s \to 0$, $t \to \infty$ bezieht, aber nur für den Spezialfall $\gamma \geqq 1$, $F(t)$ monoton (vgl. hierzu den Zusatz zu Satz 2 im Text); er verläuft in den Bahnen des Beweises in DOETSCH 1. — Angesichts der Kompliziertheit all dieser Beweise bedeutete es eine große Überraschung, als KARAMATA zunächst für Potenzreihen (Über die Hardy-Littlewoodschen Umkehrungen des Abelschen Stetigkeitssatzes. Math. Z. 32 (1930) S. 319 bis 320) eine ganz einfache Beweisführung angab, die sich sofort auf Laplace-Integrale übertragen ließ, siehe KARAMATA 2, und die oben im Text (Satz 1 und 2) dargestellt ist (für Laplace-Stieltjes-Integrale vgl. auch KARAMATA 1). Satz 2 ist von KARAMATA 2 und 4 in Richtung eines Satzes von R. SCHMIDT über Potenzreihen (Über divergente Folgen und lineare Mittelbildungen. Math. Z. 22 (1925) S. 89—152 [§ 15]) verallgemeinert worden. Ferner ist in KARAMATA 3 ein weiterer Beweis, der auf einem Stetigkeitssatz des Momentenproblems beruht, für diese

Verallgemeinerung angegeben worden. — Eine weitere Beweismethode für Taubersche Sätze, die auf ganz anderen Prinzipien beruht, wird in 10.3 vorgeführt.

[136] Für den Fall, daß F die Ableitung seines Integrals ist, sind die beiden Hälften des Lemmas bewiesen in DOETSCH 13, S. 153 und 1, S. 70.

[137] HARDY and LITTLEWOOD 1, S. 33 und DOETSCH 13, S. 148, 150.

[138] DOETSCH 1.

[139] DOETSCH 13, S. 148.

[140] Bei LANDAU: l. c. [21], S. 874 wird bei dem dem Satz 1 des Textes entsprechenden Satz noch $f(s) = O([\Im s]^k)$ auf der Konvergenzgeraden vorausgesetzt, bei G. H. HARDY and J. E. LITTLEWOOD: The Riemann zeta-function and the theory of the distribution of primes. Acta Math. **41** (1918) S. 119—196 noch $f(s) = O(e^{c|\Im s|})$.

[141] Der Satz wurde von IKEHARA 1 für Dirichletsche Reihen mit einer von N. Wiener geschaffenen Methode bewiesen und dann von WIENER 1, S. 44 auf Laplace-Integrale übertragen. Vereinfachung des Beweises von BOCHNER 2. Der Satz von Ikehara-Wiener bezieht sich auf Laplace-Stieltjes-Integrale, wir übertragen ihn und seinen Beweis auf Laplace-Integrale. Der Originalfassung würde es entsprechen, daß wir $F(t)$ nur als positiv voraussetzten und nur $\int\limits_0^t F(\tau)\,d\tau \sim Ae^t$ behaupteten. Wir setzen $F(t)$ obendrein als monoton voraus und können dann sogar $F(t) \sim Ae^t$ behaupten. In dieser Fassung reicht der Satz auch noch für die wichtigsten Anwendungen, z. B. auf den Primzahlsatz, aus, und man hat den Vorteil, den Beweis von Gleichung (4) an wesentlich abkürzen zu können, wie es LANDAU 5, S. 520 gezeigt hat.

[142] Der Inhalt des 11. Kap. stammt aus DOETSCH 18.

[143] SCHNEE 1, § 1.

[144] POINCARÉ 1, § 1; siehe auch H. POINCARÉ: Les méthodes nouvelles de la mécanique céleste. II, Chap. VIII. Paris 1893.

[145] Das Laplacesche Problem ist in der Literatur sehr oft behandelt worden, die Tragweite dieser Untersuchungen ist infolge der wechselnden Voraussetzungen recht verschieden. Wir nennen nur die wichtigsten Etappen. In LAPLACE 1, 2e Partie, wird auf einem nach heutigen Begriffen unstatthaften Weg ein Näherungsausdruck für das Integral abgeleitet. In POINCARÉ 1 (1886) werden Integrale der Laplaceschen Art, die gewissen Differentialgleichungen genügen, in asymptotische Potenzreihen entwickelt. In dem unter [7] zitierten Werk, Chap. XII, leitet POINCARÉ 1895 für das Integral einen Näherungsausdruck her, der Beweis ist aber falsch, vgl. [7]. Der erste, der eine einwandfreie und allgemeine asymptotische Potenzentwicklung aufstellte, scheint PINCHERLE 7 (1904) gewesen zu sein. Er gewinnt elegant aus dem Gesetz III_a:

$$\mathfrak{L}\{F^{(n)}\} = s^n \left(f(s) - \frac{F(0)}{s} - \frac{F'(0)}{s^2} - \cdots - \frac{F^{(n-1)}(0)}{s^n} \right)$$

und der Bemerkung, daß jede Laplace-Transformierte für $s \to \infty$ gegen 0 strebt, die Relation:

$$s^n \left(f(s) - \frac{F(0)}{s} - \frac{F'(0)}{s^2} - \cdots - \frac{F^{(n-1)}(0)}{s^n} \right) \to 0 \quad \text{für} \quad s \to \infty.$$

Dieses Ergebnis, dessen Voraussetzungen leicht zu präzisieren wären, scheint aber von den späteren Bearbeitern, deren Resultate teilweise weniger besagen, nicht beachtet worden zu sein. 1917 gab O. PERRON: Über die näherungsweise Berechnung von Funktionen großer Zahlen. Sitzungsber. Münchn. Akad. 1917, S. 191—219 die Entwicklung vermittels komplexer Funktionentheorie. Auf anderem Wege leitete sie 1922 WATSON, l. c. [108], S. 236, HAAR 1 (1926) und WINTNER 1 (1928) ab. Alle diese Darstellungen unterscheiden sich auch in den Voraussetzungen.

414 Historische Anmerkungen.

Das allgemeinste Resultat, zugleich mit dem einfachsten Beweis, wurde in DOETSCH
18 (1931), S. 283—285, erreicht. Es ist das der Satz 1 des Textes. WIENER 1
(1932), S. 60—62 und WINTNER 3 (1934) haben unter spezielleren Voraussetzungen
Beweise gegeben, die in ähnlichen Bahnen wie der in DOETSCH 1 verlaufen.

[146] Nach POINCARÉ 1 ist eine asymptotische Potenzreihe, die erst mit einem
höheren Glied als x^{-1} anfängt, gliedweise integrierbar, dagegen i. allg. nicht differenzierbar.

[147] Einen spezielleren Satz siehe in WINTNER 3.

[148] Die folgende Herleitung ist in DOETSCH 24 angegeben.

[149] Die Stirlingsche Reihe wurde zuerst von T. J. STIELTJES: Sur le développement de $\log \Gamma(a)$. J. de Math. (4) 5 (1889) exakt und in voller Allgemeinheit hergeleitet. Daß sie in der ganzen Ebene außer der negativ reellen Achse gilt und
daß sich das Binetsche Integral durch Drehung des Integrationsweges in denselben
Bereich fortsetzen läßt, wurde zuerst von MELLIN 3, S. 42—47 für die Reihe und 6,
S. 45 für das Binetsche Integral gezeigt. Mellin leitet die Stirlingsche Reihe auf
komplizierterem Weg als im Text durch indirekte Abelsche Asymptotik ab.

[150] Diese Herleitung der asymptotischen Entwicklung für $J_0(x)$ dürfte neu
und zugleich die prinzipiell einfachste sein.

[151] Vgl. auch die nach dem gleichen Prinzip hergeleitete Entwicklung der
anderen Zylinderfunktionen $K_\nu(s)$ und $H_\nu^{(1)}(s)$ bei FISCHER 1, S. 30—34.

[152] DOETSCH 18, S. 284.

[153] DOETSCH 18, S. 287—289.

[154] Mit Hilfe von Satz 2 läßt sich den formalen Entwicklungen in BERNSTEIN 2
ein realer Untergrund geben.

[155] Die ausführliche Geschichte des Primzahlsatzes siehe in LANDAU: l. c.[21],
S. 3—55. — Die wesentliche Vereinfachung des im Text gegebenen Beweises besteht darin, daß er den Satz 1 [10.3] benutzt, der von der beteiligten Funktion
$f(s)$ nicht die schwierig zu verifizierenden Abschätzungen auf der Geraden $\Re s = 1$
verlangt, die in den unter [140] genannten Sätzen, auf die man bisher den Beweis
des Primzahlsatzes stützte, als Voraussetzungen vorkommen. — Der § 3 des
Textes bis zum Beweis von Satz 2 folgt der Darstellung in LANDAU 5.

[156] Alle bisherigen Beweise des Primzahlsatzes kommen ohne komplexe Funktionentheorie nicht aus, die Wege über die reelle Analysis führen nicht bis zum
Primzahlsatz heran. Als „abschreckendes Beispiel" sei folgendes erwähnt: J. KARA
MATA hat mit elementaren Mitteln, nämlich. ungefähr denselben wie bei Satz 1
[10.2] folgenden Satz bewiesen (Sur certains «Tauberian theorems» de M. M.
Hardy et Littlewood. Mathematica (Cluj, Rumänien) 3 (1930) S. 33—48 [Théorème
III, S. 47]): Es sei eine Folge von Zahlen p_ν mit den Eigenschaften

$$p_\nu \geqq 0, \quad P_n = \sum_{\nu=0}^{n} p_\nu \to \infty, \quad \frac{1}{n\,P_n} \sum_{\mu=0}^{n} P_\mu \to \frac{1}{\sigma}. \qquad (\sigma \geqq 1)$$

und in $0 \leqq x \leqq 1$ eine Funktion $f(x)$ von beschränkter Variation gegeben, die im
Falle $\sigma = 1$ in $x = 0$ stetig sein soll (eine a. a. O. nicht angegebene Bedingung,
die aber in dem beim Beweis benutzten Théorème I vorkommt). Gilt dann für
irgendeine Folge $s_0, s_1, \dots$ die Relation

$$\frac{\sum\limits_{\nu=0}^{n} p_\nu s_\nu}{\sum\limits_{\nu=0}^{n} p_\nu} \to s \quad \text{für} \quad n \to \infty,$$

so gilt auch

$$\frac{\sum\limits_{\nu=0}^{n} s_\nu\, p_\nu\, f\left(\dfrac{\nu}{n}\right)}{\sum\limits_{\nu=0}^{n} p_\nu\, f\left(\dfrac{\nu}{n}\right)} \to s \quad \text{für} \quad n \to \infty .$$

Setzen wir $p_0 = 0$, $p_\nu = \dfrac{1}{\nu}$ $(\nu \geqq 1)$, so ist $p_\nu \geqq 0$ und

$$P_n = \sum_{\nu=1}^{n} \frac{1}{\nu} \sim \log n ,$$

$$\sum_{\mu=0}^{n} P_\mu = \sum_{\mu=1}^{n} \sum_{\nu=1}^{\mu} \frac{1}{\nu} = \sum_{\nu=1}^{n} \frac{1}{\nu} \sum_{\mu=\nu}^{n} 1 = \sum_{\nu=1}^{n} \frac{n-\nu+1}{\nu} = (n+1) \sum_{\nu=1}^{n} \frac{1}{\nu} - n$$

$$\sim (n+1)\,\log n - n ,$$

mithin

$$\frac{1}{n\,P_n} \sum_{\mu=0}^{n} P_\mu \to 1 \quad \text{für} \quad n \to \infty .$$

Es ist also hier $\sigma = 1$. Wählen wir nun $s_0 = 0$, $s_\nu = \Lambda(\nu)$, so kann die im Text elementar bewiesene Relation $\displaystyle\sum_{\nu\, \leqq\, x} \frac{\Lambda(\nu)}{\nu} \sim \log x$ so geschrieben werden:

$$\frac{\displaystyle\sum_{\nu=1}^{n} \frac{1}{\nu}\,\Lambda(\nu)}{\displaystyle\sum_{\nu=1}^{n} \frac{1}{\nu}} = \frac{\displaystyle\sum_{\nu=0}^{n} p_\nu\, s_\nu}{\displaystyle\sum_{\nu=0}^{n} p_\nu} \to 1 .$$

Mit der in $x = 0$ stetigen Funktion von beschränkter Variation $f(x) \equiv x$ bekommen wir also nach dem oben zitierten Satz:

$$\frac{\displaystyle\sum_{\nu=1}^{n} \Lambda(\nu)\,\frac{1}{\nu}\,\frac{\nu}{n}}{\displaystyle\sum_{\nu=1}^{n} \frac{1}{\nu}\,\frac{\nu}{n}} = \frac{\displaystyle\sum_{\nu=1}^{n} \Lambda(\nu)}{n} = \frac{\psi(n)}{n} \to 1 .$$

Das ist der Primzahlsatz, für den wir damit einen „elementaren", d. h. von komplexer Funktionentheorie völlig freien Beweis hätten. Leider ist aber der Beweis von Théorème III der Karamataschen Arbeit, bzw. der des Théorème II, aus dem III gefolgert wird, gerade in unserem Fall falsch. Es wird nämlich dabei durch die dortige Gleichung (11′) dividiert, was voraussetzt, daß deren rechte Seite $\neq 0$ ist. Diese ist aber im Falle $\sigma = 1$ gleich $f(0)$. Théorème II bzw. III ist also bei $\sigma = 1$ nur richtig für $f(0) \neq 0$, und diese Bedingung ist gerade für $f(x) \equiv x$ verletzt.

[157] Die Asymptotik der Mellin-Transformation ist von MELLIN schon früh und in vielen inhaltsreichen Arbeiten ausgenutzt worden zur Erforschung des asymptotischen Verhaltens von einzelnen Funktionen und allgemeinen Funktions-

klassen, z. B. von $\displaystyle\sum_{n=0}^{\infty} \frac{e^{-(w+n)^{\varkappa} x}}{(w+n)^s}$ und $\displaystyle\sum_{n=0}^{\infty} \frac{1}{e^{(w+n)^{\varkappa} x} - 1}$ für $x \to 0$, von

$\displaystyle\int_0^x \xi^n \Psi(\xi)\, d\xi$ mit $\Psi(x) = \dfrac{\Gamma'(x+1)}{\Gamma(x+1)}$ (worin für $n = 0$ die Stirlingsche Reihe für

$\log \Gamma(x+1)$ enthalten ist) in Mellin **3**, letzteres nochmals in Mellin **4**, § 2, S. 9;

ferner von $\displaystyle\prod_{\nu=0}^{\infty} (1 + q^{2\nu+1} x)$, von $\log \Pi(x)$, wo Π eine sehr allgemeine Klasse von

ganzen Funktionen darstellt, in Mellin **4**, S. 40—44, 46, 47; von einer großen
Anzahl zahlentheoretisch wichtiger Funktionen in Mellin **6**. Das Verhalten von
Thetafunktionen bei Annäherung an einen Punkt der singulären Linie ist unter-
sucht in Mellin **11** und **14**.

[158] Mellin **12** und **13**, § 3.

[159] Mellin **13**, § 11.

[160] Mellin **6**, S. 46, 47 und **13**, S. 92, 93.

[161] Wegen allgemeinerer Sätze über die Stieltjes-Transformation vgl. A. Wintner: Spektraltheorie der unendlichen Matrizen. Leipzig 1929, S. 91 flg., insbes.
S. 101, 102.

[162] Über den Integrallogarithmus vom Standpunkt der Laplace-Transformation
aus siehe Pincherle **13**.

[163] Die Methode dieses Paragraphen ist (unter etwas spezielleren Voraussetzungen) von Haar **1** ausgearbeitet worden, und zwar in engster Anlehnung
an die von G. Darboux: Mémoire sur l'approximation des fonctions de très grands
nombres et sur une classe étendue de développements en série. J. de Math.' (3)
4 (1878) S. 5—56, 377—416, entwickelte Methode zur asymptotischen Abschätzung
von Folgen c_n: Man bildet die erzeugende Funktion $\varphi(z) = \Sigma\, c_n\, z^n$ (das entspricht
der Zuordnung von $f(s) = \mathfrak{L}\{F\}$ zu F). Hier verfügt man über die stets gültige Umkehrformel

$$c_n = \frac{1}{2\pi i} \int \frac{\varphi(\zeta)}{\zeta^{n+1}}\, d\zeta\,,$$

wo das Integral über einen Kreis $|\zeta| = r$ zu erstrecken und r kleiner als der Kon-
vergenzradius R der Reihe φ ist, so daß man schreiben kann:

$$c_n = \frac{1}{2\pi} r^{-n} \int_0^{2\pi} e^{-in\vartheta}\, \varphi(r\, e^{i\vartheta})\, d\vartheta\,.$$

Nach dem Riemannschen Lemma gilt also: $c_n = o(r^{-n})$ für $n \to \infty$. Die Grund-
idee dieses Verfahren kommt übrigens schon bei Laplace und Cauchy vor. Bei
Darboux werden nun, wie das im Text analog bei $f(s)$ geschieht, die Randsingula-
ritäten von $\varphi(z)$ durch subtraktiv hinzugefügte Funktionen entfernt, worauf man
mit r bis zu R und darüber hinaus vordringen kann. Eine Verschärfung wird
durch Betrachtung der Ableitungen erzielt (analog oben im Text). — Diese Ideen
sind, wie 14.1 zeigt, bereits seit 1898 von Mellin, anscheinend in Unkenntnis
der Darbouxschen bzw. der noch älteren Arbeiten, für die Mellin- und damit für
die zweiseitig unendliche Laplace-Transformation selbständig entwickelt worden.
(Nach einer Angabe in Mellin **12** ist für ihn der Mittag-Lefflersche Satz über die
Darstellung meromorpher Funktionen der Ausgangspunkt gewesen.) Die Einführung der Ableitungen zur Verfeinerung der Abschätzung kommt bei Mellin **13**,
S. 17, 64 auch vor. Der Verschiebung des Integrationsweges über die Singularitäten hinweg bei Mellin entspricht die Subtraktion der singulären Bestandteile bei
Darboux-Haar. Allerdings ist zu bemerken, daß jene Verschiebung nur über Singu-
laritäten hinweg stattfinden kann, in deren Umgebung die Funktion eindeutig ist.

[164] Eine leichte Erweiterung der Ergebnisse dieses Paragraphen siehe bei IZUMI 1, ein verwandtes Resultat bei SUTTON 1.

[165] HAAR 1, S. 91—94. An *neuen* Ergebnissen wurde mit der Methode von 14.2 erreicht: Die asymptotische Entwicklung von $\sum\limits_{n=1}^{\infty} \dfrac{t^n}{n!\,n^s}$ für t im 1. und 4. Quadranten, sowie von $\int\limits_0^1 J_0(tz)\,\varphi(z)\,dz$ durch HAAR 1, S. 95—98, 104—106; der Mittag-Lefflerschen Funktionen $E_\alpha(t)$ durch LIPKA 1.

[166] VON STACHÓ 1, S. 114—117.

[167] Diese Erkenntnis ist auch in der neueren Literatur der Operatorenrechnung, wenn auch in unexakter Form, durchgedrungen, siehe Å. PLEIJEL: Über asymptotische Reihenentwicklungen in der Operatorenrechnung. Z. f. angew. Math. u. Mech. **15** (1935) S. 300—304.

[168] Die Methode der Laplace-Transformation ist bei linearen Integralgleichungen vom Faltungstypus in einem Spezialfall zuerst von HERGLOTZ 1 angewandt worden. Ein weiterer kurzer Hinweis darauf, daß die Laplace-Transformation die lineare Integralgleichung vom Faltungstypus in eine algebraische Relation übersetzt, findet sich bei BATEMAN: Report on the history and present state of the theory of integral equations. Report of the eightieth Meeting of the British Association for the Advancement of Science (Sheffield 1910). London 1911, S. 345—424 [S. 393].

[169] PALEY and WIENER 1, Theorem II.

[170] E. BELTRAMI: Intorno ad alcuni problemi di propagazione del calore. Mem. Accad. Bologna (4) **8** (1887) S. 291—326. Hier wird die Integralgleichung durch sukzessive Approximation gelöst.

[171] E. CESÀRO: Sopra un equazione funzionale, trattata da Beltrami. Rend. Accad. Napoli (3) **7** (1901) S. 284—289. Übersichtlichere Gestaltung der Beltramischen Lösung. — Lösung vermittels der Laplace-Transformation in BERNSTEIN 2, S. 43—46.

[172] Wiederholt ist in der Literatur, z. B. bei FOCK 1, KERMACK and McKENDRICK 1, behauptet worden, die Lösung von (1) lasse sich auf Grund von (3) vermittels der komplexen Umkehrformel in der Gestalt

$$F(t) = \frac{1}{2\pi i} \int\limits_{x-i\infty}^{x+i\infty} e^{ts}\,\frac{g(s)}{1-k(s)}\,ds$$

darstellen. Das ist unberechtigt, da diese Umkehrformel an Bedingungen geknüpft ist, deren Erfülltsein hier nicht nachgewiesen werden kann. Auch die etwaige Konvergenz des Integrals berechtigt noch nicht zu jenem Schluß, vgl. im Text S. 89. Dagegen kann man für *spezielle* Funktionen $g(s)$, $k(s)$ u. U. gelegentlich auf Grund von Satz 2 [6.10] die Darstellbarkeit von $F(t)$ in obiger Gestalt behaupten.

[173] DOETSCH 10, S. 788. Bei FOCK 1 wird die Hilfsgleichung $K * \varPhi = t$ benutzt; hier ist zum Schluß eine *zwei*malige Differentiation nötig.

[174] Integralgleichungen von dem in §1 behandelten Typus sind außerordentlich häufig, meist nach sehr umständlichen und oft mathematisch nicht einwandfreien Methoden behandelt worden. Vielfach handelt es sich um Verallgemeinerungen der Abelschen Integralgleichung, siehe §3. Es ist unmöglich, auch nur einen Teil dieser Literatur zu zitieren. Als Beispiel sei verwiesen auf E. T. WHITTAKER: On the numerical solution of integral equations. Proc. Roy. Soc. London (A) **94** (1918) S. 367—383. — Ein Beispiel einer Integralgleichung erster Art, die mit

Laplace-Transformation, aber in einer anderen Art als oben im Text gelöst wird, siehe in DOETSCH 9.

[175] DOETSCH 2, § 2, 3. — Die Behandlung der Integralgleichungen vom Faltungstypus vermittels der Laplace-Transformation steht in einem gewissen Parallelismus zu der Volterraschen Behandlung von Integralgleichungen mit variablen und mit festen Grenzen vermittels der Kompositionstheorie, siehe V. VOLTERRA: l. c.[94] und Leçons sur les équations intégrales et les équations intégro-différentielles. Paris 1913. Wegen des Zusammenhangs der beiden Theorien siehe BERNSTEIN 2, S. 38—40. — Übrigens lassen sich Integralgleichungen vom Faltungstypus, aber mit festen Grenzen, ganz analog wie im Text die mit variabler oberer Grenze erledigen, wenn man statt der Laplace-Transformation eine geeignete andere Transformation, die „endliche Fourier-Transformation" anwendet. Siehe hierzu G. DOETSCH: Integration von Differentialgleichungen vermittels der endlichen Fourier-Transformation. Math. Ann. **112** (1935) S. 52—68.

[176] Daß $\vartheta_3(0, t)$ der quadratischen Integralgleichung genügt, wurde zuerst von F. BERNSTEIN: Die Integralgleichung der elliptischen Thetanullfunktion. Sitzungsber. Berl. Akad. 1920, S. 735—747 durch Ausrechnen gefunden. Die Behandlung der Integralgleichung durch Laplace-Transformation siehe in BERNSTEIN 1. Die darin enthaltene Tatsache, daß die Gleichung unendlich viele Lösungen hat, wurde zuerst von G. DOETSCH bemerkt. — Die Integralgleichung stellt einen Spezialfall einer allgemeineren Gleichung dar, die eine einfache wärmetheoretische Deutung zuläßt, siehe DOETSCH 20, § 5.

[177] Ein Beispiel siehe in WIENER und HOPF 1.

[178] N. H. ABEL: Solution de quelques problèmes à l'aide d'intégrales définies, und: Résolution d'un problème de mécanique. Œuvres complètes, Nouvelle édition, t. I, Nr. II S. 11—27 und Nr. IX S. 97—101. Historisch ist die Abelsche Integralgleichung die erste, die als solche aufgestellt und auch wirklich gelöst wurde. Die Umkehrung der Fourier-Transformation stellt zwar ein noch früheres Beispiel dar, doch wurde das damals nicht im Sinne der Lösung einer Integralgleichung aufgefaßt. — Die Lösung der Abelschen Gleichung vermittels der Laplace-Transformation siehe in DOETSCH 2, § 4. Eine sorgfältige Diskussion der Abelschen Gleichung unter Zugrundelegung Lebesguescher Integrale und mit besonderer Berücksichtigung des Problems der Tautochrone, durch das Abel auf die Gleichung kam, siehe bei L. TONELLI: Su un problema di Abel. Math. Ann. **99** (1928) S. 183—199.

[179] Diese Gestalt der Lösung findet sich bei R. ROTHE: Zur Abelschen Integralgleichung. Math. Z. **33** (1931) S. 375—387 [S. 376].

[180] Diese Gleichung ist nach einer anderen Methode und unter Zugrundelegung Lebesguescher Integrale, bei denen die Aussagen einfacher werden, behandelt von J. D. TAMARKIN: On integrable solutions of Abel's integral equation. Ann. of Math. (2) **31** (1930) S. 219—229; dann von R. ROTHE: l. c.[179], dessen Ergebnis unter Nr. 2:

$$\Phi(t) = -\frac{\sin \beta \pi}{\pi} \frac{1}{t^{\beta+1}}$$

aber offenkundig unrichtig ist. Für $\beta = 0, 1, 2, \ldots$ wäre das nämlich 0 und für die übrigen $\beta > 0$ nicht integrabel. Der Fehler im Beweis besteht darin, daß die Formel $\dfrac{d^{n+1} t^{\mu+1}}{d t^{n+1}} = \dfrac{\Gamma(\mu+2)}{\Gamma(\mu-n+1)} t^{\mu-n}$ (l. c. S. 378) auch für ganzzahlige $n > \mu$ in Anspruch genommen wird, wo sie sinnlos ist. Auch die Nr. 3 und 4 sind mit Fehlern behaftet.

[181] Das Wesen dieses Begriffs wurde bereits von LAPLACE 1, S. 1—6 recht klar erkannt. Er weist darauf hin, daß man die Potenzen a^n auch zunächst nur für ganzzahlige Exponenten n definiert habe (Descartes) und dann später für gebrochene n (Newton und Wallis). Nun hat schon LEIBNIZ manche Analogien zwischen Ableitungen und Potenzen bemerkt, z. B. bei seiner Differentiations-

formel $(f \cdot g)^{(n)} \sum\limits_{\nu=0}^{n} \binom{n}{\nu} f^{(\nu)} g^{(n-\nu)}$, für die man symbolisch $(f + g)^n$ schreiben kann,

wenn man nach Ausführung die Exponenten durch Differentiationsindizes ersetzt. Diese Analogien sind vor allem von LAGRANGE weiterverfolgt worden. Wie schon im 2. Kapitel des Textes ausgeführt, bildet bei Laplace einen Hauptgrund für die Einführung seiner fonction génératrice das Bestreben, diese Analogien auf eine sichere Grundlage zu stellen, und zwar durch Abbildung der Funktionen, die differenziert werden, auf andere, bei denen die Differentiationen sich in Multiplikationen mit Potenzen spiegeln. Er sagt (1, S. 6): La théorie des fonctions génératrices étend à des caractéristiques quelconques (gemeint sind Differenzen- und Differentiationssymbole) la notation cartésienne; elle montre en même temps avec évidence l'analogie des puissances et des opérations indiquées par ces caractéristiques. — Seit Laplace hat sich über den Begriff der Differentiation und Integration nichtganzer Ordnung eine unübersehbare Literatur gebildet, ohne daß es bisher gelungen wäre, alle Fragen restlos zu klären. — Vgl. auch [202].

[182] Diese Definition wurde gegeben von B. RIEMANN: Versuch einer allgemeinen Auffassung der Integration und Differentiation. Ges. Werke, 2. Aufl. 1892, S. 353 bis 366. An diese Arbeit sowie an eine von J. LIOUVILLE: Sur le calcul des différentielles à indices quelconques. J. Éc. Polyt. 21. cah., 13 (1832) S. 71—162, hat die spätere Entwicklung meist angeknüpft, weshalb die Ableitung nichtganzer Ordnung auch ,,Riemann-Liouvillesche Derivierte'' genannt wird.

[183] DOETSCH 9, S. 572.

[184] Dieses Beispiel wird unter Verwendung der Operatorensprache behandelt bei H. T. DAVIS: The application of fractional operators to functional equations. Amer. J. of Math. 49 (1927) S. 123—142, die Lösung ist aber unvollständig (es fehlt der mit a multiplizierte Summand der Lösung oben im Text). Alle anderen dort behandelten Gleichungen, die teilweise nicht korrekt behandelt werden, lassen sich ebenfalls mit der Laplace-Transformation vollständiger und übersichtlicher lösen.

[185] Vgl. damit auch die von VOLTERRA: l. c.[94], analog vermittels der Kompositionstheorie (vgl. [175]) abgeleiteten Additionstheoreme. Er nennt sie (Fonctions de lignes S. 157) ,,la propriété la plus cachée et la plus importante des solutions''.

[186] Zuerst aufgestellt von E. CESÀRO: Sur un problème de propagation de la chaleur. Bull. Acad. Brux. 1902, S. 387—404; mit Laplace-Transformation bewiesen bei BERNSTEIN 3, S. 48.

[187] Formel (2) und (3) bei DOETSCH 2, S. 206, 207. Die Aufgabe, Funktionenpaare $F_1(t)$, $F_2(t)$ zu bestimmen, die der Gleichung $F_1 * F_2 = 1$ genügen, ist von SONINE: Sur la généralisation d'une formule d'Abel. Acta Math. 4 (1884) S. 171 bis 176 im Anschluß an die Abelsche Integralgleichung in Angriff genommen worden. Sein Verfahren liefert aber nur solche Lösungen, die von der Gestalt $F_1(t) = t^{-p} \cdot$ ganze Funktion, $F_2(t) = t^{-q} \cdot$ ganze Funktion, $0 < p < 1$, $0 < q < 1$, $p + q = 1$ sind. Die im Text unter (2) und (3) gegebenen Lösungen fallen also nicht darunter.

[188] DOETSCH 3.

[189] Formel (4) bis (8) in DOETSCH 3.

[190] Formel (10) ist in DOETSCH 26, S. 621 auf ganz anderem Wege abgeleitet, vgl. 25.2 (4).

[191] Von den unter den $M_{k,m}$ enthaltenen Funktionen wurden zuerst die Hermiteschen Polynome von DOETSCH nach der Methode des Textes behandelt, dann in Analogie dazu die Laguerreschen Polynome von TRICOMI, schließlich die $M_{k,m}$ selbst von ERDÉLYI. Einzelangaben siehe unten.

[192] ERDÉLYI 2, S. 131, 132. Die Laplace-Transformierte des Produktes von mehreren $M_{k,m}$ siehe bei ERDÉLYI 1. Vorher war schon die Laplace-Transformierte

des Produktes von zwei Hermiteschen und zwei Laguerreschen Polynomen bestimmt
worden bei DOETSCH 15 und MAYR: l. c.[113].

[193] ERDÉLYI 2, S. 135.

[194] TRICOMI 3, S. 335.

[195] TRICOMI 3, S. 335.

[196] DOETSCH 15, S. 594.

[197] Formel (6) und (7) bei DOETSCH 15, S. 595. Die Funktionen $\chi_\mu(x, t)$ sind
natürlich nicht die einzigen, die die Eigenschaft (6) haben, denn z. B. die Funktionen $\psi(x + \mu, t)$ besitzen sie auch. Bemerkenswerterweise ist aber (6) doch
zusammen mit der linearen Transformationseigenschaft

$$\alpha^{\mu+2}\chi_\mu(\alpha x, \alpha^2 t) = \chi_\mu(x, t) \qquad\qquad (\alpha > 0)$$

für die $\chi_\mu(x, t)$ bis auf triviale Faktoren charakteristisch, wenn man nur L-Funk-
tionen zur Konkurrenz zuläßt, siehe DOETSCH 21.

[198] Für diese Formeln siehe WATSON: l. c.[108], S. 384 flg., wo auch die Herkunft
angegeben ist.

[199] Als erster hat PINCHERLE 2 die Besselfunktionen systematisch vom Standpunkt der Laplace-Transformation aus untersucht, doch handelt es sich da nicht
um Funktionalrelationen, sondern um die Korrespondenz zwischen Funktionen,
die linearen Differentialgleichungen genügen (wofür die Besselfunktionen ein
Beispiel sind), und algebraischen Funktionen (ihren Laplace-Transformierten).
Der erste, der Funktionalrelationen für J_ν auf dem Weg über die Laplace-Transformation vermittels des Faltungssatzes abgeleitet hat, war CAILLER 1. Von ihm
stammt Formel (11), (12) und (14_0) für $\mu = 0$. Den Sonderfall $\nu = \dfrac{1}{2}$ von (12)
hat in neuerer Zeit W. O. PENNELL: The use of fractional integration and differentiation for obtaining certain expansions in terms of Bessel functions or of
sines and cosines. Bull. Amer. Math. Soc. 38 (1932) S. 115—122 vom Standpunkt
der verallgemeinerten Differentiation und Integration behandelt, hieran anknüpfend
H. P. THIELMAN: Note on the use of fractional integration of Bessel functions.
Bull. Amer. Math. Soc. 40 (1934) S. 695—698. — Die Relation (14_0) für $\mu = 0$,
die ein Additionstheorem hinsichtlich der Parameter a, b darstellt, hat J. HADAMARD:
Sur un problème mixte aux dérivées partielles. Bull. Soc. Math. France 31 (1903)
S. 208—224 [S. 219] vermittels des Huygensschen Prinzips (siehe 25.1) abgeleitet
und auch eine weitere geometrische Deutung für sie gegeben. — Die Formeln (13)
und (14) sind übrigens bei WATSON: l. c.[108] nicht aufgeführt. — Eine systematische
Ableitung solcher Relationen für Besselfunktionen vermittels des Faltungssatzes
siehe bei COPSON 1 und FISCHER 1.

[200] Die Lösung von (1) auf dem angegebenen Weg bei PINCHERLE 9, § 1. Der
dortige Beweis, daß die „Teilbarkeit" von G durch K auch hinreichend für die
Lösbarkeit sei, ist nicht stichhaltig.

[201] Satz 2 und 3 bei PINCHERLE 9, § 1. Für spätere Untersuchungen über
Differentialgleichungen unendlich hoher Ordnung siehe E. HILB: Lineare Dif-
ferentialgleichungen unendlich hoher Ordnung mit ganzen rationalen Koeffizienten.
I. Math. Ann. 82 (1921) S. 1—39; II. Ib. 84 (1921) S. 16—30; III. Ib. 84 (1921)
S. 43—52; O. PERRON: Derselbe Titel. Math. Ann. 84 (1921) S. 31—42; besonders
an Pincherle anknüpfend: E. HILB: Zur Theorie der linearen Differenzengleichungen.
Math. Ann. 85 (1922) S. 89—98.

[202] PINCHERLE 9 hat die Integralgleichung (1) auch in dem Fall betrachtet,
daß der Integrationsweg eine vertikale Gerade ist und die Funktionen nicht notwendig im Unendlichen regulär sind. Indem er speziell $k(s) = \dfrac{(-1)^n\, \Gamma(n+1)}{s^{n+1}}$
setzt und n auch nichtganz sein läßt (9, § 3, 4), erhält er eine neue Definition der

Ableitung nichtganzer Ordnung. Sie entspricht der Forderung, daß die Formel $f^{(n)}(s) = \mathfrak{L}\{(-t)^n F(t)\}$ auch für nichtganze n gelten soll (sie definiert also die Derivierte im l-Bereich auf analoge Art, wie wir es S. 301 im L-Bereich getan haben), und hängt natürlich eng zusammen mit der Definition, die die Derivierte durch Ausdehnung der Cauchyschen Integralformel für $f^{(n)}(s)$ auf nichtganzes n gewinnt (vgl. hierzu L. M. BLUMENTHAL: Note on fractional operators and the theory of composition. Amer. J. of Math. **53** (1931) S. 483—492). Im obigen Spezialfall hat (1) die Form der Abelschen Integralgleichung (15.3), nur ist der Integrationsweg eine geschlossene Kurve im Komplexen. PINCHERLE **9**, § 6, hat übrigens auch die ursprüngliche Abelsche Integralgleichung mit variabler oberer Grenze im Komplexen betrachtet und durch einen zu 15.3 analogen Kalkül gelöst. — Die Abhandlung 9 ist eine der bedeutendsten Arbeiten von PINCHERLE, die vieles enthält, was erst später von anderen wiedergefunden worden ist, und die auch heute noch nicht als voll ausgeschöpft angesehen werden kann. Infolge des entlegenen Erscheinungsortes ist sie ziemlich unbekannt geblieben.

[203] Vgl. hierzu [202].

[204] Diese merkwürdige Funktionalrelation für die Γ-Funktion wurde von MELLIN **4** (Formel 34), aber auf ganz anderem, sehr viel komplizierterem Weg abgeleitet.

[205] DOETSCH **19**.

[206] Die Methode wurde zuerst für partielle Differentialgleichungen von DOETSCH **4** angegeben (vgl. 19. Kap. und flg.), in DOETSCH **11**, S. 24 ist kurz darauf hingewiesen, daß sie sich auch bei gewöhnlichen Differentialgleichungen verwenden läßt. Dies ist explizit durchgeführt (wenn auch nicht mit der Ausführlichkeit des obigen Textes) in VON STACHÓ **1**, § 5, dann später noch öfters, vgl. z. B. VAN DER POL **1**.

[207] Diese beiden Beweise nach DOETSCH **17**, S. 5, 6.

[208] Diese Gestalt der Lösung wird meist DUHAMEL (J. Éc. Polyt. **14** (1833) S. 34) zugeschrieben.

[209] Siehe [91]. Zum folgenden siehe DOETSCH **23**.

[210] Siehe O. HEAVISIDE: Electromagnetic Theory. 3 Bde, London 1922. An Heavisides Arbeiten hat sich eine ungeheuer weitschichtige Literatur angeschlossen, die durchweg mathematisch sehr unzulänglich ist; siehe hierüber auch 24. Kap.

[211] Vgl. hierzu die allerdings mathematisch unzureichende Studie von J. M. DALLA VALLE: Note on the Heaviside expansion formula. Proc. Nat. Acad. USA **17** (1931) S. 678—684.

[212] Siehe hierüber z. B. F. D. MURNAGHAN: The Cauchy-Heaviside expansion formula and the Boltzmann-Hopkinson principle of superposition. Bull. Amer. Math. Soc. **33** (1927) S. 81—89.

[213] Die Symboliker gehen vielfach von der Darstellung der Lösung durch ein komplexes Integral aus, das kein anderes als das komplexe Umkehrintegral der Laplace-Transformation ist. Dieses bei gewöhnlichen Differentialgleichungen anzuwenden, ist überflüssig und umständlich, da wir in § 1 und 2 explizite Ausdrücke für die Lösungen fanden. Vgl. im übrigen hierzu 24.2.

[214] Siehe E. KAMKE: Differentialgleichungen reeller Funktionen. Leipzig 1930, § 26; CH.-J. DE LA VALLÉE POUSSIN: Cours d'analyse infinitésimale. II, 5e éd. Louvain-Paris 1925, S. 201—209. Vgl. noch für *eine* Differentialgleichung K. BOEHM: Über lineare Differentialgleichungen mit konstanten Koeffizienten und einer Störungsfunktion. Sitzungsber. Heidelb. Akad. 1930, 16. Abhandl., für *Systeme* L. LOCHER: Zur Auflösung eines Systems von linearen gewöhnlichen Differentialgleichungen mit konstanten Koeffizienten. Comment. Math. Helv. **7** (1934) S. 47

bis 62. In all diesen Arbeiten handelt es sich um den Fall, daß die „Anfangswerte" der Lösungen vorgegeben sind. Für den Fall, daß etwa bei Differentialgleichungen zweiter Ordnung die „Randwerte" an den beiden Enden eines Intervalles vorgegeben sind, wäre eine direkte Begründung eines ähnlichen Kalküls, besonders bei Systemen, sehr viel komplizierter. Dagegen läßt sich mit einer passenden Funktionaltransformation auch dieser Fall sehr übersichtlich erledigen, siehe H. Kniess: Lösung von Randwertproblemen bei Systemen gewöhnlicher Differentialgleichungen vermittels der endlichen Fourier-Transformation. Dissertation, Freiburg 1937.

[215] Das folgende bei Doetsch **28**, S. 47—49.

[216] Doetsch **23**, S. 241, 242.

[217] Vgl. dazu etwa N. Wiener: The operational calculus. Math. Ann. **95** (1926) S. 557—584.

[218] Damit ist ein von Wiener in der unter [217] zitierten Arbeit, S. 560, vorgebrachter Einwand gegen die Methode der Laplace-Transformation als Mißverständnis widerlegt.

[219] Siehe Doetsch **23**, S. 242 und die am Schluß von [175] zitierte Arbeit von Doetsch.

[220] Die geschilderte Methode wurde zuerst von Doetsch **4** (Wiedergabe eines Vortrags vor der deutsch. Math.-Versamml. 1923) angegeben und am Beispiel der parabolischen Gleichung mit konstanten Koeffizienten vorgeführt, ausführlicher dann in Doetsch **5, 6** und **7** (**5** gemeinsam mit F. Bernstein). Es seien hier chronologisch diejenigen späteren Arbeiten angeführt, in denen die Methode nun zur Lösung weiterer Probleme bei partiellen Differentialgleichungen benutzt worden ist (für gewöhnliche Differentialgleichungen siehe [206]): Plancherel **1** (Skizze einer Anwendung auf die hyperbolische Gleichung mit variablen Koeffizienten); Doetsch **12** (Explizite Lösung der hyperbolischen Gleichung mit konstanten Koeffizienten); Odqvist **1** (System von parabolischen Gleichungen mit konstanten Koeffizienten); Mächler **1** (Ausführung der Skizze von Plancherel); Picone **1** (parabolische Gleichung mit konstanten Koeffizienten) und **2, 3** (allgemeiner Fall; hier wird weniger die explizite Lösung des ursprünglichen Problems, als die Berechnung der Lösung des reduzierten Problems angestrebt; ferner wird die Methode zur Ableitung von Verträglichkeitsbedingungen zwischen den Randwerten (vgl.[233]), sowie von Existenz- und Eindeutigkeitssätzen benutzt, die allerdings illusorisch sind, weil nicht beachtet wird, daß es auch Lösungen geben kann, die die für die Anwendbarkeit der Methode unentbehrlichen Voraussetzungen V_1, V_2 des Textes nicht erfüllen, siehe 20.5); Lowan **1**—**6** (parabolische Gleichung mit variablen Koeffizienten); Heins **1** (parabolische Gleichung mit konstanten Koeffizienten: die Arbeit enthält mehrere Fehler, siehe das Referat im Jahrb. ü. d. Fortschr. d. Math.); Ignatovskij **1** (hyperbolische Gleichung mit konstanten Koeffizienten); Churchill **1** (parabolische), **2** (hyperbolische Gleichung), **3** (allgemeine Theorie, vgl. im Text den Schluß des 23. Kapitels). — Zu erwähnen ist in diesem Zusammenhang auch Carson **1**, ein Buch, dem eine Anzahl von Arbeiten desselben Verfassers vorausgegangen sind und dessen eigentlicher Zweck darin besteht, eine Begründung der symbolischen Operatorenmethode (siehe 18.3 und 24.1) geben zu wollen. Carson hat rein formal bemerkt, daß bei einer gewöhnlichen linearen Differentialgleichung mit konstanten Koeffizienten die symbolische Lösung (bei uns: Lösung des reduzierten Problems) die Laplace-Transformierte der wirklichen Lösung ist, und behauptet nun ohne Beweis denselben Zusammenhang für beliebige gewöhnliche und partielle Differentialgleichungen. Die eigentliche Grundlage, nämlich die direkte Anwendung der Laplace-Transformation auf die Differentialgleichung, wodurch die wirkliche Beziehung zwischen der ursprünglichen und der reduzierten (symbolischen) Gleichung aufgedeckt wird, fehlt. Auch sonst sind die

in dem Buch gegebenen Beweise der Entwicklungssätze für die Lösungen größtenteils nichts anderes als formale (nicht einmal als solche einwandfreie) Rechnungen, die gerade an den entscheidenden Stellen versagen bzw. abbrechen. Ausführlicheres hierüber in DOETSCH 14.

[221] Man kann sie z. B., wenn auch nicht unmittelbar in dieser Gestalt, aus KAMKE: l. c.[214], S. 265—271, 277 entnehmen.

[222] DOETSCH 5; 6, § 1.

[223] DOETSCH 7, § 1. Hier ist $\Phi(x, t) \equiv 0$ gesetzt.

[224] DOETSCH 20, S. 333—337.

[225] M. GEVREY: Sur les équations aux dérivées partielles du type parabolique. J. de Math. (6) 9 (1913) S. 305—471 und 10 (1914) S. 105—148 [Nr. 18]. Siehe die Wiedergabe in DOETSCH 28, S. 51—53.

[226] H. POINCARÉ: l. c.[7], S. 27—30; E. E. LEVI: Sul equazione del calore. Ann. di Mat. (3) 14 (1908) S. 187—264 [S. 190]. Kritik dieser Beweise in DOETSCH 28, S. 53—57, 60, 61.

[227] Die Existenz solcher singulären Lösungen wurde zum erstenmal in DOETSCH 6, § 2, aufgedeckt, ferner in DOETSCH 7, S. 612; 12, S. 75—78; 20, S. 337, 338; 28, S. 57—60.

[228] DOETSCH 6, S. 301, 302. Ähnliche Deutungen der Funktionen $\chi(x, t)$ und $\psi(x, t)$ finden sich schon bei FOURIER: Théorie analytique de la chaleur. Paris 1822, Nr. 377—381 und LORD KELVIN: Math. and phys. papers II, S. 61.

[229] DOETSCH 12.

[230] Benutzt man die Laplace-Transformation in Gestalt eines Stieltjesintegrals $\int_0^\infty e^{-st}\, d\Phi(t)$, so besitzt $e^{-\alpha s}$ eine L-Funktion, nämlich

$$\Phi(t) = \begin{cases} 0 & \text{für } t \leq \alpha \\ 1 & \text{für } t > \alpha, \end{cases}$$

und dem Produkt $a_0(s)\, e^{-\alpha s}$ entspricht das Faltungsintegral $\int_0^t A(t-\tau)\, d\Phi(\tau)$, das ausgerechnet auf denselben Wert wie im Text führt. Über die organische Entstehung des Stieltjesintegrals als Grenzfall eines Riemannschen Integrals und eine dem Praktiker einleuchtende Deutung siehe DOETSCH 12, S. 65.

[231] Siehe WATSON: l. c.[108], S. 416, Formel (4). Diese geht durch die Substitution $t^2 - y^2 = \tau^2$, $a = \sigma$, $b = k$, $y^2 = -\alpha^2$ in die unsrige über.

[232] DOETSCH 12, S. 75—78.

[233] Die Ableitung solcher Verträglichkeitsbedingungen nach derselben Methode auch für allgemeinere Typen von Gleichungen siehe in PICONE 3.

[234] FOURIER: l. c.[228], Nr. 163 flg.

[235] LOWAN 1.

[236] Dieser Weg ist neuerdings beschritten in CHURCHILL 3.

[237] Siehe hierzu DOETSCH 23 sowie 14.

[238] Siehe etwa BOCHNER 1, S. 47.

[239] Siehe z. B. T. J. I'A. BROMWICH: Normal coordinates in dynamical systems. Proc. Lond. Math. Soc. 15 (1916) S. 401—448.

[240] Es sei hier aus der großen Fülle der betreffenden Literatur, die meist mathematisch sehr viel zu wünschen übrig läßt, außer auf die in [239] zitierte Arbeit noch verwiesen auf K. W. WAGNER: Über eine Formel von Heaviside zur Berechnung von Einschaltvorgängen. Arch. f. Elektrotechnik 4 (1916) S. 159—193 sowie auf die Arbeiten von G. GIORGI, wie z. B. Sugli integrali dell' equazione di propagazione in una dimensione. Rend. Circ. Mat. Pal. 52 (1928) S. 265—312. — Vgl. auch WIENER: l. c.[217].

[241] Die bei *unendlichem* Integrationsintervall geübte Methode, die Lösung als Fourier-*Integral* anzusetzen, entspricht genau der auf Fourier zurückgehenden Methode, bei *endlichem* Intervall die Lösung als Fourier-*Reihe* anzusetzen, wobei bekanntlich dieselben Schwierigkeiten hinsichtlich der Randbedingungen auftreten. Gerade so wie die Methode des Fourier-Integrals durch die in der anderen Richtung vorgehende Methode der Laplace-Transformation ihre völlige Aufhellung erfährt, wird die Methode der Fourier-Reihe geklärt und ergänzt durch die in DOETSCH: l. c. [175] (Ende) entwickelte Theorie der „endlichen Fourier-Transformation", vgl. die dortige Fußnote 15.

[242] Die Übertragung des Huygensschen Prinzips auf allgemeine Fälle rührt von J. HADAMARD her, siehe: a) Sur un problème mixte aux dérivées partielles. Bull. Soc. Math. France. **31** (1903) S. 208—224, ausführlicher: b) Principe de Huyghens et prolongement analytique. Bull. Soc. Math. France **52** (1924) S. 241—278, vgl. auch S. 610—640.

[243] DOETSCH **26**, S. 614.

[244] DOETSCH **26**, S. 615—619.

[245] Das Eulersche Prinzip ist zum erstenmal formuliert und angewendet worden in DOETSCH **20**. Dort (S. 326, 327) ist auch der erwähnte Eulersche Spezialfall näher ausgeführt.

[246] DOETSCH **26**, S. 620, 621.

[247] Diese Beziehung wurde in DOETSCH **26**, S. 621—628 klargestellt. Es wird dadurch Antwort erteilt auf eine von HADAMARD: l. c. [242] b), S. 247 und 623, 624 aufgeworfene Frage.

Literaturverzeichnis.

N. H. Abel

1. Sur les fonctions génératrices et leurs déterminantes. Œuvres complètes, Nouvelle édition, t. II, Nr. XI, S. 67—81.

L. Amerio

1. Alcuni complementi alla teoria della trasformazione di Laplace. Rend. Accad. Naz. dei Lincei (6) **25** (1937) S. 205—213.

D. H. Ballou

1. Functions representable by two Laplace integrals. Duke Math. J. **2** (1936) S. 722—732.

F. Bernstein

1. Die Integralgleichung der elliptischen Thetanullfunktion. 2. Note: Allgemeine Lösung. Akad. Amsterdam 1920, S. 759—765.
2. Dasselbe. 3. Note: Dritte Herleitung durch den verallgemeinerten Volterraprozeß und weitere Beispiele. Gött. Nachr. 1922, S. 32—46.
3. Dasselbe. 4. Note: Integrale Additionstheoreme. Das Additionstheorem von Cesàro und das der Funktion $U(c/t)$. Vierte Herleitung der fundamentalen Integralgleichung. Gött. Nachr. 1922, S. 47—52. (3. und 4. Note gemeinsam mit G. Doetsch.)
4. Über die numerische Ermittlung verborgener Periodizitäten. Z. f. angew. Math. u. Mech. **7** (1927) S. 441—444.

S. Bochner

1. Vorlesungen über Fouriersche Integrale. Leipzig 1932.
2. Ein Satz von Landau und Ikehara. Math. Z. **37** (1933) S. 1—9.

S. Bochner and F. Bohnenblust

1. Analytic functions with almost periodic coefficients. Ann. of Math. **35** (1934) S. 152—161.

É. Borel

1. Leçons sur les séries divergentes. 2e édition, Paris 1928.

U. Broggi

1. Sullo sviluppo assintotico della reciproca di un polinomio. Rend. Ist. Lomb. (2) **63** (1930) Fasc. XI—XV.

C. Cailler

1. Note sur une opération analytique et son application aux fonctions de Bessel. Mém. de Phys. et d'Hist. Nat. de Genève **34** (1902/05) S. 295—368.

J. R. Carson

1. Elektrische Ausgleichsvorgänge und Operatorenrechnung. Erweiterte deutsche Bearbeitung von F. Ollendorff und K. Pohlhausen. Berlin 1929.

R. V. Churchill

1. Temperature distribution in a slab of two layers. Duke Math. J. **2** (1936) S. 405—414.

2. The inversion of the Laplace transformation by a direct expansion in series and its application to boundary-value problems. Math. Z. **42** (1937) S. 567—579.
3. The solution of linear boundary-value problems in physics by means of the Laplace transformation. Part I: A theory for establishing a solution in the form of an integral, for problems with vanishing initial conditions. Math. Ann. **114** (1937) S. 591—613.

M. CIBRARIO

1. La trasformazione di Laplace. Rend. Ist. Lomb. (2) **62** (1929) S. 337—353.

E. T. COPSON

1. The operational calculus and the evaluation of Kapteyn integrals. Proc. Lond. Math. Soc. (2) **33** (1932) S. 145—153.

G. DOETSCH

1. Ein Konvergenzkriterium für Integrale. Math. Ann. **82** (1920) S. 68—82.
2. Die Integrodifferentialgleichungen vom Faltungstypus. Math. Ann. **89** (1923) S. 192—207.
3. Transzendente Additionstheoreme der elliptischen Thetafunktionen und andere Thetarelationen vom Faltungstypus. Math. Ann. **90** (1923) S. 19—25.
4. Über das Problem der Wärmeleitung. Jahresber. D.M.V. **33** (1924) S. 45—52.
5. Probleme aus der Theorie der Wärmeleitung. 1. Mitteilung: Eine neue Methode zur Integration partieller Differentialgleichungen. Der lineare Wärmeleiter mit verschwindender Anfangstemperatur. Math. Z. **22** (1925) S. 285—292.
6. Dasselbe. 2. Mitteilung: Der lineare Wärmeleiter mit verschwindender Anfangstemperatur. Die allgemeinste Lösung und die Frage der Eindeutigkeit. Math. Z. **22** (1925) S. 293—306.
7. Dasselbe. 3. Mitteilung: Der lineare Wärmeleiter mit beliebiger Anfangstemperatur. Die zeitliche Fortsetzung des Wärmezustandes. Math. Z. **25** (1926) S. 608—626.
8. Dasselbe. 4. Mitteilung: Die räumliche Fortsetzung des Temperaturablaufs. Bolometerproblem. Math. Z. **26** (1927) S. 89—98.
9. Dasselbe. 5. Mitteilung: Explizite Lösung des Bolometerproblems. Math. Z. **28** (1928) S. 567—578. (1. und 4. Mitteilung gemeinsam mit F. Bernstein.)
10. Bemerkung zu der Arbeit von V. Fock: Über eine Klasse von Integralgleichungen. Math. Z. **24** (1926) S. 785—788.
11. Überblick über Gegenstand und Methode der Funktionalanalysis. Jahresber. D.M.V. **36** (1927) S. 1—30.
12. Elektrische Schwingungen in einem anfänglich strom- und spannungslosen Kabel unter dem Einfluß einer Randerregung. Festschrift der Technischen Hochschule Stuttgart zur Vollendung ihres ersten Jahrhunderts. Verlag Springer 1929, S. 56—78.
13. Sätze von Tauberschem Charakter im Gebiet der Laplace- und Stieltjes-Transformation. Sitzungsber. Berliner Akad. 1930, S. 144—157.
14. Besprechung von „J. R. Carson, Elektrische Ausgleichsvorgänge und Operatorenrechnung". Jahresber. D.M.V. **39** (1930) S. 105—109 kursiv.
15. Integraleigenschaften der Hermiteschen Polynome. Math. Z. **32** (1930) S. 587 bis 599.
16. Über den Zusammenhang zwischen Abelscher und Borelscher Summabilität. Math. Ann. **104** (1931) S. 403—414.
17. Über eine Integraldarstellung von meromorphen Funktionen. Sitzungsber. Münchn. Akad. 1931, S. 1—16.
18. Ein allgemeines Prinzip der asymptotischen Entwicklung. J. f. d. reine und angew. Math. **167** (1931) S. 274—293.
19. Lösung der Aufg. Nr. 100 (Integralgleichung der Gammafunktion). Jahresber. D.M.V. **42** (1932) S. 73—75 kursiv.

20. Das Eulersche Prinzip. Randwertprobleme der Wärmeleitungstheorie und physikalische Deutung der Integralgleichung der Thetafunktion. Ann. d. R. Scuola Norm. Sup. di Pisa (2) **2** (1933) S. 325—342.

21. Charakterisierung einer in der mathematischen Physik auftretenden Schar von Funktionen zweier Variablen durch eine quadratische Integralgleichung. Sitzungsber. Heidelb. Akad. 1933, 2. Abhandl., S. 7—12.

22. Summatorische Eigenschaften der Besselschen Funktionen und andere Funktionalrelationen, die mit der linearen Transformationsformel der Thetafunktion äquivalent sind. Compos. Math. **1** (1934) S. 85—97.

23. Die Anwendung von Funktionaltransformationen in der Theorie der Differentialgleichungen und die symbolische Methode (Operatorenkalkül). Jahresber. D.M.V. **43** (1934) S. 238—251.

24. Über die Stirlingsche Reihe. Math. Z. **39** (1934) S. 468—472.

25. Der Faltungssatz in der Theorie der Laplace-Transformation. Ann. d. R. Scuola Norm. Sup. di Pisa (2) **4** (1935) S. 71—84.

26. Thetarelationen als Konsequenzen des Huygensschen und Eulerschen Prinzips in der Theorie der Wärmeleitung. Math. Z. **40** (1935) S. 613—628.

27. Le formule di Tricomi sui polinomi di Laguerre. Rend. Accad. Naz. dei Lincei (6) **22** (1935) S. 300—304.

28. Les équations aux dérivées partielles du type parabolique. L'Enseign. Math. **35** (1936) S. 43—87.

29. Zerlegung einer Funktion in Gaußsche Fehlerkurven und zeitliche Zurückverfolgung eines Temperaturzustandes. Math. Z. **41** (1936) S. 283—318.

30. Bedingungen für die Darstellbarkeit einer Funktion als Laplace-Integral und eine Umkehrformel für die Laplace-Transformation. Math. Z. **42** (1937) S. 263 bis 286.

A. ERDÉLYI

1. Über einige bestimmte Integrale, in denen die Whittakerschen $M_{k,m}$-Funktionen auftreten. Math. Z. **40** (1936) S. 693—702.

2. Funktionalrelationen mit konfluenten hypergeometrischen Funktionen. 1. Mitteilung: Additions- und Multiplikationstheoreme. Math. Z. **42** (1937) S. 125 bis 143.

3. Dasselbe. 2. Mitteilung: Reihenentwicklungen. Math. Z. **42** (1937) S. 641—670.

4. Sulla generalizzazione di una formula di Tricomi. Rend. Accad. Naz. dei Lincei (6) **29** (1936) S. 347—350.

H. FISCHER

1. Die Laplace-Transformation in der Theorie der Besselfunktionen. Dissertation, Freiburg i. B. 1936, 40 S.

V. FOCK

1. Über eine Klasse von Integralgleichungen. Math. Z. **21** (1924) S. 161—173.

M. FUJIWARA

1. Über Abelsche erzeugende Funktion und Darstellbarkeitsbedingungen von Funktionen durch Dirichletsche Reihen. Tôhoku Math. J. **17** (1920) S. 363—383.

A. HAAR

1. Über asymptotische Entwicklungen von Funktionen. Math. Ann. **96** (1926) S. 69—107.

H. HAMBURGER

1. Über eine Riemannsche Formel aus der Theorie der Dirichletschen Reihen. Math. Z. **6** (1920) S. 1—10.

2. Über die Riemannsche Funktionalgleichung der ζ-Funktion. I. Mitteilung. Math. Z. **10** (1921) S. 240—254.

3. Über einige Beziehungen, die mit der Funktionalgleichung der Riemannschen ζ-Funktion äquivalent sind. Math. Ann. **85** (1922) S. 129—140.

G. H. HARDY and J. E. LITTLEWOOD

1. Notes on the theory of series. XI. On Tauberian theorems. Proc. Lond. Math. Soc. (2) **30** (1929) S. 23—37.

G. H. HARDY and E. C. TITCHMARSH

1. Solution of an integral equation. J. Lond. Math. Soc. **4** (1929) S. 300—304.

A. E. HEINS

1. Note on the equation of heat conduction. Bull. Amer. Math. Soc. **41** (1935) S. 253—258.

G. HERGLOTZ

1. Über die Integralgleichungen der Elektronentheorie. Math. Ann. **65** (1908) S. 87—106.

E. HILLE.

1. On Laplace integrals. 8. Skand. Math. Kongr. Stockholm 1934, S. 216—227.

E. HILLE and J. D. TAMARKIN

1. On moment functions. Proc. Nat. Acad. USA **19** (1933) S. 902—908.
2. On the theory of Laplace integrals. I. Proc. Nat. Acad. USA **19** (1933) S. 908 bis 912.
3. Dasselbe. II. Proc. Nat. Acad. USA **20** (1934) S. 140—144.

J. HORN.

1. Verallgemeinerte Laplacesche Integrale als Lösungen linearer und nicht-linearer Differentialgleichungen. Jahresber. D.M.V. **25** (1917) S. 301—325.
2. Laplacesche Integrale, Binomialkoeffizientenreihen und Gammaquotienten-reihen in der Theorie der linearen Differentialgleichungen. Math. Z. **21** (1924) S. 85—95. (Hier auch ein vollständiges Verzeichnis der weiteren einschlägigen Arbeiten des Verf.)

V. S. IGNATOVSKIJ

1. Zur Laplace-Transformation. 8 Noten. Comptes Rendus (Doklady) Acad. URSS **2** (**11**) (1935) S. 5—11; **2** (**11**) (1936) S. 171—174; **4** (**13**) (1936) S. 107 bis 110; **14** (1937) S. 167—171; S. 475—478; **15** (1937) S. 67—70; S. 163—165; S. 231—234.

S. IKEHARA

1. An extension of Landau's theorem in the analytic theory of numbers. J. of Math. and Phys. Mass. Inst. of Techn. **10** (1931) S. 1—12.

S. IZUMI

1. Eine Bemerkung über asymptotische Entwicklungen von Funktionen. Japanese J. **4** (1927) S. 141—145.

J. KARAMATA

1. Neuer Beweis und Verallgemeinerung einiger Tauberian-Sätze. Math. Z. **33** (1931) S. 294—299.
2. Neuer Beweis und Verallgemeinerung der Tauberschen Sätze, welche die Laplacesche und Stieltjessche Transformation betreffen. J. f. d. reine u. angew. Math. **164** (1931) S. 27—39.
3. Sur le rapport entre les convergences d'une suite de fonctions et de leurs moments avec application à l'inversion des procédés de sommabilité. Studia Math. **3** (1931) S. 68—76.
4. Einige weitere Konvergenzbedingungen der Inversionssätze der Limitierungs-verfahren. Publicat. Math. de l'Univ. de Belgrade **2** (1933) S. 1—16.

W. O. KERMACK and A. G. MCKENDRICK

1. The solution of sets of simultaneous integral equations related to the equation of Volterra. Proc. Lond. Math. Soc. (2) **41** (1936) S. 462—482.

E. Landau

1. Über einen Satz von Tschebyschef. Math. Ann. **61** (1905) S. 527—550.
2. Über die Grundlagen der Theorie der Fakultätenreihen. Sitzungsber. Münchn. Akad. **36** (1906) S. 151—218.
3. Über die Konvergenz einiger Klassen von unendlichen Reihen am Rande des Konvergenzgebietes. Monatsh. Math. Phys. **18** (1907) S. 8—28.
4. Ein neues Konvergenzkriterium für Integrale. Sitzungsber. Münchn. Akad. 1913, S. 461—467.
5. Über den Wienerschen neuen Weg zum Primzahlsatz. Sitzungsber. Berl. Akad. 1932, S. 514—521.

P. S. de Laplace

1. Théorie analytique des probabilités. 1ᵉ éd. Paris 1812, 3ᵉ éd. 1820 = Œuvres complètes t. VII, Paris 1886.

M. Lerch

1. Sur un point de la théorie des fonctions génératrices d'Abel. Acta Math. **27** (1903) S. 339—351.

E. Levi

1. Proprietà caratteristiche della trasformazione di Laplace. Rend. Accad. Naz. dei Lincei (6) **24** (1937) S. 422—426.

St. Lipka

1. Über asymptotische Entwicklungen der Mittag-Lefflerschen Funktion $E_\alpha(x)$. Acta Szeged **3** (1927) S. 211—223.

A. N. Lowan

1. On the cooling of a radioactive sphere. Phys. Review **44** (1933) S. 769—775.
2. Note on the cooling of a radioactive sphere. Amer. J. of Math. **56** (1934) S. 254—258.
3. Heat conduction in a solid in contact with a well-stirred liquid. Phil. Mag. (7) **17** (1934) S. 849—854.
4. On the problem of the heat recuperator. Phil. Mag. (7) **17** (1934) S. 914—933.
5. On the cooling of the earth. Amer. J. of Math. **57** (1935) S. 174—182.
6. Heat conduction in a semi-infinite solid of two different materials. Duke Math. J. **1** (1935) S. 94—102.

W. Mächler.

1. Laplacesche Integraltransformation und Integration partieller Differentialgleichungen vom hyperbolischen und parabolischen Typus. Comment. Math. Helv. **5** (1933) S. 256—304.

S. Martis in Biddau

1. Sulla caratterizzazione della trasformazione di Laplace mediante le sue proprietà formali. Boll. Un. Mat. Ital. **11** (1932) S. 273—277.
2. Studio della trasformazione di Laplace e della sua inversa dal punto di vista dei funzionali analitici. Rend. Circ. Mat. Pal. **57** (1933) S. 1—70.

Hj. Mellin

1. Über die fundamentale Wichtigkeit des Satzes von Cauchy für die Theorien der Gamma- und der hypergeometrischen Functionen. Acta Soc. Sc. Fenn. **20** (1895) Nr. 12, 115 S.
2. Zur Theorie zweier allgemeinen Klassen bestimmter Integrale. Acta Soc. Sc. Fenn. **22** (1897) Nr. 2, 75 S.
3. Über eine Verallgemeinerung der Riemannschen Function $\zeta(s)$. Acta Soc. Sc. Fenn. **24** (1898) Nr. 10, 50 S.
4. Eine Formel für den Logarithmus transcendenter Funktionen von endlichem Geschlecht. Acta Soc. Sc. Fenn. **29** (1900) Nr. 4, 50 S. (Auszug hiervon unter dem gleichen Titel in Acta Math. **25** (1901) S. 165—183.)

430   Literaturverzeichnis.

5. Über den Zusammenhang zwischen den linearen Differential- und Differenzengleichungen. Acta Math. **25** (1901) S. 139—164.
6. Die Dirichletschen Reihen, die zahlentheoretischen Funktionen und die unendlichen Produkte von endlichem Geschlecht. Acta Soc. Sc. Fenn. **31** (1902) Nr. 2, 48 S.
7. Abriß einer einheitlichen Theorie der Gamma- und der hypergeometrischen Funktionen. Math. Ann. **68** (1910) S. 305—337.
8. Zur Theorie der trinomischen Gleichungen. Ann. Acad. Sc. Fenn. (A) **7** (1915).
9. Ein allgemeiner Satz über algebraische Gleichungen. Ann. Acad. Sc. Fenn. (A) **7** (1915) Nr. 8, 44 S.
10. Ein Satz über Dirichletsche Reihen. Ann. Acad. Sc. Fenn. (A) **11** (1917) Nr. 1, 16 S.
11. Bemerkungen im Anschluß an den Beweis eines Satzes von Hardy über die Zetafunktion. Ann. Acad. Sc. Fenn. (A) **11** (1917) Nr. 3, 17 S.
12. Abriß einer allgemeinen und einheitlichen Theorie der asymtotischen Reihen. Ve Congrès des Math. Scandinaves, Helsingfors 1922, S. 1—17.
13. Die Theorie der asymtotischen Reihen vom Standpunkte der Theorie der reziproken Funktionen und Integrale. Ann. Acad. Sc. Fenn. (A) **18** (1922) 108 S.
14. Anwendung einer allgemeinen Methode zur Herleitung asymtotischer Formeln. Ann. Acad. Sc. Fenn. (A) **20** (1923) Nr. 1, 44 S.

F. K. G. ODQVIST
1. Beiträge zur Theorie der nichtstationären zähen Flüssigkeitsbewegungen. I. Arkiv för Mat., Astr. och Fys. **22** (1931) Nr. 28, 22 S.

A. OSTROWSKI
1. Über den Lerchschen Satz. Jahresber. D.M.V. **37** (1928) S. 69—70.

R. E. A. C. PALEY and N. WIENER
1. Notes on the theory and application of Fourier transforms. VII. On the Volterra equation. Trans. Amer. Math. Soc. **35** (1933) S. 785—791.

A. PFLUGER
1. Über eine Interpretation gewisser Konvergenz- und Fortsetzungseigenschaften Dirichletscher Reihen. Comment. Math. Helv. **8** (1935/36) S. 89—129.

E. PHRAGMÉN
1. Sur le domaine de convergence de l'intégrale infinie $\int_0^\infty F(ax)\,e^{-a}\,da$. Comptes Rendus Acad. Paris **132** (1901) S. 1396—1399.
2. Sur une extension d'un théorème classique de la théorie des fonctions. Acta Math. **28** (1904) S. 351—368.

M. PICONE
1. Una proprietà integrale delle soluzioni dell'equazione del calore e sue applicazioni. Giornale dell'Ist. Ital. d. Attuari **3** (1932) Nr. 3.
2. Intorno al calcolo delle soluzioni di alcuni problemi di fisica. Rend. Seminario Mat. Roma 1933, S. 5—78.
3. Formole risolutive e condizioni di compatibilità per alcuni problemi di propagazione. Memorie R. Accad. d'Italia **5** (1934) S. 715—749.
4. Sulla trasformata di Laplace. Rend. Accad. Naz. dei Lincei (6) **21** (1935) S. 306—313.
5. Recenti contributi dell'istituto per le applicazioni del calcolo all'analisi quantitativa dei problemi di propagazione. Memorie R. Accad. d'Italia **6** (1935) S. 643—667.

S. PINCHERLE
1. Studî sopra alcune operazioni funzionali. Mem. Accad. Bologna (4) **7** (1886).

2. Della trasformazione di Laplace e di alcune sue applicazioni. Mem. Accad. Bologna (4) 8 (1887) S. 125—143.

3. Sur certaines opérations fonctionnelles, représentées par des intégrales définies. Acta Math. 10 (1887) S. 153—182.

4. Sulla risoluzione dell'equazione $\Sigma\, h_\nu\, \varphi\,(x+\alpha_\nu) = f(x)$ a coefficienti costanti. Mem. Accad. Bologna (4) 9 (1888) S. 45—71.

5. Sur la résolution de l'équation fonctionnelle $\Sigma\, h_\nu\, \varphi\,(x+\alpha_\nu) = f(x)$ à coefficients constants. Acta Math. 48 (1926) S. 279—304 (Übersetzung von 4).

6. Sopra certi integrali definiti. Rend. Accad. Naz. dei Lincei (4) 4, 1^0 semestre (1888) S. 100—104.

7. Sugli sviluppi assintotici e le serie sommabili. Rend. Accad. Naz. dei Lincei (5) 13 (1904) S. 513—519.

8. Sur les fonctions déterminantes. Ann. Éc. Norm. (3) 22 (1905) S. 9—68.

9. Sull'inversione degl'integrali definiti. Mem. Soc. Ital. d. Sc. (3) 15 (1907) S. 3—43.

10. Alcune spigolature nel campo delle funzioni determinanti. Atti Congr. Intern. Mat. Roma 2 (1909) S. 44—48.

11. Quelques remarques sur les fonctions déterminantes. Acta Math. 36 (1913) S. 269—280.

12. Sulle operazioni lineari permutabili colla derivazione. Rend. Accad. Bologna 1922/23.

13. Sulla generalizzazione di alcune trascendenti classiche. Rend. Accad. Bologna 1923/24.

14. Sulle operazioni funzionali lineari. Proc. Math. Congr. Toronto 1924, 1 (1928) S. 129—137.

15. Di alcune trasformazioni funzionali. Rend. Accad. Naz. dei Lincei (6) 1 (1925) S. 477—482.

16. Le operazioni distributive e le loro applicazioni all'analisi (in collaborazione con U. Amaldi). Bologna 1901, S. 353—369.

17. Équations et opérations fonctionnelles. Encycl. Sc. Math., éd. franç. II 5, S. 1—81 (S. 35—41).

M. PLANCHEREL

1. Sur le rôle de la transformation de Laplace dans l'intégration d'une classe de problèmes mixtes du type hyperbolique et sur les développements en série d'un couple de fonctions arbitraires. Comptes Rendus Acad. Paris 186 (1928) S. 351—353.

H. POINCARÉ

1. Sur les intégrales irrégulières des équations linéaires. Acta Math. 8 (1886) S. 295—344.

B. VAN DER POL

1. A simple proof and an extension of Heaviside's operational calculus for invariable systems. Phil. Mag. 7 (1929) S. 1153—1162.

G. PÓLYA

1. Analytische Fortsetzung und konvexe Kurven. Math. Ann. 89 (1923) S. 179—191.

2. Untersuchungen über Lücken und Singularitäten von Potenzreihen. Math. Z. 29 (1929) S. 549—640.

E. L. POST

1. Generalized differentiation. Trans. Amer. Math Soc. 32 (1930) S. 723—781.

J. REY PASTOR

1. Notas de analisis. Asociación Española para el Progreso de la Ciencias. Barcelona T. II. Ciencias Mat., S. 81—92.

W. SCHNEE

1. Über Dirichletsche Reihen. Rend. Circ. Mat. Pal. 27 (1909) S. 87—116.

T. von Stachó

1. Operationskalkül von Heaviside und Laplacesche Transformation. Acta Szeged **3** (1927) S. 107—120.

W. G. Sutton

1. The asymptotic expansion of a function whose operational equivalent is known. J. Lond. Math. Soc. **9** (1934) S. 131—137.

O. Szász

1. Verallgemeinerung und neuer Beweis einiger Sätze Tauberscher Art. Sitzungsber. Münchn. Akad. 1929, S. 325—340.

J. D. Tamarkin

1. On Laplace's integral equations. Trans. Amer. Math. Soc. **28** (1926) S. 417—425.

E. C. Titchmarsh

1. The zeros of certain integral functions. Proc. Lond. Math. Soc. **25** (1926) S. 283—302.

F. Tricomi

1. Determinazione del valore asintotico di un certo integrale. Rend. Accad. Naz. dei Lincei (6) **17** (1933) S. 116—119.
2. Trasformazione di Laplace e polinomi di Laguerre. I. Inversione della trasformazione. Rend. Accad. Naz. dei Lincei (6) **21** (1935) S. 232—239.
3. Dasselbe. II. Alcune nuove formule sui polinomi di Laguerre. Rend. Accad. Naz. dei Lincei (6) **21** (1935) S. 332—335.
4. Ancora sull'inversione della trasformazione di Laplace. Rend. Accad. Naz. dei Lincei (6) **21** (1935) S. 420—426.
5. Sulla trasformazione di Laplace. Periodico di Matematiche (4) **15** (1935) S. 238—250.
6. Sulla trasformazione e il teorema di reciprocità di Hankel. Rend. Accad. Naz. dei Lincei (6) **22** (1935) S. 564—571.
7. Über Doetschs Umkehrformel der Gauß-Transformation und eine neue Umkehrung der Laplace-Transformation. Math. Z. **40** (1936) S. 720—726.
8. Sulla formula d'inversione di Widder. Rend. Accad. Naz. dei Lincei (6) **25** (1937) S. 416—421.

D. V. Widder

1. A generalization of Dirichlet's series and of Laplace's integrals by means of a Stieltjes integral. Trans. Amer. Math. Soc. **31** (1929) S. 694—743.
2. On the changes of sign of the derivatives of a function defined by a Laplace integral. Proc. Nat. Acad. USA **18** (1932) S. 112—114.
3. The inversion of the Laplace integral and the related moment problem. Trans. Amer. Math. Soc. **36** (1934) S. 107—200.
4. A classification of generating functions. Trans. Amer. Math. Soc. **39** (1936) S. 244—298.

N. Wiener

1. Tauberian theorems. Ann. of Math. (2) **33** (1932) S. 1—100.

N. Wiener und E. Hopf

1. Über eine Klasse singulärer Integralgleichungen. Sitzungsber. Berl. Akad. 1931, S. 696—706.

A. Wintner

1. Untersuchungen über Funktionen großer Zahlen. Math. Z. **28** (1928) S. 416 bis 429.
2. Bemerkung zum Eindeutigkeitssatz der Laplaceschen Transformierten. Math. Z. **36** (1933) S. 638—640.
3. On the asymptotic formulae of Riemann and of Laplace. Proc. Nat. Acad. USA **20** (1934) S. 57—62.

Druckfehler-Verzeichnis.

S. 4 Zeile 8 und 10: ergänze dx in den Integralen links.

S. 44 Zeile 12: lies $f_\alpha(s)$ statt $f'_\alpha(s)$

S. 56 Zeile 6: ,, im Exponenten $-(\Re s - \sigma)\,t$,, $-(\Re s - \sigma)$

S. 67 Zeile 17: ,, $\cos\dfrac{\varphi_2 - \varphi_1}{2}$,, $\cos\dfrac{\varphi_1 + \varphi_2}{2}$

S. 68 Zeile 9 und 11: ,, $k = 0$,, $n = 0$

Zeile 18: ,, $n = 0, \pm 1, \ldots$,, $i = 0, \pm 1, \ldots$

S. 69 Zeile 2 v. u.: ,, $\alpha \leqq |\operatorname{arc} t|$,, $\alpha < |\operatorname{arc} t|$

S. 77 Zeile 18: ,, die Lage ,, der Lage

S. 106, 107: in der Behauptung von Satz 4 und 5 hinter dem Gleichheitszeichen hinzufügen: H.W.

S. 138 Zeile 3: lies im Exponenten $-(s + h)\,t$ statt $-(\varepsilon + h)\,t$

S. 168 Zeile 19: ,, 5.2 ,, 5.1

S. 171 Zeile 3: ,, L_{II}^0-Funktion ,, L^0-Funktion

S. 191 Zeile 9: ,, c_0 und c_n ,, a_0 und a_n

S. 200 Zeile 6 v. u., S. 202 Zeile 6 v. u.: lies Satz 10 statt Satz 7

S. 231 Zeile 11, S. 232 Zeile 4, S. 233 Zeile 13, S. 235 Zeile 16:
lies Satz 12 statt Satz 9

S. 265 Zeile 22, S. 267 Zeile 11, S. 268 Zeile 15:
lies Satz 4 statt Satz 3

S. 267 Zeile 9: ,, Satz 6 [6.5] ,, Satz 1

S. 278 Zeile 15: ,, Satz 4 [14.2] ,, Satz 4

S. 281 Zeile 12 v. u.: ,, l-Funktion ,, $\mathfrak{L}$-Funktion

Zeile 11 v. u.: ,, ihr ,, f

S. 321 Zeile 23: ,, Weise und ,, und

S. 361 Zeile 17: ,, § 2 ,, § 1

S. 368 Zeile 14: ,, 21.1 (1) ,, (1)

S. 388 Zeile 17: ,, 301 ,, 304

S. 393 Zeile 10 v. u.: ,, $\psi(x_1, t)\,*$,, $\psi(x_1, t)$

S. 398 Zeile 12 v. u.: ,, (3) ,, (2)

Abkürzungen.

Die Kapitel zerfallen in Paragraphen, diese gelegentlich in Nummern. Die Formeln und Sätze sind innerhalb jedes Paragraphen durchnumeriert. Bei Hinweisen werden folgende Abkürzungen benutzt:

$$
\begin{array}{ll}
4.5 & \text{für 4. Kapitel, § 5;} \\
5.3.1 & \text{,, 5. Kapitel, § 3, Nr. 1;} \\
6.9\ (2) & \text{,, Formel (2) in 6.9;} \\
\text{Satz 2 [3.7]} & \text{,, Satz 2 in 3.7.}
\end{array}
$$

Kleine hochgestellte Zahlen verweisen auf die historischen Anmerkungen am Schluß. Die Literatur wird dort mit dem Namen des Autors und der Nummer der betreffenden Arbeit im Literaturverzeichnis (am Ende des Buches) zitiert, z. B. MELLIN 3.

Ist eine beliebige, auch komplexe, Funktion $f(x)$ und eine positive Funktion $g(x)$ für $x \geqq x_0$ definiert, so bedeuten die drei Symbole

$$f(x) = O(g(x)), \qquad f(x) = O_L(g(x)), \qquad f(x) = o(g(x))$$

der Reihe nach folgendes:

$$
\begin{array}{lll}
f(x) = O(g(x)): & |f(x)| \leqq K\,g(x) & \text{für } x \geqq x_0; \\
f(x) = O_L(g(x)): & f(x) \geqq -K\,g(x) & \text{für } x \geqq x_0; \\
f(x) = o(g(x)): & \dfrac{f(x)}{g(x)} \to 0 & \text{für } x \to \infty,
\end{array}
$$

wo K eine positive Konstante ist. Dieselben Symbole werden auch benutzt, wenn $f(x)$ und $g(x)$ in der Umgebung einer endlichen (reellen oder komplexen) Stelle definiert sind und die Relationen in dieser Umgebung, bzw. bei Annäherung an diese Stelle gelten.